ŒUVRES

DE LAVOISIER

LAVOISIER

ŒUVRES

DE LAVOISIER

PUBLIÉES PAR LES SOINS

DE SON EXCELLENCE LE MINISTRE

DE L'INSTRUCTION PUBLIQUE ET DES CULTES

TOME PREMIER

TRAITÉ ÉLÉMENTAIRE DE CHIMIE

OPUSCULES PHYSIQUES ET CHIMIQUES

PARIS

IMPRIMERIE IMPÉRIALE

M DCCC LXIV

INTRODUCTION.

La publication des Œuvres de Lavoisier aux frais de l'État, et par les soins de S. E. le Ministre de l'Instruction publique, a été provoquée il y a quelques années et résolue plus récemment. Les pièces suivantes montreront que l'État, l'Académie des Sciences et la famille de Lavoisier ont rivalisé de sollicitude et de piété pour cette réparation, la seule permise, que la France et l'Europe attendaient, que la mémoire de l'illustre victime réclamait depuis trop longtemps.

Son accomplissement grandira encore la renommée de Lavoisier. Le monde, qui ne connaît la plupart de ses travaux que par les fruits qu'ils ont produits, possédera désormais sa pensée même et son Œuvre entière.

Il pourra suivre pas à pas le progrès et la marche de ses idées dès la naissance et pendant le cours de cette révolution qui lui est due, la plus logique et la plus profonde que la philosophie naturelle ait jamais éprouvée. Il lui sera permis d'admirer les lumières répandues par le génie de Lavoisier sur toutes les questions qui ont été agitées de son temps dans le domaine des sciences et de leurs modernes applications au bien-être des peuples. Il apprendra enfin combien ce grand homme, que son amour pour la science et sa modération éloignaient des affaires et des responsabilités publiques, était prodigue, néanmoins, de ses veilles, de son savoir, de ses inspirations, de sa fortune, et peu soucieux du soin de sa vie, lorsqu'il s'agissait, pendant la paix, d'éclairer le gouvernement de son pays sur les intérêts de la France ou de lui assurer la supériorité des armes pendant la guerre.

Dans la première partie de sa carrière, Lavoisier, par une puissante analyse, s'élevait de la notion des phénomènes les plus communs à la connaissance de leur cause; il éclairait d'une vive lumière la nature, les affections et les réactions des agents les plus familiers à l'homme. Pendant ses dernières heures, par une synthèse plus puissante peut-être, il tirait, comme conséquences des principes éternels qu'il avait promulgués, la plupart des méthodes que ses successeurs ont trouvées et des lois qu'ils ont découvertes. Ces problèmes qu'ils tentaient d'approfondir, à leur tour, avaient été résolus, ils l'ignoraient, un demi-siècle auparavant par l'illustre victime. Le temps seul lui avait manqué pour révéler au monde les vues suprêmes de son génie, et pour lui apprendre que celui qui avait expliqué le passé des sciences de la nature en logicien infaillible, en avait souvent prévu l'avenir en prophète inspiré.

Le devoir de réunir et de comparer des matériaux qui, tous les jours encore, parviennent à l'Éditeur, ne lui permet pas de livrer au public la Notice historique sur la vie et les travaux de Lavoisier, qu'il a préparée. Elle n'est pas nécessaire pour apprendre au lecteur de ses Œuvres qu'il vécut comme un sage et qu'il mourut comme un martyr, après avoir rempli de sa gloire le monde civilisé, dont le respect et la reconnaissance croîtront sans cesse avec les années écoulées.

LETTRE DE M. LE MINISTRE DE L'INSTRUCTION PUBLIQUE A M. DUMAS,

PRÉSIDENT DE L'ACADÉMIE DES SCIENCES.

22 août 1843.

D'après la communication que vous m'avez fait l'honneur de m'adresser, je viens appeler votre attention sur un projet qui se lie aux dispositions législatives adoptées en 1842 et 1843 pour la réimpression des œuvres de deux savants géomètres. En demandant aux Chambres les crédits nécessaires pour ces deux réimpressions, j'avais pensé que la même disposition pourrait s'étendre à divers écrits éminents dans d'autres parties du vaste domaine des sciences : ce serait le moyen de réaliser, pour les études mathématiques et physiques, dans des limites nécessairement plus étroites, ce qui a été fait depuis quelques années pour l'histoire nationale.

Dans cette vue, et pour répondre à un vœu récemment exprimé dans un rapport présenté à la Chambre des Députés, je désirerais que vous voulussiez bien consulter l'Académie des Sciences sur l'intérêt qu'il y aurait à publier, aux frais de l'État, les Œuvres de Lavoisier. Il n'y a pas dans l'histoire de la chimie un nom plus digne d'un pareil hommage; il n'y a pas non plus de publication plus utile, si l'on songe que Lavoisier est mort en préparant une édition complète de ses Œuvres, qui manque encore à la science.

L'Académie, en me faisant connaître son opinion sur ce projet, jugera sans doute convenable d'examiner quels sont les écrits qui devraient être compris dans cette publication, combien ils formeraient de volumes et quelle serait la dépense que nécessiterait une pareille entreprise. J'attendrai le rapport détaillé que vous me ferez l'honneur de m'adresser à cet égard. Si ce projet doit être soumis aux Chambres, il ne saurait être produit sous de plus sûrs auspices que ceux de l'Académie des Sciences, ni sous une autorité plus éminente.

Recevez, Monsieur le Président, l'assurance de mes sentiments de haute considération.

Le Ministre de l'Instruction publique,

VILLEMAIN.

Après avoir entendu la lecture de cette lettre, l'Académie décide, dans sa séance du 28 août 1843, qu'une commission composée des deux sections de chimie et de physique, auxquelles M. Arago est prié de s'adjoindre, est chargée de préparer le rapport demandé par M. le Ministre.

a.

LETTRE DE M. DE CHAZELLES À M. DUMAS,

MEMBRE DE L'ACADÉMIE DES SCIENCES.

26 mars 1846.

Monsieur,

Dans vos leçons de philosophie chimique vous avez dit qu'il manquait un monument à une des grandes gloires de la science française; vous avez pris une sorte d'engagement de l'élever.

Je veux parler des Œuvres complètes de Lavoisier.

Possesseur des manuscrits de cet illustre savant; devant, plus que tout autre, un tribut d'hommage à sa mémoire, je regarderais comme un bonheur, comme un honneur, de pouvoir contribuer à l'accomplissement de votre pensée.

J'ai la confiance que, grâce à vous, le monument pourra s'élever, et j'ai la certitude que nul autre ne pourrait le faire plus noble et plus beau.

Veuillez, Monsieur, agréer l'expression de mes sentiments de considération et de respect.

Léon de Chazelles.

LETTRE DE M. DUMAS À M. DE CHAZELLES.

28 mars 1846.

Monsieur,

Je n'ai jamais perdu de vue l'engagement que vous me rappelez. Je n'avais pas le droit de me substituer au pays, dans le grand acte de réparation qu'il doit à la mémoire de Lavoisier. Dès que je pris possession du fauteuil de la présidence de l'Académie des Sciences, il y a quelques années, j'entamai une négociation avec M. Villemain, alors Ministre de l'Instruction publique, pour en obtenir la présentation d'un projet de loi relatif à la publication d'une édition nationale des Œuvres de Lavoisier.

L'illustre Ministre avait adopté ce projet avec une profonde conviction de sa convenance scientifique et morale. Par déférence, il avait cru devoir consulter l'Académie, certain d'en obtenir un rapport favorable, et convaincu, avec raison, que ce rapport serait d'un grand poids sur la décision des Chambres.

Je serais très-heureux si nos efforts réunis pouvaient amener prochainement un résultat que j'ai si vivement souhaité.

Veuiller agréer, Monsieur, l'expression de mes sentiments de haute considération.

DUMAS.

LETTRE DE M. DE CHAZELLES AU PRÉSIDENT DE LA COMMISSION NOMMÉE PAR L'ACADÉMIE POUR PRÉPARER LA PUBLICATION DES OEUVRES DE LAVOISIER.

Monsieur le Président,

J'avais, depuis plusieurs années, la pensée de rendre à la mémoire de Lavoisier le seul hommage qui lui ait manqué, en publiant une édition de ses Œuvres complètes.

Cette publication avait été un des derniers désirs de sa vie. L'exécuter ne serait donc que continuer la pensée de cet illustre savant.

Possesseur de ses manuscrits, rapproché de sa personne par les liens, sinon d'une parenté, au moins d'une étroite affinité, j'avais cru juste et convenable de prendre l'initiative de cette publication.

J'avais cru aussi qu'elle n'était possible qu'avec la direction et sous les auspices d'une des autorités de la science moderne.

Je m'étais adressé à M. Dumas. Il voulut bien m'apprendre, ce que j'ignorais, que le Gouvernement avait songé à cette œuvre, et que l'Académie était saisie de l'examen du projet.

Il ne m'appartiendrait en aucune façon de solliciter de l'Académie l'abandon d'un projet qui, entre ses mains, porterait un cachet de nationalité auquel sembleraient avoir droit le génie et les malheurs de Lavoisier.

Mais, si elle jugeait à propos de laisser à un représentant de sa famille le soin de cette publication, je serais heureux de m'en trouver chargé, et je regarderais comme un devoir de chercher à la rendre digne de l'homme et de la science.

J'ai l'honneur d'être, Monsieur le Président, votre très-humble et très-obéissant serviteur.

LÉON DE CHAZELLES.

RAPPORT

SUR

LE PROJET D'UNE PUBLICATION PAR L'ÉTAT

D'UNE ÉDITION

DES ŒUVRES DE LAVOISIER.

(Lu à l'Académie des Sciences, le 6 juillet 1846.)

Commissaires : MM. Thenard, Chevreul, Pelouze, Regnault, Balard, Gay-Lussac, Becquerel, Pouillet, Despretz, Duhamel, Babinet, Arago ; Dumas, rapporteur.

L'Académie a été consultée, en 1843, par M. Villemain, alors Ministre de l'Instruction publique, sur l'intérêt qu'il y aurait à exécuter, aux frais de l'État, une édition des Œuvres de Lavoisier.

En réclamant de l'Académie l'expression de son opinion sur ce projet, M. le Ministre la priait d'examiner quels écrits de Lavoisier cette publication devrait comprendre, combien ils feraient de volumes, et à quelle dépense il fallait évaluer leur impression.

L'Académie a chargé sa Section de Chimie et sa Section de Physique, auxquelles elle a joint M. Arago, de lui faire un Rapport sur cette question.

La Commission s'est réunie à diverses reprises ; elle m'a chargé de recherches, que j'ai religieusement accomplies, sur la nature et l'étendue des Œuvres de Lavoisier; elles sont consignées dans la Note qui est jointe à ce Rapport.

Le premier Mémoire de Lavoisier remonte à 1768 ; il est relatif à l'analyse du plâtre. Son premier ouvrage comme académicien date de 1770 ; il fait partie des Mémoires de l'Académie et traite de la nature de l'eau. A partir de cette époque, jusqu'à 1790, il a déposé dans ce Recueil cinquante-huit Mémoires, dont l'ensemble a servi à fonder la nouvelle théorie chimique.

Treize Rapports sur divers sujets de science ou d'économie publique figurent, pour la plupart, dans le même Recueil.

Il faut joindre à ces travaux le *Traité de Chimie* en deux volumes, le volume de la *Nomenclature chimique* et le volume d'*Opuscules*. Il y aurait convenance et utilité à reproduire, en outre, le volume dans lequel les chimistes français de l'époque se sont réunis pour porter le dernier coup à la théorie du phlogistique.

Tous ces écrits, la part faite de ceux qui sont reproduits deux fois dans les diverses publications que nous avons dû compulser, représentent trois mille pages d'impression in-4°, qui, d'après les devis, produiraient une dépense de 31,500 francs au moins.

La Commission pensait que le crédit à réclamer des Chambres devait être porté à 40,000 francs.

Il faut l'estimer un peu plus haut, en tenant compte de quelques matériaux qu'une étude approfondie fera nécessairement découvrir dans quatorze registres in-folio de notes manuscrites relatives aux expériences de Lavoisier, et mises à la disposition de la Commission par M. Arago, qui en est le dépositaire.

Nous verrons plus loin que des matériaux d'une autre nature sont venus accroître les richesses dont la Commission pouvait disposer, et exiger six volumes in-4°, au lieu de quatre, qu'elle croyait pouvoir suffire aux besoins de l'entreprise.

Ce serait donc une dépense de 40,000 francs au moins et de 60,000 francs au plus qu'exigerait une édition convenable des Œuvres de Lavoisier.

La Commission tout entière, s'associant à la pensée du Ministre, pensait que l'Académie devait émettre le vœu qu'une loi portant demande de ce crédit fût présentée aux Chambres et vînt donner au Gouvernement une occasion solennelle d'élever à la mémoire de Lavoisier ce monument réparateur.

Mais, le rapport qu'elle devait soumettre à l'Académie ayant été retardé par diverses circonstances, il est survenu un incident qui a changé les dispositions de la Commission, et qui changera peut-être aussi le vote de l'Académie.

Une personne, que des alliances étroites attachent à Lavoisier, avait conçu le désir de publier elle-même une édition de ses Œuvres, tant pour réaliser son dernier vœu que pour répondre à la confiance de madame de Rumford et pour satisfaire à ce besoin d'un culte pieux dont les familles aiment à entourer les êtres privilégiés qui en font la gloire; elle s'est adressée à l'un des membres de la Commission, qui lui a fait connaître les intentions du Ministre.

Représentant la famille de Lavoisier, héritière de ses devoirs, cette personne n'a pas cru pouvoir solliciter de l'Académie l'abandon d'un projet qui porte un caractère de nationalité auquel le génie et les malheurs de Lavoisier ont tant de droits.

Mais elle s'est empressée de nous prouver que, dans le cas où elle serait investie de la confiance de l'Académie, elle regarderait comme un immense honneur de rester chargée du soin de cette publication, et comme un devoir sacré de la rendre digne de l'homme qu'elle intéresse et de la science qu'elle doit servir.

C'est dans de tels sentiments qu'elle avait préparé les bases de l'édition qu'elle projetait. Cette édition serait publiée sur le modèle adopté pour les Œuvres de Laplace; une somme égale à celle que l'Académie jugeait nécessaire serait consacrée à lui donner toute la perfection désirable: toutes les Bibliothèques publiques de la France, toutes les Sociétés savantes de la France ou de l'étranger qui seraient désignées par l'Académie, en recevraient un exemplaire à titre gratuit. L'édition serait coordonnée par votre rapporteur, qui accepte, en tout cas, ce devoir.

L'intervention d'un représentant de la famille de Lavoisier a eu pour premier résultat de mettre entre nos mains la presque totalité ou du moins les plus importants des papiers de Lavoisier.

Vingt cartons pleins de manuscrits relatifs à ses études scientifiques sont aujourd'hui à notre disposition. Quatorze registres relatifs à ses expériences sont déposés entre les mains de M. Arago, ainsi qu'une partie de sa correspondance.

Le reste des papiers trouvés après sa mort a été envoyé, par ses héritiers, à la Bibliothèque d'Orléans et à celle de Blois, comme pouvant intéresser plus spécialement ces villes, dont Lavoisier avait été le mandataire.

Votre rapporteur a pris une connaissance très-attentive de quelques-uns des nombreux dossiers que renferment ces collections, et il a reconnu[1] :

1° Qu'une nouvelle édition de sa *Chimie* occupait Lavoisier à l'époque de sa mort; le manuscrit existe dans ses papiers;

[1] Ces premières appréciations ont été modifiées et complétées par l'examen définitif et le classement par ordre de matières et de dates des manuscrits confiés à l'Éditeur. Il a été reconnu alors que les nombreuses pièces considérées par madame de Rumford comme destinées à une troisième édition de la chimie avaient été préparées, pour la plupart, à l'occasion de la seconde, et conservées après sa publication. Lavoisier y avait donc fait lui-même le choix qui convenait à l'ordre de ses idées.

2° Que diverses notes contenues dans ses papiers permettent de reconstruire le plan d'après lequel il se proposait de publier le recueil de ses Mémoires;

3° Qu'il existe, en outre, de nombreux matériaux relatifs aux expériences sur la formation du salpêtre, lesquels semblent inédits.

Il serait nécessaire, à en juger par les résultats de cet examen, d'ajouter un volume aux quatre volumes dans lesquels la Commission avait cru pouvoir renfermer l'édition, en ce qui concerne la chimie pure.

En outre, de l'étude rapide des manuscrits qui n'intéressent pas directement la chimie, il est résulté la conviction qu'on pourrait tirer un parti utile de quelques-uns d'entre eux, en résumant les faits qu'ils renferment.

Ainsi, parmi ces manuscrits, on remarque une vingtaine de volumes in-12 de notes géologiques ou autres, prises à l'occasion des voyages faits par Lavoisier dans sa jeunesse, alors qu'il s'occupait de recueillir les matériaux d'une carte géologique de France. Sans doute, la partie géologique et minéralogique de ces notes n'a plus d'intérêt depuis qu'il en a composé lui-même un résumé qui fait partie de nos Mémoires, et qui ferait, par cela même, partie nécessaire de la collection complète de ses Œuvres; mais Lavoisier a pris avec tant de soin la température des sources et des puits dans tous les lieux qu'il a parcourus, qu'un tableau de ces déterminations fort nombreuses nous semble d'une grande utilité à publier. Près de quatre-vingts ans se sont écoulés depuis qu'il a fait ces expériences, et la comparaison des températures qu'il déterminait alors avec celles que possèdent aujourd'hui les mêmes sources et les mêmes puits ne peut manquer d'éclairer la physique du globe.

Nous voyons, dans ces manuscrits, qu'un peu plus tard Lavoisier avait conçu la pensée de créer des observatoires météorologiques sur un grand nombre de points. Des instruments très-exacts, et en particulier des baromètres d'une parfaite exécution, furent fournis, à ses frais, à beaucoup d'observateurs. Parmi les séries d'observations auxquelles cette pensée donna lieu, nous avons retrouvé celles qui furent suivies par M. de Beauchamp à Alep, et qui paraissent inédites. Il serait certainement utile de les rendre publiques.

Nous voyons encore, dans les papiers de Lavoisier, que, s'appuyant, à une époque plus avancée de sa vie, sur ses idées de physique végétale et animale, et confiant dans ses forces, il ne craint pas d'aborder les plus grandes questions agricoles. Une ferme qu'il possédait aux environs de Blois lui sert de laboratoire, et il arrive en peu de temps à tripler les récoltes végétales, à quintupler les récoltes animales, par une étude pratique des rapports à observer entre la terre de labour et la terre de pâturage.

Dans cette ferme, selon sa constante et féconde habitude, Lavoisier pesait tout : semences, fumiers, récoltes; tout passait à la balance et venait figurer dans l'inventaire annuel.

Or, quand les chimistes de notre époque recommandent tous cette pratique, quand elle a produit, entre les mains de notre confrère M. Boussingault, de si grands résultats, il peut être utile de faire ressortir que, dès la naissance d'une chimie vraiment scientifique, de telles applications en ont été les conséquences directes et nécessaires.

Ce n'est qu'après avoir parcouru tous ces manuscrits, où se résume une vie trop courte et si noblement remplie, que l'on comprend tout ce qu'il y avait de vaste dans l'esprit de Lavoisier. Tout l'intéressait, et partout il trouvait des expériences à combiner et à exécuter, des vues nouvelles, des vues utiles, à répandre. A chaque pas, son génie se montre créateur, abondant, inépuisable.

Aussi, tout en faisant aux œuvres chimiques de Lavoisier la part large et prépondérante qu'elles doivent avoir, il serait évidemment utile de publier un volume de Mélanges ou de Correspondance propre à faire connaître sa vie et ses travaux sous d'autres rapports.

Le temps n'est pas encore venu où, mettant à profit ces riches matériaux, on essayera de faire connaître à la postérité ce que fut Lavoisier, ce que la science et le pays perdirent à sa mort prématurée ; mais il n'a jamais paru plus nécessaire de publier une édition complète de ses Œuvres que depuis que l'examen de ses papiers a permis d'assister jour par jour aux détails de cette noble existence, que depuis qu'on a pu mesurer toute l'étendue de cette grande intelligence, à tel point supérieure à son siècle, qu'après soixante années de travaux nous n'avons pas encore parcouru tout le terrain qu'elle avait deviné.

Il est donc facile aujourd'hui de publier une édition vraiment complète des Œuvres de Lavoisier. Au point de vue de l'utilité scientifique, l'édition conçue par l'État ou celle qui avait été méditée par la famille offriraient des conditions égales; nous venons de le démontrer.

Reste à apprécier la question de convenance. L'Académie comprend qu'une édition nationale des Œuvres de Lavoisier aurait, aux yeux de l'opinion publique, un caractère que ne présentera jamais une édition exécutée à titre privé par la piété de la famille elle-même.

Il appartient à M. le Ministre de peser, dans sa sagesse, ces circonstances, et de voir s'il ne serait pas possible de réunir dans un hommage commun la reconnaissance du pays, le respect de l'Académie et la vénération de la famille.

Nous venons, en conséquence, proposer à l'Académie de décider :

1° Qu'il serait d'un haut intérêt pour la science de publier une édition complète des œuvres scientifiques de Lavoisier;

2° Que l'Académie verrait avec reconnaissance M. le Ministre de l'Instruction publique proposer aux Chambres un projet de loi dans ce but;

3° Néanmoins, qu'elle appelle toute l'attention de M. le Ministre sur les projets qui lui ont été soumis par les représentants de la famille de Lavoisier.

Les conclusions de ce Rapport sont adoptées.

LE MINISTRE DE L'INSTRUCTION PUBLIQUE ET DES CULTES A M. DUMAS,

SÉNATEUR, MEMBRE DE L'INSTITUT.

Paris, le 4 février 1861.

Monsieur et cher collègue,

J'ai l'honneur de vous informer que, par arrêté de ce jour, je vous ai confié la publication des *Œuvres de Lavoisier*.

Il vous appartenait, avant tout autre, de prendre la direction d'un travail qui intéresse si particulièrement le monde des sciences; votre nom sera, pour cette publication nationale, un titre de plus à l'intérêt des hommes d'étude, et je vous suis personnellement obligé d'avoir bien voulu m'apporter, en cette occasion, le concours de votre haute expérience et de vos lumières.

Recevez, Monsieur et cher collègue, l'assurance de mes sentiments les plus distingués.

Le Ministre de l'Instruction publique et des Cultes,

ROULAND.

TRAITÉ ÉLÉMENTAIRE
DE
CHIMIE.

DISCOURS PRÉLIMINAIRE.

Je n'avais pour objet, lorsque j'ai entrepris cet ouvrage, que de donner plus de développement au Mémoire que j'ai lu à la séance publique de l'Académie des sciences du mois d'avril 1787, sur la nécessité de réformer et de perfectionner la nomenclature de la chimie.

C'est en m'occupant de ce travail que j'ai mieux senti que je ne l'avais encore fait jusqu'alors l'évidence des principes qui ont été posés par l'abbé de Condillac dans sa Logique et dans quelques autres de ses ouvrages. Il y établit que *nous ne pensons qu'avec le secours des mots;* que *les langues sont de véritables méthodes analytiques;* que *l'algèbre la plus simple, la plus exacte et la mieux adaptée à son objet de toutes les manières de s'énoncer, est à la fois une langue et une méthode analytique;* enfin, que *l'art de raisonner se réduit à une langue bien faite.* Et en effet, tandis que je croyais ne m'occuper que de nomenclature, tandis que je n'avais pour objet que de perfectionner le langage de la chimie, mon ouvrage s'est transformé insensiblement entre mes mains, sans qu'il m'ait été possible de m'en défendre, en un traité élémentaire de chimie.

L'impossibilité d'isoler la nomenclature de la science et la science de la nomenclature tient à ce que toute science physique est nécessairement formée de trois choses : la série des faits qui constituent la science; les idées qui les rappellent; les mots qui les expriment. Le mot doit faire naître l'idée; l'idée doit peindre le fait : ce sont trois empreintes d'un même cachet; et, comme ce sont les mots qui conservent les idées et qui les transmettent, il en résulte qu'on ne peut perfectionner le langage sans perfectionner la science, ni la science sans le langage, et que, quelque certains que fussent les faits, quelque justes que fussent les idées qu'ils auraient fait naître, ils ne transmettraient encore que des impressions fausses, si nous n'avions pas des expressions exactes pour les rendre.

La première partie de ce traité fournira à ceux qui voudront bien le méditer des preuves fréquentes de ces vérités; mais, comme je me suis vu forcé d'y suivre un ordre qui diffère essentiellement de celui qui a été adopté jusqu'à présent dans tous les ouvrages de chimie, je dois compte des motifs qui m'y ont déterminé.

C'est un principe bien constant, et dont la généralité est bien reconnue dans les mathématiques, comme dans tous les genres de connaissances, que nous ne pouvons procéder, pour nous instruire, que du connu à l'inconnu. Dans notre première enfance nos idées viennent de nos besoins; la sensation de nos besoins fait naître l'idée des objets propres à les satisfaire, et insensiblement, par une suite de sensations, d'observations et d'analyses, il se forme une génération successive d'idées toutes liées les unes aux autres, dont un observateur attentif peut même, jusqu'à un certain point, retrouver le fil et l'enchaînement, et qui constituent l'ensemble de ce que nous savons.

Lorsque nous nous livrons pour la première fois à l'étude d'une science, nous sommes, par rapport à cette science, dans un état très-analogue à celui dans lequel sont les enfants, et la marche que nous avons à suivre est précisément celle que suit la nature dans la formation de leurs idées. De même que, dans l'enfant, l'idée est un effet de la sensation, que c'est la sensation qui fait naître l'idée, de même aussi, pour celui qui commence à se livrer à l'étude des sciences physiques, les idées ne doivent être qu'une conséquence, une suite immédiate d'une expérience ou d'une observation.

Qu'il me soit permis d'ajouter que celui qui entre dans la carrière des sciences est dans une situation moins avantageuse que l'enfant même qui acquiert ses premières idées; si l'enfant s'est trompé sur les effets salutaires ou nuisibles des objets qui l'environnent, la nature lui donne des moyens multipliés de se rectifier. A chaque instant le jugement qu'il a porté se trouve redressé par l'expérience. La privation ou la douleur viennent à la suite d'un jugement faux; la jouissance et le plaisir à la suite d'un jugement juste. On ne tarde pas, avec de tels maîtres, à devenir conséquent, et on raisonne bientôt juste quand on ne peut raisonner autrement sous peine de privation ou de souffrance.

Il n'en est pas de même dans l'étude et dans la pratique des sciences : les faux jugements que nous portons n'intéressent ni notre existence ni notre bien-être; aucun intérêt physique ne nous oblige de nous rectifier : l'imagination, au contraire, qui tend à nous porter continuellement au delà du vrai; l'amour-propre et la confiance en nous-mêmes, qu'il sait si bien nous inspirer, nous sollicitent à tirer des conséquences qui ne dérivent pas immédiatement des faits; en sorte que nous sommes en quelque façon intéressés à nous séduire nous-mêmes. Il n'est donc pas étonnant que, dans les sciences physiques en général, on ait souvent supposé au lieu de conclure, que les suppositions transmises d'âge en âge soient devenues de plus en plus imposantes par le poids des autorités qu'elles ont acquises, et qu'elles aient enfin été adoptées et regardées comme des vérités fondamentales, même par de très-bons esprits.

Le seul moyen de prévenir ces écarts consiste à supprimer, ou au moins à simplifier autant qu'il est possible, le raisonnement, qui est de nous et qui seul peut nous égarer; à le mettre continuellement à l'épreuve de l'expérience; à ne conserver que les faits qui ne sont que des données de la nature, et qui ne peuvent nous tromper; à ne chercher la vérité que dans l'enchaînement naturel des expériences et des observations, de la même manière que les mathématiciens parviennent à la solution d'un problème par le simple arrangement des données, et en réduisant le raisonnement à des opérations si simples, à des jugements si courts, qu'ils ne perdent jamais de vue l'évidence qui leur sert de guide.

Convaincu de ces vérités, je me suis imposé la loi de ne procéder jamais que du connu à l'inconnu, de ne déduire aucune conséquence qui ne dérive immédiatement des expériences et des observations, et d'enchaîner les faits et les vérités chimiques dans l'ordre le plus propre à en faciliter l'intelligence aux commençants. Il était impossible qu'en m'assujettissant à ce plan je ne m'écartasse pas des routes ordinaires. C'est en effet un défaut commun à tous les cours et à tous les traités de chimie, de supposer, dès les premiers pas, des connaissances que l'élève ou le lecteur ne doivent acquérir que dans les leçons subséquentes. On commence dans presque tous par traiter des principes des corps; par expliquer la table des affinités, sans s'apercevoir qu'on est obligé de passer en revue dès le premier jour les principaux phénomènes de la chimie, de se servir d'expressions qui n'ont point été définies, et de supposer la science acquise par ceux auxquels on se propose de l'enseigner. Aussi est-il reconnu qu'on n'apprend que peu de chose dans un premier cours de chimie; qu'une année suffit à peine pour familiariser l'oreille avec le langage, les yeux avec les appareils, et qu'il est presque impossible de former un chimiste en moins de trois ou quatre ans.

Ces inconvénients tiennent moins à la nature des choses qu'à la forme de l'enseignement, et c'est ce qui m'a déterminé à donner à la chimie une marche qui me paraît plus conforme à celle de la nature. Je ne me suis pas dissimulé qu'en voulant éviter un genre de difficultés je me jetais dans un autre, et qu'il me serait impossible de les surmonter toutes; mais je crois que celles qui restent n'appartiennent point à l'ordre que je me suis prescrit; qu'elles sont plutôt une suite de l'état d'imperfection où est encore la chimie. Cette science présente des lacunes nombreuses, qui interrompent la série des faits, et qui exigent des raccordements embarrassants et difficiles. Elle n'a pas, comme la géométrie élémentaire, l'avantage d'être une science complète et dont toutes les parties sont étroitement liées entre elles; mais en même temps sa marche actuelle est si rapide, les faits s'arrangent d'une manière si heureuse dans la doctrine moderne, que nous pouvons espérer, même de nos jours, de la voir s'approcher beaucoup du degré de perfection qu'elle est susceptible d'atteindre.

Cette loi rigoureuse, dont je n'ai pas dû m'écarter, de ne rien conclure au delà de ce que les expériences présentent, et de ne jamais suppléer au silence des faits, ne m'a pas permis de comprendre dans cet ouvrage la partie de la chimie la plus susceptible, peut-être, de devenir un jour une science exacte : c'est celle qui traite des affinités chimiques ou attractions électives. M. Geoffroy, M. Gellert, M. Bergman, M. Schéele, M. de Morveau, M. Kirwan et beaucoup d'autres, ont déjà rassemblé une multitude de faits particuliers, qui n'attendent plus que la place qui doit leur être assignée; mais les données principales manquent, ou du moins celles que nous avons ne sont encore ni assez précises ni assez certaines pour devenir la base fondamentale sur laquelle doit reposer une partie aussi importante de la chimie. La science des affinités est d'ailleurs à la chimie ordinaire ce que la géométrie transcendante est à la géométrie élémentaire, et je n'ai pas cru devoir compliquer par d'aussi grandes difficultés des éléments simples et faciles, qui seront, à ce que j'espère, à la portée d'un très-grand nombre de lecteurs.

Peut-être un sentiment d'amour-propre a-t-il, sans que je m'en rendisse compte à moi-même, donné du poids à ces réflexions. M. de Morveau est au moment de publier l'article *Affinité* de l'Encyclopédie méthodique, et j'avais bien des motifs pour redouter de travailler en concurrence avec lui.

On ne manquera pas d'être surpris de ne point trouver dans un traité élémentaire de chimie un chapitre sur les parties constituantes et élémentaires des corps; mais je ferai remarquer ici que cette tendance que nous avons à vouloir que tous les corps de la nature ne soient composés que de trois ou quatre éléments tient à un préjugé qui nous vient originairement des philosophes grecs. L'admission de quatre éléments, qui, par la variété de leurs proportions, composent tous les corps que nous connaissons, est une pure hypothèse, imaginée longtemps avant qu'on eût les premières notions de la physique expérimentale et de la chimie. On n'avait point encore de faits, et l'on formait des systèmes; et aujourd'hui que nous avons rassemblé des faits, il semble que nous nous efforcions de les repousser, quand ils ne cadrent pas avec nos préjugés; tant il est vrai que le poids de l'autorité de ces pères de la philosophie humaine se fait encore sentir, et qu'elle pèsera sans doute encore sur les générations à venir.

Une chose très-remarquable, c'est que, tout en enseignant la doctrine des quatre éléments, il n'est aucun chimiste qui, par la force des faits, n'ait été conduit à en admettre un plus grand nombre. Les premiers chimistes qui ont écrit depuis le renouvellement des lettres regardaient le soufre et le sel comme des substances, élémentaires qui entraient dans la combinaison d'un grand nombre de corps : ils reconnaissaient donc l'existence de six éléments au lieu de quatre. Becher admettait trois terres, et c'était de leur combinaison et de la différence des proportions que résultait, suivant lui, la différence qui existe entre les substances métalliques. Stahl a modifié ce système : tous les chimistes qui lui ont succédé se sont permis d'y faire des changements, même d'en imaginer d'autres, mais tous se sont laissé entraîner à l'esprit de leur siècle, qui se contentait d'assertions sans preuves, ou du moins qui regardait souvent comme telles de très-légères probabilités.

Tout ce qu'on peut dire sur le nombre et sur la nature des éléments se borne, suivant moi, à des discussions purement métaphysiques : ce sont des problèmes indéterminés qu'on se propose de résoudre, qui sont susceptibles d'une infinité de solutions, mais dont il est très-probable qu'aucune en particulier n'est d'accord avec la nature. Je me contenterai donc de dire que, si par le nom d'éléments nous entendons désigner les molécules simples et indivisibles qui composent les corps, il est probable que nous ne les connaissons pas : que, si, au contraire, nous attachons au nom d'éléments ou de principes des corps l'idée du dernier terme auquel parvient l'analyse, toutes les substances que nous n'avons encore pu décomposer par aucun moyen sont pour nous des éléments; non pas que nous puissions assurer que ces corps, que nous regardons comme simples, ne soient pas eux-mêmes composés de deux ou même d'un plus grand nombre de principes; mais, puisque ces principes ne se séparent jamais, ou plutôt puisque nous n'avons aucun moyen de les séparer, ils agissent à notre égard à la manière des corps simples, et nous ne devons les supposer composés qu'au moment où l'expérience et l'observation nous en auront fourni la preuve.

Ces réflexions sur la marche des idées s'appliquent naturellement au choix des mots qui doivent les exprimer. Guidé par le travail que nous avons fait en commun en 1787, M. de Morveau, M. Berthollet, M. de Fourcroy et moi, sur la nomenclature de la chimie, j'ai désigné, autant que je l'ai pu, les substances simples par des mots simples, et ce sont elles que j'ai été obligé de nommer les premières. On peut se rappeler que nous nous sommes efforcé de conserver à toutes les substances les noms qu'elles portent dans la société; nous ne nous sommes permis de les changer que dans deux cas : le premier à l'égard des substances nouvellement découvertes et qui n'avaient point encore été nommées, ou du moins pour celles qui ne l'avaient été que depuis peu de temps, et dont les noms encore nouveaux n'avaient point été sanctionnés par une adoption générale; le second, lorsque les noms adoptés, soit par les anciens, soit par les modernes, nous ont paru entraîner des idées évidemment fausses, lorsqu'ils pouvaient faire confondre la substance qu'ils désignaient avec d'autres, qui sont douées de propriétés différentes ou opposées. Nous n'avons fait alors aucune difficulté de leur en substituer d'autres, que nous avons empruntés principalement du grec; nous avons fait en sorte qu'ils exprimassent la propriété la plus générale, la plus caractéristique de la substance, et nous y avons trouvé l'avantage de soulager la mémoire des commençants, qui retiennent difficilement un mot nouveau lorsqu'il est absolument vide de sens, et de les accoutumer de bonne heure à n'admettre aucun mot sans y attacher une idée.

A l'égard des corps qui sont formés de la réunion de plusieurs substances simples, nous les avons désignés par des noms composés comme le sont les substances elles-mêmes; mais, comme le nombre des combinaisons binaires est déjà très-considérable, nous serions tombés dans le désordre et dans la confusion, si nous ne nous fussions pas attachés à former des classes. Le nom de classes et de genres est, dans l'ordre naturel des idées, celui qui rappelle la propriété commune à un grand nombre d'individus; celui d'espèces, au contraire, est celui qui ramène l'idée aux propriétés particulières à quelques individus.

Ces distinctions ne sont pas faites, comme on pourrait le penser, seulement par la métaphysique; elles le sont par la nature. Un enfant, dit l'abbé de Condillac, appelle du nom d'*arbre* le premier arbre que nous lui montrons. Un second arbre qu'il voit ensuite lui rappelle la même idée, il lui donne le même nom; de même à un troisième, à un quatrième, et voilà le mot d'*arbre*, donné d'abord à un individu, qui devient pour lui un nom de classe ou de genre, une idée abstraite qui comprend tous les arbres en général. Mais, lorsque nous lui aurons fait remarquer que tous les arbres ne servent pas aux mêmes usages, que tous ne portent pas les mêmes fruits, il apprendra bientôt à les distinguer par des noms spécifiques et particuliers. Cette logique est celle de toutes les sciences; elle s'applique naturellement à la chimie.

Les acides, par exemple, sont composés de deux substances de l'ordre de celles que nous regardons comme simples, l'une qui constitue l'acidité et qui est commune à tous; c'est de cette substance que doit être emprunté le nom de classe ou de genre; l'autre qui est propre à chaque acide, qui les différencie les uns des autres, et c'est de cette substance que doit être emprunté le nom spécifique.

Mais, dans la plupart des acides, les deux principes constituants, le principe acidifiant et le principe acidifié, peuvent exister dans des proportions différentes, qui constituent toutes des points d'équilibre ou de saturation; c'est ce qu'on observe dans l'acide sulfurique et dans l'acide sulfureux; nous avons exprimé ces deux états du même acide en faisant varier la terminaison du nom spécifique.

Les substances métalliques qui ont été exposées à l'action réunie de l'air et du feu perdent leur éclat métallique, augmentent de poids et prennent une apparence terreuse; elles sont, dans cet état, composées, comme les acides, d'un principe qui est commun à toutes, et d'un principe particulier propre à chacune; nous avons dû également les classer sous un nom générique dérivé du principe commun, et le nom que nous avons adopté est celui d'*oxyde;* nous les avons ensuite différenciées les unes des autres par le nom particulier du métal auquel elles appartiennent.

Les substances combustibles, qui, dans les acides et dans les oxydes métalliques, sont un principe spécifique et particulier, sont susceptibles de devenir à leur tour un principe commun à un grand nombre de substances. Les combinaisons sulfureuses ont été longtemps les seules connues en ce genre; on sait aujourd'hui, d'après les expériences de MM. Vandermonde, Monge et Berthollet, que le charbon se combine avec le fer, et peut-être avec plusieurs autres métaux; qu'il en résulte, suivant les proportions, de l'acier, de la plombagine, etc. On sait également, d'après les expériences de M. Pelletier, que le phosphore se combine avec un grand nombre de substances métalliques. Nous avons encore rassemblé ces différentes combinaisons sous des noms génériques dérivés de celui de la substance commune, avec une terminaison, qui rappelle cette analogie, et nous les avons spécifiées par un autre nom, dérivé de leur substance propre.

La nomenclature des êtres composés de trois substances simples présentait un peu plus de difficultés en raison de leur nombre, et surtout parce qu'on ne peut exprimer la nature de leurs principes constituants sans employer des noms plus composés. Nous avons eu à considérer dans les corps qui forment cette classe, tels que les sels neutres, par exemple, 1° le principe acidifiant, qui est commun à tous; 2° le principe acidifiable, qui constitue leur acide propre; 3° la base saline, terreuse ou métallique, qui détermine l'espèce particulière de sel. Nous avons emprunté le nom de chaque classe de sels de celui du principe acidifiable, commun à tous les individus de la classe; nous avons ensuite distingué chaque espèce par le nom de la base saline, terreuse ou métallique, qui lui est particulière.

Un sel, quoique composé des trois mêmes principes, peut être cependant dans des états très-différents, par la seule différence de leur proportion. La nomenclature que nous avons adoptée aurait été défectueuse si elle n'eût pas exprimé ces différents états, et nous y sommes principalement parvenus par des changements de terminaison, que nous avons rendue uniforme pour un même état des différents sels.

Enfin nous sommes arrivés au point que, par le mot seul, on reconnaît sur-le-champ quelle est la substance combustible qui entre dans la combinaison dont il est question ; si cette substance combustible est combinée avec le principe acidifiant, et dans quelle proportion; dans quel état est cet acide; à quelle base il est uni; s'il y a saturation exacte; si c'est l'acide ou bien la base qui est en excès.

On conçoit qu'il n'a pas été possible de remplir ces différentes vues sans blesser quelquefois des usages reçus, et sans adopter des dénominations qui ont paru dures et barbares dans le premier moment; mais nous avons observé que l'oreille s'accoutumait promptement aux mots nouveaux, surtout lorsqu'ils se trouvaient liés à un système général et raisonné. Les noms, au surplus, qui s'employaient avant nous, tels que ceux de *poudre d'algaroth*, de *sel alembroth*, de *pompholix*, d'*eau phagédénique*, de *turbith minéral*, de *colcothar*, et beaucoup d'autres, ne sont ni moins durs, ni moins extraordinaires; il faut une grande habitude et beaucoup de mémoire pour se rappeler les substances qu'ils expriment, et surtout pour reconnaître à quel genre de combinaison ils appartiennent. Les noms d'*huile de tartre par défaillance*, d'*huile de vitriol*, de *beurre d'arsenic et d'antimoine*, de *fleurs de zinc*, etc. sont plus impropres encore, parce qu'ils font naître des idées fausses; parce qu'il n'existe, à proprement parler, dans le règne minéral et surtout dans le règne métallique, ni beurres, ni huiles, ni fleurs; enfin parce que les substances qu'on désigne sous ces noms trompeurs sont de violents poisons.

On nous a reproché, lorsque nous avons publié notre Essai de Nomenclature chimique, d'avoir changé la langue que nos maîtres ont parlée, qu'ils ont illustrée, et qu'ils nous ont transmise; mais on a oublié que c'étaient Bergman et Macquer qui avaient eux-mêmes sollicité cette réforme. Le savant professeur d'Upsal, M. Bergman, écrivait à M. de Morveau, dans les derniers temps de sa vie : *Ne faites grâce à aucune dénomination impropre : ceux qui savent déjà entendront toujours; ceux qui ne savent pas encore entendront plus tôt.*

Peut-être serait-on plus fondé à me reprocher de n'avoir donné, dans l'ouvrage que je présente au public, aucun historique de l'opinion de ceux qui m'ont précédé; de n'avoir présenté que la mienne, sans discuter celle des autres. Il en est résulté que je n'ai pas toujours rendu à mes confrères, encore moins aux chimistes étrangers, la justice qu'il était dans mon intention de leur rendre; mais je prie le lecteur de considérer que, si l'on accumulait les citations dans un ouvrage élémentaire, si l'on s'y livrait à de longues discussions sur l'historique de la science et sur les travaux de ceux qui l'ont professée, on perdrait de vue le véritable objet qu'on s'est proposé, et l'on formerait un ouvrage d'une lecture tout à fait fastidieuse pour les commençants. Ce n'est ni l'histoire de la science, ni celle de l'esprit humain, qu'on doit faire dans un traité élémentaire; on ne doit y chercher que la facilité, la clarté: on en doit soigneusement écarter tout ce qui pourrait tendre à détourner l'attention. C'est un chemin qu'il faut continuellement aplanir, dans lequel il ne faut laisser subsister aucun obstacle qui puisse apporter le moindre retard. Les sciences présentent déjà par elles-mêmes assez de difficultés, sans en appeler encore qui leur sont étrangères. Les chimistes s'apercevront facilement, d'ailleurs, que je n'ai presque fait usage, dans la première partie, que des expériences qui me sont propres. Si quelquefois il a pu m'échapper d'adopter, sans les citer, les expériences ou les opinions de M. Berthollet, de M. de Fourcroy, de M. de Laplace, de M. Monge, et de ceux, en général, qui ont adopté les mêmes principes que moi, c'est que l'habitude de vivre ensemble, de nous communiquer nos idées, nos observations, notre manière de voir, a établi entre nous une sorte de communauté d'opinions, dans laquelle il nous est souvent difficile à nous-mêmes de distinguer ce qui nous appartient plus particulièrement.

Tout ce que je viens d'exposer sur l'ordre que je me suis efforcé de suivre dans la marche des preuves et des idées n'est applicable qu'à la première partie de cet ouvrage : c'est elle seule qui contient l'ensemble de la doctrine que j'ai adoptée; c'est à elle seule que j'ai cherché à donner la forme véritablement élémentaire.

La seconde partie est principalement formée des tableaux de la nomenclature des sels neutres. J'y ai joint seulement des explications très-sommaires, dont l'objet est de faire connaître les procédés les plus simples pour obtenir les différentes espèces d'acides connus : cette seconde partie ne contient rien qui me soit propre;

elle ne présente qu'un abrégé très-concis de résultats extraits de différents ouvrages.

Enfin j'ai donné dans la troisième partie une description détaillée de toutes les opérations relatives à la chimie moderne. Un ouvrage de ce genre paraissait désiré depuis longtemps, et je crois qu'il sera de quelque utilité. En général, la pratique des expériences, et surtout des expériences modernes, n'est point assez répandue : et peut-être, si, dans les différents mémoires que j'ai donnés à l'Académie, je me fusse étendu davantage sur le détail des manipulations, me serais-je fait plus facilement entendre, et la science aurait-elle fait des progrès plus rapides. L'ordre des matières, dans cette troisième partie, m'a paru à peu près arbitraire, et je me suis seulement attaché à classer dans chacun des huit chapitres qui la composent les opérations qui ont ensemble le plus d'analogie. On s'apercevra aisément que cette troisième partie n'a pu être extraite d'aucun ouvrage, et que, dans les articles principaux, je n'ai pu être aidé que de ma propre expérience.

Je terminerai ce discours préliminaire en transcrivant littéralement quelques passages de M. l'abbé de Condillac, qui me paraissent peindre avec beaucoup de vérité l'état où était la chimie dans des temps très-rapprochés du nôtre[1]. Ces passages, qui n'ont point été faits exprès, n'en acquerront que plus de force, si l'application en paraît juste.

« Au lieu d'observer les choses que nous voulions connaître, « nous avons voulu les imaginer. De supposition fausse en supposition fausse, nous nous sommes égarés parmi une multitude « d'erreurs; et ces erreurs étant devenues des préjugés, nous les « avons prises par cette raison pour des principes; nous nous « sommes donc égarés de plus en plus. Alors nous n'avons su raisonner que d'après les mauvaises habitudes que nous avions con-

[1] Partie II, chapitre I.

« tractées. L'art d'abuser des mots sans les bien entendre a été « pour nous l'art de raisonner....... Quand les choses sont par« venues à ce point, quand les erreurs se sont ainsi accumulées, il « n'y a qu'un moyen de remettre l'ordre dans la faculté de penser : « c'est d'oublier tout ce que nous avons appris, de reprendre nos « idées à leur origine, d'en suivre la génération, et de refaire, « comme dit Bacon, l'entendement humain.

« Ce moyen est d'autant plus difficile qu'on se croit plus instruit. « Aussi des ouvrages où les sciences seraient traitées avec une « grande netteté, une grande précision, un grand ordre, ne se« raient-ils pas à la portée de tout le monde. Ceux qui n'auraient « rien étudié les entendraient mieux que ceux qui ont fait de « grandes études, et surtout que ceux qui ont écrit beaucoup sur « les sciences. »

M. l'abbé de Condillac ajoute à la fin du chapitre v : « Mais « enfin les sciences ont fait des progrès, parce que les philosophes « ont mieux observé, et qu'ils ont mis dans leur langage la préci« sion et l'exactitude qu'ils avaient mises dans leurs observations : « ils ont corrigé la langue, et l'on a mieux raisonné. »

PREMIÈRE PARTIE.

DE LA FORMATION DES FLUIDES AÉRIFORMES
ET DE LEUR DÉCOMPOSITION;
DE LA COMBUSTION DES CORPS SIMPLES ET DE LA FORMATION DES ACIDES.

CHAPITRE PREMIER.

DES COMBINAISONS DU CALORIQUE ET DE LA FORMATION DES FLUIDES ÉLASTIQUES AÉRIFORMES.

C'est un phénomène constant dans la nature, et dont la généralité a été bien établie par Boerhave, que, lorsqu'on échauffe un corps quelconque, solide ou fluide, il augmente de dimension dans tous les sens. Les faits sur lesquels on s'est fondé pour restreindre la généralité de ce principe ne présentent que des résultats illusoires, ou du moins dans lesquels se compliquent des circonstances étrangères qui en imposent; mais, lorsqu'on est parvenu à séparer les effets et à les rapporter chacun à la cause à laquelle ils appartiennent, on s'aperçoit que l'écartement des molécules par la chaleur est une loi générale et constante de la nature.

Si, après avoir échauffé jusqu'à un certain point un corps solide, et en avoir ainsi écarté de plus en plus toutes les molécules, on le laisse refroidir, ces mêmes molécules se rapprochent les unes des autres dans la même proportion, suivant laquelle elles avaient été écartées; le corps repasse par les mêmes degrés d'extension qu'il avait parcourus; et, si on le ramène à la même température qu'il avait en commençant l'expérience, il reprend sensiblement le volume qu'il avait d'abord. Mais, comme nous sommes bien éloignés de pouvoir obtenir un degré de froid absolu, comme nous ne connaissons aucun degré de refroidissement que nous ne puissions supposer susceptible d'être augmenté, il en résulte que nous n'avons pas encore pu parvenir à rapprocher, le plus qu'il est possible, les molécules d'aucun corps, et que, par conséquent, les molécules d'aucun corps ne se touchent dans la nature; conclusion très-singulière, et à laquelle cependant il est impossible de se refuser.

On conçoit que les molécules des corps étant ainsi continuellement sollicitées par la chaleur à s'écarter les unes des autres, elles n'auraient aucune liaison entre elles, et qu'il n'y aurait aucun corps solide, si elles n'étaient retenues par une autre force qui tendît à les réunir, et pour ainsi dire à les enchaîner, et cette force, quelle qu'en soit la cause, a été nommée attraction.

Ainsi les molécules des corps peuvent être considérées comme obéissant à deux forces, l'une répulsive, l'autre attractive, entre lesquelles elles sont en équilibre. Tant que la dernière de ces forces, l'attraction, est victorieuse, le corps demeure dans l'état solide; si, au contraire, l'attraction est la plus faible, si la chaleur a tellement écarté les unes des autres les molécules du corps, qu'elles soient hors de la sphère d'activité de leur attraction, elles perdent l'adhérence qu'elles avaient entre elles, et le corps cesse d'être un solide.

L'eau nous présente continuellement un exemple de ces phénomènes : au-dessous de zéro du thermomètre français, elle est dans l'état solide et elle porte le nom de glace; au-dessus de ce même terme, ses molécules cessent d'être retenues par leur attraction réciproque, et elle devient ce qu'on appelle un liquide; enfin, au-dessus de 80 degrés, ses molécules obéissent à la répulsion occasionnée par la chaleur; l'eau prend l'état de vapeur ou de gaz, et elle se transforme en un fluide aériforme.

On en peut dire autant de tous les corps de la nature: ils sont ou solides ou liquides, ou dans l'état élastique et aériforme, suivant le rapport qui existe entre la force attractive de leurs molécules et la force répulsive de la chaleur, ou, ce qui revient au même, suivant le degré de chaleur auquel ils sont exposés.

Il est difficile de concevoir ces phénomènes sans admettre qu'ils sont l'effet d'une substance réelle et matérielle, d'un fluide très-subtil, qui s'insinue à travers les molécules de tous les corps et qui les écarte; et, en supposant même que l'existence de ce fluide fût une hypothèse, on verra dans la suite qu'elle explique d'une manière très-heureuse les phénomènes de la nature.

Cette substance, quelle qu'elle soit, étant la cause de la chaleur, ou, en d'autres termes, la sensation que nous appelons chaleur étant l'effet de l'accumulation de cette substance, on ne peut pas, dans un langage rigoureux, la désigner par le nom de chaleur, parce que la même dénomination ne peut pas exprimer la cause et l'effet. C'est ce qui m'avait déterminé, dans le mémoire que j'ai publié en 1777[1], à la désigner sous le nom de fluide igné et de matière de la chaleur. Depuis, dans le travail que nous avons fait en commun, M. de Morveau, M. Berthollet, M. de Fourcroy et moi, sur la réforme du langage chimique, nous avons cru devoir bannir ces périphrases qui allongent le discours, qui le rendent plus traînant, moins précis, moins clair, et qui souvent même ne comportent pas des idées suffisamment justes. Nous avons en conséquence désigné la cause de la chaleur, le fluide éminemment élastique qui la produit, par le nom de *calorique*. Indépendamment de ce que cette expression remplit notre objet dans le système que nous avons adopté, elle a encore un autre avantage, c'est de pouvoir s'adapter à toutes sortes d'opinions; puisque, rigoureusement parlant, nous ne sommes pas même obligés de supposer que le calorique soit une matière réelle; il suffit, comme on le sentira mieux par la lecture de ce qui va suivre, que ce soit une cause répulsive quelconque qui écarte les molécules de la matière, et on peut ainsi en envisager les effets d'une manière abstraite et mathématique.

La lumière est-elle une modification du calorique, ou bien le calorique est-il une modification de la lumière? C'est sur quoi il est impossible de prononcer dans l'état actuel de nos connaissances. Ce qu'il

[1] *Recueil de l'Académie*, 1777, p. 420.

y a de certain, c'est que, dans un système où l'on s'est fait une loi de n'admettre que des faits, et où l'on évite, autant qu'il est possible, de rien supposer au delà de ce qu'ils présentent, on doit provisoirement désigner par des noms différents ce qui produit des effets différents. Nous distinguerons donc la lumière du calorique; mais nous n'en conviendrons pas moins que la lumière et le calorique ont des qualités qui leur sont communes, et que, dans quelques circonstances, ils se combinent à peu près de la même manière et produisent une partie des mêmes effets.

Ce que je viens de dire suffirait déjà pour bien déterminer l'idée qu'on doit attacher au mot de *calorique;* mais il me reste une tâche plus difficile à remplir, c'est de donner des idées justes de la manière dont le calorique agit sur les corps. Puisque cette matière subtile pénètre à travers les pores de toutes les substances que nous connaissons, puisqu'il n'existe pas de vases à travers lesquels elle ne s'échappe, et qu'il n'en est, par conséquent, aucun qui puisse la contenir sans perte, on ne peut en connaître les propriétés que par des effets qui, la plupart, sont fugitifs et difficiles à saisir. C'est sur les choses qu'on ne peut ni voir ni palper qu'il est surtout important de se tenir en garde contre les écarts de l'imagination, qui tend toujours à s'élancer au delà du vrai, et qui a bien de la peine à se renfermer dans le cercle étroit que les faits lui circonscrivent.

Nous venons de voir que le même corps devenait solide ou liquide, ou fluide aériforme, suivant la quantité de calorique dont il était pénétré, ou, pour parler d'une manière plus rigoureuse, suivant que la force répulsive du calorique était égale à l'attraction de ses molécules, ou qu'elle était plus forte ou plus faible qu'elle.

Mais, s'il n'existait que ces deux forces, les corps ne seraient liquides qu'à un degré indivisible du thermomètre, et ils passeraient brusquement de l'état de solide à celui de fluide élastique aériforme. Ainsi l'eau, par exemple, à l'instant même où elle cesse d'être glace, commencerait à bouillir; elle se transformerait en un fluide aériforme, et ses molécules s'écarteraient indéfiniment dans l'espace. S'il n'en est pas ainsi, c'est qu'une troisième force, la pression de l'atmosphère, met obstacle à cet écartement, et c'est par cette raison que l'eau demeure dans l'état fluide depuis zéro jusqu'à 80 degrés du thermomètre français; la quantité de calorique qu'elle reçoit dans cet intervalle est insuffisante pour vaincre l'effort occasionné par la pression de l'atmosphère.

On voit donc que, sans la pression de l'atmosphère, nous n'aurions pas de liquide constant; nous ne verrions les corps dans cet état qu'au moment précis où ils se fondent: la moindre augmentation de chaleur qu'ils recevraient ensuite en écarterait sur-le-champ les parties et les disperserait. Il y a plus, sans la pression de l'atmosphère, nous n'aurions pas, à proprement parler, de fluides aériformes. En effet, au moment où la force de l'attraction serait vaincue par la force répulsive du calorique, les molécules s'éloigneraient indéfiniment, sans que rien limitât leur écartement, si ce n'est leur propre pesanteur, qui les rassemblerait pour former une atmosphère.

De simples réflexions sur les expériences les plus connues suffisent pour faire apercevoir la vérité de ce que je viens d'énoncer. Elle se trouve d'ailleurs confirmée d'une manière évidente par l'expérience qui suit, dont j'ai déjà donné le détail à l'Académie en 1777. (Voy. Mém. de l'Académie, p. 426.)

On remplit d'éther sulfurique[1] un petit vase de verre étroit *A* (pl. VII. fig. 17), monté sur son pied *P*. Ce vase ne doit pas avoir plus de 12 à 15 lignes de diamètre et environ 2 pouces de hauteur. On couvre ce vase avec une vessie humectée, qu'on assujettit autour du col du vase par un grand nombre de tours de gros fil bien serrés; pour plus grande sûreté, on remet une seconde vessie par-dessus la première, et on l'assujettit de la même manière. Ce vase doit être tellement rempli d'éther, qu'il ne reste aucune portion d'air entre la liqueur et la vessie:

[1] Je donnerai ailleurs la définition de la liqueur qu'on nomme *éther*, et j'en développerai les propriétés. Je me contenterai de dire dans ce moment qu'on désigne par ce nom une liqueur inflammable très-volatile, d'une pesanteur spécifique beaucoup moindre que l'eau et même que l'esprit-de-vin.

on le place ensuite sous le récipient *BCD* d'une machine pneumatique dont le haut *B* doit être garni d'une boite à cuir, traversée par une tige *E F*, dont l'extrémité *F* se termine en une pointe ou lame très-aiguë : à ce même récipient doit être adapté un baromètre *GH*.

Lorsque tout est ainsi disposé, on fait le vide sous le récipient ; puis, en faisant descendre la tige pointue *EF*, on crève la vessie. Aussitôt l'éther commence à bouillir avec une étonnante rapidité, il se vaporise et se transforme en un fluide élastique aériforme qui occupe tout le récipient. Si la quantité d'éther est assez considérable pour que, la vaporisation finie, il en reste encore quelques gouttes dans la fiole, le fluide élastique qui s'est produit est susceptible de soutenir le baromètre adapté à la machine pneumatique à 8 ou 10 pouces environ pendant l'hiver, et à 20 et 25 pendant les chaleurs de l'été. On peut, pour rendre cette expérience plus complète, introduire un petit thermomètre dans le vase *A* qui contient l'éther, et on s'aperçoit qu'il descend considérablement pendant tout le temps que dure la vaporisation.

On ne fait autre chose, dans cette expérience, que de supprimer le poids de l'atmosphère, qui, dans l'état ordinaire, pèse sur la surface de l'éther, et les effets qui en résultent prouvent évidemment deux choses : la première, qu'au degré de température dans lequel nous vivons l'éther serait constamment dans l'état d'un fluide aériforme, si la pression de l'atmosphère n'y mettait obstacle ; la seconde, que ce passage de l'état liquide à l'état aériforme est accompagné d'un refroidissement considérable, par la raison que, pendant la vaporisation, une partie du calorique, qui était dans un état de liberté, ou au moins d'équilibre, dans les corps environnants, se combine avec l'éther pour le porter à l'état de fluide aériforme.

La même expérience réussit avec tous les fluides évaporables, tels que l'esprit-de-vin ou alcool, l'eau et le mercure même ; avec cette différence cependant que l'atmosphère d'alcool qui se forme sous le récipient ne peut soutenir le baromètre adapté à la machine pneumatique, en hiver, qu'à un pouce au-dessus de son niveau, et à quatre ou cinq en été; que l'eau ne le soutient qu'à quelques lignes, et le mercure à quelques fractions de ligne. Il y a donc moins de fluide vaporisé lorsqu'on opère avec l'alcool que lorsqu'on opère avec l'éther; moins encore avec l'eau, et surtout avec le mercure; par conséquent, moins de calorique employé et moins de refroidissement, ce qui cadre parfaitement avec le résultat des expériences.

Un autre genre d'expérience prouve encore d'une manière aussi évidente que l'état aériforme est une modification des corps, et qu'elle dépend du degré de température et de pression qu'ils éprouvent.

Nous avons fait voir, M. de Laplace et moi, dans un mémoire que nous avons lu à l'Académie en 1777, mais qui n'a pas été imprimé, que, lorsque l'éther était soumis à une pression de 28 pouces de mercure, c'est-à-dire à une pression égale à celle de l'atmosphère, il entrait en ébullition à 32 ou 33 degrés du thermomètre de mercure. M. de Luc, qui a fait des recherches analogues sur l'esprit-de-vin, a reconnu qu'il entrait en ébullition à 67 degrés. Enfin tout le monde sait que l'eau commence à bouillir à 80 degrés. L'ébullition n'étant autre chose que la vaporisation d'un fluide, ou le moment de son passage de l'état liquide à celui d'un fluide élastique aériforme, il était évident qu'en tenant constamment de l'éther à une température supérieure à 33 degrés et au degré habituel de pression de l'atmosphère, on devait l'obtenir dans l'état d'un fluide aériforme; que la même chose devait arriver à l'esprit-de-vin au-dessus de 67 degrés, et à l'eau au-dessus de 80; c'est ce qui s'est trouvé parfaitement confirmé par les expériences suivantes[1]:

J'ai rempli avec de l'eau à 35 ou 36 degrés du thermomètre un grand vase *ABCD* (pl. VII, fig. 15); je le suppose transparent pour mieux faire sentir ce qui se passe dans son intérieur; on peut encore tenir les mains assez longtemps dans de l'eau à ce degré sans s'incommoder. J'y ai plongé des bouteilles à goulot renversé *F*, *G*, qui s'y sont emplies, après quoi je les ai retournées de manière qu'elles eussent leur goulot en en-bas, et appliqué contre le fond du vase.

[1] *Mém. de l'Académie*, 1780, p. 335.

Les choses étant ainsi disposées, j'ai introduit de l'éther sulfurique dans un très-petit matras, dont le col *abc* était doublement recourbé; j'ai plongé ce matras dans l'eau du vase *ABCD*, et j'ai engagé, comme on le voit représenté dans la figure 15, l'extrémité de son col *abc* dans le goulot d'une des bouteilles *F*. Dès que l'éther a commencé à ressentir l'impression de la chaleur, il est entré en ébullition, et le calorique qui s'est combiné avec lui l'a transformé en un fluide élastique aériforme, dont j'ai rempli successivement plusieurs bouteilles *F, G*.

Ce n'est point ici le lieu d'examiner la nature et les propriétés de ce fluide aériforme, qui est très-inflammable; mais, sans anticiper sur des connaissances que je ne dois pas supposer au lecteur, je ferai observer, en me fixant sur l'objet qui nous occupe dans ce moment, que l'éther, d'après cette expérience, est tout près de ne pouvoir exister dans la planète que nous habitons que dans l'état aériforme; que, si la pesanteur de notre atmosphère n'équivalait qu'à une colonne de 20 ou 24 pouces de mercure au lieu de 28, nous ne pourrions obtenir l'éther dans l'état liquide, au moins pendant l'été; que la formation de l'éther serait par conséquent impossible sur les montagnes un peu élevées, et qu'il se convertirait en gaz à mesure qu'il serait formé, à moins qu'on n'employât des ballons très-forts pour le condenser, et qu'on ne joignît le refroidissement à la pression. Enfin, que le degré de la chaleur du sang étant à peu près celui où l'éther passe de l'état liquide à l'état aériforme, il doit se vaporiser dans les premières voies, et qu'il est très-vraisemblable que les propriétés de ce médicament tiennent à cet effet, pour ainsi dire, mécanique.

Ces expériences réussissent encore mieux avec l'éther nitreux, parce qu'il se vaporise à un degré de chaleur moindre que l'éther sulfurique. A l'égard de l'alcool ou esprit-de-vin, l'expérience, pour l'obtenir dans l'état aériforme, présente un peu plus de difficulté, parce que ce fluide n'étant susceptible de se vaporiser qu'à 67 degrés du thermomètre de Réaumur, il faut que l'eau du bain soit entretenue presque bouillante, et qu'à ce degré il n'est plus possible d'y plonger les mains.

Il était évident que la même chose devait arriver à l'eau; que ce fluide devait également se transformer en gaz en l'exposant à un degré de chaleur supérieur à celui qui le fait bouillir; mais, quoique convaincus de cette vérité, nous avons cru cependant, M. de Laplace et moi, devoir la confirmer par une expérience directe, et en voici le résultat. Nous avons rempli de mercure une jarre de verre *A* (pl. VII, fig. 5), dont l'ouverture était retournée en en-bas, et nous avons passé dessous une soucoupe *B*, également remplie de mercure. Nous avons introduit dans cette jarre environ 2 gros d'eau, qui ont gagné le haut *cd* de la jarre, et qui se sont rangés au-dessus de la surface du mercure: puis nous avons plongé le tout dans une grande chaudière de fer *EFGH*, placée sur un fourneau *GHIK*; cette chaudière était remplie d'eau salée en ébullition, dont la température excédait 85 degrés du thermomètre: on sait, en effet, que l'eau chargée de sel est susceptible de prendre un degré de chaleur supérieur de plusieurs degrés à celui de l'eau bouillante. Dès que les 2 gros d'eau placés dans la partie supérieure *cd* de la jarre ou du tube ont eu atteint la température de 80 degrés ou environ, ils sont entrés en ébullition, et, au lieu d'occuper, comme ils le faisaient, le petit espace *ACD*, ils se sont convertis en un fluide aériforme qui l'a remplie tout entière; le mercure est même descendu un peu au-dessous de son niveau, et la jarre aurait été renversée, si elle n'avait été très-épaisse, par conséquent fort pesante, et si elle n'avait d'ailleurs été assujettie à la soucoupe par du fil de fer. Sitôt qu'on retirait la jarre du bain d'eau salée, l'eau se condensait et le mercure remontait; mais elle reprenait l'état aériforme quelques instants après que l'appareil avait été replongé.

Voilà donc un certain nombre de substances qui se transforment en un fluide aériforme à des degrés de chaleur très-voisins de ceux dans lesquels nous vivons. Nous verrons bientôt qu'il en est d'autres, tels que l'acide marin ou muriatique, l'alcali volatil ou ammoniaque, l'acide carbonique ou air fixe, l'acide sulfureux, etc. qui demeurent constamment dans l'état aériforme, au degré habituel de chaleur et de pression de l'atmosphère.

Tous ces faits particuliers, dont il me serait facile de multiplier les exemples, m'autorisent à faire un principe général de ce que j'ai déjà annoncé plus haut, que presque tous les corps de la nature sont susceptibles d'exister dans trois états différents : dans l'état de solidité, dans l'état de liquidité et dans l'état aériforme, et que ces trois états d'un même corps dépendent de la quantité de calorique qui lui est combinée. Je désignerai dorénavant ces fluides aériformes sous le nom générique de *gaz*, et je dirai en conséquence que, dans toute espèce de gaz, on doit distinguer le calorique qui fait, en quelque façon, l'office de dissolvant, et la substance qui est combinée avec lui et qui forme sa base.

C'est à ces bases des différents gaz qui sont encore peu connues, que nous avons été obligés de donner des noms. Je les indiquerai dans le chapitre IV de cet ouvrage, après que j'aurai rendu compte de quelques phénomènes qui accompagnent l'échauffement et le refroidissement des corps, et que j'aurai donné des idées plus précises sur la constitution de notre atmosphère.

Nous avons vu que les molécules de tous les corps de la nature étaient dans un état d'équilibre entre l'attraction, qui tend à les rapprocher et à les réunir, et les efforts du calorique, qui tend à les écarter. Ainsi, non-seulement le calorique environne de toutes parts les corps, mais encore il remplit les intervalles que leurs molécules laissent entre elles. On se formera une idée de ces dispositions, si l'on se figure un vase rempli de petites balles de plomb et dans lequel on verse une substance en poudre très-fine, telle que du sablon ; on conçoit que cette substance se répandra uniformément dans les intervalles que les balles laissent entre elles et les remplira. Les balles, dans cet exemple, sont au sablon ce que les molécules des corps sont au calorique; avec cette différence que, dans l'exemple cité, les balles se touchent, au lieu que les molécules des corps ne se touchent pas, et qu'elles sont toujours maintenues à une petite distance les unes des autres par l'effort du calorique.

Si, à des balles, dont la figure est ronde, on substituait des hexaèdres, des octaèdres, ou des corps d'une figure régulière quelconque et d'une égale solidité, la capacité des vides qu'ils laisseraient entre eux ne serait plus la même, et l'on ne pourrait plus y loger une aussi grande quantité de sablon. La même chose arrive à l'égard de tous les corps de la nature; les intervalles que leurs molécules laissent entre elles ne sont pas tous d'une égale capacité. Cette capacité dépend de la figure de ces molécules, de leur grosseur et de la distance les unes des autres à laquelle elles sont maintenues, suivant le rapport qui existe entre leur force d'attraction et la force répulsive qu'exerce le calorique.

C'est dans ce sens qu'on doit entendre cette expression, *capacité des corps pour maintenir la matière de la chaleur;* expression fort juste, introduite par les physiciens anglais, qui ont eu les premiers des notions exactes à cet égard. Un exemple de ce qui se passe dans l'eau, et quelques réflexions sur la manière dont ce fluide mouille et pénètre les corps, rendra ceci plus intelligible; on ne saurait trop s'aider, dans les choses abstraites, de comparaisons sensibles.

Si l'on plonge dans l'eau des morceaux de différents bois, égaux en volume, d'un pied cube, par exemple, ce fluide s'introduira peu à peu dans leurs pores; ils se gonfleront et augmenteront de poids: mais chaque espèce de bois admettra dans ses pores une quantité d'eau différente; les plus légers et les plus poreux en logeront davantage: ceux qui seront compactes et serrés n'en laisseront pénétrer qu'une très-petite quantité; enfin la proportion d'eau qu'ils recevront dépendra encore de la nature des molécules constituantes du bois, de l'affinité plus ou moins grande qu'elles auront avec l'eau, et les bois très-résineux, par exemple, quoique très-poreux, en admettront très-peu. On pourra donc dire que les différentes espèces de bois ont une capacité différente pour recevoir de l'eau; on pourra même connaître, par l'augmentation de poids, la quantité qu'ils en auront absorbée: mais, comme on ignorera la quantité d'eau qu'ils contenaient avant leur immersion, il ne sera pas possible de connaître la quantité absolue qu'ils en contiendront en en sortant.

Les mêmes circonstances ont lieu à l'égard des corps qui sont plongés dans le calorique; en observant cependant que l'eau est un fluide incompressible, tandis que le calorique est doué d'une grande élasticité, ce qui signifie, en d'autres termes, que les molécules du calorique ont une grande tendance à s'écarter les unes des autres, quand une force quelconque les a obligées de se rapprocher, et l'on conçoit que cette circonstance doit apporter des changements très-notables dans les résultats.

Les choses amenées à ce point de clarté et de simplicité, il me sera aisé de faire entendre quelles sont les idées qu'on doit attacher à ces expressions, *calorique libre et calorique combiné*, *quantité spécifique de calorique* contenue dans les différents corps, *capacité pour contenir le calorique*, *chaleur latente*, *chaleur sensible*, toutes expressions qui ne sont point synonymes, mais qui, d'après ce que je viens d'exposer, ont un sens strict et déterminé. C'est ce sens que je vais chercher encore à fixer par quelques définitions.

Le calorique libre est celui qui n'est engagé dans aucune combinaison. Comme nous vivons au milieu d'un système de corps avec lesquels le calorique a de l'adhérence, il en résulte que nous n'obtenons jamais ce principe dans l'état de liberté absolue.

Le calorique combiné est celui qui est enchaîné dans les corps par la force d'affinité ou d'attraction, et qui constitue une partie de leur substance, même de leur solidité.

On entend par cette expression, *calorique spécifique* des corps, la quantité de calorique respectivement nécessaire pour élever d'un même nombre de degrés la température de plusieurs corps égaux en poids. Cette quantité de calorique dépend de la distance des molécules des corps, de leur adhérence plus ou moins grande; et c'est cette distance, ou plutôt l'espace qui en résulte, qu'on a nommé, comme je l'ai déjà observé, *capacité pour contenir le calorique*.

La chaleur, considérée comme sensation, ou, en d'autres termes, la *chaleur sensible*, n'est que l'effet produit sur nos organes par le passage du calorique qui se dégage des corps environnants. En général, nous n'éprouvons de sensation que par un mouvement quelconque, et l'on pourrait poser comme un axiome, *point de mouvement*, *point de sensa-*

tion. Ce principe général s'applique naturellement au sentiment du froid et du chaud : lorsque nous touchons un corps froid, le calorique, qui tend à se mettre en équilibre dans tous les corps, passe de notre main dans le corps que nous touchons, et nous éprouvons la sensation du froid. L'effet contraire arrive lorsque nous touchons un corps chaud : le calorique passe du corps à notre main, et nous avons la sensation de la chaleur. Si le corps et la main sont du même degré de température, ou à peu près, nous n'éprouvons aucune sensation, ni de froid ni de chaud, parce qu'alors il n'y a pas de mouvement, point de transport de calorique, et qu'encore une fois il n'y a pas de sensation sans un mouvement qui l'occasionne.

Lorsque le thermomètre monte, c'est une preuve qu'il y a du calorique libre qui se répand dans les corps environnants : le thermomètre, qui est au nombre de ces corps, en reçoit sa part, en raison de sa masse et de la capacité qu'il a lui-même pour contenir le calorique. Le changement qui arrive dans le thermomètre n'annonce donc qu'un déplacement de calorique, qu'un changement arrivé à un système de corps dont il fait partie; il n'indique tout au plus que la portion de calorique qu'il a reçue, mais il ne mesure pas la quantité totale qui a été dégagée, déplacée ou absorbée. Le moyen le plus simple et le plus exact pour remplir ce dernier objet est celui imaginé par M. de Laplace, et qui est décrit dans les Mémoires de l'Académie, année 1780, p. 364. On en trouve aussi une explication sommaire à la fin de cet ouvrage. Il consiste à placer le corps ou la combinaison d'où se dégage le calorique au milieu d'une sphère creuse de glace : la quantité de glace fondue est une expression exacte de la quantité de calorique qui s'est dégagée. On peut, à l'aide de l'appareil que nous avons fait construire d'après cette idée, connaître, non pas, comme on l'a prétendu, la capacité qu'ont les corps pour contenir le calorique, mais le rapport des augmentations ou diminutions que reçoivent ces capacités, par des nombres déterminés de degrés du thermomètre. Il est facile, avec le même appareil, et par diverses combinaisons d'expériences, de connaître la quantité de calorique nécessaire pour convertir les corps solides en liquides, et ceux-ci en fluides aériformes, et, réciproquement, ce que les fluides élastiques abandonnent de calorique quand ils deviennent liquides, et ceux-ci quand ils redeviennent solides. On pourra donc parvenir un jour, lorsque les expériences auront été assez multipliées, à déterminer le rapport de calorique qui constitue chaque espèce de gaz. Je rendrai compte, dans un chapitre particulier, des principaux résultats que nous avons obtenus en ce genre.

Il me reste, en finissant cet article, à dire un mot sur la cause de l'élasticité des gaz et des fluides en vapeurs. Il n'est pas difficile d'apercevoir que cette élasticité tient à celle du calorique, qui paraît être le corps éminemment élastique de la nature. Rien de plus simple que de concevoir qu'un corps devient élastique en se combinant avec un autre qui est lui-même doué de cette propriété. Mais il faut convenir que c'est expliquer l'élasticité par l'élasticité; qu'on ne fait par là que reculer la difficulté, et qu'il reste toujours à expliquer ce que c'est que l'élasticité, et pourquoi le calorique est élastique. En considérant l'élasticité dans un sens abstrait, elle n'est autre chose que la propriété qu'ont les molécules d'un corps de s'éloigner les unes des autres, lorsqu'on les a forcées de s'approcher. Cette tendance qu'ont les molécules du calorique à s'écarter a lieu même à de fort grandes distances. On en sera convaincu, si l'on considère que l'air est susceptible d'un grand degré de compression; ce qui suppose que ses molécules sont déjà très-éloignées les unes des autres, car la possibilité de se rapprocher suppose une distance au moins égale à la quantité du rapprochement. Or ces molécules de l'air, qui sont déjà très-éloignées entre elles, tendent encore à s'éloigner davantage: en effet, si on fait le vide de Boyle dans un très-vaste récipient, les dernières portions d'air qui y restent se répandent uniformément dans toute la capacité du vase, quelque grand qu'il soit; elles le remplissent en entier et pressent ses parois; or cet effet ne peut s'expliquer qu'en supposant que les molécules font un effort en tout sens pour s'écarter, et l'on ne connaît point la distance à laquelle ce phénomène s'arrête.

Il y a donc une véritable répulsion entre les molécules des fluides élastiques, ou du moins les choses se passent de la même manière que si cette répulsion avait lieu, et on aurait quelque droit d'en conclure que les molécules du calorique se repoussent les unes les autres. Cette force de répulsion une fois admise, les explications relatives à la formation des fluides aériformes ou gaz deviendraient fort simples; mais il faut convenir, en même temps, qu'une force répulsive entre des molécules très-petites, qui agit à de grandes distances, est difficile à concevoir.

Il paraîtrait peut-être plus naturel de supposer que les molécules du caloriques s'attirent plus entre elles que ne le font les molécules des corps, et qu'elles ne les écartent que pour obéir à la force d'attraction qui les oblige de se réunir. Il se passe quelque chose d'analogue à ce phénomène, quand on plonge une éponge sèche dans de l'eau : elle se gonfle; ses molécules s'écartent les unes des autres, et l'eau remplit tous les intervalles. Il est clair que cette éponge, en se gonflant, a acquis plus de capacité pour contenir de l'eau qu'elle n'en avait auparavant. Mais peut-on dire que l'introduction de l'eau entre ses molécules leur ait communiqué une force répulsive qui tende à les écarter les unes des autres? Non, sans doute; il n'y a, au contraire, que des forces attractives qui agissent dans ce cas, et ces forces sont : 1° la pesanteur de l'eau et l'action qu'elle exerce en tous sens comme tous les fluides; 2° la force attractive des molécules de l'eau les unes à l'égard des autres; 3° la force attractive des molécules de l'éponge entre elles; enfin l'attraction réciproque des molécules de l'eau et de celles de l'éponge. Il est aisé de concevoir que c'est de l'intensité et du rapport de toutes ces forces que dépend l'explication du phénomène. Il est probable que l'écartement des molécules des corps par le calorique tient de même à une combinaison de différentes forces attractives, et c'est le résultat de ces forces que nous cherchons à exprimer d'une manière plus concise et plus conforme à l'état d'imperfection de nos connaissances, lorsque nous disons que le calorique communique une force répulsive aux molécules des corps.

CHAPITRE II.

VUES GÉNÉRALES SUR LA FORMATION ET LA CONSTITUTION DE L'ATMOSPHÈRE DE LA TERRE.

Les considérations que je viens de présenter sur la formation des fluides élastiques aériformes, ou gaz, jettent un grand jour sur la manière dont se sont formées, dans l'origine des choses, les atmosphères des planètes, et notamment celle de la terre. On conçoit que cette dernière doit être le résultat et le mélange, 1° de toutes les substances susceptibles de se vaporiser ou plutôt de rester dans l'état aériforme, au degré de température dans lequel nous vivons, et à une pression égale au poids d'une colonne de mercure de 27 pouces de hauteur; 2° de toutes les substances fluides ou concrètes susceptibles de se dissoudre dans cet assemblage de différents gaz.

Pour mieux fixer nos idées relativement à cette matière sur laquelle on n'a point encore assez réfléchi, considérons un moment ce qui arriverait aux différentes substances qui composent le globe, si la température en était brusquement changée. Supposons, par exemple, que la terre se trouvât transportée tout à coup dans une région beaucoup plus chaude du système solaire, dans la région de Mercure, par exemple, où la chaleur habituelle est probablement fort supérieure à celle de l'eau bouillante : bientôt l'eau, tous les fluides susceptibles de se vaporiser à des degrés voisins de l'eau bouillante, et le mercure lui-même, entreraient en expansion; ils se transformeraient en fluides aériformes ou gaz, qui deviendraient parties de l'atmosphère. Ces nouvelles espèces d'air se mêleraient avec celles déjà existantes, et il en résulterait des décompositions réciproques, des combinaisons nouvelles, jusqu'à ce que, les différentes affinités se trouvant satisfaites, les principes qui composeraient ces différents airs ou gaz arrivassent à un état de repos. Mais une considération qui ne doit pas échapper, c'est que cette vaporisation même aurait des bornes; en effet, à mesure que la quantité des fluides élastiques augmenterait, la pesanteur de l'atmosphère s'accroîtrait en proportion; or, puisqu'une pression quelconque est un obstacle à la vaporisation, puisque les fluides les plus évaporables peuvent résister, sans se vaporiser, à une chaleur très-forte, quand on y oppose une pression proportionnellement plus forte encore; enfin, puisque l'eau elle-même et tous les liquides peuvent éprouver, dans la machine de Papin, une chaleur capable de les faire rougir, on conçoit que la nouvelle atmosphère arriverait à un degré de pesanteur tel, que l'eau qui n'aurait pas été vaporisée jusqu'alors cesserait de bouillir et resterait dans l'état de liquidité; en sorte que, même dans cette supposition comme dans toute autre de même genre, la pesanteur de l'atmosphère serait limitée et ne pourrait pas excéder un certain terme. On pourrait porter ces réflexions beaucoup plus loin, et examiner ce qui arriverait aux pierres, aux sels et à la plus grande partie des substances fusibles qui composent le globe; on conçoit qu'elles se ramolliraient, qu'elles entreraient en fusion et formeraient des fluides; mais ces dernières considérations sortent de mon objet, et je me hâte d'y rentrer.

Par un effet contraire, si la terre se trouvait tout à coup placée dans des régions très-froides, l'eau qui forme aujourd'hui nos fleuves et nos mers, et probablement le plus grand nombre des fluides que nous connaissons, se transformerait en montagnes solides, en rochers très-durs, d'abord diaphanes, homogènes et blancs comme le cristal de roche, mais qui, avec le temps, se mêlant avec des substances de différente nature, deviendraient des pierres opaques diversement colorées.

L'air, dans cette supposition, ou au moins une partie des substances aériformes qui le composent, cesseraient sans doute d'exister dans l'état de vapeurs élastiques, faute d'un degré de chaleur suffisant; elles reviendraient donc à l'état de liquidité, et il en résulterait de nouveaux liquides dont nous n'avons aucune idée.

Ces deux suppositions extrêmes font voir clairement : 1° que *solidité*, *liquidité*, *élasticité*, sont trois états différents de la même matière, trois modifications particulières, par lesquelles presque toutes les substances peuvent successivement passer, et qui dépendent uniquement du degré de chaleur auquel elles sont exposées, c'est-à-dire de la quantité de calorique dont elles sont pénétrées; 2° qu'il est très-probable que l'air est un fluide naturellement en vapeurs, ou, pour mieux dire, que notre atmosphère est un composé de tous les fluides susceptibles d'exister dans un état de vapeurs et d'élasticité constante, au degré habituel de chaleur et de pression que nous éprouvons; 3° qu'il ne serait pas, par conséquent, impossible qu'il se rencontrât dans notre atmosphère des substances extrêmement compactes, des métaux mêmes, et qu'une substance métallique, par exemple, qui serait un peu plus volatile que le mercure, serait dans ce cas.

On sait que, parmi les fluides que nous connaissons, les uns, comme l'eau et l'alcool ou esprit-de-vin, sont susceptibles de se mêler les uns avec les autres dans toutes proportions; les autres, au contraire, comme le mercure, l'eau et l'huile, ne peuvent contracter que des adhérences momentanées; ils se séparent les uns des autres lorsqu'ils ont été mélangés, et se rangent en raison de leur gravité spécifique. La même chose doit, ou au moins peut arriver dans l'atmosphère; il est possible, il est même probable, qu'il s'est formé dans l'origine et qu'il se forme tous les jours des gaz qui ne sont que difficilement miscibles à l'air de l'atmosphère, et qui s'en séparent; si ces gaz sont plus légers, ils doivent se rassembler dans les régions élevées et y former des couches qui nagent sur l'air atmosphérique. Les phénomènes qui accompagnent les météores ignés me portent à croire qu'il existe ainsi dans le haut de l'atmosphère une couche d'un fluide inflammable, et que c'est au point de contact de ces deux couches d'air que s'opèrent les phénomènes de l'aurore boréale et des autres météores ignés. Je me propose de développer mes idées à cet égard dans un mémoire particulier.

CHAPITRE III.

ANALYSE DE L'AIR DE L'ATMOSPHÈRE, SA RÉSOLUTION EN DEUX FLUIDES ÉLASTIQUES, L'UN RESPIRABLE, L'AUTRE NON RESPIRABLE.

Telle est donc *a priori* la constitution de notre atmosphère; elle doit être formée de la réunion de toutes les substances susceptibles de demeurer dans l'état aériforme au degré habituel de température et de pression que nous éprouvons. Ces fluides forment une masse de nature à peu près homogène, depuis la surface de la terre jusqu'à la plus grande hauteur à laquelle on soit encore parvenu, et dont la densité décroît en raison inverse des poids dont elle est chargée; mais, comme je l'ai dit, il est possible que cette première couche soit recouverte d'une ou de plusieurs autres, de fluides très-différents.

Il nous reste maintenant à déterminer quel est le nombre et quelle est la nature des fluides élastiques qui composent cette couche inférieure que nous habitons, et c'est sur quoi l'expérience va nous éclairer. La chimie moderne a fait à cet égard un grand pas, et les détails dans lesquels je vais entrer feront connaître que l'air de l'atmosphère est peut-être, de toutes les substances de cet ordre, celle dont l'analyse est la plus exactement et la plus rigoureusement faite.

La chimie présente, en général, deux moyens pour déterminer la nature des parties constituantes d'un corps, la composition et la décomposition. Lors, par exemple, que l'on a combiné ensemble de l'eau et de l'esprit-de-vin ou alcool, et que, par le résultat de ce mélange, on a formé l'espèce de liqueur qui porte le nom d'eau-de-vie dans le commerce, on a droit d'en conclure que l'eau-de-vie est un composé d'alcool et d'eau; mais on peut arriver à la même conclusion par voie de décomposition, et en général on ne doit être pleinement satisfait, en chimie, qu'autant qu'on a pu réunir ces deux genres de preuves.

On a cet avantage dans l'analyse de l'air de l'atmosphère, on peut le décomposer et le recomposer, et je me bornerai à rapporter ici les expériences les plus concluantes qui aient été faites à cet égard. Il n'en est presque aucunes qui ne me soient devenues propres, soit parce que je les ai faites le premier, soit parce que je les ai répétées sous un point de vue nouveau, sous celui d'analyser l'air de l'atmosphère.

J'ai pris (pl. II, fig. 14) un matras *A* de 36 pouces cubiques environ de capacité, dont le col *BCDE* était très-long, et avait 6 à 7 lignes de grosseur intérieurement. Je l'ai courbé, comme on le voit représenté (pl. IV, fig. 2), de manière qu'il pût être placé dans un fourneau *MMNN*, tandis que l'extrémité *E* de son col irait s'engager sous la cloche *FG*, placée dans un bain de mercure *RRSS*. J'ai introduit dans ce matras 4 onces de mercure très-pur, puis, en suçant avec un siphon que j'ai introduit sous la cloche *FG*, j'ai élevé le mercure jusqu'en *LL*; j'ai marqué soigneusement cette hauteur avec une bande de papier collé, et j'ai observé exactement le baromètre et le thermomètre.

Les choses ainsi préparées, j'ai allumé du feu dans le fourneau *MMNN*, et je l'ai entretenu presque continuellement pendant douze jours, de manière que le mercure fût échauffé jusqu'au degré nécessaire pour le faire bouillir.

Il ne s'est rien passé de remarquable pendant tout le premier jour : le mercure, quoique non bouillant, était dans un état d'évaporation continuelle, il tapissait l'intérieur des vaisseaux de gouttelettes, d'abord très-fines, qui allaient ensuite en augmentant, et qui, lorsqu'elles avaient acquis un certain volume, retombaient d'elles-mêmes au fond du vase et se réunissaient au reste du mercure. Le second jour, j'ai commencé à voir nager sur la surface du mercure de petites parcelles rouges, qui, pendant quatre ou cinq jours, ont augmenté en nombre et en volume, après quoi elles ont cessé de grossir et sont restées absolument dans le même état. Au bout de douze jours, voyant que la calcination du mercure ne faisait plus aucun progrès, j'ai éteint le feu et j'ai laissé refroidir les vaisseaux. Le volume de l'air contenu, tant dans le matras que dans son col et sous la partie vide de la cloche, réduit à une pression de 28 pouces et à 10 degrés du thermomètre, était, avant l'opération, de 50 pouces cubiques environ. Lorsque l'opération a été finie, ce même volume, à pression et à température égales, ne s'est plus trouvé que de 42 à 43 pouces; il y avait eu par conséquent une diminution de volume d'un sixième environ. D'un autre côté, ayant rassemblé soigneusement les parcelles rouges qui s'étaient formées, et les ayant séparées, autant qu'il était possible, du mercure coulant dont elles étaient baignées, leur poids s'est trouvé de 45 grains.

J'ai été obligé de répéter plusieurs fois cette calcination du mercure en vaisseaux clos, parce qu'il est difficile, dans une seule et même expérience, de conserver l'air dans lequel on a opéré, et les molécules rouges ou chaux de mercure qui s'est formée. Il m'arrivera souvent de confondre ainsi, dans un même récit, le résultat de deux ou trois expériences de même genre.

L'air qui restait après cette opération, et qui avait été réduit aux cinq sixièmes de son volume par la calcination du mercure, n'était plus propre à la respiration ni à la combustion; car les animaux qu'on y introduisait y périssaient en peu d'instants, et les lumières s'y éteignaient sur-le-champ, comme si on les eût plongées dans de l'eau.

D'un autre côté, j'ai pris les 45 grains de matière rouge qui s'était formée pendant l'opération, je les ai introduits dans une très-petite cornue de verre, à laquelle était adapté un appareil propre à recevoir les produits liquides et aériformes qui pourraient se séparer; ayant allumé du feu dans le fourneau, j'ai observé qu'à mesure que la matière rouge était échauffée, sa couleur augmentait d'intensité. Lorsque ensuite la cornue a approché de l'incandescence, la matière rouge a commencé à perdre peu à peu de son volume, et en quelques minutes elle a entièrement disparu; en même temps il s'est condensé dans le petit récipient 41 grains $\frac{1}{2}$ de mercure coulant, et il a passé sous la cloche 7 à 8 pouces cubiques d'un fluide élastique beaucoup plus propre que l'air de l'atmosphère à entretenir la combustion et la respiration des animaux.

Ayant fait passer une portion de cet air dans un tube de verre d'un pouce de diamètre, et y ayant plongé une bougie, elle y répandait un éclat éblouissant; le charbon, au lieu de s'y consumer paisiblement comme dans l'air ordinaire, y brûlait avec flamme et une sorte de décrépitation, à la manière du phosphore, et avec une vivacité de lumière que les yeux avaient peine à supporter. Cet air que nous avons découvert presque en même temps, M. Priestley, M. Schéele et moi, a été nommé, par le premier, air déphlogistiqué; par le second, air empyréal. Je lui avais d'abord donné le nom d'*air éminemment respirable*; depuis on y a substitué celui d'*air vital*. Nous verrons bientôt ce qu'on doit penser de ces dénominations.

En réfléchissant sur les circonstances de cette expérience, on voit que le mercure, en se calcinant, absorbe la partie salubre et respirable de l'air, ou, pour parler d'une manière plus rigoureuse, la base de cette partie respirable: que la portion d'air qui reste est une espèce de mofette, incapable d'entretenir la combustion et la respiration: l'air de l'atmosphère est donc composé de deux fluides élastiques de nature différente et pour ainsi dire opposée.

Une preuve de cette importante vérité, c'est qu'en recombinant les deux fluides élastiques qu'on a ainsi obtenus séparément, c'est-à-dire les 42 pouces cubiques de mofette ou air non respirable, et les 8 pouces cubiques d'air respirable, on reforme de l'air, en tout semblable à celui de l'atmosphère, et qui est propre, à peu près au même degré, à la combustion, à la calcination des métaux et à la respiration des animaux.

Quoique cette expérience fournisse un moyen infiniment simple d'obtenir séparément les deux principaux fluides élastiques qui entrent dans la composition de notre atmosphère, elle ne nous donne pas des idées exactes sur la proportion de ces deux fluides. L'affinité du mercure pour la partie respirable de l'air, ou plutôt pour sa base, n'est pas assez grande pour qu'elle puisse vaincre entièrement les obstacles qui s'opposent à cette combinaison. Ces obstacles sont l'adhérence des deux fluides constitutifs de l'air de l'atmosphère et la force d'affinité qui unit la base de l'air vital au calorique: en conséquence, la calcination du mercure finie, ou au moins portée aussi loin qu'elle peut l'être dans une quantité d'air déterminée, il reste encore un peu d'air respirable combiné avec la mofette, et le mercure ne peut en séparer cette dernière portion. Je ferai voir, dans la suite, que la proportion d'air respirable et d'air non respirable qui entre dans la composition de l'air atmosphérique est dans le rapport de 27 à 73, au moins dans les climats que nous habitons; je discuterai en même temps les causes d'incertitude qui existent encore sur l'exactitude de cette proportion.

Puisqu'il y a décomposition de l'air dans la calcination du mercure, puisqu'il y a fixation et combinaison de la base de la partie respirable avec le mercure, il résulte des principes que j'ai précédemment exposés, qu'il doit y avoir dégagement de calorique et de lumière, et l'on ne saurait douter que ce dégagement n'ait lieu en effet; mais deux causes empêchent qu'il ne soit rendu sensible dans l'expérience dont je viens de rendre compte. La première, parce que, la calcination durant pendant plusieurs jours, le dégagement de chaleur et de lumière, réparti sur un aussi long intervalle de temps, est infiniment faible pour chaque instant en particulier; la seconde, parce que, l'opération se faisant dans un fourneau et à l'aide du feu, la chaleur occasionnée par la calcination se confond avec celle du fourneau. Je pourrais ajouter que la partie respirable de l'air, ou plutôt sa base, en se combinant avec le mercure, n'abandonne pas la totalité du calorique qui lui était uni, qu'une partie demeure engagée dans la nouvelle combinaison; mais cette discussion et les preuves que je serais obligé de rapporter ne seraient pas à leur place ici.

Il est, au surplus, aisé de rendre sensible le dégagement de la chaleur et de la lumière en opérant d'une manière plus prompte la décomposition de l'air. Le fer, qui a beaucoup plus d'affinité que le mercure avec la base de la partie respirable de l'air, en fournit un moyen. Tout le monde connaît aujourd'hui la belle expérience de M. Ingenhousz sur la combustion du fer. On prend un bout de fil de fer très-fin *BG* (pl. IV, fig. 17), tourné en spirale; on fixe l'une de ses extrémités *B* dans un bouchon de liége *A*, destiné à boucher la bouteille *DEFG*.

On attache, à l'autre extrémité de ce fil de fer, un petit morceau d'amadou *C*. Les choses ainsi disposées, on emplit, avec de l'air dépouillé de sa partie non respirable, la bouteille *DEFG*. On allume l'amadou *C*, puis on l'introduit promptement, ainsi que le fil de fer *BC* dans la bouteille, et on la bouche comme on le voit dans la figure que je viens de citer.

Aussitôt que l'amadou est plongé dans l'air vital, il commence à brûler avec un éclat éblouissant; il communique l'inflammation au fer, qui brûle lui-même en répandant de brillantes étincelles, lesquelles tombent au fond de la bouteille, en globules arrondis, qui deviennent noirs en se refroidissant, et qui conservent un reste de brillant métallique. Le fer, ainsi brûlé, est plus cassant et plus fragile que ne le serait le verre lui-même; il se réduit facilement en poudre et est encore attirable à l'aimant, moins cependant qu'il ne l'était avant sa combustion.

M. Ingenhousz n'a examiné ni ce qui arrivait au fer, ni ce qui arrivait à l'air dans cette opération, en sorte que je me suis trouvé obligé de la répéter avec des circonstances différentes et dans un appareil plus propre à répondre à mes vues.

J'ai rempli une cloche *A* (pl. IV, fig. 3), de 6 pintes environ de capacité, d'air pur, autrement dit de la partie éminemment respirable de l'air. J'ai transporté, à l'aide d'un vase très-plat, cette cloche sur un bain de mercure contenu dans le bassin *BC*, après quoi j'ai séché soigneusement, avec du papier gris, la surface du mercure, tant dans l'intérieur qu'à l'extérieur de la cloche. Je me suis muni, d'un autre côté, d'une petite capsule de porcelaine *D*, plate et évasée, dans laquelle j'ai placé de petits copeaux de fer tournés en spirale, et que j'ai arrangés de la manière qui m'a paru la plus favorable pour que la combustion se communiquât à toutes les parties. A l'extrémité d'un de ces copeaux j'ai attaché un petit morceau d'amadou, et j'y ai ajouté un fragment de phosphore qui pesait à peine un seizième de grain. J'ai introduit la capsule sous la cloche en soulevant un peu cette dernière. Je n'ignore pas que, par cette manière de procéder, il se mêle une petite portion d'air commun avec l'air de la cloche; mais ce mélange, qui est peu considérable lorsqu'on opère avec adresse, ne nuit point au succès de l'expérience.

Lorsque la capsule *D* est introduite sous la cloche, on suce une partie de l'air qu'elle contient, afin d'élever le mercure dans son intérieur jusqu'en *EF*; on se sert à cet effet d'un siphon *GHI*, qu'on passe par-dessous, et, pour qu'il ne se remplisse pas de mercure, on tortille un petit morceau de papier à son extrémité. Il y a un art pour élever ainsi en suçant le mercure sous la cloche; si on se contentait d'aspirer l'air avec le poumon, on n'atteindrait qu'à une très-médiocre élévation, par exemple, d'un pouce ou d'un pouce et demi tout au plus, tandis que, par l'action des muscles de la bouche, on élève, sans se fatiguer, ou au moins sans risquer de s'incommoder, le mercure jusqu'à 6 à 7 pouces.

Après que tout a été ainsi préparé, on fait rougir au feu un fer recourbé *MN* (pl. IV, fig. 16), destiné à ces sortes d'expériences: on le passe par-dessous la cloche, et, avant qu'il ait eu le temps de se refroidir, on l'approche du petit morceau de phosphore contenu dans la capsule de porcelaine *D*; aussitôt le phosphore s'allume, il communique son inflammation à l'amadou, et celui-ci la communique au fer. Quand les copeaux ont été bien arrangés, tout le fer brûle jusqu'au dernier atome, en répandant une lumière blanche, brillante, et semblable à celle qu'on observe dans les étoiles d'artifice chinois. La grande chaleur qui s'opère pendant cette combustion liquéfie le fer, et il tombe en globules ronds de grosseur différente, dont le plus grand nombre reste dans la capsule, et dont quelques-uns sont lancés au dehors et nagent sur la surface du mercure.

Dans le premier instant de la combustion il y a une légère augmentation dans le volume de l'air, en raison de la dilatation occasionnée par la chaleur; mais bientôt une diminution rapide succède à la dilatation; le mercure remonte dans la cloche, et, lorsque la quantité de fer est suffisante et que l'air avec lequel on opère est bien pur, on parvient à l'absorber presque en entier.

Je dois avertir ici qu'à moins qu'on ne veuille faire des expériences de recherches, il vaut mieux ne brûler que des quantités médiocres de fer. Quand on veut pousser trop loin l'expérience et absorber presque tout l'air, la capsule *D*, qui nage sur le mercure, se rapproche trop de la voûte de la cloche, et la grande chaleur, jointe au refroidissement subit occasionné par le contact du mercure, fait éclater le verre : le poids de la colonne de mercure, qui vient à tomber rapidement dès qu'il s'est fait une fêlure à la cloche, occasionne un flot qui fait jaillir une grande partie de ce fluide hors du bassin. Pour éviter ces inconvénients et être sûr du succès de l'expérience, on ne doit guère brûler plus d'un gros et demi de fer sous une cloche de 8 pintes de capacité. Cette cloche doit être forte, afin de résister au poids de mercure qu'elle est destinée à contenir.

Il n'est pas possible de déterminer à la fois, dans cette expérience, le poids que le fer acquiert et les changements arrivés à l'air. Si c'est l'augmentation de poids du fer et son rapport avec l'absorption de l'air, dont on cherche à connaître la quantité, on doit avoir soin de marquer très-exactement sur la cloche, avec un trait de diamant, la hauteur du mercure avant et après l'expérience; on passe ensuite sous la cloche le siphon *GH* (pl. IV, fig. 3), garni d'un papier qui empêche qu'il ne s'emplisse de mercure. On met le pouce sur l'extrémité *g*, et on rend l'air peu à peu en soulevant le pouce. Lorsque le mercure est descendu à son niveau, on enlève doucement la cloche, on détache de la capsule les globules de fer qui y sont contenus, on rassemble soigneusement ceux qui pourraient s'être éclaboussés et qui nagent sur le mercure, et on pèse le tout. Ce fer est dans l'état de ce que les anciens chimistes ont nommé *éthiops martial*, il a une sorte de brillant métallique, il est très-cassant, très-friable, et se réduit en poudre sous le marteau et sous le pilon. Lorsque l'opération a bien réussi, avec 100 grains de fer on obtient 135 à 136 grains d'éthiops. On peut donc compter sur une augmentation de poids au moins de 35 livres par quintal.

Si l'on a donné à cette expérience toute l'attention qu'elle mérite, l'air se trouve diminué d'une quantité en poids exactement égale à celle dont le fer est augmenté. Si donc on a brûlé 100 grains de fer, et que l'augmentation de poids que ce métal a acquise ait été de 35 grains, la diminution du volume de l'air est assez exactement de 70 pouces cubiques, à raison d'un demi-grain par pouce cube. On verra, dans la suite de ces Mémoires, que le poids de l'air vital est, en effet, assez exactement d'un demi-grain par pouce cube.

Je rappellerai ici une dernière fois que, dans toutes les expériences de ce genre, on ne doit point oublier de ramener par le calcul le volume de l'air, au commencement et à la fin de l'expérience, à celui qu'on aurait eu à 10 degrés du thermomètre et à une pression de 28 pouces; j'entrerai dans quelques détails sur la manière de faire ces corrections, à la fin de cet ouvrage.

Si c'est sur la qualité de l'air restant dans la cloche qu'on se propose de faire des expériences, on opère d'une manière un peu différente. On commence alors, après que la combustion est faite et que les vaisseaux sont refroidis, par retirer le fer et la capsule qui le contenait, en passant la main sous la cloche à travers le mercure; ensuite on introduit, sous cette même cloche, de la potasse ou alcali caustique, dissous dans l'eau, du sulfure de potasse, ou telle autre substance qu'on juge à propos, pour examiner l'action qu'elles exercent sur l'air. Je reviendrai, dans la suite, sur ces moyens d'analyse de l'air, quand j'aurai fait connaître la nature de ces différentes substances, dont je ne parle qu'accidentellement dans ce moment. On finit par introduire sous cette même cloche autant d'eau qu'il est nécessaire pour déplacer tout le mercure; après quoi on passe dessous un vaisseau ou espèce de capsule très-plate, avec laquelle on la transporte dans l'appareil pneumato-chimique ordinaire à l'eau, où l'on opère plus en grand et avec plus de facilité.

Lorsqu'on a employé du fer très-doux et très-pur, et que la portion respirable de l'air dans lequel s'est faite la combustion était exempte de tout mélange d'air non respirable, l'air qui reste, après la combustion, se trouve aussi pur qu'il l'était avant la combustion; mais il est rare que le fer ne contienne pas une petite quantité de matière charbonneuse, l'acier surtout en contient toujours. Il est de même extrêmement difficile d'obtenir la portion respirable de l'air parfaitement pure : elle est presque toujours mêlée d'une petite portion de la partie non respirable ; mais cette espèce de mofette ne trouble en rien le résultat de l'expérience, et elle se retrouve à la fin en même quantité qu'au commencement.

J'ai annoncé qu'on pouvait déterminer de deux manières la nature des parties constituantes de l'air de l'atmosphère : par voie de décomposition et par voie de composition. La calcination du mercure nous a fourni l'exemple de l'une et de l'autre, puisque, après avoir enlevé à la partie respirable sa base par le mercure, nous la lui avons rendue pour reformer de l'air en tout semblable à celui de l'atmosphère. Mais on peut également opérer cette composition de l'air en empruntant de différents règnes les matériaux qui doivent le former. On verra dans la suite que, lorsqu'on dissout des matières animales dans de l'acide nitrique, il se dégage une grande quantité d'un air qui éteint les lumières, qui est nuisible pour les animaux, et qui est en tout semblable à la partie non respirable de l'air de l'atmosphère. Si à 73 parties de ce fluide élastique on en ajoute 27 d'air éminemment respirable, tiré du mercure réduit en chaux rouge par la calcination, on forme un fluide élastique parfaitement semblable à celui de l'atmosphère, et qui en a toutes les propriétés.

Il y a beaucoup d'autres moyens de séparer la partie respirable de l'air de la partie non respirable ; mais je ne pourrais les exposer ici sans emprunter des notions qui, dans l'ordre des connaissances, appartiennent aux chapitres suivants. Les expériences, d'ailleurs, que j'ai rapportées, suffisent pour un traité élémentaire ; et, dans ces sortes de matières, le choix des preuves est plus important que leur nombre.

Je terminerai cet article en indiquant une propriété qu'a l'air de l'atmosphère, et qu'ont en général tous les fluides élastiques ou gaz que nous connaissons : c'est celle de dissoudre l'eau. La quantité d'eau qu'un pied cube d'air de l'atmosphère peut dissoudre est, suivant les expériences de M. de Saussure, de 12 grains ; d'autres fluides élastiques, tels que l'acide carbonique, paraissent en dissoudre davantage: mais on n'a point fait encore d'expériences exactes pour en déterminer la quantité. Cette eau, que contiennent les fluides élastiques aériformes, donne lieu, dans quelques expériences, à des phénomènes particuliers, qui méritent beaucoup d'attention, et qui ont souvent jeté les chimistes dans de grandes erreurs.

CHAPITRE IV.

NOMENCLATURE DES DIFFÉRENTES PARTIES CONSTITUTIVES DE L'AIR DE L'ATMOSPHÈRE.

Jusqu'ici j'ai été forcé de me servir de périphrases pour désigner la nature des différentes substances qui composent notre atmosphère, et j'ai adopté provisoirement ces expressions : *partie respirable, partie non respirable de l'air.* Les détails dans lesquels je vais entrer exigent que je prenne une marche plus rapide, et qu'après avoir cherché à donner des idées simples des différentes substances qui entrent dans la composition de l'air de l'atmosphère, je les exprime également par des mots simples.

La température de la planète que nous habitons se trouvant très-voisine du degré où l'eau passe de l'état liquide à l'état solide, et réciproquement, et ce phénomène s'opérant fréquemment sous nos yeux, il n'est pas étonnant que, dans toutes les langues, au moins dans les climats où l'on éprouve une sorte d'hiver, on ait donné un nom à l'eau devenue solide par l'absence du calorique.

Mais il n'a pas dû en être de même de l'eau réduite à l'état de vapeur par une plus grande addition de calorique. Ceux qui n'ont pas fait une étude particulière de ces objets ignorent encore qu'à un degré un peu supérieur à celui de l'eau bouillante l'eau se transforme en un fluide élastique aériforme, susceptible, comme tous les gaz, d'être reçu et contenu dans des vaisseaux, et qui conserve sa forme gazeuse tant qu'il éprouve une température supérieure à 80 degrés, jointe à une pression égale à celle d'une colonne de 28 pouces de mercure. Ce phénomène ayant échappé à la multitude, aucune langue n'a désigné l'eau dans cet état par un nom particulier, et il en est de même de tous les fluides, et, en général, de toutes les substances qui ne sont point susceptibles de se vaporiser au degré habituel de température et de pression dans lequel nous vivons.

Par une suite de la même cause on n'a point donné de nom à la plupart des fluides aériformes dans l'état liquide ou concret; on ignorait que ces fluides fussent le résultat de la combinaison d'une base avec le calorique, et, comme on ne les avait jamais vus dans l'état de liquide ni de solide, leur existence sous cette forme était inconnue même des physiciens.

Nous n'avons pas jugé qu'il nous fût permis de changer des noms reçus et consacrés dans la société par un antique usage. Nous avons donc attaché aux mots d'*eau* et de *glace* leur signification vulgaire; nous avons de même exprimé par le mot d'*air* la collection des fluides élastiques qui composent notre atmosphère; mais nous ne nous sommes pas crus obligés au même respect pour des dénominations très-modernes nouvellement proposées par les physiciens. Nous avons pensé que nous étions en droit de les rejeter et de leur en substituer d'autres moins propres à induire en erreur; et, lors même que nous nous sommes déterminés à les adopter, nous n'avons fait aucune difficulté de les modifier et d'y attacher des idées mieux arrêtées et plus circonscrites.

C'est principalement du grec que nous avons tiré les mots nouveaux, et nous avons fait en sorte que leur étymologie rappelât l'idée des choses que nous nous proposions d'indiquer; nous nous sommes attachés surtout à n'admettre que des mots courts et, autant qu'il était possible, qui fussent susceptibles de former des adjectifs et des verbes.

D'après ces principes, nous avons conservé, à l'exemple de M. Macquer, le nom de *gaz* employé par Vanhelmont, et nous avons rangé sous cette dénomination la classe nombreuse des fluides élastiques aériformes, en faisant cependant une exception pour l'air de l'atmosphère. Le mot *gaz* est donc pour nous un nom générique, qui désigne le dernier degré de saturation d'une substance quelconque par le calorique : c'est l'expression d'une manière d'être des corps. Il s'agissait ensuite de spécifier chaque espèce de gaz, et nous y sommes parvenus en empruntant un second nom de celui de sa base. Nous appellerons donc gaz aqueux l'eau combinée avec le calorique et dans l'état de fluide élastique aériforme; la combinaison de l'éther avec le calorique sera le gaz éthéré: celle de l'esprit-de-vin avec le calorique sera le gaz alcoolique; nous aurons de même le gaz acide muriatique, le gaz ammoniac et ainsi de tous les autres. Je m'étendrai davantage sur cet article, quand il sera question de nommer les différentes bases.

On a vu que l'air de l'atmosphère était principalement composé de deux fluides aériformes ou gaz, l'un respirable, susceptible d'entretenir la vie des animaux, dans lequel les métaux se calcinent et les corps combustibles peuvent brûler; l'autre, qui a des propriétés absolument opposées, que les animaux ne peuvent respirer, qui ne peut entretenir la combustion, etc. Nous avons donné à la base de la portion respirable de l'air le nom d'oxygène, en le dérivant de deux mots grecs ὀξύς, *acide*, γείνομαι, *j'engendre*, parce qu'en effet une des propriétés les plus générales de cette base est de former des acides en se combinant avec la plupart des substances. Nous appellerons donc gaz oxygène la réunion de cette base avec le calorique. Sa pesanteur dans cet état est assez exactement d'un demi-grain poids de marc par pouce cube, ou d'une once et demie par pied cube, le tout à 10 degrés de température et à 28 pouces du baromètre.

Les propriétés chimiques de la partie non respirable de l'air de l'atmosphère n'étant pas encore très-bien connues, nous nous sommes contentés de déduire le nom de sa base de la propriété qu'a ce gaz de priver de la vie les animaux qui le respirent, nous l'avons donc nommé azote, de l'α privatif des Grecs, et de ζωή, *vie;* ainsi la partie non respirable de l'air sera le gaz azotique. Sa pesanteur est de 1 once 2 gros 48 grains le pied cube, ou de $0^{\text{grain}},4444$ le pouce cube.

Nous ne nous sommes pas dissimulé que ce nom présentait quelque chose d'extraordinaire; mais c'est le sort de tous les noms nouveaux; ce n'est que par l'usage qu'on se familiarise avec eux. Nous en avons d'ailleurs cherché longtemps un meilleur, sans qu'il nous ait été possible de le rencontrer; nous avions été tentés d'abord de le nommer gaz alcaligène, parce qu'il est prouvé, par les expériences de M. Berthollet, comme on le verra dans la suite, que ce gaz entre dans la composition de l'alcali volatil ou ammoniaque; mais, d'un autre côté, nous n'avons point encore la preuve qu'il soit un des principes constitutifs des autres alcalis; il est d'ailleurs prouvé qu'il entre également dans la combinaison de l'acide nitrique; on aurait donc été tout aussi fondé à le nommer principe nitrigène. Enfin, nous avons dû rejeter un nom qui comportait une idée systématique, et nous n'avons pas risqué de nous tromper en adoptant celui d'*azote* et de gaz azotique, qui n'exprime qu'un fait, ou plutôt qu'une propriété : celle de priver de la vie les animaux qui respirent ce gaz.

J'anticiperais sur des notions réservées pour des articles subséquents, si je m'étendais davantage sur la nomenclature des différentes espèces de gaz. Il me suffit d'avoir donné ici, non la dénomination de tous, mais la méthode de les nommer tous. Le mérite de la nomenclature que nous avons adoptée consiste principalement en ce que, la substance simple étant nommée, le nom de tous ses composés découle nécessairement de ce premier mot.

CHAPITRE V.

DE LA DÉCOMPOSITION DU GAZ OXYGÈNE PAR LE SOUFRE, LE PHOSPHORE ET LE CHARBON, ET DE LA FORMATION DES ACIDES EN GÉNÉRAL.

Un des principes qu'on ne doit jamais perdre de vue, dans l'art de faire des expériences, est de les simplifier le plus qu'il est possible, et d'en écarter toutes les circonstances qui peuvent en compliquer les effets. Nous n'opérerons donc pas, dans les expériences qui vont faire l'objet de ce chapitre, sur de l'air de l'atmosphère, qui n'est point une substance simple. Il est bien vrai que le gaz azotique, qui fait une partie du mélange qui le constitue, paraît être purement passif dans les calcinations et les combustions; mais, comme il les ralentit, et comme il n'est pas impossible même qu'il en altère les résultats dans quelques circonstances, il m'a paru nécessaire de bannir cette cause d'incertitude.

J'exposerai donc, dans les expériences dont je vais rendre compte, le résultat des combustions tel qu'il a lieu dans l'air vital ou gaz oxygène pur, et j'avertirai seulement des différences qu'elles présentent quand le gaz oxygène est mêlé de différentes proportions de gaz azotique.

J'ai pris une cloche de cristal *A* (pl. IV, fig. 3), de 5 à 6 pintes de capacité, je l'ai emplie de gaz oxygène sur de l'eau, après quoi je l'ai transportée sur le bain de mercure au moyen d'une capsule de verre que j'ai passée par-dessous; j'ai ensuite séché la surface du mercure et j'y ai introduit 61 grains $\frac{1}{4}$ de phosphore de Kunkel, que j'ai divisés dans deux capsules de porcelaine, semblables à celle qu'on voit en *D* (fig. 3), sous la cloche *A*; et, pour pouvoir allumer chacune de ces deux portions séparément, et que l'inflammation ne se communiquât pas de l'une à l'autre, j'ai recouvert l'une des deux avec un petit carreau de verre. Lorsque tout a été ainsi préparé, j'ai élevé le mercure dans la cloche à la hauteur *EF*, en suçant avec un siphon de verre *GHI* (même figure), qu'on introduit par-dessous la cloche : pour qu'il ne se remplisse pas en passant à travers le mercure, on tortille, à son extrémité *I*, un petit morceau de papier. Puis, avec un fer recourbé, rougi au feu, représenté fig. 16, j'ai allumé successivement le phosphore des deux capsules, en commençant par celle qui n'était point recouverte avec un carreau de verre.

La combustion s'est faite avec une grande rapidité, avec une flamme brillante et un dégagement considérable de chaleur et de lumière. Il y a eu, dans le premier instant, une dilatation considérable du gaz oxygène, occasionnée par la chaleur; mais bientôt le mercure a remonté au-dessus de son niveau, et il y a eu une absorption considérable; en même temps tout l'intérieur de la cloche s'est tapissé de flocons blancs, légers, qui n'étaient autre chose que de l'acide phosphorique concret.

La quantité de gaz oxygène employée était, toutes corrections faites, au commencement de l'expérience, de 162 pouces cubiques; elle s'est trouvée, à la fin, seulement de 23 pouces $\frac{1}{4}$; la quantité de gaz oxygène absorbée avait donc été de 138 pouces $\frac{3}{4}$ ou de 69^{grains},375.

La totalité du phosphore n'était pas brûlée; il en restait dans les capsules quelques portions, qui, lavées, pour en séparer l'acide, et séchées, se sont trouvées peser environ 16 grains $\frac{1}{4}$, ce qui réduit à peu près à 45 grains la quantité de phosphore brûlée; je dis à peu près, parce qu'il ne serait pas impossible qu'il n'y eût eu 1 ou 2 grains d'erreur sur le poids du phosphore restant après la combustion.

Ainsi, dans cette opération, 45 grains de phosphore se sont combinés avec 69^{grains},375 d'oxygène; et, comme rien de pesant ne passe à travers le verre, on a droit d'en conclure que le poids de la substance quelconque qui a résulté de cette combinaison, et qui s'était rassemblée en flocons blancs, devait s'élever à la somme du poids de l'oxygène et de celui du phosphore, c'est-à-dire à 114^{grains},375. On verra bientôt que ces flocons blancs ne sont autre chose qu'un acide concret. En réduisant ces quantités au quintal, on trouve qu'il faut employer 154 livres d'oxygène pour saturer 100 livres de phosphore, et qu'il en résulte 254 livres de flocons blancs ou acide phosphorique concret.

Cette expérience prouve, d'une manière évidente, qu'à un certain degré de température l'oxygène a plus d'affinité avec le phosphore qu'avec le calorique; qu'en conséquence le phosphore décompose le gaz oxygène, qu'il s'empare de sa base, et qu'alors le calorique, qui devient libre, s'échappe et se dissipe en se répartissant dans les corps environnants.

Mais, quelque concluante que fût cette expérience, elle n'était pas encore suffisamment rigoureuse; en effet, dans l'appareil que j'ai employé et que je viens de décrire, il n'est pas possible de vérifier le poids des flocons blancs ou de l'acide concret qui s'est formé; on ne peut le conclure que par voie de calcul et en le supposant égal à la somme du poids de l'oxygène et du phosphore; or, quelque évidente que fût cette conclusion, il n'est jamais permis, en physique et en chimie, de supposer ce qu'on peut déterminer par des expériences directes. J'ai donc cru devoir refaire cette expérience un peu plus en grand et avec un appareil différent.

J'ai pris un grand ballon de verre *A* (pl. IV, fig. 4), dont l'ouverture *EF* avait 3 pouces de diamètre. Cette ouverture se recouvrait avec une plaque de cristal usée à l'émeri, laquelle était percée de deux trous pour le passage des tuyaux *yyy*, *xxx*.

Avant de fermer le ballon avec sa plaque, j'y ai introduit un support *BC*, surmonté d'une capsule de porcelaine *D*, qui contenait 150 grains de phosphore. Tout étant ainsi disposé, j'ai adapté la plaque de cristal sur l'ouverture du matras, et j'ai luté avec du lut gras, que j'ai recouvert avec des bandes de linge imbibées de chaux et de blanc d'œuf; lorsque ce lut a été bien séché, j'ai suspendu tout cet appareil au bras d'une balance et j'en ai déterminé le poids à un grain ou un grain et demi près. J'ai ensuite adapté le tuyau *xxx* à une petite pompe pneumatique, et j'ai fait le vide; après quoi, ouvrant un robinet adapté au tuyau *yyy*, j'ai introduit du gaz oxygène dans le ballon. Je ferai observer que ce genre d'expérience se fait avec assez de facilité, et surtout avec beaucoup d'exactitude, au moyen de la machine hydro-pneumatique dont nous avons donné la description, M. Meunier et moi, dans les Mémoires de l'Académie, année 1782, page 466, et dont on trouvera une explication dans la dernière partie de cet ouvrage; qu'on peut, à l'aide de cet instrument, auquel M. Meunier a fait, depuis, des additions et des corrections importantes, connaître d'une manière rigoureuse la quantité de gaz oxygène introduite dans le ballon, et celle qui s'est consommée pendant le cours de l'opération.

Lorsque tout a été ainsi disposé, j'ai mis le feu au phosphore avec un verre ardent. La combustion a été extrêmement rapide, accompagnée d'une grande flamme et de beaucoup de chaleur; à mesure qu'elle s'opérait, il se formait une grande quantité de flocons blancs qui s'attachaient sur les parois intérieures du vase, et qui bientôt l'ont obscurci entièrement. L'abondance des vapeurs était même telle, que, quoiqu'il rentrât continuellement de nouveau gaz oxygène, qui aurait dû entretenir la combustion, le phosphore s'est bientôt éteint. Ayant laissé refroidir parfaitement tout l'appareil, j'ai commencé par m'assurer de la quantité de gaz oxygène qui avait été employée, et par peser le ballon avant de l'ouvrir. J'ai ensuite lavé, séché et pesé la petite quantité de phosphore qui était restée dans la capsule et qui était de couleur jaune d'ocre, afin de la déduire de la quantité totale de phosphore employée dans l'expérience. Il est clair qu'à l'aide de ces différentes précautions il m'a été facile de constater : 1° le poids du phospore brûlé; 2° celui des flocons blancs obtenus par la combustion; 3° le poids du gaz oxygène qui s'était combiné avec le phosphore. Cette expérience m'a donné à peu près les mêmes résultats que la précédente : il en a également résulté que le phosphore, en brûlant, absorbait un peu plus d'une fois et demie son poids d'oxygène, et j'ai acquis, de plus, la certitude que le poids de la nouvelle substance produite était égal à la somme du poids du phosphore brûlé et de l'oxygène qu'il avait absorbé, ce qu'il était, au surplus, facile de prévoir *a priori*.

Si le gaz oxygène qu'on a employé dans cette expérience était pur, le résidu qui reste après la combustion est également pur; ce qui prouve qu'il ne s'échappe rien du phosphore qui puisse altérer la pureté de l'air, et qu'il n'agit qu'en enlevant au calorique sa base, c'est-à-dire l'oxygène qui y était uni.

J'ai dit plus haut que, si on brûlait un corps combustible quelconque dans une sphère creuse de glace ou dans tout autre appareil construit sur le même principe, la quantité de glace fondue pendant la combustion était une mesure exacte de la quantité de calorique dégagé. On peut consulter à cet égard le mémoire que nous avons donné en commun à l'Académie, M. de Laplace et moi, année 1780, page 355. Ayant soumis la combustion du phosphore à cette épreuve, nous avons reconnu qu'une livre de phosphore, en brûlant, fondait un peu plus de 100 livres de glace.

La combustion du phosphore réussit également dans l'air de l'atmosphère, avec ces deux différences seulement : 1° que la combustion est beaucoup moins rapide, attendu qu'elle est ralentie par la grande proportion de gaz azotique qui se trouve mêlé avec le gaz oxygène; 2° que le cinquième de l'air, tout au plus, est seulement absorbé, parce que cette absorption se faisant toute aux dépens du gaz oxygène, la proportion du gaz azotique devient telle, vers la fin de l'opération, que la combustion ne peut plus avoir lieu.

Le phosphore, par sa combustion, soit dans l'air ordinaire, soit dans le gaz oxygène, se transforme, comme je l'ai déjà dit, en une matière blanche floconneuse très-légère, et il acquiert des propriétés toutes nouvelles; d'insoluble qu'il était dans l'eau, non-seulement il devient soluble, mais il attire l'humidité contenue dans l'air avec une étonnante rapidité, et il se résout en une liqueur beaucoup plus dense que l'eau, et d'une pesanteur spécifique beaucoup plus grande. Dans l'état de phosphore, et avant sa combustion, il n'avait presque aucun goût; par sa réunion avec l'oxygène il prend un goût extrêmement aigre et piquant : enfin, de la classe des combustibles il passe dans celle des substances incombustibles, et il devient ce qu'on appelle un acide.

Cette conversibilité d'une substance combustible en un acide par l'addition de l'oxygène est, comme nous le verrons bientôt, une propriété commune à un grand nombre de corps; or, en bonne logique, on ne peut se dispenser de désigner sous un nom commun toutes les opérations qui présentent des résultats analogues; c'est le seul moyen de simplifier l'étude des sciences, et il serait impossible d'en retenir tous les détails, si on ne s'attachait à les classer. Nous nommerons donc *oxygénation* la conversion du phosphore en un acide, et en général la combinaison d'un corps combustible quelconque avec l'oxygène.

Nous adopterons également l'expression d'*oxygéner*, et je dirai, en conséquence, qu'en *oxygénant* le phosphore on le convertit en un acide.

Le soufre est également un corps combustible, c'est-à-dire qui a la propriété de décomposer l'air et d'enlever l'oxygène au calorique. On peut s'en assurer aisément par des expériences toutes semblables à celles que je viens de détailler pour le phosphore; mais je dois avertir qu'il est impossible, en opérant de la même manière sur le soufre, d'obtenir des résultats aussi exacts que ceux qu'on obtient avec le phosphore, par la raison que l'acide qui se forme par la combustion du soufre est difficile à condenser; que le soufre lui-même brûle avec beaucoup de difficulté, et qu'il est susceptible de se dissoudre dans les différents gaz. Mais ce que je puis assurer, d'après mes expériences, c'est que le soufre, en brûlant, absorbe de l'air; que l'acide qui se forme est beaucoup plus pesant que n'était le soufre, que son poids est égal à la somme du poids du soufre et de l'oxygène qu'il a absorbés; enfin, que cet acide est pesant, incombustible, susceptible de se combiner avec l'eau en toutes proportions; il ne reste d'incertitude que sur la quantité de soufre et d'oxygène qui constituent cet acide.

Le charbon, que tout, jusqu'à présent, porte à faire regarder comme une substance combustible simple, a également la propriété de décomposer le gaz oxygène et d'enlever sa base au calorique; mais l'acide qui résulte de cette combustion ne se condense pas au degré de pression et de température dans lequel nous vivons, il demeure dans l'état de gaz, et il faut une grande quantité d'eau pour l'absorber. Cet acide, au surplus, a toutes les propriétés communes aux acides, mais dans un degré plus faible, et il s'unit comme eux à toutes les bases susceptibles de former des sels neutres.

On peut opérer la combustion du charbon, comme celle du phosphore, sous une cloche de verre A (pl. IV, fig. 3), remplie de gaz oxygène et renversée dans du mercure; mais, comme la chaleur d'un fer chaud, et même rouge, ne suffirait pas pour l'allumer, on ajoute, par-dessus le charbon, un petit fragment d'amadou et un petit atome de phosphore, qu'on allume avec un fer rouge; l'inflammation se communique ensuite à l'amadou, puis au charbon.

On trouve le détail de cette expérience, *Mémoires de l'Académie*, année 1781, page 448. On y verra qu'il faut 72 parties d'oxygène en poids pour en saturer 28 de charbon, et que l'acide aériforme qui est produit a une pesanteur justement égale à la somme des poids du charbon et de l'oxygène qui ont servi à le former. Cet acide aériforme a été nommé air fixe ou air fixé par les premiers chimistes qui l'ont découvert; ils ignoraient alors si c'était de l'air semblable à celui de l'atmosphère ou un autre fluide élastique, vicié et gâté par la combustion; mais, puisqu'il est constant aujourd'hui que cette substance aériforme est un acide, qu'il se forme, comme tous les autres acides, par l'oxygénation d'une base, il est aisé de voir que le nom d'air fixe ne lui convient point.

Ayant essayé, M. de Laplace et moi, de brûler du charbon dans l'appareil propre à déterminer la quantité de calorique dégagée, nous avons trouvé qu'une livre de charbon, en brûlant, fondait 96 livres 6 onces de glace; 2 livres 9 onces 1 gros 10 grains d'oxygène se combinent avec le charbon dans cette opération, et il se forme 3 livres 9 onces 1 gros 10 grains de gaz acide; ce gaz pèse 0grain,695 le pouce cube, ce qui donne 34242 pouces cubiques pour le volume total de gaz acide qui se forme par la combustion d'une livre de charbon.

Je pourrais multiplier beaucoup plus les exemples de ce genre, et faire voir, par une suite de faits nombreux, que la formation des acides s'opère par l'oxygénation d'une substance quelconque; mais la marche que je me suis engagé à suivre, et qui consiste à ne procéder que du connu à l'inconnu, et à ne présenter au lecteur que des exemples puisés dans des choses qui lui ont été précédemment expliquées, m'empêche d'anticiper ici sur les faits. Les trois exemples, d'ailleurs, que je viens de citer, suffisent pour donner une idée claire et précise de la manière dont se forment les acides. On voit que l'oxygène est un principe commun à tous, et que c'est lui qui constitue leur acidité : qu'ils sont ensuite différenciés les uns des autres par la nature de la substance acidifiée. Il faut donc distinguer, dans tout acide, la base acidifiable, à laquelle M. de Morveau a donné le nom de radical, et le principe acidifiant, c'est-à-dire l'oxygène.

CHAPITRE VI.

DE LA NOMENCLATURE DES ACIDES EN GÉNÉRAL, ET PARTICULIÈREMENT DE CEUX TIRÉS DU SALPÊTRE ET DU SEL MARIN.

Rien n'est plus aisé, d'après les principes posés dans le chapitre précédent, que d'établir une nomenclature méthodique des acides : le mot *acide* sera le nom générique; chaque acide sera ensuite différencié dans le langage comme il l'est dans la nature, par le nom de sa base ou de son radical. Nous nommerons donc *acides*, en général, le résultat de la combustion ou de l'oxygénation du phosphore, du soufre et du charbon. Nous nommerons le premier de ces résultats acide phosphorique; le second, acide sulfurique; le troisième, acide carbonique. De même, dans toutes les occasions qui pourront se présenter, nous emprunterons du nom de la base la désignation spécifique de chaque acide.

Mais une circonstance remarquable que présente l'oxygénation des corps combustibles, et, en général, d'une partie des corps qui se transforment en acides, c'est qu'ils sont susceptibles de différents degrés de saturation; et les acides qui en résultent, quoique formés de la combinaison des deux mêmes substances, ont des propriétés fort différentes, qui dépendent de la différence de proportion. L'acide phosphorique, et surtout l'acide sulfurique, en fournissent des exemples. Si le soufre est combiné avec peu d'oxygène, il forme, à ce premier degré d'oxygénation, un acide volatil d'une odeur pénétrante et qui a des propriétés toutes particulières. Une plus grande proportion d'oxygène le convertit en un acide fixe, pesant, sans odeur, et qui donne, dans les combinaisons, des produits fort différents du premier. Ici, le principe de notre méthode de nomenclature semblait se trouver en défaut, et il paraissait difficile de tirer du nom de la base acidifiable deux dénominations qui exprimassent, sans circonlocution et sans périphrase, les deux degrés de saturation. Mais la réflexion, et plus encore peut-être la nécessité, nous ont ouvert de nouvelles ressources, et nous avons cru pouvoir nous permettre d'exprimer les variétés des acides par de simples variations dans les terminaisons. L'acide volatil du soufre avait été désigné par Stahl sous le nom d'acide sulfureux; nous lui avons conservé ce nom, et nous avons donné celui de *sulfurique* à l'acide du soufre complétement saturé d'oxygène. Nous dirons donc, en nous servant de ce nouveau langage, que le soufre, en se combinant avec l'oxygène, est susceptible de deux degrés de saturation : le premier constitue l'acide sulfureux, qui est pénétrant et volatil; le second constitue l'acide sulfurique, qui est inodore et fixe. Nous adopterons ce même changement de terminaison pour tous les acides qui présenteront plusieurs degrés de saturation; nous aurons donc également un acide phosphoreux et un acide phosphorique, un acide acéteux et un acide acétique, et ainsi des autres.

Toute cette partie de la chimie aurait été extrêmement simple, et la nomenclature des acides n'aurait rien présenté d'embarrassant, si, lors de la découverte de chacun d'eux, on eût connu son radical ou sa base acidifiable. L'acide phosphorique, par exemple, n'a été découvert que postérieurement à la découverte du phosphore, et le nom qui lui a été donné a été dérivé en conséquence de celui de la base acidifiable dont il est formé. Mais, lorsque, au contraire, l'acide a été découvert avant la base, ou plutôt lorsque, à l'époque où l'acide a été découvert, on ignorait quelle était la base acidifiable à laquelle il appartenait, alors on a donné à l'acide et à la base des noms qui n'avaient aucun rapport entre eux, et non-seulement on a surchargé la mémoire de dénominations inutiles, mais encore on a porté dans l'esprit des commençants, et même des chimistes consommés, des idées fausses, que le temps seul et la réflexion peuvent effacer.

Nous citerons pour exemple l'acide du soufre. C'est du vitriol de fer qu'on a retiré cet acide dans le premier âge de la chimie; et on l'a nommé acide vitriolique, en empruntant son nom de celui de la substance dont il était tiré. On ignorait alors que cet acide fût le même que celui qu'on obtenait du soufre par la combustion.

Il en est de même de l'acide aériforme auquel on a donné originairement le nom d'air fixe; on ignorait que cet acide fût le résultat de la combinaison du carbone avec l'oxygène. De là une infinité de dénominations qui lui ont été données, et dont aucune ne transmet des idées justes. Rien ne nous a été plus facile que de corriger et de modifier l'ancien langage à l'égard de ces acides; nous avons converti le nom d'acide vitriolique en celui d'acide sulfurique, et celui d'air fixe en celui d'acide carbonique; mais il ne nous a pas été possible de suivre le même plan à l'égard des acides dont la base nous était inconnue. Nous nous sommes trouvés alors forcés de prendre une marche inverse, et, au lieu de conclure le nom de l'acide de celui de la base, nous avons nommé, au contraire, la base d'après la dénomination de l'acide. C'est ce qui nous est arrivé pour l'acide qu'on retire du sel marin ou sel de cuisine. Il suffit, pour dégager cet acide, de verser de l'acide sulfurique sur du sel marin : aussitôt il se fait une vive effervescence, il s'élève des vapeurs blanches d'une odeur très-pénétrante, et, en faisant légèrement chauffer, on dégage tout l'acide. Comme il est naturellement dans l'état de gaz au degré de température et de pression dans lequel nous vivons, il faut des précautions particulières pour le retenir. L'appareil le plus commode et le plus simple, pour les expériences en petit, consiste en une petite cornue *G* (pl. V, fig. 5), dans laquelle on introduit du sel marin bien sec; on verse dessus de l'acide sulfurique concentré, et aussitôt on engage le bec de la cornue sous de petites jarres ou cloches de verre *A* (même figure), qu'on a préalablement remplies de mercure. A mesure que le gaz acide se dégage, il passe dans la jarre et gagne le haut en déplaçant le mercure. Lorsque le dégagement se ralentit, on chauffe légèrement et on augmente le feu jusqu'à ce qu'il ne passe plus rien. Cet acide a une grande affinité avec l'eau, et cette dernière en absorbe une énorme quantité. On peut s'en assurer en introduisant une petite couche d'eau dans la jarre de verre qui le contient; en un instant l'acide se combine avec elle et disparaît en entier. On profite de cette circonstance, dans les laboratoires et dans les arts, pour obtenir l'acide du sel marin sous la forme de liqueur. On se sert, à cet effet, de l'appareil représenté pl. IV, fig. 1. Il consiste : 1° dans une cornue *A*, où l'on introduit le sel marin, et dans laquelle on verse de l'acide sulfurique par la tubulure *H*; 2° dans le ballon *CB* destiné à recevoir la petite quantité de liqueur qui se dégage; 3° dans une suite de bouteilles à deux goulots *LL'L"L'"*, qu'on remplit d'eau à moitié. Cette eau est destinée à absorber le gaz acide qui se dégage pendant la distillation. Cet appareil est plus amplement décrit dans la dernière partie de cet ouvrage.

Quoiqu'on ne soit encore parvenu ni à composer, ni à décomposer l'acide qu'on retire du sel marin, on ne peut douter cependant qu'il ne soit formé, comme tous les autres, de la réunion d'une base acidifiable avec l'oxygène. Nous avons nommé cette base inconnue *base muriatique, radical muriatique*, en empruntant ce nom, à l'exemple de M. Bergman et de M. de Morveau, du mot latin *muria*, donné anciennement au sel marin. Ainsi, sans pouvoir déterminer quelle est exactement la composition de l'acide muriatique, nous désignerons sous cette dénomination un acide volatil, dont l'état naturel est d'être sous forme gazeuse au degré de chaleur et de pression que nous éprouvons, qui se combine avec l'eau en très-grande quantité et avec beaucoup de facilité, enfin dans lequel le radical acidifiable tient si fortement à l'oxygène, qu'on ne connaît, jusqu'à présent, aucun moyen de les séparer.

Si un jour on vient à rapporter le radical muriatique à quelque substance connue, il faudra bien alors changer sa dénomination et lui donner un nom analogue à celui de la base dont la nature aura été découverte.

L'acide muriatique présente au surplus une circonstance très-remarquable : il est, comme l'acide du soufre et comme plusieurs autres, susceptible de différents degrés d'oxygénation; mais l'excès d'oxygène produit en lui un effet tout contraire à celui qu'il produit dans l'acide du soufre. Un premier degré d'oxygénation transforme le soufre en un acide gazeux volatil, qui ne se mêle qu'en petite quantité avec l'eau : c'est celui que nous désignons avec Stahl sous le nom d'acide sulfureux. Une dose plus forte d'oxygène le convertit en acide sulfurique, c'est-à-dire en un acide qui présente des qualités acides plus marquées, qui est beaucoup plus fixe, qui ne peut exister dans l'état de gaz qu'à une haute température, qui n'a point d'odeur, et qui s'unit à l'eau en très-grande quantité. C'est le contraire dans l'acide muriatique : l'addition d'oxygène le rend plus volatil, d'une odeur plus pénétrante, moins miscible à l'eau, et diminue ses qualités acides. Nous avions d'abord été tentés d'exprimer ces deux degrés de saturation, comme nous l'avions fait pour l'acide du soufre, en faisant varier les terminaisons. Nous aurions nommé l'acide le moins saturé d'oxygène acide *muriateux*, et le plus saturé, acide *muriatique ;* mais nous avons cru que cet acide, qui présente des résultats particuliers, et dont on ne connaît aucun autre exemple en chimie, demandait une exception, et nous nous sommes contentés de le nommer acide muriatique oxygéné.

Il est un autre acide que nous nous contenterons de définir comme nous l'avons fait pour l'acide muriatique, quoique sa base soit mieux connue : c'est celui que les chimistes ont désigné jusqu'ici sous le nom d'acide nitreux. Cet acide se tire du nitre ou salpêtre par des procédés analogues à ceux qu'on emploie pour obtenir l'acide muriatique. C'est également par l'intermède de l'acide sulfurique qu'on le chasse de la base à laquelle il est uni, et on se sert de même, à cet effet, de l'appareil représenté pl. IV, fig. 1. A mesure que l'acide passe, une partie se condense dans le ballon, l'autre est absorbée par l'eau des bouteilles *LL'L"L'"*, qui devient d'abord verte, puis bleue, et enfin jaune, suivant le degré de concentration de l'acide. Il se dégage pendant cette opération une grande quantité de gaz oxygène mêlé d'un peu de gaz azotique.

L'acide qu'on tire ainsi du salpêtre est composé, comme tous les autres, d'oxygène uni à une base acidifiable, et c'est même le premier dans lequel l'existence de l'oxygène ait été bien démontrée. Les deux principes qui le constituent tiennent peu ensemble, et on les sépare aisément en présentant à l'oxygène une substance avec laquelle il ait plus d'affinité qu'il n'en a avec la base acidifiable qui constitue l'acide du nitre. C'est par des expériences de ce genre qu'on est parvenu à reconnaître que l'azote ou base de la mofette entrait dans sa composition, qu'elle était sa base acidifiable. L'azote est donc véritablement le radical nitrique, ou l'acide du nitre est un véritable acide azotique. On voit donc que, pour être d'accord avec nous-mêmes et avec nos principes, nous aurions dû adopter l'une ou l'autre de ces manières de nous énoncer. Nous en avons été détournés cependant par différents motifs : d'abord il nous a paru difficile de changer le nom de nitre ou de salpêtre généralement adopté dans les arts, dans la société et dans la chimie. Nous n'avons pas cru, d'un autre côté, devoir donner à l'azote le nom de radical nitrique, parce que cette substance est également la base de l'alcali volatil ou ammoniaque, comme l'a découvert M. Berthollet. Nous continuerons donc de désigner sous le nom d'azote la base de la partie non respirable de l'air atmosphérique, qui est en même temps le radical nitrique et le radical ammoniac. Nous conserverons également le nom de nitreux et de nitrique à l'acide tiré du nitre ou salpêtre. Plusieurs chimistes d'un grand poids ont désapprouvé notre condescendance pour les anciennes dénominations; ils auraient préféré que nous eussions dirigé uniquement nos efforts vers la perfection de la nomenclature, que nous eussions reconstruit l'édifice du langage chimique de fond en comble, sans nous embarrasser de le raccorder avec d'anciens usages dont le temps effacera insensiblement le souvenir; et c'est ainsi que nous nous sommes trouvés exposés à la fois à la critique et aux plaintes des deux partis opposés.

L'acide du nitre est susceptible de se présenter dans un grand nombre d'états qui dépendent du degré d'oxygénation qu'il a éprouvé, c'est-à-dire de la proportion d'azote et d'oxygène qui entre dans sa composition. Un premier degré d'oxygénation de l'azote constitue un gaz particulier, que nous continuerons de désigner sous le nom de gaz nitreux; il est composé d'environ deux parties en poids d'oxygène et d'une d'azote, et dans cet état il est immiscible à l'eau. Il s'en faut beaucoup que l'azote, dans ce gaz, soit saturé d'oxygène; il lui reste, au contraire, une grande affinité pour ce principe, et il l'attire avec une telle activité, qu'il l'enlève même à l'air de l'atmosphère, sitôt qu'il est en contact avec lui. La combinaison du gaz nitreux avec l'air de l'atmosphère est même devenue un des moyens qu'on emploie pour déterminer la quantité d'oxygène contenue dans ce dernier, et pour juger de son degré de salubrité. Cette addition d'oxygène convertit le gaz nitreux en un acide puissant, qui a une grande affinité avec l'eau, et qui est susceptible lui-même de différents degrés d'oxygénation. Si la proportion de l'oxygène et de l'azote est au-dessous de trois parties contre une, l'acide est rouge et fumant; dans cet état nous le nommons acide nitreux; on peut, en le faisant légèrement chauffer, en dégager du gaz nitreux. Quatre parties d'oxygène contre une d'azote donnent un acide blanc et sans couleur, plus fixe au feu que le précédent, qui a moins d'odeur, et dont les deux principes constitutifs sont plus solidement combinés; nous lui avons donné, d'après les principes exposés ci-dessus, le nom d'acide nitrique.

Ainsi l'acide nitrique est l'acide du nitre surchargé d'oxygène; l'acide nitreux est l'acide du nitre surchargé d'azote, ou, ce qui est la même chose, de gaz nitreux; enfin le gaz nitreux est l'azote qui n'est point assez saturé d'oxygène pour avoir les propriétés des acides. C'est ce que nous nommerons plus bas un oxyde.

CHAPITRE VII.

DE LA DÉCOMPOSITION DU GAZ OXYGÈNE PAR LES MÉTAUX, ET DE LA FORMATION DES OXYDES MÉTALLIQUES.

Lorsque les substances métalliques sont échauffées à un certain degré de température, l'oxygène a plus d'affinité avec elles qu'avec le calorique : en conséquence toutes les substances métalliques, si l'on en excepte l'or, l'argent et le platine, ont la propriété de décomposer le gaz oxygène, de s'emparer de sa base et d'en dégager le calorique. On a déjà vu plus haut comment s'opérait cette décomposition de l'air par le mercure et par le fer; on a observé que la première ne pouvait être regardée que comme une combustion lente; que la dernière, au contraire, était très-rapide et accompagnée d'une flamme brillante. S'il est nécessaire d'employer un certain degré de chaleur dans ces opérations, c'est pour écarter les unes des autres les molécules du métal, et diminuer leur affinité d'agrégation, ou, ce qui est la même chose, l'attraction qu'elles exercent les unes sur les autres.

Les substances métalliques, pendant leur calcination, augmentent de poids à proportion de l'oxygène qu'elles absorbent; en même temps elles perdent leur éclat métallique et se réduisent en une poudre terreuse. Les métaux, dans cet état, ne doivent point être considérés comme entièrement saturés d'oxygène, par la raison que leur action sur ce principe est balancée par la force d'attraction qu'exerce sur lui le calorique. L'oxygène, dans la calcination des métaux, obéit donc réellement à deux forces, à celle exercée par le calorique et à celle exercée par le métal; il ne tend à s'unir à ce dernier qu'en raison de la différence de ces deux forces, de l'excès de l'une sur l'autre, et cet excès, en général, n'est pas fort considérable. Aussi les substances métalliques, en s'oxygénant dans l'air et dans le gaz oxygène, ne se convertissent-elles point en acides, comme le soufre, le phosphore et le charbon : il se forme des substances intermédiaires qui commencent à se rapprocher de l'état salin, mais qui n'ont pas encore acquis toutes les propriétés salines. Les anciens ont donné le nom de chaux, non-seulement aux métaux amenés à cet état, mais encore à toute substance qui avait été exposée longtemps à l'action du feu sans se fondre. Ils ont fait, en conséquence, du mot *chaux* un nom générique, et ils ont confondu sous ce nom, et la pierre calcaire, qui, d'un sel neutre qu'elle était dans la calcination, se convertit, au feu, en un alcali terreux en perdant moitié de son poids, et les métaux qui s'associent par la même opération une nouvelle substance dont la quantité excède quelquefois moitié de leur poids, et qui les rapproche de l'état d'acide. Il aurait été contraire à nos principes de classer sous un même nom des substances si différentes, et surtout de conserver aux métaux une dénomination si propre à faire naître des idées fausses. Nous avons en conséquence proscrit l'expression de chaux métalliques, et nous y avons substitué celui d'*oxydes*, du grec ὀξύς.

On voit, d'après cela, combien le langage que nous avons adopté est fécond et expressif : un premier degré d'oxygénation constitue les oxydes; un second degré constitue les acides terminés en *eux*, comme l'acide nitr*eux*, l'acide sulfur*eux*; un troisième degré constitue les acides en *ique*, tels que l'acide nitr*ique*, l'acide sulfur*ique*; enfin nous pouvons exprimer un quatrième degré d'oxygénation des substances, en ajoutant l'épithète d'*oxygéné*, comme nous l'avons admis pour l'acide muriatique oxygéné.

Nous ne nous sommes pas contentés de désigner sous le nom d'*oxydes* la combinaison des métaux avec l'oxygène; nous n'avons fait aucune difficulté de nous en servir pour exprimer le premier degré d'oxygénation de toutes les substances, celui qui, sans les constituer acides, les rapproche de l'état salin. Nous appellerons donc *oxyde de soufre* le soufre devenu mou par un commencement de combustion ; nous appellerons oxyde de phosphore la substance jaune que laisse le phosphore quand il a brûlé.

Nous dirons de même que le gaz nitreux, qui est le premier degré d'oxygénation de l'azote, est un oxyde d'azote. Enfin, le règne végétal et le règne animal auront leurs oxydes, et je ferai voir, dans la suite, combien ce nouveau langage jettera de lumières sur toutes les opérations de l'art et de la nature.

Les oxydes métalliques ont, comme nous l'avons déjà fait observer, presque tous des couleurs qui leur sont propres, et ces couleurs varient, non-seulement pour les différents métaux, mais encore suivant le degré d'oxygénation du même métal. Nous nous sommes donc trouvés obligés d'ajouter à chaque oxyde deux épithètes, l'une qui indiquât le métal oxydé, l'autre sa couleur; ainsi nous dirons oxyde noir de fer, oxyde rouge de fer, oxyde jaune de fer; et ces expressions répondront à celles d'éthiops martial, de colcothar, de rouille de fer ou d'ocre.

Nous dirons de même oxyde gris de plomb, oxyde jaune de plomb, oxyde rouge de plomb, et ces expressions désigneront la cendre de plomb, le massicot et le minium.

Ces dénominations seront quelquefois un peu longues, surtout quand on voudra exprimer si le métal a été oxydé à l'air, s'il l'a été par la détonation avec le nitre ou par l'action des acides; mais au moins elles seront toujours justes, et feront naître l'idée précise de l'objet qui y correspond.

Les tables jointes à cet ouvrage rendront ceci plus sensible.

CHAPITRE VIII.

DU PRINCIPE RADICAL DE L'EAU, ET DE SA DÉCOMPOSITION PAR LE CHARBON ET PAR LE FER.

Jusqu'à ces derniers temps on avait regardé l'eau comme une substance simple, et les anciens n'avaient fait aucune difficulté de la qualifier du nom d'élément : c'était sans doute une substance élémentaire pour eux, puisqu'ils n'étaient point parvenus à la décomposer, ou au moins puisque les décompositions de l'eau qui s'opéraient journellement sous leurs yeux avaient échappé à leurs observations; mais on va voir que l'eau n'est plus un élément pour nous. Je ne donnerai point ici l'histoire de cette découverte, qui est très-moderne, et qui même est encore contestée. On peut consulter à cet égard les Mémoires de l'Académie des sciences, année 1781.

Je me contenterai de rapporter les principales preuves de la décomposition et de la recomposition de l'eau; j'ose dire que, quand on voudra bien les peser sans partialité, on les trouvera démonstratives.

PREMIÈRE EXPÉRIENCE.

PRÉPARATION.

On prend un tube de verre *EF* (pl. VII, fig. 11), de 8 à 12 lignes de diamètre, qu'on fait passer à travers un fourneau, en lui donnant une légère inclinaison de *E* en *F*. A l'extrémité supérieure *E* de ce tube, on ajuste une cornue de verre *A*, qui contient une quantité d'eau distillée bien connue, et à son extrémité *F*, un serpentin *SS'*, qui s'adapte en *S'* au goulot d'un flacon *H* à deux tubulures; enfin, à l'une des deux tubulures du flacon s'adapte un tube de verre recourbé *KK*, destiné à conduire les fluides aériformes ou gaz dans un appareil propre à en déterminer la qualité et la quantité.

Il est nécessaire, pour assurer le succès de cette expérience, que le tube *EF* soit de verre vert bien cuit et d'une fusion difficile; on l'enduit, en outre, d'un lut d'argile mêlée avec du ciment fait avec des poteries de grès réduites en poudre; et, dans la crainte qu'il ne fléchisse par le ramollissement, on le soutient dans son milieu avec une barre de fer qui traverse le fourneau. Des tuyaux de porcelaine sont préférables à ceux de verre, mais il est difficile de s'en procurer qui ne soient pas poreux, et presque toujours on y découvre quelques trous qui donnent passage à l'air ou aux vapeurs.

Lorsque tout a été ainsi disposé, on allume du feu dans le fourneau *EFCD*, et on l'entretient de manière à faire rougir le tube de verre *EF*, sans le fondre; en même temps on allume assez de feu dans le fourneau *VVXX*, pour entretenir toujours bouillante l'eau de la cornue *A*.

EFFET.

A mesure que l'eau de la cornue *A* se vaporise par l'ébullition, elle remplit l'intérieur du tube *EF*, et elle en chasse l'air commun qui s'évacue par le tube *KK*; le gaz aqueux est ensuite condensé par le refroidissement dans le serpentin *SS'*, et il tombe de l'eau goutte à goutte dans le flacon tubulé *H*.

En continuant cette opération jusqu'à ce que toute l'eau de la cornue *A* soit évaporée, et en laissant bien égoutter les vaisseaux, on retrouve dans le flacon *H* une quantité d'eau rigoureusement égale à celle qui était dans la cornue *A*, sans qu'il y ait eu dégagement d'aucun gaz; en sorte que cette opération se réduit à une simple distillation ordinaire, dont le résultat est absolument le même que si l'eau n'eût point été portée à l'état incandescent en traversant le tube intermédiaire *EF*.

DEUXIÈME EXPÉRIENCE.

PRÉPARATION.

On dispose tout comme dans l'expérience précédente, avec cette différence seulement, qu'on introduit dans le tube *EF* 28 grains de charbon concassé en morceaux de médiocre grosseur, et qui préalablement a été longtemps exposé à une chaleur incandescente dans des vaisseaux fermés. On fait, comme dans l'expérience précédente, bouillir l'eau de la cornue *A* jusqu'à évaporation totale.

EFFET.

L'eau de la cornue *A* se distille dans cette expérience comme dans la précédente: elle se condense dans le serpentin et coule goutte à goutte dans le flacon *H*; mais en même temps il se dégage une quantité considérable de gaz qui s'échappe par le tuyau *KK*, et qu'on recueille dans un appareil convenable.

L'opération finie, on ne retrouve plus dans le tube *EF* que quelques atomes de cendre; les 28 grains de charbon ont totalement disparu.

Les gaz qui se sont dégagés, examinés avec soin, se trouvent peser ensemble[1] 113 grains $\frac{7}{10}$; ils sont de deux espèces, savoir: 144 pouces cubiques de gaz acide carbonique pesant 100 grains, et 380 pouces cubiques d'un gaz extrêmement léger pesant 13 grains $\frac{7}{10}$, et qui s'allume par l'approche d'un corps enflammé lorsqu'il a le contact de l'air. Si on vérifie ensuite le poids de l'eau passée dans le flacon, on la trouve diminuée de 85 grains $\frac{7}{10}$.

Ainsi, dans cette expérience, 85 grains $\frac{7}{10}$ d'eau, plus 28 grains de charbon ont formé 100 grains d'acide carbonique, plus 13 grains $\frac{7}{10}$ d'un gaz particulier susceptible de s'enflammer.

Mais j'ai fait voir plus haut que, pour former 100 grains de gaz acide carbonique, il fallait unir 72 grains d'oxygène à 28 grains de charbon; donc les 28 grains de charbon placés dans le tube de verre ont enlevé à l'eau 72 grains d'oxygène; donc 85 grains $\frac{7}{10}$ d'eau sont composés de 72 grains d'oxygène et de 13 grains $\frac{7}{10}$ d'un gaz susceptible de s'enflammer. On verra bientôt qu'on ne peut pas supposer que

[1] On trouvera, dans la dernière partie de cet ouvrage, le détail des procédés qu'on emploie pour séparer les différentes espèces de gaz et pour les peser.

ce gaz ait été dégagé du charbon, et qu'il est conséquemment un produit de l'eau.

J'ai supprimé, dans l'exposé de cette expérience, quelques détails qui n'auraient servi qu'à la compliquer et à jeter de l'obscurité dans les idées des lecteurs: le gaz inflammable, par exemple, dissout un peu de charbon, et cette circonstance en augmente le poids et diminue au contraire l'acide carbonique: l'altération qui en résulte dans les quantités n'est pas très-considérable, mais j'ai cru devoir les rétablir par calcul et présenter l'expérience dans toute sa simplicité, et comme si cette circonstance n'avait pas lieu. Au surplus, s'il restait quelques nuages sur la vérité des conséquences que je tire de cette expérience, ils seraient bientôt dissipés par les autres expériences que je vais rapporter à l'appui.

TROISIÈME EXPÉRIENCE.

PRÉPARATION.

On dispose tout l'appareil comme dans l'expérience précédente, avec cette différence seulement, qu'au lieu des 28 grains de charbon on met dans le tube *EF* (pl. VII, fig. 11) 274 grains de petites lames de fer très-doux roulées en spirales. On fait rougir le tube comme dans les expériences précédentes; on allume du feu sous la cornue *A*, et on entretient l'eau qu'elle contient toujours bouillante, jusqu'à ce qu'elle soit entièrement évaporée, qu'elle ait passé en totalité dans le tube *EF*, et qu'elle se soit condensée dans le flacon *H*.

EFFET.

Il ne se dégage point de gaz acide carbonique dans cette expérience, mais seulement un gaz inflammable treize fois plus léger que l'air de l'atmosphère : le poids total qu'on en obtient est de 15 grains, et son volume est d'environ 416 pouces cubiques. Si on compare la quantité d'eau primitivement employée avec celle restante dans le flacon *H*, on trouve un déficit de 100 grains. D'un autre côté, les 274 grains de fer renfermés dans le tube *EF* se trouvent peser 85 grains de plus que lorsqu'on les y a introduits, et leur volume se trouve considérablement augmenté; ce fer n'est presque plus attirable à l'aimant, il se dissout sans effervescence dans les acides; en un mot, il est dans l'état d'oxyde noir, précisément comme celui qui a été brûlé dans le gaz oxygène.

RÉFLEXIONS.

Le résultat de cette expérience présente une véritable oxydation du fer par l'eau, oxydation toute semblable à celle qui s'opère dans l'air à l'aide de la chaleur. 100 grains d'eau ont été décomposés : 85 d'oxygène se sont unis au fer pour le constituer dans l'état d'oxyde noir, et il s'est dégagé 16 grains d'un gaz inflammable particulier; donc l'eau est composée d'oxygène et de la base d'un gaz inflammable, dans la proportion de 85 parties contre 15.

Ainsi l'eau, indépendamment de l'oxygène, qui est un de ses principes, et qui lui est commun avec beaucoup d'autres substances, en contient un autre qui lui est propre, qui est son radical constitutif, et auquel nous nous sommes trouvés forcés de donner un nom. Aucun ne nous a paru plus convenable que celui d'hydrogène, c'est-à-dire « principe générateur de l'eau, » de ὕδωρ, *eau*, et de γείνομαι, *j'engendre*. Nous appellerons *gaz hydrogène* la combinaison de ce principe avec le calorique, et le mot d'*hydrogène* seul exprimera la base de ce même gaz, le radical de l'eau[1].

Voilà donc un nouveau corps combustible, c'est-à-dire un corps qui a assez d'affinité avec l'oxygène pour l'enlever au calorique, et pour décomposer l'air ou le gaz oxygène. Ce corps combustible a lui-même une telle affinité avec le calorique, qu'à moins qu'il ne soit engagé dans une combinaison il est toujours dans l'état aériforme ou de gaz.

[1] On a critiqué même avec assez d'amertume cette expression *hydrogène*, parce qu'on a prétendu qu'elle signifiait fils de l'eau, et non pas qui engendre l'eau. Mais qu'importe, si l'expression est également juste dans les deux sens. Les expériences rapportées dans ce chapitre prouvent que l'eau, en se décomposant, donne naissance à l'hydrogène, et surtout que l'hydrogène donne naissance à l'eau en se combinant avec l'oxygène. On peut donc dire également que l'eau engendre l'hydrogène et que l'hydrogène engendre l'eau.

au degré habituel de pression et de température dans lequel nous vivons. Dans cet état de gaz, il est environ treize fois plus léger que l'air de l'atmosphère; il n'est point absorbable par l'eau, mais il est susceptible d'en dissoudre une petite quantité; enfin il ne peut servir à la respiration des animaux.

La propriété de brûler et de s'enflammer n'étant, pour ce gaz, comme pour tous les autres combustibles, que la propriété de décomposer l'air et d'enlever l'oxygène au calorique, on conçoit qu'il ne peut brûler qu'avec le contact de l'air ou du gaz oxygène. Aussi, lorsqu'on emplit une bouteille de ce gaz et qu'on l'allume, il brûle paisiblement au goulot de la bouteille et ensuite dans son intérieur, à mesure que l'air extérieur y pénètre; mais la combustion est successive et lente; elle n'a lieu qu'à la surface, où le contact des deux airs ou gaz s'opère. Il n'en est pas de même lorsqu'on mêle ensemble les deux airs avant de les allumer : si, par exemple, après avoir introduit dans une bouteille à goulot étroit une partie de gaz oxygène, et ensuite deux de gaz hydrogène, on approche de son orifice un corps enflammé, tel qu'une bougie ou un morceau de papier allumé, la combustion des deux gaz se fait d'une manière instantanée et avec une forte explosion. On ne doit faire cette expérience que dans une bouteille de verre vert très-forte, qui n'excède pas une pinte de capacité, et qu'on enveloppe même d'un linge; autrement on s'exposerait à des accidents funestes par la rupture de la bouteille, dont les fragments pourraient être lancés à de grandes distances.

Si tout ce que je viens d'exposer sur la décomposition de l'eau est exact et vrai, si réellement cette substance est composée, comme j'ai cherché à l'établir, d'un principe qui lui est propre, d'hydrogène combiné avec l'oxygène, il en résulte qu'en réunissant ces deux principes on doit refaire de l'eau, et c'est ce qui arrive en effet, comme on va en juger par l'expérience suivante.

QUATRIÈME EXPÉRIENCE. — RECOMPOSITION DE L'EAU.

PRÉPARATION.

On prend un ballon *A* de cristal (pl. IV, fig. 5), à large ouverture, et dont la capacité soit de 30 pintes environ; on y mastique une platine de cuivre *BC* percée de quatre trous auxquels aboutissent quatre tuyaux. Le premier *Hh* est destiné à s'adapter, par son extrémité *h*, à une pompe pneumatique par le moyen de laquelle on peut faire le vide dans le ballon. Un second tuyau *gg* communique, par son extrémité *MM*, avec un réservoir de gaz oxygène, et est destiné à l'amener dans le ballon. Un troisième *dDd'* communique, par son extrémité *dNN*, avec un réservoir de gaz hydrogène; l'extrémité *d'* de ce tuyau se termine par une ouverture très-petite, et à travers laquelle une très-petite aiguille peut à peine passer. C'est par cette petite ouverture que doit sortir le gaz hydrogène contenu dans le réservoir; et, pour qu'il y ait une vitesse suffisante, on doit lui faire éprouver une pression de 1 ou 2 pouces d'eau. Enfin, la platine *BC* est percée d'un quatrième trou, lequel est garni d'un tube de verre mastiqué, à travers lequel passe un fil de métal *GL*, à l'extrémité *L* duquel est adaptée une petite boule, afin de pouvoir tirer une étincelle électrique de *L* en *d'* pour allumer, comme on le verra bientôt, le gaz hydrogène. Le fil de métal *GL* est mobile dans le tube de verre, afin de pouvoir éloigner la boule *L* de l'extrémité *d'* de l'ajutoir *Dd'*. Les trois tuyaux *dDd'*, *gg*, *Hh* sont chacun garnis de leur robinet.

Pour que le gaz hydrogène et le gaz oxygène arrivent bien secs par les tuyaux respectifs qui doivent les amener au ballon *A*, et qu'ils soient dépouillés d'eau autant qu'ils le peuvent être, on les fait passer à travers des tubes *MM*, *NN*, d'un pouce environ de diamètre, qu'on remplit d'un sel très-déliquescent, c'est-à-dire qui attire l'humidité de l'air avec beaucoup d'avidité, tels que l'acétite de potasse, le muriate ou le nitrate de chaux. (Voy. quelle est la composition des sels dans la seconde partie de cet ouvrage.) Ces sels doivent être en poudre grossière, afin qu'ils ne puissent pas faire masse, et que le gaz passe facilement à travers les interstices que laissent les morceaux.

On doit s'être prémuni d'avance d'une provision suffisante de gaz oxygène bien pur; et, pour s'assurer qu'il ne contient point d'acide carbonique, on doit le laisser longtemps en contact avec de la potasse dissoute dans de l'eau, et qu'on a dépouillée de son acide carbonique par de la chaux; on donnera plus bas quelques détails sur les moyens d'obtenir cet alcali.

On prépare avec le même soin le double de gaz hydrogène. Le procédé le plus sûr pour l'obtenir exempt de mélange consiste à le tirer de la décomposition de l'eau par du fer bien ductile et bien pur.

Lorsque ces deux gaz sont ainsi préparés, on adapte la pompe pneumatique au tuyau *Hh*, et on fait le vide dans le grand ballon *A*; on y introduit ensuite l'un ou l'autre des deux gaz, mais de préférence le gaz oxygène par le tuyau *gg*, puis on oblige, par un certain degré de pression, le gaz hydrogène à entrer dans le même ballon par le tuyau *dDd'*, dont l'extrémité *d'* se termine en pointe. Enfin on allume ce gaz à l'aide d'une étincelle électrique. En fournissant ainsi de chacun des deux airs, on parvient à continuer très-longtemps la combustion. J'ai donné ailleurs la description des appareils que j'ai employés pour cette expérience, et j'ai expliqué comment on parvient à mesurer les quantités de gaz consommées avec une rigoureuse exactitude. (Voy. la troisième partie de cet ouvrage.)

EFFET.

A mesure que la combustion s'opère, il se dépose de l'eau sur les parois intérieures du ballon ou matras; la quantité de cette eau augmente peu à peu, elle se réunit en grosses gouttes, qui coulent et se rassemblent dans le fond du vase.

En pesant le matras avant et après l'opération, il est facile de connaître la quantité d'eau qui s'est ainsi rassemblée. On a donc, dans cette expérience, une double vérification : d'une part le poids des gaz employés, de l'autre celui de l'eau formée; et ces deux quantités doivent être égales. C'est par une expérience de ce genre que nous avons reconnu, M. Meusnier et moi, qu'il fallait 85 parties, en poids, d'oxygène, et 15 parties, également en poids, d'hydrogène, pour composer 100 parties d'eau. Cette expérience, qui n'a point encore été publiée, a été faite en présence d'une commission nombreuse de l'Académie; nous y avons apporté les attentions les plus scrupuleuses, et nous avons lieu de la croire exacte à un deux-centième près tout au plus.

Ainsi, soit qu'on opère par voie de décomposition ou de recomposition, on peut regarder comme constant et aussi bien prouvé qu'on puisse le faire en chimie et en physique, que l'eau n'est point une substance simple, qu'elle est composée de deux principes : l'oxygène et l'hydrogène; et que ces deux principes, séparés l'un de l'autre, ont tellement d'affinité avec le calorique, qu'ils ne peuvent exister que sous forme de gaz, au degré de température et de pression dans lequel nous vivons.

Ce phénomène de la décomposition et de la recomposition de l'eau s'opère continuellement sous nos yeux, à la température de l'atmosphère et par l'effet des affinités composées. C'est à cette décomposition que sont dus, comme nous le verrons bientôt, au moins jusqu'à un certain point, les phénomènes de la fermentation spiritueuse, de la putréfaction et même de la végétation. Il est bien extraordinaire qu'il ait échappé jusqu'ici à l'œil attentif des physiciens et des chimistes, et on doit en conclure que, dans les sciences comme dans la morale, il est difficile de vaincre les préjugés dont on a été originairement imbu, et de suivre une autre route que celle dans laquelle on est accoutumé de marcher.

Je terminerai cet article par une expérience beaucoup moins probante que celles que j'ai précédemment rapportées, mais qui m'a paru cependant faire plus d'impression qu'aucune autre sur un grand nombre de personnes. Si on brûle 1 livre ou 16 onces d'esprit-de-vin ou alcool dans un appareil propre à recueillir toute l'eau qui se dégage pendant la combustion, on en obtient 17 à 18 onces[1]. Or une matière quel-

[1] Voy. la description de cet appareil dans la troisième partie de cet ouvrage.

conque ne peut rien fournir dans une expérience au delà de la totalité de son poids; il faut donc qu'il s'ajoute une autre substance à l'esprit-de-vin pendant sa combustion; or j'ai fait voir que cette autre substance était la base de l'air, l'oxygène. L'esprit-de-vin contient donc un des principes de l'eau, l'*hydrogène*, et c'est l'air de l'atmosphère qui fournit l'autre, l'*oxygène* : nouvelle preuve que l'eau est une substance composée.

CHAPITRE IX.

DE LA QUANTITÉ DE CALORIQUE QUI SE DÉGAGE DES DIFFÉRENTES ESPÈCES DE COMBUSTION.

Nous avons vu qu'en opérant une combustion quelconque dans une sphère de glace creuse, et en fournissant, pour l'entretenir, de l'air à zéro du thermomètre, la quantité de glace fondue dans l'intérieur de la sphère donnait une mesure, sinon absolue, du moins relative, des quantités de calorique dégagé. Nous avons donné, M. de Laplace et moi, la description de l'appareil que nous avons employé dans ce genre d'expériences. (Voy. *Mémoires de l'Académie des sciences*, année 1780, p. 355 ; voy. aussi la troisième partie de cet ouvrage.) Ayant essayé de déterminer les quantités de glace qui se fondaient par la combustion de trois des quatre substances combustibles simples, savoir, le phosphore, le carbone et l'hydrogène, nous avons obtenu les résultats qui suivent :

Pour la combustion d'une livre de phosphore, 100 livres de glace.

Pour la combustion d'une livre de carbone, 96 livres 8 onces.

Pour la combustion d'une livre de gaz hydrogène, 295 livres 9 onces 3 gros $\frac{1}{2}$.

La substance qui se forme par le résultat de la combustion du phosphore étant un acide concret, il est probable qu'il reste très-peu de calorique dans cet acide, et que par conséquent cette combustion fournit un moyen de connaître, à très-peu de chose près, la quantité de calorique contenue dans le gaz oxygène. Mais, quand on voudrait supposer que l'acide phosphorique retient encore une quantité considérable de calorique, comme le phosphore en contenait aussi une portion avant la combustion, l'erreur ne pourrait jamais être que de la différence, et par conséquent de peu d'importance.

J'ai fait voir, page 51, qu'une livre de phosphore, en brûlant, absorbait 1 livre 8 onces d'oxygène; et, puisqu'il y a en même temps 100 livres de glace fondue, il en résulte que la quantité de calorique contenue dans une livre de gaz oxygène est capable de faire fondre 66 livres 10 onces 5 gros 24 grains de glace.

Une livre de charbon, en brûlant, ne fait fondre que 96 livres 8 onces de glace, mais il s'absorbe en même temps 2 livres 9 onces 1 gros 10 grains de gaz oxygène. Or, en partant des résultats obtenus dans la combustion du phosphore, 2 livres 9 onces 1 gros 10 grains de gaz oxygène devraient abandonner assez de calorique pour fondre 171 livres 6 onces 5 gros de glace. Il disparaît donc, dans cette expérience, une quantité de calorique qui aurait été suffisante pour faire fondre 74 liv. 14 onces 5 gros de glace; mais, comme l'acide carbonique n'est point, comme le phosphorique, dans l'état concret après la combustion, qu'il est au contraire dans l'état gazeux, il a fallu nécessairement une quantité de calorique pour le porter à cet état, et c'est cette quantité qui se trouve manquante dans la combustion ci-dessus. En la divisant par le nombre de livres d'acide carbonique qui se forment par la combustion d'une livre de charbon, on trouve que la quantité de calorique nécessaire pour porter une livre d'acide carbonique de l'état concret à l'état gazeux ferait fondre 20 livres 15 onces 5 gros de glace.

On peut faire un semblable calcul sur la combustion de l'hydrogène et sur la formation de l'eau; une livre de ce fluide élastique absorbe, en brûlant, 5 livres 10 onces 5 gros 24 grains d'oxygène, et fait fondre 295 livres 2 onces 3 gros ½ de glace.

	liv.	onc.	gros.
Or 5 livres 10 onces 5 gros 24 grains de gaz oxygène, en passant de l'état aériforme à l'état solide, perdraient, d'après les résultats obtenus dans le calorique du phosphore, assez de calorique pour faire fondre une quantité de glace égale à..........	377	12	3
Il ne s'en dégage, dans la combustion du gaz hydrogène, que..........................	295	2	3½
Il en reste donc, dans l'eau qui se forme, lors même qu'elle est ramenée à zéro du thermomètre..	82	9	7½

Or, comme il se forme 6 livres 10 onces 5 gros 24 grains d'eau dans la combustion d'une livre de gaz hydrogène, il en résulte qu'il reste dans chaque livre d'eau, à zéro du thermomètre, une quantité de calorique égale à celle nécessaire pour fondre 12 livres 5 onces 2 gros 48 grains de glace, sans parler même de celui contenu dans le gaz hydrogène, dont il est impossible de tenir compte dans cette expérience, parce que nous n'en connaissons pas la quantité. D'où l'on voit que l'eau, même dans l'état de glace, contient encore beaucoup de calorique, et que l'oxygène en conserve une quantité très-considérable en passant dans cette combinaison.

De ces diverses tentatives on peut résumer les résultats qui suivent :

COMBUSTION DU PHOSPHORE.

	Livres.	Onces.	Gros.	Grains.
Quantité de phosphore brûlé	1	"	"	"
Quantité de gaz oxygène nécessaire pour la combustion	1	8	"	"
Quantité d'acide phosphorique obtenu	2	8	"	"

Quantité de calorique dégagé par la combustion d'une livre de phosphore, exprimée par la quantité de livres de glace qu'il peut fondre	100,00000
Quantité de calorique dégagé de chaque livre de gaz oxygène dans la combustion du phosphore	66,66667
Quantité de calorique qui se dégage dans la formation d'une livre d'acide phosphorique	40,00000
Quantité de calorique resté dans chaque livre d'acide phosphorique	0,00000

On suppose ici que l'acide phosphorique ne conserve aucune portion de calorique, ce qui n'est pas rigoureusement vrai ; mais la quantité, comme on l'a déjà observé plus haut, en est probablement très-petite, et on ne la suppose nulle que faute de la pouvoir évaluer.

COMBUSTION DU CHARBON.

	Livres.	Onces.	Gros.	Grains.
Quantité de charbon brûlé	1	"	"	"
Quantité de gaz oxygène absorbé pendant la combustion	2	9	1	10
Quantité d'acide carbonique formé	3	9	1	10

Quantité de calorique dégagé par la combustion d'une livre de charbon, exprimée par la quantité de livres de glace qu'il peut fondre	96,50000
Quantité de calorique dégagé de chaque livre de gaz oxygène	37,52823
Quantité de calorique qui se dégage dans la formation d'une livre de gaz acide carbonique	27,02024
Quantité de calorique que conserve une livre d'oxygène dans cette combustion	29,13844
Quantité de calorique nécessaire pour porter une livre d'acide carbonique à l'état de gaz	20,97960

COMBUSTION DU GAZ HYDROGÈNE.

	Livres.	Onces.	Gros.	Grains.
Quantité de gaz hydrogène brûlé	1	"	"	"
Quantité de gaz oxygène employé pour la combustion	5	10	5	24
Quantité d'eau formée	6	10	5	24

Quantité de calorique dégagé par la combustion d'une livre de gaz hydrogène	295,58950
Quantité de calorique dégagé par chaque livre de gaz oxygène	52,16280
Quantité de calorique qui se dégage pendant la formation d'une livre d'eau	44,33840
Quantité de calorique que conserve une livre d'oxygène dans sa combustion avec l'hydrogène	14,50386
Quantité de calorique que conserve une livre d'eau à zéro	12,32823

DE LA FORMATION DE L'ACIDE NITRIQUE.

Lorsque l'on combine du gaz nitreux avec du gaz oxygène pour former de l'acide nitrique ou nitreux, il y a une légère chaleur produite; mais elle est beaucoup moindre que celle qui a lieu dans les autres combinaisons de l'oxygène; d'où il résulte, par une conséquence nécessaire, que le gaz oxygène, en se fixant dans l'acide nitrique, retient une grande partie du calorique qui lui était combiné dans l'état de gaz. Il n'est point impossible sans doute de déterminer la quantité de calorique qui se dégage pendant la réunion des deux gaz, et on en conclurait facilement ensuite celle qui demeure engagée dans la combinaison. On parviendrait à obtenir la première de ces données en opérant la combinaison du gaz nitreux et du gaz oxygène dans un appareil environné de glace; mais, comme il se dégage peu de calorique dans cette combinaison, on ne pourrait réussir à en déterminer la quantité qu'autant qu'on opérerait très en grand avec des appareils embarrassants et compliqués; et c'est ce qui nous a empêchés jusqu'ici, M. de Laplace et moi, de la tenter. En attendant, on peut déjà y suppléer par des calculs qui ne peuvent pas s'écarter beaucoup de la vérité.

Nous avons fait détoner, M. de Laplace et moi, dans un appareil à glace une proportion convenable de salpêtre et de charbon, et nous avons observé qu'une livre de salpêtre pouvait, en détonant ainsi, fondre 12 livres de glace.

Mais une livre de salpêtre, comme on le verra dans la suite, contient :

	Onces.	Gros.	Grains.		Grains.
Potasse	7	6	51,84	=	4515,84.
Acide sec	8	1	20,16	=	4700,16.

Et les 8 onces 1 gros 20 grains 16 d'acide sont eux-mêmes composés de :

	Onces.	Gros.	Grains.		Grains.
Oxygène	6	3	66,34	=	3738,34.
Mofette	1	5	25,82	=	961,82.

On a donc réellement brûlé, dans cette opération, 2 gros 1 grain $\frac{1}{3}$ de charbon, à l'aide de 3738grains,34, ou 6 onces 3 gros 66grains,34 d'oxygène; et, puisque la quantité de glace fondue dans cette combustion a été de 12 livres, il en résulte qu'une livre de gaz oxygène, brûlé de la même manière, fondrait........................ 29,58320

A quoi ajoutant, pour la quantité de calorique que conserve une livre d'oxygène dans sa combinaison avec le charbon, pour constituer l'acide carbonique dans l'état de gaz, et qui est, comme on l'a vu plus haut, de..... 29,13844

On a, pour la quantité totale de calorique que contient une livre d'oxygène, lorsqu'il est combiné dans l'acide nitrique.................................. 58,72164

On a vu, par le résultat de la combustion du phosphore, que, dans l'état de gaz oxygène, il en contenait au moins........ 66,66667

Donc, en se combinant avec l'azote pour former de l'acide nitrique, il n'en perd que................. 7,94502

Des expériences ultérieures apprendront si ce résultat, déduit par le calcul, s'accorde avec des opérations plus directes.

Cette énorme quantité de calorique que l'oxygène porte avec lui dans l'acide nitrique explique pourquoi, dans toutes les détonations du nitre, ou, pour mieux dire, dans toutes les occasions où l'acide nitrique se décompose, il y a un si grand dégagement de calorique.

COMBUSTION DE LA BOUGIE.

Après avoir examiné quelques cas de combustions simples, je vais donner des exemples de combustions plus composées; je commence par la cire.

Une livre de cette substance, en brûlant paisiblement dans l'appareil à glace destiné à mesurer les quantités de calorique, fond 133 livres 2 onces 5 gros ½ de glace.

Or une livre de bougie, suivant les expériences que j'ai rapportées, *Mémoires de l'Académie*, année 1784, p. 606, contient:

	Onces.	Gros.	Grains.
Charbon....................	13	1	23
Hydrogène.................	2	6	49

	Livres de glace.
Les 13 onces 1 gros 23 grains de charbon, d'après les expériences ci-dessus rapportées, doivent fondre......	79,39390
Les 2 onces 6 gros 49 grains d'hydrogène devaient fondre....................................	52,37605
Total..............	131,76995

On voit par ces résultats que la quantité de calorique qui se dégage de la bougie qui brûle est assez exactement égale à celle qu'on obtiendrait en brûlant séparément un poids de charbon et d'hydrogène égal à celui qui entre dans sa combinaison. Les expériences sur la combustion de la bougie ayant été répétées plusieurs fois, j'ai lieu de présumer qu'elles sont exactes.

COMBUSTION DE L'HUILE D'OLIVES.

Nous avons enfermé dans l'appareil ordinaire une lampe qui contenait une quantité d'huile d'olives bien connue; et, l'expérience finie, nous avons déterminé exactement le poids de l'huile qui avait été consommée et celui de la glace qui avait été fondue; le résultat a été qu'une livre d'huile d'olives, en brûlant, pouvait fondre 148 livres 14 onces 1 gros de glace.

Mais une livre d'huile d'olives, d'après les expériences que j'ai rapportées, *Mémoires de l'Académie*, année 1784, et dont on trouvera un extrait dans le chapitre suivant, contient :

	Onces.	Gros.	Grains.
Charbon.....................	12	5	5
Hydrogène...................	3	2	67

	Livres de glace.
La combustion de 12 onces 5 gros 5 grains de charbon ne devait fondre que..........................	76,18723
Et celle de 3 onces 2 gros 67 grains d'hydrogène....	62,15053
Total....................	138,33776
Il s'en est fondu..........................	148,88330
Le dégagement de calorique a donc été plus considérable qu'il ne devait l'être d'une quantité équivalente à..	10,54554

Cette différence, qui n'est pas au surplus très-considérable, peut tenir ou à des erreurs inévitables dans les expériences de ce genre, ou à ce que la composition de l'huile n'est pas encore assez rigoureusement connue. Mais il en résulte toujours qu'il y a déjà beaucoup d'ensemble et d'accord dans la marche des expériences relatives à la combinaison et au dégagement du calorique.

Ce qui reste à faire dans ce moment, et dont nous sommes occupés, est de déterminer ce que l'oxygène conserve de calorique dans sa combinaison avec les métaux pour les convertir en oxydes ; ce que l'hydrogène en contient dans les différents états dans lesquels il peut exister; enfin, de connaître d'une manière plus exacte la quantité de calorique qui se dégage dans la formation de l'eau. Il nous reste, sur cette détermination, une incertitude assez grande, qu'il est nécessaire de lever par de nouvelles expériences. Ces différents points bien connus, et nous espérons qu'ils le seront bientôt, nous nous trouverons vraisemblablement obligés de faire des corrections, peut-être même assez considérables, à la plupart des résultats que je viens d'exposer; mais je n'ai pas cru que ce fût une raison de différer d'en aider ceux qui pourront se proposer de travailler sur le même objet. Il est difficile, quand on cherche les éléments d'une science nouvelle, de ne pas commencer par des à peu près, et il est rare qu'il soit possible de la porter, dès le premier jet, à son état de perfection.

CHAPITRE X.

DE LA COMBINAISON DES SUBSTANCES COMBUSTIBLES LES UNES AVEC LES AUTRES.

Les substances combustibles étant en général celles qui ont une grande appétence pour l'oxygène, il en résulte qu'elles doivent avoir de l'affinité entre elles, qu'elles doivent tendre à se combiner les unes avec les autres, *quæ sunt eadem uni tertio sunt eadem inter se*; et c'est ce qu'on observe en effet. Presque tous les métaux, par exemple, sont susceptibles de se combiner les uns avec les autres, et il en résulte un ordre de composés qu'on nomme *alliage* dans les usages de la société. Rien ne s'oppose à ce que nous adoptions cette expression : ainsi nous dirons que la plupart des métaux s'allient les uns avec les autres; que les alliages, comme toutes les combinaisons, sont susceptibles d'un ou de plusieurs degrés de saturation; que les substances métalliques, dans cet état, sont en général plus cassantes que les métaux purs, surtout lorsque les métaux alliés diffèrent beaucoup par leur degré de fusibilité; enfin, nous ajouterons que c'est à cette différence des degrés de fusibilité des métaux que sont dus une partie des phénomènes particuliers que présentent les alliages, tels, par exemple, que la propriété qu'ont quelques espèces de fer d'être cassants à chaud. Ces fers doivent être considérés comme un alliage de fer pur, métal presque infusible, avec une petite quantité d'un autre métal, quel qu'il soit, qui se liquéfie à une chaleur beaucoup plus douce. Tant qu'un alliage de cette espèce est froid, et que les deux métaux sont dans l'état solide, il peut être malléable; mais, si on le chauffe à un degré suffisant pour liquéfier celui des deux métaux qui est le plus fusible, les parties liquides interposées entre les solides doivent rompre la solution de continuité, et le fer doit devenir cassant.

A l'égard des alliages de mercure avec les métaux, on a coutume de les désigner sous le nom d'*amalgame*, et nous n'avons vu aucun inconvénient à leur conserver cette dénomination.

Le soufre, le phosphore, le charbon, sont également susceptibles de se combiner avec les métaux : les combinaisons du soufre ont été en général désignées sous le nom de *pyrites;* les autres n'ont point été nommées, ou, du moins, elles ont reçu des dénominations si modernes que rien ne s'oppose à ce qu'elles soient changées.

Nous avons donné aux premières de ces combinaisons le nom de *sulfures*, aux secondes celui de *phosphures*, enfin aux troisièmes celui de *carbures*.

Ainsi le soufre, le phosphore, le charbon, oxygénés, forment des oxydes ou des acides; mais, lorsqu'ils entrent dans des combinaisons sans s'être auparavant oxygénés, ils forment des sulfures, des phosphures et des carbures. Nous étendrons même ces dénominations aux combinaisons alcalines : ainsi nous désignerons sous le nom de *sulfure de potasse* la combinaison du soufre avec la potasse ou alcali fixe végétal, et sous le nom de *sulfure d'ammoniaque* la combinaison du soufre avec l'alcali volatil ou ammoniaque.

L'hydrogène, cette substance éminemment combustible, est aussi susceptible de se combiner avec un grand nombre de substances combustibles. Dans l'état de gaz, il dissout le carbone, le soufre, le phosphore et plusieurs métaux. Nous désignerons ces combinaisons sous le nom de *gaz hydrogène carboné*, de *gaz hydrogène sulfuré*, de *gaz hydrogène phosphoré*. Le second de ces gaz, le gaz hydrogène sulfuré, est celui que les chimistes ont désigné sous le nom de *gaz hépatique*, et que M. Schéele a nommé *gaz puant du soufre;* c'est à lui que quelques eaux minérales doivent leurs vertus; c'est aussi à son émanation que les déjections animales doivent principalement leur odeur infecte. A l'égard du gaz hydrogène phosphoré, il est remarquable par la propriété qu'il a de s'enflammer spontanément lorsqu'il a le contact de l'air ou mieux encore celui du gaz oxygène, comme l'a découvert M. Gengembre. Ce gaz a l'odeur du poisson pourri, et il est probable qu'il s'exhale en effet un véritable gaz hydrogène phosphoré de la chair des poissons par la putréfaction.

Lorsque l'hydrogène et le carbone s'unissent ensemble sans que l'hydrogène ait été porté à l'état de gaz par le calorique, il en résulte une combinaison particulière, connue sous le nom d'*huile*, et cette huile est ou fixe ou volatile, suivant les proportions de l'hydrogène et du carbone.

Il ne sera pas inutile d'observer ici qu'un des principaux caractères qui distingue les huiles fixes retirées des végétaux par expression d'avec les huiles volatiles ou essentielles, c'est que les premières contiennent un excès de carbone qui s'en sépare lorsqu'on les échauffe au delà du degré de l'eau bouillante; les huiles volatiles, au contraire, étant formées d'une plus juste proportion de carbone et d'hydrogène, ne sont point susceptibles d'être décomposées à un degré de chaleur supérieur à l'eau bouillante; les deux principes qui les constituent demeurent unis; ils se combinent avec le calorique pour former un gaz, et c'est dans cet état que les huiles passent dans la distillation.

J'ai donné la preuve que les huiles étaient ainsi composées d'hydrogène et de carbone dans un mémoire sur la combinaison de l'esprit-de-vin et des huiles avec l'oxygène, imprimé dans le Recueil de l'Académie, année 1784, p. 593. On y verra que les huiles fixes, en brûlant dans le gaz oxygène, se convertissent en eau et en acide carbonique, et qu'en appliquant le calcul à l'expérience elles sont composées de 21 parties d'hydrogène et de 79 parties de carbone. Peut-être les substances huileuses solides, telles que la cire, contiennent-elles en outre un peu d'oxygène, auquel elles doivent leur état solide. Je suis au surplus occupé, dans ce moment, d'expériences qui donneront un grand développement à toute cette théorie.

C'est une question bien digne d'être examinée, de savoir si l'hydrogène est susceptible de se combiner avec le soufre, le phosphore, et même avec les métaux dans l'état concret. Rien n'indique sans doute *a priori* que ces combinaisons soient impossibles; car, puisque les corps combustibles sont, en général, susceptibles de se combiner les uns avec les autres, on ne voit pas pourquoi l'hydrogène ferait exception. Mais, en même temps, aucune expérience directe ne prouve encore ni la possibilité ni l'impossibilité de cette union. Le fer et le zinc sont, de tous les métaux, ceux dans lesquels on serait le plus en droit de soupçonner une combinaison d'hydrogène, mais, en même temps, ces métaux ont la propriété de décomposer l'eau; et, comme, dans les expériences chimiques, il est difficile de se débarrasser des derniers vestiges d'humidité, il n'est pas facile de s'assurer si les petites portions de gaz hydrogène qu'on obtient, dans quelques expériences sur ces métaux, leur étaient combinées, ou bien si elles proviennent de la décomposition de quelques molécules d'eau. Ce qu'il y a de certain, c'est que, plus on prend soin d'écarter l'eau de ce genre d'expériences, plus la quantité de gaz hydrogène diminue, et qu'avec de très-grandes précautions on parvient à n'en avoir que des quantités presque insensibles.

Quoi qu'il en soit, que les corps combustibles, notamment le soufre, le phosphore et les métaux, soient susceptibles ou non d'absorber de l'hydrogène, on peut assurer au moins qu'il ne s'y combine qu'en très-petite quantité, et que cette combinaison, loin d'être essentielle à leur constitution, ne peut être regardée que comme une addition étrangère qui en altère la pureté. C'est au surplus à ceux qui ont embrassé ce système à prouver, par des expériences décisives, l'existence de cet hydrogène, et, jusqu'à présent, ils n'ont donné que des conjectures appuyées sur des suppositions.

CHAPITRE XI.

CONSIDÉRATIONS SUR LES OXYDES ET LES ACIDES À PLUSIEURS BASES, ET SUR LA COMPOSITION DES MATIÈRES VÉGÉTALES ET ANIMALES.

Nous avons examiné dans le chapitre v et dans le chapitre VIII quel était le résultat de la combustion et de l'oxygénation des quatre substances combustibles simples : le phosphore, le soufre, le carbone et l'hydrogène; nous avons fait voir, dans le chapitre x, que les substances combustibles simples étaient susceptibles de se combiner les unes avec les autres pour former des corps combustibles composés, et nous avons observé que les huiles en général, principalement les huiles fixes des végétaux, appartenaient à cette classe, et qu'elles étaient toutes composées d'hydrogène et de carbone. Il me reste à traiter, dans ce chapitre, de l'oxygénation des corps combustibles composés, à faire voir qu'il existe des acides et des oxydes à base double et triple, que la nature nous en fournit à chaque pas des exemples, et que c'est principalement par ce genre de combinaison qu'elle est parvenue à former, avec un aussi petit nombre d'éléments ou de corps simples, une aussi grande variété de résultats.

On avait très-anciennement remarqué qu'en mêlant ensemble de l'acide muriatique et de l'acide nitrique il en résultait un acide mixte, qui avait des propriétés fort différentes de celles des deux acides dont il était composé. Cet acide a été célèbre par la propriété qu'il a de dissoudre l'or, *le roi des métaux* dans le langage alchimique, et c'est de là que lui a été donnée la qualification brillante d'*eau régale*. Cet acide mixte, comme l'a très-bien prouvé M. Berthollet, a des propriétés particulières dépendantes de l'action combinée de ses deux bases acidifiables, et nous avons cru, par cette raison, devoir lui conserver un nom particulier. Celui d'*acide nitro-muriatique* nous a paru le plus convenable, parce qu'il exprime la nature des deux substances qui entrent dans sa composition.

Mais ce phénomène, qui n'a été observé que pour l'acide nitro-muriatique, se présente continuellement dans le règne végétal : il est infiniment rare d'y trouver un acide simple, c'est-à-dire qui ne soit composé que d'une seule base acidifiable. Tous les acides de ce règne ont pour base l'hydrogène et le carbone, quelquefois l'hydrogène, le carbone et le phosphore, le tout combiné avec une proportion plus ou moins considérable d'oxygène. Le règne végétal a également des oxydes qui sont formés des mêmes bases doubles et triples, mais moins oxygénées.

Les acides et oxydes du règne animal sont encore plus composés; il entre dans la combinaison de la plupart quatre bases acidifiables : l'hydrogène, le carbone, le phosphore et l'azote.

Je ne m'étendrai pas beaucoup ici sur cette matière, sur laquelle il n'y a pas longtemps que je me suis formé des idées claires et méthodiques; je la traiterai plus à fond dans des mémoires que je prépare pour l'Académie. La plus grande partie de mes expériences sont faites, mais il est nécessaire que je les répète et que je les multiplie davantage, afin de pouvoir donner des résultats exacts pour les quantités. Je me contenterai, en conséquence, de faire une courte énumération des oxydes et acides végétaux et animaux, et de terminer cet article par quelques réflexions sur la constitution végétale et animale.

Les oxydes végétaux à deux bases sont le sucre, les différentes espèces de gomme, que nous avons réunies sous le nom générique de *muqueux*, et l'amidon. Ces trois substances ont pour radical l'hydrogène et le carbone combinés ensemble, de manière à ne former qu'une seule base, et portés à l'état d'oxyde par une portion d'oxygène; ils ne diffèrent que par la proportion des principes qui composent la base. On peut, de l'état d'oxyde, les faire passer à celui d'acide en leur combinant une nouvelle quantité d'oxygène, et on forme ainsi, suivant le degré d'oxygénation et la proportion de l'hydrogène et du carbone, les différents acides végétaux.

Il ne s'agirait plus, pour appliquer à la nomenclature des acides et des oxydes végétaux les principes que nous avons précédemment établis pour les oxydes et les acides minéraux, que de leur donner des noms relatifs à la nature des deux substances qui composent leur base. Les oxydes et les acides végétaux seraient alors des oxydes et des acides hydro-carboneux; bien plus, on aurait encore, dans cette méthode, l'avantage de pouvoir indiquer sans périphrases quel est le principe qui est en excès, comme M. Rouelle l'avait imaginé pour les extraits végétaux; il appelait *extracto-résineux* celui où l'extrait dominait, et *résino-extractif* celui qui participait davantage de la résine.

En partant des mêmes principes, et en variant les terminaisons pour donner encore plus d'étendue à ce langage, on aurait, pour désigner les acides et les oxydes végétaux, les dénominations suivantes:

Oxyde hydro-carboneux.
Oxyde hydro-carbonique.

Oxyde carbone-hydreux.
Oxyde carbone-hydrique.

Acide hydro-carboneux.
Acide hydro-carbonique.
Acide hydro-carbonique oxygéné.

Acide carbone-hydreux.
Acide carbone-hydrique.
Acide carbone-hydrique oxygéné.

Il est probable que cette variété de langage sera suffisante pour indiquer toutes les variétés que nous présente la nature, et qu'à mesure que les acides végétaux seront bien connus ils se rangeront naturellement, et pour ainsi dire d'eux-mêmes, dans le cadre que nous venons de présenter. Mais il s'en faut bien que nous soyons encore en état de pouvoir faire une classification méthodique de ces substances : nous savons quels sont les principes qui les composent, et il ne me reste plus aucun doute à cet égard; mais les proportions sont encore inconnues. Ce sont ces considérations qui nous ont déterminés à conserver provisoirement les noms anciens; et maintenant encore que je suis un peu plus avancé dans cette carrière que je ne l'étais à l'époque où notre essai de nomenclature a paru, je me reprocherais de tirer des conséquences trop décidées d'expériences qui ne sont pas encore assez précises; mais, en convenant que cette partie de la chimie reste en souffrance, je puis y ajouter l'espérance qu'elle sera bientôt éclaircie.

Je me trouve encore plus impérieusement forcé de prendre le même parti à l'égard des oxydes et des acides à trois et quatre bases, dont le règne animal présente un grand nombre d'exemples, et qui se rencontrent même quelquefois dans le règne végétal. L'azote, par exemple, entre dans la composition de l'acide prussique, il s'y trouve joint à l'hydrogène et au carbone pour former une base triple; il entre également, à ce qu'on peut croire, dans l'acide gallique. Enfin, presque tous les acides animaux ont pour base l'azote, le phosphore, l'hydrogène et le carbone. Une nomenclature qui entreprendrait d'exprimer à la fois ces quatre bases serait méthodique sans doute, elle aurait l'avantage d'exprimer des idées claires et déterminées; mais cette cumulation de substantifs et d'adjectifs grecs et latins, dont les chimistes mêmes n'ont point encore admis généralement l'usage, semblerait présenter un langage barbare, également difficile à retenir et à prononcer. La perfection, d'ailleurs, de la science doit précéder celle du langage, et il s'en faut bien que cette partie de la chimie soit encore parvenue au point auquel elle doit arriver un jour. Il est donc indispensable de conserver, au moins pour un temps, les noms anciens pour les acides et oxydes animaux. Nous nous sommes seulement permis d'y faire quelques légères modifications : par exemple, de terminer en *eux* la dénomination de ceux dans lesquels nous soupçonnons que le principe acidifiable est en excès, et de terminer au contraire en *ique* le nom de ceux dans lesquels nous avons lieu de croire que l'oxygène est prédominant.

Les acides végétaux qu'on connaît jusqu'à présent sont au nombre de treize; savoir :

L'acide acét*eux*.
L'acide acét*ique*.
L'acide oxal*ique*.
L'acide tartar*eux*.
L'acide pyro-tartar*eux*.
L'acide citr*ique*.
L'acide mal*ique*.
L'acide pyro-muqu*eux*.
L'acide pyro-ligne*ux*.
L'acide gall*ique*.
L'acide benzo*ïque*.
L'acide camphor*ique*.
L'acide succin*ique*.

Quoique tous ces acides soient, comme je l'ai dit, principalement et presque uniquement composés d'hydrogène, de carbone et d'oxygène, ils ne contiennent cependant, à proprement parler, ni eau, ni acide carbonique, ni huile, mais seulement les principes propres à les former. La force d'attraction qu'exercent réciproquement l'hydrogène, le carbone et l'oxygène, est, dans ces acides, dans un état d'équilibre qui ne peut exister qu'à la température dans laquelle nous vivons : pour peu qu'on les échauffe au delà du degré de l'eau bouillante, l'équilibre est rompu; l'oxygène et l'hydrogène se réunissent pour former de l'eau; une portion de carbone s'unit à l'hydrogène pour produire de l'huile; il se forme aussi de l'acide carbonique par la combinaison du carbone et de l'oxygène; enfin il se trouve presque toujours une quantité excédante de charbon qui reste libre. C'est ce que je me propose de développer un peu davantage dans le chapitre suivant.

Les oxydes du règne animal sont encore moins connus que ceux du règne végétal, et leur nombre même est encore indéterminé. La partie rouge du sang, la lymphe, presque toutes les sécrétions, sont de véritables oxydes, et c'est sous ce point de vue qu'il est important de les étudier.

Quant aux acides animaux, le nombre de ceux qui sont connus se borne actuellement à six; encore est-il probable que plusieurs de ces acides rentrent les uns dans les autres, ou au moins ne diffèrent que d'une manière peu sensible. Ces acides sont:

L'acide lactique.
L'acide saccho-lactique.
L'acide bombique.
L'acide formique.
L'acide sébacique.
L'acide prussique.

Je ne place pas l'acide phosphorique au rang des acides animaux. parce qu'il appartient également aux trois règnes.

La connexion des principes qui constituent les acides et les oxydes animaux n'est pas plus solide que celle des acides et des oxydes végétaux; un très-léger changement dans la température suffit pour la troubler, et c'est ce que j'espère rendre plus sensible par les observations que je vais rapporter dans le chapitre suivant.

CHAPITRE XII.

DE LA DÉCOMPOSITION DES MATIÈRES VÉGÉTALES ET ANIMALES PAR L'ACTION DU FEU.

Pour bien concevoir ce qui se passe dans la décomposition des substances végétales par le feu, il faut non-seulement considérer la nature des principes qui entrent dans leur composition, mais encore les différentes forces d'attraction que les molécules de ces principes exercent les unes sur les autres, et en même temps celle que le calorique exerce sur eux.

Les principes vraiment constitutifs des végétaux se réduisent à trois, comme je viens de l'exposer dans le chapitre précédent : l'hydrogène, l'oxygène et le carbone. Je les appelle *constitutifs*, parce qu'ils sont communs à tous les végétaux, qu'il ne peut exister de végétaux sans eux, à la différence des autres substances, qui ne sont essentielles qu'à la constitution de tel végétal en particulier, mais non pas de tous les végétaux en général.

De ces trois principes, deux, l'hydrogène et l'oxygène, ont une grande tendance à s'unir au calorique et à se convertir en gaz; tandis que le carbone, au contraire, est un principe fixe, et qui a très-peu d'affinité avec le calorique.

D'un autre côté, l'oxygène, qui tend avec un degré de force à peu près égal à s'unir, soit avec l'hydrogène, soit avec le carbone, à la température habituelle dans laquelle nous vivons, a, au contraire, plus d'affinité avec le carbone à une chaleur rouge; l'oxygène quitte en conséquence, à ce degré, l'hydrogène, et s'unit au carbone, pour former de l'acide carbonique.

Je me servirai quelquefois de cette expression *chaleur rouge*, quoiqu'elle n'exprime pas un degré de chaleur bien déterminé, mais beaucoup supérieure cependant à celle de l'eau bouillante.

Quoique nous soyons bien éloignés de connaître la valeur de toutes ces forces, et de pouvoir en exprimer l'énergie par des nombres, au moins sommes-nous certains, par ce qui se passe journellement sous nos yeux, que, quelque variables qu'elles soient en raison du degré de température, ou, ce qui est la même chose, en raison de la quantité de calorique avec lequel elles sont combinées, elles sont toutes à peu près en équilibre à la température dans laquelle nous vivons; ainsi les végétaux ne contiennent ni huile, ni eau, ni acide carbonique[1], mais ils contiennent les éléments de toutes ces substances.

L'hydrogène n'est point combiné, ni avec l'oxygène, ni avec le carbone, et réciproquement; mais les molécules de ces trois substances forment une combinaison triple, d'où résultent le repos et l'équilibre.

Un changement très-léger dans la température suffit pour renverser tout cet échafaudage de combinaisons, s'il est permis de se servir de cette expression. Si la température à laquelle le végétal est exposé n'excède pas beaucoup celle de l'eau bouillante, l'hydrogène et l'oxygène se réunissent, et forment de l'eau qui passe dans la distillation: une portion d'hydrogène et de carbone s'unissent ensemble pour former de l'huile volatile, une autre portion de carbone devient libre, et, comme le principe le plus fixe, il reste dans la cornue. Mais si, au lieu d'une chaleur voisine de l'eau bouillante, on applique à une substance végétale une chaleur rouge, alors ce n'est plus de l'eau qui se forme, ou plutôt même celle qui pouvait s'être formée par la première impression de la chaleur se décompose; l'oxygène s'unit au carbone, avec lequel il a plus d'affinité à ce degré, il se forme de l'acide carbonique, et l'hydrogène devenu libre s'échappe sous la forme de gaz, en s'unis-

[1] On conçoit que je suppose ici des végétaux réduits à l'état de dessiccation parfaite, et qu'à l'égard de l'huile je n'entends pas parler des végétaux qui en fournissent, soit par expression à froid, soit par une chaleur qui n'excède pas celle de l'eau bouillante. Il n'est ici question que de l'huile empyreumatique qu'on obtient par la distillation à feu nu, à un degré de feu supérieur à l'eau bouillante. C'est cette huile seule que j'annonce être un produit de l'opération. On peut voir ce que j'ai publié, à cet égard, dans le volume de l'Académie, année 1786.

sant au calorique. Non-seulement, à ce degré, il ne se forme point d'huile, mais, s'il s'en était formé, elle serait décomposée.

On voit donc que la décomposition des matières végétales se fait à ce degré, en vertu d'un jeu d'affinités doubles et triples, et que, tandis que le carbone attire l'oxygène pour former de l'acide carbonique, le calorique attire l'hydrogène pour former du gaz hydrogène.

Il n'est point de substance végétale dont la distillation ne fournisse la preuve de cette théorie, si toutefois on peut appeler de ce nom un simple énoncé des faits. Qu'on distille du sucre; tant qu'on ne lui fera éprouver qu'une chaleur inférieure à celle de l'eau bouillante, il ne perdra qu'un peu d'eau de cristallisation, il sera toujours du sucre, et il en conservera toutes les propriétés; mais, sitôt qu'on l'expose à une chaleur tant soit peu supérieure à celle de l'eau bouillante, il noircit: une portion de carbone se sépare de la combinaison, en même temps il passe de l'eau légèrement acide et un peu d'huile; le charbon qui reste dans la cornue forme près d'un tiers du poids originaire.

Le jeu des affinités est encore plus compliqué dans les plantes qui contiennent de l'azote, comme les crucifères, et dans celles qui contiennent du phosphore; mais, comme ces substances n'entrent qu'en petite quantité dans leur combinaison, elles n'apportent pas de grands changements, au moins en apparence, dans les phénomènes de la distillation; il paraît que le phosphore demeure combiné avec le charbon, qui lui communique de la fixité. Quant à l'azote, il s'unit à l'hydrogène pour former de l'ammoniaque ou alcali volatil.

Les matières animales étant composées à peu près des mêmes principes que les plantes crucifères, leur distillation donne le même résultat; mais, comme elles contiennent plus d'hydrogène et plus d'azote, elles fournissent plus d'huile et plus d'ammoniaque. Pour faire connaître avec quelle ponctualité cette théorie rend compte de tous les phénomènes qui ont lieu dans la distillation des matières animales, je ne citerai qu'un fait : c'est la rectification et la décomposition totale des huiles volatiles animales, appelées vulgairement *huiles de Dippel*. Ces huiles, lorsqu'on les obtient par une première distillation à feu nu, sont brunes parce qu'elles contiennent un peu de charbon presque libre, mais elles deviennent blanches par la rectification. Le carbone tient si peu à ces combinaisons, qu'il s'en sépare par leur simple exposition à l'air. Si on place une huile volatile animale bien rectifiée, et par conséquent blanche, limpide et transparente, sous une cloche remplie de gaz oxygène, en peu de temps le volume du gaz diminue et il est absorbé par l'huile. L'oxygène se combine avec l'hydrogène de l'huile pour former de l'eau, qui tombe au fond; en même temps la portion de charbon qui était combinée avec l'hydrogène devient libre et se manifeste par sa couleur noire. C'est par cette raison que ces huiles ne se conservent blanches et claires qu'autant qu'on les enferme dans des flacons bien bouchés, et qu'elles noircissent dès qu'elles ont le contact de l'air.

Les rectifications successives de ces mêmes huiles présentent un autre phénomène confirmatif de cette théorie. A chaque fois qu'on les distille, il reste un peu de charbon au fond de la cornue; en même temps il se forme un peu d'eau par la combinaison de l'oxygène de l'air des vaisseaux avec l'hydrogène de l'huile. Comme ce même phénomène a lieu à chaque distillation de la même huile, il en résulte qu'au bout d'un grand nombre de rectifications successives, surtout si on opère à un degré de feu un peu fort, et dans des vaisseaux d'une capacité un peu grande, la totalité de l'huile se trouve décomposée, et l'on parvient à la convertir entièrement en eau et en charbon. Cette décomposition totale de l'huile, par des rectifications répétées, est beaucoup plus longue et beaucoup plus difficile, quand on opère avec des vaisseaux d'une petite capacité, et surtout à un degré de feu lent et peu supérieur à celui de l'eau bouillante. Je rendrai compte à l'Académie, dans un mémoire particulier, du détail de mes expériences sur cette décomposition des huiles; mais ce que j'ai dit me paraît suffire pour donner des idées précises de la constitution des matières végétales et animales, et de leur décomposition par le feu.

CHAPITRE XIII.

DE LA DÉCOMPOSITION DES OXYDES VÉGÉTAUX PAR LA FERMENTATION VINEUSE.

Tout le monde sait comment se font le vin, le cidre, l'hydromel, et en général toutes les boissons fermentées spiritueuses. On exprime le jus des raisins et des pommes, on étend d'eau ce dernier; on met la liqueur dans de grandes cuves, et on la tient dans un lieu dont la température soit au moins de 10 degrés du thermomètre de Réaumur. Bientôt il s'y excite un mouvement rapide de fermentation, des bulles d'air nombreuses viennent crever à la surface, et, quand la fermentation est à son plus haut période, la quantité de ces bulles est si grande, la quantité de gaz qui se dégage est si considérable, qu'on croirait que la liqueur est sur un brasier ardent qui y excite une violente ébullition. Le gaz qui se dégage est de l'acide carbonique, et, quand on le recueille avec soin, il est parfaitement pur et exempt du mélange de toute autre espèce d'air ou de gaz.

Le suc des raisins, de doux et de sucré qu'il était, se change, dans cette opération, en une liqueur vineuse, qui, lorsque la fermentation est complète, ne contient plus de sucre, et dont on peut retirer par distillation une liqueur inflammable, qui est connue dans le commerce et dans les arts sous le nom d'*esprit-de-vin*. On sent que, cette liqueur étant un résultat de la fermentation d'une matière sucrée quelconque suffisamment étendue d'eau, il aurait été contre les principes de notre nomenclature de la nommer plutôt esprit-de-vin qu'esprit de cidre, ou esprit de sucre fermenté. Nous avons donc été forcés d'adopter un nom plus général, et celui d'*alcool*, qui nous vient des Arabes, nous a paru propre à remplir notre objet.

Cette opération est une des plus frappantes et des plus extraordinaires de toutes celles que la chimie nous présente, et nous avons à examiner d'où vient le gaz acide carbonique qui se dégage, d'où vient l'esprit inflammable qui se forme, et comment un corps doux, un oxyde végétal, peut se transformer ainsi en deux substances si différentes, dont l'une est combustible, l'autre éminemment incombustible. On voit que, pour arriver à la solution de ces deux questions, il fallait d'abord bien connaître l'analyse et la nature du corps susceptible de fermenter, et les produits de la fermentation; car rien ne se crée, ni dans les opérations de l'art, ni dans celles de la nature, et l'on peut poser en principe que, dans toute opération, il y a une égale quantité de matière avant et après l'opération; que la qualité et la quantité des principes est la même, et qu'il n'y a que des changements, des modifications.

C'est sur ce principe qu'est fondé tout l'art de faire des expériences en chimie : on est obligé de supposer dans toutes une véritable égalité ou équation entre les principes du corps qu'on examine et ceux qu'on en retire par l'analyse. Ainsi, puisque du moût de raisin donne du gaz acide carbonique et de l'alcool, je puis dire que le *moût de raisin = acide carbonique + alcool*. Il résulte de là qu'on peut parvenir de deux manières à éclaircir ce qui se passe dans la fermentation vineuse : la première, en déterminant bien la nature et les principes du corps fermentescible; la seconde, en observant bien les produits qui en résultent par la fermentation, et il est évident que les connaissances que l'on peut acquérir sur l'un conduisent à des conséquences certaines sur la nature des autres, et réciproquement.

Il était important, d'après cela, que je m'attachasse à bien connaître les principes constituants du corps fermentescible. On conçoit que, pour y parvenir, je n'ai pas été chercher les sucs de fruits très-composés, et dont une analyse rigoureuse serait peut-être impossible. J'ai choisi, de tous les corps susceptibles de fermenter, le plus simple, le sucre, dont l'analyse est facile, et dont j'ai déjà précédemment fait connaître la nature. On se rappelle que cette substance est un véritable oxyde végétal, un oxyde à deux bases; qu'il est composé d'hydrogène et de carbone porté à l'état d'oxyde par une certaine proportion d'oxygène, et que ces trois principes sont dans un état d'équilibre qu'une force très-légère suffit pour rompre. Une longue suite d'expériences faites par différentes voies, et que j'ai répétées bien des fois, m'a appris que les proportions des principes qui entrent dans la composition du sucre sont à peu près les suivantes :

Hydrogène	8 parties.
Oxygène	64
Carbone	28
Total	100

Pour faire fermenter le sucre, il faut d'abord l'étendre d'environ quatre parties d'eau. Mais de l'eau et du sucre mêlés ensemble, dans quelque proportion que ce soit, ne fermenteraient jamais seuls, et l'équilibre subsisterait toujours entre les principes de cette combinaison, si on ne les rompait par un moyen quelconque. Un peu de levure de bière suffit pour produire cet effet et pour donner le premier mouvement à la fermentation; elle se continue ensuite d'elle-même jusqu'à la fin. Je rendrai compte ailleurs des effets de la levure et de ceux des ferments en général. J'ai communément employé 10 livres de levure en pâte pour 1 quintal de sucre, et une quantité d'eau égale à quatre fois le poids du sucre. Ainsi la liqueur fermentescible se trouvait composée ainsi qu'il suit; je donne ici les résultats de mes expériences tels que je les ai obtenus, et en conservant même jusqu'aux fractions que m'a données le calcul de réduction.

MATÉRIAUX DE LA FERMENTATION POUR UN QUINTAL DE SUCRE.

		Livres.	Onces.	Gros.	Grains.
Eau		400	"	"	"
Sucre		100	"	"	"
Levure de bière en pâte, composée de	Eau	7	3	6	44
	Levure sèche	7	12	1	28
Total		510	"	"	"

DÉTAIL DES PRINCIPES CONSTITUANTS DES MATÉRIAUX DE LA FERMENTATION.

Livres.	Onces.	Gros.	Grains.			Livres.	Onces.	Gros.	Grains.
407	3	6	44	d'eau composées de..	Hydrogène..........	61	1	2	71,40
					Oxygène............	346	2	3	44,60
100	"	"	"	de sucre composées de......	Hydrogène...........	8	"	"	
					Oxygène..	64	"	"	"
					Carbone............	28	"	"	"
2	12	1	28	de levure sèche composées de..	Carbone......... ..	"	12	4	59,00
					Azote..............	"	"	5	2,94
					Hydrogène..........	"	4	5	9,30
					Oxygène............	1	10	2	28,76
					Total.............	510	"	"	"

RÉCAPITULATION DES PRINCIPES CONSTITUANTS DES MATÉRIAUX DE LA FERMENTATION.

		Livres.	Onces.	Gros.	Grains.	Livres.	Onces.	Gros.	Grains.
Oxygène...	de l'eau........	340	"	"	"	411	12	6	1,36
	de l'eau de la levure........	6	2	3	44,60				
	du sucre.......	64	"	"	"				
	de la levure.....	1	10	2	28,76				
Hydrogène..	de l'eau........	60	"	"	"	69	6	"	8,70
	de l'eau de la levure........	1	1	2	71,40				
	du sucre.......	8	"	"	"				
	de la levure.....	"	4	5	9,30				
Carbone....	du sucre.......	28	"	"	"	28	12	4	59,00
	de la levure.....	"	12	4	59,00				
Azote de la levure	....					"	"	5	2,94
	Total..................					510	"	"	"

Après avoir bien déterminé quelle est la nature et la quantité des principes qui constituent les matériaux de la fermentation, il reste à examiner quels en sont les produits. Pour parvenir à les connaître, j'ai commencé par renfermer les 510 livres de liqueur ci-dessus dans un appareil, par le moyen duquel je pouvais, non-seulement déterminer la qualité et la quantité des gaz à mesure qu'ils se dégageaient, mais encore peser chacun des produits séparément, à telle époque de la fermentation que je le jugeais à propos. Il serait trop long de décrire ici cet appareil, qui se trouve, au surplus, décrit dans la troisième partie de cet ouvrage. Je me bornerai donc à rendre compte des effets.

Une heure ou deux après que le mélange est fait, surtout si la température dans laquelle on opère est de 15 à 18 degrés, on commence à apercevoir les premiers indices de la fermentation : la liqueur se trouble et devient écumeuse, il s'en dégage des bulles qui viennent crever à la surface ; bientôt la quantité de ces bulles augmente, et il se fait un dégagement abondant et rapide de gaz acide carbonique très-pur accompagné d'écume, qui n'est autre chose que de la levure qui se sépare. Au bout de quelques jours, suivant le degré de chaleur, le mouvement et le dégagement de gaz diminue, mais il ne cesse pas entièrement, et ce n'est qu'après un intervalle de temps assez long que la fermentation est achevée.

Le poids de l'acide carbonique sec qui se dégage dans cette opération est de 35 livres 5 onces 4 gros 19 grains.

Ce gaz entraîne, en outre, avec lui une portion assez considérable d'eau qu'il tient en dissolution, et qui est environ de 13 livres 14 onces 5 gros.

Il reste dans le vase dans lequel on opère une liqueur vineuse légèrement acide, d'abord trouble, qui s'éclaircit ensuite d'elle-même, et qui laisse déposer une portion de levure. Cette liqueur pèse en totalité 460 livres 11 onces 6 gros 53 grains.

Enfin, en analysant séparément toutes ces substances, et en les résolvant dans leurs parties constituantes, on trouve, après un travail très-pénible, les résultats qui suivent, qui seront détaillés dans les Mémoires de l'Académie.

TABLEAU DES RÉSULTATS OBTENUS PAR LA FERMENTATION.

Livres.	Onces.	Gros.	Grains.	Substance	Composants	Livres.	Onces.	Gros.	Grains.
35	5	4	19	d'acide carbonique, composées	d'oxygène	25	7	1	34
					de carbone	9	14	2	57
408	15	5	14	d'eau, composées	d'oxygène	347	10	"	59
					d'hydrogène	61	5	4	27
57	11	1	58	d'alcool sec, composées	d'oxygène combiné avec l'hydrogène	31	6	1	64
					d'hydrogène combiné avec l'oxygène	5	8	5	3
					d'hydrogène combiné avec le carbone	4	"	5	"
					de carbone	16	11	5	63
2	8	"	"	d'acide acéteux sec, composées	d'hydrogène	"	2	4	"
					d'oxygène	1	11	4	"
					de carbone	"	10	"	"
4	1	4	3	de résidu sucré, composées	d'hydrogène	"	5	1	67
					d'oxygène	2	9	7	27
					de carbone	1	2	2	53
1	6	"	50	de levure sèche, composées	d'hydrogène	"	2	2	41
					d'oxygène	"	13	1	14
					de carbone	"	6	2	30
					d'azote	"	"	2	37
510	"	"	"			510	"	"	"

RÉCAPITULATION DES RÉSULTATS OBTENUS PAR LA FERMENTATION.

Livres.	Onces.	Gros.	Grains.			Livres.	Onces.	Gros.	Grains.
409	10	»	54	d'oxygène	de l'eau	347	10	»	59
					de l'acide carbonique	25	7	1	34
					de l'alcool	31	6	1	64
					de l'acide acéteux	1	11	4	»
					du résidu sucré	2	9	7	»
					de la levure	»	13	1	14
28	12	5	59	de carbone	de l'acide carbonique	9	14	2	57
					de l'alcool	16	11	5	63
					de l'acide acéteux	»	10	»	»
					du résidu sucré	1	2	2	53
					de la levure	»	6	2	30
71	8	6	66	d'hydrogène	de l'eau	61	5	4	27
					de l'eau de l'alcool	5	3	5	3
					combiné avec le carbone dans l'alcool	4	»	5	»
					de l'acide acéteux	»	2	4	»
					du résidu sucré	»	5	1	67
					de la levure	»	2	2	41
»	»	2	37	d'azote		»	»	2	37
510	»	»	»			510	»	»	»

Quoique, dans ces résultats, j'aie porté jusqu'aux grains la précision du calcul, il s'en faut bien que ce genre d'expérience puisse comporter encore une aussi grande exactitude; mais, comme je n'ai opéré que sur quelques livres de sucre, et que, pour établir des comparaisons, j'ai été obligé de les réduire au quintal, j'ai cru devoir laisser subsister les fractions telles que le calcul me les a données.

En réfléchissant sur les résultats que présentent les tableaux ci-dessus, il est aisé de voir clairement ce qui se passe dans la fermentation vineuse. On remarque d'abord que, sur les 100 livres de sucre qu'on a employées, il y a eu 4 livres 1 once 4 gros 3 grains qui sont restées dans l'état de sucre non décomposé, en sorte qu'on n'a réellement opéré que sur 95 livres 14 onces 3 gros 69 grains de sucre, c'est-à-dire sur 61 livres 6 onces 45 grains d'oxygène, sur 7 livres 10 onces 6 gros 6 grains d'hydrogène, et sur 26 livres 13 onces 5 gros 19 grains de carbone. Or, en comparant ces quantités, on verra qu'elles sont suffisantes pour former tout l'esprit-de-vin ou alcool, tout l'acide carbonique et tout l'acide acéteux qui a été produit par l'effet de la fermentation. Il n'est donc point nécessaire de supposer que l'eau se décompose dans cette opération, à moins que l'on ne prétende que l'oxygène et l'hydrogène sont dans l'état d'eau dans le sucre: ce que je ne crois pas, puisque j'ai établi, au contraire, qu'en général les trois principes constitutifs des végétaux, l'hydrogène, l'oxygène et le carbone, étaient entre eux dans un état d'équilibre; que cet état d'équilibre subsistait tant qu'il n'était point troublé, soit par un changement de température, soit par une double affinité, et que ce n'était qu'alors que les principes, se combinant deux à deux, formaient de l'eau et de l'acide carbonique.

Les effets de la fermentation vineuse se réduisent donc à séparer en deux portions le sucre, qui est un oxyde, à oxygéner l'une aux dépens de l'autre pour en former de l'acide carbonique; à désoxygéner l'autre en faveur de la première pour en former une substance combustible, qui est l'alcool; en sorte que, s'il était possible de recombiner ces deux substances, l'alcool et l'acide carbonique, on reformerait du sucre. Il est à remarquer, au surplus, que l'hydrogène et le carbone ne sont pas dans l'état d'huile dans l'alcool; ils sont combinés avec une portion d'oxygène qui les rend miscibles à l'eau; les trois principes, l'oxygène, l'hydrogène et le carbone, sont donc encore ici dans une espèce d'état d'équilibre; et en effet, en les faisant passer à travers un tube de verre ou de porcelaine rougi au feu, on les recombine deux à deux, et on retrouve de l'eau, de l'hydrogène, de l'acide carbonique et du carbone.

J'avais avancé d'une manière formelle, dans mes premiers mémoires sur la formation de l'eau, que cette substance, regardée comme un élément, se décomposait dans un grand nombre d'opérations chimiques, notamment dans la fermentation vineuse; je supposais alors qu'il existait de l'eau toute formée dans le sucre, tandis que je suis persuadé aujourd'hui qu'il contient seulement les matériaux propres à la former. On conçoit qu'il a dû m'en coûter pour abandonner mes premières idées: aussi n'est-ce qu'après plusieurs années de réflexions, et d'après une longue suite d'expériences et d'observations sur les végétaux, que je m'y suis déterminé.

Je terminerai ce que j'ai à dire sur la fermentation vineuse, en faisant observer qu'elle peut fournir un moyen d'analyse du sucre, et, en général, des substances végétales susceptibles de fermenter. En effet, comme je l'ai déjà indiqué au commencement de cet article, je puis considérer les matières mises à fermenter et le résultat obtenu après la fermentation comme une équation algébrique; et, en supposant successivement chacun des éléments de cette équation inconnus, j'en puis tirer une valeur et rectifier ainsi l'expérience par le calcul, et le calcul par l'expérience. J'ai souvent profité de cette méthode pour corriger les premiers résultats de mes expériences, et pour me guider dans les précautions à prendre pour les recommencer; mais ce n'est pas ici le moment d'entrer dans ces détails, sur lesquels je me suis, au surplus, étendu fort au long dans le mémoire que j'ai donné à l'Académie sur la fermentation vineuse, et qui sera incessamment imprimé.

CHAPITRE XIV.

DE LA FERMENTATION PUTRIDE.

Je viens de faire voir comment le corps sucré se décomposait, lorsqu'il était étendu d'une certaine quantité d'eau et à l'aide d'une douce chaleur; comment les trois principes qui le constituent, l'oxygène, l'hydrogène et le carbone, qui étaient dans un état d'équilibre, et qui ne formaient, dans l'état de sucre, ni de l'eau, ni de l'huile, ni de l'acide carbonique, se séparaient pour se combiner dans un autre ordre: comment une portion de carbone se réunissait à l'oxygène pour former de l'acide carbonique; comment une autre portion de carbone se combinait avec l'hydrogène et avec de l'eau pour former de l'alcool.

Les phénomènes de la putréfaction s'opèrent de même en vertu d'affinités très-compliquées. Les trois principes constitutifs du corps cessent également, dans cette opération, d'être dans un état d'équilibre; au lieu d'une combinaison ternaire, il se forme des combinaisons binaires; mais le résultat de ces combinaisons est bien différent de celui que donne la fermentation vineuse. Dans cette dernière, une partie des principes de la substance végétale, l'hydrogène par exemple, reste uni à une portion d'eau et de carbone pour former de l'alcool. Dans la fermentation putride, au contraire, la totalité de l'hydrogène se dissipe sous la forme de gaz hydrogène; en même temps l'oxygène et le carbone, se réunissant au calorique, s'échappent sous la forme de gaz acide carbonique. Enfin, quand l'opération est entièrement achevée, surtout si la quantité d'eau nécessaire pour la putréfaction n'a pas manqué, il ne reste plus que la terre du végétal mêlée d'un peu de carbone et de fer.

La putréfaction des végétaux n'est donc autre chose qu'une analyse complète des substances végétales, dans laquelle la totalité de leurs principes constitutifs se dégage sous forme de gaz, à l'exception de la terre, qui reste dans l'état de ce qu'on nomme *terreau*.

Je donnerai, dans la troisième partie de cet ouvrage, une idée des appareils qu'on peut employer pour ce genre d'expériences.

Tel est le résultat de la putréfaction, quand le corps qu'on y soumet ne contient que de l'oxygène, de l'hydrogène, du carbone et un peu de terre; mais ce cas est rare, et il paraît même que ces substances, lorsqu'elles sont seules, fermentent difficilement, qu'elles fermentent mal, et qu'il faut un temps considérable pour que la putréfaction soit complète. Il n'en est pas de même quand la substance mise à fermenter contient de l'azote, et c'est ce qui a lieu à l'égard de toutes les matières animales et même d'un assez grand nombre de matières végétales. Ce nouvel ingrédient favorise merveilleusement la putréfaction : c'est pour cette raison qu'on mélange les matières animales avec les végétales, lorsqu'on veut hâter la putréfaction, et c'est dans ce mélange que consiste presque toute la science des amendements et des fumiers.

Mais l'introduction de l'azote dans les matériaux de la putréfaction ne produit pas seulement l'effet d'en accélérer les phénomènes, elle forme, en se combinant avec l'hydrogène, une nouvelle substance connue sous le nom d'alcali volatil ou ammoniaque. Les résultats qu'on obtient, en analysant les matières animales par différents procédés, ne laissent aucun doute sur la nature des principes qui constituent l'ammoniaque. Toutes les fois qu'on sépare préalablement l'azote de ces matières, elles ne donnent plus d'ammoniaque, et elles n'en donnent qu'autant qu'elles contiennent de l'azote. Cette composition de l'ammoniaque est d'ailleurs confirmée par des expériences analytiques que M. Berthollet a détaillées dans les Mémoires de l'Académie, année 1785, p. 316; il a donné différents moyens de décomposer cette substance, et d'obtenir séparément les deux principes, l'azote et l'hydrogène, qui entrent dans sa combinaison.

J'ai déjà annoncé plus haut (voy. chap. x) que les corps combustibles étaient presque tous susceptibles de se combiner les uns avec les autres. Le gaz hydrogène a éminemment cette propriété : il dissout le carbone, le soufre et le phosphore, et il résulte de ces combinaisons ce que j'ai appelé plus haut *gaz hydrogène carboné, gaz hydrogène sulfuré, gaz hydrogène phosphoré.* Les deux derniers de ces gaz ont une odeur particulière et très-désagréable : celle du gaz hydrogène sulfuré a beaucoup de rapport avec celle des œufs gâtés et corrompus; celle du gaz hydrogène phosphoré est absolument la même que celle du poisson pourri : enfin l'ammoniaque a une odeur qui n'est ni moins pénétrante, ni moins désagréable que les précédentes. C'est de la combinaison de ces différentes odeurs que résulte celle qui s'exhale des matières animales en putréfaction, et qui est si fétide. Tantôt c'est l'odeur de l'ammoniaque qui est prédominante, et on la reconnaît aisément à ce qu'elle pique les yeux; tantôt c'est celle du soufre, comme dans les matières fécales : tantôt enfin c'est celle du phosphore, comme dans le hareng pourri.

J'ai supposé jusqu'ici que rien ne dérangeait le cours de la fermentation et n'en troublait les effets. Mais M. de Fourcroy et M. Thouret ont observé, relativement à des cadavres enterrés à une certaine profondeur et garantis jusqu'à un certain point du contact de l'air, des phénomènes particuliers. Ils ont remarqué que souvent la partie musculaire se convertissait en une véritable graisse animale. Ce phénomène tient à ce que, par quelque circonstance particulière, l'azote que contenaient ces matières animales aura été dégagé, et à ce qu'il n'est resté que de l'hydrogène et du carbone, c'est-à-dire les matériaux propres à faire de la graisse. Cette observation sur la possibilité de convertir en graisse les matières animales peut conduire un jour à des découvertes importantes sur le parti qu'on en peut tirer pour les usages de la société. Les déjections animales, telles que les matières fécales, sont principalement composées de carbone et d'hydrogène; elles se rapprochent donc beaucoup de l'état d'huile, et en effet elles en fournissent beaucoup par la distillation à feu nu. Mais l'odeur insoutenable qui accompagne tous les produits qu'on en retire ne permet pas d'espérer de longtemps qu'on puisse les employer à autre chose qu'à faire des engrais.

Je n'ai donné dans ce chapitre que des aperçus, parce que la composition des matières animales n'est pas encore très-exactement connue. On sait qu'elles sont composées d'hydrogène, de carbone, d'azote, de phosphore, de soufre ; le tout porté à l'état d'oxyde par une quantité plus ou moins grande d'oxygène, mais on ignore absolument quelle est la proportion de ces principes. Le temps complétera cette partie de l'analyse chimique comme il en a complété déjà quelques autres.

CHAPITRE XV.

DE LA FERMENTATION ACÉTEUSE.

La fermentation acéteuse n'est autre chose que l'acidification du vin qui se fait à l'air libre par l'absorption de l'oxygène. L'acide qui en résulte est l'acide acéteux, vulgairement appelé *vinaigre;* il est composé d'une proportion, qui n'a point encore été déterminée, d'hydrogène et de carbone combinés ensemble et portés à l'état d'acide par l'oxygène.

Le vinaigre étant un acide, l'analogie conduisait seule à conclure qu'il contenait de l'oxygène; mais cette vérité est prouvée de plus par des expériences directes. Premièrement, le vin ne peut se convertir en vinaigre qu'autant qu'il a le contact de l'air, et qu'autant que cet air contient du gaz oxygène. Secondement, cette opération est accompagnée d'une diminution de volume de l'air dans lequel elle se fait, et cette diminution de volume est occasionnée par l'absorption du gaz oxygène. Troisièmement, on peut transformer le vin en vinaigre en l'oxygénant par quelque autre moyen que ce soit.

Indépendamment de ces faits, qui prouvent que l'acide acéteux est un résultat de l'oxygénation du vin, une expérience de M. Chaptal, professeur de chimie à Montpellier, fait voir clairement ce qui se passe dans cette opération. Il prend du gaz acide carbonique dégagé de la bière en fermentation; il en imprègne de l'eau jusqu'à saturation, c'est-à-dire jusqu'à ce qu'elle en ait absorbé environ une quantité égale à son volume; il met cette eau à la cave dans des vaisseaux qui ont communication avec l'air, et, au bout de quelque temps, le tout se trouve converti en acide acéteux. Le gaz acide carbonique des cuves de bière en fermentation n'est pas entièrement pur, il est mêlé d'un peu d'alcool qu'il tient en dissolution; il y a donc dans l'eau imprégnée d'acide carbonique dégagé de la fermentation vineuse tous les matériaux nécessaires pour former de l'acide acéteux. L'alcool fournit l'hydrogène et une portion de carbone; l'acide carbonique fournit du carbone et de l'oxygène; enfin l'air de l'atmosphère doit fournir ce qui manque d'oxygène pour porter le mélange à l'état d'acide acéteux.

On voit par là qu'il ne faut qu'ajouter de l'hydrogène à l'acide carbonique pour le constituer acide acéteux, ou, pour parler plus généralement, pour le transformer en un acide végétal quelconque, suivant le degré d'oxygénation; qu'il ne faut, au contraire, que retrancher de l'hydrogène aux acides végétaux pour les convertir en acide carbonique.

Je ne m'étendrai pas davantage sur la fermentation acéteuse, à l'égard de laquelle nous n'avons pas encore d'expériences exactes; les faits principaux sont connus, mais l'exactitude numérique manque. On voit d'ailleurs que la théorie de l'acétification est étroitement liée à celle de la constitution de tous les acides et oxydes végétaux, et nous ne connaissons point encore la proportion des principes dont ils sont composés. Il est aisé de s'apercevoir cependant que toute cette partie de la chimie marche rapidement, comme toutes les autres, vers sa perfection, et qu'elle est beaucoup plus simple qu'on ne l'avait cru jusqu'ici.

CHAPITRE XVI.

DE LA FORMATION DES SELS NEUTRES ET DE DIFFÉRENTES BASES QUI ENTRENT DANS LEUR COMPOSITION.

Nous avons vu comment un petit nombre de substances simples, ou au moins qui n'ont point été décomposées jusqu'ici, telles que l'azote, le soufre, le phosphore, le carbone, le radical muriatique et l'hydrogène, formaient, en se combinant avec l'oxygène, tous les oxydes et les acides du règne végétal et du règne animal; nous avons admiré avec quelle simplicité de moyens la nature multipliait les propriétés et les formes, soit en combinant ensemble jusqu'à trois et quatre bases acidifiables dans différentes proportions, soit en changeant la dose d'oxygène destiné à les acidifier. Nous ne la trouverons ni moins variée, ni moins simple, ni surtout moins féconde, dans l'ordre de choses que nous allons parcourir.

Les substances acidifiables, en se combinant avec l'oxygène et en se convertissant en acides, acquièrent une grande tendance à la combinaison; elles deviennent susceptibles de s'unir avec des substances terreuses et métalliques, et c'est de cette réunion que résultent les sels neutres. Les acides peuvent donc être regardés comme de véritables principes salifiants, et les substances auxquelles ils s'unissent pour former des sels neutres, comme des bases salifiables; c'est précisément de la combinaison des principes salifiants avec les bases salifiables que nous allons nous occuper dans cet article.

Cette manière d'envisager les acides ne me permet pas de les regarder comme des sels, quoiqu'ils aient quelques-unes de leurs propriétés principales, telles que la solubilité dans l'eau, etc. Les acides, comme je l'ai déjà fait observer, résultent d'un premier ordre de combinaisons; ils sont formés de la réunion de deux principes simples, ou au moins qui se comportent à la manière des principes simples, et ils sont par conséquent, pour me servir de l'expression de Stahl, dans l'ordre des mixtes. Les sels neutres, au contraire, sont d'un autre ordre de combinaisons : ils sont formés de la réunion de deux mixtes, et ils rentrent dans la classe des composés. Je ne rangerai pas non plus, par la même cause, les alcalis[1] ni les substances terreuses, telles que la chaux, la magnésie, etc. dans la classe des sels, et je ne désignerai par ce nom que des composés formés de la réunion d'une substance simple oxygénée et d'une base quelconque.

Je me suis suffisamment étendu, dans les chapitres précédents, sur la formation des acides, et je n'ajouterai rien à cet égard; mais je n'ai rien dit encore des bases qui sont susceptibles de se combiner avec eux pour former des sels neutres; ces bases, que je nomme salifiables, sont:

La potasse,
La soude,
L'ammoniaque,
La chaux,
La magnésie,
La baryte,
L'alumine,
Et toutes les substances métalliques.

Je vais dire un mot de l'origine et de la nature de chacune de ces bases en particulier.

DE LA POTASSE.

Nous avons déjà fait observer que, lorsqu'on échauffait une substance végétale dans un appareil distillatoire, les principes qui la composent, l'oxygène, l'hydrogène et le carbone, et qui formaient une combinaison triple dans un état d'équilibre, se réunissaient deux à deux en obéissant

[1] On regardera peut-être comme un défaut de la méthode que j'ai adoptée, de m'avoir contraint à rejeter les alcalis de la classe des sels, et je conviens que c'est un reproche qu'on peut lui faire; mais cet inconvénient se trouve compensé par de si grands avantages, que je n'ai pas cru qu'il dût m'arrêter.

aux affinités qui doivent avoir lieu suivant le degré de température. Ainsi, à la première impression du feu, et dès que la chaleur excède celle de l'eau bouillante, l'oxygène et l'hydrogène se réunissent pour former de l'eau. Bientôt après une portion de carbone et une d'hydrogène se combinent pour former de l'huile. Lorsque ensuite, par le progrès de la distillation, on est parvenu à une chaleur rouge, l'huile et l'eau même qui s'étaient formées se décomposent; l'oxygène et le carbone forment l'acide carbonique, une grande quantité de gaz hydrogène devenue libre se dégage et s'échappe; enfin il ne reste plus que du charbon dans la cornue.

La plus grande partie de ces phénomènes se retrouvent dans la combustion des végétaux à l'air libre; mais alors la présence de l'air introduit dans l'opération trois ingrédients nouveaux, dont deux au moins apportent des changements considérables dans les résultats de l'opération. Ces ingrédients sont l'oxygène de l'air, l'azote et le calorique. A mesure que l'hydrogène du végétal ou celui qui résulte de la décomposition de l'eau est chassé par le progrès du feu sous la forme de gaz hydrogène, il s'allume au moment où il a le contact de l'air, il reforme de l'eau, et le calorique des deux gaz qui devient libre, au moins pour la plus grande partie, produit la flamme.

Lorsque ensuite tout le gaz hydrogène a été chassé, brûlé et réduit en eau, le charbon qui reste brûle à son tour, mais sans flamme; il forme de l'acide carbonique, qui s'échappe, emportant avec lui une portion de calorique qui le constitue dans l'état de gaz; le surplus du calorique devient libre, s'échappe et produit la chaleur et la lumière qu'on observe dans la combustion du charbon. Tout le végétal se trouve ainsi réduit en eau et en acide carbonique; il ne reste qu'une petite portion d'une matière terreuse grise, connue sous le nom de cendre, et qui contient les seuls principes vraiment fixes qui entrent dans la constitution des végétaux.

Cette terre ou cendre, dont le poids n'excède pas communément le vingtième de celui du végétal, contient une substance d'un genre particulier, connue sous le nom d'alcali fixe végétal ou de potasse.

Pour l'obtenir, on passe de l'eau sur les cendres; l'eau se charge de la potasse, qui est dissoluble, et elle laisse les cendres, qui sont insolubles; en évaporant ensuite l'eau, on obtient la potasse, qui est fixe, même à un très-grand degré de chaleur, et qui reste sous forme blanche et concrète. Mon objet n'est point de décrire ici l'art de préparer la potasse, encore moins les moyens de l'obtenir pure; je n'entre même ici dans ces détails que pour obéir à la loi que je me suis faite de n'admettre aucun mot qui n'ait été défini.

La potasse qu'on obtient par ce procédé est toujours plus ou moins saturée d'acide carbonique, et la raison en est facile à saisir: comme la potasse ne se forme, ou au moins n'est rendue libre qu'à mesure que le charbon du végétal est converti en acide carbonique par l'addition de l'oxygène, soit de l'air, soit de l'eau, il en résulte que chaque molécule de potasse se trouve, au moment de sa formation, en contact avec une molécule d'acide carbonique, et, comme il y a beaucoup d'affinité entre ces deux substances, il doit y avoir combinaison. Quoique l'acide carbonique soit celui de tous les acides qui tient le moins à la potasse, il est cependant difficile d'en séparer les dernières portions. Le moyen le plus habituellement employé consiste à dissoudre la potasse dans de l'eau, à y ajouter deux ou trois fois son poids de chaux vive, à filtrer et à évaporer dans des vaisseaux fermés; la substance saline qu'on obtient est de la potasse presque entièrement dépouillée d'acide carbonique.

Dans cet état, elle est non-seulement dissoluble dans l'eau, au moins à partie égale, mais elle attire encore celle de l'air avec une étonnante avidité; elle fournit en conséquence un moyen de sécher l'air ou les gaz auxquels elle est exposée. Elle est également soluble dans l'esprit-de-vin ou alcool, à la différence de celle qui est saturée d'acide carbonique, qui n'est pas soluble dans ce dissolvant. Cette circonstance a fourni à M. Berthollet un moyen d'avoir de la potasse parfaitement pure.

Il n'y a point de végétaux qui ne donnent plus ou moins de potasse par incinération, mais on ne l'obtient pas également pure de tous;

elle est ordinairement mêlée avec différents sels, qu'il est aisé d'en séparer.

On ne peut guère douter que les cendres, autrement dit la terre, que laissent les végétaux lorsqu'on les brûle, ne préexistât dans ces végétaux antérieurement à la combustion; cette terre forme, à ce qu'il paraît, la partie osseuse, la carcasse du végétal. Mais il n'en est pas de même de la potasse : on n'est encore parvenu à séparer cette substance des végétaux qu'en employant des procédés ou des intermèdes qui peuvent fournir de l'oxygène et de l'azote, tels que la combustion ou la combinaison avec l'acide nitrique; en sorte qu'il n'est point démontré que cette substance ne soit pas un produit de ces opérations. J'ai commencé une suite d'expériences sur cet objet, dont je serai bientôt en état de rendre compte.

DE LA SOUDE.

La soude est, comme la potasse, un alcali qui se tire de la lixiviation des cendres des plantes, mais de celles seulement qui croissent aux bords de la mer, et principalement du *cali*, d'où est venu le nom d'*alcali* qui lui a été donné par les Arabes; elle a quelques propriétés communes avec la potasse, mais elle en a d'autres qui l'en distinguent. En général, ces deux substances portent chacune, dans toutes les combinaisons salines, des caractères qui leur sont propres. La soude, telle qu'on l'obtient de la lixiviation des plantes marines, est le plus souvent entièrement saturée d'acide carbonique, mais elle n'attire pas, comme la potasse, l'humidité de l'air; au contraire, elle s'y dessèche, ses cristaux s'effleurissent et se convertissent en une poussière blanche qui a toutes les propriétés de la soude, et qui n'en diffère que parce qu'elle a perdu son eau de cristallisation.

On ne connaît pas mieux, jusqu'ici, les principes constituants de la soude que ceux de la potasse, et on n'est pas même certain si cette substance est toute formée dans les végétaux, antérieurement à la combustion. L'analogie pourrait porter à croire que l'azote est un des principes constituants des alcalis en général, et on en a la preuve à l'égard de l'ammoniaque, comme je vais l'exposer; mais on n'a, relativement à la potasse et à la soude, que de légères présomptions, qu'aucune expérience décisive n'a encore confirmées.

DE L'AMMONIAQUE.

Comme nous n'avions aucune connaissance précise à présenter sur la composition de la soude et de la potasse, nous avons été obligé de nous borner, dans les deux paragraphes précédents, à indiquer les substances dont on les retire et les moyens qu'on emploie pour les obtenir. Il n'en est pas de même de l'ammoniaque, que les anciens ont nommée *alcali volatil*. M. Berthollet, dans un mémoire imprimé dans le Recueil de l'Académie, année 1784, p. 316, est parvenu à prouver, par voie de décomposition, que 1000 parties de cette substance en poids étaient composées d'environ 807 d'azote et de 193 d'hydrogène.

C'est principalement par la distillation des matières animales qu'on obtient cette substance; l'azote, qui est un de leurs principes constituants, s'unit à la proportion d'hydrogène propre à cette combinaison, et il se forme de l'ammoniaque; mais on ne l'obtient point pure dans cette opération, elle est mêlée avec de l'eau, de l'huile, et en grande partie saturée d'acide carbonique. Pour la séparer de toutes ces substances, on la combine d'abord avec un acide, tel, par exemple, que l'acide muriatique; on l'en dégage ensuite, soit par une addition de chaux, soit par une addition de potasse.

Lorsque l'ammoniaque a été ainsi amenée à son plus grand degré de pureté, elle ne peut plus exister que sous forme gazeuse, à la température ordinaire dans laquelle nous vivons; elle a une odeur excessivement pénétrante. L'eau en absorbe une très-grande quantité, surtout si elle est froide et si on ajoute la pression au refroidissement; ainsi saturée d'ammoniaque, elle a été appelée *alcali volatil fluor;* nous l'appellerons simplement *ammoniaque* ou *ammoniaque en liqueur*, et nous désignerons la même substance, quand elle sera dans l'état aériforme, par le nom de *gaz ammoniac*.

DE LA CHAUX, DE LA MAGNÉSIE, DE LA BARYTE ET DE L'ALUMINE.

La composition de ces quatre terres est absolument inconnue; et, comme on n'est point encore parvenu à déterminer quelles sont leurs parties constituantes et élémentaires, nous sommes autorisés, en attendant de nouvelles découvertes, à les regarder comme des êtres simples : l'art n'a donc aucune part à la formation de ces terres, la nature nous les présente toutes formées. Mais, comme elles ont la plupart, surtout les trois premières, une grande tendance à la combinaison, on ne les trouve jamais seules. La chaux est presque toujours saturée d'acide carbonique, et, dans cet état, elle forme la craie, les spaths calcaires, une partie des marbres, etc. Quelquefois elle est saturée d'acide sulfurique, comme dans le gypse et les pierres à plâtre; d'autres fois, combinée avec l'acide fluorique, elle forme le spath fluor ou vitreux. Enfin les eaux de la mer et des fontaines salées en contiennent de combinée avec l'acide muriatique. C'est, de toutes les bases salifiables, celle qui est le plus abondamment répandue dans la nature.

On rencontre la magnésie dans un grand nombre d'eaux minérales: elle y est le plus communément combinée avec l'acide sulfurique; on la trouve aussi très-abondamment dans l'eau de la mer, où elle est combinée avec l'acide muriatique: enfin elle entre dans la composition d'un grand nombre de pierres.

La baryte est beaucoup moins abondante que les deux terres précédentes; on la trouve dans le règne minéral combinée avec l'acide sulfurique, et elle forme alors le spath pesant; quelquefois, mais plus rarement, elle est combinée avec l'acide carbonique.

L'alumine, ou base de l'alun, a moins de tendance à la combinaison que les précédentes; aussi la trouve-t-on souvent à l'état d'alumine, sans être combinée avec aucun acide. C'est principalement dans les argiles qu'on la rencontre; elle en fait, à proprement parler, la base.

DES SUBSTANCES MÉTALLIQUES.

Les métaux, à l'exception de l'or et quelquefois de l'argent, se présentent rarement, dans le règne minéral, sous leur forme métallique: ils sont communément ou plus ou moins saturés d'oxygène, ou combinés avec du soufre, de l'arsenic, de l'acide sulfurique, de l'acide muriatique, de l'acide carbonique, de l'acide phosphorique. La docimasie et la métallurgie enseignent à les séparer de toutes ces substances étrangères, et nous renvoyons aux ouvrages qui traitent de cette partie de la chimie.

Il est probable que nous ne connaissons qu'une partie des substances métalliques qui existent dans la nature; toutes celles, par exemple, qui ont plus d'affinité avec l'oxygène qu'avec le carbone ne sont pas susceptibles d'être réduites ou ramenées à l'état métallique, et elles ne doivent se présenter à nos yeux que sous la forme d'oxydes, qui se confondent pour nous avec les terres. Il est très-probable que la baryte, que nous venons de ranger dans la classe des terres, est dans ce cas: elle présente, dans le détail des expériences, des caractères qui la rapprochent beaucoup des substances métalliques. Il serait possible, à la rigueur, que toutes les substances auxquelles nous donnons le nom de terres ne fussent que des oxydes métalliques irréductibles par les moyens que nous employons.

Quoi qu'il en soit, les substances métalliques que nous connaissons, celles que nous pouvons obtenir dans l'état métallique, sont au nombre de dix-sept, savoir :

L'arsenic,	Le fer,
Le molybdène,	L'étain,
Le tungstène,	Le plomb,
Le manganèse,	Le cuivre,
Le nickel,	Le mercure,
Le cobalt,	L'argent,
Le bismuth,	Le platine,
L'antimoine,	L'or.
Le zinc,	

Je ne considérerai ces métaux que comme des bases salifiables, et je n'entrerai dans aucun détail sur leurs propriétés relatives aux arts et aux usages de la société. Chaque métal, sous ces points de vue, exigerait un traité complet, et je sortirais absolument des bornes que je me suis prescrites

CHAPITRE XVII.

SUITE DES RÉFLEXIONS SUR LES BASES SALIFIABLES, ET SUR LA FORMATION DES SELS NEUTRES.

Telles sont les bases salifiables, c'est-à-dire susceptibles de se combiner avec les acides et de former des sels neutres. Mais il faut observer que les alcalis et les terres entrent purement et simplement dans la composition des sels neutres, sans aucun intermède qui serve à les unir; tandis qu'au contraire les métaux ne peuvent se combiner avec les acides qu'autant qu'ils ont été préalablement plus ou moins oxygénés. On peut donc rigoureusement dire que les métaux ne sont point dissolubles dans les acides, mais seulement les oxydes métalliques. Ainsi, lorsqu'on met une substance métallique dans un acide, la première condition pour qu'elle puisse s'y dissoudre est qu'elle puisse s'y oxyder, et elle ne le peut qu'en enlevant de l'oxygène ou à l'acide ou à l'eau dont cet acide est étendu; c'est-à-dire, en d'autres termes, qu'une substance métallique ne peut se dissoudre dans un acide qu'autant que l'oxygène qui entre, soit dans la composition de l'eau, soit dans celle de l'acide, a plus d'affinité avec le métal qu'il n'en a avec l'hydrogène ou la base acidifiable; ou, ce qui revient encore au même, qu'il n'y a de dissolution métallique qu'autant qu'il y a décomposition de l'eau ou de l'acide.

C'est de cette observation simple, qui a échappé, même à l'illustre *Bergman*, que dépend l'explication des principaux phénomènes des dissolutions métalliques. Le premier de tous et le plus frappant est l'effervescence, ou, pour parler d'une manière moins équivoque, le dégagement de gaz qui a lieu pendant la dissolution. Ce gaz, dans les dissolutions par l'acide nitrique, est du gaz nitreux; dans les dissolutions par l'acide sulfurique, il est ou du gaz acide sulfureux, ou du gaz hydrogène, suivant que c'est aux dépens de l'acide sulfurique ou de l'eau que le métal s'est oxydé.

Il est sensible que l'acide nitrique et l'eau étant composés l'un et l'autre de substances qui séparément ne peuvent exister que dans l'état de gaz, du moins à la température dans laquelle nous vivons, aussitôt qu'on leur enlève l'oxygène, le principe qui lui était uni doit entrer sur-le-champ en expansion, il doit prendre la forme gazeuse, et c'est ce passage rapide de l'état liquide à l'état gazeux qui constitue l'effervescence. Il en est de même de l'acide sulfurique; les métaux, en général, surtout par la voie humide, n'enlèvent point à cet acide la totalité de l'oxygène; ils ne le réduisent point en soufre, mais en acide sulfureux qui ne peut également exister que dans l'état de gaz au degré de température et de pression dans lequel nous vivons. Cet acide doit donc se dégager sous la forme de gaz, et c'est encore à ce dégagement qu'est due l'effervescence.

Un second phénomène est que toutes les substances métalliques se dissolvent sans effervescence dans les acides quand elles ont été oxydées avant la dissolution : il est clair qu'alors le métal n'ayant plus à s'oxyder, il ne tend plus à décomposer ni l'acide ni l'eau; il ne doit donc plus y avoir d'effervescence, puisque l'effet qui le produisait n'a plus lieu.

Un troisième phénomène est que tous les métaux se dissolvent sans effervescence dans l'acide muriatique oxygéné : ce qui se passe dans cette opération mérite quelques réflexions particulières. Le métal, dans ce cas, enlève à l'acide muriatique oxygéné son excès d'oxygène; il se forme d'une part un oxyde métallique, et de l'autre de l'acide muriatique ordinaire. S'il n'y a pas d'effervescence dans ces sortes de dissolutions, ce n'est pas qu'il ne soit de l'essence de l'acide muriatique d'exister, sous la forme de gaz, au degré de température dans lequel nous vivons, mais ce gaz trouve dans l'acide muriatique oxygéné plus d'eau qu'il n'en faut pour être retenu et pour demeurer sous forme liquide; il ne se dégage donc pas comme l'acide sulfureux, et, après s'être combiné avec l'eau dans le premier instant, il se combine paisiblement ensuite avec l'oxyde métallique qu'il dissout.

Un quatrième phénomène est que les métaux qui ont peu d'affinité pour l'oxygène, et qui n'exercent pas sur ce principe une action assez forte pour décomposer, soit l'acide, soit l'eau, sont absolument indissolubles : c'est par cette raison que l'argent, le mercure, le plomb, ne sont pas dissolubles dans l'acide muriatique, lorsqu'on les présente à cet acide dans leur état métallique; mais, si on les oxyde auparavant, de quelque manière que ce soit, ils deviennent aussitôt très-dissolubles, et la dissolution se fait sans effervescence.

L'oxygène est donc le moyen d'union entre les métaux et les acides; et cette circonstance, qui a lieu pour tous les métaux comme pour tous les acides, pourrait porter à croire que toutes les substances qui ont une grande affinité avec les acides contiennent de l'oxygène. Il est donc assez probable que les quatre terres salifiables que nous avons désignées ci-dessus contiennent de l'oxygène, et que c'est par ce *latus* qu'elles s'unissent aux acides. Cette considération semblerait appuyer ce que j'ai précédemment avancé à l'article des terres, que ces substances pourraient bien n'être autre chose que des métaux oxydés, avec lesquels l'oxygène a plus d'affinité qu'il n'en a avec le charbon, et qui, par cette circonstance, sont irréductibles. Au reste ce n'est ici qu'une conjecture que des expériences ultérieures pourront seules ou confirmer ou détruire.

Les acides connus jusqu'ici sont les suivants; nous allons, en les désignant, indiquer le nom du radical ou base acidifiable dont ils sont composés.

NOMS DES ACIDES.	NOM DE LA BASE ACIDIFIABLE, OU RADICAL, DE CHAQUE ACIDE, AVEC DES OBSERVATIONS.
1. Sulfureux	Soufre.
2. Sulfurique	
3. Phosphoreux	Phosphore.
4. Phosphorique	
5. Muriatique	Radical muriatique.
6. Muriatique oxygéné	
7. Nitreux	Azote.
8. Nitrique	
9. Nitrique oxygéné	

NOMS DES ACIDES.	NOM DE LA BASE ACIDIFIABLE, OU RADICAL, DE CHAQUE ACIDE, AVEC DES OBSERVATIONS.	
10. Carbonique	Carbone.	
11. Acéteux		
12. Acétique	Tous ces acides paraissent être formés de la réunion d'une base acidifiable double, le carbone et l'hydrogène, et ne différer entre eux que par la différence de proportion de ces deux bases et de l'oxygène qui les acidifie; on n'a au surplus encore aucune suite d'expériences bien faites à cet égard.	
13. Oxalique		
14. Tartareux		
15. Pyro-tartareux		
16. Citrique		
17. Malique		
18. Pyro-ligneux		
19. Pyro-muqueux		
20. Gallique	On n'a encore que des connaissances très-imparfaites sur la nature des radicaux de ces acides; on sait seulement que le carbone et l'hydrogène en sont les principales parties, et que l'acide prussique contient de l'azote.	
21. Prussique		
22. Benzoïque		
23. Succinique		
24. Camphorique		
25. Lactique		
26. Saccho-lactique		
27. Bombique	Ces acides et tous ceux qu'on obtient en oxygénant les matières animales, paraissent avoir pour base acidifiable le carbone, l'hydrogène, le phosphore et l'azote.	
28. Formique		
29. Sébacique		
30. Boracique	Le radical boracique.	La nature de ces deux radicaux est entièrement inconnue.
31. Fluorique	Le radical fluorique.	
32. Antimonique	Antimoine.	
33. Argentique	Argent.	
34. Arsénique	Arsenic.	
35. Bismuthique	Bismuth.	
36. Cobaltique	Cobalt.	
37. Cuprique	Cuivre.	
38. Stannique	Étain.	
39. Ferrique	Fer.	
40. Manganique	Manganèse.	
41. Hydrargyrique	Mercure.	
42. Molybdique	Molybdène.	
43. Nickélique	Nickel.	
44. Aurique	Or.	
45. Platinique	Platine.	
46. Plombique	Plomb.	
47. Tungstique	Tungstène.	
48. Zincique	Zinc.	

On voit que le nombre des acides est de quarante-huit, en y comprenant les dix-sept acides métalliques, qui sont encore peu connus, mais sur lesquels M. Berthollet va donner incessamment un travail important. On ne peut pas encore se flatter sans doute de les avoir tous découverts; mais il est probable, d'un autre côté, qu'un examen plus approfondi fera connaître que plusieurs des acides végétaux regardés comme différents rentrent les uns dans les autres. Au reste, on ne peut présenter ici le tableau de la chimie que dans l'état où elle est, et tout ce qu'on peut faire, c'est de donner des principes pour nommer, en conformité du même système, les corps qui pourront être découverts dans la suite.

Le nombre des bases salifiables, c'est-à-dire susceptibles d'être converties en sels neutres par les acides, est de vingt-quatre, savoir :

Trois alcalis,
Quatre terres
Et dix-sept substances métalliques.

La totalité des sels neutres qu'on peut concevoir, dans l'état actuel de nos connaissances, est donc de onze cent cinquante-deux; mais c'est en supposant que les acides métalliques soient susceptibles de dissoudre d'autres métaux; et cette dissolubilité des métaux oxygénés les uns par les autres est une science neuve, qui n'a point encore été entamée : c'est de cette partie de la science que dépendent toutes les combinaisons vitreuses métalliques. Il est d'ailleurs probable que toutes les combinaisons salines qu'on peut concevoir ne sont pas possibles, ce qui doit réduire considérablement le nombre des sels que la nature et l'art peuvent former. Mais, quand on ne supposerait que cinq à six cents espèces de sels possibles, il est évident que, si on voulait donner à toutes des dénominations arbitraires à la manière des anciens, si on les désignait, ou par le nom des premiers auteurs qui les ont découverts, ou par le nom des substances dont ils ont été tirés, il en résulterait une confusion que la mémoire la plus heureuse ne pourrait pas débrouiller. Cette méthode pouvait être tolérable dans le premier âge de la chimie; elle pouvait l'être encore il y a vingt ans, parce qu'alors on ne connaissait pas au delà de trente espèces de sels; mais aujourd'hui que le nombre en augmente tous les jours, que chaque acide qu'on découvre enrichit souvent la chimie de vingt-quatre sels nouveaux, quelquefois de quarante-huit, en raison des deux degrés d'oxygénation de l'acide, il faut nécessairement une méthode, et cette méthode est donnée par l'analogie : c'est celle que nous avons suivie dans la nomenclature des acides; et, comme la marche de la nature est une, elle s'appliquera naturellement à la nomenclature des sels neutres.

Lorsque nous avons nommé les différentes espèces d'acides, nous avons distingué dans ces substances la base acidifiable particulière à chacun d'eux, et le principe acidifiant, l'oxygène, qui est commun à tous. Nous avons exprimé la propriété commune à tous par le nom générique d'*acide*, et nous avons ensuite différencié les acides par le nom de la base acidifiable particulière à chacun. C'est ainsi que nous avons donné au soufre, au phosphore, au carbone oxygénés le nom d'*acide sulfurique*, d'*acide phosphorique*, d'*acide carbonique* : enfin, nous avons cru devoir indiquer les différents degrés de saturation d'oxygène par une terminaison différente du même mot. Ainsi, nous avons distingué l'acide sulfureux de l'acide sulfurique, l'acide phosphoreux de l'acide phosphorique.

Ces principes, appliqués à la nomenclature des sels neutres, nous ont obligés de donner un nom commun à tous les sels dans la combinaison desquels entre le même acide, et de les différencier ensuite par le nom de la base salifiable. Ainsi, nous avons désigné tous les sels qui ont l'acide sulfurique pour acide par le nom de *sulfates;* tous ceux qui ont l'acide phosphorique pour acide par le nom de *phosphates*, et ainsi des autres. Nous distinguerons donc *sulfate* de potasse, *sulfate* de soude, *sulfate* d'ammoniaque, *sulfate* de chaux, *sulfate* de fer, etc. et, comme nous connaissons vingt-quatre bases, tant alcalines que terreuses et métalliques, nous aurons vingt-quatre espèces de *sulfates*, autant de *phosphates*, et de même pour tous les autres acides. Mais, comme le soufre est susceptible de deux degrés d'oxygénation, qu'une première dose d'oxygène constitue l'acide sulfureux, et une seconde l'acide sulfurique; comme les sels neutres que forment ces deux acides avec les différentes bases ne sont pas les mêmes, et qu'ils ont des propriétés fort différentes, il a fallu les distinguer encore par une terminaison particulière : nous avons en conséquence désigné par le nom de *sulfites*, de *phosphites*, etc. les sels neutres formés par l'acide le moins oxygéné. Ainsi, le soufre oxygéné sera susceptible de former quarante-huit sels neutres, savoir : vingt-quatre *sulfates* et vingt-quatre *sulfites*, et ainsi des autres substances susceptibles de deux degrés d'oxygénation.

Il serait excessivement ennuyeux pour les lecteurs de suivre ces dénominations dans tous leurs détails; il suffit d'avoir exposé clairement la méthode de nommer : quand on l'aura saisie, on pourra l'appliquer sans effort à toutes les combinaisons possibles; et, le nom de la substance combustible et acidifiable connu, on se rappellera toujours aisément le nom de l'acide qu'elle est susceptible de former, et celui de tous les sels neutres qui doivent en dériver.

Je m'en tiendrai donc à ces notions élémentaires; mais, pour satisfaire en même temps ceux qui pourraient avoir besoin de plus grands détails, j'ajouterai, dans une seconde partie, des tableaux qui présenteront une récapitulation générale, non-seulement de tous les sels neutres, mais en général de toutes les combinaisons chimiques. J'y joindrai quelques courtes explications sur la méthode la plus simple et la plus sûre de se procurer les différentes espèces d'acides, et sur les propriétés générales des sels neutres qui en résultent.

Je ne me dissimule pas qu'il aurait été nécessaire, pour compléter cet ouvrage, d'y joindre des observations particulières sur chaque espèce de sel, sur sa dissolubilité dans l'eau et dans l'esprit-de-vin, sur la proportion d'acide et de base qui entre dans sa composition, sur sa quantité d'eau de cristallisation, sur les différents degrés de saturation dont il est susceptible, enfin sur le degré de force avec laquelle l'acide tient à sa base. Ce travail immense a été commencé par M. Bergman, M. de Morveau, M. Kirwan et quelques autres célèbres chimistes; mais il n'est encore que médiocrement avancé, et les bases sur lesquelles il repose ne sont pas même encore d'une exactitude rigoureuse. Des détails aussi nombreux n'auraient pas pu convenir à un ouvrage élémentaire, et le temps de rassembler les matériaux et de compléter les expériences aurait retardé de plusieurs années la publication de cet ouvrage. C'est un vaste champ ouvert au zèle et à l'activité des jeunes chimistes; mais qu'il me soit permis de recommander, en terminant ici ma tâche, à ceux qui auront le courage de l'entreprendre, de s'attacher plutôt à faire bien qu'à faire beaucoup; à s'assurer d'abord, par des expériences précises et multipliées, de la composition des acides, avant de s'occuper de celle des sels neutres. Tout édifice destiné à braver les outrages du temps doit être établi sur des fondements solides, et, dans l'état où est parvenue la chimie, c'est en retarder la marche que d'établir ses progrès sur des expériences qui ne sont ni assez exactes, ni assez rigoureuses.

SECONDE PARTIE.

DE LA COMBINAISON DES ACIDES AVEC LES BASES SALIFIABLES, ET DE LA FORMATION DES SELS NEUTRES.

AVERTISSEMENT.

Si j'avais voulu suivre strictement le plan que je m'étais formé dans la distribution des différentes parties de cet ouvrage, je me serais borné, dans les tableaux qui composeront cette seconde partie et dans les explications qui les accompagnent, à donner de courtes définitions des différents acides que l'on connaît, une description abrégée des procédés par lesquels on les obtient, et j'y aurais joint une simple nomenclature des sels neutres qui résultent de leurs combinaisons avec différentes bases. Mais j'ai reconnu que, sans ajouter beaucoup au volume de cet ouvrage, je pourrais en augmenter beaucoup l'utilité en présentant sous la même forme le tableau des substances simples, de celles qui entrent dans la composition des acides et des oxydes, et leurs combinaisons.

Cette addition n'augmente que de dix le nombre des tableaux strictement nécessaires pour la nomenclature de tous les sels neutres. J'y présente :

1° Les substances simples, ou, du moins, celles que l'état actuel de nos connaissances nous oblige à regarder comme telles;

2° Les radicaux oxydables et acidifiables doubles et triples, qui se combinent avec l'oxygène, à la manière des substances simples;

3° Les combinaisons de l'oxygène avec les substances simples métalliques et non métalliques;

4° Les combinaisons de l'oxygène avec les radicaux composés;

5° Les combinaisons de l'azote avec les substances simples;

6° Les combinaisons de l'hydrogène avec les substances simples;

7° Les combinaisons du soufre avec les substances simples;

8° Les combinaisons du phosphore avec les substances simples;

9° Les combinaisons du carbone avec les substances simples;

10° Les combinaisons de quelques autres radicaux avec les substances simples;

Ces dix tableaux et les observations qui les accompagnent forment une espèce de récapitulation des quinze premiers chapitres de cet ouvrage. Les tableaux qui sont à la suite, et qui présentent l'ensemble de toutes les combinaisons salines, ont plus particulièrement rapport aux chapitres XIV et XV.

On s'apercevra facilement que j'ai beaucoup profité, dans ce travail, de ce que M. de Morveau a publié dans le premier volume de l'Encyclopédie par ordre de matières; et, en effet, il m'aurait été difficile de puiser dans de meilleures sources, surtout d'après la difficulté de consulter les ouvrages étrangers dans leur langue originale. Je ne le citerai qu'une seule fois, au commencement de cette seconde partie, pour ne pas être obligé de le citer à chaque article.

J'ai placé à la suite de chaque tableau et vis-à-vis, autant qu'il a été possible, les explications qui y sont relatives.

TABLEAU DES SUBSTANCES SIMPLES.

	NOMS NOUVEAUX.	NOMS ANCIENS CORRESPONDANTS.
Substances simples qui appartiennent aux trois règnes, et qu'on peut regarder comme les éléments des corps.	Lumière	Lumière.
	Calorique	Chaleur. Principe de la chaleur. Fluide igné. Feu. Matière du feu et de la chaleur.
	Oxygène	Air déphlogistiqué. Air empiréal. Air vital. Base de l'air vital.
	Azote	Gaz phlogistiqué. Mofette. Base de la mofette.
	Hydrogène	Gaz inflammable. Base du gaz inflammable.
Substances simples, non métalliques, oxydables et acidifiables.	Soufre	Soufre.
	Phosphore	Phosphore.
	Carbone	Charbon pur.
	Radical muriatique	Inconnu.
	Radical fluorique	Inconnu.
	Radical boracique	Inconnu.
Substances simples, métalliques, oxydables et acidifiables.	Antimoine	Antimoine.
	Argent	Argent.
	Arsenic	Arsenic.
	Bismuth	Bismuth.
	Cobalt	Cobalt.
	Cuivre	Cuivre.
	Étain	Étain.
	Fer	Fer.
	Manganèse	Manganèse.
	Mercure	Mercure.
	Molybdène	Molybdène.
	Nickel	Nickel.
	Or	Or.
	Platine	Platine.
	Plomb	Plomb.
	Tungstène	Tungstène.
	Zinc	Zinc.
Substances simples, salifiables, terreuses.	Chaux	Terre calcaire, chaux.
	Magnésie	Magnésie, base de sel d'Epsom.
	Baryte	Barote, terre pesante.
	Alumine	Argile, terre de l'alun, base de l'alun.
	Silice	Terre siliceuse, terre vitrifiable.

OBSERVATIONS

SUR LE TABLEAU DES SUBSTANCES SIMPLES, OU, DU MOINS, DE CELLES QUE L'ÉTAT ACTUEL DE NOS CONNAISSANCES NOUS OBLIGE À CONSIDÉRER COMME TELLES.

La chimie, en soumettant à des expériences les différents corps de la nature, a pour objet de les décomposer et de se mettre en état *d'examiner séparément les différentes substances qui entrent dans leur combinaison.* Cette science a fait, de nos jours, des progrès très-rapides. Il sera facile de s'en convaincre, si l'on consulte les différents auteurs qui ont écrit sur l'ensemble de la chimie : on verra que, dans les premiers temps, on regardait l'huile et le sel comme les principes des corps : que l'expérience et l'observation ayant amené de nouvelles connaissances, on s'aperçut ensuite que les sels n'étaient point des corps simples, qu'ils étaient composés d'un acide et d'une base, et que c'était de cette réunion que résultait leur état de neutralité. Les découvertes modernes ont encore reculé de plusieurs degrés les bornes de l'analyse[1]: elles nous ont éclairés sur la formation des acides, et nous ont fait voir qu'ils étaient formés par la combinaison d'un principe acidifiant, commun à tous, l'oxygène, et d'un radical particulier pour chacun, qui les différencie et qui les constitue plutôt tel acide que tel autre. J'ai été encore plus loin dans cet ouvrage, puisque j'ai fait voir, comme M. Hassenfratz, au surplus, l'avait déjà annoncé, que les radicaux des acides eux-mêmes ne sont pas toujours des substances simples, même dans le sens que nous attachons à ce mot; qu'ils sont, ainsi que le principe huileux, un composé d'hydrogène et de carbone. Enfin, M. Berthollet a prouvé que les bases des sels n'étaient pas plus simples que les acides eux-mêmes, et que l'ammoniaque était un composé d'azote et d'hydrogène.

[1] Voyez *Mémoires de l'Académie des sciences*, années 1776, p. 671, et 1778, p. 535.

La chimie marche donc vers son but et vers sa perfection en divisant, subdivisant, et resubdivisant encore, et nous ignorons quel sera le terme de ses succès. Nous ne pouvons donc pas assurer que ce que nous regardons comme simple aujourd'hui le soit en effet : tout ce que nous pouvons dire, c'est que telle substance est le terme actuel auquel arrive l'analyse chimique, et qu'elle ne peut plus se subdiviser au delà, dans l'état actuel de nos connaissances.

Il est à présumer que les terres cesseront bientôt d'être comptées au nombre des substances simples; elles sont les seules de toute cette classe qui n'aient point de tendance à s'unir à l'oxygène, et je suis bien porté à croire que cette indifférence pour l'oxygène, s'il m'est permis de me servir de cette expression, tient à ce qu'elles en sont déjà saturées. Les terres, dans cette manière de voir, seraient des substances simples, peut-être des oxydes métalliques oxygénés jusqu'à un certain point. Ce n'est, au surplus, qu'une simple conjecture que je présente ici. J'espère que le lecteur voudra bien ne pas confondre ce que je donne pour des vérités de fait et d'expérience avec ce qui n'est encore qu'hypothétique.

Je n'ai point fait entrer dans ce tableau les alcalis fixes, tels que la potasse et la soude, parce que ces substances sont évidemment composées, quoiqu'on ignore cependant encore la nature des principes qui entrent dans leur combinaison.

TABLEAU

DES RADICAUX OU BASES OXYDABLES ET ACIDIFIABLES, COMPOSÉS,

QUI ENTRENT DANS LES COMBINAISONS À LA MANIÈRE DES SUBSTANCES SIMPLES.

	NOMS DES RADICAUX.	OBSERVATIONS.
Radicaux oxydables ou acidifiables composés du règne minéral.	Radical nitro-muriatique, ou radical de l'eau régale.	C'est la base de l'eau régale des anciens chimistes, célèbre par la propriété qu'elle a de dissoudre l'or.
Radicaux hydro-carboneux ou carbone-hydreux du règne végétal, susceptibles d'être oxydés et acidifiés.	Radical tartareux.	Les anciens chimistes ne connaissaient point la composition des acides, et, ne se doutant pas qu'ils fussent formés de la réunion d'un radical particulier à chacun d'eux et d'un principe acidifiant commun à tous, ils n'ont pu donner aucun nom à des substances dont ils n'avaient aucune idée; nous nous sommes donc trouvés dans la nécessité de créer une nomenclature pour cet objet; mais nous avons prévenu en même temps que cette nomenclature serait susceptible de modification, à mesure que la nature des radicaux composés serait mieux connue. (Voyez ce que j'ai dit à cet égard, chap. XI.)
	Radical malique.	
	Radical citrique.	
	Radical pyro-ligneux.	
	Radical pyro-muqueux.	
	Radical pyro-tartareux.	
	Radical oxalique.	
	Radical acéteux.	
	Radical succinique.	
	Radical benzoïque.	
	Radical camphorique.	
	Radical gallique.	
Radicaux hydro-carboneux ou carbone-hydreux du règne animal, dans la composition desquels entre presque toujours l'azote, et souvent le phosphore, et qui sont susceptibles d'être oxydés et acidifiés. — XI.	Radical lactique.	
	Radical saccholactique.	
	Radical formique.	
	Radical bombique.	
	Radical sébacique.	
	Radical lithique.	
	Radical prussique.	

Les radicaux du règne végétal donnent, par un premier degré d'oxygénation, des oxydes végétaux, tels que le sucre, l'amidon, la gomme ou le muqueux. Les radicaux animaux donnent des oxydes animaux, tels que la lymphe, etc. etc.

OBSERVATIONS

SUR LE TABLEAU DES RADICAUX OU BASES OXYDABLES ET ACIDIFIABLES, COMPOSÉS PAR LA RÉUNION DE PLUSIEURS SUBSTANCES SIMPLES.

Les radicaux du règne végétal et du règne animal que présente ce tableau, et qui tous sont susceptibles d'être oxydés et acidifiés, n'ayant point encore été analysés avec précision, il est impossible de les assujettir encore à une nomenclature régulière. Des expériences, dont quelques-unes me sont propres, et dont d'autres ont été faites par M. Hassenfratz, m'ont seulement appris qu'en général presque tous les acides végétaux, tels que l'acide tartareux, l'acide oxalique, l'acide citrique, l'acide malique, l'acide acéteux, l'acide pyro-tartarique, l'acide pyro-mucique, ont pour radical l'hydrogène et le carbone, mais réunis de manière à ne former qu'une seule et même base : que tous ces acides ne diffèrent entre eux que par la différence de proportion de ces deux substances, et par le degré d'oxygénation. Nous savons de plus, principalement par les expériences de M. Berthollet, que les radicaux du règne animal, et quelques-uns même du règne végétal, sont plus composés, et qu'indépendamment de l'hydrogène et du carbone, ils contiennent encore souvent de l'azote, et quelquefois du phosphore; mais il n'existe point encore de calculs exacts sur les quantités. Nous nous sommes donc trouvés forcés de donner, à la manière des anciens, à ces différents radicaux, des noms dérivés de celui de la substance dont ils ont été tirés. Sans doute, un jour, et à mesure que nos connaissances acquerront plus de certitude et d'étendue, tous ces noms disparaîtront, et ils ne subsisteront plus que comme un témoignage de l'état dans lequel la science chimique nous a été transmise : ils feront place à ceux des radicaux hydro-carboneux et hydro-carbonique, carbone-hydreux et carbone-hydrique, comme je l'ai expliqué dans le chapitre XI, et le choix de ces noms sera déterminé par la proportion des deux bases dont ils sont composés.

On aperçoit aisément que les huiles étant composées d'hydrogène et de carbone, elles sont de véritables radicaux carbone-hydreux ou hydro-carboneux, et, en effet, il suffit d'oxygéner des huiles pour les convertir d'abord en oxydes, et ensuite en acides végétaux, suivant le degré d'oxygénation. On ne peut pas cependant assurer d'une manière positive que les huiles entrent tout entières dans la composition des oxydes et des acides végétaux; il est possible qu'elles perdent auparavant une portion de leur hydrogène ou de leur carbone, et que ce qui reste de l'une et de l'autre de ces substances ne soit plus dans la proportion nécessaire pour constituer des huiles. C'est sur quoi nous avons encore besoin d'être éclairés par l'expérience.

Nous ne connaissons, à proprement parler, dans le règne minéral, d'autre radical composé que le radical nitro-muriatique. Il est formé par la réunion de l'azote avec le radical muriatique. Les autres acides composés ont été beaucoup moins étudiés, et ne présentent pas d'ailleurs des phénomènes aussi frappants.

OBSERVATIONS

SUR LES COMBINAISONS DE LA LUMIÈRE ET DU CALORIQUE AVEC LES DIFFÉRENTES SUBSTANCES.

Je n'ai point formé de tableau pour les combinaisons de la lumière et du calorique avec les substances simples ou composées, parce que nous n'avons point encore des idées suffisamment arrêtées sur ces sortes de combinaisons. Nous savons, en général, que tous les corps de la nature sont plongés dans le calorique, qu'ils en sont environnés, pénétrés de toutes parts, et qu'il remplit tous les intervalles que laissent entre elles leurs molécules : que, dans certains cas, le calorique se fixe dans les corps, de manière même à constituer leurs parties solides; mais que le plus souvent il en écarte les molécules, il exerce sur elles une force répulsive, et que c'est de son action ou de son accumulation plus ou moins grande que dépend le passage des corps de l'état solide à l'état liquide, de l'état liquide à l'état aériforme. Enfin, nous avons appelé d'un nom générique de *gaz* toutes les substances portées à l'état aériforme par une addition suffisante de calorique; en sorte que, si nous voulons désigner l'acide muriatique, l'acide carbonique, l'hydrogène, l'eau, l'alcool dans l'état aériforme, nous leur donnons le nom de *gaz acide muriatique, gaz acide carbonique, gaz hydrogène, gaz aqueux, gaz alcool.*

A l'égard de la lumière, ses combinaisons et sa manière d'agir sur les corps sont encore moins connues. Il paraît seulement, d'après les expériences de M. Berthollet, qu'elle a une grande affinité avec l'oxygène, qu'elle est susceptible de se combiner avec lui, et qu'elle contribue avec le calorique à le constituer dans l'état de gaz. Les expériences qui ont été faites sur la végétation donnent aussi lieu de croire que la lumière se combine avec quelques parties des plantes, et que c'est à cette combinaison qu'est due la couleur verte des feuilles et la diversité de couleurs des fleurs. Il est au moins certain que les plantes qui croissent dans l'obscurité sont étiolées, et qu'elles sont absolument blanches; qu'elles sont dans un état de langueur et de souffrance, et qu'elles ont besoin, pour reprendre leur vigueur naturelle et pour se colorer, de l'influence immédiate de la lumière.

On observe quelque chose de semblable sur les animaux eux-mêmes: les hommes, les femmes, les enfants, s'étiolent jusqu'à un certain point dans les travaux sédentaires des manufactures, dans les logements resserrés, dans les rues étroites des villes. Ils se développent au contraire, ils acquièrent plus de force et plus de vie, dans la plupart des occupations champêtres et dans les travaux qui se font en plein air.

L'organisation, le sentiment, le mouvement spontané, la vie, n'existent qu'à la surface de la terre et dans les lieux exposés à la lumière. On dirait que la fable du flambeau de Prométhée était l'expression d'une vérité philosophique qui n'avait point échappé aux anciens. Sans la lumière la nature était sans vie, elle était morte et inanimée : un Dieu bienfaisant, en apportant la lumière, a répandu sur la surface de la terre l'organisation, le sentiment et la pensée.

Mais ce n'est point ici le lieu d'entrer dans aucuns détails sur les corps organisés; c'est à dessein que j'ai évité de m'en occuper dans cet ouvrage, et c'est ce qui m'a empêché de parler des phénomènes de la respiration, de la sanguification et de la chaleur animale. Je reviendrai un jour sur ces objets.

DES COMBINAISONS BINAIRES DE L'OXYGÈNE AVEC LES

		PREMIER DEGRÉ D'OXYGÉNATION.		SECOND DEG
		NOMS NOUVEAUX.	NOMS ANCIENS.	NOMS NOUVEAUX.
	Le calorique	Le gaz oxygène	Air vital ou déphlogistiqué.	
Combinaisons de l'oxygène avec les substances simples non métalliques telles que :	L'hydrogène	On ne connaît qu'un degré de combinaison de l'oxygène et de l'hydrogène, et cette combinaison forme de l'eau.		
	L'azote.	Oxyde nitreux ou base du gaz nitreux	Gaz nitreux	Acide nitreux . . . .
	Le carbone	Oxyde de carbone	Inconnu	Acide carboneux . . . .
	Le soufre	Oxyde de soufre	Soufre mou	Acide sulfureux . . . .
	Le phosphore	Oxyde de phosphore	Résidu de la combustion du phosphore	Acide phosphoreux . . . . .
	Le radical muriatique.	Oxyde muriatique	Inconnu	Acide muriateux . . . .
	Le radical fluorique. .	Oxyde fluorique	Inconnu	Acide fluoreux . . . .
	Le radical boracique.	Oxyde boracique	Inconnu	Acide boraceux . . . .
Combinaisons de l'oxygène avec les substances simples métalliques, telles que :	L'antimoine	Oxyde gris d'antimoine	Chaux grise d'antimoine . . .	Oxyde blanc d'antimoine . .
	L'argent	Oxyde d'argent	Chaux d'argent	. . . .
	L'arsenic	Oxyde gris d'arsenic	Chaux grise d'arsenic	Oxyde blanc d'arsenic . . . .
	Le bismuth	Oxyde gris de bismuth	Chaux grise de bismuth . . .	Oxyde blanc de bismuth . .
	Le cobalt	Oxyde gris de cobalt	Chaux grise de cobalt	. . . .
	Le cuivre	Oxyde rouge brun de cuivre.	Chaux rouge brune de cuivre	Oxyde vert et bleu de cuivi
	L'étain	Oxyde gris d'étain	Chaux grise d'étain	Oxyde blanc d'étain . . . . .
	Le fer	Oxyde noir de fer	Éthiops martial	Oxyde jaune et rouge de fe
	Le manganèse	Oxyde noir de manganèse . .	Chaux noire de manganèse . .	Oxyde blanc de manganèse.
	Le mercure	Oxyde noir de mercure	Éthiops minéral	Oxyde jaune et rouge de mercure . . . .
	Le molybdène	Oxyde de molybdène	Chaux de molybdène	. . . .
	Le nickel	Oxyde de nickel	Chaux de nickel	. . . .
	L'or	Oxyde jaune d'or	Chaux jaune d'or	Oxyde rouge d'or . . . .
	Le platine	Oxyde jaune de platine	Chaux jaune de platine . . .	. . . .
	Le plomb	Oxyde gris de plomb	Chaux grise de plomb	Oxyde jaune et rouge de plom
	Le tungstène	Oxyde de tungstène	Chaux de tungstène	. . . .
	Le zinc	Oxyde gris de zinc.	Chaux grise de zinc	Oxyde blanc de zinc . . . . .

TABLEAU

OXYGÈNE AVEC LES SUBSTANCES MÉTALLIQUES ET NON MÉTALLIQUES OXYDABLES ET ACIDIFIABLES.

SECOND DEGRÉ D'OXYGÉNATION.		TROISIÈME DEGRÉ D'OXYGÉNATION.		Q
NOMS NOUVEAUX.	NOMS ANCIENS.	NOMS NOUVEAUX.	NOMS ANCIENS	NOMS NO
nitreux............	Acide nitreux fumant......	Acide nitrique...........	Acide nitreux non fumant...	Acide nitrique
carboneux.........	Inconnu...............	Acide carbonique.........	Air fixe...............	Acide carboniq
sulfureux..........	Acide sulfureux..........	Acide sulfurique.........	Acide vitriolique.........	Acide sulfuriq
phosphoreux........	Acide volatil du phosphore..	Acide phosphorique......	Acide phosphorique.......	Acide phospho
muriateux.........	Inconnu...............	Acide muriatique.........	Acide marin............	Acide muriatiq
fluoreux..........	Inconnu...............	Acide fluorique.........	Inconnu des anciens.	
boraceux..........	Inconnu...............	Acide boracique.........	Sel sédatif de Homberg.	
e blanc d'antimoine...	Chaux blanche d'antimoine.. Antimoine diaphorétique...	Acide antimonique.		
....	....	Acide argentique.		
e blanc d'arsenic.....	Chaux blanche d'arsenic....	Acide arsénique..........	Acide arsenical..........	Acide arséniqu
e blanc de bismuth...	Chaux blanche de bismuth..	Acide bismuthique.		
....	....	Acide cobaltique.		
e vert et bleu de cuivre.	Chaux verte et bleue de cuivre	Acide cuprique.		
e blanc d'étain.......	Chaux blanche d'étain ou potée d'étain..........	Acide stannique.		
e jaune et rouge de fer.	Ocre et rouille..........	Acide ferrique.		
e blanc de manganèse..	Chaux blanche de manganèse	Acide manganique.		
e jaune et rouge de mercure...............	Turbith minéral, précipité rouge, précipité *per se*...	Acide mercurique.		
....	....	Acide molybdique........	Acide de la molybdène.....	Acide molybdi
....	....	Acide nickelique.		
e rouge d'or........	Chaux rouge d'or........ Précipité pourpre de Cassius.	Acide aurique.		
....	....	Acide platinique.		
e jaune et rouge de plomb	Massicot et minium.......	Oxyde plombique.		
....	....	Acide tungstique.........	Acide de la tungstène.....	Acide tungstiq
e blanc de zinc......	Chaux blanche de zinc, pompholyx..............	Acide zincique.		

MÉTALLIQUES OXYDABLES ET ACIDIFIABLES.

TROISIÈME DEGRÉ D'OXYGÉNATION.		QUATRIÈME DEGRÉ D'OXYGÉNATION.	
NOMS NOUVEAUX.	NOMS ANCIENS.	NOMS NOUVEAUX.	NOMS ANCIENS.
le nitrique...........	Acide nitreux non fumant...	Acide nitrique oxygéné.....	Inconnu.
le carbonique.........	Air fixe................	Acide carbonique oxygéné..	Inconnu.
le sulfurique.........	Acide vitriolique.........	Acide sulfurique oxygéné...	Inconnu.
le phosphorique.......	Acide phosphorique.......	Acide phosphorique oxygéné.	Inconnu.
le muriatique.........	Acide marin............	Acide muriatique oxygéné..	Acide marin déphlogistiqué.
le fluorique..........	Inconnu des anciens.		
le boracique..........	Sel sédatif de Homberg.		
le antimonique.			
le argentique.			
le arsénique..........	Acide arsenical..........	Acide arsénique oxygéné...	Inconnu.
le bismuthique.			
le cobaltique.			
le cuprique.			
le stannique.			
le ferrique.			
le manganique.			
le mercurique.			
le molybdique........	Acide de la molybdène.....	Acide molybdique oxygéné..	Inconnu.
le nickelique.			
le aurique.			
le platinique.			
de plombique.			
le tungstique.........	Acide de la tungstène......	Acide tungstique oxygéné...	Inconnu.
le zincique.			

OBSERVATIONS

SUR LES COMBINAISONS BINAIRES DE L'OXYGÈNE AVEC LES SUBSTANCES SIMPLES, MÉTALLIQUES ET NON MÉTALLIQUES.

L'oxygène est une des substances les plus abondamment répandues dans la nature, puisqu'elle forme près du tiers en poids de notre atmosphère, et, par conséquent, du fluide élastique que nous respirons. C'est dans ce réservoir immense que vivent et croissent les animaux et les végétaux, et c'est également de lui que nous tirons principalement tout l'oxygène que nous employons dans nos expériences. L'attraction réciproque qui s'exerce entre ce principe et les différentes substances est telle, qu'il est impossible de l'obtenir seul et dégagé de toute combinaison. Dans notre atmosphère, il est uni au calorique qui le tient en état de gaz, et il est mêlé avec environ deux tiers en poids de gaz azote.

Il faut, pour qu'un corps s'oxygène, réunir un certain nombre de conditions : la première est que les molécules constituantes de ce corps n'exercent pas sur elles-mêmes une attraction plus forte que celles qu'elles exercent sur l'oxygène; car il est évident qu'alors il ne peut plus y avoir de combinaison. L'art, dans ce cas, peut venir au secours de la nature, et l'on peut diminuer presque à volonté l'attraction des molécules des corps, en les échauffant, c'est-à-dire en y introduisant du calorique.

Échauffer un corps, c'est écarter les unes des autres les molécules qui le constituent; et, comme l'attraction de ces molécules diminue suivant une certaine loi relative à la distance, il se trouve nécessairement un instant où les molécules exercent une plus forte attraction sur l'oxygène qu'elles n'en exercent sur elles-mêmes; c'est alors que l'oxygénation a lieu.

On conçoit que le degré de chaleur auquel commence ce phénomène doit être différent pour chaque substance. Ainsi, pour oxygéner la plupart des corps, et, en général, presque toutes les substances simples, il ne s'agit que de les exposer à l'action de l'air de l'atmosphère, et de les élever à une température convenable. Cette température, pour le plomb, le mercure, l'étain, n'est pas fort supérieure à celle dans laquelle nous vivons. Il faut, au contraire, un degré de chaleur assez grand pour oxygéner le fer, le cuivre, etc. du moins par la voie sèche, et lorsque l'oxygénation n'est point aidée par l'action de l'humidité. Quelquefois l'oxygénation se fait avec une extrême rapidité, et alors elle est accompagnée de chaleur, de lumière et même de flamme: telle est la combustion du phosphore dans l'air de l'atmosphère, et celle du fer dans le gaz oxygène. Celle du soufre est moins rapide; enfin, celle du plomb, de l'étain et de la plupart des métaux, se fait beaucoup plus lentement et sans que le dégagement du calorique, et surtout de la lumière, soit sensible.

Il est des substances qui ont une telle affinité pour l'oxygène, et qui ont la propriété de s'oxygéner à une température si basse, que nous ne les voyons que dans l'état d'oxygénation. Tel est l'acide muriatique, que l'art, ni peut-être la nature, n'ont encore pu décomposer, et qui ne se présente à nous que dans l'état d'acide. Il est probable qu'il y a beaucoup d'autres substances du règne minéral qui, comme l'acide muriatique, sont nécessairement oxygénées au degré de chaleur dans lequel nous vivons; et c'est sans doute parce qu'elles sont déjà saturées d'oxygène, qu'elles n'exercent plus aucune action sur ce principe.

L'exposition des substances simples à l'air, élevées à un certain degré de température, n'est pas le seul moyen de les oxygéner. Au lieu de leur présenter l'oxygène uni au calorique, on peut leur présenter cette substance unie à un métal avec lequel elle ait peu d'affinité. L'oxyde rouge de mercure est un des plus propres à remplir cet objet, surtout à l'égard des corps qui ne sont point attaqués par le mercure. L'oxygène, dans cet oxyde, tient très-peu au métal, et même il n'y tient plus au degré de chaleur qui commence à faire rougir le verre. En conséquence, on oxygène avec beaucoup de facilité tous les corps qui en sont susceptibles, en les mêlant avec de l'oxyde rouge de mercure, et en les élevant à un degré de chaleur médiocre.

L'oxyde noir de manganèse, l'oxyde rouge de plomb, les oxydes d'argent, et, en général, presque tous les oxydes métalliques, peuvent remplir, jusqu'à un certain point, le même objet, en choisissant de préférence ceux dans lesquels l'oxygène a le moins d'adhérence. Toutes les réductions ou revivifications métalliques ne sont même que des opérations de ce genre : elles ne sont autre chose que des oxygénations du charbon par un acide métallique quelconque. Le charbon combiné avec l'oxygène et avec du calorique s'échappe sous forme de gaz acide carbonique, et le métal reste pur et revivifié.

On peut encore oxygéner toutes les substances combustibles en les combinant, soit avec du nitrate de potasse ou de soude, soit avec du muriate oxygéné de potasse. A un certain degré de chaleur, l'oxygène quitte le nitrate et le muriate pour se combiner avec le corps combustible : mais ces sortes d'oxygénations ne doivent être tentées qu'avec des précautions extrêmes et sur de très-petites quantités. L'oxygène entre dans la combinaison des nitrates et surtout des muriates oxygénés avec une quantité de calorique presque égale à celle qui est nécessaire pour le constituer gaz oxygène. Cette immense quantité de calorique devient subitement libre, au moment de sa combinaison avec le corps combustible, et il en résulte des détonations terribles, auxquelles rien ne résiste.

Enfin on peut oxygéner par la voie humide une partie des corps combustibles, et transformer en acides la plupart des oxydes des trois règnes. On se sert principalement, à cet effet, de l'acide nitrique, auquel l'oxygène tient peu, et qui le cède facilement à un grand nombre de corps, à l'aide d'une douce chaleur. On peut également employer l'acide muriatique oxygéné pour quelques-unes de ces opérations, mais non pas pour toutes.

J'appelle *binaires* les combinaisons des substances simples avec l'oxygène, parce qu'elles ne sont formées que de la réunion de deux substances. Je nommerai combinaisons *ternaires* celles composées de trois substances simples, et combinaisons *quaternaires* celles composées de quatre substances.

TABLEAU

DES COMBINAISONS DE L'OXYGÈNE AVEC LES RADICAUX COMPOSÉS.

	NOMS DES RADICAUX.	NOMS DES ACIDES QUI EN RÉSULTENT. Nomenclature nouvelle.	Nomenclature ancienne.
Combinaisons de l'oxygène avec les radicaux composés du règne minéral, tels que :	Le radical nitro-muriatique . . .	L'acide nitro-muriatique	L'eau régale.
Combinaisons de l'oxygène avec les radicaux carbone-hydreux et hydro-carboneux du règne végétal, tels que le radical [1] :	Tartarique	L'acide tartareux. . . .	Inconnu des anciens.
	Malique.	L'acide malique.	Inconnu des anciens.
	Citrique	L'acide citrique.	L'acide du citron.
	Pyro-lignique . . .	L'acide pyro-ligneux.	L'acide empyreumatique du bois.
	Pyro-mucique . . .	L'acide pyro-muqueux	L'acide empyreumatique du sucre.
	Pyro-tartarique. .	L'acide pyro-tartareux	L'acide empyreumatique du tartre.
	Oxalique.	L'acide oxalique	Le sel d'oseille.
	Acétique.	L'acide acéteux ou acétique	Le vinaigre, l'acide de vinaigre. Le vinaigre radical.
	Succinique	L'acide succinique. . .	Le sel volatil de succin.
	Benzoïque.	L'acide benzoïque . . .	Les fleurs de benjoin.
	Camphorique . . .	L'acide camphorique.	Inconnu des anciens.
Combinaisons de l'oxygène avec les radicaux carbone-hydreux et hydro-carboneux du règne animal, auxquels se joint presque toujours l'azote et souvent le phosphore, tels que le radical [2] :	Gallique	L'acide gallique.	Le principe astringent des végétaux.
	Lactique.	L'acide lactique.	L'acide du petit-lait aigre.
	Saccho-lactique. .	L'acide saccholactique	Inconnu des anciens.
	Formique	L'acide formique. . . .	L'acide des fourmis.
	Bombique.	L'acide bombique. . .	Inconnu des anciens.
	Sébacique.	L'acide sébacique. . .	Inconnu des anciens.
	Lithique.	L'acide lithique.	Le calcul de la vessie.
	Prussique.	L'acide prussique . . .	La matière colorante du bleu de Prusse.

[1] Ces radicaux, par un premier degré d'oxygénation, donnent le sucre, l'amidon, le muqueux, et, en général, tous les oxydes végétaux.

[2] Ces radicaux, par un premier degré d'oxygénation, donnent la lymphe animale, différentes humeurs, et, en général, tous les oxydes animaux.

OBSERVATIONS

SUR LES COMBINAISONS DE L'OXYGÈNE AVEC LES RADICAUX COMPOSÉS.

Depuis que j'ai publié dans les Mémoires de l'Académie, année 1776, page 671, et 1778, page 535, une nouvelle théorie sur la nature et sur la formation des acides, et que j'en ai conclu que le nombre de ces substances devait être beaucoup plus grand qu'on ne l'avait pensé jusqu'alors, une nouvelle carrière s'est ouverte en chimie : au lieu de cinq ou six acides qu'on connaissait, on en a découvert successivement jusqu'à trente, et le nombre des sels neutres s'est accru dans la même proportion. Ce qui nous reste à étudier maintenant est la nature des bases acidifiables et le degré d'oxygénation dont elles sont susceptibles. J'ai déjà fait observer que, dans le règne minéral, presque tous les radicaux oxydables et acidifiables étaient simples; que, dans le règne végétal au contraire, et surtout dans le règne animal, il n'en existait presque pas qui ne fussent composés au moins de deux substances, d'hydrogène et de carbone; que souvent l'azote et le phosphore s'y réunissaient, et qu'il en résultait des radicaux à quatre bases.

Les oxydes et acides animaux et végétaux peuvent, d'après ces observations, différer entre eux, 1° par le nombre des principes acidifiants qui constituent leur base; 2° par la différente proportion de ces principes; 3° par le différent degré d'oxygénation; ce qui suffit et au-delà pour expliquer le grand nombre de variétés que nous présente la nature. Il n'est pas étonnant, d'après cela, qu'on puisse convertir presque tous les acides végétaux les uns dans les autres; il ne s'agit, pour y parvenir, que de changer la proportion du carbone et de l'hydrogène, ou de les oxygéner plus ou moins. C'est ce qu'a fait M. Crell dans des expériences très-ingénieuses, qui ont été confirmées et étendues depuis par M. Hassenfratz. Il en résulte que le carbone et l'hydrogène donnent, par un premier degré d'oxygénation, de l'acide tartareux, par un second, de l'acide oxalique, par un troisième, de l'acide aceteux ou acétique. Il paraîtrait seulement que le carbone entre dans une proportion un peu moindre dans la combinaison des acides acéteux et acétique. L'acide citrique et l'acide malique diffèrent très-peu des précédents.

Doit-on conclure de ces réflexions que les huiles soient la base, qu'elles soient le radical des acides végétaux et animaux? J'ai déjà exposé mes doutes à cet égard. Premièrement, quoique les huiles paraissent n'être uniquement composées que d'hydrogène et de carbone, nous ne savons pas si la proportion qu'elles en contiennent est précisément celle nécessaire pour constituer les radicaux des acides. Secondement, puisque les acides végétaux et animaux ne sont pas seulement composés d'hydrogène et de carbone, mais que l'oxygène entre également dans leur combinaison, il n'y a pas de raison de conclure qu'ils contiennent plutôt de l'huile que de l'acide carbonique et de l'eau. Ils contiennent bien, il est vrai, les matériaux propres à chacune de ces combinaisons; mais ces combinaisons ne sont point réalisées à la température habituelle dont nous jouissons, et les trois principes sont dans un état d'équilibre, qu'un degré de chaleur un peu supérieur à celui de l'eau bouillante suffit pour troubler On peut consulter ce que j'ai dit, à cet égard, p. 96 et suivantes de cet ouvrage.

TABLEAU
DES COMBINAISONS BINAIRES DE L'AZOTE AVEC LES SUBSTANCES SIMPLES.

	SUBSTANCES SIMPLES.	RÉSULTAT DES COMBINAISONS.	
		NOMENCLATURE NOUVELLE.	NOMENCLATURE ANCIENNE.
Combinaisons de l'azote avec :	Le calorique.....	Le gaz azote...........	Air phlogistiqué. mofette.
	L'hydrogène.....	L'ammoniaque...........	Alcali volatil.
	L'oxygène.......	Oxyde nitreux...........	Base du gaz nitreux
		Acide nitreux...........	Acide nitr. fumant.
		Acide nitrique...........	Acide nitr. blanc.
	Le carbone	Azoture de carbone....... Combinaison inconnue. On sait seulement que le carbone est susceptible de se dissoudre dans l'azote, et il en résulte un gaz azotique carboné.	Inconnue.
	Le phosphore....	Azoture de phosphore..... Combinaison inconnue.	Inconnue.
	Le soufre	Azoture de soufre........ Combinaison inconnue. On sait seulement que le soufre est susceptible de se dissoudre dans le gaz azotique, et il en résulte un gaz azotique sulfuré.	Inconnue.
	Les radicaux composés........	L'azote se combine avec le carbone et l'hydrogène, et quelquefois avec le phosphore, pour former des radicaux composés, qui sont susceptibles, comme on l'a vu plus haut, de s'oxyder et de s'acidifier. Ce principe entre généralement dans tous les radicaux du règne animal.	Inconnues.
	Les substances métalliques......	Ces combinaisons sont absolument inconnues. Si elles sont découvertes un jour, on les nommera azotures métalliques.	Inconnues.
	La chaux........ La magnésie..... La baryte....... L'alumine....... La potasse....... La soude........	Toutes ces combinaisons sont entièrement inconnues. Si un jour elles sont reconnues possibles, elles seront nommées azotures de chaux, azotures magnésiennes, etc.	

OBSERVATIONS

SUR L'AZOTE ET SUR SES COMBINAISONS AVEC LES SUBSTANCES SIMPLES.

L'azote est un des principes les plus abondamment répandus dans la nature. Combiné avec le calorique, il forme le gaz azote ou la mofette, qui entre environ pour les deux tiers dans le poids de l'air de l'atmosphère. Il demeure constamment dans l'état de gaz au degré de pression et de température dans lequel nous vivons; aucun degré de compression ni de froid n'ont encore pu le réduire à l'état liquide ou solide.

Ce principe est aussi un des éléments qui constituent essentiellement les matières animales : il y est combiné avec le carbone et l'hydrogène, quelquefois avec le phosphore, et le tout est lié par une certaine portion d'oxygène qui les met ou à l'état d'oxyde, ou à celui d'acide, suivant le degré d'oxygénation. La nature des matières animales peut donc varier, comme celle des matières végétales, de trois manières, 1° par le nombre des substances qui entrent dans la combinaison du radical; 2° par leur proportion; 3° par le degré d'oxygénation.

L'azote combiné avec l'oxygène forme les oxydes et acides nitreux et nitrique; combiné avec l'hydrogène il forme l'ammoniaque; ses autres combinaisons avec les substances simples sont peu connues. Nous leur donnerons le nom d'azotures, pour conserver l'identité de terminaison en *ure* que nous avons affectée à toutes les substances non oxygénées. Il est assez probable que toutes les substances alcalines appartiennent à ce genre de combinaisons.

Il y a plusieurs manières d'obtenir le gaz azote : la première, de le tirer de l'air commun en absorbant, par le sulfure de potasse ou de chaux dissous dans l'eau, le gaz oxygène qu'il contient. Il faut douze ou quinze jours pour que l'absorption soit complète; en supposant même qu'on agite et qu'on renouvelle les surfaces, et qu'on rompe la pellicule qui s'y forme.

La seconde, de le tirer des matières animales en les dissolvant dans de l'acide nitrique affaibli et presque à froid. L'azote, dans cette opération, se dégage sous forme de gaz, et on le reçoit sous des cloches remplies d'eau dans l'appareil pneumato-chimique : mêlé avec un tiers en poids de gaz oxygène, il reforme de l'air atmosphérique.

Une troisième manière d'obtenir le gaz azote est de le retirer du nitre par la détonation, soit avec le charbon, soit avec quelques autres corps combustibles. Dans le premier cas, le gaz azote se dégage mêlé avec du gaz acide carbonique, qu'on absorbe ensuite par de l'alcali caustique ou de l'eau de chaux, et le gaz azote reste pur.

Enfin, un quatrième moyen d'obtenir le gaz azote est de le tirer de la combinaison de l'ammoniaque avec les oxydes métalliques. L'hydrogène de l'ammoniaque se combine avec l'oxygène de l'oxyde; il se forme de l'eau, comme l'a observé M. de Fourcroy; en même temps l'azote, devenu libre, se dégage sous la forme de gaz.

Il n'y a pas longtemps que les combinaisons de l'azote sont connues en chimie. M. Cavendish est le premier qui l'ait observé dans le gaz et dans l'acide nitreux. M. Berthollet l'a ensuite découvert dans l'ammoniaque et dans l'acide prussique. Tout, jusqu'ici, porte à croire que cette substance est un être simple et élémentaire; rien ne prouve au moins qu'elle ait encore été décomposée, et ce motif suffit pour justifier la place que nous lui avons assignée.

TABLEAU

DES COMBINAISONS BINAIRES DE L'HYDROGÈNE

AVEC LES SUBSTANCES SIMPLES.

	NOMS des SUBSTANCES SIMPLES.	RÉSULTATS DES COMBINAISONS.	
		NOMENCLATURE NOUVELLE.	OBSERVATIONS.
Combinaisons de l'hydrogène avec:	Le calorique....	Gaz hydrogène.	Cette combinaison de l'oxygène et du carbone comprend les huiles fixes et volatiles, et forme le radical d'une partie des oxydes et acides végétaux et animaux: lorsqu'elle a lieu dans l'état de gaz, il en résulte du gaz hydrogène carboné.
	L'azote........	Ammoniaque ou alcali volatil.	
	L'oxygène......	Eau.	
	Le soufre...... Le phosphore....	Combinaison inconnue[1].	
	Le carbone.....	Radical hydro-carboneux ou carbone-hydreux.	
	L'antimoine.....	Hydrure d'antimoine.	Aucunes de ces combinaisons ne sont connues, et il y a toute apparence qu'elles ne peuvent exister à la température dans laquelle nous vivons, à cause de la grande affinité de l'hydrogène pour le calorique.
	L'argent.......	Hydrure d'argent.	
	L'arsenic.......	Hydrure d'arsenic.	
	Le bismuth.....	Hydrure de bismuth.	
	Le cobalt......	Hydrure de cobalt.	
	Le cuivre......	Hydrure de cuivre.	
	L'étain........	Hydrure d'étain.	
	Le fer.........	Hydrure de fer.	
	Le manganèse...	Hydrure de manganèse.	
	Le mercure.....	Hydrure de mercure.	
	Le molybdène...	Hydrure de molybdène.	
	Le nickel.......	Hydrure de nickel.	
	L'or..........	Hydrure d'or.	
	Le platine......	Hydrure de platine.	
	Le plomb......	Hydrure de plomb.	
	Le tungstène....	Hydrure de tungstène.	
	Le zinc........	Hydrure de zinc.	
	La potasse......	Hydrure de potasse.	
	La soude.......	Hydrure de soude.	
	L'ammoniaque ..	Hydrure d'ammoniaque.	
	La chaux.......	Hydrure de chaux.	
	La magnésie....	Hydrure de magnésie.	
	La baryte.... .	Hydrure de baryte.	
	L'alumine......	Hydrure d'alumine.	

[1] Ces combinaisons ont lieu dans l'état de gaz, et il en résulte du gaz hydrogène saturé et phosphoré.

OBSERVATIONS

SUR L'HYDROGÈNE ET SUR LE TABLEAU DE SES COMBINAISONS.

L'hydrogène, comme l'exprime sa dénomination, est un des principes de l'eau; il entre pour quinze centièmes dans sa composition : l'oxygène en forme les quatre-vingt-cinq autres centièmes. Cette substance, dont les propriétés et même l'existence ne sont connues que depuis très-peu de temps, est un des principes les plus abondamment répandus dans la nature : c'est un de ceux qui jouent le principal rôle dans le règne végétal et dans le règne animal.

L'affinité de l'hydrogène pour le calorique est telle, qu'il reste constamment dans l'état de gaz au degré de chaleur et de pression dans lequel nous vivons. Il nous est donc impossible de connaître ce principe dans un état concret et dépouillé de toute combinaison.

Pour obtenir l'hydrogène ou plutôt le gaz hydrogène, il ne faut que présenter à l'eau une substance pour laquelle l'oxygène ait plus d'affinité qu'il n'en a avec l'hydrogène. Aussitôt l'hydrogène devient libre, il se combine avec le calorique et forme le gaz hydrogène. C'est le fer qu'on a coutume d'employer pour opérer cette séparation, et il faut pour cela qu'il soit élevé à un degré de chaleur capable de le faire rougir. Le fer s'oxyde dans cette opération, et devient semblable à la mine de fer de l'île d'Elbe. Dans cet état il est beaucoup moins attirable à l'aimant, et il se dissout sans effervescence dans les acides.

Le carbone, lorsqu'il est rouge et embrasé, a également la propriété de décomposer l'eau et d'enlever l'oxygène à l'hydrogène; mais alors il se forme de l'acide carbonique qui se mêle avec le gaz hydrogène; on l'en sépare facilement, parce que l'acide carbonique est absorbable par l'eau et par les alcalis, tandis que l'hydrogène ne l'est pas. On peut encore obtenir du gaz hydrogène en faisant dissoudre du fer ou du zinc dans de l'acide sulfurique étendu d'eau. Ces deux métaux, qui ne décomposent que très-difficilement et très-lentement l'eau lorsqu'ils sont seuls, la décomposent au contraire avec beaucoup de facilité lorsqu'ils sont aidés par la présence de l'acide sulfurique. L'hydrogène s'unit au calorique dans cette opération, aussitôt qu'il est dégagé, et on l'obtient dans l'état de gaz hydrogène.

Quelques chimistes d'un ordre très-distingué se persuadent que l'hydrogène est le phlogistique de Stahl, et, comme ce célèbre chimiste admettait du phlogistique dans les métaux, dans le soufre, dans le charbon, etc. ils sont obligés de supposer qu'il existe également de l'hydrogène fixé et combiné dans toutes ces substances; ils le supposent, mais ils ne le prouvent pas, et, quand ils le prouveraient, ils ne seraient pas beaucoup plus avancés, puisque ce dégagement du gaz hydrogène n'explique en aucune manière les phénomènes de la calcination et de la combustion. Il faudrait toujours en revenir à l'examen de cette question : le calorique et la lumière qui se dégagent pendant les différentes espèces de combustion sont-ils fournis par le corps qui brûle ou par le gaz oxygène qui se fixe dans toutes les opérations ? et certainement la supposition de l'hydrogène dans les différents corps combustibles ne jette aucune lumière sur cette question. C'est, au surplus, à ceux qui supposent à prouver; et toute doctrine qui expliquera aussi bien et aussi naturellement que la leur, sans supposition, aura au moins l'avantage de la simplicité.

On peut voir ce que nous avons publié sur cette grande question, M. de Morveau, M. Berthollet, M. de Fourcroy et moi, dans la traduction de l'essai de M. Kirwan sur le phlogistique.

TABLEAU

DES COMBINAISONS BINAIRES DU SOUFRE NON OXYGÉNÉ AVEC LES SUBSTANCES SIMPLES.

	NOMS des SUBSTANCES SIMPLES.	RÉSULTATS DES COMBINAISONS.	
		NOMENCLATURE NOUVELLE.	NOMENCLATURE ANCIENNE.
Combinaisons du soufre avec	Le calorique.....	Gaz du soufre.	
	L'oxygène......	Oxyde de soufre......	Soufre mou.
		Acide sulfureux......	Acide sulfureux.
		Acide sulfurique......	Acide vitriolique.
	L'hydrogène....	Sulfure d'hydrogène.	Combinaisons inconnues.
	L'azote........	Sulfure d'azote ou azote sulfuré...........	
	Le phosphore...	Sulfure de phosphore.	
	Le carbone.....	Sulfure de carbone.	
	L'antimoine....	Sulfure d'antimoine....	Antimoine cru.
	L'argent.......	Sulfure d'argent.	
	L'arsenic......	Sulfure d'arsenic......	Orpiment, réalgar.
	Le bismuth.....	Sulfure de bismuth.	
	Le cobalt......	Sulfure de cobalt.	
	Le cuivre......	Sulfure de cuivre.....	Pyrite de cuivre.
	L'étain........	Sulfure d'étain.	
	Le fer........	Sulfure de fer........	Pyrite de fer.
	Le manganèse...	Sulfure de manganèse.	
	Le mercure.....	Sulfure de mercure....	Éthiops minér[l]. cinabre.
	Le molybdène...	Sulfure de molybdène.	
	Le nickel......	Sulfure de nickel.	
	L'or..........	Sulfure d'or.	
	Le platine.....	Sulfure de platine.	
	Le plomb......	Sulfure de plomb.....	Galène.
	Le tungstène....	Sulfure de tungstène.	
	Le zinc........	Sulfure de zinc.......	Blende.
	La potasse......	Sulfure de potasse....	Foie de soufre à base d'alcali fixe végétal.
	La soude.......	Sulfure de soude......	Foie de soufre à base d'alcali fixe minéral.
	L'ammoniaque..	Sulfure d'ammoniaque..	Foie de soufre volatil, liqueur fumante de Boyle.
	La chaux......	Sulfure de chaux.....	Foie de soufre à base calcaire.
	La magnésie....	Sulfure de magnésie...	Foie de soufre à base de magnésie.
	La baryte......	Sulfure de baryte....	Foie de soufre à base de terre pesante.
	L'alumine......	Sulfure d'alumine.....	Combinaison inconnue.

OBSERVATIONS

SUR LE SOUFRE ET SUR LE TABLEAU DE SES COMBINAISONS AVEC LES SUBSTANCES SIMPLES.

Le soufre est une des substances combustibles qui a le plus de tendance à la combinaison. Il est naturellement dans l'état concret à la température habituelle dans laquelle nous vivons, et ne se liquéfie qu'à une chaleur supérieure de plusieurs degrés à celle de l'eau bouillante.

La nature nous présente le soufre tout formé, et à peu près porté au dernier degré de pureté dont il est susceptible dans le produit des volcans; elle nous le présente encore, et beaucoup plus souvent, dans l'état d'acide sulfurique, c'est-à-dire combiné avec l'oxygène, et c'est dans cet état qu'il se trouve dans les argiles, dans les gypses, etc. Pour ramener à l'état de soufre l'acide sulfurique de ces substances, il faut lui enlever l'oxygène, et on y parvient en le combinant à une chaleur rouge avec du carbone. Il se forme de l'acide carbonique qui se dégage dans l'état de gaz, et il reste un sulfure qu'on décompose par un acide : l'acide s'unit à la base, et le soufre se précipite.

TABLEAU

DES COMBINAISONS BINAIRES DU PHOSPHORE NON OXYGÉNÉ AVEC LES SUBSTANCES SIMPLES.

	NOMS des SUBSTANCES SIMPLES.	RÉSULTATS DES COMBINAISONS. NOMENCLATURE NOUVELLE.	RÉSULTATS DES COMBINAISONS. OBSERVATIONS.
Combinaisons du phosphore avec	Le calorique....	Gaz du phosphore.	
	L'oxygène.....	Oxyde de phosphore. Acide phosphoreux. Acide phosphorique.	
	L'hydrogène....	Phosphure d'hydrogène.	
	L'azote........	Phosphure d'azote.	
	Le soufre......	Phosphure de soufre.	
	Le carbone....	Phosphure de carbone.	
	L'antimoine.....	Phosphure d'antimoine.	De toutes ces combinaisons, on ne connaît encore que le phosphure de fer, auquel on a donné le nom très-impropre de *sidérite*; encore est-il incertain si le phosphore est oxygéné ou non oxygéné dans cette combinaison.
	L'argent.......	Phosphure d'argent.	
	L'arsenic......	Phosphure d'arsenic.	
	Le bismuth...	Phosphure de bismuth.	
	Le cobalt.......	Phosphure de cobalt.	
	Le cuivre......	Phosphure de cuivre.	
	L'étain........	Phosphure d'étain.	
	Le fer........	Phosphure de fer.	
	Le manganèse...	Phosphure de manganèse.	
	Le mercure....	Phosphure de mercure.	
	Le molybdène...	Phosphure de molybdène.	
	Le nickel....	Phosphure de nickel.	
	L'or........	Phosphure d'or.	
	Le platine......	Phosphure de platine.	
	Le plomb......	Phosphure de plomb.	
	Le tungstène....	Phosphure de tungstène.	
	Le zinc........	Phosphure de zinc.	
	La potasse......	Phosphure de potasse.	Ces combinaisons ne sont point encore connues. Il y a apparence qu'elles sont impossibles d'après les expériences de M. Gengembre.
	La soude......	Phosphure de soude.	
	L'ammoniaque...	Phosphure d'ammoniaque.	
	La chaux.......	Phosphure de chaux.	
	La baryte......	Phosphure de baryte.	
	La magnésie....	Phosphure de magnésie.	
	L'alumine.....	Phosphure d'alumine.	

OBSERVATIONS

SUR LE PHOSPHORE ET SUR LE TABLEAU DE SES COMBINAISONS AVEC LES SUBSTANCES SIMPLES.

Le phosphore est une substance combustible simple, dont l'existence avait échappé aux recherches des anciens chimistes. C'est en 1667 que la découverte en fut faite par Brandt, qui fit mystère de son procédé; bientôt après Kunckel découvrit le secret de Brandt; il le publia, et le nom de phosphore de Kunckel, qui lui a été conservé jusqu'à nos jours, prouve que la reconnaissance publique se porte sur celui qui publie, plutôt que sur celui qui découvre, quand il fait mystère de sa découverte. C'est de l'urine seule qu'on tirait alors le phosphore : quoique la méthode de le préparer eût été décrite dans plusieurs ouvrages, et notamment par M. Homberg, dans les Mémoires de l'Académie des Sciences, année 1692, l'Angleterre a été longtemps en possession d'en fournir seule aux savants de toute l'Europe. Ce fut en 1737 qu'il fut fait pour la première fois en France, au Jardin royal des Plantes, en présence des commissaires de l'Académie des Sciences. Maintenant on le tire d'une manière plus commode, et surtout plus économique, des os des animaux, qui sont un véritable phosphate calcaire. Le procédé le plus simple consiste, d'après MM. Gahn, Scheele, Rouelle, etc. à calciner des os d'animaux adultes, jusqu'à ce qu'ils soient presque blancs. On les pile et on les passe au tamis de soie; on verse ensuite dessus de l'acide sulfurique étendu d'eau, mais en quantité moindre qu'il n'en faut pour dissoudre la totalité des os. Cet acide s'unit à la terre des os pour former du sulfate de chaux; en même temps l'acide phosphorique est dégagé et reste libre dans la liqueur. On décante alors, on lave le résidu, et on réunit l'eau du lavage à la liqueur décantée; on fait évaporer, afin de séparer du sulfate de chaux, qui se cristallise en filets soyeux, et on finit par obtenir l'acide phosphorique sous forme d'un verre blanc et transparent, qui, réduit en poudre et mêlé avec un tiers de son poids de charbon, donne de bon phosphore. L'acide phosphorique qu'on obtient par ce procédé n'est jamais aussi pur que celui retiré du phosphore, soit par la combustion, soit par l'acide nitrique; il ne doit donc point être employé pour des expériences de recherches.

Le phosphore se rencontre dans presque toutes les substances animales et dans quelques plantes qui ont, d'après l'analyse chimique, un caractère animal. Il y est ordinairement combiné avec le carbone, l'azote et l'hydrogène, et il en résulte des radicaux très-composés. Ces radicaux sont communément portés à l'état d'oxyde par une portion d'oxygène. La découverte que M. Hassenfratz a faite de cette substance dans le charbon de bois ferait soupçonner qu'il est plus commun qu'on ne pense dans le règne végétal. Ce qu'il y a de certain, c'est que des familles entières de plantes en fournissent quand on les traite convenablement. Je range le phosphore au rang des corps combustibles simples, parce qu'aucune expérience ne donne lieu de croire qu'on puisse le décomposer. Il s'allume à 32 degrés du thermomètre.

TABLEAU
DES COMBINAISONS BINAIRES DU CARBONE NON OXYGÉNÉ
AVEC LES SUBSTANCES SIMPLES.

	NOMS des SUBSTANCES SIMPLES.	RÉSULTATS DES COMBINAISONS.	
		NOMENCLATURE NOUVELLE.	OBSERVATIONS.
Combinaisons du carbone avec	L'oxygène	Oxyde de carbone.	Inconnu.
		Acide carbonique.	Air fixe des Anglais, acide crayeux de M. Bucquet et de M. de Fourcroy.
	Le soufre	Carbure de soufre.	Combinaisons inconnues.
	Le phosphore	Carbure de phosphore.	
	L'azote	Carbure d'azote.	
	L'hydrogène	Radical carbone-hydreux. Huiles fixes et volatiles.	
	L'antimoine	Carbure d'antimoine.	De toutes ces combinaisons, on ne connaît que les carbures de fer et de zinc, auxquels on a donné le nom de *plombagine*; les autres n'ont point encore été faites ni observées.
	L'argent	Carbure d'argent.	
	L'arsenic	Carbure d'arsenic.	
	Le bismuth	Carbure de bismuth.	
	Le cobalt	Carbure de cobalt.	
	Le cuivre	Carbure de cuivre.	
	L'étain	Carbure d'étain.	
	Le fer	Carbure de fer.	
	Le manganèse	Carbure de manganèse.	
	Le mercure	Carbure de mercure.	
	Le molybdène	Carbure de molybdène.	
	Le nickel	Carbure de nickel.	
	L'or	Carbure d'or.	
	Le platine	Carbure de platine.	
	Le plomb	Carbure de plomb.	
	Le tungstène	Carbure de tungstène.	
	Le zinc	Carbure de zinc.	
	La potasse	Carbure de potasse.	Combinaisons inconnues.
	La soude	Carbure de soude.	
	L'ammoniaque	Carbure d'ammoniaque.	
	La chaux	Carbure de chaux.	Combinaisons inconnues.
	La magnésie	Carbure de magnésie.	
	La baryte	Carbure de baryte.	
	L'alumine	Carbure d'alumine.	

OBSERVATIONS

SUR LE CARBONE ET SUR LE TABLEAU DE SES COMBINAISONS.

Comme aucune expérience ne nous a indiqué jusqu'ici la possibilité de décomposer le carbone, nous ne pouvons, quant à présent, le considérer que comme une substance simple. Il paraît prouvé par les expériences modernes qu'il est tout formé dans les végétaux, et j'ai déjà fait observer qu'il y était combiné avec l'hydrogène, quelquefois avec l'azote et avec le phosphore, pour former des radicaux composés; enfin, que ces radicaux étaient ensuite portés à l'état d'oxydes ou d'acides, suivant la proportion d'oxygène qui y était ajoutée.

Pour obtenir le carbone contenu dans les matières végétales ou animales, il ne faut que les faire chauffer à un degré de feu d'abord médiocre et ensuite très-fort, afin de décomposer les dernières portions d'eau que le charbon retient obstinément. Dans les opérations chimiques on se sert ordinairement de cornues de grès ou de porcelaine, dans lesquelles on introduit le bois ou autres matières combustibles, et on pousse à grand feu dans un bon fourneau de réverbère : la chaleur volatilise, ou, ce qui est la même chose, convertit en gaz toutes les substances qui en sont susceptibles, et le carbone, comme le plus fixe, reste combiné avec un peu de terre et quelques sels fixes. Dans les arts, la carbonisation du bois se fait par un procédé moins coûteux : on dispose le bois en tas, on le recouvre de terre, de manière qu'il n'y ait de communication avec l'air que ce qu'il en faut pour faire brûler le bois et pour en chasser l'huile et l'eau; on étouffe ensuite le feu, en bouchant les trous qu'on avait ménagés à la terre du fourneau.

Il y a deux manières d'analyser le carbone : sa combustion par le moyen de l'air ou plutôt du gaz oxygène, et son oxygénation par l'acide nitrique. On le convertit, dans les deux cas, en acide carbonique, et il laisse de la chaux, de la potasse et quelques sels neutres. Les chimistes se sont peu occupés de ce genre d'analyse, et il n'est pas même rigoureusement démontré que la potasse existe dans le charbon avant la combustion.

OBSERVATIONS

SUR LES RADICAUX MURIATIQUE, FLUORIQUE ET BORACIQUE, ET SUR LEURS COMBINAISONS.

On n'a point formé de tableau pour présenter le résultat des combinaisons de ces substances, soit entre elles, soit avec les autres corps combustibles, parce qu'elles sont toutes absolument inconnues. On sait seulement que ces radicaux s'oxygènent ; qu'ils forment les acides muriatique, fluorique et boracique, et qu'alors ils sont susceptibles d'entrer dans un grand nombre de combinaisons : mais la chimie n'a pas encore pu parvenir à les désoxygéner, s'il est permis de se servir de cette expression, et à les obtenir dans leur état de simplicité. Il faudrait, pour y parvenir, trouver un corps pour lequel l'oxygène eût plus d'affinité qu'il n'en a avec les radicaux muriatique, fluorique et boracique, ou bien se servir de doubles affinités. On peut voir dans les observations relatives aux acides muriatique, fluorique et boracique, ce que nous savons de l'origine de leurs radicaux.

OBSERVATIONS

SUR LA COMBINAISON DES MÉTAUX LES UNS AVEC LES AUTRES.

Ce serait ici le lieu, pour terminer ce qui concerne les substances simples, de présenter des tableaux de la combinaison de tous les métaux les uns avec les autres ; mais, comme ces tableaux seraient très-volumineux et ne présenteraient rien que d'incomplet, à moins de recherches qui n'ont point encore été faites, je les ai supprimés. Il me suffira de dire que toutes ces combinaisons portent le nom d'alliages, et qu'on doit nommer le premier le métal qui entre en plus grande abondance dans la composition métallique. Ainsi, alliage d'or et d'argent, ou or allié d'argent, annonce une combinaison où l'or est le métal dominant. Les alliages métalliques ont, comme toutes les autres combinaisons, leur degré de saturation; il paraîtrait même, d'après les expériences de M. de la Briche, qu'ils en ont deux très-distincts.

TABLEAU

DES COMBINAISONS DE L'AZOTE, OU RADICAL NITRIQUE.

PORTÉ À L'ÉTAT D'ACIDE NITREUX PAR LA COMBINAISON D'UNE SUFFISANTE QUANTITÉ D'OXYGÈNE.
AVEC LES BASES SALIFIABLE.
DANS L'ORDRE DE LEURS AFFINITÉS AVEC CET ACIDE.

	NOMS DES BASES.	NOMS DES SELS NEUTRES.	
		NOMENCLATURE NOUVELLE.	OBSERVATIONS.
Combinaisons de l'acide nitreux avec	La baryte..........	Nitrite de baryte.	Il n'y a qu'un très-petit nombre d'années que ces sels ont été découverts, et ils n'avaient point encore été nommés.
	La potasse.........	Nitrite de potasse.	
	La soude...........	Nitrite de soude.	
	La chaux..........	Nitrite de chaux.	
	La magnésie........	Nitrite de magnésie.	
	L'ammoniaque......	Nitrite d'ammoniaque.	
	L'alumine..........	Nitrite d'alumine.	
	L'oxyde de zinc......	Nitrite de zinc.	
	L'oxyde de fer.......	Nitrite de fer.	
	L'oxyde de manganèse.	Nitrite de manganèse.	Comme les métaux se dissolvent dans les acides nitreux et nitrique, à différents degrés d'oxygénation, il doit en résulter des sels où l'acide est réellement dans des états différents; ceux où le métal est le moins oxygéné seront appelés *nitrites*; ceux où il l'est davantage seront nommés *nitrates*; mais la limite de cette distinction n'est pas très-aisée à saisir. Les anciens ne connaissaient aucun de ces sels.
	L'oxyde de cobalt....	Nitrite de cobalt.	
	L'oxyde de nickel....	Nitrite de nickel.	
	L'oxyde de plomb....	Nitrite de plomb.	
	L'oxyde d'étain......	Nitrite d'étain.	
	L'oxyde de cuivre....	Nitrite de cuivre.	
	L'oxyde de bismuth...	Nitrite de bismuth.	
	L'oxyde d'antimoine..	Nitrite d'antimoine.	
	L'oxyde d'arsenic.....	Nitrite d'arsenic.	
	L'oxyde de mercure...	Nitrite de mercure.	
	L'oxyde d'argent*....	Nitrite d'argent.	
	L'oxyde d'or*.......	Nitrite d'or.	
	L'oxyde de platine*...	Nitrite de platine.	

* Il y a grande apparence qu'il n'existe pas de nitrite d'argent, d'or et de platine, mais seulement des nitrates de ces métaux.

TABLEAU

DES COMBINAISONS DE L'AZOTE

COMPLÈTEMENT SATURÉ D'OXYGÈNE, ET PORTÉ À L'ÉTAT D'ACIDE NITRIQUE, AVEC LES BASES SALIFIABLES, DANS L'ORDRE DE LEUR AFFINITÉ AVEC CET ACIDE.

	NOMS DES BASES.	NOMS DES SELS NEUTRES.	
		NOMENCLATURE NOUVELLE.	NOMENCLATURE ANCIENNE.
Combinaisons de l'acide nitrique avec	La baryte	Nitrate de baryte	Nitre à base de terre pesante.
	La potasse	Nitrate de potasse, salpêtre	Nitre, nitre à base d'alcali végétal, salpêtre.
	La soude	Nitrate de soude	Nitre quadrangulaire. Nitre à base d'alcali minéral.
	La chaux	Nitrate de chaux	Nitre calcaire, nitre à base terreuse. Eau mère de nitre ou de salpêtre.
	La magnésie	Nitrate de magnésie	Nitre à base de magnésie.
	L'ammoniaque	Nitrate d'ammoniaque	Nitre ammoniacal.
	L'alumine	Nitrate d'alumine	Alun nitreux, nitre argileux, nitre à base de terre d'alun.
	L'oxyde de zinc	Nitrate de zinc	Nitre de zinc.
	L'oxyde de fer	Nitrate de fer	Nitre de fer, nitre martial.
	L'oxyde de manganèse	Nitrate de manganèse.	Nitre de manganèse.
	L'oxyde de cobalt	Nitrate de cobalt	Nitre de cobalt.
	L'oxyde de nickel	Nitrate de nickel	Nitre de nickel.
	L'oxyde de plomb	Nitrate de plomb	Nitre de plomb, nitre de saturne.
	L'oxyde d'étain	Nitrate d'étain	Nitre d'étain.
	L'oxyde de cuivre	Nitrate de cuivre	Nitre de cuivre, nitre de Vénus.
	L'oxyde de bismuth	Nitrate de bismuth	Nitre de bismuth.
	L'oxyde d'antimoine	Nitrate d'antimoine	Nitre d'antimoine.
	L'oxyde d'arsenic	Nitrate d'arsenic	Nitre d'arsenic. Nitre arsenical.
	L'oxyde de mercure	Nitrate de mercure	Nitre mercuriel. Nitre de mercure.
	L'oxyde d'argent	Nitrate d'argent	Nitre d'argent. Nitre de lune, pierre infernale.
	L'oxyde d'or	Nitrate d'or	Nitre d'or.
	L'oxyde de platine	Nitrate de platine	Nitre de platine.

OBSERVATIONS

SUR LES ACIDES NITREUX ET NITRIQUE, ET SUR LE TABLEAU DE LEURS COMBINAISONS.

L'acide nitreux et l'acide nitrique se tirent d'un sel connu dans les arts sous le nom de *salpêtre*. On extrait ce sel par lixiviation des décombres des vieux bâtiments et de la terre des caves, des écuries, des granges, et en général des lieux habités. L'acide nitrique est le plus souvent uni, dans ces terres, à la chaux et à la magnésie, quelquefois à la potasse, et plus rarement à l'alumine. Comme tous ces sels, à l'exception de celui à base de potasse, attirent l'humidité de l'air, et qu'ils seraient d'une conservation difficile dans les arts, on profite de la plus grande affinité qu'a la potasse avec l'acide nitrique, et de la propriété qu'elle a de précipiter la chaux, la magnésie et l'alumine, pour ramener ainsi dans le travail du salpêtrier et dans le raffinage qui se fait ensuite dans les magasins du roi, tous les sels nitriques à l'état de nitrate de potasse ou de salpêtre. Pour obtenir l'acide nitreux de ce sel, on met dans une cornue tubulée trois parties de salpêtre très-pur, et une d'acide sulfurique concentré : on y adapte un ballon à deux pointes, auquel on joint l'appareil de Woulfe, c'est-à-dire des flacons à plusieurs goulots à moitié remplis d'eau et réunis par des tubes de verre. On voit cet appareil représenté pl. IV, fig. 1. On lute exactement toutes les jointures, et on donne un feu gradué : il passe de l'acide nitreux en vapeurs rouges, c'est-à-dire surchargé de gaz nitreux, ou, autrement dit, qui n'est point oxygéné autant qu'il le peut être. Une partie de cet acide se condense dans le ballon, dans l'état d'une liqueur d'un jaune rouge très-foncé; le surplus se combine avec l'eau des bouteilles. Il se dégage en même temps une grande quantité de gaz oxygène, par la raison qu'à une température un peu élevée l'oxygène a plus d'affinité avec le calorique qu'avec l'oxyde nitreux, tandis que le contraire arrive à la température habituelle dans laquelle nous vivons. C'est parce qu'une partie d'oxygène a quitté ainsi l'acide nitrique, qu'il se trouve converti en acide nitreux. On peut ramener cet acide de l'état nitreux à l'état nitrique en le faisant chauffer à une chaleur douce; le gaz nitreux qui était en excès s'échappe, et il reste de l'acide nitrique : mais on n'obtient par cette voie qu'un acide nitrique très-étendu d'eau, et il y a d'ailleurs une perte considérable.

On se procure de l'acide nitrique beaucoup plus concentré et avec infiniment moins de perte, en mêlant ensemble du salpêtre et de l'argile bien sèche, et en les poussant au feu dans une cornue de grès. L'argile se combine avec la potasse pour laquelle elle a beaucoup d'affinité : en même temps il passe de l'acide nitrique très-légèrement fumant, et qui ne contient qu'une très-petite portion de gaz nitreux. On l'en débarrasse aisément, en faisant chauffer faiblement l'acide dans une cornue : on obtient une petite portion d'acide nitreux dans le récipient, et il reste de l'acide nitrique dans la cornue.

On a vu dans le corps de cet ouvrage que l'azote était le radical nitrique : si à vingt parties et demie en poids d'azote on ajoute quarante-trois parties et demie d'oxygène, cette proportion constituera l'oxyde ou le gaz nitreux; si on ajoute à cette première combinaison trente-six autres parties d'oxygène, on aura de l'acide nitrique. L'intermédiaire entre la première et la dernière de ces proportions donne différentes espèces d'acides nitreux, c'est-à-dire de l'acide nitrique plus ou moins imprégné de gaz nitreux. J'ai déterminé ces proportions par voie de décomposition, et je ne puis pas assurer qu'elles soient rigoureusement exactes; mais elles ne peuvent pas s'écarter beaucoup de la vérité. M. Cavendish, qui a prouvé le premier, et par voie de composition, que l'azote est le radical nitrique, a donné des proportions un peu différentes, et dans lesquelles l'azote entre pour une plus forte proportion; mais il est probable en même temps que c'est de l'acide nitreux qu'il a formé, et non de l'acide nitrique; et cette circonstance suffit pour expliquer jusqu'à un certain point la différence des résultats.

Pour obtenir l'acide nitrique très-pur, il faut employer du nitre dépouillé de tout mélange de corps étrangers. Si, après la distillation, on soupçonne qu'il y reste quelques vestiges d'acide sulfurique, on y verse quelques gouttes de dissolution de nitrate barytique : l'acide sulfurique s'unit avec la baryte, et forme un sel neutre insoluble qui se précipite. On en sépare avec autant de facilité les dernières portions d'acide muriatique qui pouvaient y être contenues, en y versant quelques gouttes de nitrate d'argent; l'acide muriatique contenu dans l'acide nitrique s'unit à l'argent, avec lequel il a plus d'affinité, et se précipite sous forme de muriate d'argent, qui est presque insoluble. Ces deux précipitations faites, on distille jusqu'à ce qu'il ait passé environ les sept huitièmes de l'acide, et on est sûr alors de l'avoir parfaitement pur.

L'acide nitrique est un de ceux qui ont le plus de tendance à la combinaison, et dont en même temps la décomposition est la plus facile. Il n'est presque point de substance simple, si on en excepte l'or, l'argent et le platine, qui ne lui enlève plus ou moins d'oxygène : quelques-unes même le décomposent en entier. Il a été fort anciennement connu des chimistes, et ses combinaisons ont été plus étudiées que celles d'aucun autre. MM. Macquer et Baumé ont nommé *nitres* tous les sels qui ont l'acide nitrique pour acide. Nous avons dérivé leur nom de la même origine; mais nous en avons changé la terminaison, et nous les avons appelés *nitrates* ou *nitrites*, suivant qu'ils ont l'acide nitrique ou l'acide nitreux pour acide et d'après la loi générale dont nous avons expliqué les motifs, chapitre XVI. C'est également par une suite des procédés généraux dont nous avons rendu compte que nous avons spécifié chaque sel par le nom de sa base.

TABLEAU DES COMBINAISONS DE L'ACIDE SULFURIQUE,

DANS L'ORDRE DE LEUR AFFINITÉ AVEC

	NOMENCLATURE NOUVELLE.		
	NUMÉROS.	NOMS DES BASES.	SELS NEUTRES QUI EN RÉSULTENT.
Combinaisons de l'acide sulfurique avec	1	La baryte.	Sulfate de baryte.
	2	La potasse.	Sulfate de potasse.
	3	La soude.	Sulfate de soude.
	4	La chaux.	Sulfate de chaux.
	5	La magnésie.	Sulfate de magnésie.
	6	L'ammoniaque.	Sulfate d'ammoniaque.
	7	L'alumine.	Sulfate d'alumine ou alun.
	8	L'oxyde de zinc.	Sulfate de zinc.
	9	L'oxyde de fer.	Sulfate de fer.
	10	L'oxyde de manganèse.	Sulfate de manganèse.
	11	L'oxyde de cobalt.	Sulfate de cobalt.
	12	L'oxyde de nickel.	Sulfate de nickel.
	13	L'oxyde de plomb.	Sulfate de plomb.
	14	L'oxyde d'étain.	Sulfate d'étain.
	15	L'oxyde de cuivre.	Sulfate de cuivre.
	16	L'oxyde de bismuth.	Sulfate de bismuth.
	17	L'oxyde d'antimoine.	Sulfate d'antimoine.
	18	L'oxyde d'arsenic.	Sulfate d'arsenic.
	19	L'oxyde de mercure.	Sulfate de mercure.
	20	L'oxyde d'argent.	Sulfate d'argent.
	21	L'oxyde d'or.	Sulfate d'or.
	22	L'oxyde de platine.	Sulfate de platine.

OU SOUFRE OXYGÉNÉ AVEC LES BASES SALIFIABLES.

CET ACIDE, PAR LA VOIE HUMIDE.

	NOMENCLATURE ANCIENNE.		
	NUMÉROS.	NOMS DES BASES.	SELS NEUTRES QUI EN RÉSULTENT.
Combinaisons de l'acide vitriolique avec	1	La terre pesante	Vitriol de terre pesante, spath pesant.
	2	L'alcali fixe végétal	Tartre vitriolé, sel de duobus, arcanum .. plicatum.
	3	L'alcali fixe minéral......	Sel de Glauber.
	4	La terre calcaire	Sélénite, gypse, vitriol calcaire.
	5	La magnésie...........	Vitriol de magnésie, sel d'Epsom, sel de Sedlitz.
	6	L'alcali volatil	Sel ammoniacal secret de Glauber.
	7	La terre de l'alun	Alun.
	8	La chaux de zinc........	Vitriol blanc, vitriol de Goslard. Couperose blanche, vitriol d. zinc.
	9	La chaux de fer........	Couperose verte, vitriol martial, vitriol de fer.
	10	La chaux de manganèse...	Vitriol de manganèse.
	11	La chaux de cobalt	Vitriol de cobalt.
	12	La chaux de nickel.......	Vitriol de nickel.
	13	La chaux de plomb......	Vitriol de plomb.
	14	La chaux d'étain........	Vitriol d'étain.
	15	La chaux de cuivre......	Vitriol de cuivre, couperose bleue.
	16	La chaux de bismuth.....	Vitriol de bismuth.
	17	La chaux d'antimoine.....	Vitriol d'antimoine.
	18	La chaux d'arsenic.......	Vitriol d'arsenic.
	19	La chaux de mercure.....	Vitriol de mercure.
	20	La chaux d'argent.......	Vitriol d'argent.
	21	La chaux d'or..........	Vitriol d'or.
	22	La chaux de platine......	Vitriol de platine.

OBSERVATIONS

SUR L'ACIDE SULFURIQUE ET SUR LE TABLEAU DE SES COMBINAISONS.

On a longtemps retiré l'acide sulfurique par distillation du sulfate de fer ou vitriol de mars, dans lequel cet acide est uni au fer. Cette distillation a été décrite par Basile Valentin, qui écrivait dans le xve siècle. On préfère aujourd'hui de le tirer du soufre par la combustion, parce qu'il est à beaucoup meilleur marché que celui qu'on peut extraire des différents sels sulfuriques. Pour faciliter la combustion du soufre et son oxygénation, on y mêle un peu de salpêtre ou nitrate de potasse en poudre. Ce dernier est décomposé, et fournit au soufre une portion de son oxygène, qui facilite sa conversion en acide. Malgré l'addition de salpêtre, on ne peut continuer la combustion du soufre dans des vaisseaux fermés, quelque grands qu'ils soient, que pendant un temps déterminé. La combustion cesse par deux raisons : 1° parce que le gaz oxygène se trouve épuisé, et que l'air dans lequel se fait la combustion se trouve presque réduit à l'état de gaz azotique; 2° parce que l'acide lui-même, qui reste longtemps en vapeurs, met obstacle à la combustion. Dans les travaux en grand des arts, on brûle le mélange de soufre et de salpêtre dans de grandes chambres dont les parois sont recouvertes de feuilles de plomb : on laisse un peu d'eau au fond pour faciliter la condensation des vapeurs. On se débarrasse ensuite de cette eau, en introduisant l'acide sulfurique qu'on a obtenu dans de grandes cornues : on distille à un degré de chaleur modéré : il passe une eau légèrement acide, et il reste dans la cornue de l'acide sulfurique concentré. Dans cet état, il est diaphane, sans odeur, et il pèse à peu près le double de l'eau. On prolongerait la combustion du soufre, et on accélérerait la fabrication de l'acide sulfurique, si on introduisait dans les grandes chambres doublées de plomb, où se fait cette opération, le vent de plusieurs soufflets qu'on dirigerait sur la flamme. On ferait évacuer le gaz azotique par de longs canaux ou espèces de serpentins, dans lesquels il serait en contact avec de l'eau, afin de le dépouiller de tout le gaz acide sulfureux ou acide sulfurique qu'il pourrait contenir.

Suivant une première expérience de M. Berthollet, soixante-neuf parties de soufre, en brûlant, absorbent trente et une parties d'oxygène, pour former cent parties d'acide sulfurique. Suivant une seconde expérience faite par une autre méthode, soixante et douze parties de soufre en absorbent vingt-huit d'oxygène pour former la même quantité de cent parties d'acide sulfurique sec.

Cet acide ne dissout, comme tous les autres, les métaux qu'autant qu'ils ont été préalablement oxydés; mais la plupart sont susceptibles de décomposer une portion de l'acide, et de lui enlever assez d'oxygène pour devenir dissolubles dans le surplus : c'est ce qui arrive à l'argent, au mercure et même au fer et au zinc, quand on les fait dissoudre dans de l'acide sulfurique concentré et bouillant. Ces métaux s'oxydent et se dissolvent, mais ils n'enlèvent pas assez d'oxygène à l'acide pour le réduire en soufre; ils le réduisent seulement à l'état d'acide sulfureux, et il se dégage alors sous la forme de gaz acide sulfureux. Lorsqu'on met de l'argent, du mercure, ou quelque métal autre que le fer et le zinc, dans de l'acide sulfurique étendu d'eau, comme ils n'ont pas assez d'affinité avec l'oxygène pour l'enlever, ni au soufre, ni à l'acide sulfureux, ni à l'hydrogène, ils sont absolument insolubles dans cet acide. Il n'en est pas de même du zinc et du fer : ces deux métaux, aidés par la présence de l'acide, décomposent l'eau; ils s'oxydent à ses dépens, et deviennent alors dissolubles dans l'acide, quoiqu'il ne soit ni concentré ni bouillant.

TABLEAU

DES COMBINAISONS DE L'ACIDE SULFUREUX AVEC LES BASES SALIFIABLES

DANS L'ORDRE DE LEUR AFFINITÉ AVEC CET ACIDE.

	NOMENCLATURE NOUVELLE.	
	NOMS DES BASES.	NOMS DES SELS NEUTRES.
Combinaisons de l'acide sulfureux avec	La baryte	Sulfite de baryte.
	La potasse	Sulfite de potasse.
	La soude	Sulfite de soude.
	La chaux	Sulfite de chaux.
	La magnésie	Sulfite de magnésie.
	L'ammoniaque	Sulfite d'ammoniaque.
	L'alumine	Sulfite d'alumine.
	L'oxyde de zinc	Sulfite de zinc.
	L'oxyde de fer	Sulfite de fer.
	L'oxyde de manganèse	Sulfite de manganèse.
	L'oxyde de cobalt	Sulfite de cobalt.
	L'oxyde de nickel	Sulfite de nickel.
	L'oxyde de plomb	Sulfite de plomb.
	L'oxyde d'étain	Sulfite d'étain.
	L'oxyde de cuivre	Sulfite de cuivre.
	L'oxyde de bismuth	Sulfite de bismuth.
	L'oxyde d'antimoine	Sulfite d'antimoine.
	L'oxyde d'arsenic	Sulfite d'arsenic.
	L'oxyde de mercure	Sulfite de mercure.
	L'oxyde d'argent	Sulfite d'argent.
	L'oxyde d'or	Sulfite d'or.
	L'oxyde de platine	Sulfite de platine.

NOTA. Les anciens n'ont connu, à proprement parler, de ces sels, que le sulfite de potasse, qui, jusqu'à ces derniers temps, a conservé le nom de sel sulfureux de Stahl. Avant la nouvelle nomenclature que nous avons proposée, on désignait les sels sulfureux comme il suit : *Sel sulfureux de Stahl à base d'alcali fixe végétal*, *sel sulfureux de Stahl à base d'alcali fixe minéral*, *sel sulfureux de Stahl à base de terre calcaire.*

On a suivi, dans ce tableau, l'ordre des affinités indiqué par M. Bergman pour l'acide sulfurique, parce que, en effet, à l'égard des alcalis et des terres, l'ordre est le même pour l'acide sulfureux ; mais il n'est pas certain qu'il en soit de même pour les oxydes métalliques.

OBSERVATIONS

SUR L'ACIDE SULFUREUX ET SUR LE TABLEAU DE SES COMBINAISONS.

L'acide sulfureux est formé, comme l'acide sulfurique, de la combinaison du soufre avec l'oxygène, mais avec une moindre proportion de ce dernier. On peut l'obtenir de différentes manières : 1° en faisant brûler du soufre lentement; 2° en distillant de l'acide sulfurique sur de l'argent, de l'antimoine, du plomb, du mercure ou du charbon : une portion d'oxygène s'unit au métal, et l'acide passe dans l'état d'acide sulfureux. Cet acide existe naturellement dans l'état de gaz au degré de température et de pression dans lequel nous vivons; mais il paraît, d'après des expériences de M. Clouet, qu'à un très-grand degré de refroidissement il se condense et devient liquide; l'eau absorbe beaucoup plus de ce gaz acide qu'elle n'absorbe de gaz acide carbonique; mais elle en absorbe beaucoup moins que de gaz acide muriatique.

C'est une vérité bien établie, et que je n'ai peut-être que trop répétée, que les métaux en général ne peuvent se dissoudre dans les acides qu'autant qu'ils peuvent s'y oxyder : or, l'acide sulfureux étant déjà dépouillé d'une grande partie de l'oxygène nécessaire pour le constituer acide sulfurique, il est plutôt disposé à en reprendre qu'à en fournir à la plupart des métaux, et c'est pour cela qu'il ne peut les dissoudre, à moins qu'ils n'aient été préalablement oxydés. Par une suite du même principe, les oxydes métalliques se dissolvent dans l'acide sulfureux sans effervescence et même avec beaucoup de facilité. Cet acide a même, comme l'acide muriatique, la propriété de dissoudre des oxydes métalliques qui sont trop oxygénés, et qui seraient par cela même indissolubles dans l'acide sulfurique : il forme alors avec eux de véritables sulfates. On pourrait donc soupçonner qu'il n'existe que des sulfates métalliques et non des sulfites, si les phénomènes qui ont lieu dans la dissolution du fer, du mercure, et de quelques autres métaux, ne nous apprenaient que ces substances métalliques sont susceptibles de s'oxyder plus ou moins en se dissolvant dans les acides. D'après cette observation, le sel dans lequel le métal sera le moins oxydé devra porter le nom de *sulfite*, et celui dans lequel le métal sera le plus oxydé devra porter le nom de *sulfate*. On ignore encore si cette distinction, nécessaire pour le fer et pour le mercure, est applicable à tous les autres sulfates métalliques.

TABLEAU

DES COMBINAISONS DU PHOSPHORE QUI A REÇU UN PREMIER DEGRÉ D'OXYGÉNATION,
ET QUI A ÉTÉ PORTÉ À L'ÉTAT D'ACIDE PHOSPHOREUX,
AVEC LES BASES SALIFIABLES DANS L'ORDRE DE LEUR AFFINITÉ AVEC CET ACIDE.

	NOMENCLATURE NOUVELLE.	
	NOMS DES BASES.	NOMS DES SELS NEUTRES.
Combinaisons de l'acide phosphoreux avec	La chaux	Phosphite de chaux.
	La baryte	Phosphite de baryte.
	La magnésie	Phosphite de magnésie.
	La potasse	Phosphite de potasse.
	La soude	Phosphite de soude.
	L'ammoniaque	Phosphite d'ammoniaque.
	L'alumine	Phosphite d'alumine.
	L'oxyde de zinc	Phosphite de zinc*.
	L'oxyde de fer	Phosphite de fer.
	L'oxyde de manganèse	Phosphite de manganèse.
	L'oxyde de cobalt	Phosphite de cobalt.
	L'oxyde de nickel	Phosphite de nickel.
	L'oxyde de plomb	Phosphite de plomb.
	L'oxyde d'étain	Phosphite d'étain.
	L'oxyde de cuivre	Phosphite de cuivre.
	L'oxyde de bismuth	Phosphite de bismuth.
	L'oxyde d'antimoine	Phosphite d'antimoine.
	L'oxyde d'arsenic	Phosphite d'arsenic.
	L'oxyde de mercure	Phosphite de mercure.
	L'oxyde d'argent	Phosphite d'argent.
	L'oxyde d'or	Phosphite d'or.
	L'oxyde de platine	Phosphite de platine.

* L'existence des phosphites métalliques n'est pas encore absolument certaine, elle suppose que les métaux sont susceptibles de se dissoudre dans l'acide phosphorique, à différens degrés d'oxygénation, ce qui n'est pas encore prouvé.

Aucun de ces sels n'avait été nommé.

TABLEAU

DES COMBINAISONS DU PHOSPHORE SATURÉ D'OXYGÈNE,

OU ACIDE PHOSPHORIQUE,

AVEC LES SUBSTANCES SALIFIABLES DANS L'ORDRE DE LEUR AFFINITÉ AVEC CET ACIDE[1].

	NOMENCLATURE NOUVELLE.	
	NOMS DES BASES.	NOMS DES SELS NEUTRES.
Combinaisons de l'acide phosphorique avec :	La chaux	Phosphate de chaux.
	La baryte	Phosphate de baryte.
	La magnésie	Phosphate de magnésie.
	La potasse	Phosphate de potasse.
	La soude	Phosphate de soude.
	L'ammoniaque	Phosphate d'ammoniaque.
	L'alumine	Phosphate d'alumine.
	L'oxyde de zinc	Phosphate de zinc.
	L'oxyde de fer	Phosphate de fer.
	L'oxyde de manganèse	Phosphate de manganèse.
	L'oxyde de cobalt	Phosphate de cobalt.
	L'oxyde de nickel	Phosphate de nickel.
	L'oxyde de plomb	Phosphate de plomb.
	L'oxyde d'étain	Phosphate d'étain.
	L'oxyde de cuivre	Phosphate de bismuth.
	L'oxyde de bismuth	Phosphate de cuivre.
	L'oxyde d'antimoine	Phosphate d'antimoine.
	L'oxyde d'arsenic	Phosphate d'arsenic.
	L'oxyde de mercure	Phosphate de mercure.
	L'oxyde d'argent	Phosphate d'argent.
	L'oxyde d'or	Phosphate d'or.
	L'oxyde de platine	Phosphate de platine.

[1] La plupart de ces sels ne sont connus que depuis très-peu de temps, et n'avaient point encore été nommés.

OBSERVATIONS

SUR DES ACIDES PHOSPHOREUX ET PHOSPHORIQUE, ET SUR LES TABLEAUX DE LEURS COMBINAISONS.

On a vu, à l'article phosphore, un précis historique de la découverte de cette singulière substance, et quelques observations sur la manière dont elle existe dans les végétaux et dans les animaux.

Le moyen le plus sûr pour obtenir l'acide phosphorique pur et exempt de tout mélange est de prendre du phosphore en nature et de le faire brûler sous des cloches de verre, dont on a humecté l'intérieur en y promenant de l'eau distillée. Il absorbe dans cette opération deux fois $\frac{1}{2}$ son poids d'oxygène. On peut obtenir cet acide concret en faisant cette même combustion sur du mercure au lieu de la faire sur de l'eau : il se présente alors dans l'état de flocons blancs qui attirent l'humidité de l'air avec une prodigieuse activité. Pour avoir ce même acide dans l'état d'acide phosphoreux, c'est-à-dire moins oxygéné, il faut abandonner le phosphore à une combustion extrêmement lente, et le laisser tomber en quelque façon en *deliquium* à l'air dans un entonnoir placé sur un flacon de cristal. Au bout de quelques jours on trouve le phosphore oxygéné; l'acide phosphoreux, à mesure qu'il s'est formé, s'est emparé d'une portion d'humidité de l'air, et a coulé dans le flacon. L'acide phosphoreux se convertit au surplus aisément en acide phosphorique par une simple exposition à l'air longtemps continuée. Comme le phosphore a une assez grande affinité avec l'oxygène pour l'enlever à l'acide nitrique et à l'acide muriatique oxygéné, il en résulte encore un moyen simple et peu dispendieux d'obtenir l'acide phosphorique. Lorsqu'on veut opérer par l'acide nitrique, on prend une cornue tubulée bouchée avec un bouchon de cristal; on l'emplit à moitié d'acide nitrique concentré, on fait chauffer légèrement, puis on introduit par la tubulure de petits morceaux de phosphore. Ils se dissolvent avec effervescence; en même temps le gaz nitreux s'échappe sous la forme de vapeurs rutilantes. On continue ainsi d'ajouter du phosphore jusqu'à ce qu'il refuse de se dissoudre. On pousse alors le feu un peu plus fort pour chasser les dernières portions d'acide nitrique, et on trouve l'acide phosphorique dans la cornue, en partie sous forme concrète, et en partie sous forme liquide.

TABLEAU

DES COMBINAISONS DU RADICAL CARBONIQUE OXYGÉNÉ, OU ACIDE CARBONIQUE,

AVEC LES BASES SALIFIABLES, DANS L'ORDRE DE LEUR AFFINITÉ AVEC CET ACIDE.

	NOMS DES BASES.	NOMS DES SELS NEUTRES[1].	
		NOMENCLATURE NOUVELLE.	NOMENCLATURE ANCIENNE.
Combinaisons de l'acide carbonique avec	La baryte........	Carbonate de baryte.	Terre pesante aérée ou effervescente.
	La chaux.......	Carbonate de chaux..	Terre calcaire, spath calcaire, craie.
	La potasse........	Carbonate de potasse.	Alcali fixe végétal effervescent, méphite de potasse.
	La soude........	Carbonate de soude..	Alcali fixe minéral effervescent, méphite de soude.
	La magnésie.......	Carbonate de magnésie	Magnésie effervescente, base du sel d'Epsom effervescente, méphite de magnésie.
	L'ammoniaque	Carbonate d'ammoniaque.........	Alcali volatil effervescent, méphite d'ammoniaque.
	L'alumine.........	Carbonate d'alumine.	Méphite argileux, terre d'alun aérée.
	L'oxyde de zinc.....	Carbonate de zinc...	Zinc spathique, méphite de zinc.
	L'oxyde de fer......	Carbonate de fer....	Fer spathique, méphite de fer.
	L'oxyde de manganèse	Carb^te de manganèse.	Méphite de manganèse.
	L'oxyde de cobalt...	Carbonate de cobalt..	Méphite de cobalt.
	L'oxyde de nickel...	Carbonate de nickel..	Méphite de nickel.
	L'oxyde de plomb...	Carbonate de plomb.	Plomb spathique ou méphite de plomb.
	L'oxyde d'étain.....	Carbonate d'étain..	Méphite d'étain.
	L'oxyde de cuivre...	Carbonate de cuivre.	Méphite de cuivre.
	L'oxyde de bismuth..	Carbonate de bismuth	Méphite de bismuth.
	L'oxyde d'antimoine.	Carbonate d'antimoine	Méphite d'antimoine.
	L'oxyde d'arsenic...	Carbonate d'arsenic..	Méphite d'arsenic.
	L'oxyde de mercure.	Carbonate de mercure	Méphite de mercure.
	L'oxyde d'argent....	Carbonate d'argent.	Méphite d'argent.
	L'oxyde d'or.......	Carbonate d'or.....	Méphite d'or.
	L'oxyde de platine...	Carbonate de platine.	Méphite de platine.

[1] Ces sels n'étant connus et définis que depuis quelques années, il n'existe pas, à proprement parler, pour eux, de nomenclature ancienne. On a cru cependant devoir les désigner ici sous les noms que M. de Morveau leur a donnés dans son premier volume de l'Encyclopédie. M. Bergman désignait les bases saturées de cet acide par l'épithète *aérée*; ainsi, la terre calcaire aérée exprimait la terre calcaire saturée d'acide carbonique. M. de Fourcroy avait donné le nom d'acide crayeux à l'acide carbonique, et le nom de craie à tous les sels qui résultent de la combinaison de cet acide avec les bases salifiables.

OBSERVATIONS

SUR L'ACIDE CARBONIQUE ET SUR LE TABLEAU DE SES COMBINAISONS.

De tous les acides que nous connaissons, l'acide carbonique est peut-être celui qui est le plus abondamment répandu dans la nature. Il est tout formé dans les craies, dans les marbres, dans toutes les pierres calcaires, et il est neutralisé principalement par une terre particulière connue sous le nom de chaux. Pour le dégager de ces substances, il ne faut que verser dessus de l'acide sulfurique, ou tout autre acide qui ait plus d'affinité avec la chaux que n'en a l'acide carbonique : il se fait une vive effervescence, laquelle n'est produite que par le dégagement de cet acide, qui prend la forme de gaz dès qu'il est libre. Ce gaz n'est susceptible de se condenser par aucun des degrés de refroidissement et de pression auxquels il a été exposé jusqu'ici : il ne s'unit avec l'eau qu'à peu près à volume égal, et il en résulte un acide extrêmement faible.

On peut encore obtenir l'acide carbonique assez pur, en le dégageant de la matière sucrée en fermentation ; mais alors il tient une petite portion d'alcool en dissolution.

Le carbone est le radical de l'acide carbonique. On peut, en conséquence, former artificiellement cet acide, en brûlant du charbon dans du gaz oxygène, ou bien en combinant de la poudre de charbon avec un oxyde métallique dans de justes proportions. L'oxygène de l'oxyde se combine avec le charbon, forme du gaz acide carbonique, et le métal devenu libre reparaît sous sa forme métallique.

C'est à M. Black que nous devons les premières connaissances qu'on ait eues sur cet acide. La propriété qu'il a de n'exister que sous forme de gaz, au degré de température et de pression dans lequel nous vivons, l'avait soustrait aux recherches des anciens chimistes.

Si on pouvait parvenir à décomposer cet acide par des moyens peu dispendieux, on aurait fait une découverte bien précieuse pour l'humanité, puisqu'on pourrait obtenir libres les masses immenses de carbone que contiennent les terres calcaires, les marbres, etc. On ne le peut pas par des affinités simples, puisque le corps qu'il faudrait employer pour décomposer l'acide carbonique devrait être au moins aussi combustible que le charbon même, et qu'alors on ne ferait que changer un combustible contre un autre; mais il n'est pas impossible d'y parvenir par des affinités doubles, et ce qui porte à le croire, c'est que la nature résout complétement ce problème, et avec des matériaux qui ne lui coûtent rien, dans l'acte de la végétation.

TABLEAU

DES COMBINAISONS DU RADICAL MURIATIQUE OXYGÉNÉ, OU ACIDE MURIATIQUE,

AVEC LES BASES SALIFIABLES, DANS L'ORDRE DE LEUR AFFINITÉ AVEC CET ACIDE.

	NOMS DES BASES.	NOMS DES SELS NEUTRES.	
		NOMENCLATURE NOUVELLE.	NOMENCLATURE ANCIENNE.
Combinaisons de l'acide muriatique avec	La baryte........	Muriate de baryte...	Sel marin à base de terre pesante.
	La potasse........	Muriate de potasse ..	Sel fébrifuge de Sylvius. Sel marin à base d'alcali fixe végétal.
	La soude.........	Muriate de soude....	Sel marin.
	La chaux........	Muriate de chaux...	Sel marin à base terreuse. Huile de chaux.
	La magnésie.......	Muriate de magnésie.	Sel d'Epsom marin, sel marin à base de sel d'Epsom ou de magnésie.
	L'ammoniaque.....	Muriate d'ammoniaque	Sel ammoniac.
	L'alumine.........	Muriate d'alumine...	Alun marin, sel marin à base de terre d'alun.
	L'oxyde de zinc.....	Muriate de zinc.....	Sel marin de zinc.
	L'oxyde de fer......	Muriate de fer......	Sel de fer, sel marin martial.
	L'oxyde de manganèse	Muriate de manganèse	Sel marin de manganèse.
	L'oxyde de cobalt...	Muriate de cobalt...	Sel marin de cobalt.
	L'oxyde de nickel...	Muriate de nickel...	Sel marin de nickel.
	L'oxyde de plomb...	Muriate de plomb...	Plomb corné.
	L'oxyde d'étain.....	Muriate d'étain fumant	Liqueur fumante de Libavius.
		Muriate d'étain solide.	Beurre d'étain solide.
	L'oxyde de cuivre...	Muriate de cuivre...	Sel marin de cuivre.
	L'oxyde de bismuth..	Muriate de bismuth..	Sel marin de bismuth.
	L'oxyde d'antimoine.	Muriate d'antimoine .	Sel marin d'antimoine.
	L'oxyde d'arsenic...	Muriate d'arsenic...	Sel marin d'arsenic.
	L'oxyde de mercure..	Muriate de mercure doux..........	Mercure sublimé doux, *aquila alba.*
		Muriate de mercure corrosif.........	Mercure sublimé corrosif.
	L'oxyde d'argent...	Muriate d'argent....	Argent corné.
	L'oxyde d'or.......	Muriate d'or.......	Sel marin d'or.
	L'oxyde de platine...	Muriate de platine...	Sel marin de platine.

TABLEAU

DES COMBINAISONS DE L'ACIDE MURIATIQUE OXYGÉNÉ

AVEC LES DIFFÉRENTES BASES SALIFIABLES AVEC LESQUELLES IL EST SUSCEPTIBLE DE S'UNIR.

	NOMS DES BASES.	NOMS DES SELS NEUTRES.	
		NOMENCLATURE NOUVELLE.	NOMENCLATURE ANCIENNE.
	La baryte	Muriate oxygéné de baryte.	
	La potasse......	Muriate oxygéné de potasse.	
	La soude.......	Muriate oxygéné de soude.	
	La chaux.......	Muriate oxygéné de chaux.	
	La magnésie....	Muriate oxygéné de magnésie.	
	L'alumine......	Muriate oxygéné d'alumine.	
	L'oxyde de zinc..	Muriate oxygéné de zinc.	
	L'oxyde de fer...	Muriate oxygéné de fer.	
	L'oxyde de manganèse	Muriate oxygéné de manganèse.	
Combinaisons de l'acide muriatique oxygéné avec :	L'oxyde de cobalt.	Muriate oxygéné de cobalt.	Cet ordre de sels, qui était absolument inconnu aux anciens, a été découvert, en 1786, par M. Berthollet.
	L'oxyde de nickel.	Muriate oxygéné de nickel.	
	L'oxyde de plomb.	Muriate oxygéné de plomb.	
	L'oxyde d'étain..	Muriate oxygéné d'étain.	
	L'oxyde de cuivre.	Muriate oxygéné de cuivre.	
	L'oxyde de bismuth	Muriate oxygéné de bismuth.	
	L'oxyde d'antimoine.......	Muriate oxygéné d'antimoine.	
	L'oxyde d'arsenic.	Muriate oxygéné d'arsenic.	
	L'oxyde de mercure	Muriate oxygéné de mercure.	
	L'oxyde d'argent.	Muriate oxygéné d'argent.	
	L'oxyde d'or....	Muriate oxygéné d'or.	
	L'oxyde de platine.	Muriate oxygéné de platine.	

OBSERVATIONS

SUR L'ACIDE MURIATIQUE ET SUR LE TABLEAU DE SES COMBINAISONS.

L'acide muriatique est répandu très-abondamment dans le règne minéral : il est uni avec différentes bases, principalement avec la soude, la chaux et la magnésie. C'est avec ces trois bases qu'on le rencontre dans l'eau de la mer et dans celle de plusieurs lacs : il est plus communément uni avec la soude dans les mines de sel gemme. Cet acide ne paraît pas avoir été décomposé jusqu'à ce jour dans aucune expérience chimique; en sorte que nous n'avons nulle idée de la nature de son radical : ce n'est même que par analogie que nous concluons qu'il contient le principe acidifiant ou oxygène. M. Berthollet avait soupçonné que ce radical pouvait être de nature métallique; mais, comme il paraît que l'acide muriatique se forme journellement dans les lieux habités, par la combinaison des miasmes et des fluides aériformes, il faudrait supposer qu'il existe un gaz métallique dans l'atmosphère, ce qui n'est pas sans doute impossible, mais ce qu'on ne peut admettre, au moins, que d'après des preuves.

L'acide muriatique ne tient que médiocrement aux bases avec lesquelles il est uni : l'acide sulfurique l'en chasse, et c'est principalement par l'intermède de cet acide que les chimistes ont coutume de se le procurer. On pourrait employer d'autres acides pour remplir ce même objet, par exemple, l'acide nitrique; mais cet acide étant volatil, il aurait l'inconvénient de se mêler avec l'acide muriatique dans la distillation. Il faut, dans cette opération, employer environ une partie d'acide sulfurique concentré, et deux de sel marin. On se sert d'une cornue tubulée, dans laquelle on introduit d'abord le sel; on y adapte un récipient également tubulé, à la suite duquel on ajoute deux ou trois bouteilles remplies d'eau, et qui sont jointes par des tubes, à la manière de M. Woulfe. La figure 1, planche IV, représente cet appareil. On lute bien toutes les jointures, après quoi on introduit l'acide sulfurique dans la cornue par la tubulure, et on la referme aussitôt avec son bouchon de cristal. C'est une propriété de l'acide muriatique, de ne pouvoir exister que dans l'état de gaz, à la température et au degré de pression dans lequel nous vivons : il serait donc impossible de le coërcer, si on ne lui présentait de l'eau, avec laquelle il a une grande affinité. Il s'unit dans une très-grande proportion à celle contenue dans les bouteilles adaptées au ballon; et, lorsqu'elles en sont saturées, il en résulte ce que les anciens appelaient *esprit de sel fumant*, et ce que nous appelons aujourd'hui *acide muriatique*.

Celui qu'on obtient par ce procédé n'est pas saturé d'oxygène autant qu'il le peut être; il est susceptible d'en prendre une nouvelle dose, si on le distille sur des oxydes métalliques, tels que l'oxyde de manganèse, l'oxyde de plomb ou celui de mercure : l'acide qui se forme alors, et que nous nommons *acide muriatique oxygéné*, ne peut exister, comme le précédent, lorsqu'il est libre, que dans l'état gazeux; il n'est plus susceptible d'être absorbé par l'eau en aussi grande quantité. Si on en imprègne ce fluide au delà d'une certaine proportion, l'acide se précipite au fond du vase sous forme concrète. L'acide muriatique oxygéné est susceptible, comme l'a démontré M. Berthollet, de se combiner avec un grand nombre de bases salifiables; les sels qu'il forme sont susceptibles de détoner avec le carbone et avec plusieurs substances métalliques : ces détonations sont d'autant plus dangereuses, que l'oxygène entre dans la composition du muriate oxygéné avec une très-grande quantité de calorique, qui donne lieu, par son expansion, à des explosions très-dangereuses.

TABLEAU

DES COMBINAISONS DE L'ACIDE NITRO-MURIATIQUE AVEC LES BASES SALIFIABLES,

RANGÉES PAR ORDRE ALPHABÉTIQUE,

ATTENDU QUE LES AFFINITÉS DE CET ACIDE NE SONT POINT ASSEZ CONNUES.

	NOMENCLATURE NOUVELLE.	
	NOMS DES BASES.	NOMS DES SELS NEUTRES.
Combinaisons de l'acide nitro-muriatique avec	L'alumine	Nitro-muriate d'alumine.
	L'ammoniaque	Nitro-muriate d'ammoniaque.
	L'antimoine.	Nitro-muriate d'antimoine.
	L'argent	Nitro-muriate d'argent.
	L'arsenic	Nitro-muriate d'arsenic.
	La baryte	Nitro-muriate de baryte.
	Le bismuth	Nitro-muriate de bismuth.
	La chaux	Nitro-muriate de chaux.
	Le cobalt	Nitro-muriate de cobalt.
	Le cuivre	Nitro-muriate de cuivre.
	L'étain	Nitro-muriate d'étain.
	Le fer	Nitro-muriate de fer.
	La magnésie	Nitro-muriate de magnésie.
	Le manganèse	Nitro-muriate de manganèse.
	Le mercure	Nitro-muriate de mercure.
	Le molybdène	Nitro-muriate de molybdène.
	Le nickel	Nitro-muriate de nickel.
	L'or	Nitro-muriate d'or.
	Le platine	Nitro-muriate de platine.
	Le plomb	Nitro-muriate de plomb.
	La potasse	Nitro-muriate de potasse.
	La soude	Nitro-muriate de soude.
	Le tungstène	Nitro-muriate de tungstène.
	Le zinc	Nitro-muriate de zinc.

NOTA. La plupart de ces combinaisons, surtout celles de l'acide nitro-muriatique avec les terres et les alcalis, ont été peu examinées; on ignore s'il se forme un sel mixte, ou si les deux acides se séparent pour former deux sels distincts.

OBSERVATIONS

SUR L'ACIDE NITRO-MURIATIQUE ET SUR LE TABLEAU DE SES COMBINAISONS.

L'acide nitro-muriatique, anciennement appelé *eau régale*, est formé par un mélange d'acide nitrique et d'acide muriatique. Les radicaux de ces deux acides s'unissent ensemble dans cette combinaison, et il en résulte un acide à deux bases, qui a des propriétés particulières qui n'appartiennent à aucun des deux séparément, notamment celle de dissoudre l'or et le platine.

Dans les dissolutions nitro-muriatiques, comme dans toutes les autres, les métaux commencent par s'oxyder avant de se dissoudre; ils s'emparent d'une portion de l'oxygène de l'acide, il se dégage en même temps un gaz nitro-muriatique d'une espèce particulière, qui n'a encore été bien décrit par personne. Son odeur est très-désagréable, et il est aussi funeste qu'aucun autre aux animaux qui le respirent; il attaque les instruments de fer et les rouille; l'eau en absorbe une assez grande quantité et prend quelques caractères d'acidité. J'ai eu occasion de faire ces observations lorsque j'ai traité le platine et que je l'ai fait dissoudre très en grand dans l'acide nitro-muriatique.

J'avais d'abord soupçonné que, dans le mélange de l'acide nitrique et de l'acide muriatique, ce dernier s'emparait d'une partie de l'oxygène de l'acide nitrique, et qu'alors, porté à l'état d'acide muriatique oxygéné, il devenait susceptible de dissoudre l'or; mais plusieurs faits se refusent à cette explication. S'il en était ainsi, en faisant chauffer de l'acide nitro-muriatique, il s'en dégagerait du gaz nitreux; et cependant on n'en obtient pas sensiblement. Je reviens donc à considérer l'acide nitro-muriatique comme un acide à deux bases, et j'adopte entièrement, à cet égard, les idées de M. Berthollet.

TABLEAU

DES COMBINAISONS DU RADICAL FLUORIQUE OXYGÉNÉ, OU ACIDE FLUORIQUE, AVEC DES BASES SALIFIABLES, DANS L'ORDRE DE LEUR AFFINITÉ AVEC CET ACIDE.

	NOMS DES BASES.	NOMS DES SELS NEUTRES.	
		NOMENCLATURE NOUVELLE.	NOMENCLATURE ANCIENNE.
	La chaux..............	Fluate de chaux.	
	La baryte............	Fluate de baryte.	
	La magnésie..........	Fluate de magnésie.	
	La potasse............	Fluate de potasse.	
	La soude..............	Fluate de soude.	
	L'ammoniaque..........	Fluate d'ammoniaque.	
	L'oxyde de zinc.........	Fluate de zinc.	
	L'oxyde de manganèse....	Fluate de manganèse.	
	L'oxyde de fer..........	Fluate de fer.	
	L'oxyde de plomb.......	Fluate de plomb.	
Combinaisons de l'acide fluorique avec	L'oxyde d'étain........	Fluate d'étain.	Toutes ces combinaisons ont été inconnues aux anciens chimistes.
	L'oxyde de cobalt........	Fluate de cobalt.	
	L'oxyde de cuivre.......	Fluate de cuivre.	
	L'oxyde de nickel......	Fluate de nickel.	
	L'oxyde d'arsenic.......	Fluate d'arsenic.	
	L'oxyde de bismuth......	Fluate de bismuth.	
	L'oxyde de mercure.....	Fluate de mercure.	
	L'oxyde d'argent.......	Fluate d'argent.	
	L'oxyde d'or...........	Fluate d'or.	
	L'oxyde de platine.......	Fluate de platine.	
	Et par la voie sèche,		
	L'alumine.............	Fluate d'alumine.	

OBSERVATIONS

SUR L'ACIDE FLUORIQUE ET SUR LE TABLEAU DE SES COMBINAISONS.

La nature nous offre l'acide fluorique tout formé dans le spath phosphorique ou fluate de chaux : il y est combiné avec la terre calcaire, et forme un sel insoluble.

Pour obtenir l'acide fluorique seul et dégagé de toute combinaison, on met du spath fluor ou fluate de chaux dans une cornue de plomb; on verse dessus de l'acide sulfurique, et on adapte à la cornue un récipient également de plomb, à moitié rempli d'eau. On donne une chaleur douce, et l'acide fluorique est absorbé par l'eau du récipient, à mesure qu'il se dégage. Comme cet acide est naturellement sous forme de gaz au degré de chaleur et de pression dans lequel nous vivons, on peut le recueillir dans cet état dans l'appareil pneumato-chimique au mercure, comme on y reçoit le gaz acide marin, le gaz acide sulfureux, le gaz acide carbonique. On est obligé de se servir, pour cette opération, de vaisseaux métalliques, parce que l'acide fluorique dissout le verre et la terre siliceuse; il communique même de la volatilité à ces deux substances, et il les enlève avec lui dans l'état de gaz.

C'est à M. Margraff que nous devons la première connaissance de cet acide; mais il ne l'a jamais obtenu que combiné avec une quantité considérable de silice : il ignorait d'ailleurs que ce fût un acide particulier et *sui generis*.

M. le duc de Liancourt, dans un Mémoire imprimé sous le nom de M. Boulanger, a étendu beaucoup plus loin nos connaissances sur les propriétés de l'acide fluorique; enfin M. Scheele semble avoir mis la dernière main à ce travail.

Il ne reste plus aujourd'hui qu'à déterminer quelle est la nature du radical fluorique; mais, comme il ne paraît pas qu'on soit encore parvenu à décomposer l'acide, on ne peut avoir aucun aperçu de la nature du radical. S'il y avait quelques expériences à tenter à cet égard, ce ne pourrait être que par la voie des doubles affinités qu'on pourrait espérer quelques succès.

TABLEAU

DES COMBINAISONS DU RADICAL BORACIQUE OXYGÉNÉ

AVEC LES DIFFÉRENTES BASES SALIFIABLES

AUXQUELLES IL EST SUSCEPTIBLE DE S'UNIR, DANS L'ORDRE DE LEUR AFFINITÉ AVEC CET ACIDE.

	NOMS DES SELS NEUTRES.	
	NOMS DES BASES.	NOMS DES SELS NEUTRES.
Combinaisons de l'acide boracique avec :	La chaux..................	Borate de chaux.
	La baryte.................	Borate de baryte.
	La magnésie...............	Borate de magnésie.
	La potasse................	Borate de potasse.
	La soude..................	Borate de soude, ou borax.
	L'ammoniaque..............	Borate d'ammoniaque.
	L'oxyde de zinc...........	Borate de zinc.
	L'oxyde de fer............	Borate de fer.
	L'oxyde de plomb..........	Borate de plomb.
	L'oxyde d'étain...........	Borate d'étain.
	L'oxyde de cobalt.........	Borate de cobalt.
	L'oxyde de cuivre.........	Borate de cuivre.
	L'oxyde de nickel.........	Borate de nickel.
	L'oxyde de mercure........	Borate de mercure.
	L'alumine.................	Borate d'alumine.

NOTA. La plupart de ces combinaisons n'ont été ni nommées, ni connues par les anciens; ils donnaient à l'acide boracique le nom de sel sédatif, et ils donnaient le nom de borax à base d'alcali fixe végétal, borax à base d'alcali fixe minéral, borax à base de terre calcaire, aux combinaisons du sel sédatif avec la potasse, la soude et la chaux.

OBSERVATIONS

SUR L'ACIDE BORACIQUE ET SUR LE TABLEAU DE SES COMBINAISONS.

On donne le nom de *boracique* à un acide concret qu'on retire du borax, sel qui nous vient de l'Inde par le commerce. Quoique le borax ait été employé très-anciennement dans les arts, on n'a que des notions très-incertaines sur son origine, sur la manière de l'extraire et de le purifier. On a lieu de soupçonner que c'est un sel natif, qui se trouve naturellement dans les terres de quelques contrées de l'Inde et dans l'eau des lacs : tout le commerce de ce sel se fait par les Hollandais ; ils ont été longtemps seuls en possession de le purifier : mais MM. l'Éguilier, dans une fabrique qu'ils ont élevée à Paris, sont parvenus à rivaliser avec eux : le procédé de cette purification, au surplus, est encore un mystère. L'analyse chimique nous a appris que le borax était un sel neutre avec excès de base ; que cette base était la soude, et qu'elle était en partie neutralisée par un acide particulier, qui a été longtemps appelé *sel sédatif de Homberg*, et que nous avons désigné sous le nom d'*acide boracique*. On le rencontre quelquefois libre dans l'eau des lacs ; celle du lac Cherchiaio en Italie en contient 94 grains et demi par pinte.

Pour séparer l'acide boracique et l'obtenir libre, on commence par dissoudre le borax dans l'eau bouillante ; on filtre la liqueur très-chaude et on y verse de l'acide sulfurique, ou un autre acide quelconque qui ait plus d'affinité avec la soude que n'en a l'acide boracique. Ce dernier se sépare aussitôt, et on l'obtient sous forme cristalline par refroidissement.

On a cru longtemps que l'acide boracique était un produit de l'opération par laquelle on l'obtenait : on se persuadait, en conséquence, qu'il était différent, suivant l'acide qu'on avait employé pour le séparer d'avec la soude. Aujourd'hui il est bien reconnu que l'acide boracique est toujours identiquement le même, de quelque manière qu'il ait été dégagé, pourvu, toutefois, qu'il ait été bien dépouillé de tout acide étranger par le lavage, et qu'on l'ait purifié par une ou deux cristallisations successives.

L'acide boracique est soluble dans l'eau et dans l'alcool. Il a la propriété de communiquer à la flamme de ce dernier, dans lequel on l'a dissous, une couleur verte, et cette circonstance avait fait croire qu'il contenait du cuivre; mais aucune expérience décisive n'a confirmé ce résultat. Il y a apparence que, si le borax contient quelquefois du cuivre, il lui est accidentel.

Cet acide se combine avec les substances salifiables, par la voie humide et par la voie sèche. Il ne dissout pas directement les métaux par la voie humide, mais on peut parvenir à opérer la combinaison par double affinité.

Le tableau ci-dessus présente les différentes substances avec lesquelles l'acide boracique peut s'unir dans l'ordre des affinités qui s'observent par la voie humide; il exige un changement notable, lorsqu'on opère par la voie sèche : alors l'alumine, qui est placée la dernière, doit être placée immédiatement après la soude.

Le radical boracique est entièrement inconnu; l'oxygène y tient tellement, qu'il n'a pas encore été possible de l'en séparer par aucun moyen. Ce n'est même que par analogie qu'on peut conclure que l'oxygène fait partie de sa combinaison, comme de celle de tous les acides.

TABLEAU

DES COMBINAISONS DE L'ARSENIC OXYGÉNÉ, OU ACIDE ARSENIQUE, AVEC LES BASES SALIFIABLES DANS L'ORDRE DE LEUR AFFINITÉ AVEC CET ACIDE.

	NOMS DES BASES SALIFIABLES.	NOMS DES SELS NEUTRES.	OBSERVATIONS.
Combinaisons de l'acide arsénique avec	La chaux	Arséniate de chaux.	Ce genre de sels était absolument inconnu aux anciens. M. Macquer, qui a découvert en 1746 la combinaison de l'acide arsénique avec la potasse et la soude, les avait nommés *sels neutres arsenicaux*.
	La baryte	Arséniate de baryte.	
	La magnésie	Arséniate de magnésie.	
	La potasse	Arséniate de potasse.	
	La soude	Arséniate de soude.	
	L'ammoniaque	Arséniate d'ammoniaque.	
	L'oxyde de zinc	Arséniate de zinc.	
	L'oxyde de manganèse .	Arséniate de manganèse.	
	L'oxyde de fer	Arséniate de fer.	
	L'oxyde de plomb	Arséniate de plomb.	
	L'oxyde d'étain	Arséniate d'étain.	
	L'oxyde de cobalt	Arséniate de cobalt.	
	L'oxyde de cuivre	Arséniate de cuivre.	
	L'oxyde de nickel	Arséniate de nickel.	
	L'oxyde de bismuth . . .	Arséniate de bismuth.	
	L'oxyde de mercure . . .	Arséniate de mercure.	
	L'oxyde d'antimoine . . .	Arséniate d'antimoine.	
	L'oxyde d'argent	Arséniate d'argent.	
	L'oxyde d'or	Arséniate d'or.	
	L'oxyde de platine	Arséniate de platine.	
	L'alumine	Arséniate d'alumine.	

OBSERVATIONS

SUR L'ACIDE ARSÉNIQUE ET SUR LE TABLEAU DE SES COMBINAISONS.

Dans un Mémoire imprimé dans le recueil de l'Académie, année 1746, M. Macquer a fait voir qu'en poussant au feu un mélange d'oxyde blanc, d'arsenic et de nitre, on obtenait un sel neutre, qu'il a nommé *sel neutre arsenical*. On ignorait entièrement, à l'époque où M. Macquer a publié ce Mémoire, la cause de ce singulier phénomène, et comment une substance métallique pouvait jouer le rôle d'un acide. Des expériences plus modernes nous ont appris que l'arsenic s'oxygénait dans cette opération; qu'il enlevait l'oxygène à l'acide nitrique, et qu'à l'aide de ce principe il se convertissait en un véritable acide, qui se combinait ensuite avec la potasse. On connaît aujourd'hui d'autres moyens, non-seulement d'oxygéner l'arsenic, mais encore d'obtenir l'acide arsénique libre et dégagé de toute combinaison. Le plus simple est de dissoudre l'oxyde blanc d'arsenic dans trois fois son poids d'acide muriatique : on ajoute dans cette dissolution, pendant qu'elle est encore bouillante, une quantité d'acide nitrique double du poids de l'arsenic, et on évapore jusqu'à siccité. L'acide nitrique se décompose dans cette opération; son oxygène s'unit à l'oxyde d'arsenic pour l'acidifier ; le radical nitrique se dissipe sous forme de gaz nitreux. A l'égard de l'acide muriatique, il se convertit en gaz muriatique, et on peut le retenir par voie de distillation. On s'assure qu'il ne reste plus d'acide étranger, en calcinant l'acide concret jusqu'à ce qu'il commence à rougir : ce qui reste ainsi dans le creuset est de l'acide arsénique pur.

Il y a plusieurs autres manières d'oxygéner l'arsenic et de le convertir en un acide. Le procédé que M. Scheele a employé, et que M. de Morveau a répété avec un grand succès dans le laboratoire de

Dijon, consiste à distiller de l'acide muriatique oxygéné sur de la manganèse. Cet acide s'oxygène, comme je l'ai dit ailleurs, et passe sous la forme d'acide muriatique suroxygéné. On le reçoit dans un récipient, dans lequel on a mis de l'oxyde blanc d'arsenic recouvert d'un peu d'eau distillée. L'arsenic blanc décompose l'acide muriatique oxygéné, il lui enlève l'oxygène surabondant; d'une part il se convertit en acide arsénique, et de l'autre l'acide muriatique oxygéné redevient acide muriatique ordinaire. On sépare ces deux acides en distillant à une chaleur douce, qu'on augmente cependant sur la fin : l'acide muriatique passe, et l'acide arsénique reste sous forme blanche et concrète. Dans cet état il est beaucoup moins volatil que l'oxyde blanc d'arsenic.

Très-souvent l'acide arsénique tient en dissolution une portion d'oxyde blanc d'arsenic qui n'a pas été suffisamment oxygéné. On n'est point exposé à cet inconvénient quand on a opéré par l'acide nitrique, et qu'on en ajoute de nouveau jusqu'à ce qu'il ne passe plus de gaz nitreux.

D'après ces différentes observations, je définirai l'acide arsénique, un acide métallique blanc, concret, fixe au degré de feu qui le fait rougir, formé par la combinaison de l'arsenic avec l'oxygène, qui se dissout dans l'eau, et qui est susceptible de se combiner avec un grand nombre de bases salifiables.

TABLEAU

DES COMBINAISONS DU MOLYBDÈNE OXYGÉNÉ, OU ACIDE MOLYBDIQUE, AVEC LES BASES SALIFIABLES, PAR ORDRE ALPHABÉTIQUE[1].

	NOMS DES BASES SALIFIABLES.	NOMS DES SELS NEUTRES.
Combinaisons de l'acide molybdique avec	L'alumine	Molybdate d'alumine.
	L'ammoniaque	Molybdate d'ammoniaque.
	L'oxyde d'antimoine	Molybdate d'antimoine.
	L'oxyde d'argent	Molybdate d'argent.
	L'oxyde d'arsenic	Molybdate d'arsenic.
	La baryte	Molybdate de baryte.
	L'oxyde de bismuth	Molybdate de bismuth.
	La chaux	Molybdate de chaux.
	L'oxyde de cobalt	Molybdate de cobalt.
	L'oxyde de cuivre	Molybdate de cuivre.
	L'oxyde d'étain	Molybdate d'étain.
	L'oxyde de fer	Molybdate de fer.
	La magnésie	Molybdate de magnésie.
	L'oxyde de manganèse	Molybdate de manganèse.
	L'oxyde de mercure	Molybdate de mercure.
	L'oxyde de nickel	Molybdate de nickel.
	L'oxyde d'or	Molybdate d'or.
	L'oxyde de platine	Molybdate de platine.
	L'oxyde de plomb	Molybdate de plomb.
	La potasse	Molybdate de potasse.
	La soude	Molybdate de soude.
	Le zinc	Molybdate de zinc.

[1] On a suivi, dans ce tableau, l'ordre alphabétique, parce que l'on ne connaît pas bien les affinités de cet acide avec les différentes bases. C'est à M. Scheele qu'on doit la découverte de cet acide, comme de beaucoup d'autres.

NOTA. Toute cette classe de sels a été nouvellement découverte, et n'avait point encore été nommée.

OBSERVATIONS

SUR L'ACIDE MOLYBDIQUE ET SUR LE TABLEAU DE SES COMBINAISONS.

Le molybdène est une substance métallique particulière, qui est susceptible de s'oxygéner au point de se transformer en un véritable acide concret. Pour y parvenir, on introduit dans une cornue une partie de mine de molybdène, telle que la nature nous la présente, et qui est un véritable sulfure de molybdène; on y ajoute cinq ou six parties d'un acide nitrique affaibli d'un quart d'eau environ, et on distille. L'oxygène de l'acide nitrique se porte sur le molybdène et sur le soufre : il transforme l'un en un oxyde métallique, et l'autre en acide sulfurique. On repasse de nouvel acide nitrique dans la même proportion et jusqu'à quatre ou cinq fois; et, quand il n'y a plus de vapeurs rouges, le molybdène est oxygéné autant qu'il le peut être, du moins par ce moyen, et on le trouve au fond de la cornue sous forme blanche, pulvérulente, comme de la craie. Cet acide est peu soluble, et on peut, sans risquer d'en perdre beaucoup, le laver avec de l'eau chaude. Cette précaution est nécessaire pour le débarrasser des dernières portions d'acide sulfurique qui pourraient y adhérer.

TABLEAU

DES COMBINAISONS DU TUNGSTÈNE, OU ACIDE TUNGSTIQUE,

AVEC LES BASES SALIFIABLES.

	NOMS DES BASES SALIFIABLES.	NOMS DES SELS NEUTRES.
Combinaisons de l'acide tungstique avec	La chaux..................	Tungstate de chaux.
	La baryte..................	Tungstate de baryte.
	La magnésie................	Tungstate de magnésie.
	La potasse.................	Tungstate de potasse.
	La soude...................	Tungstate de soude.
	L'ammoniaque...............	Tungstate d'ammoniaque.
	L'alumine..................	Tungstate d'alumine.
	L'oxyde d'antimoine........	Tungstate d'antimoine.
	L'oxyde d'argent...........	Tungstate d'argent.
	L'oxyde d'arsenic..........	Tungstate d'arsenic.
	L'oxyde de bismuth.........	Tungstate de bismuth.
	L'oxyde de cobalt..........	Tungstate de cobalt.
	L'oxyde de cuivre..........	Tungstate de cuivre.
	L'oxyde d'étain............	Tungstate d'étain.
	L'oxyde de fer.............	Tungstate de fer.
	L'oxyde de manganèse.......	Tungstate de manganèse.
	L'oxyde de mercure.........	Tungstate de mercure.
	L'oxyde de molybdène.......	Tungstate de molybdène.
	L'oxyde de nickel..........	Tungstate de nickel.
	L'oxyde d'or...............	Tungstate d'or.
	L'oxyde de platine.........	Tungstate de platine.
	L'oxyde de plomb...........	Tungstate de plomb.
	L'oxyde de zinc............	Tungstate de zinc.

OBSERVATIONS

SUR L'ACIDE TUNGSTIQUE ET SUR LE TABLEAU DE SES COMBINAISONS.

On donne le nom de *tungstène* à un métal particulier, dont la mine a été souvent confondue avec celle d'étain; dont la cristallisation a du rapport avec celle des grenats; dont la pesanteur spécifique excède 6000, celle de l'eau étant supposée 1000; enfin qui varie du blanc perlé au rougeâtre et au jaune. On le trouve en plusieurs endroits de la Saxe et en Bohême.

Le wolfram est aussi une véritable mine de tungstène, qui se rencontre fréquemment dans les mines de Cornouailles.

Le métal qui porte le nom de *tungstène* est dans l'état d'oxyde dans ces deux espèces de mines. Il paraîtrait même qu'il est porté, dans la mine de tungstène, au delà de l'état d'oxyde; qu'il y fait fonction d'acide : il y est uni à la chaux.

Pour obtenir cet acide libre, on mêle une partie de mine de tungstène avec quatre parties de carbonate de potasse, et on fait fondre le mélange dans un creuset. Lorsque la matière est refroidie, on la met en poudre et on verse dessus douze parties d'eau bouillante; puis on ajoute de l'acide nitrique qui s'unit à la potasse, avec laquelle il a plus d'affinité, et en dégage l'acide tungstique : cet acide se précipite aussitôt sous forme concrète. On peut y repasser de l'acide nitrique qu'on évapore à siccité, et continuer ainsi jusqu'à ce qu'il ne se dégage plus de vapeurs rouges; on est assuré pour lors qu'il est complétement oxygéné. Si on veut obtenir l'acide tungstique pur, il faut opérer la fusion de la mine avec le carbonate de potasse dans un creuset de platine; autrement la terre du creuset se mêlerait avec les produits, et altérerait la pureté de l'acide. Les affinités de l'acide tungstique avec les oxydes métalliques ne sont point déterminées, et c'est pour cette raison qu'on les a rangées par ordre alphabétique; à l'égard des autres substances salifiables, on les a rangées dans l'ordre de leur affinité avec l'acide tungstique. Toute cette classe de sels n'avait été ni connue ni nommée par les anciens.

TABLEAU

DES COMBINAISONS DU RADICAL TARTAREUX OXYGÉNÉ, OU ACIDE TARTAREUX, AVEC LES BASES SALIFIABLES DANS L'ORDRE DE LEUR AFFINITÉ AVEC CET ACIDE.

	NOMS DES BASES SALIFIABLES.	NOMS DES SELS NEUTRES. NOMENCLATURE NOUVELLE.
Combinaisons de l'acide tartreux avec	La chaux	Tartrite de chaux.
	La baryte	Tartrite de baryte.
	La magnésie	Tartrite de magnésie.
	La potasse	Tartrite de potasse.
	La soude	Tartrite de soude.
	L'ammoniaque	Tartrite d'ammoniaque.
	L'alumine	Tartrite d'alumine.
	L'oxyde de zinc	Tartrite de zinc.
	L'oxyde de fer	Tartrite de fer.
	L'oxyde de manganèse	Tartrite de manganèse.
	L'oxyde de cobalt	Tartrite de cobalt.
	L'oxyde de nickel	Tartrite de nickel.
	L'oxyde de plomb	Tartrite de plomb.
	L'oxyde d'étain	Tartrite d'étain.
	L'oxyde de cuivre	Tartrite de cuivre.
	L'oxyde de bismuth	Tartrite de bismuth.
	L'oxyde d'antimoine	Tartrite d'antimoine.
	L'oxyde d'arsenic	Tartrite d'arsenic.
	L'oxyde d'argent	Tartrite d'argent.
	L'oxyde de mercure	Tartrite de mercure.
	L'oxyde d'or	Tartrite d'or.
	L'oxyde de platine	Tartrite de platine.

OBSERVATIONS

SUR L'ACIDE TARTAREUX ET SUR LE TABLEAU DE SES COMBINAISONS.

Tout le monde connaît le tartre qui s'attache autour des tonneaux dans lesquels la fermentation du vin s'est achevée. Ce sel est composé d'un acide particulier *sui generis*, combiné avec la potasse, mais de manière que l'acide est dans un excès considérable.

C'est encore M. Scheele qui a enseigné aux chimistes le moyen d'obtenir l'acide tartareux pur. Il a observé d'abord que cet acide avait plus d'affinité avec la chaux qu'avec la potasse; il prescrit, en conséquence, de commencer par dissoudre du tartre purifié dans de l'eau bouillante, et d'y ajouter de la chaux jusqu'à ce que tout l'acide soit saturé. Le tartrite de chaux qui se forme est un sel presque insoluble, qui tombe au fond de la liqueur, surtout quand elle est refroidie: on l'en sépare par décantation, on le lave avec de l'eau froide et on le sèche: après quoi on verse dessus de l'acide sulfurique étendu de huit à neuf fois son poids d'eau, on fait digérer pendant douze heures, à une chaleur douce, en observant de remuer de temps en temps : l'acide sulfurique s'empare de la chaux, forme du sulfate de chaux, et l'acide tartareux se trouve libre. Il se dégage, pendant cette digestion, une petite quantité de gaz qui n'a pas été examiné. Au bout de douze heures on décante la liqueur, on lave le sulfate de chaux avec de l'eau froide pour emporter les portions d'acide tartareux dont il est imprégné; on réunit tous les lavages à la première liqueur, on filtre, on évapore et on obtient l'acide tartareux concret. Deux livres de tartre purifié donnent environ onze onces d'acide. La quantité d'acide sulfurique nécessaire pour cette quantité de tartre est de huit à dix onces d'acide concentré, qu'on étend, comme je viens de le dire, de huit à neuf parties d'eau.

Comme le radical combustible est en excès dans cet acide, nous lui avons conservé la terminaison en *eux*, et nous avons nommé *tartrite* le résultat de sa combinaison avec les substances salifiables.

La base de l'acide tartareux est le radical carbone-hydreux ou hydro-carboneux, et il paraît qu'il y est moins oxygéné que dans l'acide oxalique. Les expériences de M. Hassenfratz paraissent prouver que l'azote entre aussi dans la combinaison de ce radical, même en assez grande quantité. En oxygénant l'acide tartareux, on le convertit en acide oxalique, en acide malique et en acide acéteux; mais il est probable que la proportion de l'hydrogène et du carbone change dans ces conversions, et que la différence du degré d'oxygénation n'est pas la seule cause qui constitue la différence de ces acides.

L'acide tartareux, en se combinant avec les alcalis fixes, est susceptible de deux degrés de saturation : le premier constitue un sel avec excès d'acide, nommé très-improprement crème de tartre, et que nous avons nommé *tartrite acidule de potasse*. La même combinaison donne, par un second degré de saturation, un sel parfaitement neutre, que nous nommons simplement *tartrite de potasse*, et qui est connu en pharmacie sous le nom de *sel végétal*. Le même acide, combiné avec la soude jusqu'à saturation, donne un tartrite de soude connu sous le nom de *sel de seignette*, ou de *sel de polycreste de la Rochelle*.

TABLEAU

DES COMBINAISONS DU RADICAL MALIQUE OXYGÉNÉ, OU ACIDE MALIQUE,

AVEC LES BASES SALIFIABLES, PAR ORDRE ALPHABÉTIQUE.

	NOMS DES BASES SALIFIABLES.	NOMS DES SELS NEUTRES. NOMENCLATURE NOUVELLE.
Combinaisons de l'acide malique avec	L'alumine	Malate d'alumine.
	L'ammoniaque	Malate d'ammoniaque.
	L'oxyde d'antimoine	Malate d'antimoine.
	L'oxyde d'argent	Malate d'argent.
	L'oxyde d'arsenic	Malate d'arsenic.
	La baryte	Malate de baryte.
	L'oxyde de bismuth	Malate de bismuth.
	La chaux	Malate de chaux.
	L'oxyde de cobalt	Malate de cobalt.
	L'oxyde de cuivre	Malate de cuivre.
	L'oxyde d'étain	Malate d'étain.
	L'oxyde de fer	Malate de fer.
	La magnésie	Malate de magnésie.
	L'oxyde de manganèse	Malate de manganèse.
	L'oxyde de mercure	Malate de mercure.
	L'oxyde de nickel	Malate de nickel.
	L'oxyde d'or	Malate d'or.
	L'oxyde de platine	Malate de platine.
	L'oxyde de plomb	Malate de plomb.
	La potasse	Malate de potasse.
	La soude	Malate de soude.
	L'oxyde de zinc	Malate de zinc.

NOTA. Toutes ces combinaisons étaient inconnues aux anciens.

OBSERVATIONS

SUR L'ACIDE MALIQUE ET SUR LE TABLEAU DE SES COMBINAISONS.

L'acide malique se trouve tout formé dans le jus des pommes acides mûres ou non mûres, et d'un grand nombre d'autres fruits. Pour l'obtenir, on commence par saturer le jus de pommes avec de la potasse ou de la soude. On verse ensuite, sur la liqueur saturée, de l'acétite de plomb dissous dans l'eau. Il se fait un échange de bases; l'acide malique se combine avec le plomb, et se précipite. On lave bien ce précipité, ou plutôt ce sel, qui est à peu près insoluble; après quoi on y verse de l'acide sulfurique affaibli, qui chasse l'acide malique, s'empare du plomb, forme avec lui un sulfate, qui est de même très-peu soluble et qu'on sépare par filtration; il reste de l'acide malique libre et en liqueur. Cet acide se trouve mêlé avec l'acide citrique et avec l'acide tartareux dans un grand nombre de fruits : il tient à peu près le milieu entre l'acide oxalique et l'acide acéteux; et c'est ce qui a porté M. Hermbstadt à lui donner le nom de vinaigre imparfait. Il est plus oxygéné que l'acide oxalique, mais il l'est moins que l'acide acéteux. Il diffère aussi de ce dernier par la nature de son radical, qui contient un peu plus de carbone et un peu moins d'hydrogène. On peut le former artificiellement, en traitant du sucre avec de l'acide nitrique. Si on s'est servi d'un acide étendu d'eau, il ne se forme point de cristaux d'acide oxalique; mais la liqueur contient réellement deux acides, savoir l'acide oxalique, l'acide malique, et probablement même un peu d'acide tartareux. Pour s'en assurer, il ne s'agit que de verser de l'eau de chaux sur la liqueur; il se forme en même temps du malate de chaux qui reste en dissolution. Pour avoir l'acide pur et libre, on décompose le malate de chaux par l'acétite de plomb, et on enlève le plomb à l'acide malique par l'acide sulfurique, de la même manière que quand on opère directement sur le jus des pommes.

TABLEAU

DES COMBINAISONS DU RADICAL CITRIQUE OXYGÉNÉ, OU ACIDE CITRIQUE,

AVEC LES BASES SALIFIABLES,

DANS L'ORDRE DE LEUR AFFINITÉ AVEC CET ACIDE[1].

	NOMS DES BASES SALIFIABLES.	NOMS DES SELS NEUTRES.	OBSERVATIONS.
Combinaisons de l'acide citrique avec	La baryte..........	Citrate de baryte.	Toutes ces combinaisons étaient inconnues aux anciens chimistes.
	La chaux..........	Citrate de chaux.	
	La magnésie........	Citrate de magnésie.	
	La potasse.........	Citrate de potasse.	
	La soude..........	Citrate de soude.	
	L'ammoniaque......	Citrate d'ammoniaque.	
	L'oxyde de zinc......	Citrate de zinc.	
	L'oxyde de manganèse..	Citrate de manganèse.	
	L'oxyde de fer.......	Citrate de fer.	
	L'oxyde de plomb.....	Citrate de plomb.	
	L'oxyde de cobalt.....	Citrate de cobalt.	
	L'oxyde de cuivre.....	Citrate de cuivre.	
	L'oxyde d'arsenic.....	Citrate d'arsenic.	
	L'oxyde de mercure...	Citrate de mercure.	
	L'oxyde d'antimoine...	Citrate d'antimoine.	
	L'oxyde d'argent.....	Citrate d'argent.	
	L'oxyde d'or........	Citrate d'or.	
	L'oxyde de platine. ...	Citrate de platine.	
	L'alumine.........	Citrate d'alumine.	

[1] Les affinités de cet acide ont été déterminées par M. Bergman et par M. de Breney, de l'Académie de Dijon.

OBSERVATIONS

SUR L'ACIDE CITRIQUE ET SUR LE TABLEAU DE SES COMBINAISONS.

On donne le nom de *citrique* à l'acide en liqueur qu'on retire par expression du citron; on le rencontre dans plusieurs autres fruits mêlé avec l'acide malique. Pour l'obtenir pur et concentré, on le laisse déposer sa partie muqueuse par un long repos dans un lieu frais, tel que la cave, ensuite on le concentre par un froid de 4 à 5 degrés au-dessous de zéro du thermomètre de Réaumur : l'eau se gèle et l'acide reste en liqueur. On peut ainsi le réduire à un huitième de son volume. Un trop grand degré de froid nuirait au succès de l'opération, parce que l'acide se trouverait engagé dans la glace, et qu'on aurait de la peine à l'en séparer. Cette préparation de l'acide citrique est de M. Georgius. On peut l'obtenir d'une manière plus simple encore, en saturant du jus de citron avec de la chaux. Il se forme un citrate calcaire qui est indissoluble dans l'eau; on lave ce sel, et on verse dessus de l'acide sulfurique, qui s'empare de la chaux et qui forme du sulfate de chaux, sel presque insoluble. L'acide citrique reste libre dans la liqueur.

TABLEAU

DES COMBINAISONS DU RADICAL PYRO-LIGNEUX OXYGÉNÉ, OU ACIDE PYRO-LIGNEUX,

AVEC LES BASES SALIFIABLES,

DANS L'ORDRE DE LEUR AFFINITÉ AVEC CET ACIDE.

	NOMS DES BASES SALIFIABLES.	NOMS DES SELS NEUTRES.
Combinaisons de l'acide pyro-ligneux avec	La chaux	Pyro-lignite de chaux.
	La baryte	Pyro-lignite de baryte.
	La potasse	Pyro-lignite de potasse.
	La soude	Pyro-lignite de soude.
	La magnésie	Pyro-lignite de magnésie.
	L'ammoniaque	Pyro-lignite d'ammoniaque.
	L'oxyde de zinc	Pyro-lignite de zinc.
	L'oxyde de manganèse	Pyro-lignite de manganèse.
	L'oxyde de fer	Pyro-lignite de fer.
	L'oxyde de plomb	Pyro-lignite de plomb.
	L'oxyde d'étain	Pyro-lignite d'étain.
	L'oxyde de cobalt	Pyro-lignite de cobalt.
	L'oxyde de cuivre	Pyro-lignite de cuivre.
	L'oxyde de nickel	Pyro-lignite de nickel.
	L'oxyde d'arsenic	Pyro-lignite d'arsenic.
	L'oxyde de bismuth	Pyro-lignite de bismuth.
	L'oxyde de mercure	Pyro-lignite de mercure.
	L'oxyde d'antimoine	Pyro-lignite d'antimoine.
	L'oxyde d'argent	Pyro-lignite d'argent.
	L'oxyde d'or	Pyro-lignite d'or.
	L'oxyde de platine	Pyro-lignite de platine.
	L'alumine	Pyro-lignite d'alumine.

NOTA. Toutes ces combinaisons étaient inconnues aux anciens chimistes.

OBSERVATIONS

SUR L'ACIDE PYRO-LIGNEUX ET SUR LE TABLEAU DE SES COMBINAISONS.

Les anciens chimistes avaient observé que la plupart des bois, et surtout ceux qui sont lourds et compactes, donnaient, par la distillation à feu nu, un esprit acide d'une nature particulière; mais personne, avant M. Goettling, ne s'était occupé d'en rechercher la nature. Le travail qu'il a donné sur ce sujet se trouve dans le journal de Crell, année 1779. L'acide pyro-ligneux, qu'on obtient par la distillation du bois à feu nu, est de couleur brune; il est très-chargé d'huile et de charbon; pour l'obtenir plus pur, on le rectifie par une seconde distillation. Il paraît qu'il est à peu près le même, de quelque bois qu'il ait été tiré. M. de Morveau et M. Éloi Boursier de Clervaux se sont attachés à déterminer les affinités de cet acide avec les différentes bases salifiables; et c'est dans l'ordre qu'ils leur ont assigné qu'on les présente ici. Le radical de cet acide est principalement formé d'hydrogène et de carbone.

TABLEAU

DES COMBINAISONS DU RADICAL PYRO-TARTAREUX OXYGÉNÉ, OU ACIDE PYRO-TARTAREUX[1],
AVEC LES BASES SALIFIABLES
DANS L'ORDRE DE LEUR AFFINITÉ AVEC CET ACIDE.

	NOMS DES BASES SALIFIABLES.	NOMS DES SELS NEUTRES.
Combinaisons de l'acide pyro-tartareux avec	La potasse	Pyro-tartrite de potasse.
	La soude	Pyro-tartrite de soude.
	La baryte	Pyro-tartrite de baryte.
	La chaux	Pyro-tartrite de chaux.
	La magnésie	Pyro-tartrite de magnésie.
	L'ammoniaque	Pyro-tartrite d'ammoniaque.
	L'alumine	Pyro-tartrite d'alumine.
	L'oxyde de zinc	Pyro-tartrite de zinc.
	L'oxyde de manganèse	Pyro-tartrite de manganèse.
	L'oxyde de fer	Pyro-tartrite de fer.
	L'oxyde de plomb	Pyro-tartrite de plomb.
	L'oxyde d'étain	Pyro-tartrite d'étain.
	L'oxyde de cobalt	Pyro-tartrite de cobalt.
	L'oxyde de cuivre	Pyro-tartrite de cuivre.
	L'oxyde de nickel	Pyro-tartrite de nickel.
	L'oxyde d'arsenic	Pyro-tartrite d'arsenic.
	L'oxyde de bismuth	Pyro-tartrite de bismuth.
	L'oxyde de mercure	Pyro-tartrite de mercure.
	L'oxyde d'antimoine	Pyro-tartrite d'antimoine.
	L'oxyde d'argent	Pyro-tartrite d'argent.

NOTA. Toutes ces combinaisons étaient inconnues aux anciens chimistes.

[1] On ne connaît pas encore les affinités de cet acide : mais, comme il a beaucoup de rapport avec l'acide pyro-muqueux, on les a supposées les mêmes.

OBSERVATIONS

SUR L'ACIDE PYRO-TARTAREUX ET SUR LE TABLEAU DE SES COMBINAISONS.

On donne le nom de pyro-tartareux à un acide empyreumatique peu concentré, qu'on retire du tartre purifié par voie de distillation. Pour l'obtenir, on remplit à moitié de tartrite acidule de potasse ou tartre, en poudre, une cornue de verre; on y adapte un récipient tubulé auquel on ajoute un tube qui s'engage sous une cloche dans l'appareil pneumato-chimique. En graduant le feu, on obtient une liqueur acide empyreumatique mêlée avec de l'huile : on sépare ces deux produits au moyen d'un entonnoir, et c'est la liqueur acide qu'on a nommée acide pyro-tartareux. Il se dégage, dans cette distillation, une prodigieuse quantité de gaz acide carbonique. L'acide pyro-tartareux qu'on obtient n'est pas parfaitement pur; il contient toujours de l'huile, qu'il serait à souhaiter qu'on en pût séparer. Quelques auteurs ont conseillé de le rectifier; mais les académiciens de Dijon ont constaté que cette opération était dangereuse, et qu'il y avait explosion.

TABLEAU

DES COMBINAISONS DU RADICAL PYRO-MUQUEUX OXYGÉNÉ, OU ACIDE PYRO-MUQUEUX,
AVEC LES BASES SALIFIABLES,
DANS L'ORDRE DE LEUR AFFINITÉ AVEC CET ACIDE.

	NOMS DES BASES SALIFIABLES.	NOMS DES SELS NEUTRES.
Combinaisons de l'acide pyro-muqueux avec	La potasse	Pyro-mucite de potasse.
	La soude	Pyro-mucite de soude.
	La baryte	Pyro-mucite de baryte.
	La chaux	Pyro-mucite de chaux.
	La magnésie	Pyro-mucite de magnésie.
	L'ammoniaque	Pyro-mucite d'ammoniaque.
	L'alumine	Pyro-mucite d'alumine.
	L'oxyde de zinc	Pyro-mucite de zinc.
	L'oxyde de manganèse	Pyro-mucite de manganèse.
	L'oxyde de fer	Pyro-mucite de fer.
	L'oxyde de plomb	Pyro-mucite de plomb.
	L'oxyde d'étain	Pyro-mucite d'étain.
	L'oxyde de cobalt	Pyro-mucite de cobalt.
	L'oxyde de cuivre	Pyro-mucite de cuivre.
	L'oxyde de nickel	Pyro-mucite de nickel.
	L'oxyde d'arsenic	Pyro-mucite d'arsenic.
	L'oxyde de bismuth	Pyro-mucite de bismuth.
	L'oxyde d'antimoine	Pyro-mucite d'antimoine.

NOTA. Toutes ces combinaisons étaient inconnues aux anciens chimistes.

OBSERVATIONS

SUR L'ACIDE PYRO-MUQUEUX ET SUR LE TABLEAU DE SES COMBINAISONS.

On retire l'acide pyro-muqueux du sucre et de tous les corps sucrés par la distillation à feu nu. Comme ces substances se boursouflent considérablement au feu, on doit laisser vides les sept huitièmes de la cornue. Cet acide est d'un jaune qui tire sur le rouge; on l'obtient moins coloré en le rectifiant par une seconde distillation. Il est principalement composé d'eau et d'une petite portion d'huile légèrement oxygénée. Quand il en tombe sur les mains, il les tache en jaune, et ces taches ne s'en vont qu'avec l'épiderme. La manière la plus simple de le concentrer est de l'exposer à la gelée ou bien à un froid artificiel; si on l'oxygène par l'acide nitrique, on le convertit en partie en acide oxalique et en acide malique.

C'est mal à propos qu'on a prétendu qu'il se dégage beaucoup de gaz pendant la distillation de cet acide; il n'en passe presque point quand la distillation est conduite lentement et par un degré de feu modéré.

TABLEAU

DES COMBINAISONS DU RADICAL OXALIQUE OXYGÉNÉ, OU ACIDE OXALIQUE,
AVEC LES BASES SALIFIABLES,
DANS L'ORDRE DE LEUR AFFINITÉ AVEC CET ACIDE.

	NOMS DES BASES SALIFIABLES.	NOMS DES SELS NEUTRES.
Combinaisons de l'acide oxalique avec	La chaux........	Oxalate de chaux.
	La baryte.	Oxalate de baryte.
	La magnésie..............	Oxalate de magnésie.
	La potasse................	Oxalate de potasse.
	La soude.......	Oxalate de soude.
	L'ammoniaque.............	Oxalate d'ammoniaque.
	L'alumine	Oxalate d'alumine.
	L'oxyde de zinc.......... ..	Oxalate de zinc.
	L'oxyde de fer.............	Oxalate de fer.
	L'oxyde de manganèse........	Oxalate de manganèse.
	L'oxyde de cobalt........ ...	Oxalate de cobalt.
	L'oxyde de nickel...........	Oxalate de nickel.
	L'oxyde de plomb....	Oxalate de plomb.
	L'oxyde de cuivre....... . ..	Oxalate de cuivre.
	L'oxyde de bismuth	Oxalate de bismuth.
	L'oxyde d'antimoine...	Oxalate d'antimoine.
	L'oxyde d'arsenic.....	Oxalate d'arsenic.
	L'oxyde de mercure..........	Oxalate de mercure.
	L'oxyde d'argent............	Oxalate d'argent.
	L'oxyde d'or...............	Oxalate d'or.
	L'oxyde de platine...........	Oxalate de platine.

NOTA. Toutes ces combinaisons étaient inconnues aux anciens chimistes.

OBSERVATIONS

SUR L'ACIDE OXALIQUE ET SUR LE TABLEAU DE SES COMBINAISONS.

L'acide oxalique se prépare principalement en Suisse et en Allemagne : il se tire du suc de l'oseille qu'on exprime, et dans lequel ses cristaux se forment par un long repos. Dans cet état il est en partie saturé par de l'alcali fixe végétal ou potasse ; en sorte que c'est, à proprement parler, un sel neutre avec un grand excès d'acide. Quand on veut obtenir l'acide pur, il faut le former artificiellement, et on y parvient en oxygénant le sucre, qui paraît être le véritable radical oxalique. On verse en conséquence, sur une partie de sucre, six à huit parties d'acide nitrique, et on fait chauffer à une chaleur douce ; il se produit une vive effervescence, et il se dégage une grande abondance de gaz nitreux ; après quoi, en laissant reposer la liqueur, il s'y forme des cristaux qui sont de l'acide oxalique très-pur. On les sèche sur un papier gris pour en séparer les dernières portions d'acide nitrique dont ils pourraient être imbibés ; et, pour être encore plus sûr de la pureté de l'acide, on le dissout dans de l'eau distillée, et on le fait cristalliser une seconde fois.

L'acide oxalique n'est pas le seul qu'on puisse obtenir du sucre en l'oxygénant. La même liqueur qui a donné des cristaux d'acide oxalique par refroidissement contient en outre l'acide malique, qui est un peu plus oxygéné. Enfin, en oxygénant encore davantage le sucre, on le convertit en acide acéteux ou vinaigre.

L'acide oxalique, uni à une petite quantité de soude ou de potasse, a, comme l'acide tartareux, la propriété d'entrer tout entier dans un grand nombre de combinaisons, sans se décomposer : il en résulte des sels à deux bases, qu'il a bien fallu nommer. Nous avons appelé le sel d'oseille oxalate acidule de potasse.

Il y a plus d'un siècle que l'acide oxalique est connu des chimistes. M. Duclos en a fait mention dans les Mémoires de l'Académie des Sciences, année 1688. Il a été décrit avec assez de soin par Boerhaave : mais M. Scheele est le premier qui ait reconnu qu'il contenait de la potasse toute formée, et qui ait démontré son identité avec l'acide qu'on forme par l'oxygénation du sucre.

TABLEAU DES COMBINAISONS DU RADICAL ACÉTEUX OXYGÉNÉ, PAR

SUIVANT L'ORDRE DE LEUR

	NOMENCLATURE NOUVELLE.	
	NOMS DES BASES SALIFIABLES.	NOMS DES SELS NEUTRES[1].
Combinaisons de l'acide acéteux avec	La baryte............	Acétite de baryte.
	La potasse...........	Acétite de potasse.
	La soude.	Acétite de soude.
	La chaux..............	Acétite de chaux.
	La magnésie.....	Acétite de magnésie.
	L'ammoniaque.........	Acétite d'ammoniaque.
	L'oxyde de zinc.........	Acétite de zinc.
	L'oxyde de manganèse....	Acétite de manganèse.
	L'oxyde de fer.	Acétite de fer.
	L'oxyde de plomb.......	Acétite de plomb.
	L'oxyde d'étain.........	Acétite d'étain.
	L'oxyde de cobalt.......	Acétite de cobalt.
	L'oxyde de cuivre.......	Acétite de cuivre.
	L'oxyde de nickel.......	Acétite de nickel.
	L'oxyde d'arsenic.......	Acétite d'arsenic.
	L'oxyde de bismuth......	Acétite de bismuth.
	L'oxyde de mercure......	Acétite de mercure.
	L'oxyde d'antimoine......	Acétite d'antimoine.
	L'oxyde d'argent........	Acétite d'argent.
	L'oxyde d'or...........	Acétite d'or.
	L'oxyde de platine.......	Acétite de platine.
	L'alumine.............	Acétite d'alumine.

[1] Les anciens chimistes n'ont guère connu de ces sels que l'acétite de potasse, celui de soude, celui d'ammoniaque, celui de cuivre et celui de plomb; la découverte de l'acétite d'arsenic est due à M. Cadet. (V. t. III des *Savants étrangers*.) On doit principalement à M. Wenzel, aux Académiciens de Dijon, à M. de Lassone et à M. Proust, la connaissance que nous avons des propriétés des autres acétites. Il serait possible que le radical acéteux, outre l'hydrogène et le carbone,

UN PREMIER DEGRÉ D'OXYGÉNATION, AVEC LES BASES SALIFIABLES.

AFFINITÉ AVEC CET ACIDE.

	NOMENCLATURE ANCIENNE.	
	NOM DES BASES.	NOMS DES SELS NEUTRES.
Combinaisons de l'acide du vinaigre avec	La terre pesante.....	Inconnue des anciens. La découverte en est due à M. de Morveau, qui l'a nommée *acète barotique*.
	L'alcali fixe végétal...	Terre foliée de tartre très-secrète de Müller, Arcane de tartre de Basile Valentin et de Paracelse, Magistère purgatif de tartre de Schroeder, sel essentiel de vin de Zwelfer, tartre régénéré de Tachenius, sel diurétique de Sylvius, de Wilson.
	L'alcali fixe minéral...	Terre foliée à base d'alcali minéral, terre foliée minérale, terre foliée cristallisable, sel acéteux minéral.
	La terre calcaire.....	Sel de craie, sel de corail, sel d'yeux d'écrevisses; Hartmann en a fait mention.
	La base du sel d'Epsom	Inconnue des anciens; M. Wenzel est le premier qui en ait parlé.
	L'alcali volatil.......	Esprit de Mendererus ou de Menderer, sel acéteux ammoniacal.
	La chaux de zinc....	Cette combinaison a été connue de Glauber, Swedenborg, Respour, Pott, de M. de Lassone et de M. Wenzel, mais ils ne l'ont pas désignée par un nom particulier.
	La chaux de manganèse	Inconnue des anciens.
	La chaux de fer.....	Vinaigre martial. Cette combinaison a été décrite par Scheffer, par MM. Monnet, Wenzel et le duc d'Ayen.
	La chaux de plomb...	Sucre de Saturne, vinaigre de Saturne, sel de Saturne.
	La chaux d'étain.....	Cette combinaison a été connue de MM. Lémery, Margraff, Monnet, Westendorf et Wenzel, mais ils ne lui ont pas donné de nom.
	La chaux de cobalt...	Encre de sympathie de M. Cadet.
	La chaux de cuivre...	Vert-de-gris, cristaux de verdet, cristaux de Vénus, verdet, verdet distillé.
	La chaux de nickel...	Inconnue des anciens.
	La chaux d'arsenic...	Liqueur fumante, arsenico-acéteuse, ou phosphore liquide de M. Cadet.
	La chaux de bismuth.	Sucre de bismuth de M. Geoffroy. Cette combinaison a été connue de MM. Gellert, Pott, Westendorf, Bergman et de Morveau.
	La chaux de mercure.	Terre foliée mercurielle. M. Gebauer a fait mention en 1748 de cette combinaison; elle a été décrite par MM. Hellot, Margraff, Baumé, Navier, Monnet, Wenzel: c'est le fameux remède antivénérien de Keyser.
	La chaux d'antimoine.	....
	La chaux d'argent....	Inconnue des anciens, décrite par MM. Margraff, Monnet et Wenzel.
	La chaux d'or.......	Cette combinaison est peu connue, Schroeder et Juncker en ont fait mention.
	La chaux de platine..	Cette combinaison est inconnue.
	L'alumine	Le vinaigre ne dissout, comme s'en est assuré M. Wenzel, que très-peu d'alumine.

contint encore un peu d'azote. Il y a lieu de le soupçonner, d'après la propriété qu'a l'acétite de potasse de donner de l'ammoniaque par la distillation, à moins cependant que l'azote qui concourt à la formation de cette ammoniaque ne soit dû à la décomposition de la potasse elle-même.

OBSERVATIONS

SUR LE RADICAL ACÉTEUX OXYGÉNÉ PAR UN PREMIER DEGRÉ D'OXYGÉNATION,
OU ACIDE ACÉTEUX,
ET SUR SES COMBINAISONS AVEC LES BASES SALIFIABLES.

Le radical acéteux est composé de la réunion du carbone et de l'hydrogène portés à l'état d'acide par l'addition de l'oxygène. Cet acide est, par conséquent, composé des mêmes principes que l'acide tartareux, que l'acide malique, etc. mais la proportion des principes est différente pour chacun de ces acides, et il paraît que l'acide acéteux est le plus oxygéné de tous. J'ai quelques raisons de croire qu'il contient aussi un peu d'azote, et que ce principe, qui n'existe pas dans les autres acides végétaux que je viens de nommer, si ce n'est peut-être dans l'acide tartareux, est une des causes qui les différencient. Pour produire l'acide acéteux ou vinaigre, on expose le vin à une température douce, en y ajoutant un ferment, qui consiste principalement dans la lie qui s'est précédemment séparée d'autre vinaigre pendant sa fabrication, ou dans d'autres matières de même nature. La partie spiritueuse du vin (le carbone et l'hydrogène) s'oxygène dans cette opération; c'est par cette raison qu'elle ne peut se faire qu'à l'air libre, et qu'elle est toujours accompagnée d'une diminution du volume de l'air. Il faut, en conséquence, pour faire de bon vinaigre, que le tonneau dans lequel on opère ne soit qu'à moitié plein. L'acide qui se forme ainsi est très-volatil; il est étendu d'une très-grande quantité d'eau et mêlé de beaucoup de substances étrangères. Pour l'avoir pur, on le distille à une chaleur douce, dans des vaisseaux de grès ou de verre: mais ce qui paraît avoir échappé aux chimistes, c'est que l'acide acéteux change de nature dans cette opération; l'acide qui passe dans la distillation n'est pas exactement de même nature que celui qui reste dans l'alambic; ce dernier paraît être plus oxygéné.

La distillation ne suffit pas pour débarrasser l'acide acéteux du flegme étranger qui s'y trouve mêlé; le meilleur moyen de le concentrer sans en altérer la nature consiste à l'exposer à un froid de quatre ou six degrés au-dessous de la congélation : la partie aqueuse gèle, et l'acide reste liquide. Il paraît que l'acide acéteux, libre de toute combinaison, est naturellement dans l'état de gaz, au degré de température et de pression dans lequel nous vivons, et que nous ne pouvons le retenir qu'en le combinant avec une grande quantité d'eau.

Il est d'autres procédés plus chimiques pour obtenir l'acide acéteux : ils consistent à oxygéner l'acide du tartre, l'acide oxalique ou l'acide malique par l'acide nitrique; mais il y a lieu de croire que la proportion des bases qui composent le radical change dans cette opération. Au surplus, M. Hassenfratz est occupé dans ce moment à répéter les expériences d'après lesquelles on a prétendu établir la possibilité de ces conversions.

La combinaison de l'acide acéteux avec les différentes bases salifiables se fait avec assez de facilité; mais la plupart des sels qui résultent ne sont pas cristallisables, à la différence des sels formés par l'acide tartareux et l'acide oxalique, qui sont en général peu solubles. Le tartrite et l'oxalate de chaux ne le sont pas même sensiblement. Les malates tiennent une espèce de milieu entre les oxalates et les acétates pour la solubilité, comme l'acide qui les forme en tient un pour le degré d'oxygénation.

Il faut, comme pour tous les autres acides, que les métaux soient oxygénés, pour pouvoir être dissous dans l'acide acéteux.

TABLEAU

DES COMBINAISONS DU RADICAL ACÉTEUX OXYGÉNÉ

PAR UN SECOND DEGRÉ D'OXYGÉNATION, OU ACIDE ACÉTIQUE, AVEC LES BASES SALIFIABLES, DANS L'ORDRE DE LEUR AFFINITÉ AVEC CET ACIDE.

	NOMS DES BASES SALIFIABLES.	NOMS DES SELS NEUTRES.	OBSERVATIONS.
Combinaisons de l'acide acétique avec	La baryte.	Acétate de baryte.	Tous ces sels étaient inconnus des anciens, et, même aujourd'hui, les chimistes qui sont le plus au courant des découvertes modernes ne peuvent pas prononcer avec certitude si la plupart des sels acéteux doivent être rangés dans la classe des acétites ou des acétates.
	La potasse	Acétate de potasse.	
	La soude	Acétate de soude.	
	La chaux	Acétate de chaux.	
	La magnésie	Acétate de magnésie.	
	L'ammoniaque	Acétate d'ammoniaque.	
	L'oxyde de zinc	Acétate de zinc.	
	L'oxyde de manganèse	Acétate de manganèse.	
	L'oxyde de fer	Acétate de fer.	
	L'oxyde de plomb	Acétate de plomb.	
	L'oxyde d'étain	Acétate d'étain.	
	L'oxyde de cobalt	Acétate de cobalt.	
	L'oxyde de cuivre	Acétate de cuivre.	
	L'oxyde de nickel	Acétate de nickel.	
	L'oxyde d'arsenic	Acétate d'arsenic.	
	L'oxyde de bismuth	Acétate de bismuth.	
	L'oxyde de mercure	Acétate de mercure.	
	L'oxyde d'antimoine	Acétate d'antimoine.	
	L'oxyde d'argent	Acétate d'argent.	
	L'oxyde d'or	Acétate d'or.	
	L'oxyde de platine	Acétate de platine.	
	L'alumine	Acétate d'alumine.	

OBSERVATIONS

SUR L'ACIDE ACÉTIQUE ET SUR LE TABLEAU DE SES COMBINAISONS.

Nous avons donné au vinaigre radical le nom d'acide acétique, parce que nous avons supposé qu'il était plus chargé d'oxygène que le vinaigre ou acide acéteux. Dans cette supposition, le vinaigre radical, ou acide acétique, serait le dernier degré d'oxygénation que puisse prendre le radical hydro-carboneux; mais, quelque probable que soit cette conséquence, elle demande à être confirmée par des expériences plus décisives. Quoi qu'il en soit, pour préparer le vinaigre radical, on prend de l'acétite de potasse, qui est une combinaison d'acide acéteux et de potasse, ou de l'acétite de cuivre, qui est une combinaison du même acide avec du cuivre; on verse dessus un tiers de son poids d'acide sulfurique concentré, et, par la distillation, on obtient un vinaigre très-concentré, qu'on nomme vinaigre radical ou acide acétique. Mais, comme je viens de l'indiquer, il n'est point encore rigoureusement démontré que cet acide soit plus oxygéné que l'acide acéteux ordinaire, ni même qu'il n'en diffère pas par la différence de proportion des principes du radical.

TABLEAU

DES COMBINAISONS DU RADICAL SUCCINIQUE OXYGÉNÉ, OU ACIDE SUCCINIQUE,

AVEC LES BASES SALIFIABLES,

DANS L'ORDRE DE LEUR AFFINITÉ AVEC CET ACIDE.

	NOMS DES BASES SALIFIABLES.	NOMS DES SELS NEUTRES.
Combinaisons de l'acide succinique avec	La baryte	Succinate de baryte.
	La chaux	Succinate de chaux.
	La potasse	Succinate de potasse.
	La soude	Succinate de soude.
	L'ammoniaque	Succinate d'ammoniaque.
	La magnésie	Succinate de magnésie.
	L'alumine	Succinate d'alumine.
	L'oxyde de zinc	Succinate de zinc.
	L'oxyde de fer	Succinate de fer.
	L'oxyde de manganèse	Succinate de manganèse.
	L'oxyde de cobalt	Succinate de cobalt.
	L'oxyde de nickel	Succinate de nickel.
	L'oxyde de plomb	Succinate de plomb.
	L'oxyde d'étain	Succinate d'étain.
	L'oxyde de cuivre	Succinate de cuivre.
	L'oxyde de bismuth	Succinate de bismuth.
	L'oxyde d'antimoine	Succinate d'antimoine.
	L'oxyde d'arsenic	Succinate d'arsenic.
	L'oxyde de mercure	Succinate de mercure.
	L'oxyde d'argent	Succinate d'argent.
	L'oxyde d'or	Succinate d'or.
	L'oxyde de platine	Succinate de platine.

NOTA. Toutes ces combinaisons étaient inconnues aux anciens chimistes.

OBSERVATIONS

SUR L'ACIDE SUCCINIQUE ET SUR LE TABLEAU DE SES COMBINAISONS.

L'acide succinique se retire du succin, karabé ou ambre jaune, par distillation. Il suffit de mettre cette substance dans une cornue, et de donner une chaleur douce; l'acide succinique se sublime sous forme concrète dans le col de la cornue. Il faut éviter de pousser trop loin la distillation, pour ne pas faire passer l'huile. L'opération finie, on met le sel égoutter sur du papier gris; après quoi on le purifie par des dissolutions et cristallisations répétées.

Cet acide exige vingt-quatre parties d'eau froide pour être tenu en dissolution; mais il est beaucoup plus dissoluble dans l'eau chaude; il n'altère que faiblement les teintures bleues végétales, et il n'a pas dans un degré très-éminent les qualités d'acide. M. de Morveau est le premier des chimistes qui ait essayé de déterminer ses différentes affinités, et c'est d'après lui qu'elles sont indiquées dans le tableau joint à ces observations.

TABLEAU

DES COMBINAISONS DU RADICAL BENZOÏQUE OXYGÉNÉ, OU ACIDE BENZOIQUE,

AVEC

LES DIFFÉRENTES BASES SALIFIABLES, RANGÉES PAR ORDRE ALPHABÉTIQUE.

	NOMS DES BASES SALIFIABLES.	NOMS DES SELS NEUTRES.
Combinaisons de l'acide benzoique avec	L'alumine............. ...	Benzoate d'alumine.
	L'ammoniaque............	Benzoate d'ammoniaque.
	La baryte.................	Benzoate de baryte.
	La chaux.................	Benzoate de chaux.
	La magnésie...	Benzoate de magnésie.
	La potasse..........	Benzoate de potasse.
	La soude.................	Benzoate de soude.
	L'oxyde d'antimoine.........	Benzoate d'antimoine.
	L'oxyde d'argent...........	Benzoate d'argent.
	L'oxyde d'arsenic..........	Benzoate d'arsenic.
	L'oxyde de bismuth.........	Benzoate de bismuth.
	L'oxyde de cobalt...........	Benzoate de cobalt.
	L'oxyde de cuivre...........	Benzoate de cuivre.
	L'oxyde d'etain.............	Benzoate d'étain.
	L'oxyde de fer.............	Benzoate de fer.
	L'oxyde de manganèse........	Benzoate de manganèse.
	L'oxyde de mercure..........	Benzoate de mercure.
	L'oxyde de molybdène........	Benzoate de molybdène.
	L'oxyde de nickel...........	Benzoate de nickel.
	L'oxyde de plomb...........	Benzoate de plomb.
	L'oxyde de tungstène...... ..	Benzoate de tungstène.
	L'oxyde de zinc............	Benzoate de zinc.

NOTA. Toutes ces combinaisons étaient inconnues aux anciens chimistes, et même encore aujourd'hui on n'a rien de satisfaisant encore sur les propriétés de l'acide benzoique et sur ses affinités.

OBSERVATIONS

SUR L'ACIDE BENZOÏQUE ET SUR LE TABLEAU DE SES COMBINAISONS AVEC LES BASES SALIFIABLES.

Cet acide a été connu des anciens chimistes sous le nom de fleurs de benjoin; on l'obtenait par voie de sublimation. Depuis, M. Geoffroy a découvert qu'on pouvait également l'extraire par la voie humide : enfin, M. Scheele, d'après un grand nombre d'expériences qu'il a faites sur le benjoin, s'est arrêté au procédé qui suit : On prend de bonne eau de chaux, dans laquelle même il est avantageux de laisser de la chaux en excès; on la fait digérer portion par portion sur du benjoin réduit en poudre fine, en remuant continuellement le mélange. Après une demi-heure de digestion, on décante et on remet de nouvelle eau de chaux, et ainsi plusieurs fois, jusqu'à ce qu'on s'aperçoive que l'eau de chaux ne se neutralise plus. On rassemble toutes les liqueurs, on les rapproche par évaporation, et, quand elles sont réduites autant qu'elles le peuvent être sans cristalliser, on laisse refroidir : on verse de l'acide muriatique goutte à goutte, jusqu'à ce qu'il ne se fasse plus de précipité. La substance qu'on obtient par ce procédé est l'acide benzoïque concret.

TABLEAU

DES COMBINAISONS DU RADICAL CAMPHORIQUE OXYGÉNÉ,

OU ACIDE CAMPHORIQUE,

AVEC LES BASES SALIFIABLES, PAR ORDRE ALPHABÉTIQUE.

	NOMS DES BASES SALIFIABLES.	NOMS DES SELS NEUTRES.
Combinaisons de l'acide camphorique avec	L'alumine	Camphorate d'alumine.
	L'ammoniaque	Camphorate d'ammoniaque.
	L'oxyde d'antimoine	Camphorate d'antimoine.
	L'oxyde d'argent	Camphorate d'argent.
	L'oxyde d'arsenic	Camphorate d'arsenic.
	La baryte	Camphorate de baryte.
	L'oxyde de bismuth	Camphorate de bismuth.
	La chaux	Camphorate de chaux.
	L'oxyde de cobalt	Camphorate de cobalt.
	L'oxyde de cuivre	Camphorate de cuivre.
	L'oxyde d'étain	Camphorate d'étain.
	L'oxyde de fer	Camphorate de fer.
	La magnésie	Camphorate de magnésie.
	L'oxyde de manganèse	Camphorate de manganèse.
	L'oxyde de mercure	Camphorate de mercure.
	L'oxyde de nickel	Camphorate de nickel.
	L'oxyde d'or	Camphorate d'or.
	L'oxyde de platine	Camphorate de platine.
	L'oxyde de plomb	Camphorate de plomb.
	La potasse	Camphorate de potasse.
	La soude	Camphorate de soude.
	L'oxyde de zinc	Camphorate de zinc.

NOTA. Toutes ces combinaisons étaient inconnues aux anciens chimistes.

OBSERVATIONS

SUR L'ACIDE CAMPHORIQUE ET SUR LE TABLEAU DE SES COMBINAISONS.

Le camphre est une espèce d'huile essentielle concrète, qu'on retire, par sublimation, d'un laurier qui croît à la Chine et au Japon. M. Kosegarten a distillé jusqu'à huit fois de l'acide nitrique sur du camphre, et il est parvenu ainsi à l'oxygéner et à le convertir en un acide très-analogue à l'acide oxalique. Il en diffère cependant à quelques égards, et c'est ce qui nous a déterminés à lui conserver, jusqu'à nouvel ordre, un nom particulier.

Le camphre étant un radical carbone-hydreux ou hydro-carboneux, il n'est pas étonnant qu'en l'oxygénant il forme de l'acide oxalique, de l'acide malique et plusieurs autres acides végétaux. Les expériences rapportées par M. Kosegarten ne démentent pas cette conjecture, et la plus grande partie des phénomènes qu'il a observés dans la combinaison de cet acide avec les bases salifiables s'observent de même dans les combinaisons de l'acide oxalique ou de l'acide malique; je serais donc assez porté à regarder l'acide camphorique comme un mélange d'acide oxalique et d'acide malique.

TABLEAU

DES COMBINAISONS DU RADICAL GALLIQUE OXYGÉNÉ, OU ACIDE GALLIQUE, AVEC LES BASES SALIFIABLES RANGÉES PAR ORDRE ALPHABÉTIQUE.

	NOMS DES BASES SALIFIABLES.	NOMS DES SELS NEUTRES. NOMENCLATURE NOUVELLE.
Combinaisons de l'acide gallique avec	L'alumine	Gallate d'alumine.
	L'ammoniaque	Gallate d'ammoniaque.
	L'oxyde d'antimoine	Gallate d'antimoine.
	L'oxyde d'argent	Gallate d'argent.
	L'oxyde d'arsenic	Gallate d'arsenic.
	La baryte	Gallate de baryte.
	L'oxyde de bismuth	Gallate de bismuth.
	La chaux	Gallate de chaux.
	L'oxyde de cobalt	Gallate de cobalt.
	L'oxyde de cuivre	Gallate de cuivre.
	L'oxyde d'étain	Gallate d'étain.
	L'oxyde de fer	Gallate de fer.
	La magnésie	Gallate de magnésie.
	L'oxyde de manganèse	Gallate de manganèse.
	L'oxyde de mercure	Gallate de mercure.
	L'oxyde de nickel	Gallate de nickel.
	L'oxyde d'or	Gallate d'or.
	L'oxyde de platine	Gallate de platine.
	L'oxyde de plomb	Gallate de plomb.
	La potasse	Gallate de potasse.
	La soude	Gallate de soude.
	L'oxyde de zinc	Gallate de zinc.

NOTA. Toutes ces combinaisons étaient inconnues aux anciens chimistes.

OBSERVATIONS

SUR L'ACIDE GALLIQUE ET SUR LE TABLEAU DE SES COMBINAISONS.

L'acide gallique, ou principe astringent, se tire de la noix de galle, soit par la simple infusion ou décoction dans l'eau, soit par une distillation à un feu très-doux. Ce n'est que depuis un petit nombre d'années qu'on a donné une attention plus particulière à cette substance. MM. les commissaires de l'Académie de Dijon en ont suivi toutes les combinaisons, et ont donné le travail le plus complet qu'on eût fait jusqu'alors. Quoique les propriétés acides de ce principe ne soient pas très-marquées, il rougit la teinture de tournesol, il décompose les sulfures, il s'unit à tous les métaux, quand ils ont été préalablement dissous par un autre acide, et il les précipite sous différentes couleurs. Le fer, par cette combinaison, donne un précipité d'un bleu ou d'un violet foncé. Cet acide, si toutefois il mérite ce nom, se trouve dans un grand nombre de végétaux, tels que le chêne, le saule, l'iris des marais, le fraisier, le nymphéa, le quinquina, l'écorce et la fleur de grenade, et dans beaucoup de bois et d'écorces. On ignore absolument quel est son radical.

TABLEAU

DES COMBINAISONS DU RADICAL LACTIQUE OXYGÉNÉ,

OU ACIDE LACTIQUE,

AVEC LES BASES SALIFIABLES, PAR ORDRE ALPHABÉTIQUE.

	NOMS DES BASES SALIFIABLES.	NOMS DES SELS NEUTRES. NOMENCLATURE NOUVELLE.
Combinaisons de l'acide lactique avec	L'alumine	Lactate d'alumine.
	L'ammoniaque	Lactate d'ammoniaque.
	L'oxyde d'antimoine	Lactate d'antimoine.
	L'oxyde d'argent	Lactate d'argent.
	L'oxyde d'arsenic	Lactate d'arsenic.
	La baryte	Lactate de baryte.
	L'oxyde de bismuth	Lactate de bismuth.
	La chaux	Lactate de chaux.
	L'oxyde de cobalt	Lactate de cobalt.
	L'oxyde de cuivre	Lactate de cuivre.
	L'oxyde d'étain	Lactate d'étain.
	L'oxyde de fer	Lactate de fer.
	L'oxyde de manganèse	Lactate de manganèse.
	L'oxyde de mercure	Lactate de mercure.
	L'oxyde de nickel	Lactate de nickel.
	L'oxyde d'or	Lactate d'or.
	L'oxyde de platine	Lactate de platine.
	L'oxyde de plomb	Lactate de plomb.
	La potasse	Lactate de potasse.
	La soude	Lactate de soude.
	L'oxyde de zinc	Lactate de zinc.

NOTA. Toutes ces combinaisons étaient inconnues aux anciens chimistes.

OBSERVATIONS

SUR L'ACIDE LACTIQUE ET SUR LE TABLEAU DE SES COMBINAISONS.

M. Scheele est celui auquel nous devons les seules connaissances exactes que nous avons sur l'acide lactique. Cet acide se rencontre dans le petit-lait, et il y est uni à un peu de terre. Pour l'obtenir on fait réduire par évaporation du petit-lait au huitième de son volume; on filtre pour bien séparer toute la partie caséeuse; on ajoute de la chaux, qui s'empare de l'acide dont il est question et qu'on en dégage ensuite par l'addition de l'acide oxalique : on sait en effet que ce dernier acide forme avec la chaux un sel insoluble. Après que l'oxalate de chaux a été séparé par décantation, on évapore la liqueur jusqu'à consistance de miel; on ajoute de l'esprit-de-vin qui dissout l'acide, et on filtre pour en séparer le sucre de lait et les autres substances étrangères. Il ne reste plus ensuite, pour avoir l'acide lactique seul, que de chasser l'esprit-de-vin par évaporation ou par distillation.

Cet acide s'unit avec presque toutes les bases salifiables, et forme avec elles des sels incristallisables. Il paraît se rapprocher, à beaucoup d'égards, de l'acide acéteux.

TABLEAU

DES COMBINAISONS DU RADICAL SACCHOLACTIQUE OXYGÉNÉ,

OU ACIDE SACCHOLACTIQUE,

AVEC LES BASES SALIFIABLES, DANS L'ORDRE DE LEUR AFFINITÉ AVEC CET ACIDE.

	NOMS DES BASES SALIFIABLES.	NOMS DES SELS NEUTRES. NOMENCLATURE NOUVELLE.
Combinaisons de l'acide saccholactique avec	La chaux	Saccholate de chaux.
	La baryte	Saccholate de baryte.
	La magnésie	Saccholate de magnésie.
	La potasse	Saccholate de potasse.
	La soude	Saccholate de soude.
	L'ammoniaque	Saccholate d'ammoniaque.
	L'alumine	Saccholate d'alumine.
	L'oxyde de zinc	Saccholate de zinc.
	L'oxyde de manganèse	Saccholate de manganèse.
	L'oxyde de fer	Saccholate de fer.
	L'oxyde de plomb	Saccholate de plomb.
	L'oxyde d'étain	Saccholate d'étain.
	L'oxyde de cobalt	Saccholate de cobalt.
	L'oxyde de cuivre	Saccholate de cuivre.
	L'oxyde de nickel	Saccholate de nickel.
	L'oxyde d'arsenic	Saccholate d'arsenic.
	L'oxyde de bismuth	Saccholate de bismuth.
	L'oxyde de mercure	Saccholate de mercure.
	L'oxyde d'antimoine	Saccholate d'antimoine.
	L'oxyde d'argent	Saccholate d'argent.

NOTA. Toutes ces combinaisons ont été inconnues aux anciens chimistes.

OBSERVATIONS

SUR L'ACIDE SACCHOLACTIQUE ET SUR LE TABLEAU DE SES COMBINAISONS.

On peut extraire du petit-lait, par évaporation, une espèce de sucre qui a beaucoup de rapport avec celui des cannes à sucre, et qui est très-anciennement connu dans la pharmacie.

Ce sucre est susceptible, comme le sucre ordinaire, de s'oxygéner par différents moyens, et principalement par sa combinaison avec l'acide nitrique : on repasse à cet effet plusieurs fois de nouvel acide; on concentre ensuite la liqueur par évaporation; on met à cristalliser et on obtient de l'acide oxalique : en même temps il se sépare une poudre blanche très-fine, qui est susceptible de se combiner avec les alcalis, avec l'ammoniaque, avec les terres, même avec quelques métaux. C'est à cet acide concret, découvert par Scheele, qu'on a donné le nom d'acide saccholactique. Son action sur les métaux est peu connue ; on sait seulement qu'il forme avec eux des sels très-peu solubles. L'ordre des affinités qu'on a suivi dans le tableau est celui indiqué par M. Bergman.

TABLEAU

DES COMBINAISONS DU RADICAL FORMIQUE OXYGÉNÉ, OU ACIDE FORMIQUE.

AVEC LES BASES SALIFIABLES.

DANS L'ORDRE DE LEUR AFFINITÉ AVEC CET ACIDE.

	NOMS DES BASES SALIFIABLES.	NOMS DES SELS NEUTRES. NOMENCLATURE NOUVELLE.
Combinaisons de l'acide formique avec	La baryte	Formiate de baryte.
	La potasse	Formiate de potasse.
	La soude	Formiate de soude.
	La chaux	Formiate de chaux.
	La magnésie	Formiate de magnésie.
	L'ammoniaque	Formiate d'ammoniaque.
	L'oxyde de zinc	Formiate de zinc.
	L'oxyde de manganèse	Formiate de manganèse.
	L'oxyde de fer	Formiate de fer.
	L'oxyde de plomb	Formiate de plomb.
	L'oxyde d'étain	Formiate d'étain.
	L'oxyde de cobalt	Formiate de cobalt.
	L'oxyde de cuivre	Formiate de cuivre.
	L'oxyde de nickel	Formiate de nickel.
	L'oxyde de bismuth	Formiate de bismuth.
	L'oxyde d'argent	Formiate d'argent.
	L'alumine	Formiate d'alumine.

NOTA. Toutes ces combinaisons ont été inconnues aux anciens chimistes.

OBSERVATIONS

SUR L'ACIDE FORMIQUE ET SUR LE TABLEAU DE SES COMBINAISONS.

L'acide formique a été connu dès le siècle dernier. Samuel Fischer est le premier qui l'ait obtenu en distillant des fourmis. M. Margraff a suivi ce même objet dans un mémoire qu'il a publié en 1749, et MM. Arwidson et Œhrn, dans une dissertation qu'ils ont publiée à Leipsick en 1777.

L'acide formique se tire d'une grosse espèce de fourmi rousse, *formica rufa*, qui habite les bois, et qui y forme de grandes fourmilières. Si c'est par distillation qu'on veut opérer, on introduit les fourmis dans une cornue de verre ou dans une cucurbite garnie de son chapiteau; on distille à une chaleur douce, et on trouve l'acide formique dans le récipient : on en tire environ moitié du poids des fourmis.

Lorsqu'on veut procéder par voie de lixiviation, on lave les fourmis à l'eau froide, on les étend sur un linge, et on y passe de l'eau bouillante, qui se charge de la partie acide; on peut même exprimer légèrement ces insectes dans le linge, et l'acide en est plus fort. Pour l'obtenir pur et concentré, on le rectifie et on sépare le flegme par la gelée.

TABLEAU

DES COMBINAISONS DU RADICAL BOMBIQUE OXYGÉNÉ,

OU ACIDE BOMBIQUE,

AVEC LES SUBSTANCES SALIFIABLES, PAR ORDRE ALPHABÉTIQUE.

	NOMS DES BASES SALIFIABLES.	NOMS DES SELS NEUTRES. NOMENCLATURE NOUVELLE.
Combinaisons de l'acide bombique avec	L'alumine	Bombiate d'alumine.
	L'ammoniaque	Bombiate d'ammoniaque.
	L'oxyde d'antimoine	Bombiate d'antimoine.
	L'oxyde d'argent	Bombiate d'argent.
	L'oxyde d'arsenic	Bombiate d'arsenic.
	La baryte	Bombiate de baryte.
	L'oxyde de bismuth	Bombiate de bismuth.
	La chaux	Bombiate de chaux.
	L'oxyde de cobalt	Bombiate de cobalt.
	L'oxyde de cuivre	Bombiate de cuivre.
	L'oxyde d'étain	Bombiate d'étain.
	L'oxyde de fer	Bombiate de fer.
	L'oxyde de manganèse	Bombiate de manganèse.
	La magnésie	Bombiate de magnésie.
	L'oxyde de mercure	Bombiate de mercure.
	L'oxyde de nickel	Bombiate de nickel.
	L'oxyde d'or	Bombiate d'or.
	L'oxyde de platine	Bombiate de platine.
	L'oxyde de plomb	Bombiate de plomb.
	La potasse	Bombiate de potasse.
	La soude	Bombiate de soude.
	Le zinc	Bombiate de zinc.

NOTA. Toutes ces combinaisons ont été inconnues aux anciens chimistes.

OBSERVATIONS

SUR L'ACIDE BOMBIQUE ET SUR LE TABLEAU DE SES COMBINAISONS.

Lorsque le ver à soie se change en chrysalide, ses humeurs paraissent prendre un caractère d'acidité. Il laisse même échapper, au moment où il se transforme en papillon, une liqueur rousse très-acide, qui rougit le papier bleu, et qui a fixé l'attention de M. Chaussier, membre de l'Académie de Dijon. Après plusieurs tentatives pour obtenir cet acide pur, voici le procédé auquel il a cru devoir s'arrêter. On fait infuser des chrysalides de vers à soie dans de l'alcool : ce dissolvant se charge de l'acide, sans attaquer les parties muqueuses ou gommeuses; et, en faisant évaporer l'esprit-de-vin, on a l'acide bombique assez pur. On n'a pas encore déterminé avec précision les propriétés et les affinités de cet acide. Il y a apparence que la famille des insectes en fournirait beaucoup d'analogues. Son radical, ainsi que celui de tous les acides du règne animal, paraît être composé de carbone, d'hydrogène, d'azote et peut-être de phosphore.

TABLEAU

DES COMBINAISONS DU RADICAL SÉBACIQUE OXYGÉNÉ,

OU ACIDE SÉBACIQUE,

AVEC LES BASES SALIFIABLES, DANS L'ORDRE DE LEUR AFFINITÉ AVEC CET ACIDE.

	NOMS DES BASES SALIFIABLES.	NOMS DES SELS NEUTRES. NOMENCLATURE NOUVELLE.
Combinaisons de l'acide sébacique avec	La baryte	Sébate de baryte.
	La potasse	Sébate de potasse.
	La soude	Sébate de soude.
	La chaux	Sébate de chaux.
	La magnésie	Sébate de magnésie.
	L'ammoniaque	Sébate d'ammoniaque.
	L'alumine	Sébate d'alumine.
	L'oxyde de zinc	Sébate de zinc.
	L'oxyde de manganèse	Sébate de manganèse.
	L'oxyde de fer	Sébate de fer.
	L'oxyde de plomb	Sébate de plomb.
	L'oxyde d'étain	Sébate d'étain.
	L'oxyde de cobalt	Sébate de cobalt.
	L'oxyde de cuivre	Sébate de cuivre.
	L'oxyde de nickel	Sébate de nickel.
	L'oxyde d'arsenic	Sébate d'arsenic.
	L'oxyde de bismuth	Sébate de bismuth.
	L'oxyde de mercure	Sébate de mercure.
	L'oxyde d'antimoine	Sébate d'antimoine.
	L'oxyde d'argent	Sébate d'argent.

NOTA. Toutes ces combinaisons ont été inconnues aux anciens chimistes.

OBSERVATIONS

SUR L'ACIDE SÉBACIQUE ET SUR LE TABLEAU DE SES COMBINAISONS.

Pour obtenir l'acide sébacique, on prend du suif qu'on fait fondre dans un poêlon de fer; on y jette de la chaux vive pulvérisée, et on remue continuellement. La vapeur qui s'élève du mélange est très-piquante, et on doit tenir les vaisseaux élevés afin d'éviter de la respirer. Sur la fin on hausse le feu. L'acide sébacique, dans cette opération, se porte sur la chaux, et forme du sébate calcaire, espèce de sel peu soluble : pour le séparer des parties grasses dont il est empâté, on fait bouillir à grande eau la masse; le sébate calcaire se dissout, le suif se fond et surnage. On sépare ensuite le sel en faisant évaporer l'eau, on le calcine à une chaleur modérée; on redissout, on fait cristalliser de nouveau et on parvient à l'avoir pur.

Pour obtenir l'acide libre, on verse de l'acide sulfurique sur le sébate de chaux ainsi purifié, et on distille; l'acide sébacique passe clair dans le récipient.

TABLEAU

DES COMBINAISONS DU RADICAL LITHIQUE OXYGÉNÉ,

OU ACIDE LITHIQUE,

AVEC LES BASES SALIFIABLES, RANGÉES PAR ORDRE ALPHABÉTIQUE.

	NOMS DES BASES SALIFIABLES.	NOMS DES SELS NEUTRES.
Combinaisons de l'acide lithique avec	L'alumine	Lithiate d'alumine.
	L'ammoniaque..............	Lithiate d'ammoniaque.
	L'oxyde d'antimoine..........	Lithiate d'antimoine.
	L'oxyde d'argent............	Lithiate d'argent.
	L'oxyde d'arsenic...........	Lithiate d'arsenic.
	La baryte.................	Lithiate de baryte.
	L'oxyde de bismuth..........	Lithiate de bismuth.
	La chaux..................	Lithiate de chaux.
	L'oxyde de cobalt...........	Lithiate de cobalt.
	L'oxyde de cuivre...........	Lithiate de cuivre.
	L'oxyde d'étain.............	Lithiate d'étain.
	L'oxyde de fer..............	Lithiate de fer.
	La magnésie...............	Lithiate de magnésie.
	L'oxyde de manganèse........	Lithiate de manganèse.
	L'oxyde de mercure..........	Lithiate de mercure.
	L'oxyde de nickel............	Lithiate de nickel.
	L'oxyde d'or...............	Lithiate d'or.
	L'oxyde de platine...........	Lithiate de platine.
	L'oxyde de plomb............	Lithiate de plomb.
	La potasse................	Lithiate de potasse.
	La soude..................	Lithiate de soude.
	L'oxyde de zinc.............	Lithiate de zinc.

NOTA. Toutes ces combinaisons ont été inconnues aux anciens chimistes.

OBSERVATIONS

SUR L'ACIDE LITHIQUE ET SUR LE TABLEAU DE SES COMBINAISONS.

Le calcul de la vessie, d'après les dernières expériences de Bergman et de Scheele, paraîtrait être une espèce de sel concret à base terreuse, légèrement acide, qui demande une grande quantité d'eau pour être dissous. Mille grains d'eau bouillante en dissolvent à peine trois grains, et la majeure partie recristallise par le refroidissement. C'est cet acide concret auquel M. de Morveau a donné le nom d'*acide lithiasique*, et que nous nommons *acide lithique*. La nature et les propriétés de cet acide sont encore peu connues. Il y a quelque apparence que c'est un sel acidule déjà combiné à une base, et plusieurs raisons me portent à croire que c'est un phosphate acidule de chaux. Si cette présomption se confirme, il faudra le rayer de la classe des acides particuliers.

TABLEAU

DES COMBINAISONS DU RADICAL PRUSSIQUE OXYGÉNÉ,

OU ACIDE PRUSSIQUE,

AVEC LES BASES SALIFIABLES, DANS L'ORDRE DE LEUR AFFINITÉ AVEC CET ACIDE.

	NOMS DES BASES SALIFIABLES.	NOMS DES SELS NEUTRES.
Combinaisons de l'acide prussique avec	La potasse	Prussiate de potasse.
	La soude	Prussiate de soude.
	L'ammoniaque	Prussiate d'ammoniaque.
	La chaux	Prussiate de chaux.
	La baryte	Prussiate de baryte.
	La magnésie	Prussiate de magnésie.
	L'oxyde de zinc	Prussiate de zinc.
	L'oxyde de fer	Prussiate de fer.
	L'oxyde de manganèse	Prussiate de manganèse.
	L'oxyde de cobalt	Prussiate de cobalt.
	L'oxyde de nickel	Prussiate de nickel.
	L'oxyde de plomb	Prussiate de plomb.
	L'oxyde d'étain	Prussiate d'étain.
	L'oxyde de cuivre	Prussiate de cuivre.
	L'oxyde de bismuth	Prussiate de bismuth.
	L'oxyde d'antimoine	Prussiate d'antimoine.
	L'oxyde d'arsenic	Prussiate d'arsenic.
	L'oxyde d'argent	Prussiate d'argent.
	L'oxyde de mercure	Prussiate de mercure.
	L'oxyde d'or	Prussiate d'or.
	L'oxyde de platine	Prussiate de platine.

NOTA. Toutes ces combinaisons ont été inconnues aux anciens chimistes.

OBSERVATIONS

SUR L'ACIDE PRUSSIQUE ET SUR LE TABLEAU DE SES COMBINAISONS.

Je ne m'étendrai point ici sur les propriétés de l'acide prussique, ni sur les procédés qu'on emploie pour l'obtenir pur et dégagé de toute combinaison. Les expériences qui ont été faites à cet égard me paraissent laisser encore quelques nuages sur la vraie nature de cet acide. Il me suffira de dire qu'il se combine avec le fer, et qu'il lui donne la couleur bleue; qu'il est également susceptible de s'unir avec presque tous les métaux, mais que les alcalis, l'ammoniaque et la chaux, le leur enlèvent en vertu de leur plus grande force d'affinité. On ne connaît point le radical de l'acide prussique; mais les expériences de M. Scheele et surtout celles de M. Berthollet donnent lieu de croire qu'il est composé de carbone et d'azote; c'est donc un acide à base double : quant à l'acide phosphorique qui s'y rencontre, il paraît, d'après les expériences de M. Hassenfratz, qu'il y est accidentel.

Quoique l'acide prussique s'unisse avec les métaux, avec les alcalis et avec les terres, à la manière des acides, il n'a cependant qu'une partie des propriétés qu'on a coutume d'attribuer aux acides. Il serait donc possible que ce fût improprement qu'on l'eût rangé dans cette classe; mais, comme je l'ai déjà fait observer, il me paraît difficile de prendre une opinion déterminée sur la nature de cette substance, jusqu'à ce que la matière ait été éclaircie par de nouvelles expériences.

TROISIÈME PARTIE.

DESCRIPTION DES APPAREILS ET DES OPÉRATIONS MANUELLES DE LA CHIMIE.

INTRODUCTION.

Ce n'est pas sans dessein que je ne me suis pas étendu davantage, dans les deux premières parties de cet ouvrage, sur les opérations manuelles de la chimie. J'ai reconnu, d'après ma propre expérience, que des descriptions minutieuses, des détails de procédés et des explications de planches figuraient mal dans un ouvrage de raisonnement; qu'elles interrompaient la marche des idées, et qu'elles rendaient la lecture de l'ouvrage fastidieuse et difficile.

D'un autre côté, si je m'en fusse tenu aux simples descriptions sommaires que j'ai données jusqu'ici, les commençants n'auraient pu prendre dans cet ouvrage que des idées très-vagues de la chimie pratique. Des opérations qu'il leur aurait été impossible de répéter ne leur auraient inspiré ni confiance ni intérêt; ils n'auraient pas même eu la ressource de chercher dans d'autres ouvrages de quoi suppléer à ce qui aurait manqué à celui-ci. Indépendamment de ce qu'il n'en existe aucun où les expériences modernes se trouvent décrites avec assez d'étendue, il leur aurait été impossible de recourir à des traités où les idées n'auraient point été présentées dans le même ordre, où l'on n'aurait pas parlé le même langage; en sorte que le but d'utilité que je me suis proposé n'aurait pas été rempli.

J'ai pris, d'après ces réflexions, la résolution de réserver pour une troisième partie la description sommaire de tous les appareils et de toutes les opérations manuelles qui ont rapport à la chimie élémentaire. J'ai préféré de placer ce traité particulier à la fin plutôt qu'au commencement de cet ouvrage, parce qu'il m'aurait été impossible de n'y pas supposer des connaissances que les commençants ne peuvent avoir, et qu'ils ne peuvent acquérir que par la lecture de l'ouvrage même. Toute cette troisième partie doit être, en quelque façon, considérée comme l'explication des figures qu'on a coutume de rejeter à la fin des mémoires, pour ne point en couper le texte par des descriptions trop étendues.

Quelque soin que j'aie pris pour mettre de la clarté et de la méthode dans cette partie de mon travail, et pour n'omettre la description d'aucun appareil essentiel, je suis loin de prétendre que ceux qui veulent prendre des connaissances exactes en chimie puissent se dispenser de suivre des cours, de fréquenter les laboratoires et de se familiariser avec les instruments qu'on y emploie. *Nihil est in intellectu quod non prius fuerit in sensu* : grande et importante vérité, que ne doivent jamais oublier ceux qui apprennent comme ceux qui enseignent, et que le célèbre Rouelle avait fait tracer en gros caractères dans le lieu le plus apparent de son laboratoire.

Les opérations chimiques se divisent naturellement en plusieurs classes, suivant l'objet qu'elles se proposent de remplir : les unes peuvent être regardées comme purement mécaniques; telle est la détermination du poids des corps, la mesure de leur volume, la trituration, la porphyrisation, le tamisage, le lavage, la filtration : les autres sont des opérations véritablement chimiques, parce qu'elles emploient des forces et des agents chimiques, telles que la dissolution, la fusion, etc. Enfin, les unes ont pour objet de séparer les principes des corps, les autres de les réunir; souvent même elles ont ce double but, et il n'est pas rare que, dans une même opération, comme dans la combustion, par exemple, il y ait à la fois décomposition et recomposition.

Sans adopter particulièrement aucune de ces divisions, auxquelles il serait difficile de s'astreindre, du moins d'une manière rigoureuse, je vais présenter le détail des opérations chimiques, dans l'ordre qui m'a paru le plus propre à en faciliter l'intelligence. J'insisterai particulièrement sur les appareils relatifs à la chimie moderne, parce qu'ils sont encore peu connus, même de ceux qui font une étude particulière de cette science, je pourrais presque dire, d'une partie de ceux qui la professent.

CHAPITRE PREMIER.

DES INSTRUMENTS PROPRES À DÉTERMINER LE POIDS ABSOLU ET LA PESANTEUR SPÉCIFIQUE DES CORPS SOLIDES ET LIQUIDES.

On ne connaît, jusqu'à présent, aucun meilleur moyen, pour déterminer les quantités de matières qu'on emploie dans les opérations chimiques, et celles qu'on obtient par le résultat des expériences, que de les mettre en équilibre avec d'autres corps qu'on est convenu de prendre pour terme de comparaison. Lors, par exemple, que nous voulons allier ensemble douze livres de plomb et six livres d'étain, nous nous procurons un levier de fer assez fort pour qu'il ne fléchisse pas; nous le suspendons dans son milieu, et de manière que ses deux bras soient parfaitement égaux; nous attachons à l'une de ses extrémités un poids de douze livres, nous attachons à l'autre du plomb, et nous en ajoutons jusqu'à ce qu'il y ait équilibre, c'est-à-dire jusqu'à ce que le levier demeure parfaitement horizontal. Après avoir ainsi opéré sur le plomb, on opère sur l'étain; et on en use de la même manière pour toutes les autres matières dont on veut déterminer la quantité. Cette opération se nomme *peser;* l'instrument dont on se sert se nomme *balance:* il est principalement composé, comme tout le monde le sait, d'un fléau, de deux bassins et d'une aiguille.

Quant au choix des poids et à la quantité de matière qui doit composer une unité, une livre, par exemple, c'est une chose absolument arbitraire; aussi voyons-nous que la livre diffère d'un royaume à un autre, d'une province et souvent même d'une ville à une autre. Les sociétés n'ont même d'autre moyen de conserver l'unité qu'elles se sont choisie, et d'empêcher qu'elle ne varie et ne s'altère par la révolution des temps, qu'en formant ce qu'on nomme des *étalons*, qui sont déposés et soigneusement conservés dans les greffes des juridictions.

Il n'est point indifférent sans doute, dans le commerce et pour les usages de la société, de se servir d'une livre ou d'une autre, puisque la quantité absolue de matière n'est pas la même, et que les différences mêmes sont très-considérables. Mais il n'en est pas de même pour les physiciens et pour les chimistes. Peu importe, dans la plupart des expériences, qu'ils aient employé une quantité A ou une quantité B de matière, pourvu qu'ils expriment clairement les produits qu'ils ont obtenus de l'une ou de l'autre de ces quantités, en fractions d'un usage commode, et qui, réunies toutes ensemble, fassent un produit égal au tout. Ces considérations m'ont fait penser qu'en attendant que les hommes, réunis en société, se soient déterminés à n'adopter qu'un seul poids et qu'une seule mesure, les chimistes de toutes les parties du monde pourraient sans inconvénient se servir de la livre de leur pays, quelle qu'elle fût, pourvu que, au lieu de la diviser, comme on l'a fait jusqu'ici, en fractions arbitraires, on se déterminât par une convention générale à la diviser en dixièmes, en centièmes, en millièmes, en dix-millièmes, etc. c'est-à-dire, en fractions décimales de livres. On s'entendrait alors dans tous les pays, comme dans toutes les langues : on ne serait pas sûr, il est vrai, de la quantité absolue de matière qu'on aurait employée dans une expérience; mais on connaîtrait sans difficulté, sans calcul, le rapport des produits entre eux; ces rapports seraient les mêmes pour les savants du monde entier, et l'on aurait véritablement pour cet objet un langage universel.

Frappé de ces considérations, j'ai toujours eu le projet de faire diviser la livre poids de marc en fractions décimales, et ce n'est que depuis peu que j'y suis parvenu. M. Fourché, balancier, successeur de M. Chemin, rue de la Ferronnerie, a rempli cet objet avec beaucoup d'intelligence et d'exactitude, et j'invite tous ceux qui s'occupent d'expériences à se procurer de semblables divisions de la livre : pour peu qu'ils aient d'usage du calcul des décimales, ils seront étonnés de la simplicité et de la facilité que cette division apportera dans toutes leurs opérations. Je détaillerai, dans un mémoire particulier destiné pour l'Académie, les précautions et les attentions que cette division de la livre exige.

En attendant que cette méthode soit adoptée par les savants de tous les pays, il est un moyen simple, sinon d'atteindre au même but, au moins d'en approcher et de simplifier les calculs. Il consiste à convertir, à chaque pesée, les onces, gros et grains qu'on a obtenus, en fractions décimales de livre, et, pour diminuer la peine que ce calcul pourrait présenter, j'ai formé une table où ces calculs se trouvent tout faits ou au moins réduits à de simples additions. Elle se trouve à la fin de cette troisième partie : voici la manière de s'en servir.

Je suppose qu'on ait employé dans une expérience quatre livres de matières, et que, par le résultat de l'opération, on ait obtenu quatre produits différents A, B, C, D, pesant, savoir :

	Livres.	Onces.	Gros.	Grains.
Produit A............	2	5	3	63
Produit B............	1	2	7	15
Produit C............	"	3	1	37
Produit D............	"	4	3	29
Total.....	4	"	"	"

On transformera, au moyen de la table, ces fractions vulgaires en décimales, comme il suit :

Pour le produit A :

	Fractions vulgaires.				Fractions décimales correspondantes.
	Livres.	Onces.	Gros.	Grains.	Livres.
	2	"	"	"	2,0000000
	"	5	"	"	0,3125000
	"	"	3	"	0,0234375
	"	"	"	63	0,0068359
Total...	2	5	3	63	2,3427734

Pour le produit B :

	Livres.	Onces.	Gros.	Grains.	Livres.
	1	"	"	"	1,0000000
	"	2	"	"	0,1250000
	"	"	7	"	0,0546875
	"	"	"	15	0,0016276
Total...	1	2	7	15	1,1813151

Pour le produit C :

	Fractions vulgaires.			Fractions décimales correspondantes.
	Onces.	Gros.	Grains.	Livres.
	3	"	"	0,1875000
	"	1	"	0,0078125
	"	"	37	0,0040148
Total...	3	1	37	0,1993273

Pour le produit D :

	Onces.	Gros.	Grains.	Livres.
	4	"	"	0,2500000
	"	3	"	0,0234375
	"	"	29	0,0031467
Total...	4	3	29	0,2765842

En récapitulant ces résultats, on aura en fractions décimales :

Pour le produit A....................	2,3427734
Pour le produit B....................	1,1813151
Pour le produit C....................	0,1993273
Pour le produit D....................	0,2765842
Total..................	4,0000000

Les produits, ainsi exprimés en fractions décimales, sont ensuite susceptibles de toute espèce de réduction et de calcul, et on n'est plus obligé de réduire continuellement en grains les nombres sur lesquels on veut opérer, et de reformer ensuite avec ces mêmes nombres des livres, onces et gros.

La détermination du poids des matières et des produits, avant et après les expériences, étant la base de tout ce qu'on peut faire d'utile et d'exact en chimie, on ne saurait y apporter trop d'exactitude. La première chose, pour remplir cet objet, est de se munir de bons instruments. On ne peut se dispenser d'avoir, pour opérer commodément, trois excellentes balances. La première doit peser jusqu'à 15 et 20 livres, sans fatiguer le fléau. Il n'est pas rare d'être obligé, dans des expériences chimiques, de déterminer à un demi-grain près ou un grain tout au plus la tare et le poids de très-grands vases et d'appareils très-pesants. Il faut, pour arriver à ce degré de précision, des balances faites par un artiste habile et avec des précautions particulières; il faut surtout se faire une loi de ne jamais s'en servir dans un laboratoire, où elles seraient immanquablement rouillées et gâtées : elles doivent être conservées dans un cabinet séparé, où il n'entre jamais d'acides. Celles dont je me sers ont été construites par M. Fortin; leur fléau a trois pieds de long; et elles réunissent toutes les sûretés et les commodités qu'on peut désirer. Je ne crois pas que, à l'exception de celles de Ramsden, il en existe qui puissent leur être comparées pour la justesse et pour la précision. Indépendamment de cette forte balance, j'en ai deux autres, qui sont bannies, comme la première, du laboratoire; l'une pèse jusqu'à 18 ou 20 onces, à la précision du dixième de grain; la troisième ne pèse que jusqu'à un gros, et les 512es de grain y sont très-sensibles.

Je donnerai à l'Académie, dans un mémoire particulier, une description de ces trois balances, avec des détails sur le degré de précision qu'on en obtient.

Ces instruments, au surplus, dont on ne doit se servir que pour les expériences de recherche, ne dispensent pas d'en avoir d'autres moins précieux pour les ouvrages courants du laboratoire. On y a continuellement besoin d'une grosse balance à fléau de fer peint en noir, qui puisse peser des terrines entières pleines de liquide, et des quantités d'eau de 40 à 50 livres, à un demi-gros près; d'une seconde balance susceptible de peser jusqu'à 8 à 10 livres, à 12 ou 15 grains près; enfin d'une petite balance à la main, pesant environ une livre, à la précision du grain.

Mais ce n'est pas encore assez d'avoir d'excellentes balances, il faut les connaître, les avoir étudiées, savoir s'en servir, et l'on n'y parvient que par un long usage et avec beaucoup d'attention. Il est surtout important de vérifier souvent les poids dont on se sert : ceux fournis chez les balanciers ayant été ajustés avec des balances qui ne sont pas extrêmement sensibles, ne se trouvent plus rigoureusement exacts quand on les éprouve avec des balances aussi parfaites que celles que je viens d'annoncer.

Ce serait une excellente manière, pour éviter les erreurs dans les pesées, que de les répéter deux fois, en employant pour les unes des fractions vulgaires de livre, et pour les autres des fractions décimales.

Tels sont les moyens qui ont paru, jusqu'ici, les plus propres à déterminer les quantités de matières employées dans les expériences, c'est-à-dire, pour me servir de l'expression ordinaire, à déterminer le poids absolu des corps. Mais, en adoptant cette expression, je ne puis me dispenser d'observer que, prise dans un sens strict, elle n'est pas absolument exacte. Il est certain qu'à la rigueur nous ne connaissons et nous ne pouvons connaître que des pesanteurs relatives; que nous ne pouvons les exprimer qu'en partant d'une unité conventionnelle : il serait donc plus vrai de dire que nous n'avons aucune mesure du poids absolu des corps.

Passons maintenant à ce qui concerne la pesanteur spécifique. On a désigné sous ce nom le poids absolu des corps divisé par leur volume, ou, ce qui revient au même, le poids que pèse un volume déterminé d'un corps. C'est la pesanteur de l'eau qu'on a choisie, en général, pour l'unité qui exprime ce genre de pesanteur. Ainsi, quand on parle de la pesanteur spécifique de l'or, on dit qu'il est dix-neuf fois aussi pesant que l'eau; que l'acide sulfurique concentré est deux fois aussi pesant que l'eau, et ainsi des autres corps.

Il est d'autant plus commode de prendre ainsi la pesanteur de l'eau pour unité, que c'est presque toujours dans l'eau que l'on pèse les corps dont on veut déterminer la pesanteur spécifique. Si, par exemple, on se propose de reconnaître la pesanteur spécifique d'un morceau d'or pur écroui à coups de marteau, et si ce morceau d'or pèse dans l'air 8 onces 4 gros 2 grains et demi, comme celui que M. Brisson a éprouvé, page 5 de son Traité de la Pesanteur spécifique, on suspend cet or à un fil métallique très-fin et assez fort cependant pour pouvoir le supporter sans se rompre; on attache ce fil sous le bassin d'une balance hydrostatique, et on pèse l'or entièrement plongé dans un vase rempli d'eau. Le morceau d'or dont il est ici question a perdu dans l'expérience de M. Brisson 3 gros 37 grains. Or il est évident que le poids que perd un corps quand on l'a pesé dans l'eau n'est autre que le poids du volume d'eau qu'il déplace, ou, ce qui est la même chose, qu'un poids d'eau égal à son volume; d'où l'on peut conclure qu'à volume égal l'or pèse 4898 grains et demi, et l'eau 253 : ce qui donne 193,617 pour la pesanteur spécifique de l'or, celle de l'eau étant supposée 10,000. On peut opérer de la même manière pour toutes les substances solides.

Il est, au surplus, assez rare qu'on ait besoin, en chimie, de déterminer la pesanteur spécifique des corps solides, à moins qu'on ne travaille sur les alliages ou sur les verres métalliques; on a, au contraire, besoin, presque à chaque instant, de connaître la pesanteur spécifique des fluides, parce que c'est souvent le seul moyen qu'on ait de juger de leur degré de pureté et de concentration.

On peut également remplir ce dernier objet avec un très-grand degré de précision, au moyen de la balance hydrostatique, et en pesant successivement un corps solide, tel, par exemple, qu'une boule de cristal de roche suspendue à un fil d'or très-fin, dans l'air et dans le fluide dont on veut déterminer la pesanteur spécifique. Le poids que perd la boule plongée dans le fluide est celui d'un volume égal de ce fluide. En répétant successivement cette opération dans l'eau et dans différents fluides, on peut, par un calcul très-simple, en conclure leur rapport de pesanteur spécifique, soit entre eux, soit avec l'eau : mais ce moyen ne serait pas encore suffisamment exact, ou au moins il serait très-embarrassant à l'égard des liqueurs dont la pesanteur spécifique diffère très-peu de celle de l'eau; par exemple, à l'égard des eaux minérales et de toutes celles en général qui sont très-peu chargées en sels.

Dans quelques travaux que j'ai entrepris sur cet objet et qui ne sont point encore publiés, je me suis servi avec beaucoup d'avantage de pèse-liqueur très-sensibles, et dont je vais donner une idée. Ils consistent dans un cylindre creux *Abef* (pl. VII, fig. 6), de cuivre jaune, ou mieux encore d'argent, et lesté par le bas en *b c f* avec de l'étain. Ce pèse-liqueur est ici représenté nageant dans un bocal *l m n o* rempli d'eau. À la partie supérieure du cylindre est adaptée une tige faite d'un fil d'argent de $\frac{3}{4}$ de ligne de diamètre tout au plus, et surmontée d'un petit bassin *d* destiné à recevoir des poids. On fait sur cette tige une marque en *g*, dont on va expliquer l'usage. On peut faire cet instrument de différentes dimensions; mais il n'est suffisamment exact qu'autant qu'il déplace au moins quatre livres d'eau.

Le poids de l'étain dont cet instrument est lesté doit être tel, qu'il soit presque en équilibre dans de l'eau distillée, et qu'il ne faille plus y ajouter, pour le faire entrer jusqu'à la marque *g*, qu'un demi-gros ou un gros tout au plus.

On commence par déterminer une première fois avec beaucoup d'exactitude le poids de cet instrument et le nombre de gros ou de grains dont il faut le charger dans de l'eau distillée, à une température donnée pour le faire entrer jusqu'à la marque *g*. On fait la même opération dans toutes les eaux dont on veut connaître la pesanteur spécifique, et on rapporte ensuite par le calcul les différences au pied cube, à la pinte ou à la livre, ou bien on les réduit en fractions décimales. Cette méthode, jointe à quelques expériences faites avec les réactifs, est une des plus sûres pour déterminer la qualité des eaux, et on y aperçoit des différences qui auraient échappé aux analyses chimiques les plus exactes. Je donnerai un jour le détail d'un grand travail que j'ai fait sur cet objet.

Les pèse-liqueur métalliques ne peuvent servir que pour déterminer la pesanteur spécifique des eaux qui ne contiennent que des sels neutres ou des substances alcalines : on peut aussi en faire construire de particuliers, lestés pour l'esprit-de-vin et les liqueurs spiritueuses. Mais, toutes les fois qu'il est question de déterminer la pesanteur spécifique des acides, on ne peut employer que du verre. On prend alors un cylindre creux de verre *abc* (pl. VII, fig. 14), qu'on ferme hermétiquement à la lampe en *bcf;* on y soude, dans sa partie supérieure, un tube capillaire *a d* surmonté par un petit bassin *d*. On leste cet instrument avec du mercure, et on en introduit plus ou moins, suivant la pesanteur des liqueurs qu'on se propose d'examiner. On peut introduire dans le tube *ad*, qui forme le col de cet instrument, une petite bande de papier qui porte des divisions; et, quoique ces divisions ne répondent pas aux mêmes fractions de grains dans des liqueurs dont la pesanteur spécifique est différente, elles sont cependant commodes pour les évaluations.

Je ne m'étendrai pas davantage sur les moyens qui servent pour déterminer, soit le poids absolu, soit la pesanteur spécifique des solides et des liquides; les instruments qu'on emploie à ce genre d'expériences sont entre les mains de tout le monde, on peut se les procurer aisément, et de plus grands détails seraient inutiles. Il n'en sera pas de même de la mesure des gaz : la plupart des instruments dont je me sers ne se trouvant nulle part et n'ayant été décrits dans aucun ouvrage, il m'a paru nécessaire d'en donner une connaissance plus détaillée; c'est l'objet que je me suis proposé dans le chapitre suivant.

CHAPITRE II.

DE LA GAZOMÉTRIE OU DE LA MESURE DU POIDS ET DU VOLUME DES SUBSTANCES AÉRIFORMES.

§ I.

DESCRIPTION DES APPAREILS PNEUMATO-CHIMIQUES.

Les chimistes français ont donné, dans ces derniers temps, le nom de *pneumato-chimique* à un appareil à la fois très-ingénieux et très-simple, imaginé par M. Priestley, et qui est devenu absolument indispensable dans tous les laboratoires. Il consiste en une caisse ou cuve de bois plus ou moins grande (pl. V, fig. 1 et 2), doublée de plomb laminé ou de feuilles de cuivre étamé. La figure 1 représente cette cuve vue en perspective; on en a supposé le devant et un des côtés enlevés dans la figure 2, afin de faire mieux sentir la manière dont elle est construite dans son intérieur.

On distingue, dans tout appareil de cette espèce, la tablette de la cuve *ABCD* (fig. 1 et 2), et le fond de la cuve *FGHI* (fig. 2). L'intervalle qui se trouve entre ces deux plans est la cuve proprement dite, ou la fosse de la cuve. C'est dans cette partie creuse qu'on emplit les cloches : on les retourne ensuite et on les pose sur la tablette *ABCD* (voyez la cloche *F*, pl. X). On peut encore distinguer les bords de la cuve, et l'on donne ce nom à tout ce qui excède le niveau de la tablette.

La cuve doit être suffisamment remplie pour que la tablette soit toujours recouverte d'un pouce ou d'un pouce et demi d'eau; elle doit avoir assez de largeur et de profondeur pour qu'il y en ait alors au moins un pied en tout sens dans la fosse de la cuve. Cette quantité suffit pour les expériences ordinaires; mais il est un grand nombre de circonstances où il est commode, où il est même indispensable de se donner encore plus d'espace. Je conseille donc à ceux qui veulent s'occuper utilement et habituellement d'expériences de chimie, de construire très en grand ces appareils, si le local le leur permet. La fosse de ma cuve principale contient quatre pieds cubes d'eau, et la surface de sa tablette est de quatorze pieds carrés. Malgré cette grandeur, qui me paraissait d'abord démesurée, il m'arrive encore souvent de manquer de place.

Il ne suffit pas encore, dans un laboratoire où l'on est livré à un courant habituel d'expériences, d'avoir un seul de ces appareils, quelque grand qu'il soit : il faut, indépendamment du magasin général, en avoir de plus petits et de portatifs même, qu'on place où le besoin l'exige et près du fourneau où l'on opère. Ce n'est qu'ainsi qu'on peut faire marcher plusieurs expériences à la fois. Il y a d'ailleurs des opérations qui salissent l'eau de l'appareil, et qu'il est nécessaire de faire dans une cuve particulière.

Il est sans doute beaucoup plus économique de se servir de cuves de bois, ou de baquets cerclés de fer et faits tout simplement avec des douves, plutôt que d'employer des caisses de bois doublées de cuivre ou de plomb; je m'en suis moi-même servi dans mes premières expériences; mais j'ai bientôt reconnu les inconvénients qui y sont attachés. Si l'eau n'y est pas toujours entretenue au même niveau, les douves qui se trouvent à sec prennent de la retraite; elles se disjoignent, et, quand on vient ensuite à mettre plus d'eau, elle s'échappe par les jointures, et les planchers sont inondés.

Les vaisseaux dont on se sert pour recevoir et pour contenir les gaz dans cet appareil sont des cloches de cristal *A* (fig. 9). Pour les transporter d'un appareil à un autre, ou même pour les mettre en réserve quand la cuve est trop embarrassée, on se sert de plateaux *BC*, même figure, garnis d'un rebord et de deux anses *DE*, pour les transporter.

A l'égard de l'appareil pneumato-chimique au mercure, après avoir essayé d'en construire de différentes matières, je me suis arrêté définitivement au marbre. Cette substance est absolument imperméable au mercure; on n'a pas à craindre, comme avec le bois, que les assemblages se disjoignent, ou que le mercure s'échappe par des gerçures: on n'a point non plus l'inquiétude de la cassure, comme avec le verre, la faïence et la porcelaine.

On choisit donc un bloc de marbre *BCDE* (pl. V, fig. 3 et 4), de 2 pieds de long, de 15 à 18 pouces de large, et de 10 pouces d'épaisseur; on fait creuser jusqu'à une profondeur *mn* (fig. 5), d'environ 4 pouces, pour former la fosse qui doit contenir le mercure, et, pour qu'on puisse y remplir plus commodément les cloches ou jarres, on y fait creuser en outre une profonde rigole *TV* (fig. 3, 4 et 5), de quatre autres pouces au moins de profondeur; enfin, comme cette rigole pourrait être embarrassante dans quelques expériences, il est bon qu'on puisse la boucher et la condamner à volonté, et l'on remplit cet objet au moyen de petites planches qui entrent dans une rainure *xy* (fig. 5). Je me suis déterminé à faire construire deux cuves de marbre semblables à celle que je viens de décrire, mais de grandeurs différentes; j'en ai toujours par ce moyen une des deux qui me sert de réservoir pour conserver le mercure, et c'est de tous les réservoirs le plus sûr et le moins sujet aux accidents.

On peut opérer dans le mercure avec cet appareil, exactement comme dans l'eau : il faut seulement employer des cloches très-fortes et d'un petit diamètre, ou des tubes de cristal qui ont un empatement par le bas, comme celui représenté fig. 7; les faïenciers qui les tiennent les nomment *eudiomètres*. On voit une de ces cloches en place *A* (fig. 5), et ce qu'on nomme une jarre (fig. 6).

L'appareil pneumato-chimique au mercure est nécessaire pour toutes les opérations où il se dégage des gaz susceptibles d'être absorbés par l'eau, et ce cas n'est pas rare, puisqu'il a lieu généralement dans toutes les combustions, à l'exception de celle des métaux.

§ II.

DU GAZOMÈTRE.

Je donne le nom de *gazomètre* à un instrument dont j'ai eu la première idée et que j'avais fait exécuter dans la vue de former un soufflet qui pût fournir continuellement et uniformément un courant de gaz oxygène pour des expériences de fusion. Depuis, nous avons fait, M. Meusnier et moi, des corrections et des additions considérables à ce premier essai, et nous l'avons transformé en un instrument pour ainsi dire universel, dont il sera difficile de se passer toutes les fois qu'on voudra faire des expériences exactes.

Le nom seul de cet instrument indique assez qu'il est destiné à mesurer le volume des gaz. Il consiste en un grand fléau de balance, de trois pieds de longueur *DE* (pl. VIII, fig. 1), construit en fer et très-fort. A chacune de ses extrémités *DE* est solidement fixée une portion d'arc de cercle également en fer.

Ce fléau ne repose pas, comme dans les balances ordinaires, sur un couteau; on y a substitué un tourillon cylindrique d'acier (*F* fig. 9), qui porte sur des rouleaux mobiles : on est parvenu ainsi à diminuer considérablement la résistance qui pouvait mettre obstacle au libre mouvement de la machine; puisque le frottement de la première espèce se trouve converti en un de la seconde. Ces rouleaux sont en cuivre jaune et d'un grand diamètre : on a pris de plus la précaution de garnir les points qui supportent l'axe, ou tourillon du fléau, avec des bandes de cristal de roche. Toute cette suspension est établie sur une colonne solide de bois, *BC* (fig. 1).

A l'extrémité *D* de l'un des bras du fléau, est suspendu un plateau de la balance *P*, destiné à recevoir des poids. La chaîne, qui est plate, s'applique contre la circonférence de l'arc *n D o*, dans une rainure pratiquée à cet effet. A l'extrémité *E* de l'autre bras du levier, est attachée une chaîne également plate *i k m*, qui, par sa construction, n'est pas susceptible de s'allonger ni de se raccourcir, lorsqu'elle est plus ou moins chargée. A cette chaîne est adapté solidement en *i* un étrier de fer à trois branches *a i*, *c i*, *h i*, qui supporte une grande cloche *A* de cuivre battu, de 18 pouces de diamètre sur environ 20 pouces de hauteur.

On a représenté toute cette machine en perspective dans la pl. VIII, fig. 1; on l'a supposée, au contraire (pl. IX, fig. 2 et 4), partagée en deux par un plan vertical, pour laisser voir l'intérieur. Tout autour de la cloche dans le bas (pl. IX, fig. 2), est un rebord relevé en dehors, et qui forme une capacité partagée en différentes cases 1, 2, 3, 4, etc. Ces cases sont destinées à recevoir des poids de plomb représentés séparément 1, 2, 3. Ils servent à augmenter la pesanteur de la cloche dans les cas où l'on a besoin d'une pression considérable, comme on le verra dans la suite; ces cas, au surplus, sont extrêmement rares. La cloche cylindrique *A* est entièrement ouverte par son fond *d e* (pl. IX, fig. 4); elle est fermée par le haut au moyen d'une calotte de cuivre *a b c*, ouverte en *b f*, et fermée par le moyen d'un robinet *g*. Cette calotte, comme on le voit par l'inspection des figures, n'est pas placée tout à fait à la partie supérieure du cylindre; elle est rentrée en dedans de quelques pouces, afin que la cloche ne soit jamais plongée en entier sous l'eau, et qu'elle n'en soit pas recouverte. Si j'étais dans le cas de faire reconstruire un jour cette machine, je désirerais que la calotte fût beaucoup plus surbaissée, de manière qu'elle ne formât presque qu'un plan.

Cette cloche ou réservoir à air est reçue dans un vase cylindrique *LMNO* (pl. VIII, fig. 1), également de cuivre et qui est plein d'eau.

Au milieu de ce vase cylindrique *LMNO* (pl. IX, fig. 4), s'élèvent perpendiculairement deux tuyaux *s t*, *x y*, qui se rapprochent un peu l'un de l'autre par leur extrémité supérieure *t y*. Ces tuyaux se prolongent jusqu'un peu au-dessus du niveau du bord supérieur *L M* du vase *L M N O*. Quand la cloche *a b c d e* touche le fond *N O*, ils entrent d'un demi-pouce environ dans la capacité conique *b*, qui conduit au robinet *g*.

La fig. 3, pl. IX, représente le fond du vase *L M N O*. On voit au milieu une petite calotte sphérique creuse en dessous, assujettie et soudée par ses bords au fond du vase. On peut la considérer comme le pavillon d'un petit entonnoir renversé, auquel s'adaptent en *s* et en *x* les tuyaux *st*, *xy*. fig. 4. Ces tuyaux se trouvent par ce moyen en communication avec ceux *mm*, *nn*, *oo*, *pp*, qui sont placés horizontalement sur le fond de la machine, fig. 3, et qui, tous quatre, se réunissent dans la calotte sphérique *sx*.

De ces quatre tuyaux, trois sortent en dehors du vase *LMNO*, et on peut les suivre, pl. VIII, fig. 1. L'un, désigné par les chiffres arabes 1, 2, 3, s'ajuste en 3 avec la partie supérieure d'une cloche *V*, et par l'intermède du robinet 4. Cette cloche est posée sur la tablette d'une petite cuve *GHIK*, doublée de plomb, et dont l'intérieur se voit pl. IX, fig. 1.

Le second tuyau est appliqué contre le vase *LMNO*, de 6 en 7; il se continue ensuite en 7, 8, 9 et 10, et vient s'engager en 11 sous la cloche *V*. Le premier de ces deux tuyaux est destiné à introduire le gaz dans la machine, le second à en faire passer des essais sous des cloches. On détermine le gaz à entrer ou à sortir, suivant le degré de pression qu'on donne, et on parvient à faire varier cette pression en chargeant plus ou moins le bassin *P*. Lors donc qu'on veut introduire de l'air, on donne une pression nulle et quelquefois même négative. Lorsque, au contraire, on veut en faire sortir, on augmente la pression jusqu'au degré où on le juge à propos.

Le troisième tuyau 12, 13, 14, 15 est destiné à conduire l'air ou le gaz à telle distance qu'on le juge à propos pour les combustions, combinaisons ou autres opérations de ce genre.

Pour entendre l'usage du quatrième tuyau, il est nécessaire que j'entre dans quelques explications. Je suppose que le vase *LMNO* (fig. 1), soit rempli d'eau, et que la cloche *A* soit en partie pleine d'air et en partie pleine d'eau : il est évident qu'on peut proportionner tellement les poids placés dans le bassin *P*, qu'il y ait un juste équilibre et que l'air ne tende ni à rentrer dans la cloche *A*, ni à en sortir; l'eau, dans cette supposition, sera au même niveau en dedans et au dehors de la cloche. Il n'en sera plus de même sitôt qu'on aura diminué le poids placé dans le bassin *P*, et qu'il y aura pression du côté de la cloche : alors le niveau de l'eau sera plus bas dans l'intérieur qu'à l'extérieur de la cloche, et l'air de l'intérieur se trouvera plus chargé que celui du dehors, d'une quantité qui sera mesurée exactement par le poids d'une colonne d'eau d'une hauteur égale à la différence des deux niveaux.

M. Meusnier, en partant de cette observation, a imaginé d'en déduire un moyen de reconnaître, dans tous les instants, le degré de pression qu'éprouverait l'air contenu dans la capacité de la cloche *A* (pl. VIII, fig. 1). Il s'est servi à cet effet d'un siphon de verre à deux branches 19, 20, 21, 22 et 23, solidement mastiqué en 19 et en 23. L'extrémité 19 de ce siphon communique librement avec l'eau de la cuve ou vase extérieur. L'extrémité 23, au contraire, communique avec le quatrième tuyau, dont je me suis réservé, il n'y a qu'un moment, d'expliquer l'usage, et, par conséquent, avec l'air de l'intérieur de la cloche, par le tuyau *st* (pl. IX, fig. 4). Enfin, M. Meusnier a mastiqué en 16 (pl. VIII, fig. 1) un autre tube droit de verre 16, 17, 18, qui communique par son extrémité 16 avec l'eau du vase extérieur: il est ouvert à l'air libre par son extrémité supérieure 18.

Il est clair, d'après ces dispositions, que l'eau doit se tenir, dans le tube 16, 17 et 18, constamment au niveau de celle de la cuve ou vase extérieur; que l'eau, au contraire, dans la branche 19, 20 et 21, doit se tenir plus haut ou plus bas, suivant que l'air de l'intérieur de la cloche est plus ou moins pressé que l'air extérieur, et que la différence de hauteur entre ces deux colonnes, observée dans le tube 16, 17 et 18, et dans celui 19, 20 et 21, doit donner exactement la mesure de la différence de pression. On a fait placer, en conséquence, entre ces deux tubes, une règle de cuivre graduée et divisée en pouces et lignes, pour mesurer ces différences.

On conçoit que l'air, et en général tous les fluides élastiques aériformes, étant d'autant plus lourds qu'ils sont plus comprimés, il était nécessaire, pour en évaluer les quantités et pour convertir les volumes en poids, d'en connaître l'état de compression : c'est l'objet qu'on s'est proposé de remplir par le mécanisme qu'on vient d'exposer.

Mais ce n'est pas encore assez pour connaître la pesanteur spécifique de l'air ou des gaz et pour déterminer leur poids sous un volume connu, que de savoir quel est le degré de compression qu'ils éprouvent: il faut encore en connaître la température, et c'est à quoi nous sommes parvenus à l'aide d'un petit thermomètre dont la boule plonge dans la cloche *A*, et dont la graduation s'élève en dehors : il est solidement mastiqué dans une virole de cuivre qui se visse à la cloche *A*. (Voyez 24 et 25, pl. VIII, fig. 1, et pl. IX, fig. 4.) Ce même thermomètre est représenté séparément, pl. VIII, fig. 10.

L'usage du gazomètre aurait encore présenté de grands embarras et de grandes difficultés, si nous nous fussions bornés à ces seules précautions. La cloche, en s'enfonçant dans l'eau du vase extérieur *LMNO*, perd de son poids, et cette perte de poids est égale à celui de l'eau qu'elle déplace. Il en résulte que la pression qu'éprouve l'air ou le gaz contenu dans la cloche diminue continuellement à mesure qu'elle s'enfonce; que le gaz qu'elle a fourni dans le premier instant n'est pas de la même densité que celui qu'elle fournit à la fin; que sa pesanteur spécifique va continuellement en décroissant; et, quoique, à la rigueur, ces différences puissent être déterminées par le calcul, on aurait été obligé à des recherches mathématiques qui auraient rendu l'usage de cet appareil embarrassant et difficile. Pour remédier à cet inconvénient, M. Meusnier a imaginé d'élever perpendiculairement, au milieu du fléau, une tige carrée de fer 26 et 27 (pl. VIII fig. 1), qui traverse une lentille creuse de cuivre 28, qu'on ouvre et qu'on peut remplir de plomb. Cette lentille glisse le long de la tige 26 et 27; elle se meut par le moyen d'un pignon denté qui engrène dans une crémaillère, et elle se fixe à l'endroit qu'on juge à propos.

Il est clair que, quand le levier *DE* est horizontal, la lentille 28 ne pèse ni d'un côté ni d'un autre; elle n'augmente donc ni ne diminue la pression. Il n'en est plus de même quand la cloche *A* s'enfonce davantage et que le levier s'incline d'un côté, comme on le voit fig. 1.

Alors le poids 28, qui n'est plus dans la ligne verticale qui passe par le centre de suspension, pèse du côté de la cloche et augmente sa pression. Cet effet est d'autant plus grand que la lentille 28 est plus élevée vers 27, parce que le même poids exerce une action d'autant plus forte qu'il est appliqué à l'extrémité d'un levier plus long. On voit donc qu'en promenant le poids 28 le long de la tige 26 et 27, suivant laquelle il est mobile, on peut augmenter ou diminuer l'effet de la correction qu'il opère; et le calcul, comme l'expérience, prouve qu'on peut arriver au point de compenser fort exactement la perte de poids que la cloche éprouve à tous les degrés de pression.

Je n'ai encore rien dit de la manière d'évaluer les quantités d'air ou de gaz fournies par la machine, et cet article est de tous le plus important. Pour déterminer avec une rigoureuse exactitude ce qui s'est dépensé dans le cours d'une expérience, et, réciproquement, pour savoir ce qui en a été fourni, nous avons établi sur l'arc de cercle qui termine le levier *DE* (fig. 1), un limbe de cuivre *lm* divisé en degrés et demi-degrés; cet arc est fixé au levier *DE*, et il est emporté par un mouvement commun. On mesure les quantités dont il s'abaisse, au moyen d'un index fixe 29, 30, qui se termine en 30 par un *nonius* qui donne les centièmes de degré.

On voit, pl. VIII, les détails des différentes parties que nous venons de décrire.

1° Fig. 2, la chaîne plate qui soutient le bassin de balance *P*; c'est celle de M. Vaucanson : mais, comme elle a l'inconvénient de s'allonger ou de se raccourcir suivant qu'elle est plus ou moins chargée, il y aurait eu de l'inconvénient à l'employer à la suspension de la cloche *A*.

2° Fig. 5, la chaîne *ikm*, qui, dans la figure 1, porte la cloche *A* : elle est toute formée de plaques de fer limées, enchevêtrées les unes dans les autres, et maintenues par des chevilles de fer. Quelque fardeau qu'on fasse supporter à ce genre de chaîne, elle ne s'allonge pas sensiblement.

3° Fig. 6, l'étrier à trois branches, par le moyen duquel est suspendue la cloche *A* avec des vis de rappel, pour la fixer dans une position bien verticale.

4° Fig. 3, la tige 26, 27, qui s'élève perpendiculairement au milieu du fléau, et qui porte la lentille 28.

5° Fig. 7 et 8, les rouleaux avec la bande *z* de cristal de roche, sur laquelle portent les contacts, pour diminuer encore le frottement.

6° Fig. 4, la pièce qui porte l'axe des rouleaux.

7° Fig. 9, le milieu du fléau, avec le tourillon sur lequel il est mobile.

8° Fig. 10, le thermomètre qui donne le degré de l'air contenu dans la cloche.

Quand on veut se servir du gazomètre qu'on vient de décrire, il faut commencer par remplir d'eau le vase extérieur *LMNO* (pl. VIII, fig. 1), jusqu'à une hauteur déterminée, qui doit toujours être la même dans toutes les expériences. Le niveau de l'eau doit être pris quand le fléau de la machine est horizontal. Ce niveau, quand la cloche est à fond, se trouve augmenté de toute la quantité d'eau qu'elle a déplacée; il diminue, au contraire, à mesure que la cloche approche de son plus haut point d'élévation. On cherche ensuite par tâtonnements quelle est l'élévation à laquelle doit être fixée la lentille 28, pour que la pression soit égale dans toutes les positions du fléau. Je dis, à peu près, parce que la correction n'est pas rigoureuse, et que des différences d'un quart de ligne et même d'une demi-ligne ne sont d'aucune conséquence. Cette hauteur à laquelle il faut élever la lentille n'est pas la même pour tous les degrés de pression; elle varie suivant que cette pression est de 1 pouce, 2 pouces, 3 pouces, etc. Toutes ces déterminations doivent être écrites à mesure sur un registre avec beaucoup d'ordre.

Ces premières dispositions faites, on prend une bouteille de huit à dix pintes, dont on détermine bien la capacité en pesant exactement la quantité d'eau qu'elle peut contenir. On renverse cette bouteille ainsi pleine dans la cuve *GHIK*, fig. 1. On en pose le goulot sur la tablette, à la place de la cloche *V*, en engageant l'extrémité 11 du tuyau 7, 8, 9, 10, 11 dans son goulot. On établit la machine à zéro de pression, et on observe bien exactement le degré marqué par l'index sur le limbe; puis, ouvrant le robinet 8 et appuyant un peu sur la cloche *A*, on fait passer autant d'air qu'il en faut pour remplir entièrement la bouteille. Alors on observe de nouveau le limbe, et on est en état de calculer le nombre de pouces cubes qui répondent à chaque degré.

Après cette première bouteille on en remplit une seconde, une troisième, etc. on recommence même plusieurs fois cette opération, et même avec des bouteilles de différentes capacités; et, avec du temps et une scrupuleuse attention, on parvient à jauger la cloche *A* dans toutes ses parties. Le mieux est de faire en sorte qu'elle soit bien tournée et bien cylindrique, afin d'éviter les évaluations et les calculs.

L'instrument que je viens de décrire, et que j'ai nommé *gazomètre*, a été construit par M. Meignié le jeune, ingénieur, constructeur d'instruments de physique, breveté du roi. Il y a apporté un soin, une exactitude et une intelligence rares. C'est un instrument précieux par le grand nombre des applications qu'on en peut faire, et parce qu'il est des expériences à peu près impossibles sans lui. Ce qui le renchérit, c'est qu'un seul ne suffit pas; il le faut double dans un grand nombre de cas, comme dans la formation de l'eau, dans celle de l'acide nitreux, etc. C'est un effet inévitable de l'état de perfection dont la chimie commence à s'approcher, que d'exiger des instruments et des appareils dispendieux et compliqués : il faut s'attacher sans doute à les simplifier, mais il ne faut pas que ce soit aux dépens de leur commodité et surtout de leur exactitude.

§ III.

DE QUELQUES AUTRES MANIÈRES DE MESURER LE VOLUME DES GAZ.

Le gazomètre dont je viens de donner la description dans le paragraphe précédent est un instrument trop compliqué et trop cher pour qu'on puisse l'employer habituellement à la mesure des gaz dans les laboratoires; il s'en faut même beaucoup qu'il soit applicable à toutes les circonstances. Il faut, pour une multitude d'expériences courantes, des moyens plus simples, et qui soient, si l'on peut se permettre cette expression, plus à la main. Je vais détailler ici ceux dont je me suis servi jusqu'au moment où j'ai eu un gazomètre à ma disposition, et dont je me sers encore aujourd'hui de préférence dans le cours ordinaire de mes expériences.

J'ai décrit, dans le paragraphe premier de ce chapitre, les appareils pneumato-chimiques à l'eau et au mercure. Ils consistent, comme on l'a vu, en cuves plus ou moins grandes, sur la tablette desquelles se posent les cloches destinées à recevoir les gaz. Je suppose qu'à la suite d'une expérience quelconque on ait, dans un appareil de cette espèce, un résidu de gaz qui n'est absorbable ni par l'alcali ni par l'eau, qui est contenu dans le haut d'une cloche *AEF* (pl. IV, fig. 3), et dont on veut connaître le volume. On commence par marquer avec une grande exactitude, par le moyen de bandes de papier, la hauteur *EF* de l'eau ou du mercure. Il ne faut pas se contenter d'appliquer une seule marque d'un des côtés de la cloche, parce qu'il pourrait rester de l'incertitude sur le niveau du liquide : il en faut au moins trois ou même quatre en opposition les unes aux autres.

On doit ensuite, si c'est sur du mercure qu'on opère, faire passer sous la cloche de l'eau pour déplacer le mercure. Cette opération se fait facilement avec une bouteille qu'on emplit d'eau à ras : on en bouche l'orifice avec le doigt, on la renverse et on engage son col sous la cloche; puis, retournant la bouteille, on en fait sortir l'eau, qui s'élève au-dessus de la colonne de mercure et qui la déplace. Lorsque tout le mercure est ainsi déplacé, on verse de l'eau sur la cuve *ABCD*, de manière que le mercure en soit couvert d'un pouce environ. On passe une assiette ou un vase quelconque très-plat sous la cloche, et on l'enlève pour la transporter sur une cuve à eau, pl. V, fig. 1 et 2. Alors on transvase l'air dans une cloche qui a été graduée de la manière dont je vais l'expliquer, et on juge de la quantité du gaz par les graduations de la cloche.

A cette première manière de déterminer le volume du gaz, on peut en substituer une autre, qu'il est bon d'employer comme moyen de vérification. L'air ou le gaz une fois transvasé, on retourne la cloche qui le contenait, et on y verse de l'eau jusqu'aux marques *EF*; on pèse cette eau, et de son poids on conclut le volume, d'après cette donnée, qu'un pied cube ou 1728 pouces d'eau pèsent 70 livres. On trouvera à la fin de cette troisième partie une table où ces réductions se trouvent toutes faites.

La manière de graduer les cloches est extrêmement facile, et je vais en donner le procédé, afin que chacun puisse s'en procurer. Il est bon d'en avoir de plusieurs grandeurs, et même un certain nombre de chaque grandeur, pour y avoir recours en cas d'accident.

On prend une cloche de cristal un peu forte, longue et étroite; on l'emplit d'eau dans la cuve représentée pl. V, fig. 1, et on la pose sur la tablette *ABCD*. On doit avoir une place déterminée qui serve constamment à ce genre d'opération, afin que le niveau de la tablette sur laquelle on pose la clôche soit toujours le même; on évite par là presque la seule erreur dont ce genre d'opération soit susceptible.

D'un autre côté, on choisit une bouteille à goulot étroit, qui, pleine à ras, contienne juste 6 onces 3 gros 61 grains d'eau, ce qui répond à un volume de 10 pouces cubiques. Si on ne trouvait pas de bouteille qui eût précisément cette capacité, on en prendrait une un peu plus grande, et on y coulerait un peu de cire fondue avec de la résine, pour en diminuer la capacité. Cette bouteille sert d'étalon pour jauger la cloche, et voici comme on y procède : on fait passer l'air contenu dans cette bouteille dans la cloche qu'on se propose de graduer, puis on fait une marque à la hauteur jusqu'à laquelle est descendue l'eau : on ajoute une seconde mesure d'air et on fait une nouvelle marque: on continue ainsi jusqu'à ce que toute l'eau de la cloche ait été déplacée. Il est important, pendant le cours de cette opération, que la bouteille et la cloche soient maintenues constamment à la même température, et que cette température diffère peu de celle de l'eau de la cuve. On doit donc éviter d'appliquer les mains sur la cloche, ou au moins de les y tenir longtemps, pour ne la pas échauffer; si même on craignait qu'elle ne l'eût été, il faudrait verser dessus de l'eau de la cuve pour la rafraichir. La hauteur du baromètre et du thermomètre est indifférente pour cette opération, pourvu qu'elle ne varie pas pendant qu'elle dure.

Lorsque les marques ont été ainsi placées de 10 pouces en 10 pouces sur la cloche, on y trace une graduation avec une pointe de diamant emmanchée dans une petite tige de fer. On trouve des diamants ainsi montés pour un prix modique au Louvre, chez le successeur de Passement. On peut graduer de la même manière des tubes de cristal pour le mercure : on les divise alors de pouce en pouce et même de dixièmes de pouce en dixièmes de pouce. La bouteille qui sert de jauge doit contenir juste 8 onces 6 gros 25 grains de mercure; c'est le poids équivalent à un pouce cubique.

Cette manière de déterminer les volumes d'air, au moyen d'une cloche graduée comme on vient de l'exposer, a l'avantage de n'exiger aucune correction pour la différence de hauteur qui existe entre le niveau de l'eau dans l'intérieur de la cloche, et celui de l'eau de la cuve, mais ne dispense pas des corrections relatives à la hauteur du baromètre et du thermomètre. Lorsqu'on détermine, au contraire, le volume de l'air par le poids de l'eau contenue jusqu'aux marques *EF*, on a une correction de plus à faire pour la différence des niveaux du fluide en dedans et en dehors de la cloche, comme je l'expliquerai dans le § V de ce chapitre.

§ IV.

DE LA MANIÈRE DE SÉPARER LES UNES DES AUTRES LES DIFFÉRENTES ESPÈCES DE GAZ.

On n'a présenté dans le paragraphe précédent qu'un cas des plus simples, celui où l'on se propose de déterminer le volume d'un gaz pur non absorbable par l'eau; les expériences conduisent ordinairement à des résultats plus compliqués, et il n'est pas rare d'obtenir à la fois trois ou quatre espèces de gaz différentes. Je vais essayer de donner une idée de la manière dont on parvient à les séparer.

Je suppose que j'aie sous la cloche *A* (pl. IV, fig. 3), une quantité *A E F* de différents gaz, mêlés ensemble et contenus par du mercure : on doit commencer par marquer exactement avec des bandes de papier, comme je l'ai prescrit dans le paragraphe précédent, la hauteur du mercure; on fait ensuite passer sous la cloche une très-petite quantité d'eau, d'un pouce cubique, par exemple : si le mélange de gaz contient du gaz acide muriatique ou du gaz acide sulfureux, il y aura sur-le-champ une absorption très-considérable, parce que c'est une propriété de ces gaz d'être absorbés en grande quantité par l'eau, surtout le gaz acide muriatique. Si le pouce cube d'eau qui a été introduit ne produit qu'une très-légère absorption et à peine égale à son volume, on en conclura que le mélange ne contient ni gaz acide muriatique, ni gaz acide sulfureux, ni même de gaz ammoniaque; mais on commencera dès lors à soupçonner qu'il est mélangé de gaz acide carbonique, parce qu'en effet l'eau n'absorbe de ce gaz qu'un volume à peu près égal au sien. Pour vérifier ce soupçon, on introduira sous la cloche de l'alcali caustique en liqueur : s'il y a du gaz acide carbonique, on observera une absorption lente, et qui durera plusieurs heures; l'acide carbonique se combinera avec l'alcali caustique ou potasse, et ce qui restera ensuite n'en contiendra pas sensiblement.

On n'oubliera pas, à la suite de chaque expérience, de coller des marques de papier sur la cloche, à l'endroit où répondra la surface du mercure, et de les vernir dès qu'elles seront sèches, afin qu'on puisse plonger la cloche dans l'eau sans risquer de les décoller. Il sera également nécessaire de tenir note de la différence de niveau entre le mercure de la cloche et celui de la cuve, ainsi que de la hauteur du baromètre et du degré du thermomètre.

Lorsqu'on aura ainsi absorbé par l'eau et par la potasse tous les gaz qui en sont susceptibles, on fera passer de l'eau sous la cloche pour en déplacer tout le mercure; on couvrira, comme je l'ai prescrit dans le paragraphe précédent, le mercure de la cuve d'environ deux pouces d'eau; puis, passant par-dessous la cloche une assiette plate, on la transportera sur la cuve pneumato-chimique à l'eau : là, on déterminera la quantité d'air ou de gaz restant, en la faisant passer dans une cloche graduée. Cela fait, on en prendra différents essais dans de petites jarres, et, par des expériences préliminaires, on cherchera à reconnaître quels sont à peu près les gaz auxquels on a affaire. On introduira, par exemple, dans une des petites jarres remplies de ce gaz une bougie allumée, comme on le voit représenté pl. V, fig. 8. Si la bougie ne s'y éteint pas, on en conclura qu'il contient du gaz oxygène, et même, suivant que la flamme de la bougie sera plus ou moins éclatante, on pourra juger s'il en contient plus ou moins que l'air de l'atmosphère. Dans le cas, au contraire, où la bougie s'y éteindrait, on aurait une forte raison de présumer que ce résidu est, pour la plus grande partie, du gaz azote. Si, à l'approche de la bougie, le gaz s'enflamme et brûle paisiblement à la surface avec une flamme de couleur blanche, on en conclura que c'est du gaz hydrogène pur; si elle est bleue, on aura lieu d'en conclure que ce gaz est carboné : enfin, s'il brûle avec bruit et détonation, c'est un mélange de gaz oxygène et de gaz hydrogène.

On peut encore mêler une portion du même gaz avec du gaz oxygène; s'il y a vapeurs rouges et absorption, on conclura qu'il contient du gaz nitreux.

Ces connaissances préliminaires donnent bien une idée de la qualité du gaz et de la nature du mélange; mais elles ne suffisent pas pour déterminer les proportions et les quantités. Il faut alors avoir recours à toutes les ressources de l'analyse, et c'est beaucoup que de savoir à peu près dans quel sens il faut diriger ses efforts. Je suppose que l'on ait reconnu que le résidu sur lequel on opère soit un mélange de gaz azote et de gaz oxygène : pour en reconnaître la proportion, on en fait passer une quantité déterminée, 100 parties, par exemple, dans un tube gradué de 10 à 12 lignes de diamètre; on y introduit du sulfure de potasse dissous dans l'eau, et on laisse le gaz en contact avec cette liqueur; elle absorbe tout le gaz oxygène, et, au bout de quelques jours, il ne reste que du gaz azote.

Si, au contraire, on a reconnu qu'on avait affaire à du gaz hydrogène, on en fait passer une quantité déterminée dans un eudiomètre de Volta; on y joint une première portion de gaz oxygène, qu'on fait détoner avec lui par l'étincelle électrique; on ajoute une seconde portion du même gaz oxygène, et on fait détoner de nouveau, et ainsi, jusqu'à ce qu'on ait obtenu la plus grande diminution possible de volume. Il se forme, comme on sait, dans cette détonation, de l'eau qui est absorbée sur-le-champ; mais, si le gaz hydrogène contenait du carbone, il se forme en même temps de l'acide carbonique, qui ne s'absorbe pas aussi promptement, et dont on peut reconnaître la quantité en facilitant son absorption par l'agitation de l'eau.

Enfin, si on a du gaz nitreux, on peut encore en déterminer la quantité, du moins à peu près, par une addition de gaz oxygène, et d'après la diminution de volume qui en résulte.

Je m'en tiendrai à ces exemples généraux, qui suffisent pour donner une idée de ce genre d'opérations. Un volume entier ne suffirait pas, si l'on voulait prévoir tous les cas. L'analyse des gaz est un art avec lequel il faut se familiariser; mais, comme ils ont la plupart de l'affinité les uns avec les autres, il faut avouer qu'on n'est pas toujours sûr de les avoir complétement séparés. C'est alors qu'il faut changer de marche et de route, refaire d'autres expériences sous une autre forme, introduire quelque nouvel agent dans la combinaison, en écarter d'autres, jusqu'à ce qu'on soit sûr d'avoir saisi la vérité.

§ V.

DES CORRECTIONS À FAIRE AU VOLUME DES GAZ OBTENUS DANS LES EXPÉRIENCES, RELATIVEMENT À LA PRESSION DE L'ATMOSPHÈRE.

C'est une vérité donnée par l'expérience, que les fluides élastiques en général sont compressibles en raison des poids dont ils sont chargés. Il est possible que cette loi souffre quelque altération aux approches du degré de compression qui serait suffisant pour les réduire à l'état liquide, et de même à un degré de dilatation ou de compression extrême; mais nous ne sommes pas près de ces limites pour la plupart des gaz que nous soumettons à des expériences.

Quand je dis que les fluides élastiques sont compressibles en raison des poids dont ils sont chargés, voici comme il faut entendre cette proposition.

Tout le monde sait ce que c'est qu'un baromètre. C'est, à proprement parler, un siphon *ABCD* (pl. XII, fig. 16), plein de mercure dans la branche *AB*, plein d'air dans la branche *BCD*. Si l'on suppose mentalement cette branche *BCD* prolongée indéfiniment jusqu'au haut de notre atmosphère, on verra clairement que le baromètre n'est autre chose qu'une sorte de balance, un instrument dans lequel on met une colonne de mercure en équilibre avec une colonne d'air. Mais il est facile de s'apercevoir que, pour que cet effet ait lieu, il est parfaitement inutile de prolonger la branche *BCD* à une aussi grande hauteur, et que, comme le baromètre est plongé dans l'air, la colonne *AB* de mercure sera également en équilibre avec une colonne de même diamètre d'air de l'atmosphère, quoique la branche du siphon *BCD* soit coupée en *C* et qu'on en retranche la partie *CD*.

La hauteur moyenne d'une colonne de mercure capable de faire équilibre avec le poids d'une colonne d'air prise depuis le haut de l'atmosphère jusqu'à la surface de la terre est de 28 pouces de mercure, du moins à Paris et même dans les quartiers bas de la ville; ce qui signifie, en d'autres termes, que l'air, à la surface de la terre à Paris, est communément pressé par un poids égal à celui d'une colonne de mercure de 28 pouces de hauteur. C'est ce que j'ai voulu exprimer dans cet ouvrage, lorsque j'ai dit, en parlant des différents gaz, par exemple du gaz oxygène, qu'il pesait 1 once 4 gros le pied cube, sous une pression de 28 pouces. La hauteur de cette colonne de mercure diminue à mesure que l'on s'élève et que l'on s'éloigne de la surface de la terre, ou, pour parler plus rigoureusement, de la ligne de niveau formée par la surface de la mer; parce qu'il n'y a que la colonne d'air supérieure au baromètre qui fasse équilibre avec le mercure, et que la pression de toute la quantité d'air qui est au-dessous du niveau où il est placé est nulle par rapport à lui.

Mais suivant quelle loi le baromètre baissera-t-il à mesure que l'on s'élève; ou, ce qui revient au même, quelle est la loi suivant laquelle les différentes couches de l'atmosphère décroissent de densité? C'est ce qui a beaucoup exercé la sagacité des physiciens du dernier siècle. L'expérience suivante a d'abord jeté beaucoup de lumière sur cet objet.

Si l'on prend un siphon de verre *ABCDE* (pl. XII, fig 17), fermé en *E* et ouvert en *A*, et qu'on y introduise quelques gouttes de mercure pour intercepter la communication entre la branche *AB* et la branche *BE*, il est clair que l'air contenu dans la branche *BCDE* sera pressé, comme tout l'air environnant, par une colonne égale au poids de 28 pouces de mercure. Mais, si on verse du mercure dans la branche *AB*, jusqu'à 28 pouces de hauteur, il est clair que l'air de la branche *BCDE* sera pressé par un poids égal à deux fois 28 pouces de mercure; or l'expérience a démontré qu'alors, au lieu d'occuper le volume total *BE*, il n'occupera plus que celui *CE*, qui en est précisément la moitié. Si, à cette première colonne de 28 pouces de mercure, on en ajoute deux autres également de 28 pouces dans la branche *AC*, l'air de la branche *BCDE* sera comprimé par quatre colonnes, chacune égale au poids de 28 pouces de mercure, et il n'occupera plus que l'espace *DE*, c'est-à-dire le quart du volume qu'il occupait au commencement de l'expérience. De ces résultats, qu'on peut varier d'une infinité de manières, on a déduit cette loi générale, qui paraît applicable à tous les fluides élastiques, que leur volume décroît proportionnellement aux poids dont ils sont chargés; ce qui peut aussi s'énoncer en ces termes, que *le volume de tout fluide élastique est en raison inverse des poids dont il est comprimé.* Les expériences faites pour la mesure des hautes montagnes ont pleinement confirmé l'exactitude de ces résultats, et, en supposant qu'ils s'écartent de la vérité, les différences sont si excessivement petites, qu'elles peuvent être regardées comme rigoureusement nulles dans les expériences chimiques.

Cette loi de la compression des fluides élastiques une fois bien entendue, il est aisé d'en faire l'application aux corrections qu'il est indispensable de faire au volume des airs ou gaz dans les expériences pneumato-chimiques. Ces corrections sont de deux genres; les unes relatives à la variation du baromètre, les autres relatives à la colonne d'eau ou de mercure contenus dans les cloches. Je vais faire en sorte de me rendre intelligible par des exemples : je commencerai par le cas le plus simple.

Je suppose qu'on ait obtenu 100 pouces de gaz oxygène à 10 degrés de température, le baromètre marquant 28 pouces 6 lignes. On peut demander deux choses : la première, quel est le volume que les 100 pouces occuperaient sous une pression de 28 pouces, au lieu de 28 pouces 6 lignes: la seconde, quel est le poids des 100 pouces de gaz obtenus?

Pour répondre à ces deux questions, on nommera x le nombre de pouces cubiques qu'occuperaient les 100 pouces de gaz oxygène. à la pression de 28 pouces; et, puisque les volumes sont en raison inverse des poids comprimants, on aura $100^{\text{pouces}} : x :: \frac{1}{342} : \frac{1}{336}$; d'où l'on déduit aisément $x = 101^{\text{pouces}},786$. C'est-à-dire que le même air qui n'occupait qu'un espace de 100 pouces cubiques, sous une pression de 28 pouces 6 lignes de mercure, en occuperait un de $101^{\text{pouces}},786$, à la pression de 28. Il n'est pas plus difficile de conclure le poids des mêmes 100 pouces d'air, sous une pression de 28 pouces 6 lignes. Car, puisqu'ils répondent à $101^{\text{pouces}},786$, à la pression de 28 pouces, et qu'à cette pression et à 10 degrés du thermomètre le pouce cube de gaz oxygène pèse un demi-grain, il s'ensuit évidemment que les 100 pouces, sous une pression de 28 pouces 6 lignes, pèsent $50^{\text{grains}},893$. On aurait pu arriver directement à cette conséquence par le raisonnement qui suit : Puisque les volumes de l'air, et en général d'un fluide élastique quelconque, sont en raison inverse des poids qui les compriment, il en résulte, par une conséquence nécessaire, que la pesanteur de ce même air doit croître proportionnellement au poids comprimant. Si donc, 100 pouces cubiques de gaz oxygène pèsent 50 grains, à la pression de 28 pouces, combien pèseront-ils à la pression de $28^{\text{pouces}},5$? On aura alors cette proportion: $28 : 50 :: 28,5 : x$, d'où l'on conclura également $x = 50^{\text{grains}},893$.

Je passe à un cas un peu plus compliqué. Je suppose que la cloche

A (pl. XII, fig. 18), contienne un gaz quelconque dans sa partie supérieure *ACD*, que le reste de cette même cloche soit rempli de mercure au-dessous de *CD*, et que le tout soit plongé dans un bassin *GHIK* contenant du mercure jusqu'en *EF*. Enfin, je suppose encore que la différence *CE* de la hauteur du mercure dans la cloche et dans le bassin soit de 6 pouces, et que la hauteur du baromètre soit de 27 pouces 6 lignes. Il est clair que, d'après ces données, l'air contenu dans la capacité *ACD* est pressé par le poids de l'atmosphère, diminué du poids de la colonne de mercure *CE*. La force qui le presse est donc égale à $27^{\text{pouces}},5 - 6^{\text{pouces}}, = 21^{\text{pouces}},5$. Cet air est donc moins pressé que ne l'est l'air de l'atmosphère à la hauteur moyenne du baromètre : il occupe donc plus d'espace qu'il n'en devrait occuper, et la différence est précisément proportionnelle à la différence des poids qui le compriment. Si donc, après avoir mesuré l'espace *ABC*, on l'a trouvé, par exemple, de 120 pouces cubiques, il faudra, pour ramener le volume du gaz à celui qu'il occuperait, à une pression de 28 pouces, faire la proportion suivante : 120 pouces est au volume cherché, que j'appellerai x, comme $\frac{1}{21,5}$ est à $\frac{1}{28}$: d'où l'on déduira

$$x = \frac{120 \times 21,5}{28} = 92^{\text{pouces}},143.$$

On a le choix, dans ces sortes de calculs, ou de réduire en lignes la hauteur du baromètre, ainsi que la différence du niveau du mercure en dedans et en dehors de la cloche, ou de l'exprimer en fractions décimales de pouces. Je préfère ce dernier parti, qui rend le calcul plus court et plus facile. On ne doit point négliger les méthodes d'abréviation pour les opérations qui se répètent souvent : j'ai joint, en conséquence, à la suite de cette troisième partie, sous le n° IV, une table qui exprime les fractions décimales de pouces correspondantes aux lignes et fractions de lignes. Rien ne sera plus aisé, d'après cette table, que de réduire en fractions décimales de pouces les hauteurs du mercure qu'on aura observées en lignes.

On a des corrections semblables à faire lorsqu'on opère dans l'appareil pneumato-chimique à l'eau. Il faut également, pour obtenir des résultats rigoureux, tenir compte de la différence de hauteur de l'eau en dehors et en dedans de la cloche. Mais, comme c'est en pouces et lignes du baromètre, et, par conséquent, en pouces et lignes de mercure, que s'exprime la pression de l'atmosphère, et qu'on ne peut additionner ensemble que des quantités homogènes, on est obligé de réduire les différences de niveau, exprimées en pouces et lignes d'eau, en une hauteur équivalente de mercure. On part, pour cette conversion, de cette donnée, que le mercure est 13,5681 fois aussi pesant que l'eau. On trouve à la fin de cet ouvrage, sous le n° V, une table à l'aide de laquelle on peut faire promptement et facilement cette réduction.

§ VI.

DES CORRECTIONS RELATIVES AUX DIFFÉRENTS DEGRÉS DU THERMOMÈTRE.

De même que, pour avoir le poids de l'air et des gaz, il est nécessaire de les réduire à une pression constante, telle que celle de 28 pouces de mercure, de même aussi il est nécessaire de les réduire à une température déterminée : car, puisque les fluides élastiques sont susceptibles de se dilater par la chaleur et de se condenser par le froid, il en résulte nécessairement qu'ils changent de densité, et que leur pesanteur n'est plus la même sous un volume donné. La température de 10 degrés étant moyenne entre les chaleurs de l'été et les froids de l'hiver, cette température étant celle des souterrains, et celle en même temps dont il est le plus facile de se rapprocher dans presque toutes les saisons de l'année, c'est celle que j'ai choisie pour y ramener les airs ou gaz.

M. de Luc a trouvé que l'air de l'atmosphère augmentait de $\frac{1}{215}$ de son volume par chaque degré du thermomètre à mercure divisé en 81 degrés de la glace à l'eau bouillante; ce qui donne, pour un degré du thermomètre à mercure divisé en 80 parties, $\frac{1}{211}$. Les expériences de M. Monge sembleraient annoncer que le gaz hydrogène est susceptible d'une dilatation un peu plus forte: il l'a trouvée de $\frac{1}{180}$. A l'égard de la dilatation des autres gaz, nous n'avons pas encore d'expériences très-exactes; celles, du moins, qui existent n'ont pas été publiées. Il paraît cependant, à en juger par les tentatives que l'on connaît, que leur dilatabilité s'éloigne peu de celle de l'air commun. Je crois donc pouvoir supposer que l'air de l'atmosphère se dilate de $\frac{1}{210}$ par chaque degré du thermomètre, et le gaz hydrogène de $\frac{1}{190}$; mais, comme il reste quelque incertitude sur ces déterminations, il faut, autant qu'il est possible, n'opérer qu'à une température peu éloignée de 10 degrés. Les erreurs qu'on peut alors commettre dans les corrections relatives au degré du thermomètre ne sont d'aucune conséquence.

Le calcul à faire pour ces corrections est extrêmement facile; il consiste à diviser le volume de l'air obtenu par 210, et à multiplier le nombre trouvé par celui des degrés du thermomètre supérieur ou inférieur à dix degrés. Cette correction est négative au-dessus de dix degrés, et additive au-dessous. Le résultat qu'on obtient est le volume réel de l'air à la température de dix degrés.

On abrége et on facilite beaucoup tous ces calculs en employant des tables de logarithmes.

§ VII.

MODÈLE DE CALCUL POUR LES CORRECTIONS RELATIVES AU DEGRÉ DE PRESSION ET DE TEMPÉRATURE.

Maintenant que j'ai indiqué la manière de déterminer le volume des airs ou gaz et de faire à ce volume les corrections relatives à la pression et à la température, il me reste à donner un exemple pris dans un cas compliqué, afin de mieux faire sentir l'usage des tables qui se trouvent à la fin de cet ouvrage.

EXEMPLE.

On a renfermé dans une cloche *A* (pl. IV, fig. 3), une quantité d'air *AEF*, qui s'est trouvée occuper un volume de 353 pouces cubiques. Cet air était contenu par de l'eau, et la hauteur *EL* de la colonne d'eau, dans l'intérieur de la cloche, était de 4 pouces $\frac{1}{2}$ au-dessus du niveau de celle de la cuve; enfin, le baromètre était à 27 pouces 9 lignes $\frac{1}{2}$, et le thermomètre à 15 degrés.

On a brûlé dans cet air une substance quelconque, telle que du phosphore, dont le résultat est l'acide phosphorique, qui, loin d'être dans l'état de gaz, est au contraire dans l'état concret. L'air restant après la combustion occupait un volume de 295 pouces; la hauteur de l'eau, dans l'intérieur de la cloche, était de 7 pouces au-dessus de celle de la cuve, le baromètre à 27 pouces 9 lignes $\frac{1}{2}$, et le thermomètre à 16 degrés.

Il est question, d'après ces données, de déterminer quel est le volume de l'air avant et après la combustion, et d'en conclure le volume de la partie qui a été absorbée.

CALCUL AVANT LA COMBUSTION.

L'air contenu dans la cloche occupait un volume de 353 pouces.

Mais il n'était pressé que par une colonne de 27 pouces 9 lignes $\frac{1}{2}$, ou, en fractions décimales de pouces (voy. table, n° IV), de $27^{\text{pouces}},79167$.

Sur quoi il y a encore à déduire la différence de niveau de 4 pouces $\frac{1}{2}$ d'eau; ce qui répond, en mercure (voy. la table, n° V), à.	0 ,33166
La pression réelle dont cet air était chargé n'était donc que de.	27 ,46001

Le volume des fluides élastiques diminuant, en général, en raison inverse des poids qui les compriment, il est clair, d'après ce que nous avons dit plus haut, que, pour avoir le volume des 353 pouces sous une pression de 28 pouces, il faudra dire :

$$353^{\text{pouces}} : x :: \frac{1}{27,46001} : \frac{1}{28}.$$

D'où l'on conclura :

$$x = \frac{353 \times 27,46001}{28} = 346^{\text{pouces}}.192.$$

C'est le volume qu'aurait occupé ce même air sous une pression de

28 pouces. Le 210e de ce volume égale 1pouce,650 ; ce qui donne, pour les 5 degrés supérieurs au dixième degré du thermomètre, 8pouces,255 ; et, comme cette correction est soustractive, on en conclura que le volume de l'air, toute correction faite, était, avant la combustion, de 337pouces,942.

CALCUL APRÈS LA COMBUSTION.

En faisant le même calcul sur le volume de l'air après la combustion, on trouvera que la pression était alors de

$$27^{\text{pouces}},77083 - 0^{\text{pouces}},51593 = 27^{\text{pouces}},25490.$$

Ainsi, pour avoir le volume de l'air à 28 pouces de pression, il faudra multiplier 295 pouces, volume trouvé après la combustion, par 27pouces,25490, et le diviser par 28; ce qui donnera, pour le volume corrigé, 287pouces,150.

Le 210e de ce volume est 1pouce,368, qui, multiplié par 6 degrés, donne pour correction négative de la température, 8pouces,208.

D'où il résulte que le volume de l'air, toutes corrections faites, était, après la combustion, de 278pouces,942.

RÉSULTAT.

Le volume, toutes corrections faites, avant la combustion, était de	337pouces,942
Il était, après la combustion, de	278 ,942
Donc, quantité d'air absorbé par la combustion du phosphore	59 ,000

§ VIII.

DE LA MANIÈRE DE DÉTERMINER LE POIDS ABSOLU DES DIFFÉRENTS GAZ.

Dans tout ce que je viens d'exposer sur la manière de mesurer le volume des gaz et d'y faire les corrections relatives au degré de pression et de température, j'ai supposé qu'on en connaissait la pesanteur spécitique, et qu'on pouvait en conclure leur poids absolu : il me reste à donner une idée des moyens par lesquels on peut parvenir à cette connaissance.

On a un grand ballon *A* (pl. V, fig. 10), dont la capacité doit être d'un demi-pied cube, c'est-à-dire de 17 à 18 pintes au moins; on y mastique une virole de cuivre *bcde*, à laquelle s'adapte à vis en *de*, une platine à laquelle tient un robinet *fg*. Enfin, le tout se visse, au moyen d'un double écrou, représenté fig. 12, sur une cloche *BCD*, dont la capacité doit être de quelques pintes plus grande que celle du ballon. Cette cloche est ouverte par le haut, et sa tubulure est garnie d'une virole de cuivre *hi* et d'un robinet *lm*; un de ces robinets est représenté séparément fig. 11.

La première opération à faire est de déterminer la capacité de ce ballon; on y parvient en l'emplissant d'eau et en le pesant pour en connaître la quantité. Ensuite on vide l'eau et on sèche le ballon en y introduisant un linge par l'ouverture *de*; les derniers vestiges d'humidité disparaissent d'ailleurs lorsqu'on a fait une ou deux fois le vide dans le ballon.

Quand on veut déterminer la pesanteur d'un gaz, on visse le ballon *a* sur la platine de la machine pneumatique, au-dessous du robinet *fg*. On ouvre ce même robinet, et on fait le vide du mieux qu'il est possible, ayant grand soin d'observer la hauteur à laquelle descend le baromètre d'épreuve. Le vide fait, on referme le robinet, on pèse le ballon avec une scrupuleuse exactitude, après quoi on le revisse sur la cloche *BCD*, qu'on suppose placée sur la tablette de la cuve *ABCD*, même planche, fig. 1. On fait passer dans cette cloche le gaz qu'on veut peser; puis, ouvrant le robinet *fg* et le robinet *lm*, le gaz contenu dans la cloche passe dans le ballon *a* : en même temps l'eau remonte dans la cloche *BCD*. Il est nécessaire, si l'on veut éviter une correction embarrassante, d'enfoncer la cloche dans la cuve jusqu'à ce que le niveau de l'eau extérieure concoure avec celui de l'eau contenue dans l'intérieur de la cloche. Alors on ferme les robinets, on dévisse le ballon et on le repèse. Le poids, déduction faite de celui du ballon vide, donne la pesanteur du volume d'air ou de gaz qu'il contient. En multipliant ce poids par 1728 pouces, et divisant le produit par un nombre de pouces cubes égal à la capacité du ballon, on a le poids du pied cube du gaz mis en expérience.

Il est nécessaire de tenir compte, dans ces déterminations, de la hauteur du baromètre et du degré du thermomètre: après quoi rien n'est plus aisé que de ramener le poids du pied cube qu'on a trouvé à celui qu'aurait eu le même gaz à 28 pouces de pression et à 10 degrés du thermomètre. J'ai donné dans le paragraphe précédent le détail des calculs qu'exige cette opération.

Il ne faut pas négliger non plus de tenir compte de la petite portion d'air restée dans le ballon, quand on a fait le vide; portion qu'il est facile d'évaluer, d'après la hauteur à laquelle s'est soutenu le baromètre d'épreuve. Si cette hauteur était, par exemple, d'un centième de la hauteur totale du baromètre, il en faudrait conclure qu'il est resté un centième d'air dans le ballon, et le volume du gaz qui y avait été introduit ne serait plus que les $\frac{99}{100}$ du volume total du ballon.

CHAPITRE III.

DES APPAREILS RELATIFS À LA MESURE DU CALORIQUE.

DESCRIPTION DU CALORIMÈTRE.

L'appareil dont je vais essayer de donner une idée a été décrit dans un mémoire que nous avons publié, M. de Laplace et moi, dans le recueil de l'Académie, année 1780, page 355. C'est de ce mémoire[1] que sera extrait tout ce que contient cet article.

Si, après avoir refroidi un corps quelconque à zéro du thermomètre, on l'expose dans une atmosphère dont la température soit de 25 degrés au-dessus du terme de la congélation, il s'échauffera insensiblement depuis sa surface jusqu'à son centre, et se rapprochera peu à peu de la température de 25 degrés, qui est celle du fluide environnant.

Il n'en sera pas de même d'une masse de glace qu'on aurait placée dans la même atmosphère; elle ne se rapprochera nullement de la température de l'air ambiant, mais elle restera constamment à zéro de température, c'est-à-dire à la glace fondante, et ce, jusqu'à ce que le dernier atome de glace soit fondu.

La raison de ce phénomène est facile à concevoir : il faut, pour fondre de la glace et pour la convertir en eau, qu'il s'y combine une certaine proportion de calorique. En conséquence, tout le calorique des corps environnants s'arrête à la surface de la glace, où il est employé à la fondre : cette première couche fondue, la nouvelle quantité de calorique qui survient en fond une seconde, et elle se combine également avec elle pour la convertir en eau, et ainsi successivement de surfaces en surfaces, jusqu'au dernier atome de glace, qui sera encore

[1] Voyez tome II, page 292.

à zéro du thermomètre, parce que le calorique n'aura pas encore pu y pénétrer.

Que l'on imagine d'après cela une sphère de glace creuse, à la température de zéro degré du thermomètre; que l'on place cette sphère de glace dans une atmosphère dont la température soit, par exemple, de 10 degrés au-dessus de la congélation, et qu'on place dans son intérieur un corps échauffé d'un nombre de degrés quelconque : il suit de ce qu'on vient d'exposer deux conséquences : 1° que la chaleur extérieure ne pénétrera pas dans l'intérieur de la sphère, 2° que la chaleur d'un corps placé dans son intérieur ne se perdra pas non plus au dehors, mais qu'elle s'arrêtera à la surface intérieure de la cavité, où elle sera continuellement employée à fondre de nouvelles couches de glace, jusqu'à ce que la température du corps soit parvenue à zéro du thermomètre.

Si on recueille avec soin l'eau qui se sera formée dans l'intérieur de la sphère de glace, lorsque la température du corps placé dans son intérieur sera parvenue à zéro du thermomètre, son poids sera exactement proportionnel à la quantité de calorique que ce corps aura perdue, en passant de sa température primitive à celle de la glace fondante; car il est clair qu'une quantité double de calorique doit fondre une quantité double de glace; en sorte que la quantité de glace fondue est une mesure très-précise de la quantité de calorique employée à produire cet effet.

On n'a considéré ce qui se passait dans une sphère de glace que pour mieux faire entendre la méthode que nous avons employée dans ce genre d'expériences, dont la première idée appartient à M. de Laplace. Il serait difficile de se procurer de semblables sphères, et elles auraient beaucoup d'inconvénients dans la pratique; mais nous y avons suppléé au moyen de l'appareil suivant, auquel je donnerai le nom de *calorimètre*. Je conviens que c'est s'exposer à une critique, jusqu'à un certain point fondée, que de réunir ainsi deux dénominations, l'une dérivée du latin, l'autre dérivée du grec; mais j'ai cru qu'en matière de science on pouvait se permettre moins de pureté dans le langage, pour obtenir plus de clarté dans les idées: et en effet je n'aurais pu employer un mot composé entièrement tiré du grec, sans trop me rapprocher du nom d'autres instruments connus, et qui ont un usage et un but tout différents.

La figure première de la planche VI représente le calorimètre vu en perspective. La figure 2 de la même planche représente sa coupe horizontale, et la figure 3, une coupe verticale, qui laisse voir tout son intérieur. Sa capacité est divisée en trois parties: pour mieux me faire entendre, je les distinguerai par les noms de *capacité intérieure*, *capacité moyenne* et *capacité extérieure*. La capacité intérieure *ffff* (fig. 3, pl. VI), est formée d'un grillage de fil de fer, soutenu par quelques montants du même métal: c'est dans cette capacité que l'on place les corps soumis à l'expérience: sa partie supérieure *LM* se ferme au moyen d'un couvercle *GH* représenté séparément, fig. 4. Il est entièrement ouvert par-dessus, et le dessous est formé d'un grillage de fil de fer.

La capacité moyenne *bbbbb* (fig. 2 et 3), est destinée à contenir la glace qui doit environner la capacité intérieure, et que doit fondre le calorique du corps mis en expérience: cette glace est supportée et retenue par une grille *mm*, sous laquelle est un tamis *nn*; l'un et l'autre sont représentés séparément, fig. 5 et 6. A mesure que la glace est fondue par le calorique qui se dégage du corps placé dans la capacité intérieure, l'eau coule à travers la grille et le tamis: elle tombe ensuite le long du cône *ccd* (fig. 3), et du tuyau *xy*, et se rassemble dans le vase *F* (fig. 1), placé au-dessous de la machine: *u* est un robinet au moyen duquel on peut arrêter à volonté l'écoulement de l'eau intérieure. Enfin, la capacité extérieure *aaaaa* (fig. 2 et 3), est destinée à recevoir la glace qui doit arrêter l'effet de la chaleur de l'air extérieur et des corps environnants: l'eau que produit la fonte de cette glace coule le long du tuyau *ST*, que l'on peut ouvrir ou fermer au moyen du robinet *r*. Toute la machine est recouverte par le couvercle *FF* (fig. 7), entièrement ouvert dans sa partie supérieure, et fermé dans sa partie inférieure; elle est composée de fer-blanc peint à l'huile pour le garantir de la rouille.

Pour mettre le calorimètre en expérience, on remplit de glace pilée la capacité moyenne *bbbbb*, et le couvercle *GH* de la capacité intérieure, la capacité extérieure *aaaa*, et le couvercle *FF* (fig. 7), de toute la machine. On la presse fortement pour qu'il ne reste point de parties vides, puis on laisse égoutter la glace intérieure; après quoi on ouvre la machine pour y placer le corps que l'on veut mettre en expérience, et on la referme sur-le-champ. On attend que le corps soit entièrement refroidi, et que la glace qui a fondu soit suffisamment égouttée; ensuite on pèse l'eau qui s'est rassemblée dans le vase *F*, fig. 1 : son poids est une mesure exacte de la quantité de calorique dégagée du corps, pendant qu'il s'est refroidi; car il est visible que ce corps est dans la même position qu'au centre de la sphère dont nous venons de parler, puisque tout le calorique qui s'en dégage est arrêté par la glace intérieure, et que cette glace est garantie de l'impression de toute autre chaleur par la glace renfermée dans le couvercle et dans la capacité extérieure.

Les expériences de ce genre durent quinze, dix-huit et vingt heures: quelquefois, pour les accélérer, on place de la glace bien égouttée dans la capacité intérieure, et on en couvre les corps que l'on veut refro[illegible].

[L]a figure 8 représente un seau de tôle destiné à recevoir les corps sur lesquels on veut opérer: il est garni d'un couvercle percé dans son milieu, et fermé avec un bouchon de liège, traversé par le tube d'un petit thermomètre.

La figure 9 de la même planche représente un matras de verre dont le bouchon est également traversé par le tube d'un petit thermomètre, dont la boule et une partie du tube plongent dans la liqueur: il faut se servir de semblables matras toutes les fois que l'on opère sur les acides, et, en général, sur les substances qui peuvent avoir quelque action sur les métaux.

RS (fig. 10), est un petit cylindre creux que l'on place au fond de la capacité intérieure pour soutenir les matras.

Il est essentiel que, dans cette machine, il n'y ait aucune communication entre la capacité moyenne et la capacité extérieure; ce que l'on éprouvera facilement en remplissant d'eau la capacité extérieure. S'il existait une communication entre ces capacités, la glace fondue par l'atmosphère, dont la chaleur agit sur l'enveloppe de la capacité extérieure, pourrait passer dans la capacité moyenne, et alors l'eau qui s'écoulerait de cette dernière capacité ne serait plus la mesure du calorique perdu par le corps mis en expérience.

Lorsque la température de l'atmosphère n'est que de quelques degrés au-dessus de zéro, sa chaleur ne peut parvenir que très-difficilement jusque dans la capacité moyenne, puisqu'elle est arrêtée par la glace du couvercle et de la capacité extérieure; mais, si la température extérieure était au-dessous de zéro, l'atmosphère pourrait refroidir la glace intérieure; il est donc essentiel d'opérer dans une atmosphère dont la température ne soit pas au-dessous de zéro : ainsi, dans un temps de gelée, il faudra renfermer la machine dans un appartement dont on aura soin d'échauffer l'intérieur. Il est encore nécessaire que la glace dont on fait usage ne soit pas au-dessous de zéro; si elle était dans ce cas, il faudrait la piler, l'étendre par couches fort minces, et la tenir ainsi pendant quelque temps dans un lieu dont la température fût au-dessus de zéro.

La glace intérieure retient toujours une petite quantité d'eau qui adhère à la surface, et l'on pourrait croire que cette eau doit entrer dans le résultat des expériences; mais il faut observer qu'au commencement de chaque expérience la glace est déjà imbibée de toute la quantité d'eau qu'elle peut ainsi retenir; en sorte que, si une petite partie de la glace fondue par le corps reste adhérente à la glace intérieure, la même quantité, à très-peu près, d'eau, primitivement adhérente à la surface de la glace, doit s'en détacher et couler dans le vase, car la surface de la glace intérieure change extrêmement peu dans l'expérience.

Quelques précautions que nous ayons prises, il nous a été impossible d'empêcher l'air extérieur de pénétrer dans la capacité intérieure, lorsque la température était à 9 ou 10 degrés au-dessus de la congélation. L'air renfermé dans cette capacité étant alors spécifiquement plus pesant que l'air extérieur, il s'écoule par le tuyau xy (fig. 3), et il est remplacé par l'air extérieur qui entre dans le calorimètre, et qui dépose une partie de son calorique sur la glace intérieure; il s'établit ainsi dans la machine un courant d'air d'autant plus rapide que la température extérieure est plus élevée, ce qui fond continuellement une portion de la glace intérieure; on peut arrêter en grande partie l'effet de ce courant en fermant le robinet; mais il vaut beaucoup mieux n'opérer que lorsque la température extérieure ne surpasse pas 3 ou 4 degrés; car nous avons observé qu'alors la fonte de la glace intérieure, occasionnée par l'atmosphère, est insensible, en sorte que nous pouvons, à cette température, répondre de l'exactitude de nos expériences sur les chaleurs spécifiques des corps, à un quarantième près.

Nous avons fait construire deux machines pareilles à celle que je viens de décrire; l'une d'elles est destinée aux expériences dans lesquelles il n'est pas nécessaire de renouveler l'air intérieur; l'autre machine sert aux expériences dans lesquelles le renouvellement de l'air est indispensable, telles que celle de la combustion et de la respiration : cette seconde machine ne diffère de la première qu'en ce que les deux couvercles sont percés de deux trous à travers lesquels passent deux petits tuyaux, qui servent de communication entre l'air intérieur et l'air extérieur; on peut, par leur moyen, souffler de l'air atmosphérique dans l'intérieur du calorimètre pour y entretenir des combustions.

Rien n'est plus simple, avec cet instrument, que de déterminer les phénomènes qui ont lieu dans les opérations où il y a dégagement, ou même absorption de calorique. Veut-on, par exemple, connaître ce qui se dégage de calorique d'un corps solide, lorsqu'il se refroidit d'un certain nombre de degrés? On élève sa température à 80 degrés, par exemple, puis on le place dans la capacité intérieure *ffff* du calorimètre (fig. 2 et 3, pl. VI), et on l'y laisse assez longtemps pour être assuré que sa température est revenue à zéro du thermomètre; on recueille l'eau qui a été produite par la fonte de la glace, pendant son refroidissement; cette quantité d'eau, divisée par le produit de la masse du corps et du nombre de degrés dont sa température primitive était au-dessus de zéro, sera proportionnelle à ce que les physiciens anglais ont nommé *chaleur spécifique*.

Quant aux fluides, on les renferme dans des vases de matière quelconque, dont on a préalablement déterminé la chaleur spécifique : on opère ensuite de la même manière que pour les solides, en observant seulement de déduire, de la quantité totale d'eau qui a coulé, celle due au refroidissement du vase qui contenait le fluide.

Veut-on connaître la quantité de calorique qui se dégage de la combinaison de plusieurs substances? On les amènera toutes à la température zéro, en les tenant un temps suffisant dans de la glace pilée: ensuite on en fera le mélange dans l'intérieur du calorimètre, dans un vase également à zéro, et on aura soin de les y conserver jusqu'à ce qu'elles soient revenues à la température zéro; la quantité d'eau recueillie sera la mesure du calorique qui se sera dégagé par l'effet de la combinaison.

La détermination des quantités de calorique qui se dégagent dans les combustions et dans la respiration des animaux n'offre pas plus de difficulté : on brûle les corps combustibles dans la capacité intérieure du calorimètre; on y laisse respirer des animaux, tels que les cochons d'Inde, qui résistent assez bien au froid, et on recueille l'eau qui coule; mais, comme le renouvellement de l'air est indispensable dans ce genre d'opérations, il est nécessaire de faire arriver continuellement de nouvel air dans l'intérieur du calorimètre par un petit tuyau destiné à cet objet, et de le faire ressortir par un autre tuyau : mais, pour que l'introduction de cet air ne cause aucune erreur dans les résultats, on fait passer le tuyau qui doit l'amener à travers de la glace pilée, afin qu'il arrive dans le calorimètre à la température zéro. Le tuyau de sortie de l'air doit également traverser de la glace pilée, mais cette dernière portion de glace doit être comprise dans l'intérieur de la capacité *ffff* du calorimètre, et l'eau qui en découle doit faire partie de celle que l'on recueille, parce que le calorique que contenait l'air avant de sortir fait partie du produit de l'expérience.

La recherche de la quantité de calorique spécifique contenue dans les différents gaz est un peu plus difficile à cause de leur peu de densité; car, si on se contentait de les renfermer dans des vases comme les autres fluides, la quantité de glace fondue serait si peu considérable, que le résultat de l'expérience serait au moins très-incertain. Nous avons employé pour ce genre d'expériences deux espèces de serpentins ou tuyaux métalliques roulés en spirales. Le premier, contenu dans un vase rempli d'eau bouillante, servait à échauffer l'air avant qu'il parvînt au calorimètre; le second était renfermé dans la capacité intérieure *ffff* de cet instrument. Un thermomètre adapté à une des extrémités de ce dernier serpentin indiquait la chaleur de l'air ou du gaz qui entrait dans la machine; un thermomètre adapté à l'autre extrémité du même serpentin indiquait la chaleur du gaz ou de l'air à sa sortie. Nous avons été ainsi à portée de déterminer ce qu'une masse quelconque de différents airs ou gaz fondait de glace en se refroidissant d'un certain nombre de degrés, et d'en déterminer le calorique spécifique. Le même procédé, avec quelques précautions particulières, peut être employé pour connaître la quantité de calorique qui se dégage dans la condensation des vapeurs de différents liquides.

Les différentes expériences que l'on peut faire avec le calorimètre ne conduisent point à des résultats absolus; elles ne donnent que des quantités relatives : il était donc question de choisir une unité qui pût former le premier degré d'une échelle avec laquelle on pût exprimer tous les autres résultats. La quantité de calorique nécessaire pour fondre une livre de glace nous a fourni cette unité : or, pour fondre une livre de glace, il faut une livre d'eau élevée à 60 degrés du thermomètre à mercure divisé en 80 parties, de la glace à l'eau bouillante; la quantité de calorique qu'exprime notre unité est donc celle nécessaire pour élever l'eau de zéro à 60 degrés.

Cette unité déterminée, il n'est plus question que d'exprimer en valeurs analogues les quantités de calorique qui se dégagent des différents corps, en se refroidissant d'un certain nombre de degrés, et voici le calcul simple par le moyen duquel on y parvient : je l'applique à une de nos premières expériences.

Nous avons pris des morceaux de tôle coupés par bandes et roulés, qui pesaient ensemble 7 livres 11 onces 2 gros 36 grains, c'est-à-dire, en fractions décimales de livres, $7^{\text{livres}},7070319$. Nous avons échauffé cette masse dans un bain d'eau bouillante, dans laquelle elle a pris environ 78 degrés de chaleur; et, l'ayant tirée de l'eau prestement, nous l'avons introduite dans la capacité intérieure du calorimètre. Au bout de onze heures, lorsque l'eau produite par la fonte de la glace intérieure a été suffisamment égouttée, la quantité s'en est trouvée de 1 livre 1 once 5 gros 4 grains $= 1^{\text{livre}},109795$. Maintenant je puis dire : Si le calorique dégagé de la tôle par un refroidissement de 78 degrés a fondu $1^{\text{livre}},109795$ de glace, combien un refroidissement de 60 degrés aurait-il produit? ce qui donne

$$78 : 1^{\text{livre}},109795 :: 60 : x = 0^{\text{livre}},85369.$$

Enfin, divisant cette quantité par le nombre de livres de tôle employée, c'est-à-dire par $7^{\text{livres}},7070319$, on aura, pour la quantité de glace que pourra faire fondre 1 livre de tôle en se refroidissant de 60 degrés à zéro, $0^{\text{livre}},110770$. Le même calcul s'applique à tous les corps solides.

A l'égard des fluides, tels que l'acide sulfurique, l'acide nitrique, etc. on les renferme dans un matras représenté pl. VI, fig. 9. Il est bouché avec un bouchon de liége traversé par un thermomètre dont la boule plonge dans la liqueur. On place ce vaisseau dans un bain d'eau bouillante; et, lorsque, d'après le thermomètre, on juge que la liqueur est élevée à un degré de chaleur convenable, on retire le matras et on le place dans le calorimètre. On fait le calcul comme ci-dessus, en ayant soin cependant de déduire de la quantité d'eau obtenue celle que le vase de verre aurait seul produite, et qu'il est, en conséquence, nécessaire d'avoir déterminé par une expérience préatable. Je ne donne point ici le tableau des résultats que nous avons obtenus, parce qu'il n'est pas encore assez complet, et que différentes circonstances ont suspendu la suite de ce travail. Nous ne le perdons cependant pas de vue, et il n'y a point d'hiver que nous ne nous en soyons plus ou moins occupés.

CHAPITRE IV.

DES OPÉRATIONS PUREMENT MÉCANIQUES QUI ONT POUR OBJET DE DIVISER LES CORPS.

§ I.

DE LA TRITURATION, DE LA PORPHYRISATION ET DE LA PULVÉRISATION.

La trituration, la porphyrisation et la pulvérisation ne sont, à proprement parler, que des opérations mécaniques préliminaires, dont l'objet est de diviser, de séparer les molécules des corps, et de les réduire en particules très-fines. Mais, quelque loin qu'on puisse porter ces opérations, elles ne peuvent jamais résoudre un corps en ses molécules primitives et élémentaires : elles ne rompent pas même, à proprement parler, son agrégation ; en sorte que chaque molécule, après la trituration et la porphyrisation, forme encore un tout semblable à la masse originaire qu'on avait eu pour objet de diviser, à la différence des opérations vraiment chimiques, telles, par exemple, que la dissolution, qui détruit l'agrégation du corps, et écarte les unes des autres les molécules constitutives et intégrantes qui le composent.

Toutes les fois qu'il est question de diviser des corps fragiles et cassants, on se sert, pour cette opération, de mortiers et de pilons, pl. I, fig. 1, 2, 3, 4 et 5. Ces mortiers sont ou de fonte de cuivre et de fer, comme celui représenté fig. 1, ou de marbre et de granit, comme celui représenté fig. 2 ; ou de bois de gaïac, comme celui représenté fig. 3 ; ou de verre, comme celui représenté fig. 4 ; ou d'agate, comme celui représenté fig. 5 ; enfin, on en fait aussi de porcelaine, comme celui représenté fig. 6. Les pilons dont on se sert pour triturer les corps sont aussi de différentes matières. Ils sont de fer ou de cuivre forgé, comme dans la figure première : de bois, comme dans les figures 2 et 3 : enfin, de verre, de porcelaine ou d'agate, suivant la nature des objets qu'on veut triturer. Il est nécessaire d'avoir dans un laboratoire un assortiment de ces instruments de différentes grandeurs. Les mortiers de porcelaine, et surtout ceux de verre, ne peuvent pas être employés à la trituration proprement dite, et ils seraient bientôt en pièces, si on frappait dedans sans précaution, à coups redoublés. C'est en tournant le pilon dans le mortier, en froissant avec adresse et dextérité les molécules entre le pilon et les parois du mortier qu'on parvient à opérer la division.

La forme des mortiers n'est point indifférente; le fond en doit être arrondi, et l'inclinaison des parois latérales doit être telle, que les matières en poudre retombent d'elles-mêmes quand on relève le pilon; un mortier trop plat serait donc défectueux; la matière ne retomberait et ne se retournerait pas. Des parois trop inclinées présenteraient un autre inconvénient : elles ramèneraient une trop grande quantité de la matière à pulvériser sous le pilon; elle ne serait plus alors froissée et serrée entre deux corps durs, et la trop grande épaisseur interposée nuirait à la pulvérisation.

Par une suite du même principe, il ne faut pas mettre dans le mortier une trop grande quantité de matière; il faut surtout, autant qu'on le peut, se débarrasser de temps en temps des molécules qui sont déjà pulvérisées, et c'est ce qu'on opère par le tamisage, autre opération dont il va être bientôt question. Sans cette précaution, on emploierait une force inutile, et on perdrait du temps à diviser davantage ce qui l'était suffisamment, tandis qu'on n'achèverait pas de pulvériser ce qui ne l'est pas assez. En effet, la portion de matière divisée nuit à la trituration de celle qui ne l'est pas; elle s'interpose entre le pilon et le mortier, et amortit l'effet du coup.

La porphyrisation a reçu sa dénomination du nom de la matière sur laquelle elle s'opère. Le plus communément on a une table plate de porphyre ou d'une autre pierre du même degré de dureté *ABCD* (pl. I, fig. 7), sur laquelle on étend la matière à diviser; on la froisse ensuite et on la broie, en promenant sur le porphyre une molette *M*, d'une pierre du même degré de dureté. La partie de la molette qui porte sur le porphyre ne doit pas être parfaitement plane : sa surface doit être une portion de sphère d'un très-grand rayon ; autrement, quand on promènerait la molette sur le porphyre, la matière se rangerait tout autour du cercle qu'elle aurait décrit, sans qu'aucune portion s'engageât entre deux, et il n'y aurait pas de porphyrisation. On est, par la même raison, obligé de faire retailler de temps en temps les molettes, qui tendent à devenir planes à mesure qu'on s'en sert. L'effet de la molette étant d'écarter continuellement la matière et de la porter vers les extrémités de la table de porphyre, on est obligé de la ramener souvent et de l'accumuler au centre; on se sert, à cet effet, d'un couteau de fer, de corne ou d'ivoire, dont la lame doit être très-mince.

Dans les travaux en grand, on préfère, pour opérer le broiement, l'usage de grandes meules de pierres dures qui tournent l'une sur l'autre, ou bien d'une meule verticale qui roule sur une meule horizontale. Dans tous ces cas, on est souvent obligé d'humecter légèrement la matière, dans la crainte qu'elle ne s'élève en poussière.

Ces trois manières de réduire les corps en poudre ne conviennent pas à toutes les matières : il en est qu'on ne peut parvenir à diviser, ni au pilon, ni au porphyre, ni à la meule; telles sont les matières très-fibreuses, comme le bois ; telles sont celles qui ont une sorte de ténacité et d'élasticité, comme la corne des animaux, la gomme élastique, etc. tels sont, enfin, les métaux ductiles et malléables, qui s'aplatissent sous le pilon, au lieu de s'y réduire en poudre.

On se sert, pour les bois, de grosses limes connues sous le nom de râpes à bois (pl. I, fig. 8). On se sert, pour la corne, de limes un peu plus fines ; enfin, on emploie, pour les métaux, des limes encore plus fines; telles sont celles représentées fig. 9 et 10.

Il est quelques substances métalliques qui ne sont ni assez cassantes pour être mises en poudre par trituration, ni assez dures pour pouvoir être limées commodément. Le zinc est dans ce cas : sa demi-malléabilité empêche qu'on ne puisse le pulvériser au mortier; si on le lime, il empâte la lime, il en remplit les interstices, et bientôt elle n'a presque plus d'action. Il y a une manière simple pour réduire le zinc en poudre, c'est de le piler chaud dans un mortier de fonte de fer également chaud : il s'y triture alors aisément. On peut encore le rendre cassant, en le fondant avec un peu de mercure. Les artificiers qui emploient le zinc pour faire des feux bleus ont recours à l'un de ces deux moyens. Quand on n'a pas pour objet de mettre les métaux dans un très-grand état de division, on peut les réduire en grenailles en les coulant dans de l'eau.

Enfin, il y a un dernier moyen de diviser, qu'on emploie pour les matières à la fois pulpeuses et fibreuses, telles que les fruits, les pommes de terre, les racines, etc. On les promène sur une râpe (pl. I, fig. 11), en donnant un certain degré de pression, et on parvient ainsi à les réduire en pulpe. Tout le monde connaît la râpe, et il serait superflu d'en donner une description plus étendue.

On conçoit que le choix des matières avec lesquelles on opère la trituration n'est point indifférent : on doit bannir le cuivre de tout ce qui a rapport aux aliments, à la pharmacie, etc. Les mortiers de marbre ou ceux de matières métalliques ne peuvent être employés pour triturer les matières acides ; c'est ce qui fait que les mortiers de bois très-dur, tel que le gaïac, et ceux de verre, de porcelaine et de granit, sont d'une grande commodité dans un laboratoire.

§ II.

DU TAMISAGE ET DU LAVAGE.

De quelque moyen mécanique qu'on se serve pour diviser les corps, on ne peut parvenir à donner le même degré de finesse à toutes leurs parties. La poudre qu'on obtient de la plus longue et de la plus exacte trituration est toujours un assemblage et un mélange de molécules de différentes grosseurs. On parvient à se débarrasser des plus grossières et à n'avoir qu'une poudre beaucoup plus homogène, en employant des tamis (fig. 12, 13, 14 et 15, pl. I), dont la grandeur de la maille soit proportionnée à la grosseur des molécules qu'on se propose d'obtenir : tout ce qui est supérieur en grosseur aux dimensions de la maille reste sur le tamis, et on le repasse au pilon.

On voit deux de ces tamis représentés, fig. 12 et 13. L'un (fig. 12) est de crin ou de soie; l'autre (fig. 13) est de peau dans laquelle on a fait des trous ronds avec un emporte-pièce : ce dernier est en usage dans l'art de fabriquer la poudre à canon et la poudre de chasse. Lorsqu'on est obligé de tamiser des matières très-légères, très-précieuses, et qui se dispersent aisément, ou bien lorsque, répandues dans l'air elles peuvent être nuisibles à ceux qui les respirent, on se sert de tamis composés de trois pièces (fig. 14 et 15) : savoir, d'un tamis proprement dit *ABCD* (fig. 15), d'un couvercle *EF*, et d'un fond *GH* : on voit ces trois parties assemblées, fig. 14.

Il est un autre moyen, plus exact que le tamisage, d'obtenir des poudres de grosseur uniforme, c'est le lavage; mais il n'est praticable qu'à l'égard des matières qui ne sont point susceptibles d'être attaquées et altérées par l'eau. On délaye et on agite dans l'eau ou dans quelque autre liqueur les matières broyées qu'on veut obtenir en poudre de grosseur homogène; on laisse reposer un moment la liqueur, puis on la décante encore trouble : les parties les plus grossières restent au fond du vase. On décante une seconde fois, et on a un second dépôt moins grossier que le premier. On décante une troisième fois pour obtenir un troisième dépôt, qui est au second, pour la finesse, ce que le second est au premier. On continue cette manœuvre jusqu'à ce que l'eau soit éclaircie, et la poudre grossière et inégale qu'on avait originairement se trouve séparée en une suite de dépôts, qui, chacun en particulier, sont d'un degré de finesse à peu près homogène.

Le même moyen, le lavage, ne s'emploie pas seulement pour séparer les unes des autres les molécules de matières homogènes et qui ne diffèrent que par leur degré plus ou moins grand de division; il fournit une ressource non moins utile pour séparer des matières du même degré de finesse, mais dont la pesanteur spécifique est différente : c'est principalement dans le travail des mines qu'on fait usage de ce moyen.

On se sert pour le lavage, dans les laboratoires, de vaisseaux de différentes formes, de terrines de grès, de bocaux de verre, etc. Quelquefois, pour décanter la liqueur sans troubler le dépôt qui s'est formé, on emploie le siphon. Cet instrument consiste en un tube de verre *A BC* (pl. II, fig. 11), recourbé en *B*, et dont la branche *BC* doit être plus longue de quelques pouces que celle *AB*. Pour n'être point obligé de le tenir à la main, ce qui pourrait être fatigant dans quelques expériences, on le passe dans un trou pratiqué au milieu d'une petite planche *DE*. L'extrémité *A* du siphon doit être plongée dans la liqueur du bocal *FG*, à la profondeur jusqu'à laquelle on se propose de vider le vase.

D'après les principes hydrostatiques sur lesquels est fondé l'effet du siphon, la liqueur ne peut y couler qu'autant qu'on a chassé l'air contenu dans son intérieur : c'est ce qui se pratique au moyen d'un petit tube de verre *HI*, soudé hermétiquement à la branche *BC*. Lors donc qu'on veut procurer, par le moyen du siphon, l'écoulement de la liqueur du vase *FG* dans celui *LM*, on commence par boucher avec le bout du doigt l'extrémité *C* de la branche *BC* du siphon ; puis on suce avec la bouche, jusqu'à ce qu'on ait retiré tout l'air du tube et qu'il ait été remplacé par la liqueur : alors, on ôte le doigt, la liqueur coule et continue à passer du vase *FG* dans celui *LM*.

§ III.

DE LA FILTRATION.

On vient de voir que le tamisage était une opération par laquelle on séparait les unes des autres des molécules de différentes grosseurs ; que les plus fines passaient à travers le tamis, tandis que les plus grossières restaient dessus.

Le filtre n'est autre chose qu'un tamis très-fin et très-serré, à travers lequel les parties solides, quelque divisées qu'elles soient, ne peuvent passer, mais qui est cependant perméable pour les fluides ; le filtre est donc, à proprement parler, l'espèce de tamis qu'on emploie pour séparer des molécules solides, qui sont très-fines, d'un fluide dont les molécules sont encore plus fines.

On se sert, à cet effet, principalement en pharmacie, d'étoffes épaisses et d'un tissu très-serré : celles de laine à poils sont les plus propres à remplir cet objet. On leur donne ordinairement la forme d'un cône, pl. II, fig. 2 : cette espèce de filtre porte le nom de *chausse*, qui est relatif à sa figure. La forme conique a l'avantage de réunir toute la liqueur qui coule en un seul point *A*, et on peut alors la recevoir dans un vase d'une ouverture très-petite ; ce qui ne pourrait pas avoir lieu si la liqueur coulait de plusieurs points. Dans les grands laboratoires de pharmacie, on a un châssis de bois représenté pl. II, fig. 1, dans le milieu duquel on attache la chausse.

La filtration à la chausse ne peut être applicable qu'à quelques opérations de pharmacie; mais, comme, dans la plupart des opérations chimiques, un même filtre ne peut servir qu'à une même nature d'expériences; comme il faudrait avoir un nombre de chausses considérable et les laver avec un grand soin à chaque opération, on y a substitué une étoffe très-commune, à très-bon marché, qui est, à la vérité, très-mince, mais qui, attendu qu'elle est feutrée, compense par le serré de son tissu ce qui pourrait lui manquer en épaisseur : cette étoffe est du papier non collé. Il n'est aucun corps solide, quelque divisé qu'il soit, qui passe à travers les pores des filtres de papier; les fluides, au contraire, les traversent avec beaucoup de facilité.

Le seul embarras que présente le papier, employé comme filtre, consiste dans la facilité avec laquelle il se perce et se déchire, surtout quand il est mouillé. On remédie à cet inconvénient, en le soutenant par le moyen de diverses espèces de doublures. Si on a des quantités considérables de matières à filtrer, on se sert d'un châssis de bois *ABCD* (pl. II, fig. 3), auquel sont adaptées des pointes de fer ou crochets : on pose ce châssis sur deux petits tréteaux, comme on le voit fig. 4. On place sur le carré une toile grossière, qu'on tend médiocrement et qu'on accroche aux pointes ou crochets en fer. On étend ensuite une ou deux feuilles de papier sur la toile, et on verse dessus le mélange de matière liquide et de matière solide dont on veut opérer la séparation. Le fluide coule dans la terrine ou autre vase quelconque *E*, qu'on a mis sous le filtre. Les toiles qui ont servi à cet usage se lavent, ou bien on les renouvelle, si on a lieu de craindre que les molécules dont elles peuvent rester imprégnées ne soient nuisibles dans des opérations subséquentes.

Dans toutes les opérations ordinaires, et lorsqu'on n'a qu'une médiocre quantité de liqueur à filtrer, on se sert d'entonnoirs de verre (pl. II, fig. 5), pour contenir et soutenir le papier; on le plie alors de manière à former un cône de même figure que l'entonnoir. Mais alors on tombe dans un autre inconvénient; le papier, lorsqu'il est mouillé, s'applique tellement sur les parois du verre, que la liqueur ne peut couler, et qu'il ne s'opère de filtration que par la pointe du cône : alors l'opération devient très-longue; les matières hétérogènes, d'ailleurs, que contient la liqueur étant communément plus lourdes que l'eau, elles se rassemblent à la pointe du cône de papier, elles l'obstruent, et la filtration, ou s'arrête, ou devient excessivement lente. On a imaginé différents procédés pour remédier à ces inconvénients, qui sont plus graves qu'on ne le croirait d'abord, parce qu'ils se répètent tous les jours dans le cours des opérations chimiques. Un premier moyen a été de multiplier les plis du papier, comme on le voit fig. 6, afin que la liqueur, en suivant les sillons que forment les plis, pût arriver à la pointe du cône; d'autres ont joint à ce premier moyen l'usage de fragments de paille, qu'on place et qu'on arrange dans l'entonnoir avant d'y placer le papier. Enfin, le dernier moyen employé, et qui me paraît réunir le plus d'avantages, consiste à prendre de petites bandes de verre, telles qu'on en trouve chez tous les vitriers, et qui sont connues sous le nom de *rognures de verre*. On les courbe par le bout à la lampe, de manière à former un crochet qui s'ajuste dans le bord supérieur de l'entonnoir; on en dispose six à huit de cette manière, avant de placer le papier. Ces bandes de verre le maintiennent à une distance suffisante des parois de l'entonnoir pour que la filtration s'opère. La liqueur coule le long des bandes de verre, et se rassemble à la pointe du cône.

On voit quelques-unes de ces bandes représentées fig. 8 : on voit aussi, fig. 7, un entonnoir de verre garni de bandes de verre et d'un papier à filtrer.

Lorsqu'on a un grand nombre de filtrations à faire marcher à la fois, il est très-commode d'avoir une planche *AB* (pl. II, fig. 9), soutenue par des montants de bois *AC*, *BD*, et percée de trous pour y placer les entonnoirs.

Il y a des matières très-épaisses et très-visqueuses qui ne peuvent passer à travers le papier, et qui ne peuvent être filtrées qu'après avoir subi quelques préparations. La plus ordinaire consiste à battre un blanc d'œuf, à le diviser dans ces liqueurs, et à les faire chauffer jusqu'à l'ébullition. Le blanc d'œuf se coagule, il se réduit en écume, qui vient monter à la surface et qui entraîne avec elle la plus grande partie des matières visqueuses qui s'opposaient à la filtration. On est obligé de prendre ce parti pour obtenir du petit-lait clair, autrement il serait très-difficile de le faire passer par le filtre. On remplit le même objet, à l'égard des liqueurs spiritueuses, avec un peu de colle de poisson délayée dans de l'eau : cette colle se coagule par l'action de l'alcool, sans qu'on soit obligé de faire chauffer.

On conçoit qu'une des conditions indispensables de la filtration est que le filtre ne puisse pas être attaqué et corrodé par la liqueur qui doit y passer; aussi ne peut-on pas filtrer les acides concentrés à travers le papier. Il est vrai qu'on est rarement obligé d'avoir recours à ce moyen, parce que la plupart des acides s'obtiennent par la voie de distillation, et que les produits de la distillation sont presque toujours clairs. Si cependant, dans quelques cas très-rares, on est forcé de filtrer des acides concentrés, on se sert alors de verre pilé, ou, ce qui est mieux encore, de morceaux de quartz ou de cristal de roche grossièrement concassés et en partie réduits en poudre. On place quelques-uns des plus gros morceaux dans le fond de l'entonnoir, pour le boucher en partie; on met par-dessus des morceaux moins gros, qui sont maintenus par les premiers; enfin les portions les plus divisées doivent occuper le dessus : on remplit ensuite l'entonnoir avec de l'acide.

Dans les usages de la société, on filtre l'eau des rivières pour l'obtenir limpide et séparée des substances hétérogènes qui la salissent : on se sert à cet effet de sable de rivière. Le sable réunit plusieurs avantages qui le rendent propre à cet usage : premièrement, il est en fragments arrondis, ou au moins dont les angles sont usés; et les intervalles que présentent des molécules de cette figure favorisent le passage de l'eau. Secondement, ces molécules sont de différentes grosseurs, et les plus fines se rangent naturellement entre les plus grosses : elles empêchent donc qu'il ne se rencontre des vides trop grands qui laisseraient passer des matières hétérogènes. Troisièmement enfin, le sable ayant été roulé et lavé par l'eau des rivières pendant une longue révolution de temps, on est sûr qu'il est dépouillé de toute substance soluble dans l'eau, et que, par conséquent, il ne peut absolument rien communiquer à l'eau qui filtre au travers. Dans tous les cas, comme dans celui-ci, où le même filtre doit servir longtemps, il s'engorgerait et la liqueur cesserait d'y passer, si on ne le nettoyait pas. Cette opération est simple à l'égard des filtres de sable, il ne s'agit que de le laver dans plusieurs eaux successives et jusqu'à ce qu'elle sorte claire.

§ IV.

DE LA DÉCANTATION.

La décantation est une opération qui peut suppléer à la filtration, et qui, comme elle, a pour objet de séparer d'avec un liquide les molécules concrètes qu'il contient. On laisse à cet effet reposer la liqueur dans des vases ordinairement coniques et qui ont la forme de verres à boire, comme celui représenté *ABCDE* (pl. II, fig. 10). On fait dans les verreries des vases de cette figure, qui sont de différentes grandeurs; lorsqu'ils excèdent deux ou trois pintes de capacité, on supprime le pied *CDE*, et on y supplée par un pied de bois dans lequel on les mastique. La matière étrangère se dépose au fond de ces vases par un repos plus ou moins long, et on obtient la liqueur claire en la versant doucement par inclinaison. On voit que cette opération suppose que le corps suspendu dans le liquide est spécifiquement plus lourd que lui, et susceptible de se rassembler au fond; mais quelquefois la pesanteur spécifique du dépôt approche tellement de celle de la liqueur, et l'on est si près de l'équilibre, que le moindre mouvement suffit pour le remêler; alors, au lieu de transvaser la liqueur et de la séparer par décantation, on se sert du siphon représenté fig. 11, et dont j'ai déjà donné la description.

Dans toutes les expériences où l'on veut déterminer avec une précision rigoureuse le poids de la matière précipitée, la décantation est préférable à la filtration, pourvu qu'on ait soin de laver à grande eau et à plusieurs reprises le précipité. On peut bien, il est vrai, déterminer le poids du précipité qu'on a séparé par filtration, en pesant le filtre avant et après l'opération; l'augmentation de poids que le filtre a acquise donne le poids du précipité qui est resté attaché; mais, quand les quantités sont peu considérables, la dessiccation plus ou moins grande du filtre, les différentes proportions d'humidité qu'il peut retenir, sont une source d'erreurs qu'il est important d'éviter.

CHAPITRE V.

DES MOYENS QUE LA CHIMIE EMPLOIE POUR ÉCARTER LES UNES DES AUTRES LES MOLÉCULES DES CORPS SANS LES DÉCOMPOSER, ET RÉCIPROQUEMENT POUR LES RÉUNIR.

J'ai déjà fait observer qu'il existait deux manières de diviser les corps : la première, qu'on nomme division mécanique, consiste à séparer une masse solide en un grand nombre d'autres masses beaucoup plus petites. On emploie, pour remplir cet objet, la force des hommes, celle des animaux, la pesanteur de l'eau appliquée aux machines hydrauliques, la force expansive de l'eau réduite en vapeurs, comme dans les machines à feu, l'impulsion du vent, etc. Mais toutes ces forces employées à diviser les corps sont beaucoup plus bornées qu'on ne le croit communément. Avec un pilon d'un certain poids, qui tombe d'une certaine hauteur, on ne peut jamais réduire en poudre une matière donnée au delà d'un certain degré de finesse, et la même molécule, qui paraît si fine relativement à nos organes, est encore une montagne, si on peut se servir de cette expression, lorsqu'on la compare avec les molécules constitutives et élémentaires du corps que l'on divise. C'est en cela que diffèrent les agents mécaniques des agents chimiques : ces derniers divisent un corps dans ses molécules primitives. Si, par exemple, c'est un sel neutre, ils portent la division de ses parties aussi loin qu'elle le peut être sans que la molécule cesse d'être une molécule de sel. Je vais donner, dans ce chapitre, des exemples de cette espèce de division. J'y joindrai quelques détails sur des opérations qui y sont relatives.

§ I.

DE LA SOLUTION DES SELS.

On a longtemps confondu en chimie la solution et la dissolution, et l'on désignait par le même nom la division des parties d'un sel dans un fluide tel que l'eau, et la division d'un métal dans un acide. Quelques réflexions sur les effets de ces deux opérations feront sentir qu'il n'est pas possible de les confondre.

Dans la solution des sels, les molécules salines sont simplement écartées les unes des autres, mais ni le sel, ni l'eau n'éprouvent aucune décomposition, et on peut les retrouver l'un et l'autre en même quantité qu'avant l'opération. On peut dire la même chose de la dissolution des résines dans l'alcool et dans les dissolvants spiritueux. Dans la dissolution des métaux, au contraire, il y a toujours une décomposition de l'acide, ou décomposition de l'eau : le métal s'oxygène, il passe à l'état d'oxyde; une substance gazeuse se dégage; en sorte qu'à proprement parler aucune des substances, après la dissolution, n'est dans le même état où elle était auparavant. C'est uniquement de la solution qu'il sera question dans cet article.

Pour bien saisir ce qui se passe dans la solution des sels, il faut savoir qu'il se complique deux effets dans la plupart de ces opérations : solution par l'eau, et solution par le calorique; et, comme cette distinction donne l'explication de la plupart des phénomènes relatifs à la solution, je vais insister pour la bien faire entendre.

Le nitrate de potasse, vulgairement appelé *salpêtre*, contient très-peu d'eau de cristallisation; une foule d'expériences le prouvent; peut-être même n'en contient-il pas : cependant il se liquéfie à un degré de chaleur qui surpasse à peine celui de l'eau bouillante. Ce n'est donc point à l'aide de son eau de cristallisation qu'il se liquéfie, mais parce qu'il est très-fusible de sa nature, et qu'il passe de l'état solide à l'état liquide, un peu au-dessus de la chaleur de l'eau bouillante. Tous les sels sont de même susceptibles d'être liquéfiés par le calorique, mais à une température plus ou moins haute. Les uns, comme les acétites de potasse et de soude, se fondent et se liquéfient à une chaleur très-médiocre; les autres, au contraire, comme le sulfate de chaux, le sulfate de potasse, etc. exigent une des plus fortes chaleurs que nous puissions produire. Cette liquéfaction des sels par le calorique présente exactement les mêmes phénomènes que la liquéfaction de la glace. Premièrement, elle s'opère de même à un degré de chaleur déterminé pour chaque sel, et ce degré est constant pendant tout le temps que dure la liquéfaction du sel. Secondement, il y a emploi de calorique au moment où le sel se fond, dégagement lorsqu'il se fige, tous phénomènes généraux, et qui ont lieu lors du passage d'un corps quelconque de l'état concret à l'état fluide, et réciproquement.

Ces phénomènes de la solution par le calorique se compliquent toujours plus ou moins avec ceux de la solution par l'eau. On en sera convaincu, si l'on considère qu'on ne peut verser de l'eau sur un sel pour le dissoudre, sans employer réellement un dissolvant mixte, l'eau et le calorique : or on peut distinguer plusieurs cas différents, suivant la nature et la manière d'être de chaque sel. Si, par exemple, un sel est très-peu soluble par l'eau, et qu'il le soit beaucoup par le calorique, il est clair que ce sel sera très-peu soluble à l'eau froide, et qu'il le sera beaucoup, au contraire, à l'eau chaude; tel est le nitrate de potasse, et surtout le muriate oxygéné de potasse. Si un autre sel, au contraire, est à la fois peu soluble dans l'eau et peu soluble dans le calorique, il sera peu soluble dans l'eau froide comme dans l'eau chaude, et la différence ne sera pas très-considérable; c'est ce qui arrive au sulfate de chaux.

On voit donc qu'il y a une relation nécessaire entre ces trois choses, solubilité d'un sel dans l'eau froide, solubilité du même sel dans l'eau bouillante, degré auquel ce même sel se liquéfie par le calorique seul et sans le secours de l'eau; que la solubilité d'un sel à chaud et à froid est d'autant plus grande qu'il est plus soluble par le calorique, ou, ce qui revient au même, qu'il est susceptible de se liquéfier à un degré plus inférieur de l'échelle du thermomètre.

Telle est, en général, la théorie de la solution des sels. Mais je n'ai pu me former encore que des aperçus généraux, parce que les faits particuliers manquent, et qu'il n'existe point assez d'expériences exactes. La marche à suivre pour compléter cette partie de la chimie est simple; elle consiste à rechercher, pour chaque sel, ce qui s'en dissout dans une quantité donnée d'eau à différents degrés du thermomètre : or, comme on sait aujourd'hui avec beaucoup de précision, d'après les expériences que nous avons publiées M. de Laplace et moi, ce qu'une livre d'eau contient de calorique à chaque degré du thermomètre, il sera toujours facile de déterminer par des expériences simples la proportion de calorique et d'eau qu'exige chaque sel pour être tenu en dissolution, ce qui s'en absorbe au moment où le sel se liquéfie, ce qui s'en dégage au moment où il cristallise.

On ne doit plus être étonné, d'après cela, de voir que les sels mêmes qui sont dissolubles à froid se dissolvent beaucoup plus rapidement dans l'eau chaude que dans l'eau froide. Il y a toujours emploi de calorique dans la dissolution des sels; et, quand il faut que le calorique soit fourni de proche en proche par les corps environnants, il en résulte un déplacement qui ne s'opère que lentement. L'opération, au contraire, se trouve tout d'un coup facilitée et accélérée, quand le calorique nécessaire à la solution se trouve déjà tout combiné avec l'eau.

Les sels en général, en se dissolvant dans l'eau, en augmentent la pesanteur spécifique, mais cette règle n'est pas absolument sans exception.

Un jour à venir on connaîtra la quantité de radical, d'oxygène et de base, qui constituent chaque sel neutre; on connaîtra la quantité d'eau et de calorique nécessaire pour le dissoudre, l'augmentation de pesanteur spécifique qu'il communique à l'eau, la figure des molécules élémentaires de ses cristaux; on expliquera les circonstances et les accidents de sa cristallisation, et c'est alors seulement que cette partie de la chimie sera complète. M. Séguin a formé le prospectus d'un grand travail en ce genre, qu'il est bien capable d'exécuter.

La solution des sels dans l'eau n'exige aucun appareil particulier. On se sert avec avantage, dans les opérations en petit, de fioles à médecine de différentes grandeurs (pl. II, fig. 16 et 17); de terrines de grès (même planche, A, fig. 1 et 2); de matras à col allongé (fig. 14); de casseroles ou bassines de cuivre et d'argent (fig. 13 et 15).

§ II.

DE LA LIXIVIATION.

La lixiviation est une opération des arts et de la chimie, dont l'objet est de séparer des substances solubles dans l'eau d'avec d'autres substances qui sont insolubles. On a coutume de se servir, pour cette opération, dans les arts et dans les usages de la vie, d'un grand cuvier *ABCD* (pl. II, fig. 12), percé en *D* près de son fond d'un trou rond, dans lequel on introduit une champlure de bois *DE* ou un robinet de métal. On met d'abord au fond du cuvier une petite couche de paille, et ensuite, par-dessus, la matière qu'on se propose de lessiver; on la recouvre d'une toile, et on verse de l'eau froide ou chaude, suivant que la substance est d'une solubilité plus ou moins grande. L'eau s'imbibe dans la matière, et, pour qu'elle la pénètre mieux, on tient pendant quelque temps fermé le robinet *DE*. Lorsqu'on juge qu'elle a eu le temps de dissoudre toutes les parties salines, on la laisse couler par le robinet *DE*; mais, comme il reste toujours à la matière insoluble une portion d'eau adhérente qui ne coule pas, comme cette eau est nécessairement aussi chargée de sel que celle qui a coulé, on perdrait une quantité considérable de parties salines, si on ne repassait, à plusieurs reprises, de nouvelle eau à la suite de la première. Cette eau sert à étendre celle qui est restée; la substance saline se partage et se fractionne, et, au troisième ou quatrième relavage, l'eau passe presque pure; on s'en assure par le moyen du pèse-liqueur dont il a été parlé, page 254.

Le petit lit de paille qu'on met au fond du vase sert à procurer des interstices pour l'écoulement de l'eau; on peut l'assimiler aux pailles ou aux tiges de verre dont on se sert pour filtrer dans l'entonnoir, et qui empêchent l'application trop immédiate du papier contre le verre. A l'égard du linge qu'on met par-dessus la matière qu'on se propose de lessiver, il n'est pas non plus inutile; il a pour objet d'empêcher que l'eau ne fasse un creux dans la matière à l'endroit où on la verse, et qu'elle ne s'ouvre des issues particulières, qui empêcheraient que toute la masse ne fût lessivée.

On imite plus ou moins cette opération des arts dans les expériences chimiques: mais, attendu qu'on se propose plus d'exactitude, et que, lorsqu'il est question, par exemple, d'une analyse, il faut être sûr de ne laisser dans le résidu aucune partie saline ou soluble, on est obligé de prendre quelques précautions particulières. La première est d'employer plus d'eau que dans les lessives ordinaires, et d'y délayer les matières avant de tirer la liqueur à clair; autrement toute la masse ne serait pas également lessivée, et il pourrait même arriver que quelques portions ne le fussent aucunement. Il faut avoir soin de repasser de très-grandes quantités d'eau, et on ne doit, en général, regarder l'opération comme terminée, que quand l'eau passe absolument dépouillée de sel, et que l'aréomètre indique qu'elle n'augmente plus de pesanteur spécifique en traversant la matière contenue dans le cuvier.

Dans les expériences très en petit, on se contente communément de mettre dans des bocaux ou des matras de verre la matière qu'on se propose de lessiver: on verse dessus de l'eau bouillante, et on filtre au papier dans un entonnoir de verre. (Voy. pl. II, fig. 7.) On relave ensuite avec de l'eau bouillante. Quand on opère sur des quantités un peu plus grandes, on délaye les matières dans un chaudron d'eau bouillante, et on filtre avec le carré de bois représenté pl. II, fig. 3 et 4, qu'on garnit de toile et d'un papier à filtrer. Enfin, dans les opérations très en grand, on emploie le baquet ou cuvier que j'ai décrit au commencement de cet article, et qui est représenté fig. 12.

§ III.

DE L'ÉVAPORATION.

L'évaporation a pour objet de séparer l'une de l'autre deux matières, dont l'une au moins est liquide, et qui ont un degré de volatilité très-différent.

C'est ce qui arrive lorsqu'on veut obtenir dans l'état concret un sel qui a été dissous dans l'eau : on échauffe l'eau et on la combine avec le calorique qui la volatilise; les molécules de sel se rapprochent en même temps, et, obéissant aux lois de l'attraction, elles se réunissent pour reparaître sous leur forme solide.

On a pensé que l'action de l'air influait beaucoup sur la quantité de fluide qui s'évapore, et on est tombé, à cet égard, dans des erreurs qu'il est bon de faire connaître. Il est sans doute une évaporation lente, qui se fait continuellement d'elle-même à l'air libre et à la surface des fluides exposés à la simple action de l'atmosphère. Quoique cette première espèce d'évaporation puisse être, jusqu'à un certain point, considérée comme une dissolution par l'air, il n'en est pas moins vrai que le calorique y concourt, puisqu'elle est toujours accompagnée de refroidissement : on doit donc la regarder comme une dissolution mixte, faite en partie par l'air, et en partie par le calorique. Mais il est un autre genre d'évaporation, c'est celle qui a lieu à l'égard d'un fluide entretenu toujours bouillant; l'évaporation qui se fait alors par l'action de l'air n'est plus que d'un objet très-médiocre en comparaison de celle qui est occasionnée par l'action du calorique : ce n'est plus, à proprement parler, l'évaporation qui a lieu, mais la vaporisation; or cette dernière opération ne s'accélère pas en raison des surfaces évaporantes, mais en raison des quantités de calorique qui se combinent avec le liquide. Un trop grand courant d'air froid nuit quelquefois, dans ces occasions, à la rapidité de l'évaporation, par la raison qu'il enlève du calorique à l'eau, et qu'il ralentit par conséquent sa conversion en vapeurs. Il n'y a donc nul inconvénient à couvrir, jusqu'à un certain point, le vase où l'on fait évaporer un liquide entretenu toujours bouillant, pourvu que le corps qui couvre soit de nature à dérober peu de calorique, qu'il soit, pour me servir d'une expression du docteur Francklin, mauvais conducteur de la chaleur; les vapeurs s'échappent alors par l'ouverture qui leur est laissée, et il s'en évapore au moins autant et souvent plus que quand on laisse un accès libre à l'air extérieur.

Comme, dans l'évaporation, le liquide que le calorique enlève est absolument perdu, comme on le sacrifie pour conserver la substance fixe avec laquelle il était combiné, on n'évapore jamais que des matières peu précieuses, telles, par exemple, que l'eau. Lorsqu'elles ont plus de valeur, on a recours à la distillation, autre opération dans laquelle on conserve à la fois et le corps fixe et le corps volatil.

Les vaisseaux dont on se sert pour les évaporations sont des bassines de cuivre ou d'argent, quelquefois de plomb, telles que celle représentée (pl. II, fig. 13); des casseroles également de cuivre ou d'argent (fig. 15):

Des capsules de verre (pl. III, fig. 3 et 4):

Des jattes de porcelaine;

Des terrines de grès *A* (pl. II, fig. 1 et 2).

Mais les meilleures de toutes les capsules à évaporer sont des fonds de cornue et des portions de matras de verre. Leur *minceur*, qui est égale partout, les rend plus propres que tout autre vaisseau à se prêter, sans se casser, à une chaleur brusque et à des alternatives subites de chaud et de froid. On peut les faire soi-même dans les laboratoires, et elles reviennent beaucoup moins cher que les capsules que l'on achète chez les faïenciers. Cet art de couper le verre ne se trouve décrit nulle part, et je vais en donner une idée.

On se sert d'anneaux de fer *AC* (pl. III, fig. 5), que l'on soude à une tige de fer *AB*, garnie d'un manche de bois *D*. On fait rougir l'anneau de fer dans un fourneau, puis on pose dessus le matras *G* (fig. 6), qu'on se propose de couper : lorsqu'on juge que le verre a été suffisamment échauffé par l'anneau de fer rouge, on jette quelques gouttes d'eau dessus, et le matras se casse ordinairement juste dans la ligne circulaire qui était en contact avec l'anneau de fer.

D'autres vaisseaux évaporatoires, d'un excellent usage, sont de petites fioles de verre, qu'on désigne dans le commerce sous le nom de fioles à médecine. Ces bouteilles, qui sont de verre mince et commun, supportent le feu avec une merveilleuse facilité, et sont à très-bon marché. Il ne faut pas craindre que leur figure nuise à l'évaporation de la liqueur. J'ai déjà fait voir que, toutes les fois qu'on évaporait le liquide au degré de l'ébullition, la figure du vaisseau contribuait ou nuisait peu à la célérité de l'opération, surtout quand les parois supérieures du vaisseau étaient mauvais conducteurs de chaleur, comme le verre. On place une ou plusieurs de ces fioles sur une seconde grille de fer *FG* (pl. III, fig. 2), qu'on pose sur la partie supérieure d'un fourneau, et sous laquelle on entretient un feu doux. On peut suivre de cette manière un grand nombre d'expériences à la fois.

Un autre appareil évaporatoire assez commode et assez expéditif consiste dans une cornue de verre qu'on met au bain de sable, comme on le voit pl. III, fig. 1, et qu'on recouvre avec un dôme de terre cuite : mais l'opération est toujours beaucoup plus lente quand on se sert du bain de sable; elle n'est pas, d'ailleurs, exempte de dangers, parce que le sable s'échauffant inégalement, tandis que le verre ne peut pas se prêter à des degrés de dilatation locale, le vaisseau est souvent exposé à casser. Il arrive même quelquefois que le sable chaud fait exactement l'office des anneaux de fer représentés pl. III, fig. 5 et 6, surtout lorsque le vase contient un fluide qui distille. Une goutte de fluide qui s'éclabousse, et qui vient tomber sur les parois du vaisseau, à l'endroit du contact de l'anneau de sable, le fait casser circulairement en deux parties bien tranchées.

Dans le cas où l'évaporation exige une grande intensité de feu, on se sert de creusets de terre; mais, en général, on entend le plus communément par le mot *évaporation* une opération qui se fait au degré de l'eau bouillante, ou très-peu au-dessus.

§ IV.

DE LA CRISTALLISATION.

La cristallisation est une opération dans laquelle les parties intégrantes d'un corps, séparées les unes des autres par l'interposition d'un fluide, sont déterminées, par la force d'attraction qu'elles exercent les unes sur les autres, à se rejoindre pour former des masses solides.

Lorsque les molécules d'un corps sont simplement écartées par le calorique, et qu'en vertu de cet écartement ce corps est porté à l'état de liquide, il ne faut, pour le ramener à l'état de solide, c'est-à-dire pour opérer sa cristallisation, que supprimer une partie du calorique logé entre ses molécules, autrement dit le refroidir. Si le refroidissement est lent et si en même temps il y a repos, les molécules prennent un arrangement régulier, et alors il y a cristallisation proprement dite: si, au contraire, le refroidissement est rapide, ou si, en supposant un refroidissement lent, on agite le liquide au moment où il va passer à l'état concret, il y a cristallisation confuse.

Les mêmes phénomènes ont lieu dans les solutions par l'eau : ou, pour mieux dire, les solutions par l'eau sont toujours mixtes, comme je l'ai déjà fait voir dans le paragraphe premier de ce chapitre : elles s'opèrent en partie par l'action de l'eau, en partie par celle du calorique. Tant qu'il y a suffisamment d'eau et de calorique pour écarter les molécules du sel, au point qu'elles soient hors de leur sphère d'attraction, le sel demeure dans l'état fluide. L'eau et le calorique viennent-ils à manquer, et l'attraction des molécules salines les unes par rapport aux autres devient-elle victorieuse, le sel reprend la forme concrète, et la figure des cristaux est d'autant plus régulière que l'évaporation a été plus lente et faite dans un lieu plus tranquille.

Tous les phénomènes qui ont lieu dans la solution des sels se retrouvent également dans leur cristallisation, mais dans un sens inverse. Il y a dégagement de calorique au moment où le sel se réunit et paraît sous sa forme concrète et solide, et il en résulte une nouvelle preuve que les sels sont tenus à la fois en dissolution par l'eau et par le calorique. C'est par cette raison qu'il ne suffit pas, pour faire cristalliser les sels qui se liquéfient aisément par le calorique, de leur enlever l'eau qui les tenait en dissolution; il faut encore leur enlever le calorique, et le sel ne se cristallise qu'autant que ces deux conditions sont remplies. Le salpêtre, le muriate oxygéné de potasse, l'alun, le sulfate de soude, etc. en fournissent des exemples. Il n'en est pas de même des sels qui exigent peu de calorique pour être tenus en dissolution, et qui, par cela même, sont à peu près également solubles dans l'eau chaude et dans l'eau froide ; il suffit de leur enlever l'eau qui les tenait en dissolution pour les faire cristalliser, et ils reparaissent sous forme concrète dans l'eau bouillante même, comme on l'observe relativement au sulfate de chaux, aux muriates de soude et de potasse, et à beaucoup d'autres.

C'est sur ces propriétés des sels, et sur leur différence de solubilité à chaud et à froid, qu'est fondé le raffinage du salpêtre. Ce sel, tel qu'il est livré par les salpêtriers, est composé de sels déliquescents qui ne sont pas susceptibles de cristalliser, tels que le nitrate et le muriate de chaux; de sels qui sont presque également solubles à chaud et à froid, tels que les muriates de potasse et de soude ; enfin de salpêtre, qui est beaucoup plus soluble à chaud qu'à froid.

On commence par verser sur tous ces sels confondus ensemble une quantité d'eau suffisante pour tenir en dissolution les moins solubles de tous, et ce sont les muriates de soude et de potasse. Cette quantité d'eau tient facilement en dissolution tout le salpêtre, tant qu'elle est chaude; mais il n'en est plus de même lorsqu'elle se refroidit; la majeure partie du salpêtre cristallise : il n'en reste qu'environ un sixième tenu en dissolution, et qui se trouve confondu avec le nitrate calcaire et avec les muriates.

Le salpêtre qu'on obtient ainsi est un peu imprégné de sels étrangers, parce qu'il a cristallisé dans une eau qui elle-même en était chargée; mais on l'en dépouille complétement par une nouvelle dissolution à chaud avec très-peu d'eau et par une nouvelle cristallisation.

A l'égard des eaux surnageantes à la cristallisation du salpêtre et qui contiennent un mélange de salpêtre et de différents sels, on les fait évaporer pour en tirer du salpêtre brun, qu'on purifie ensuite également par deux nouvelles dissolutions et cristallisations.

Les sels à base terreuse qui sont inscristallisables sont rejetés, s'ils ne contiennent point de nitrates; si, au contraire, ils en contiennent, on les étend avec de l'eau, on précipite la terre par le moyen de la potasse, on laisse déposer, on décante, on fait évaporer et on met à cristalliser.

Ce qui s'observe dans le raffinage du salpêtre peut servir de règle toutes les fois qu'il est question de séparer par voie de cristallisation plusieurs sels mêlés ensemble. Il faut alors étudier la nature de chacun, la proportion qui s'en dissout dans des quantités données d'eau, leur différence de solubilité à chaud et à froid. Si à ces propriétés principales on joint celle qu'ont quelques sels de se dissoudre dans l'alcool ou dans un mélange d'alcool et d'eau, on verra qu'on a des ressources très-multipliées pour opérer la séparation des sels par voie de cristallisation. Mais il faut convenir en même temps qu'il est difficile de rendre cette séparation complète et absolue.

Les vaisseaux qu'on emploie pour la cristallisation des sels sont des terrines de grès *A* (pl. II, fig. 1 et 2.), et de grandes capsules aplaties (pl. III, fig. 7).

Lorsqu'on abandonne une solution saline à une évaporation lente, à l'air libre et à la chaleur de l'atmosphère, on doit employer des vases un peu élevés, tels que celui représenté pl. III, fig. 3, afin qu'il y ait une épaisseur un peu considérable de liqueur; on obtient par ce moyen des cristaux beaucoup plus gros et aussi réguliers qu'on puisse l'espérer.

Non-seulement tous les sels cristallisent sous différentes formes, mais encore la cristallisation de chaque sel varie suivant les circonstances de la cristallisation. Il ne faut pas en conclure que la figure des molécules salines ait rien d'indéterminé dans chaque espèce; rien n'est plus constant au contraire que la figure des molécules primitives des corps, surtout à l'égard des sels. Mais les cristaux qui se forment sous nos yeux sont des agrégations de molécules, et ces molécules, quoique toutes parfaitement égales en figure et en grosseur, peuvent prendre des arrangements différents, qui donnent lieu à une grande variété de figures, et qui paraissent quelquefois n'avoir aucun rapport, ni entre elles, ni avec la figure du cristal originaire. Cet objet a été savamment traité par M. l'abbé Haüy, dans plusieurs mémoires présentés à l'Académie, et dans un ouvrage sur la structure des cristaux. Il ne reste plus même qu'à étendre à la classe des sels ce qu'il a fait plus particulièrement pour quelques pierres cristallisées.

§ V.

DE LA DISTILLATION SIMPLE.

La distillation a deux objets bien déterminés : je distinguerai en conséquence deux espèces de distillation, la distillation simple et la distillation composée. C'est uniquement de la première que je m'occuperai dans cet article.

Lorsqu'on soumet à la distillation deux corps dont l'un est plus volatil, c'est-à-dire a plus d'affinité que l'autre avec le calorique, le but qu'on se propose est de les séparer : le plus volatil prend la forme de gaz, et on le condense ensuite par le refroidissement dans des appareils propres à remplir cet objet. La distillation n'est alors, comme l'évaporation, qu'une opération, en quelque façon mécanique, qui sépare l'une de l'autre deux substances, sans les décomposer et sans en altérer la nature. Dans l'évaporation, c'était le produit fixe qu'on cherchait à conserver, sans s'embarrasser de conserver le produit volatil : dans la distillation, au contraire, on s'attache le plus communément à recueillir le produit volatil, à moins qu'on ne se propose de les conserver tous deux. Ainsi la distillation simple bien analysée ne doit être considérée que comme une évaporation en vaisseaux clos.

Le plus simple de tous les appareils distillatoires est une bouteille A (pl. III, fig. 8), dont on courbe, dans la verrerie même, le col BC en BD. Cette bouteille ou fiole porte alors le nom de cornue; on la place dans un fourneau de réverbère, comme on le voit pl. XIII, fig. 2, ou au bain de sable sous une couverture de terre cuite, comme on le voit pl. III, fig. 1. Pour recueillir et pour condenser les produits, on adapte à la cornue un récipient E (pl. III, fig. 9), qu'on lute avec elle; quelquefois, surtout dans les opérations de pharmacie, on se sert d'une cucurbite de verre ou de grès A (pl. III, fig. 12), surmontée de son chapiteau B, ou bien d'un alambic de verre auquel tient un chapiteau d'une seule pièce (fig. 13). On ménage à ce dernier une tubulure, c'est-à-dire une ouverture T, qu'on bouche avec un bouchon de cristal usé à l'émeri. On voit que le chapiteau *B* de l'alambic a une rigole *rr*, destinée à recevoir la liqueur qui se condense, et à la conduire au bec *rS* par lequel elle s'écoule.

Mais, comme, dans presque toutes les distillations, il y a une expansion de vapeurs qui pourrait faire éclater les vaisseaux, on est obligé de ménager au ballon ou récipient *E* (fig. 9) un petit trou *T*, par lequel on donne issue aux vapeurs. D'où l'on voit qu'on perd, dans cette manière de distiller, tous les produits qui sont dans un état constamment aériforme, et ceux même qui, ne perdant pas facilement cet état, n'ont pas le temps d'être condensés dans l'intérieur du ballon. Cet appareil ne peut donc être employé que dans les opérations courantes des laboratoires et dans la pharmacie, mais il est insuffisant pour toutes les opérations de recherches. Je détaillerai, à l'article de la distillation composée, les moyens qu'on a imaginés pour recueillir sans perte la totalité des produits.

Les vaisseaux de verre étant très-fragiles et ne résistant pas toujours aux alternatives brusques du chaud et du froid, on a imaginé de faire des appareils distillatoires en métal. Ces instruments sont nécessaires pour distiller de l'eau, des liqueurs spiritueuses, pour obtenir les huiles essentielles des végétaux, et on ne peut se dispenser, dans un laboratoire bien monté, d'avoir un ou deux alambics de cette espèce et de différente grandeur.

Cet appareil distillatoire consiste dans une cucurbite de cuivre rouge étamé *A* (pl. III, fig. 15 et 16), dans laquelle s'ajuste, lorsqu'on le juge à propos, un bain-marie d'étain *D* (fig. 17), et sur lequel on place le chapiteau *F*. Ce chapiteau peut également s'ajuster sur la cucurbite de cuivre, sans bain-marie ou avec bain-marie, suivant la nature des opérations. Tout l'intérieur du chapiteau doit être en étain.

Il est nécessaire, surtout pour la distillation des liqueurs spiritueuses, que le chapiteau *F* de l'alambic soit garni d'un réfrigérant *SS* (fig. 16), dans lequel on entretient toujours de l'eau fraîche; on la laisse écouler par le moyen du robinet *R*, quand on s'aperçoit qu'elle devient trop chaude, et on la renouvelle avec de la fraîche. Il est aisé de concevoir quel est l'usage de cette eau ; l'objet de la distillation est de convertir en gaz la matière qu'on veut distiller et qui est contenue dans la cucurbite, et cette conversion se fait à l'aide du calorique fourni par le feu du fourneau ; mais il n'y aurait pas de distillation, si ce même gaz ne se condensait pas dans le chapiteau, s'il n'y perdait pas la forme de gaz et ne redevenait pas liquide. Il est donc nécessaire que la substance que l'on distille dépose dans le chapiteau tout le calorique qui s'y était combiné dans la cucurbite, et, par conséquent, que les parois du chapiteau soient toujours entretenues à une température plus basse que celle qui peut maintenir la substance à distiller dans l'état de gaz. L'eau du réfrigérant est destinée à remplir cet office. On sait que l'eau se convertit en gaz à 80 degrés du thermomètre français, l'esprit-de-vin ou alcool à 67, l'éther à 32 ; on conçoit donc que ces substances ne se distilleraient pas, ou plutôt qu'elles s'échapperaient en vapeurs aériformes, si la chaleur du réfrigérant n'était pas entretenue au-dessous de ces degrés respectifs.

Dans la distillation des liqueurs spiritueuses et en général des liqueurs très-expansives, le réfrigérant ne suffit pas pour condenser toutes les vapeurs qui s'élèvent de la cucurbite ; alors, au lieu de recevoir directement la liqueur du bec *TU* de l'alambic dans un récipient, on interpose entre deux un serpentin. On donne ce nom à un instrument représenté fig. 18. Il consiste en un tuyau tourné en spirale, et qui fait un grand nombre de révolutions dans un seau de cuivre étamé *BCDE*. On entretient toujours de l'eau dans ce seau, et on la renouvelle quand elle s'échauffe. Cet instrument est en usage dans les ateliers de fabrication d'eau-de-vie : on n'y emploie pas même de chapiteau proprement dit ni de réfrigérant, et toute la condensation s'opère dans le serpentin. Celui représenté dans la figure 18 a un tuyau double, dont l'un est spécialement destiné à la distillation des matières odorantes.

Quelquefois, même dans la distillation simple, on est obligé d'ajouter une allonge entre la cornue et le récipient, comme on le voit

fig. 11. Cette disposition peut avoir deux objets : ou de séparer l'un de l'autre des produits de différents degrés de volatilité, ou d'éloigner le récipient du fourneau, afin que la matière qui doit y être contenue éprouve moins de chaleur. Mais ces appareils, et plusieurs autres plus compliqués, qui ont été imaginés par les anciens, sont bien éloignés de répondre aux vues de la chimie moderne : on en jugera par les détails dans lesquels j'entrerai à l'article de la distillation composée.

§ VI.

DE LA SUBLIMATION.

On donne le nom de *sublimation* à la distillation des matières qui se condensent dans un état concret : ainsi on dit la sublimation du soufre, la sublimation du sel ammoniac ou muriate ammoniacal, etc. Ces opérations n'exigent pas d'appareils particuliers ; cependant on a coutume d'employer, pour la sublimation du soufre, ce qu'on nomme des *aludels*. Ce sont des vaisseaux de terre ou de faïence qui s'ajustent les uns avec les autres, et qui se placent sur une cucurbite qui contient le soufre.

Un des meilleurs appareils sublimatoires, pour les matières qui ne sont point très-volatiles, est une fiole à médecine qu'on enfonce aux deux tiers dans un bain de sable ; mais alors on perd une partie du produit. Toutes les fois qu'on veut les conserver tous, il faut se rapprocher des appareils pneumato-chimiques dont je vais donner la description dans le chapitre suivant.

CHAPITRE VI.

DES DISTILLATIONS PNEUMATO-CHIMIQUES, DES DISSOLUTIONS MÉTALLIQUES, ET DE QUELQUES AUTRES OPÉRATIONS QUI EXIGENT DES APPAREILS TRÈS-COMPLIQUÉS.

§ I.

DES DISTILLATIONS COMPOSÉES ET DES DISTILLATIONS PNEUMATO-CHIMIQUES.

Je n'ai présenté, dans le paragraphe 5 du chapitre précédent, la distillation, que comme une opération simple, dont l'objet est de séparer l'une de l'autre deux substances de volatilité différente; mais le plus souvent la distillation fait plus; elle opère une véritable décomposition du corps qui y est soumis : elle sort alors de la classe des opérations simples, et elle rentre dans l'ordre de celles qu'on peut regarder comme des plus compliquées de la chimie. Il est sans doute de l'essence de toute distillation que la substance que l'on distille soit réduite à l'état de gaz dans la cucurbite par sa combinaison avec le calorique; mais, dans la distillation simple, ce même calorique se dépose dans le réfrigérant ou dans le serpentin, et la même substance reprend son état de liquidité. Il n'en est pas ainsi dans la distillation composée; il y a dans cette opération décomposition absolue de la substance soumise à la distillation : une portion telle que le charbon demeure fixe dans la cornue, tout le reste se réduit en gaz d'un grand nombre d'espèces. Les uns sont susceptibles de se condenser par le refroidissement, et de reparaître sous forme concrète et liquide; les autres demeurent constamment dans l'état aériforme; ceux-ci sont absorbables par l'eau, ceux-là le sont par les alcalis; enfin, quelques-uns ne sont absorbables par aucune substance. Un appareil distillatoire ordinaire, et tel que ceux que j'ai décrits dans le chapitre précédent, ne suffirait pas pour retenir et pour séparer des produits aussi variés; on est donc obligé d'avoir recours à des moyens beaucoup plus compliqués.

Je pourrais placer ici un historique des tentatives qui ont été successivement faites pour retenir les produits aériformes qui se dégagent des distillations; ce serait une occasion de citer Hales, Rouelle, Woulfe et plusieurs autres chimistes célèbres; mais, comme je me suis fait une loi d'être aussi concis qu'il serait possible, j'ai pensé qu'il valait mieux décrire tout d'un coup l'appareil le plus parfait, plutôt que de fatiguer le lecteur par le détail de tentatives infructueuses, faites dans un temps où l'on n'avait encore que des idées très-imparfaites sur la nature des gaz en général. L'appareil dont je vais donner la description est destiné à la plus compliquée de toutes les distillations : on pourra le simplifier ensuite suivant la nature des opérations.

A (pl. IV. fig. 1) représente une cornue de verre tubulée en H, dont le col B s'ajuste avec un ballon GC à deux pointes. A la tubulure supérieure D de ce ballon s'ajuste un tube de verre $DEfg$ qui vient plonger par son extrémité g dans la liqueur contenue dans la bouteille L. A la suite de la bouteille L, qui est tubulée en xxx, sont trois autres bouteilles L', L'', L''', qui ont de même trois tubulures ou gouleaux $x'x'x'$, $x''x''x''$, $x'''x'''x'''$. Chaque bouteille est liée par un tube de verre xyz', $x'y'z''$, $x''y''z'''$; enfin, à la dernière tubulure de la bouteille L'' est adapté un tube $x''RM$ qui aboutit sous une cloche de verre, laquelle est placée sur la tablette de l'appareil pneumato-chimique. Communément on met dans la première bouteille un poids bien connu d'eau distillée, et dans les trois autres de la potasse caustique étendue d'eau : la tare de ces bouteilles et le poids de la liqueur alcaline qu'elles contiennent doivent être déterminés avec un très-grand soin. Tout étant ainsi disposé, on lute toutes les jointures, savoir celle B de la cornue au ballon, et celle D de la tubulure supérieure du ballon, avec du lut gras recouvert de toile imbibée de chaux et de blanc d'œuf, et toutes les autres avec un lut de térébenthine cuite et de cire fondues ensemble.

On voit, d'après ces dispositions, que, lorsqu'on a mis le feu sous la cornue A, et que la substance qu'elle contient a commencé à se décomposer, les produits les moins volatils doivent se condenser et se sublimer dans le col même de la cornue, et que c'est principalement là que doivent se rassembler les substances concrètes; que les matières plus volatiles, telles que les huiles légères, l'ammoniaque et beaucoup d'autres substances, doivent se condenser dans le matras *GC*; que les gaz, au contraire, qui ne peuvent être condensés par le froid, doivent bouillonner à travers les liqueurs contenues dans les bouteilles *L L' L'' L'''*; que tout ce qui est absorbable par l'eau doit rester dans la bouteille *L*; que tout ce qui est susceptible d'être absorbé par l'alcali doit rester dans les bouteilles *L' L'' L'''*; enfin, que les gaz qui ne sont absorbables ni par l'eau, ni par les alcalis, doivent s'échapper par le tube *RM*, à la sortie duquel ils peuvent être reçus dans des cloches de verre. Enfin, ce qu'on appelait autrefois le *caput mortuum*, le charbon et la terre, comme absolument fixes, doivent rester dans la cornue.

On a toujours, dans cette manière d'opérer, une preuve matérielle de l'exactitude du résultat; car le poids des matières en total doit être le même avant et après l'opération : si donc on a opéré par exemple sur 8 onces de gomme arabique ou d'amidon, le poids du résidu charbonneux qui restera dans la cornue *A* après l'opération, plus celui des produits rassemblés dans son col et dans le matras *GC*, plus celui du gaz rassemblé dans la cloche *M*, plus enfin l'augmentation de poids acquise par les bouteilles *L*, *L'*, *L''*, *L'''*, tous ces poids, dis-je, réunis, doivent former un total de 8 onces. S'il y a plus ou moins, il y a erreur, et il faut recommencer l'expérience jusqu'à ce qu'on ait un résultat dont on soit satisfait, et qui diffère à peine de 6 ou 8 grains par livre de matière mise en expérience.

J'ai rencontré longtemps dans ce genre d'expériences des difficultés presque insurmontables, et qui m'auraient obligé d'y renoncer, si je ne fusse parvenu enfin à les lever par un moyen très-simple, et dont M. Hassenfratz m'a fourni l'idée. Le moindre ralentissement dans le degré de feu du fourneau, et beaucoup d'autres circonstances inséparables de ce genre d'expériences occasionnent souvent des réabsorptions de gaz : l'eau de la cuve rentre rapidement dans la bouteille L''' par le tube $x''' RM$; la même chose arrive d'une bouteille à l'autre, et souvent la liqueur remonte jusque dans le ballon C. On prévient ces accidents en employant des bouteilles à trois tubulures, et en adaptant à l'une d'elles un tube capillaire St, $s't'$, $s''t''$, $s'''t'''$, dont le bout doit plonger dans la liqueur des bouteilles. S'il y a absorption soit dans la cornue, soit dans quelques-unes des bouteilles, il rentre par ces tubes de l'air extérieur qui remplace le vide qui s'est formé, et on en est quitte pour avoir un petit mélange d'air commun dans les produits; mais au moins l'expérience n'est pas entièrement manquée. Ces tubes peuvent bien admettre de l'air extérieur, mais ils ne peuvent en laisser échapper, parce qu'ils sont toujours bouchés dans leur partie inférieure $t\,t'\,t''\,t'''$ par le fluide des bouteilles.

On conçoit que, pendant le cours de l'expérience, la liqueur des bouteilles doit remonter dans chacun de ces tubes à une hauteur relative à la pression qu'éprouve l'air ou le gaz contenu dans la bouteille; or cette pression est déterminée par la hauteur et par le poids de la colonne de liquide contenu dans toutes les bouteilles subséquentes. En supposant donc qu'il y ait trois pouces de liqueur dans chaque bouteille, que la hauteur de l'eau de la cuve soit également de 3 pouces au-dessus de l'orifice du tuyau RM, enfin, que la pesanteur spécifique des liqueurs contenues dans les bouteilles ne diffère pas sensiblement de celle de l'eau, l'air de la bouteille L sera comprimé par un poids égal à celui d'une colonne d'eau de 12 pouces. L'eau s'élèvera donc de 12 pouces dans le tube St, d'où il résulte qu'il faut donner à ce tube plus de 12 pouces de longueur au-dessus du niveau du liquide ab. Le tube $s'\ t'$ doit, par la même raison, avoir plus de 9 pouces, le tube $s''\ t''$ plus de six, et le tube $s'''\ t'''$ plus de trois. On doit au surplus donner à ces tubes plus que moins de longueur, à cause des oscillations qui ont souvent lieu. On est obligé, dans quelques cas, d'introduire un semblable tube entre la cornue et le ballon; mais, comme ce tube ne plonge point dans l'eau, comme il n'est point bouché par un liquide, au moins jusqu'à ce qu'il en ait passé par le progrès de la distillation, il faut en boucher l'ouverture supérieure avec un peu de lut, et ne l'ouvrir qu'au besoin, ou lorsqu'il y a assez de liquide dans le matras *C* pour fermer l'extrémité du tube.

L'appareil dont je viens de donner la description ne peut pas être employé dans des expériences exactes, toutes les fois que les matières qu'on se propose de traiter ont une action trop rapide l'une sur l'autre, ou lorsque l'une des deux ne doit être introduite que successivement et par petites parties, comme il arrive dans les mélanges qui font une violente effervescence. On se sert alors d'une cornue tubulée *A* (pl. VII, fig. 1). On y introduit l'une des deux substances, et de préférence celle qui est concrète; puis on adapte et on lute à la tubulure un tube recourbé *BCDA* terminé dans sa partie supérieure *B* en entonnoir, et par son extrémité *A* en un tube capillaire : c'est par l'entonnoir *B* de ce tube qu'on verse la liqueur. Il faut que la hauteur *BC* soit assez grande pour que la liqueur qu'on doit introduire puisse faire équilibre avec la résistance occasionnée par celle contenue dans les bouteilles *L L' L'' L'''* (pl. IV, fig. 1).

Ceux qui n'ont pas l'habitude de se servir de l'appareil distillatoire que je viens de décrire ne manqueront pas de s'effrayer de la grande quantité d'ouvertures qu'on est obligé de luter, et du temps qu'exigent les préliminaires de semblables expériences: et en effet, si on fait entrer en ligne de compte les pesées qu'il est nécessaire de faire avant l'expérience et de répéter après, les préparatifs sont beaucoup plus longs que l'expérience elle-même. Mais aussi on est bien dédommagé de ses peines quand l'expérience réussit, et on acquiert en une seule fois plus de connaissances sur la nature de la substance animale ou végétale qu'on a soumise à la distillation que par plusieurs semaines du travail le plus assidu.

A défaut de bouteilles triplement tubulées, on se sert de bouteilles à deux goulots; il est même possible de mettre les trois tubes dans la même ouverture, et de se servir de bouteilles ordinaires à goulots renversés, pourvu que l'ouverture soit suffisamment grande. Il faut avoir soin d'ajuster sur les bouteilles des bouchons qu'on use avec une lime très-douce, et qu'on fait bouillir dans un mélange d'huile, de cire et de térébenthine. On perce à travers ces bouchons, avec une lime nommée *queue de rat* (voy. pl. I, fig. 16), autant de trous qu'il est nécessaire pour le passage des tubes; on voit un de ces bouchons représenté pl. IV, fig. 8.

§ II.

DES DISSOLUTIONS MÉTALLIQUES.

J'ai déjà fait sentir, lorsque j'ai parlé de la solution des sels dans l'eau, combien il existait de différence entre cette opération et la dissolution métallique. On a vu que la solution des sels n'exigeait aucun appareil particulier, et que tout vase y était propre. Il n'en est pas de même de la dissolution des métaux : pour ne rien perdre dans cette dernière, et pour obtenir des résultats vraiment concluants, il faut employer des appareils très-compliqués, et dont l'invention appartient absolument aux chimistes de notre âge.

Les métaux en général se dissolvent avec effervescence dans les acides; or l'effet auquel on a donné le nom d'effervescence n'est autre chose qu'un mouvement excité dans la liqueur dissolvante par le dégagement d'un grand nombre de bulles d'air ou de fluide aériforme qui partent de la surface du métal, et qui crèvent en sortant de la liqueur dissolvante.

M. Cavendish et M. Priestley sont les premiers qui aient imaginé des appareils simples pour recueillir ces fluides élastiques. Celui de M. Priestley consiste en une bouteille *A* (pl. VII, fig. 2), bouchée en *B* avec un bouchon de liége troué dans son milieu, et qui laisse passer un tube de verre recourbé en *BC*, qui s'engage sous des cloches remplies d'eau, et renversées dans un bassin plein d'eau : on commence par introduire le métal dans la bouteille *A*, on verse l'acide par-dessus, puis on bouche avec le bouchon garni de son tube *BC*.

Mais cet appareil n'est pas sans inconvénient, du moins pour des expériences très-exactes. Premièrement, lorsque l'acide est très-concentré, et que le métal est très-divisé, l'effervescence commence souvent avant qu'on ait eu le temps de boucher la bouteille; il y a perte de gaz, et on ne peut plus déterminer les quantités avec exactitude. Secondement, dans toutes les opérations où l'on est obligé de faire chauffer, il y a une partie de l'acide qui se distille et qui se mêle avec l'eau de la cuve; en sorte qu'on se trompe dans le calcul des quantités d'acide décomposées. Troisièmement, enfin, l'eau de la cuve absorbe tous les gaz susceptibles de se combiner avec l'eau, et il est impossible de les recueillir sans perte.

Pour remédier à ces inconvénients, j'avais d'abord imaginé d'adapter à une bouteille à deux goulots *A* (pl. VII, fig. 3), un entonnoir de verre *BC*, qu'on y lute de manière à ne laisser aucune issue à l'air. Dans cet entonnoir entre une tige de cristal *DE* usée en *D* à l'émeri avec l'entonnoir, de manière à le fermer comme le bouchon d'un flacon.

Lorsqu'on veut opérer, on commence par introduire dans la bouteille *A* la matière à dissoudre : on lute l'entonnoir, on le bouche avec la tige *DE*, puis on y verse de l'acide qu'on fait passer dans la bouteille en aussi petite quantité que l'on veut, en soulevant doucement la tige : on répète successivement cette opération jusqu'à ce qu'on soit arrivé au point de saturation.

On a employé depuis un autre moyen qui remplit le même objet, et qui, dans certains cas, est préférable : j'en ai déjà donné une idée dans le paragraphe précédent. Il consiste à adapter à l'une des tubulures de la bouteille *A* (pl. VII, fig. 4) un tube recourbé *DEFG*, terminé en *D* par une ouverture capillaire, et en *G* par un entonnoir soudé au tube; on le lute soigneusement et solidement dans la tubulure *C*. Lorsqu'on verse une petite goutte de liqueur dans le tube par l'entonnoir *G*, elle tombe dans la partie *F*; si on en ajoute davantage, elle parvient à dépasser la courbure *E* et à s'introduire dans la bouteille *A*; l'écoulement dure tant qu'on fournit de nouvelle liqueur par l'entonnoir *G*. On conçoit qu'elle ne peut jamais être chassée en dehors du tube *EFG*, et qu'il ne peut jamais sortir d'air ou de gaz de la bouteille, parce que le poids de la liqueur l'en empêche et fait l'effet d'un véritable bouchon.

Pour remédier au second inconvénient, à celui de la distillation de l'acide, qui s'opère surtout dans les dissolutions qui sont accompagnées de chaleur, on adapte à la cornue *A* (pl. VII, fig. 1), un petit matras tubulé *M*, qui reçoit la liqueur qui se condense.

Enfin, pour séparer les gaz absorbables par l'eau, tel que le gaz acide carbonique, on ajoute une bouteille *L* à deux goulots, dans laquelle on met de l'alcali pur étendu d'eau : l'alcali absorbe tout le gaz acide carbonique, et il ne passe plus, communément, sous la cloche par le tube *NO*, qu'une ou deux espèces de gaz tout au plus : on a vu dans le premier chapitre de cette troisième partie comment on parvenait à les séparer. Si une bouteille d'alcali ne suffit pas, on en ajoute jusqu'à trois et quatre.

§ III.

DES APPAREILS RELATIFS AUX FERMENTATIONS VINEUSE ET PUTRIDE.

La fermentation vineuse et la fermentation putride exigent des appareils particuliers, et destinés uniquement à ce genre d'expériences. Je vais décrire celui que j'ai cru devoir définitivement adopter, après y avoir fait successivement un grand nombre de corrections.

On prend un grand matras *A* (pl. X), d'environ 12 pintes de capacité : on y adapte une virole de cuivre *ab* solidement mastiquée, et dans laquelle se visse un tuyau coudé *cd* garni d'un robinet *e*. A ce tuyau s'adapte une espèce de récipient de verre à trois pointes *B*, au-dessous duquel est placée une bouteille *C* avec laquelle il communique. A la suite du récipient *B* est un tube de verre *ghi*, mastiqué en *g* et en *i* avec des viroles de cuivre : il est destiné à recevoir un sel concret très-déliquescent, tel que du nitrate ou du muriate de chaux, de l'acétite de potasse, etc.

Enfin, ce tube est suivi de deux bouteilles D, E, remplies jusqu'en $x\,y$ d'alcali dissous dans l'eau, et bien dépouillé d'acide carbonique.

Toutes les parties de cet appareil sont réunies les unes avec les autres par le moyen de vis et d'écrous qui se serrent; les points de contact sont garnis de cuir gras qui empêche tout passage de l'air: enfin, chaque pièce est garnie de deux robinets, de manière qu'on peut la fermer par ses deux extrémités, et peser ainsi chacune séparément, à toutes les époques de l'expérience qu'on le juge à propos.

C'est dans le ballon A qu'on met la matière fermentescible, du sucre par exemple, et de la levure de bière étendue d'une suffisante quantité d'eau, et dont le poids est bien déterminé. Quelquefois, lorsque la fermentation est trop rapide, il se forme une quantité considérable d'écume, qui non-seulement remplit le col du ballon, mais qui passe dans le récipient B et coule dans la bouteille C. C'est pour recueillir cette mousse et empêcher qu'elle ne passe dans le tube déliquescent, qu'on a donné une capacité considérable au récipient B et à la bouteille C.

Il ne se dégage dans la fermentation du sucre, c'est-à-dire dans la fermentation vineuse, que de l'acide carbonique qui emporte avec lui un peu d'eau qu'il tient en dissolution. Il en dépose une grande partie en passant par le tube $g\,h\,i$ qui contient un sel déliquescent en poudre grossière, et on en connaît la quantité par l'augmentation de poids acquise par le sel. Ce même acide carbonique bouillonne ensuite à travers la liqueur alcaline de la bouteille D, dans laquelle il est conduit par le tube $k\,l\,m$. La petite portion qui n'a point été absorbée par l'alcali contenu dans cette première bouteille n'échappe point à la seconde E, et ordinairement il ne passe absolument rien sous la cloche F, si ce n'est l'air commun qui était contenu, au commencement de l'expérience, dans le vide des vaisseaux.

Le même appareil peut servir pour les fermentations putrides; mais alors il passe une quantité considérable de gaz hydrogène par le tube $q\,r\,s\,t\,u$, lequel est reçu dans la cloche F; et, comme le dégagement est rapide, surtout en été, il faut la changer fréquemment. Ces fermentations exigent en conséquence une surveillance continuelle, tandis que la fermentation vineuse n'en exige aucune.

On voit qu'au moyen de cet appareil on peut connaître avec une grande précision le poids des matériaux mis à fermenter, et celui de tous les produits liquides ou aériformes qui s'en sont dégagés. On peut voir les détails dans lesquels je suis entré sur le résultat de la fermentation vineuse, dans le chapitre XIII de la première partie de cet ouvrage, page 100.

§ IV.

APPAREIL PARTICULIER POUR LA DÉCOMPOSITION DE L'EAU.

J'ai déjà exposé, dans la première partie de cet ouvrage, chapitre VIII, page 68, les expériences relatives à la décomposition de l'eau; j'éviterai donc des répétitions inutiles, et je me bornerai à des observations très-sommaires. Les matières qui ont la propriété de décomposer l'eau sont principalement le fer et le charbon; mais il faut pour cela qu'ils soient portés à une chaleur rouge : sans cette condition l'eau se réduit simplement en vapeurs, et elle se condense ensuite par le refroidissement, sans avoir éprouvé la moindre altération : à une chaleur rouge, au contraire, le fer et le charbon enlèvent l'oxygène à l'hydrogène; dans le premier cas il se forme de l'oxyde noir de fer, et l'hydrogène se dégage libre et pur sous la forme de gaz; dans le second il se forme du gaz acide carbonique qui se dégage mêlé avec le gaz hydrogène, et ce dernier est communément carbonisé.

On se sert avec avantage, pour décomposer l'eau par le fer, d'un canon de fusil dont on ôte la culasse. On trouve aisément de ces sortes de canons chez les marchands de ferraille. On doit choisir les plus longs et les plus forts : lorsqu'ils sont trop courts et qu'on craint que les luts ne s'échauffent trop, on y fait souder en soudure forte un bout de tuyau de cuivre. On place ce tuyau de fer dans un fourneau allongé *CDEF* (pl. VII, fig. 11), en lui donnant une inclinaison de quelques degrés de E en F; cette inclinaison doit être un peu plus grande qu'elle n'est présentée dans la figure 11. On adapte à la partie supérieure E de ce tuyau une cornue de verre qui contient de l'eau et qui est placée sur un fourneau VVXX. On le lute par son extrémité inférieure F avec un serpentin SS', qui s'adapte lui-même avec un flacon tubulé H, où se rassemble l'eau qui a échappé à la décomposition. Enfin, le gaz qui se dégage est porté à la cuve, où il est reçu sous des cloches, par le tube KK adapté à la tubulure K du flacon H. Au lieu de la cornue A, on peut employer un entonnoir fermé d'un robinet par le bas, et par lequel on laisse couler l'eau goutte à goutte. Sitôt que cette eau est parvenue à la partie où le tube est échauffé, elle se vaporise, et l'expérience a lieu de la même manière que si elle était fournie en vapeurs par le moyen de la cornue A.

Dans l'expérience que nous avons faite, M. Meusnier et moi, en présence des commissaires de l'Académie, nous n'avions rien négligé pour obtenir la plus grande précision possible dans les résultats : nous avions même porté le scrupule jusqu'à faire le vide dans les vaisseaux avant de commencer l'expérience, afin que le gaz hydrogène que nous obtiendrions fût exempt de mélange de gaz azote. Nous rendrons compte à l'Académie, dans un très-grand détail, des résultats que nous avons obtenus.

Dans un grand nombre de recherches on est obligé de substituer au canon de fusil des tubes de verre, de porcelaine ou de cuivre. Mais les premiers ont l'inconvénient d'être faciles à fondre : pour peu que l'expérience ne soit pas bien ménagée, le tube s'aplatit et se déforme. Les tubes de porcelaine sont la plupart percés d'une infinité de petits trous imperceptibles par lesquels le gaz s'échappe, surtout s'il est comprimé par une colonne d'eau. C'est ce qui m'a déterminé à me procurer un tube de cuivre rouge, que M. de la Briche a bien voulu faire couler plein et faire forer sous ses yeux à Strasbourg. Ce tube est très-commode pour opérer la décomposition de l'alcool : on sait en effet qu'exposé à une chaleur rouge il se résout en carbone, en gaz acide carbonique et en gaz hydrogène. Ce même tube peut également servir à la décomposition de l'eau par le carbone, et à un grand nombre d'expériences.

§ V.

DE LA PRÉPARATION ET DE L'EMPLOI DES LUTS.

Si, dans un temps où l'on perdait une grande partie des produits de la distillation, où l'on ne tenait aucun compte de tout ce qui se séparait sous forme de gaz, en un mot, où l'on ne faisait aucune expérience exacte et rigoureuse, on sentait déjà la nécessité de bien luter les jointures des appareils distillatoires, combien cette opération manuelle et mécanique n'est-elle pas devenue plus importante depuis qu'on ne se permet plus de rien perdre dans les distillations et dans les dissolutions; depuis qu'on exige qu'un grand nombre de vaisseaux réunis ensemble se comportent comme s'ils n'étaient que d'une seule pièce, et comme s'ils étaient hermétiquement fermés; enfin, depuis qu'on n'est plus satisfait des expériences qu'autant que la somme du poids des produits obtenus est égale à celui des matériaux mis en expérience?

La première condition qu'on exige de tout lut destiné à fermer les jointures des vaisseaux est d'être aussi imperméable que le verre lui-même, de manière qu'aucune matière, si subtile qu'elle soit, à l'exception du calorique, ne puisse le pénétrer. Une livre de cire fondue avec une once et demie ou deux onces de térébenthine remplissent très-bien ce premier objet; il en résulte un lut facile à manier, qui s'attache fortement au verre et qui ne se laisse pas facilement pénétrer : on peut lui donner plus de consistance et le rendre plus ou moins dur, plus ou moins sec, plus ou moins souple, en y ajoutant différentes résines. Cette classe de luts a l'avantage de pouvoir se ramollir par la chaleur, ce qui les rend commodes pour fermer promptement les jointures des vaisseaux; mais, quelque parfaits qu'ils soient pour contenir les gaz et les vapeurs, il s'en faut bien qu'ils puissent être d'un usage général. Dans presque toutes les opérations chimiques, les luts sont exposés à une chaleur considérable et souvent supérieure au degré de l'eau bouillante ; or, à ce degré, les résines se ramollissent, elles deviennent presque liquides, et les vapeurs expansives contenues dans les vaisseaux se font bientôt jour et bouillonnent à travers.

On a donc été obligé d'avoir recours à des matières plus propres à résister à la chaleur, et voici le lut auquel les chimistes se sont arrêtés après beaucoup de tentatives; non pas qu'il n'ait quelques inconvénients, comme je le dirai bientôt, mais parce qu'à tout prendre c'est encore celui qui réunit le plus d'avantages. Je vais donner quelques détails sur sa préparation et surtout sur son emploi : une longue expérience en ce genre m'a mis en état d'aplanir aux autres un grand nombre de difficultés.

L'espèce de lut dont je parle dans ce moment est connue des chimistes sous le nom de lut gras. Pour le préparer on prend de l'argile non cuite, pure et très-sèche ; on la réduit en poudre fine, et on la passe au tamis de soie. On la met ensuite dans un mortier de fonte, et on la bat pendant plusieurs heures à coups redoublés avec un lourd pilon de fer, en l'arrosant peu à peu avec de l'huile de lin cuite, c'est-à-dire avec de l'huile de lin qu'on a oxygénée et rendue siccative par l'addition d'un peu de litharge. Ce lut est encore meilleur et plus tenace, il s'attache mieux au verre quand, au lieu d'huile grasse ordinaire, on emploie du vernis gras au succin. Ce vernis n'est autre chose qu'une dissolution de succin ou ambre jaune dans de l'huile de lin ; mais cette dissolution n'a lieu qu'autant que le succin a été préalablement fondu seul : il perd dans cette opération préalable un peu d'acide succinique et un peu d'huile. Le lut fait avec le vernis gras est, comme je l'ai dit, un peu préférable à celui fait avec de l'huile de lin seule; mais il est beaucoup plus cher, et l'excédant de qualité qu'on acquiert n'est pas en proportion de l'excédant du prix : aussi est-il rarement employé.

Le lut gras résiste très-bien à un degré de chaleur même assez violent; il est imperméable aux acides et aux liqueurs spiritueuses ; il prend bien sur les métaux, sur le grès, sur la porcelaine et sur le verre, mais pourvu qu'ils aient été préalablement bien séchés. Si, par malheur, dans le cours d'une opération, la liqueur en distillation s'est fait jour et qu'il ait pénétré quelque peu d'humidité, soit entre le verre et le lut, soit entre différentes couches du même lut, il est d'une extrême difficulté de reboucher les ouvertures qui se sont formées : et c'est un des principaux inconvénients, peut-être le seul, que présente l'usage du lut gras.

La chaleur ramollit ce lut, et même au point de le faire couler : il a besoin en conséquence d'être contenu. Le meilleur moyen est de le recouvrir avec des bandes de vessie, qu'on mouille et qu'on tortille tout autour. On fait ensuite une ligature avec de gros fil au-dessus du lut, puis on passe, par-dessus le lut même et par conséquent par-dessus la vessie qui le recouvre, un grand nombre de tours de fil : un lut arrangé avec ces précautions est à l'abri de tout accident.

Très-souvent la figure des jointures des vaisseaux ne permet pas d'y faire une ligature, et c'est ce qui arrive au col des bouteilles à trois goulots; il faut d'ailleurs beaucoup d'adresse pour serrer suffisamment le fil sans ébranler l'appareil, et, dans les expériences où les luts sont très-multipliés, on en dérangerait souvent plusieurs pour en arranger un seul. Alors on substitue à la vessie et à la ligature des bandes de toiles imbibées de blanc d'œuf dans lequel on a délayé de la chaux. On applique sur le lut gras les bandes de toile encore humides; en peu de temps elles se sèchent et acquièrent une assez grande dureté. On peut appliquer ces mêmes bandes sur les luts de cire et de résine. De la colle forte délayée dans de l'eau peut suppléer au blanc d'œuf.

La première attention qu'on doit avoir avant d'appliquer un lut quelconque sur les jointures des vaisseaux est de les asseoir et de les assujettir solidement, de manière qu'ils ne puissent se prêter à aucun mouvement. Si c'est le col d'une cornue qu'on veut luter à celui d'un récipient, il faut qu'il y entre à peu près juste ; s'il y a un peu de jeu, il faut assujettir les deux vaisseaux en introduisant entre leurs cols de petits morceaux fort courts d'allumettes ou de bouchons. Si la disproportion des deux cols est trop grande, on choisit un bouchon qui entre juste dans le col du matras ou récipient ; on fait au milieu de ce bouchon un trou rond de la grosseur nécessaire pour recevoir le col de la cornue.

La même précaution est nécessaire à l'égard des tubes recourbés, qui doivent être lutés à des goulots de bouteille, comme dans la pl. IV. fig. 1. On commence par choisir un bouchon qui entre juste dans le goulot; puis on le perce d'un trou avec une lime d'une espèce nommée *queue de rat*. (Voyez une de ces limes représentée pl. I, fig. 16.) Quand un même goulot est destiné à recevoir deux tubes, ce qui arrive très-souvent, surtout à défaut de bouteilles à deux et à trois goulots, on perce le bouchon de deux ou de trois trous, pour qu'il puisse recevoir deux ou trois tubes. On voit un de ces bouchons représenté pl. IV, fig. 8.

Ce n'est que lorsque l'appareil est ainsi solidement assujetti et de manière à ce qu'aucune partie n'en puisse jouer, qu'on doit commencer à luter. On ramollit d'abord à cet effet le lut, en le pétrissant; quelquefois même, surtout en hiver, on est obligé de le faire légèrement chauffer : on le roule ensuite entre les doigts, pour le réduire en petits cylindres qu'on applique sur les vases qu'on veut luter, en ayant soin de les appuyer et de les aplatir sur le verre, afin qu'ils y contractent de l'adhérence. A un premier petit cylindre on en ajoute un second qu'on aplatit également, mais de manière que son bord empiète sur le précédent, et ainsi de suite. Quelque simple que soit cette opération, il n'est pas donné à tout le monde de la bien faire, et il n'est pas rare de voir les personnes peu au fait recommencer un grand nombre de fois des luts [illegible]s succès, tandis que d'autres y réussissent avec certitude et dès la première fois. Le lut fait, on le recouvre, comme je l'ai dit, avec de la vessie bien ficelée et bien serrée, ou avec des bandes de toiles imbibées de blanc d'œuf et de chaux. Je répéterai encore qu'il faut prendre garde, en faisant un lut, surtout en le ficelant, d'ébranler tous les autres; autrement, on détruirait son propre ouvrage, et on ne parviendrait jamais à clore les vaisseaux.

On ne doit jamais commencer une expérience sans avoir essayé préalablement les luts. Il suffit, pour cela, ou de chauffer très-légèrement la cornue A (pl. IV, fig. 1), ou de souffler de l'air par quelques-uns des tubes s s' s'' s''' ; le changement de pression qui en résulte doit changer le niveau de la liqueur dans tous les tubes; mais, si l'appareil perd air de quelque part, la liqueur se remet bientôt à son niveau; elle reste au contraire constamment, soit au-dessus, soit au-dessous, si l'appareil est bien fermé.

On ne doit pas oublier que c'est de la manière de luter, de la patience, de l'exactitude qu'on y apporte, que dépendent tous les succès de la chimie moderne : il n'est donc point d'opération qui demande plus de soins et d'attention.

Ce serait un grand service à rendre aux chimistes et surtout aux chimistes pneumatiques, que de les mettre en état de se passer de luts, ou du moins d'en diminuer considérablement le nombre. J'avais d'abord pensé à faire construire des appareils dont toutes les parties fussent bouchées à frottement, comme les flacons bouchés en cristal; mais l'exécution m'a présenté d'assez grandes difficultés. Il m'a paru préférable de suppléer aux luts par le moyen de colonnes de mercure, de quelques lignes de hauteur. Je viens de faire exécuter dans cette vue un appareil dont je vais donner la description, et dont l'usage me paraît pouvoir être utile et commode dans un grand nombre de circonstances.

Il consiste dans une bouteille *A* (pl. XII, fig. 12) à double goulot: l'un, intérieur, *bc*, communique avec le dedans de la bouteille: l'autre, extérieur, *de*, qui laisse un intervalle entre lui et le précédent, et qui forme tout autour une profonde rigole *db*, *ce*, destinée à recevoir du mercure. C'est dans cette rigole qu'entre et s'ajuste le couvercle de verre *B*. Il a par le bas des échancrures pour le passage des tubes de verre destinés au dégagement des gaz. Ces tubes, au lieu de plonger directement dans la bouteille *A*, comme dans les appareils ordinaires, se contournent auparavant, comme on le voit figure 13, pour s'enfoncer dans la rigole, et pour passer par-dessus les échancrures du couvercle *B*; ils remontent ensuite pour entrer dans la bouteille, en passant par-dessus les bords du goulot intérieur.

Il est aisé de voir que, lorsque les tubes ont été mis en place, que le couvercle *B* a été solidement assujetti, et que la rigole *db*, *ce*, a été remplie de mercure, la bouteille se trouve fermée et ne communique plus à l'extérieur que par les tubes.

Un appareil de cette espèce sera très-commode dans un grand nombre d'expériences; mais on ne pourra le mettre en usage que dans la distillation des matières qui n'ont point d'action sur le mercure.

M. Séguin, dont les secours actifs et intelligents m'ont été si souvent utiles, a même déjà commandé dans les verreries des cornues jointes hermétiquement à des récipients; en sorte qu'il serait possible de parvenir à n'avoir plus aucun lut. On voit (pl. XII, fig. 14) un appareil monté d'après les principes que je viens d'exposer.

CHAPITRE VII.

DES OPÉRATIONS RELATIVES À LA COMBUSTION PROPREMENT DITE ET À LA DÉTONATION.

La combustion n'est autre chose, d'après ce qui a été exposé dans la première partie de cet ouvrage, que la décomposition du gaz oxygène opérée par un corps combustible. L'oxygène qui forme la base de ce gaz est absorbé, le calorique et la lumière deviennent libres et se dégagent. Toute combustion entraîne donc avec elle l'idée d'oxygénation, tandis qu'au contraire l'oxygénation n'entraîne pas essentiellement l'idée de combustion, puisque la combustion proprement dite ne peut avoir lieu sans un dégagement de lumière et de calorique. Il faut, pour que la combustion s'opère, que la base du gaz oxygène ait plus d'affinité avec le corps combustible qu'elle n'en a avec le calorique : or cette attraction élective, pour me servir de l'expression de Bergman, n'a lieu qu'à un certain degré de température, qui même est différent pour chaque substance combustible; de là la nécessité de donner le premier mouvement à la combustion par l'approche d'un corps chaud. Cette nécessité d'échauffer le corps qu'on se propose de brûler tient à des considérations qui n'ont encore fixé l'attention d'aucun physicien, et auxquelles je demande la permission de m'arrêter quelques instants; on verra qu'elles ne s'éloignent pas de mon sujet.

L'état actuel où nous voyons la nature est un état d'équilibre auquel elle n'a pu arriver qu'après que toutes les combustions spontanées possibles, au degré de chaleur dans lequel nous vivons, toutes les oxygénations possibles, ont eu lieu. Il ne peut donc y avoir de nouvelles combustions ou oxygénations qu'autant qu'on sort de cet état d'équilibre et qu'on transporte les substances combustibles dans une température plus élevée. Éclaircissons par un exemple ce que cet énoncé peut présenter d'abstrait. Supposons que la température habituelle de la terre changeât d'une très-petite quantité, et qu'elle devînt seulement égale à celle de l'eau bouillante : il est évident que, le phosphore étant combustible beaucoup au-dessous de ce degré, cette substance n'existerait plus dans la nature dans son état de pureté et de simplicité: elle se présenterait toujours dans l'état d'acide, c'est-à-dire oxygénée, et son radical serait au nombre des substances inconnues. Il en serait successivement de même de tous les corps combustibles, si la température de la terre devenait de plus en plus élevée; et on arriverait enfin à un point où toutes les combustions possibles seraient épuisées, où il ne pourrait plus exister de corps combustibles, où tous seraient oxygénés et, par conséquent, incombustibles.

Revenons donc à dire qu'il ne peut y avoir pour nous de corps combustibles que ceux qui sont incombustibles au degré de température dans lequel nous vivons; ou, ce qui veut dire la même chose en d'autres termes, qu'il est de l'essence de tout corps combustible de ne pouvoir jouir de la propriété combustible qu'autant qu'on l'échauffe et qu'on le transporte au degré de chaleur où s'opère sa combustion. Ce degré une fois atteint, la combustion commence, et le calorique qui se dégage par l'effet de la décomposition du gaz oxygène entretient le degré de température nécessaire pour la continuer. Lorsqu'il en est autrement, c'est-à-dire, lorsque le calorique fourni par la décomposition du gaz oxygène n'est pas suffisant pour que le degré de chaleur nécessaire à la combustion se continue, elle cesse: c'est ce qu'on exprime lorsqu'on dit que le corps brûle mal, qu'il est difficilement combustible.

Quoique la combustion ait quelque chose de commun avec la distillation, surtout avec la distillation composée, elle en diffère cependant en un point essentiel. Il y a bien, dans la distillation, séparation d'une partie des principes du corps que l'on y soumet, et combinaison de ces mêmes principes dans un autre ordre, déterminée par les affinités qui ont lieu à la température à laquelle s'est opérée la distillation; mais il y a plus dans la combustion : il y a addition d'un nouveau principe, l'oxygène, et dissipation d'un autre principe, le calorique.

C'est cette nécessité d'employer l'oxygène dans l'état de gaz, et d'en déterminer rigoureusement les quantités, qui rend si embarrassantes les expériences relatives à la combustion. Une autre difficulté inséparable de ces opérations tient à ce que les produits qu'elles fournissent se dégagent presque toujours dans l'état de gaz : si donc il est difficile de retenir et de rassembler les produits de la distillation, il l'est bien davantage de recueillir ceux de la combustion; aussi aucun des anciens chimistes n'en a-t-il eu la prétention, et ce genre d'expérience appartient-il absolument à la chimie moderne.

Après avoir rappelé d'une manière générale le but qu'on doit se proposer dans les différentes expériences relatives à la combustion, je passe à la description des différents appareils que j'ai imaginés dans cette vue. Je n'adopterai, dans les articles qui composeront ce chapitre, aucune division relative à la nature des combustibles; je les classerai relativement à la nature des appareils qui conviennent à leur combustion.

§ I.

DE LA COMBUSTION DU PHOSPHORE ET DU CHARBON.

J'ai déjà décrit, page 50 de ce volume, les appareils que j'ai employés pour la combustion du charbon et du phosphore. Cependant, comme j'avais alors plutôt en vue de donner une idée du résultat de ces combustions que d'enseigner le détail des procédés nécessaires pour les obtenir, je ne me suis peut-être pas assez étendu sur la manipulation relative à ce genre d'expériences.

On commence, pour opérer la combustion du phosphore ou du charbon, par remplir de gaz oxygène, dans l'appareil pneumato-chimique à l'eau (pl. V, fig. 1), une cloche de 6 pintes au moins de capacité. Lorsqu'elle est pleine à ras et que le gaz commence à dégorger par-dessous, on transporte cette cloche A sur l'appareil au mercure (pl. IV, fig. 3), à l'aide d'un vaisseau de verre ou de faïence très-plat, qu'on passe par-dessous. Cette opération faite, on sèche bien avec du papier gris la surface du mercure, tant dans l'intérieur qu'à l'extérieur de la cloche. Cette opération demande quelques précautions : si on n'avait pas l'attention de plonger le papier gris pendant quelque temps entièrement sous le mercure avant de l'introduire sous la cloche, on y ferait passer de l'air commun, qui s'attache avec beaucoup de ténacité au papier.

On a, d'un autre côté, une petite capsule *D*, de fer ou de porcelaine, plate et évasée, sur laquelle on place le corps qu'on veut brûler, après en avoir très-exactement déterminé le poids à la balance d'essai : on recouvre ensuite cette capsule d'une autre un peu plus grande *P*, qui fait, à son égard, l'office de la cloche du plongeur, et on fait passer le tout à travers le mercure : après quoi on retire à travers le mercure la capsule *P*, qui ne servait en quelque façon que de couvercle. On peut éviter l'embarras et la difficulté de faire passer les matières à travers le mercure, en soulevant un des côtés de la cloche pendant un instant presque indivisible, et en introduisant ainsi, par le passage qu'on s'est ménagé, la capsule avec le corps combustible. Il se mêle, dans cette manière d'opérer, un peu d'air commun avec le gaz oxygène ; mais ce mélange, qui est peu considérable, ne nuit ni au succès, ni à l'exactitude de l'expérience.

Lorsque la capsule *D* (pl. IV, fig. 3) est introduite sous la cloche, on suce une partie du gaz oxygène qu'elle contient pour élever le mercure jusqu'en *EF*. Sans cette précaution, dès que le corps combustible serait allumé, la chaleur dilaterait l'air ; elle en ferait passer une portion par-dessous la cloche, et on ne pourrait plus faire aucun calcul exact sur les quantités. On se sert, pour sucer l'air, d'un siphon *GHI*, qu'on passe par-dessous la cloche ; et, pour qu'il ne s'emplisse pas de mercure, on tortille à son extrémité *I* un petit morceau de papier.

Il y a un art pour élever ainsi en suçant une colonne de mercure à une hauteur de plusieurs pouces au-dessus de son niveau ; si on se contentait d'aspirer l'air avec le poumon, on n'atteindrait qu'à une très-médiocre élévation, par exemple, d'un pouce ou d'un pouce et demi tout au plus ; encore n'y parviendrait-on qu'avec de grands efforts : tandis que, par l'action des muscles de la bouche, on peut élever sans se fatiguer, ou au moins sans risquer de s'incommoder, le mercure jusqu'à six et sept pouces. Un moyen plus commode encore est de se servir d'une petite pompe que l'on adapte au siphon *GHI* : on élève alors le mercure à telle hauteur qu'on le juge à propos, pourvu qu'elle n'excède pas 28 pouces.

Si le corps combustible est fort inflammable, comme le phosphore, on l'allume avec un fer recourbé *MN* (pl. IV, fig. 16), qu'on fait rougir au feu, et qu'on passe brusquement sous la cloche ; dès qu'il est en contact avec le phosphore, ce dernier s'allume. Pour les corps moins combustibles, tels que le fer, quelques autres métaux, le charbon, etc. on se sert d'un petit fragment d'amadou sur lequel on place un atome de phosphore ; on allume également ce dernier avec un fer rouge recourbé ; l'inflammation se communique à l'amadou, puis au corps combustible.

Dans le premier instant de la combustion, l'air se dilate et le mercure descend : mais, lorsqu'il n'y a point de fluide élastique formé, comme dans la combustion du fer et du phosphore, l'absorption devient bientôt sensible, et le mercure remonte très-haut dans la cloche. Il faut, en conséquence, avoir attention de ne point brûler une trop grande quantité du corps combustible dans une quantité donnée d'air ; autrement la capsule, vers la fin de la combustion, s'approcherait trop du dôme de la cloche, et la grande chaleur pourrait en occasionner la fracture.

J'ai indiqué, chapitre II, §§ V et VI, les opérations relatives à la mesure du volume des gaz, les corrections qu'il faut faire à ce volume, relativement à la hauteur du baromètre et au degré du thermomètre : je n'ajouterai rien de plus à cet égard, l'exemple surtout que j'ai cité, page 51, étant précisément tiré de la combustion du phosphore.

Le procédé que je viens de décrire peut être employé avec succès pour la combustion de toutes les substances concrètes, et même pour celle des huiles fixes. On brûle ces dernières dans des lampes, et on les allume avec assez de facilité sous la cloche, par le moyen du phosphore, de l'amadou et d'un fer chaud; mais ce moyen n'est pas sans dangers pour les substances qui sont susceptibles de se vaporiser à un degré de chaleur médiocre, telles que l'éther, l'esprit-de-vin, les huiles essentielles. Ces substances volatiles se dissolvent en assez grande quantité dans le gaz oxygène; quand on allume, il se fait une détonation subite, qui enlève la cloche à une grande hauteur et qui la brise en éclats. J'ai éprouvé deux de ces détonations, dont les membres de l'Académie ont pensé, ainsi que moi, être les victimes. Cette manière d'opérer a, d'ailleurs, un grand inconvénient : elle suffit bien pour déterminer avec quelque exactitude la quantité de gaz oxygène absorbé et celle d'acide carbonique qui s'est formé; mais ces produits ne sont pas les seuls qui résultent de la combustion : il se forme de l'eau toutes les fois qu'on opère sur des matières végétales ou animales, parce qu'elles contiennent toutes de l'hydrogène en excès; or l'appareil que je viens de décrire ne permet ni de la rassembler, ni d'en déterminer la quantité. Enfin, même pour l'acide phosphorique, l'expérience est incomplète, puisqu'il n'est pas possible de démontrer, dans cette manière d'opérer, que le poids de l'acide est égal à la somme du poids du phosphore et de celui du gaz oxygène absorbé. Je me suis donc trouvé obligé de varier, suivant les cas, les appareils relatifs à la combustion, et d'en employer plusieurs de différentes espèces, dont je vais donner successivement une idée : je commence par celui destiné à la combustion du phosphore.

On prend un grand ballon de verre blanc ou de cristal *A* (pl. IV, fig. 4), dont l'ouverture *EF* doit avoir 2 pouces $\frac{1}{2}$ à 3 pouces de diamètre. Cette ouverture se recouvre avec une plaque de cuivre jaune ou laiton usée à l'émeri, et qui est percée de deux trous pour le passage des tuyaux *xxx*, *yyy*.

Avant de fermer le ballon avec sa plaque, on introduit dans son intérieur un support *BC* surmonté d'une capsule *D* de porcelaine, sur laquelle on place le phosphore. On lute ensuite la plaque de cuivre au ballon en *EF* avec du lut gras qu'on recouvre avec des bandes de linge imbibées de blanc d'œuf et saupoudrées de chaux. On laisse sécher pendant plusieurs jours, puis on pèse le tout avec une bonne balance. Ces préparatifs achevés, on adapte une pompe pneumatique au tuyau *xxx*, et on fait le vide dans le ballon; après quoi on introduit du gaz oxygène par le tuyau *yyy*, au moyen du gazomètre représenté pl. VIII, fig. 1, et dont j'ai donné la description, chapitre II, § II. On allume ensuite le phosphore avec un verre ardent, et on le laisse brûler jusqu'à ce que le nuage d'acide phosphorique concret qui se forme arrête la combustion. Alors on délute et on pèse le ballon. Le poids, déduction faite de la tare, donne celui de l'acide phosphorique qu'il contient. Il est bon, pour plus d'exactitude, d'examiner l'air ou le gaz contenu dans le ballon après la combustion, parce qu'il peut être plus ou moins pesant que l'air ordinaire, et qu'il faut tenir compte, dans les calculs relatifs à l'expérience, de cette différence de pesanteur.

Les mêmes motifs qui m'ont engagé à construire un appareil particulier pour la combustion du phosphore m'ont déterminé de prendre le même parti à l'égard du charbon. Cet appareil consiste en un petit fourneau conique fait en cuivre battu, représenté en perspective pl. XII, fig. 9, et vu intérieurement fig. 11. On y distingue le fourneau proprement dit *ABC*, où doit se faire la combustion du charbon, la grille *de*, et le cendrier *F*. Au milieu du fourneau est un tuyau *GH*, par lequel on introduit le charbon, et qui sert en même temps de cheminée pour évacuer l'air qui a servi à la combustion.

C'est par le tuyau *lmn*, qui communique avec le gazomètre, qu'est amené l'air qui est destiné à entretenir la combustion; cet air se répand dans la capacité du cendrier *F*, et la pression qui lui est communiquée par le gazomètre l'oblige à passer par la grille *de*, et à souffler les charbons qui sont posés immédiatement dessus.

Le gaz oxygène, qui entre pour les $\frac{28}{100}$ dans la composition de l'air de l'atmosphère, se convertit, comme l'on sait, en gaz acide carbonique dans la combustion du charbon. Le gaz azote, au contraire, ne change point d'état: il doit rester, après la combustion, un mélange de gaz azote et de gaz acide carbonique. Pour donner issue à ce mélange, on a adapté à la cheminée *GH* un tuyau *op* qui s'y visse en *G*, de manière à ne laisser échapper aucune portion d'air. Le mélange des deux gaz est conduit par ce tuyau à des bouteilles remplies de potasse en liqueur et bien dépouillée d'acide carbonique, à travers laquelle il bouillonne. Le gaz acide carbonique est absorbé par la potasse, et il ne reste que du gaz azote, qu'on reçoit dans un second gazomètre pour en déterminer la quantité.

Une des difficultés que présente l'usage de cet appareil est d'allumer le charbon et de commencer la combustion : voici le moyen d'y parvenir. Avant d'emplir de charbon le fourneau *A B C*, on en détermine le poids avec une bonne balance et de manière à être sûr de ne point commettre une erreur de plus d'un ou deux grains; on introduit ensuite dans la cheminée *GH* le tuyau *RS* (figure 10), dont le poids doit également avoir été bien déterminé. Ce tuyau est creux et ouvert par les deux bouts : son extrémité *S* doit descendre jusqu'au fond du fourneau; elle doit porter sur la grille *de* et l'occuper tout entière. Ce n'est qu'après que le tuyau *RS* a été ainsi placé, qu'on introduit le charbon dans le fourneau. On le pèse alors de nouveau, pour connaître la quantité de charbon qui y a été introduite. Ces opérations préliminaires achevées, on met en place le fourneau, on visse le tuyau *lmn* (figure 9) avec celui qui communique avec le gazomètre; on visse le tuyau *op* avec celui qui conduit aux bouteilles remplies de potasse; enfin, au moment où l'on veut commencer la combustion, on ouvre le robinet du gazomètre, et on jette un petit charbon allumé par l'extrémité *R* du tuyau *RS*; ce charbon tombe sur la grille, où le courant d'air le maintient allumé. Alors on retire promptement le tuyau *RS*; on visse à la cheminée le tuyau *op* destiné à évacuer l'air, et l'on continue la combustion. Pour être assuré qu'elle est vraiment commencée et que l'opération a réussi, on a ménagé un tuyau *qrs* garni, à son extrémité *s*, d'un verre mastiqué, à travers lequel on peut voir si le charbon est allumé. J'oubliais de faire observer que ce fourneau et ses dépendances sont plongés dans une espèce de baquet allongé *TV VF* (figure 11), qui est rempli d'eau et même de glace, afin de diminuer, autant que l'on veut, la chaleur de la combustion. Cette chaleur, au surplus, n'est jamais très-vive, parce qu'il ne peut y avoir de combustion qu'en proportion de l'air qui est fourni par le gazomètre, et qu'il n'y a, d'ailleurs, de charbon qui brûle que celui qui porte immédiatement sur la grille. A mesure qu'une molécule de charbon est consommée, il en retombe une autre, en vertu de l'inclinaison des parois du fourneau; elle se présente au courant d'air qui traverse la grille *de*, et elle brûle comme la première.

Quant à l'air qui a servi à la combustion, il traverse la masse de charbon qui n'a pas encore brûlé, et la pression exercée par le gazomètre l'oblige de s'échapper par le tuyau *op*, et de traverser les bouteilles remplies d'alcali.

On voit que, dans cette expérience, on a toutes les données nécessaires pour obtenir une analyse complète de l'air atmosphérique et du charbon. En effet, on connaît le poids du charbon; on a, par le moyen du gazomètre, la mesure de la quantité d'air employée à la combustion; on peut déterminer la qualité et la quantité de celui qui reste après la combustion; on a le poids de la cendre qui s'est rassemblée dans le cendrier; enfin, l'augmentation de poids des bouteilles qui contiennent la potasse en liqueur donne la quantité d'acide carbonique qui s'est formé. On peut également connaître avec beaucoup de précision, par cette opération, la proportion de carbone et d'oxygène dont cet acide est composé.

Je rendrai compte, dans les Mémoires de l'Académie, de la suite d'expériences que j'ai entreprises avec cet appareil sur tous les charbons végétaux et animaux. Il n'est pas difficile de voir qu'avec très-peu de changements on peut en faire une machine propre à observer les principaux phénomènes de la respiration.

§ II.

DE LA COMBUSTION DES HUILES.

Le charbon, au moins quand il est pur, étant une substance simple, l'appareil destiné à le brûler ne pouvait pas être très-compliqué. Tout se réduisait à lui fournir le gaz oxygène nécessaire à sa combustion, et à séparer ensuite d'avec le gaz azote le gaz acide carbonique qui s'était formé. Les huiles sont plus composées que le charbon, puisqu'elles résultent de la combinaison au moins de deux principes, le carbone et l'hydrogène; il reste, en conséquence, après qu'on les a brûlées dans l'air commun, de l'eau, du gaz acide carbonique et du gaz azote. L'appareil qu'on emploie pour ce genre d'expériences doit avoir pour objet de séparer et de recueillir ces trois espèces de produits.

Je me sers, pour brûler les huiles, d'un grand bocal *A* représenté planche XII, figure 4, et de son couvercle, figure 5. Ce bocal est garni d'une virole de fer *BCDE*, qui s'applique exactement sur le bocal en *DE*, et qui y est solidement mastiquée. Cette virole prend un plus grand diamètre en *BC*, et laisse entre elle et les parois du bocal un intervalle ou rigole *xxxx*, qu'on remplit de mercure. Le couvercle représenté figure 5 a, de son côté, en *fg* une virole de fer qui s'ajuste dans la rigole *xxxx* du bocal, et qui plonge dans le mercure. Le bocal *A* peut, par ce moyen, se fermer en un instant hermétiquement et sans lut; et, comme la rigole peut contenir une hauteur de mercure de 2 pouces, on voit qu'on peut faire éprouver à l'air contenu dans le bocal une pression de plus de 2 pieds d'eau, sans risquer qu'elle surmonte la résistance du mercure.

Le couvercle figure 5 est percé de quatre trous destinés au passage d'un égal nombre de tuyaux. L'ouverture *T* est d'abord garnie d'une boîte à cuir, à travers laquelle doit passer la tige représentée figure 3. Cette tige est destinée à remonter ou à descendre la mèche de la lampe, comme je l'expliquerai ci-après; les trois autres trous *h*, *i*, *k*, sont destinés, savoir : le premier, au passage du tuyau qui doit amener l'huile; le second, au passage du tuyau qui doit amener l'air à la lampe pour entretenir la combustion; le troisième, au passage du tuyau qui doit donner issue à ce même air lorsqu'il a servi à la combustion.

La lampe destinée à brûler l'huile dans le bocal est représentée séparément, figure 2 de la même planche; on y voit le réservoir à huile *a* avec une espèce d'entonnoir par lequel on le remplit; le siphon *bcd efgh*, qui fournit l'huile à la lampe; le tuyau 7, 8, 9, 10, qui amène l'air du gazomètre à la même lampe.

Le tuyau *bc* est taraudé extérieurement dans sa partie inférieure *b*, et se visse dans un écrou contenu dans le couvercle du réservoir *a*: par ce moyen, en tournant le réservoir, on peut le faire monter ou descendre et amener l'huile à la lampe, au niveau où on le juge à propos.

Quand on veut remplir le siphon et établir la communication entre l'huile du réservoir *a* et celle de la lampe 11, on ferme d'abord le robinet *c*, on ouvre celui *e*, et on verse l'huile par l'ouverture *f*, qui est au haut du siphon. Dès qu'on voit paraître l'huile dans la lampe 11 à un niveau convenable, c'est-à-dire à trois ou quatre lignes des bords, on ferme le robinet *k*; on continue à verser de l'huile par l'ouverture *e* pour remplir la branche *bcd*. Quand elle est remplie, on ferme le robinet *f*, et alors les deux branches du siphon étant pleines d'huile sans interruption, la communication du réservoir à la lampe est établie.

La figure 1, même planche XII, représente la coupe de la lampe grossie pour rendre les détails plus frappants et plus sensibles. On y voit le tuyau *ik*, qui apporte l'huile; *aaaa*, la capacité qu'occupe la mèche; 9 et 10, le tuyau qui apporte l'air à la lampe : cet air se répand dans la capacité *dddddd*, puis il se distribue par le canal *cccc* et par celui *bbbb*, en dedans et en dehors de la mèche, à la manière des lampes d'Argand, Quinquet et Lange.

Pour faire mieux connaître l'ensemble de cet appareil, et pour que sa description même rende plus facile l'intelligence de tous les autres de même genre, je l'ai représenté tout entier en perspective planche XI. On y voit le gazomètre *P*, qui fournit l'air; l'ajutage 1 et 2, par lequel il sort, et qui est garni d'un robinet 1; 2 et 3, un tuyau qui communique de ce premier gazomètre à un second, que l'on emplit pendant que le premier se vide, afin que l'émission de l'air se fasse sans interruption pendant tout le temps que doit durer l'opération; 4 et 5, un tube de verre garni d'un sel déliquescent en morceaux médiocrement gros, afin que l'air, en se distribuant dans les interstices, y dépose une grande partie de l'eau qu'il tenait en dissolution. Comme on connaît le poids du tube et celui du sel déliquescent qu'il contient, il est toujours facile de connaître la quantité d'eau qu'il a absorbée.

Du tube 4 et 5, que je nommerai tube déliquescent, l'air est conduit de la lampe 11 par le tube 5, 6, 7, 8, 9, 10. Là il se divise; une partie vient alimenter la flamme par dehors, l'autre par dedans, à la manière des lampes d'Argand, Quinquet et Lange. Cet air, dont une partie a ainsi servi à la combustion de l'huile, forme avec elle, en l'oxygénant, du gaz acide carbonique et de l'eau. Une partie de cette eau se condense sur les parois du bocal *A*; une autre partie est tenue en dissolution dans l'air par la chaleur de la combustion; mais cet air, qui est poussé par la pression qu'il reçoit du gazomètre, est obligé de passer par le tuyau 12, 13, 14 et 15, d'où il est conduit dans la bouteille 16 et dans le serpentin 17 et 18, où l'eau achève de se condenser à mesure que l'air se refroidit. Enfin, si quelque peu d'eau restait encore en dissolution dans l'air, elle serait absorbée par le sel déliquescent contenu dans le tube 19 et 20.

Toutes les précautions qu'on vient d'indiquer n'ont d'autre objet que de recueillir l'eau qui s'est formée, et d'en déterminer la quantité : il reste ensuite à évaluer l'acide carbonique et le gaz azote. On y parvient au moyen des bouteilles 22 et 25, qui sont à moitié remplies de potasse en liqueur et dépouillées d'acide carbonique par la chaux. L'air qui a servi à la combustion y est conduit par les tuyaux 20, 21, 23 et 24, et il y dépose le gaz acide carbonique qu'il contient. On n'a représenté dans cette figure, pour la simplifier, que deux bouteilles remplies de potasse en liqueur; mais il en faut beaucoup davantage, et je ne crois pas qu'on puisse en employer moins de neuf. Il est bon de mettre dans la dernière de l'eau de chaux, qui est le réactif le plus sûr et le plus sensible pour reconnaître l'acide carbonique : si elle ne se trouble pas, on peut être assuré qu'il ne reste pas de gaz acide carbonique dans l'air, du moins en quantité sensible.

Il ne faut pas croire que l'air qui a servi à la combustion, lorsqu'il a traversé les neuf bouteilles, ne contienne plus que du gaz azote: il est encore mêlé d'une assez grande quantité de gaz oxygène qui a échappé à la combustion. On fait passer ce mélange à travers un sel déliquescent contenu dans le tube de verre 28 et 29, afin de le dépouiller des portions d'eau qu'il aurait pu dissoudre en traversant les bouteilles de potasse et d'eau de chaux. Enfin, on conduit le résidu d'air à un gazomètre par le tuyau 29 et 30; on en détermine la quantité; on en prend des échantillons, qu'on essaye par le sulfure de potasse, afin de savoir la proportion de gaz oxygène et de gaz azote qu'il contient.

On sait que, dans la combustion des huiles, la même mèche se charbonne au bout d'un certain temps, et qu'elle s'obstrue. Il y a d'ailleurs une longueur déterminée de mèche qu'il faut atteindre, mais qu'il ne faut pas outre-passer, sans quoi il monte par les tuyaux capillaires de la mèche plus d'huile que le courant d'air n'en peut consommer, et la lampe fume. Il était donc nécessaire qu'on pût allonger ou raccourcir la mèche de dehors et sans ouvrir l'appareil : c'est à quoi on est parvenu, au moyen de la tige 31, 32, 33 et 34, qui passe à travers une boîte à cuir et qui répond au porte-mèche. On a donné à cette tige un mouvement très-doux, au moyen d'un pignon qui engrène dans une crémaillère. On voit cette tige et ses accessoires représentés séparément, pl. XII, fig. 3.

Il m'a semblé encore qu'en enveloppant la flamme de la lampe avec un petit bocal de verre ouvert par les deux bouts la combustion en allait mieux. Ce bocal est en place dans la planche XI.

Je n'entrerai pas dans de plus grands détails sur la construction de cet appareil, qui est susceptible d'être changé et modifié de différentes manières. Je me contenterai d'ajouter que, lorsqu'on veut opérer, on commence par peser la lampe avec son réservoir et l'huile qu'elle contient, qu'on la met en place, qu'on l'allume, qu'après avoir donné de l'air, en ouvrant le robinet du gazomètre, on place le bocal *A*; qu'on l'assujettit au moyen d'une petite planche *BC*, sur laquelle il repose, et de deux tiges de fer qui la traversent et qui se vissent au couvercle. Il y a, de cette manière, un peu d'huile brûlée pendant qu'on ajuste le bocal au couvercle, et l'on en perd le produit; il y a également une petite portion d'air qui s'échappe du gazomètre et qu'on ne peut recueillir; mais ces quantités sont peu considérables dans des expériences en grand: elles sont d'ailleurs susceptibles d'être évaluées.

Je rendrai compte, dans les Mémoires de l'Académie, des difficultés particulières attachées à ce genre d'expérience, et des moyens de les lever. Ces difficultés sont telles, qu'il ne m'a pas encore été possible d'obtenir des résultats rigoureusement exacts pour les quantités. J'ai bien la preuve que les huiles fixes se résolvent entièrement en eau et en gaz acide carbonique, qu'elles sont composées d'hydrogène et de carbone; mais je n'ai rien d'absolument certain sur les proportions.

§ III.

DE LA COMBUSTION DE L'ESPRIT-DE-VIN OU ALCOOL.

La combustion de l'acool peut, à la rigueur, se faire dans l'appareil qui a été décrit ci-dessus pour la combustion du charbon et pour celle du phosphore. On place sous une cloche *A* (pl. IV, fig. 3) une lampe remplie d'alcool; on attache à la mèche un atome de phosphore, et on allume avec un fer recourbé qu'on passe par-dessous la cloche; mais cette manière d'opérer est susceptible de beaucoup d'inconvénients. Il serait d'abord imprudent d'employer du gaz oxygène, par la crainte de la détonation : on n'est pas même entièrement exempt de ce risque lorsqu'on emploie de l'air atmosphérique, et j'en ai fait, en présence de quelques membres de l'Académie, une preuve qui a pensé leur devenir funeste ainsi qu'à moi. Au lieu de préparer l'expérience, comme j'étais dans l'habitude de le faire, au moment même où je devais opérer, je l'avais disposée dès la veille. L'air atmosphérique contenu dans la cloche avait eu en conséquence le temps de dissoudre de l'alcool; la vaporisation de l'alcool avait même été favorisée par la hauteur de la colonne de mercure, que j'avais élevée en *EF* (pl. IV, fig. 3). En conséquence, au moment où je voulus allumer le petit morceau de phosphore et la lampe avec le fer rouge, il se fit une détonation violente, qui enleva la cloche et qui la brisa en mille pièces contre le plancher du laboratoire. Il résulte de l'impossibilité où l'on est d'opérer dans du gaz oxygène, qu'on ne peut brûler par ce moyen que de très-petites quantités d'alcool, de 10 à 12 grains par exemple, et les erreurs qu'on peut commettre sur d'aussi petites quantités ne permettent de prendre aucune confiance dans les résultats. J'ai essayé, dans les expériences dont j'ai rendu compte à l'Académie (voy. *Mém. de l'Acad.* année 1784, page 593), de prolonger la durée de la combustion, en allumant la lampe d'alcool dans l'air ordinaire, et en refournissant ensuite du gaz oxygène sous la cloche, à mesure qu'il s'en était consommé; mais le gaz acide carbonique qui se forme met obstacle à la combustion, d'autant plus que l'alcool est peu combustible et qu'il brûle difficilement dans de l'air moins bon que l'air commun; on ne peut donc encore brûler de cette manière que de très-petites quantités d'alcool.

Peut-être cette combustion réussirait-elle dans l'appareil représenté planche XI; mais je n'ai pas osé l'y tenter. Le bocal *A*, où se fait la combustion, a environ 1,400 pouces cubiques de capacité; et, s'il se faisait une détonation dans un aussi grand vaisseau, elle aurait des suites terribles, dont il serait difficile de se garantir. Je ne renonce pas cependant à la tenter.

C'est par une suite de ces difficultés que je me suis borné, jusqu'ici, à des expériences très en petit sur l'alcool, ou bien à des combustions faites dans des vaisseaux ouverts, comme dans l'appareil représenté planche IX, figure 5, dont je donnerai la description dans le § v de ce chapitre.

Je reprendrai dans d'autres temps la suite de ce travail, si, du moins, je puis parvenir à lever les obstacles qu'il m'a présentés jusqu'ici.

§ IV.

DE LA COMBUSTION DE L'ÉTHER.

La combustion de l'éther en vaisseaux clos ne comporte pas précisément les mêmes difficultés que celles de l'alcool, mais elle en présente d'un autre genre, qui ne sont pas moins difficiles à vaincre, et qui m'arrêtent encore dans ce moment.

J'avais cru pouvoir profiter, pour opérer cette combustion, de la propriété qu'a l'éther de se dissoudre dans l'air de l'atmosphère et de le rendre inflammable sans détonation. J'ai fait construire, d'après cette idée, un réservoir à éther *abcd* (pl. XII, fig. 8), auquel l'air du gazomètre est amené par un tuyau 1, 2, 3, 4. Cet air se répand d'abord dans un double fond pratiqué à la partie supérieure *ac* du réservoir. Là il se distribue par sept tuyaux descendants *ef*, *gh*, *ik*, etc. et la pression qu'il reçoit de la part du gazomètre l'oblige de bouillonner à travers l'éther contenu dans le vase *abcd*.

On peut, à mesure que l'éther est ainsi dissous et emporté par l'air, en rendre au réservoir *abcd*, au moyen d'un réservoir supplémentaire *E*, porté par un tuyau de cuivre *op*, de 15 à 18 pouces de haut, et qui se ferme au moyen d'un robinet. J'ai été obligé de donner une assez grande hauteur à ce tuyau, afin que l'éther qui est contenu dans le flacon *E* puisse vaincre la résistance occasionnée par la pression exercée par le gazomètre.

L'air, ainsi chargé de vapeurs d'éther, est repris par le tuyau 5, 6, 7, 8, 9, et conduit dans le bocal *A*, où il s'échappe par un ajutoir très-fin, à l'extrémité duquel on l'allume. Ce même air, après avoir servi à la combustion, passe par la bouteille 16, planche XI, par le serpentin 17 et 18, et par le tube déliquescent, où il dépose l'eau dont il s'était chargé; le gaz acide carbonique est ensuite absorbé par l'alcali contenu dans les bouteilles 22 et 25.

Je supposais, lorsque j'ai fait construire cet appareil, que la combinaison d'air atmosphérique et d'éther qui s'opère dans le réservoir *abcd* (pl. XII, fig. 8) était dans la juste proportion qui convient à la combustion, et c'est en quoi j'étais dans l'erreur : il y a un excès d'éther très-considérable, et il faut, en conséquence, une nouvelle combinaison d'air atmosphérique pour opérer la combustion totale. Il en résulte qu'une lampe construite de cette manière brûle dans l'air ordinaire, qui fournit la quantité d'oxygène manquante pour la combustion, mais qu'elle ne peut brûler dans des vaisseaux où l'air ne se renouvelle pas. Aussi la lampe s'éteignait-elle peu de temps après qu'elle était enfermée dans le bocal *A* (pl. XII, fig. 8). Pour remédier à cet inconvénient, j'ai essayé d'amener à cette lampe de l'air atmosphérique par un tuyau latéral 10, 11, 12, 13, 14 et 15; et je l'ai distribué circulairement autour de la mèche; mais, quelque léger que fût le courant d'air, la flamme était si mobile, elle tenait si peu à la mèche, qu'il suffisait pour la souffler; en sorte que je n'ai point encore pu réussir à la combustion de l'éther. Je ne désespère cependant pas d'y parvenir, au moyen de quelques changements que je fais faire à cet appareil.

§ V.

DE LA COMBUSTION DU GAZ HYDROGÈNE ET DE LA FORMATION DE L'EAU.

La formation de l'eau a cela de particulier, que les deux substances qui y concourent, l'oxygène et l'hydrogène, sont l'une et l'autre dans l'état aériforme avant la combustion, et que l'une et l'autre se transforment, par le résultat de cette opération, en une substance liquide, qui est l'eau.

Cette combustion serait donc fort simple et n'exigerait pas des appareils fort compliqués, s'il était possible de se procurer des gaz oxygène et hydrogène parfaitement purs et qui fussent combustibles sans reste.

On pourrait alors opérer dans de très-petits vaisseaux; et, en y refournissant continuellement les deux gaz dans la proportion convenable, on continuerait indéfiniment la combustion. Mais, jusqu'ici, les chimistes n'ont encore employé que du gaz oxygène mélangé de gaz azote. Il en est résulté qu'ils n'ont pu entretenir que pendant un temps limité et très-court la combustion du gaz hydrogène dans des vaisseaux clos : et en effet, le résidu de gaz azote augmentant continuellement, la flamme s'affaiblit et elle finit par s'éteindre. Cet inconvénient est d'autant plus grand, que le gaz oxygène qu'on emploie est moins pur : il faut alors, ou cesser la combustion et se résoudre à n'opérer que sur de petites quantités, ou refaire le vide pour se débarrasser du gaz azote : mais, dans ce dernier cas, on vaporise une portion de l'eau qui s'est formée, et il en résulte une erreur d'autant plus dangereuse, qu'on n'a pas de moyen sûr de l'apprécier.

Ces réflexions me font désirer de pouvoir répéter un jour les principales expériences de la chimie pneumatique avec du gaz oxygène absolument exempt de mélange de gaz azote, et le sel muriatique oxygéné de potasse en fournit les moyens. Le gaz oxygène qu'on en retire ne paraît contenir de l'azote qu'accidentellement; en sorte qu'avec des précautions on pourra l'obtenir parfaitement pur. En attendant que j'aie pu reprendre cette suite d'expériences, voici l'appareil que nous avons employé, M. Meusnier et moi, pour la combustion du gaz hydrogène. Il n'y aura rien à y changer lorsqu'on aura pu se procurer des gaz purs, si ce n'est qu'on pourra diminuer la capacité du vase où se fait la combustion.

J'ai pris un matras ou ballon à large ouverture *A* (pl. IV, fig. 5), et j'y ai adapté une platine *BC*, à laquelle était soudée une douille creuse de cuivre *gFD*, fermée par le haut, et à laquelle venaient aboutir trois tuyaux. Le premier *dDd'* se terminait en *d'* par une ouverture très-petite et à peine capable de laisser passer une aiguille fine; il communiquait avec le gazomètre représenté pl. VIII, fig. 1, lequel était rempli de gaz hydrogène. Le tuyau opposé *gg* communiquait avec un autre gazomètre tout semblable, qui était rempli de gaz oxygène; un troisième tuyau *H h* s'adaptait à une machine pneumatique, pour qu'on pût faire le vide dans le ballon *A*; enfin la platine *BC* était, en outre, percée d'un trou garni d'un tube de verre à travers lequel passait un fil de métal *g L*, à l'extrémité duquel était adaptée une petite boule *L* de cuivre, afin qu'on pût tirer une étincelle électrique de *L* en *d'* et allumer ainsi le gaz hydrogène amené par le tuyau *d D d'*.

Pour que les deux gaz arrivassent aussi secs qu'il était possible, on avait rempli deux tubes *MM*, *NN*, de 1 pouce $\frac{1}{2}$ de diamètre environ, et de 1 pied de longueur, avec de la potasse concrète bien dépouillée d'acide carbonique et concassée en morceaux assez gros pour que les gaz pussent passer librement entre les interstices. J'ai éprouvé, depuis, que du nitrate ou du muriate de chaux bien secs et en poudre grossière étaient préférables à la potasse, et qu'ils enlevaient plus d'eau à une quantité donnée d'air.

Pour opérer avec cet appareil, on commence par faire le vide dans le ballon *A*, au moyen de la pompe pneumatique adaptée au tuyau *FHh*: après quoi on y introduit du gaz oxygène, en tournant le robinet *r* du tube *gg*. Le degré du limbe du gazomètre observé avant et après l'introduction du gaz indique la quantité qui en est entrée dans le ballon. On ouvre ensuite le robinet *s* du tube *d D d'* afin de faire arriver le gaz hydrogène; et aussitôt, soit avec une machine électrique, soit avec une bouteille de Leyde, on fait passer une étincelle de la boule *L* à l'extrémité *d* du tube par lequel se fait l'écoulement du gaz hydrogène, et il s'allume aussitôt. Il faut, pour que la combustion ne soit ni trop lente ni trop rapide, que le gaz hydrogène arrive avec une pression de 1 pouce $\frac{1}{2}$ à 2 pouces d'eau, et que le gaz oxygène n'arrive, au contraire, qu'avec trois lignes au plus de pression.

La combustion ainsi commencée, elle se continue, mais en s'affaiblissant à mesure que la quantité de gaz azote qui reste de la combustion des deux gaz augmente. Il arrive enfin un moment où la portion de gaz azote devient telle, que la combustion ne peut plus avoir lieu, et alors la flamme s'éteint. Il faut faire en sorte de prévenir cette extinction spontanée, parce qu'au moyen de ce qu'il y a pression plus forte dans le réservoir de gaz hydrogène que dans celui de gaz oxygène, il se ferait un mélange des deux dans le ballon, et que ce mélange passerait ensuite dans le réservoir de gaz oxygène. Il faut donc arrêter la combustion en fermant le robinet du tuyau *dDd'*, dès qu'on s'aperçoit que la flamme s'affaiblit à un certain point, et avoir une grande attention pour ne point se laisser surprendre.

A une première combustion ainsi faite on peut en faire succéder une seconde, une troisième, etc. On refait alors le vide comme la première fois; on rempiit le ballon de gaz oxygène, on ouvre le robinet du tuyau par lequel s'introduit le gaz hydrogène, et on allume par l'étincelle électrique.

Pendant toutes ces opérations, l'eau qui se forme se condense sur les parois du ballon et ruisselle de toutes parts : elle se rassemble au fond, et il est aisé d'en déterminer le poids quand on connait celui du ballon. Nous rendrons compte un jour, M. Meusnier et moi, des détails de l'expérience que nous avons faite avec cet appareil, dans les mois de janvier et de février 1785, en présence d'une grande partie des membres de l'Académie. Nous avons tellement multiplié les précautions, que nous avons lieu de la croire exacte. D'après le résultat que nous avons obtenu, 100 parties d'eau en poids sont composées de 85 d'oxygène et de 15 d'hydrogène.

Il est encore un autre appareil pour la combustion, avec lequel on ne peut pas faire des expériences aussi exactes qu'avec les précédents, mais qui présente un résultat très-frappant et très-propre à être présenté dans un cours de physique et de chimie. Il consiste dans un serpentin *EF* (pl. IX, fig. 5), renfermé dans un seau de métal *ABCD*. A la partie supérieure *E* du tuyau de ce serpentin, on adapte une cheminée *GH* composée d'un double tuyau; savoir, de la continuation du serpentin et d'un tuyau de fer-blanc qui l'environne. Ces deux tuyaux laissent entre eux un intervalle de 1 pouce environ, qu'on remplit avec du sable.

A l'extrémité inférieure du tuyau intérieur *K* s'adapte un tube de verre, et au-dessous une lampe à esprit-de-vin *LM*, à la Quinquet.

Les choses ainsi préparées, et la quantité d'alcool contenue dans la lampe ayant été bien déterminée, on allume. L'eau qui se forme pendant la combustion de l'alcool s'élève par le tube *KE*; elle se condense dans le serpentin contenu dans le seau *ABCD*, et va ressortir en état d'eau par l'extrémité *F* du tube, où elle est reçue dans une bouteille *P*.

La double enveloppe *GH* est destinée à empêcher que le tube ne se refroidisse dans sa partie montante, et que l'eau ne s'y condense. Elle redescendrait le long du tube, sans qu'on pût en déterminer la quantité: il pourrait, d'ailleurs, en retomber sur la mèche des gouttes qui ne manqueraient pas de l'éteindre. L'objet de cet appareil est donc d'entretenir toujours chaude toute la partie *GH*, que j'appelle la cheminée, et toujours froide, au contraire, la partie qui forme le serpentin proprement dit; en sorte que l'eau soit toujours dans l'état de vapeurs dans la partie montante, et qu'elle se condense sitôt qu'elle est engagée dans la partie descendante. Cet appareil a été imaginé par M. Meusnier : j'en ai donné la description dans les Mémoires de l'Académie, année 1784, pages 593 et 594. On peut, en opérant avec précaution, c'est-à-dire en entretenant l'eau qui environne le serpentin toujours froide, retirer près de 17 onces d'eau de la combustion de 16 onces d'esprit-de-vin ou alcool.

§ VI.

DE L'OXYDATION DES MÉTAUX.

On désigne principalement par le nom de calcination ou oxydation une opération dans laquelle les métaux, exposés à un certain degré de chaleur, se convertissent en oxydes, en absorbant l'oxygène de l'air. Cette combinaison se fait en raison de ce que l'oxygène a plus d'affinité, du moins à un certain degré de température, avec les métaux.

qu'il n'en a avec le calorique. En conséquence, le calorique devient libre et se dégage; mais, comme l'opération, lorsqu'elle se fait dans l'air commun, est successive et lente, le dégagement du calorique est peu sensible. Il n'en est pas de même lorsque la calcination s'opère dans le gaz oxygène; elle se fait alors d'une manière beaucoup plus rapide, elle est souvent accompagnée de chaleur et de lumière; en sorte qu'on ne peut douter que les substances métalliques ne soient de véritables corps combustibles.

Les métaux n'ont pas tous le même degré d'affinité pour l'oxygène. L'or et l'argent, par exemple, et même le platine, ne peuvent l'enlever au calorique, à quelque degré de chaleur que ce soit. Quant aux autres métaux, ils s'en chargent d'une quantité plus ou moins grande, et, en général, ils en absorbent jusqu'à ce que ce principe soit en équilibre entre la force du calorique qui le retient, et celle du métal qui l'attire. Cet équilibre est une loi générale de la nature dans toutes les combinaisons.

Dans les opérations de docimasie et dans toutes celles relatives aux arts, on accélère l'oxydation du métal en donnant un libre accès à l'air extérieur. Quelquefois même on y joint l'action d'un soufflet dont le courant est dirigé sur la surface du métal. L'opération est encore plus rapide, si on souffle du gaz oxygène; ce qui est très-facile à l'aide du gazomètre dont j'ai donné la description. (Voyez page 257.) Alors le métal brûle avec flamme, et l'oxydation est terminée en quelques instants; mais on ne peut employer ce dernier moyen que pour des expériences très en petit, à cause de la cherté du gaz oxygène.

Dans l'essai des mines, et, en général, dans toutes les opérations courantes des laboratoires, on est dans l'usage de calciner ou oxyder les métaux sur un plat ou soucoupe de terre cuite (pl. IV, fig. 6), qu'on place sur un bon fourneau : on nomme ces plats ou soucoupes *têts à rôtir*. De temps en temps on remue la matière qu'on veut calciner, afin de renouveler les surfaces.

Toutes les fois qu'on opère sur une substance métallique qui n'est pas volatile, et qu'il ne se dissipe rien pendant l'opération, il y a augmentation de poids du métal. Mais des expériences faites ainsi en plein air n'auraient jamais conduit à reconnaître la cause de l'augmentation du poids des métaux pendant leur oxydation. Ce n'est que du moment où l'on a commencé à opérer dans des vaisseaux fermés et dans des quantités déterminées d'air, qu'on a été véritablement sur la voie de la découverte des causes de ce phénomène. Un premier moyen, qu'on doit à M. Priestley, consiste à exposer le métal qu'on se propose de calciner sur une capsule *N* de porcelaine (pl. IV, fig. 11), placée sur un support un peu élevé *IK*; à le recouvrir avec une cloche de cristal *A*, plongée dans un bassin plein d'eau *BCDE*, et à élever l'eau jusqu'en *GH*, en suçant l'air de la cloche avec un siphon qu'on passe par-dessous; on fait ensuite tomber sur le métal le foyer d'un verre ardent. En quelques minutes l'oxydation s'opère : une partie de l'oxygène contenu dans l'air se combine avec le métal; il y a une diminution proportionnée dans le volume de l'air, et ce qui reste n'est plus que du gaz azote, encore mêlé cependant d'une petite quantité de gaz oxygène. J'ai exposé le détail des expériences que j'ai faites avec cet appareil dans mes opuscules physiques et chimiques, imprimés en 1773, pages 283, 284, 285 et 286. On peut substituer le mercure à l'eau, et l'expérience n'en est que plus concluante.

Un autre procédé dont j'ai exposé le résultat dans les Mémoires de l'Académie, année 1774, page 361, et dont la première idée appartient à Boyle, consiste à introduire le métal sur lequel on veut opérer dans une cornue *A* (pl. III, fig. 20), dont on tire à la lampe l'extrémité du col, et qu'on ferme hermétiquement en *C*. On oxyde ensuite le métal, en tenant la cornue sur un feu de charbon, et en chauffant avec précaution. Le poids du vaisseau et des matières qu'il contient ne change pas, tant qu'on n'a pas rompu l'extrémité *C* du bec de la cornue; mais, sitôt qu'on procure à l'air extérieur une issue pour rentrer, il le fait avec sifflement.

Cette opération ne serait pas sans quelque danger, si on scellait hermétiquement la cornue sans avoir fait sortir auparavant une portion de l'air qu'elle contenait; la dilatation occasionnée par la chaleur pourrait faire éclater le vaisseau, avec risque pour ceux qui le tiendraient ou qui seraient dans le voisinage. Pour prévenir ce danger, on doit faire chauffer la cornue avant de la sceller à la lampe, et en faire sortir une portion d'air qu'on reçoit sous une cloche dans l'appareil pneumato-chimique, afin de pouvoir en déterminer la quantité.

Je n'ai point multiplié, autant que je l'aurais désiré, ces oxydations, et je n'ai obtenu de résultats satisfaisants qu'avec l'étain : le plomb ne m'a pas bien réussi. Il serait à souhaiter que quelqu'un voulût bien reprendre ce travail et tenter l'oxydation dans différents gaz : il serait, je crois, bien dédommagé des peines attachées à ce genre d'expériences.

Tous les oxydes de mercure étant susceptibles de se revivifier sans addition, et de restituer dans son état de pureté l'oxygène qu'ils ont absorbé, aucun métal n'était plus propre à devenir le sujet d'expériences très-concluantes sur la calcination et l'oxydation des métaux. J'avais d'abord tenté, pour opérer l'oxydation du mercure dans les vaisseaux fermés, de remplir une cornue de gaz oxygène, d'y introduire une petite portion de mercure et d'adapter à son col une vessie à moitié remplie de gaz oxygène, comme on le voit représenté pl. IV, fig. 12. Je faisais ensuite chauffer le mercure de la cornue, et, en continuant très-longtemps l'opération, j'étais parvenu à en oxyder une petite portion, et à former de l'oxyde rouge qui nageait à la surface; mais la quantité de mercure que je suis parvenu à oxyder de cette manière était si petite, que la moindre erreur commise dans la détermination des quantités de gaz oxygène avant et après l'oxydation aurait jeté la plus grande incertitude sur mes résultats. J'étais toujours inquiet d'ailleurs, et non sans de justes raisons, qu'il ne se fût échappé de l'air à travers les pores de la vessie, d'autant plus qu'elle se racornit, pendant l'opération, par la chaleur du fourneau dans lequel on opère, à moins qu'on ne la recouvre de linges entretenus toujours humides.

On opère d'une manière plus sûre avec l'appareil représenté pl. IV, fig. 2. (Voyez Mémoires de l'Académie, année 1775, p. 580.) Il consiste en une cornue A, au bec de laquelle on soude, à la lampe d'émailleur, un tuyau de verre recourbé *BCDE*, de 10 à 12 lignes de diamètre, qui s'engage sous une cloche *FG* contenue et retournée dans un bassin plein d'eau ou de mercure. Cette cornue est soutenue sur les barres d'un fourneau *MMNN*: on peut aussi se servir d'un bain de sable. On parvient, avec cet appareil, à oxyder en plusieurs jours un peu de mercure dans l'air ordinaire, et à obtenir un peu d'oxyde rouge qui nage à la surface: on peut même le rassembler, le revivifier et comparer les quantités de gaz obtenu avec l'absorption qui a lieu pendant la calcination (voyez, page 36, les détails que j'ai donnés sur cette expérience): mais ce genre d'opération ne pouvant se faire que très en petit, il reste toujours de l'incertitude sur les quantités.

La combustion du fer dans le gaz oxygène étant une véritable oxydation, je dois en faire mention ici. L'appareil qu'emploie M. Ingenhousz pour cette opération est représenté pl. IV, fig. 17. J'en ai déjà donné la description, page 39, et je ne puis qu'y renvoyer.

On peut aussi brûler et oxyder du fer sous des cloches de verre remplies de gaz oxygène, de la même manière qu'on brûle du phosphore ou du charbon. On se sert également, pour cette opération, de l'appareil représenté pl. IV, fig. 3, et dont j'ai donné la description, page 40. Il faut, dans cette expérience, comme dans la combustion, attacher, à l'une des extrémités du fil de fer ou des copeaux de fer qu'on se propose de brûler, un petit morceau d'amadou et un atome de phosphore : le fer chaud qu'on passe sous la cloche allume le phosphore; celui-ci allume l'amadou, et l'inflammation se communique au fer. M. Ingenhousz nous a appris qu'on pouvait brûler ou oxyder de la même manière tous les métaux, à l'exception de l'or, de l'argent et du mercure. Il ne s'agit que de se procurer ces métaux en fils très-fins ou en feuilles minces coupées par bandes: on les tortille avec du fil de fer; et ce dernier métal communique aux autres la propriété de s'enflammer et de s'oxyder.

Nous venons de voir comment on parvenait à oxyder de très-petites quantités de mercure dans les vaisseaux fermés et dans des volumes d'air limités : ce n'est de même qu'avec beaucoup de peine qu'on parvient à oxyder ce métal, même à l'air libre. On se sert ordinairement dans les laboratoires, pour cette opération, d'un matras A (pl. IV, fig. 10) à cul très-plat, qui a un col BC très-allongé et terminé par une très-petite ouverture : ce vaisseau porte le nom d'*enfer de Boyle*. On y introduit assez de mercure pour couvrir son fond, et on le place sur un bain de sable qu'on entretient à un degré de chaleur fort approchant du mercure bouillant. En continuant ainsi, pendant plusieurs mois, avec cinq ou six de ces matras, et en renouvelant de temps en temps le mercure, on parvient à obtenir quelques onces de cet oxyde.

Cet appareil a un grand inconvénient, c'est que l'air ne s'y renouvelle pas assez : mais, d'un autre côté, si on donnait à l'air extérieur une circulation trop libre, il emporterait avec lui du mercure en dissolution, et, au bout de quelques jours, on n'en retrouverait plus dans le vaisseau. Comme, de toutes les expériences que l'on peut faire sur l'oxydation des métaux, celles sur le mercure sont les plus concluantes, il serait à souhaiter qu'on pût imaginer un appareil simple, au moyen duquel on pût démontrer cette oxydation et les résultats qu'on en obtient dans les cours publics. On y parviendrait, ce me semble, par des moyens analogues à ceux que j'ai décrits pour la combustion des huiles ou du charbon ; mais je n'ai pu reprendre encore ce genre d'expériences.

L'oxyde de mercure se revivifie, comme je l'ai dit, sans addition : il suffit de le faire chauffer à un degré de chaleur légèrement rouge. L'oxygène, à ce degré, a plus d'affinité avec le calorique qu'avec le mercure, et il se forme du gaz oxygène ; mais ce gaz est toujours mêlé d'un peu de gaz azote, ce qui indique que le mercure en absorbe une petite portion pendant son oxydation. Il contient aussi presque toujours un peu de gaz acide carbonique ; ce qu'on doit sans doute attribuer aux ordures qui s'y mêlent, qui se charbonnent et qui convertissent ensuite une portion de gaz oxygène en gaz acide carbonique.

Si les chimistes étaient réduits à tirer de l'oxyde de mercure fait par voie de calcination tout le gaz oxygène qu'ils emploient dans leurs expériences, le prix excessif de cette préparation rendrait absolument impraticables les expériences un peu en grand. Mais on peut également oxygéner le mercure par l'acide nitrique, et on obtient un oxyde rouge plus pur que celui même qui a été fait par voie de calcination. On le trouve tout préparé dans le commerce et à un prix modéré : il faut choisir de préférence celui qui est en morceaux solides et formé de lames douces au toucher et qui tiennent ensemble. Celui qui est en poudre est quelquefois mélangé d'oxyde rouge de plomb : il ne paraît pas que celui en morceaux solides soit susceptible de la même altération. J'ai quelquefois essayé de préparer moi-même cet oxyde par l'acide nitrique : la dissolution du métal faite, j'évaporais jusqu'à siccité, et je calcinais le sel, ou dans des cornues, ou dans des capsules faites avec des fragments de matras coupés par la méthode que j'ai indiquée; mais jamais je n'ai pu parvenir à l'avoir aussi beau que celui du commerce. On le tire, je crois, de Hollande.

Pour obtenir le gaz oxygène de l'oxyde de mercure, j'ai coutume de me servir d'une cornue de porcelaine à laquelle j'adapte un long tube de verre, qui s'engage sous des cloches dans l'appareil pneumato-chimique à l'eau. Je place au bout du tube un vase plongé dans l'eau, dans lequel se rassemble le mercure à mesure qu'il se revivifie. Le gaz oxygène ne commence à passer que quand la cornue devient rouge. C'est un principe général que M. Berthollet a bien établi, qu'une chaleur obscure ne suffit pas pour former du gaz oxygène; il faut de la lumière : ce qui semble prouver que la lumière est un de ses principes contituants. On doit, dans la revivification de l'oxyde rouge de mercure, rejeter les premières portions de gaz qu'on obtient, parce qu'elles sont mêlées d'air commun en raison de celui contenu dans le vide des vaisseaux : mais, avec cette précaution même, on ne parvient pas à obtenir du gaz oxygène parfaitement pur; il contient communément un dixième de gaz azote, et presque toujours une très-petite portion de gaz acide carbonique. On se débarrasse de ce dernier au moyen d'une liqueur alcaline caustique, à travers laquelle on fait passer le gaz qu'on a obtenu. A l'égard du gaz azote, on ne connaît aucun moyen de l'en séparer; mais on peut en connaître la quantité en laissant le gaz oxygène pendant une quinzaine de jours en contact avec du sulfure de soude ou de potasse. Le gaz oxygène est absorbé; il forme de l'acide sulfurique avec le soufre, et il ne reste que le gaz azote seul.

Il y a beaucoup d'autres moyens de se procurer du gaz oxygène : on peut le tirer de l'oxyde noir de manganèse ou du nitrate de potasse par une chaleur rouge, et l'appareil qu'on emploie est à peu près le même que celui que j'ai décrit pour l'oxyde rouge de mercure. Il faut seulement un degré de chaleur plus fort et au moins égal à celui qui est susceptible de ramollir le verre : on ne peut, en conséquence, employer que des cornues de grès ou de porcelaine. Mais le meilleur de tous, c'est-à-dire le plus pur, est celui qu'on dégage du muriate oxygéné de potasse par la simple chaleur. Cette opération peut se faire dans une cornue de verre, et le gaz qu'on obtient est absolument pur, pourvu toutefois que l'on rejette les premières portions, qui sont mêlées d'air des vaisseaux.

§ VII.

DE LA DÉTONATION.

J'ai fait voir, partie I, chapitre IX, p. 81 et suivantes, que l'oxygène, en se combinant dans les différents corps, ne se dépouillait pas toujours de tout le calorique qui le constituait dans l'état de gaz; qu'il entrait, par exemple, avec presque tout son calorique, dans la combinaison qui forme l'acide nitrique et dans celle qui forme l'acide muriatique oxygéné; en sorte que l'oxygène, dans le nitre, et surtout dans le muriate oxygéné, était, jusqu'à un certain point, dans l'état de gaz oxygène condensé et réduit au plus petit volume qu'il puisse occuper.

Le calorique, dans ces combinaisons, exerce un effort continuel sur l'oxygène, pour le ramener à l'état de gaz : l'oxygène, en conséquence, y tient peu; la moindre force suffit pour lui rendre la liberté, et il reparaît souvent, dans un instant presque indivisible, dans l'état de gaz. C'est ce passage brusque de l'état concret à l'état aériforme qu'on a nommé détonation, parce qu'en effet il est ordinairement accompagné de bruit et de fracas. Le plus communém..t ces détonations s'opèrent par la combinaison du charbon, soit avec le nitre, soit avec le muriate oxygéné. Quelquefois, pour faciliter encore l'inflammation, on y ajoute du soufre, et c'est ce mélange, fait dans de justes proportions et avec des manipulations convenables, qui constitue la poudre à canon.

L'oxygène, par la détonation avec le charbon, change de nature, et il se convertit en acide carbonique. Ce n'est donc pas du gaz oxygène qui se dégage, mais du gaz acide carbonique, du moins quand le mélange a été fait dans de justes proportions. Il se dégage, en outre, du gaz azote dans la détonation du nitre, parce que l'azote est un des principes constituants de l'acide nitrique.

Mais l'expansion subite et instantanée de ces gaz ne suffit pas pour expliquer to:- les phénomènes relatifs à la détonation. Si cette cause y influait seule, la poudre serait d'autant plus forte que la quantité de gaz dégagé dans un temps donné serait plus considérable, ce qui ne s'accorde pas toujours avec l'expérience. J'ai eu occasion d'éprouver des espèces de poudre à tirer qui produisaient un effet presque double de la poudre ordinaire, quoiqu'elles donnassent un sixième de gaz de moins par la détonation. Il y a apparence que la quantité de calorique qui se dégage au moment de la détonation contribue beaucoup à augmenter l'effet, et on peut en concevoir plusieurs raiso.s. Premièrement, quoique le calorique pénètre assez librement à travers les pores de tous les corps, il ne peut cependant y passer que successivement et en un temps donné : lors donc que la quantité qui se dégage à la fois est trop considérable, et qu'elle est beaucoup plus grande que celle qui peut se débiter, s'il est permis de se servir de cette expression, par les pores des corps, il doit agir à la manière des fluides élastiques ordinaires et renverser tout ce qui s'oppose à son passage. Une partie de cet effet doit avoir lieu lorsqu'on allume de la poudre dans un canon : quoique le métal qui le compose soit perméable pour le calorique, la quantité qui s'en dégage à la fois est tellement grande, qu'elle ne trouve pas une issue assez prompte à travers les pores du métal : elle fait donc un effort en tous sens, et c'est cet effort qui est employé à chasser le boulet.

Secondement, le calorique produit nécessairement un second effet, qui dépend également de la force répulsive que ses molécules paraissent exercer les unes sur les autres : il dilate les gaz qui se dégagent au moment de l'inflammation de la poudre, et cette dilatation est d'autant plus grande que la température est plus élevée.

Troisièmement, il est possible qu'il y ait décomposition de l'eau dans l'inflammation de la poudre, et qu'elle fournisse de l'oxygène au charbon pour former de l'acide carbonique. Si les choses se passent ainsi, il doit se dégager rapidement, au moment de la détonation de la poudre, une grande quantité de gaz hydrogène qui se débande et qui contribue à augmenter la force de l'explosion. On sentira combien cette circonstance doit contribuer à augmenter l'effet de la poudre, si l'on considère que le gaz hydrogène ne pèse qu'un grain deux tiers par pinte; qu'il n'en faut, par conséquent, qu'une très-petite quantité en poids pour occuper un très-grand espace, et qu'il doit exercer une force expansive prodigieuse, quand il passe de l'état liquide à l'état aériforme.

Quatrièmement, enfin, une portion d'eau non décomposée doit se réduire en vapeurs dans l'inflammation de la poudre, et l'on sait que, dans l'état de gaz, elle occupe un volume dix-sept à dix-huit cents fois plus grand que lorsqu'elle est dans l'état liquide.

J'ai déjà fait une assez grande suite d'expériences sur la nature des fluides élastiques qui se dégagent de la détonation du nitre avec le charbon et avec le soufre; j'en ai fait aussi quelques-unes avec le muriate oxygéné de potasse. C'est un moyen qui conduit à des connaissances assez précises sur les parties constituantes de ces sels, et j'ai déjà donné, tome XI du recueil des Mémoires présentés à l'Académie par des savants étrangers, page 625, quelques résultats principaux de mes expériences et des conséquences auxquelles elles m'ont conduit relativement à l'analyse de l'acide nitrique. Maintenant que je me suis procuré des appareils plus commodes, je me prépare à répéter les mêmes expériences un peu plus en grand, et j'obtiendrai plus de précision dans les résultats: en attendant, je vais rendre compte des procédés que j'ai adoptés et employés jusqu'à présent. Je recommande avec bien de l'instance à ceux qui voudront répéter quelques-unes de ces expériences d'y apporter une extrême prudence, de se méfier de tout mélange où il entre du salpêtre, du charbon et du soufre, et plus encore de ceux dans lesquels il entre du sel muriatique oxygéné de potasse combiné et mélangé avec ces deux matières.

Je me suis prémuni de canons de pistolet de six pouces de longueur environ et de cinq à six lignes de diamètre. J'en ai bouché la lumière avec une pointe de clou frappée à force, cassée dans le trou même, et sur laquelle j'ai fait couler un peu de soudure blanche de ferblantier, afin qu'il ne restât aucune issue à l'air par cette ouverture. On charge ces canons avec une pâte médiocrement humectée, faite avec des quantités bien connues de salpêtre et de charbon, réduits en poudre impalpable, ou de tout autre mélange susceptible de détoner. A chaque portion de matière qu'on introduit dans le canon, on doit bourrer avec un bâton qui soit du même calibre, à peu près comme on charge les fusées. La matière ne doit pas emplir le pistolet tout à fait jusqu'à sa bouche; il est bon qu'il reste quatre ou cinq lignes de vide à l'extrémité : alors on ajoute un bout de 2 pouces de long environ de mèche, nommée *étoupille*. La seule difficulté de ce genre d'expériences, surtout si l'on ajoute du soufre au mélange, est de saisir le point d'humectation convenable : si la matière est trop humide, elle n'est point susceptible de s'allumer; si elle est trop sèche, la détonation est trop vive et peut devenir dangereuse.

Quand on n'a pas pour objet de faire une expérience rigoureusement exacte, on allume la mèche, et, quand elle est près de communiquer l'inflammation à la matière, on plonge le pistolet sous une grande cloche d'eau dans l'appareil pneumato-chimique. La détonation commencée, elle se continue sous l'eau, et le gaz se dégage avec plus ou moins de rapidité, suivant que la matière est plus ou moins sèche. Il faut, tant que la détonation dure, tenir le bout du pistolet incliné, afin que l'eau ne rentre pas dans l'intérieur. J'ai quelquefois recueilli ainsi le gaz produit par la détonation d'une once et demie ou de deux onces de nitre.

Il n'est pas possible, dans cette manière d'opérer, de connaître la quantité de gaz acide carbonique qui se dégage, parce qu'une partie est absorbée par l'eau à mesure qu'il la traverse; mais, l'acide carbonique une fois absorbé, il reste le gaz azote, et, si on a la précaution de l'agiter pendant quelques minutes dans de la potasse caustique en liqueur, on l'obtient pur, et il est aisé d'en déterminer le volume et le poids. Il est même possible d'arriver par cette méthode à une connaissance assez précise de la quantité de gaz acide carbonique, en répétant l'expérience un grand nombre de fois, et en faisant varier les doses du charbon jusqu'à ce qu'on soit arrivé à la juste proportion qui fait détoner la totalité du nitre. Alors, d'après le poids du charbon employé, on détermine celui d'oxygène qui a été nécessaire pour le saturer, et on en conclut la quantité d'oxygène contenu dans une quantité donnée de nitre.

Il est, au surplus, un autre moyen que j'ai pratiqué, et qui conduit à des résultats plus sûrs: c'est de recevoir dans des cloches remplies de mercure le gaz qui se dégage. Le bain de mercure que j'ai maintenant est assez grand pour qu'on puisse y placer des cloches de douze à quinze pintes de capacité. De pareilles cloches, comme l'on sent, ne sont pas très-maniables quand elles sont remplies de mercure: aussi faut-il employer, pour les remplir, des moyens particuliers que je vais indiquer. On place la cloche sur le bain de mercure; on passe par-dessous un siphon de verre dont on a adapté l'extrémité extérieure à une petite pompe pneumatique : on fait jouer le piston, et on élève le mercure jusqu'au haut de la cloche. Lorsqu'elle est ainsi remplie, on y fait passer le gaz de la détonation de la même manière que dans une cloche qui serait remplie d'eau. Mais, je le répète, ce genre d'expériences exige les plus grandes précautions. J'ai vu quelquefois, quand le dégagement du gaz était trop rapide, des cloches pleines de mercure, pesant plus de 150 livres, s'enlever par la force de l'explosion : le mercure jaillissait au loin, et la cloche était brisée en grand nombre d'éclats.

Lorsque l'expérience a réussi et que le gaz est rassemblé sous la cloche, on en détermine le volume, comme je l'ai indiqué, p. 267 à 270. On y introduit ensuite un peu d'eau, puis de la potasse dissoute dans l'eau et dépouillée d'acide carbonique, et on parvient à en faire une analyse rigoureuse, comme je l'ai enseigné p. 270 et suivantes.

Il me tarde d'avoir mis la dernière main aux expériences que j'ai commencées sur les détonations, parce qu'elles ont un rapport immédiat avec les objets dont je suis chargé, et qu'elles jetteront, à ce que j'espère, quelques lumières sur les opérations relatives à la fabrication de la poudre.

CHAPITRE VIII.

DES INSTRUMENTS NÉCESSAIRES POUR OPÉRER SUR LES CORPS À DE TRÈS-HAUTES TEMPÉRATURES.

§ I.

DE LA FUSION.

Lorsqu'on écarte les unes des autres, par le moyen de l'eau, les molécules d'un sel, cette opération, comme nous l'avons vu plus haut, se nomme *solution*. Ni le dissolvant, ni le corps tenu en dissolution ne sont décomposés dans cette opération : aussi, dès l'instant que la cause qui tenait les molécules écartées cesse, elles se réunissent, et la substance saline reparaît telle qu'elle était avant la solution.

On opère aussi de véritables solutions par le feu, c'est-à-dire en introduisant et en accumulant entre les molécules d'un corps une grande quantité de calorique. Cette solution des corps par le feu se nomme *fusion*.

Les fusions en général se font dans des vases que l'on nomme *creusets*, et l'une des premières conditions est qu'ils soient moins fusibles que la substance qu'ils doivent contenir. Les chimistes de tous les âges ont en conséquence attaché une grande importance à se procurer des creusets de matières très-réfractaires, c'est-à-dire qui eussent la propriété de résister à un très-grand degré de feu. Les meilleurs sont ceux qui sont faits avec de l'argile très-pure ou de la terre à porcelaine. On doit éviter d'employer pour cet usage les argiles mélangées de silice ou de terre calcaire, parce qu'elles sont trop fusibles. Toutes celles qu'on tire aux environs de Paris sont dans ce cas; aussi les creusets qu'on fabrique dans cette ville fondent-ils à une chaleur assez médiocre, et ne peuvent-ils servir que dans un très-petit nombre d'opérations chimiques. Ceux qui viennent de Hesse sont assez bons, mais on doit préférer ceux de terre de Limoges, qui paraissent être absolument infusibles. Il existe en France un grand nombre d'argiles propres à faire des creusets; telle est celle, par exemple, dont on se sert pour les creusets de la glacerie de Saint-Gobain.

On donne aux creusets différentes formes, suivant les opérations auxquelles on se propose de les employer. On a représenté celles qui sont les plus usitées dans les figures 7, 8, 9 et 10 de la planche VII. Ceux représentés figure 9, qui sont presque fermés par en haut, se nomment *tutes*.

Quoique la fusion puisse souvent avoir lieu sans que le corps qui y est soumis change de nature et se décompose, cette opération est cependant aussi un des moyens de décomposition et de recomposition que la chimie emploie. C'est par la fusion qu'on extrait tous les métaux de leurs mines, qu'on les revivifie, qu'on les moule, qu'on les allie les uns aux autres; c'est par elle que l'on combine l'alcali et le sable pour former du verre, que se fabriquent les pierres colorées, les émaux, etc.

Les anciens chimistes employaient beaucoup plus fréquemment l'action d'un feu violent que nous ne le faisons aujourd'hui. Depuis qu'on a introduit plus de rigueur dans la manière de faire des expériences, on préfère la voie humide à la voie sèche, et on n'a recours à la fusion que lorsqu'on a épuisé tous les autres moyens d'analyse.

Pour appliquer aux corps l'action du feu, on se sert de fourneaux, et il me reste à décrire ceux qu'on emploie pour les différentes opérations de la chimie.

§ II.

DES FOURNEAUX.

Les fourneaux sont les instruments dont on fait le plus d'usage en chimie : c'est de leur bonne ou de leur mauvaise construction que dépend le sort d'un grand nombre d'opérations; en sorte qu'il est d'une extrême importance de bien monter un laboratoire en ce genre. Un fourneau est une espèce de tour cylindrique creuse *ABCD*, quelquefois un peu évasée par le haut (pl. XIII, fig. 1). Elle doit avoir au moins deux ouvertures latérales : une supérieure *F*, qui est la porte du foyer; une inférieure *G*, qui est la porte du cendrier.

Dans l'intervalle de ces deux portes, le fourneau est partagé en deux par une grille placée horizontalement, qui forme une espèce de diaphragme et qui est destinée à soutenir le charbon. On a indiqué la place de cette grille par la ligne *HI*. La capacité qui est au-dessus de la grille, c'est-à-dire au-dessus de la ligne *HI*, se nomme *foyer*, parce qu'en effet c'est dans cette partie que l'on entretient le feu : la capacité qui est au-dessous porte le nom de *cendrier*, par la raison que c'est dans cette partie que se rassemblent les cendres à mesure qu'elles se forment.

Le fourneau représenté planche XIII, figure 1, est le moins compliqué de tous ceux dont on se sert en chimie, et il peut être employé cependant à un grand nombre d'usages. On peut y placer des creusets, y fondre du plomb, de l'étain, du bismuth, et en général toutes les matières qui n'exigent pas, pour être fondues, un degré de feu très-considérable. On peut y faire des calcinations métalliques, placer dessus des bassines, des vaisseaux évaporatoires, des capsules de fer, pour former des bains de sable, comme on le voit représenté pl. III, fig. 1 et 2. C'est pour le rendre applicable à ces différentes opérations, qu'on a ménagé dans le haut des échancrures *m m m m*; autrement, la bassine qu'on aurait posée sur le fourneau aurait intercepté tout passage à l'air, et le charbon se serait éteint. Si ce fourneau ne produit qu'un degré de chaleur médiocre, c'est que la quantité de charbon qu'il peut consommer est limitée par la quantité d'air qui peut passer par l'ouverture *G* du cendrier. On augmenterait beaucoup son effet en agrandissant cette ouverture; mais le grand courant d'air qui conviendrait dans quelques expériences aurait de l'inconvénient dans beaucoup d'autres, et c'est ce qui oblige de garnir un laboratoire de fourneaux de différentes formes et construits sous différents points de vue. Il en faut surtout plusieurs semblables à celui que je viens de décrire, et de différentes grandeurs.

Une autre espèce de fourneau, peut-être encore plus nécessaire, est le fourneau de réverbère représenté planche XIII, figure 2. Il est composé, comme le fourneau simple, d'un cendrier *HIKL*, dans sa partie inférieure, d'un foyer *KLMN*, d'un laboratoire *MNOP*, d'un dôme *RSRS*; enfin, le dôme est surmonté d'un tuyau *TTVV*, auquel on peut en ajouter plusieurs autres suivant le genre des expériences.

C'est dans la partie *MNOP*, nommée le *laboratoire*, que se place la cornue *A*, qu'on a indiquée par une ligne ponctuée; elle y est soutenue sur deux barres de fer qui traversent le fourneau. Son col sort par une échancrure latérale, faite, partie dans la pièce qui forme le laboratoire, partie dans celle qui forme le dôme. A cette cornue s'adapte un récipient *B*.

Dans la plupart des fourneaux de réverbère, qui se trouvent tout faits chez les potiers de terre à Paris, les ouvertures, tant inférieures que supérieures, sont beaucoup trop petites; elles ne donnent point passage à un volume d'air assez considérable; et, comme la quantité de charbon consommée, ou, ce qui revient au même, comme la quantité de calorique dégagée est à peu près proportionnelle à la quantité d'air qui passe par le fourneau, il en résulte que ces fourneaux ne produisent pas tout l'effet qu'on pourrait désirer dans un grand nombre d'opérations. Pour admettre d'abord par le bas un volume d'air suffisant, il faut, au lieu d'une ouverture *G* au cendrier, en avoir deux *GG*: on en condamne une lorsqu'on le juge à propos, et alors on n'obtient plus qu'un degré de feu modéré; on les ouvre, au contraire, l'une et l'autre, quand on veut donner le plus grand coup de feu que le fourneau puisse produire.

L'ouverture supérieure *SS* du dôme, ainsi que celle des tuyaux *VVXX*, doit être aussi beaucoup plus grande qu'on n'a coutume de la faire.

Il est important de ne point employer des cornues trop grosses relativement à la grandeur du fourneau. Il faut qu'il y ait toujours un espace suffisant pour le passage de l'air entre les parois du fourneau et celles du vaisseau qui y est contenu. La cornue 4, dans la figure 2, est un peu trop petite pour ce fourneau, et je trouve plus facile d'en avertir que de faire rectifier la figure.

Le dôme a pour objet d'obliger la flamme et la chaleur à environner de toutes parts la cornue et de la réverbérer; c'est de là qu'est venu le nom de fourneau de réverbère. Sans cette réverbération de la chaleur, la cornue ne serait échauffée que par son fond; les vapeurs qui s'en élèveraient se condenseraient dans la partie supérieure, elles se recoboberaient continuellement sans passer dans le récipient : mais, au moyen du dôme, la cornue se trouve échauffée de toutes parts: les vapeurs ne peuvent donc se condenser que dans le col et dans le récipient, et elles sont forcées de sortir de la cornue.

Quelquefois, pour empêcher que le fond de la cornue ne soit échauffé ou refroidi trop brusquement, et pour éviter que ces alternatives de chaud et de froid n'en occasionnent la fracture, on place sur les barres une petite capsule de terre cuite dans laquelle on met un peu de sable, et on pose sur ce sable le fond de la cornue.

Dans beaucoup d'opérations, on enduit les cornues de différents luts. Quelques-uns de ces luts n'ont pour objet que de les défendre des alternatives de chaud et de froid; quelquefois ils ont pour objet de contenir le verre, ou plutôt de former une double cornue qui supplée à celle de verre dans les opérations où le degré de feu est assez fort pour le ramollir.

Le premier de ces luts se fait avec de la terre à four à laquelle on joint un peu de bourre ou poil de vache : on fait une pâte de ces matières, et on l'étend sur les cornues de verre ou de grès. Si, au lieu de terre à four qui est mélangée, on n'avait que de l'argile ou de la glaise pure, il faudrait y ajouter du sable. A l'égard de la bourre, elle est utile pour mieux lier ensemble la terre : elle brûle à la première impression du feu, mais les interstices qu'elle laisse empêchent que l'eau qui est contenue dans la terre, en se vaporisant, ne rompe la continuité du lut, et qu'il ne tombe en poussière.

Le second lut est composé d'argile et de fragments de poteries de grès grossièrement pilés. On en fait une pâte assez ferme, qu'on étend sur les cornues. Ce lut se dessèche et se durcit par le feu, et forme lui-même une véritable cornue supplémentaire, qui contient les matières quand la cornue de verre vient à se ramollir. Mais ce lut n'est d'aucune utilité dans les expériences où on a pour objet de recueillir les gaz, parce qu'il est toujours poreux et que les fluides aériformes passent au travers.

Dans un grand nombre d'opérations, et, en général, toutes les fois qu'on n'a pas besoin de donner au corps qu'on traite un degré de chaleur très-violent, le fourneau de réverbère peut servir de fourneau de fusion. On supprime alors le laboratoire *MNOP*, et on établit à la place le dôme *RSRS*, comme on le voit représenté planche XIII, figure 3.

Un fourneau de fusion très-commode est celui représenté figure 4. Il est composé d'un foyer *ABCD*, d'un cendrier sans porte et d'un dôme *ABGH*. Il est troué en *E* pour recevoir le bout d'un soufflet qu'on y lute solidement. Il doit être proportionnellement moins haut qu'il n'est représenté dans la figure. Ce fourneau ne procure pas un degré de feu très-violent; mais il suffit pour toutes les opérations courantes. Il a, de plus, l'avantage d'être transporté commodément, et de pouvoir être placé dans tel lieu du laboratoire qu'on le juge à propos. Mais ces fourneaux particuliers ne dispensent pas d'avoir dans un laboratoire une forge garnie d'un bon soufflet, et, ce qui est encore plus important, un bon fourneau de fusion. Je vais donner la description de celui dont je me sers, et détailler les principes d'après lesquels je l'ai construit.

L'air ne circule dans un fourneau que parce qu'il s'échauffe en passant à travers les charbons : alors il se dilate; devenu plus léger que l'air environnant, il est forcé de monter par la pression des colonnes latérales, et il est remplacé par de nouvel air, qui arrive de toutes parts, principalement par-dessous. Cette circulation de l'air a lieu lorsque l'on brûle du charbon même dans un simple réchaud : mais il est aisé de concevoir que la masse d'air qui passe par un fourneau ainsi ouvert de toutes parts ne peut pas être, toutes choses d'ailleurs égales, aussi grande que celle qui est contrainte de passer par un fourneau formé en tour creuse, comme le sont en général les fourneaux chimiques, et que, par conséquent, la combustion ne peut pas y être aussi rapide.

Soit supposé, par exemple, un fourneau *ABCDEF* (pl. XIII, fig. 5), ouvert par le haut et rempli de charbons ardents; la force avec laquelle l'air sera obligé de passer à travers les charbons sera mesurée par la différence de pesanteur spécifique de deux colonnes *AC*, l'une d'air froid pris en dehors du fourneau, l'autre d'air chaud pris en dedans. Ce n'est pas qu'il n'y ait encore de l'air échauffé au-dessus de l'ouverture *AB* du fourneau, et il est certain que son excès de légèreté doit entrer aussi pour quelque chose dans le calcul; mais, comme cet air chaud est continuellement refroidi et emporté par l'air extérieur, cette portion ne peut pas faire beaucoup d'effet.

Mais si à ce même fourneau on ajoute un grand tuyau creux de même diamètre que celui *GHAB*, qui défende l'air qui a été échauffé par les charbons ardents d'être refroidi, dispersé et emporté par l'air environnant, la différence de pesanteur spécifique en vertu de laquelle s'opérera la circulation de l'air ne sera plus celle de deux colonnes *AC*, l'une extérieure, l'autre intérieure; ce sera celle de deux colonnes égales à *GC*. Or, à chaleur égale, si la colonne $GC = 3\,AC$, la circulation de l'air se fera en raison d'une force triple. Il est vrai que je suppose ici que l'air contenu dans la capacité *GHCD* est autant échauffé que l'était l'air contenu dans la capacité *ABCD*, ce qui n'est pas rigoureusement vrai; car la chaleur doit décroître de *AB* à *GH* : mais, comme il est évident que l'air de la capacité *GHAB* est beaucoup plus chaud que l'air extérieur, il en résulte toujours que l'addition de la tour creuse *GHAB* augmente la rapidité du courant d'air, qu'il en passe plus à travers les charbons, et que, par conséquent, il y aura plus de combustion.

Conclurons-nous de ces principes qu'il faille augmenter indéfiniment la longueur du tuyau *GHAB*? Non, sans doute; car, puisque la chaleur de l'air diminue de *AB* en *GH*, ne fût-ce que par le refroidissement causé à cet air par le contact des parois du tuyau, il en résulte que la pesanteur spécifique de l'air qui le traverse diminue graduellement, et que, si le tuyau était prolongé à un certain point, on arriverait à un terme où la pesanteur spécifique de l'air serait égale en dedans et en dehors du tuyau; et il est évident qu'alors cet air froid, qui ne tendrait plus à monter, serait une masse à déplacer, qui apporterait une résistance à l'ascension de l'air inférieur. Bien plus, comme cet air est nécessairement mêlé de gaz acide carbonique, et que ce gaz est plus lourd que l'air atmosphérique, il arriverait, si ce tuyau était assez long pour que l'air, avant de parvenir à son extrémité, pût se rapprocher de la température extérieure, qu'il tendrait à redescendre; d'où il faut conclure que la longueur des tuyaux qu'on ajoute sur les fourneaux est limitée par la nature des choses.

Les conséquences auxquelles nous conduisent ces réflexions sont :

1° Que le premier pied de tuyau qu'on ajoute sur le dôme d'un fourneau fait plus d'effet que le sixième, par exemple; que le sixième en fait plus que le dixième : mais aucune expérience ne nous a encore fait connaître à quel terme on doit s'arrêter;

2° Que ce terme est d'autant plus éloigné que le tuyau est moins bon conducteur de chaleur, puisque l'air s'y refroidit d'autant moins; en sorte que la terre cuite est beaucoup préférable à la tôle pour faire des tuyaux de fourneaux, et que, si même on les formait d'une double enveloppe, si on remplissait l'intervalle de charbon pilé, qui est une des substances les moins propres à transmettre la chaleur, on retarderait le refroidissement de l'air, et on augmenterait, par conséquent, la rapidité du courant et la possibilité d'employer un tuyau plus long;

3° Que le foyer du fourneau étant l'endroit le plus chaud et celui, par conséquent, où l'air qui le traverse est le plus dilaté, cette partie du fourneau doit être aussi la plus volumineuse, et qu'il est nécessaire d'y ménager un renflement considérable. Il est d'une nécessité d'autant plus indispensable de donner beaucoup de capacité à cette partie du fourneau, qu'elle n'est pas seulement destinée au passage de l'air, qui doit favoriser, ou, pour mieux dire, opérer la combustion; elle doit encore contenir le charbon et le creuset; en sorte qu'on ne peut compter, pour le passage de l'air, que l'intervalle que laissent entre eux les charbons.

C'est d'après ces principes que j'ai construit mon fourneau de fusion, et je ne crois pas qu'il en existe aucun qui produise un effet plus violent. Cependant je n'ose pas encore me flatter d'être arrivé à la plus grande intensité de chaleur qu'on puisse produire dans les fourneaux chimiques. On n'a point encore déterminé par des expériences exactes l'augmentation de volume que prend l'air en traversant un fourneau de fusion, en sorte qu'on ne connaît point le rapport qu'on doit observer entre les ouvertures inférieures et supérieures d'un fourneau : on connaît encore moins la grandeur absolue qu'il convient de donner à ces ouvertures. Les données manquent donc, et on ne peut encore arriver au but que par tâtonnement.

Ce fourneau est représenté pl. XIII, fig. 6. Je lui ai donné, d'après les principes que je viens d'exposer, la forme d'un sphéroïde elliptique *ABCD*, dont les deux bouts sont coupés par un plan qui passerait par chacun des foyers perpendiculairement au grand axe. Au moyen du renflement qui résulte de cette figure, le fourneau peut tenir une masse de charbon considérable, et il reste encore dans l'intervalle assez d'espace pour le passage du courant d'air.

Pour que rien ne s'oppose au libre accès de l'air extérieur, je l'ai laissé entièrement ouvert par-dessous, à l'exemple de M. Macquer, qui avait déjà pris cette même précaution pour son fourneau de fusion, et je l'ai posé sur un trépied. La grille dont je me sers est à claire-voie et en fer méplat; et, pour que les barreaux opposent moins d'obstacle au passage de l'air, je les ai fait poser, non sur leur côté plat, mais sur le côté le plus étroit, comme on le voit figure 7. Enfin, j'ai ajouté à la partie supérieure *AB* un tuyau de 18 pieds de long en terre cuite, et dont le diamètre intérieur est presque de moitié de celui du fourneau. Quoique j'obtienne déjà avec ce fourneau un feu supérieur à celui qu'aucun chimiste se soit encore procuré jusqu'ici, je le crois susceptible d'être sensiblement augmenté par les moyens simples que j'ai indiqués, et dont le principal consiste à rendre le tuyau *FGAB* le moins bon conducteur de chaleur qu'il soit possible.

Il me reste à dire un mot du fourneau de coupelle ou fourneau d'essai. Lorsqu'on veut connaître si du plomb contient de l'or ou de l'argent, on le chauffe à grand feu dans de petites capsules faites avec des os calcinés, et qui, en termes d'essai, se nomment *coupelles*. Le plomb s'oxyde, il devient susceptible de se vitrifier, il s'imbibe et s'incorpore avec la coupelle. On conçoit que le plomb ne peut s'oxyder qu'avec le contact de l'air; ce ne peut donc être, ni dans un creuset, où le libre accès de l'air extérieur est interdit, ni même au milieu d'un fourneau, à travers les charbons ardents, puisque l'air de l'intérieur d'un fourneau, altéré par la combustion et réduit, pour la plus grande partie, à l'état de gaz azote et de gaz acide carbonique, n'est plus propre à la calcination et à l'oxydation des métaux. Il a donc fallu imaginer un appareil particulier où le métal fût en même temps exposé à la grande violence du feu, et garanti du contact de l'air devenu incombustible par son passage à travers les charbons. Le fourneau destiné à remplir ce double objet a été nommé, dans les arts, fourneau de coupelle. Il est communément de forme carrée, ainsi qu'il est représenté planche XIII, figure 8. Voyez aussi sa coupe figure 10. Comme tous les fourneaux bien construits, il doit avoir un cendrier *AABB*, un foyer *BBCC*, un laboratoire *CCDD*, un dôme *DDEE*.

C'est dans le laboratoire qu'on place ce qu'on nomme le mouffle. C'est une espèce de petit four *GH* (fig. 9 et 10), fait de terre cuite et fermé par le fond. On le pose sur des barres qui traversent le fourneau; il s'ajuste avec l'ouverture *G* de la porte, et on l'y lute avec de l'argile délayée avec de l'eau. C'est dans cette espèce de four que se placent les coupelles. On met du charbon dessus et dessous le mouffle par les portes du dôme et du foyer; l'air qui est entré par les ouvertures du cendrier, après avoir servi à la combustion, s'échappe par l'ouverture supérieure *EE*. A l'égard du mouffle, l'air extérieur y pénètre par la porte *GG*, et il y entretient la calcination métallique.

En réfléchissant sur cette construction, on s'aperçoit aisément combien elle est vicieuse. Elle a deux inconvénients principaux : quand la porte *GG* est fermée, l'oxydation se fait lentement et difficilement, à défaut d'air pour l'entretenir; lorsqu'elle est ouverte, le courant d'air froid qui s'introduit fait figer le métal et suspend l'opération. Il ne serait pas difficile de remédier à ces inconvénients, en construisant le mouffle et le fourneau de manière qu'il y eût un courant d'air extérieur toujours renouvelé, qui rasât la surface du métal. On ferait passer cet air à travers un tuyau de terre qui serait entretenu rouge par le feu même du fourneau, afin que l'intérieur du mouffle ne fût jamais refroidi; et on ferait en quelques minutes ce qui demande souvent un temps considérable.

M. Sage a été conduit par d'autres principes à de semblables conséquences. Il place la coupelle qui contient le plomb allié de fin dans un fourneau ordinaire à travers les charbons; il la recouvre avec un petit mouffle de porcelaine, et, quand le tout est suffisamment chaud. il dirige sur le métal le courant d'air d'un soufflet ordinaire à main : la coupellation, de cette manière, se fait avec une grande facilité, et, à ce qu'il paraît, avec beaucoup d'exactitude.

§ III.

DES MOYENS D'AUGMENTER CONSIDÉRABLEMENT L'ACTION DU FEU, EN SUBSTITUANT LE GAZ OXYGÈNE À L'AIR DE L'ATMOSPHÈRE.

On a obtenu avec les grands verres ardents qui ont été construits jusqu'à ce jour, tels que ceux de Tschirnhausen et celui de M. de Trudaine, une intensité de chaleur un peu plus grande que celle qui a lieu dans les fourneaux chimiques, et même dans les fours où l'on cuit la porcelaine dure. Mais ces instruments sont extrêmement chers, et ils ne vont pas même jusqu'à fondre le platine brut; en sorte que leur avantage, relativement à l'effet qu'ils produisent, n'est presque d'aucune considération, et qu'il est plus que compensé par la difficulté de se les procurer et même d'en faire usage.

Les miroirs concaves à diamètre égal font un peu plus d'effet que les verres ardents: on en a la preuve par les expériences faites par MM. Macquer et Baumé, avec le miroir de M. l'abbé Bouriot; mais, comme la direction des rayons réfléchis est de bas en haut, il faut opérer en l'air et sans support, ce qui rend absolument impossible le plus grand nombre des expériences chimiques.

Ces considérations m'avaient déterminé d'abord à essayer de remplir de grandes vessies de gaz oxygène, à y adapter un tube susceptible d'être fermé par un robinet, et à m'en servir pour animer avec ce gaz le feu des charbons allumés. L'intensité de chaleur fut telle, même dans mes premières tentatives, que je parvins à fondre une petite quantité de platine brut avec assez de facilité.

C'est à ce premier succès que je dois l'idée du gazomètre dont j'ai donné la description, pag. 260 et suivantes. Je l'ai substitué aux vessies; et, comme on peut donner au gaz oxygène le degré de pression qu'on juge à propos, on peut non-seulement s'en procurer un écoulement continu, mais lui donner même un grand degré de vitesse.

Le seul appareil dont on ait besoin pour ce genre d'expériences consiste en une petite table *ABCD* (pl. XII, fig. 15), percée d'un trou en *F*, à travers lequel on fait passer un tube de cuivre ou d'argent *FG*, terminé en *G* par une très-petite ouverture, qu'on peut ouvrir ou fermer par le moyen du robinet *H*. Ce tube se continue par-dessous la table en *lmno*, et va s'adapter au gazomètre, avec l'intérieur duquel il communique. Lorsqu'on veut opérer, on commence à faire avec le tourne-vis *KI* un creux de quelques lignes de profondeur dans un gros charbon noir. On place dans ce creux le corps que l'on veut fondre: on allume ensuite le charbon avec un chalumeau de verre, à la flamme d'une chandelle ou d'une bougie; après quoi on l'expose au courant du gaz oxygène qui sort avec rapidité par le bec ou extrémité *G* du tube *FG*.

Cette manière d'opérer ne peut être employée que pour les corps qui peuvent être mis sans inconvénient en contact avec les charbons, tels que les métaux, les terres simples, etc. A l'égard des corps dont les principes ont de l'affinité avec le charbon, et que cette substance décompose, comme les sulfates, les phosphates. et en général presque tous les sels neutres, les verres métalliques, les émaux, etc. on se sert de la lampe d'émailleur, à travers laquelle on fait passer un courant de gaz oxygène. Alors, au lieu de l'ajutage recourbé *FG*, on se sert de celui coudé *ST*, qu'on visse à la place, et qui dirige le courant de gaz oxygène à travers la flamme de la lampe. L'intensité de chaleur que donne ce second moyen n'est pas aussi forte que celle qu'on obtient par le premier, et ce n'est qu'avec beaucoup de peine qu'on parvient à fondre le platine.

Les supports dont on se sert dans cette seconde manière d'opérer sont ou des coupelles d'os calcinés, ou de petites capsules de porcelaine, ou même des capsules ou cuillers métalliques. Pourvu que ces dernières ne soient pas trop petites, elles ne fondent pas, attendu que les métaux sont bons conducteurs de chaleur, que le calorique se répartit en conséquence promptement et facilement dans toute la masse, et n'en échauffe que médiocrement chacune des parties.

On peut voir dans les volumes de l'Académie, année 1782, p. 476, et 1783, p. 573, la suite d'expériences que j'ai faites avec cet appareil. Il en résulte :

1° Que le cristal de roche, c'est-à-dire la terre siliceuse pure, est infusible; mais qu'elle devient susceptible de ramollissement et de fusion, dès qu'elle est mélangée;

2° Que la chaux, la magnésie et la baryte ne sont fusibles ni seules, ni combinées ensemble; mais qu'elles facilitent, surtout la chaux, la fusion de toutes les autres substances;

3° Que l'alumine est complétement fusible seule, et qu'il résulte de sa fusion une substance vitreuse opaque, très-dure, qui raye le verre comme les pierres précieuses;

4° Que toutes les terres et pierres composées se fondent avec beaucoup de facilité, et forment un verre brun;

5° Que toutes les substances salines, même l'alcali fixe, se volatilisent en peu d'instants;

6° Que l'or, l'argent, etc. et probablement le platine, se volatilisent lentement à ce degré de feu, et se dissipent sans aucune circonstance particulière;

7° Que toutes les autres substances métalliques, à l'exception du mercure, s'oxydent, quoique placées sur un charbon; qu'elles y brûlent avec une flamme plus ou moins grande et diversement colorée, et finissent par se dissiper entièrement;

8° Que les oxydes métalliques brûlent également tous avec flamme; ce qui semble établir un caractère distinctif de ces substances, et ce qui me porte à croire, comme Bergman l'avait soupçonné, que la baryte est un oxyde métallique, quoiqu'on ne soit pas encore parvenu à en obtenir le métal dans son état de pureté;

9° Que, parmi les pierres précieuses, les unes, comme le rubis, sont susceptibles de se ramollir et de se souder, sans que leur couleur et même que leur poids soient altérés; que d'autres, comme l'hyacinthe, dont la fixité est presque égale à celle du rubis, perdent facilement leur couleur; que la topaze de Saxe, la topaze et le rubis du Brésil non-seulement se décolorent promptement à ce degré de feu, mais qu'ils perdent même un cinquième de leur poids, et qu'il reste, lorsqu'ils ont subi cette altération, une terre blanche semblable en apparence à du quartz blanc ou à du biscuit de porcelaine; enfin, que l'émeraude, la chrysolite et le grenat fondent presque sur-le-champ en un verre opaque et coloré;

10° Qu'à l'égard du diamant, il présente une propriété qui lui est toute particulière, celle de se brûler à la manière des corps combustibles et de se dissiper entièrement.

Il est un autre moyen dont je n'ai point encore fait usage, pour augmenter encore davantage l'activité du feu par le moyen du gaz oxygène; c'est de l'employer à souffler un feu de forge. M. Achard en a eu la première idée; mais les procédés qu'il a employés, et au moyen desquels il croyait déphlogistiquer l'air de l'atmosphère, ne l'ont conduit à rien de satisfaisant. L'appareil que je me propose de faire construire sera très-simple : il consistera dans un fourneau ou espèce de forge d'une terre extrêmement réfractaire; sa figure sera à peu près semblable à celle du fourneau représenté planche XIII, figure 4; il sera seulement moins élevé, et, en général, construit sur de plus petites dimensions. Il aura deux ouvertures, l'une en *E*, à laquelle s'adaptera le bout d'un soufflet, et une seconde, toute semblable, à laquelle s'ajustera un tuyau qui communiquera avec le gazomètre. Je pousserai d'abord le feu aussi loin qu'il sera possible par le vent du soufflet; et, quand je serai parvenu à ce point, je remplirai entièrement le fourneau de charbons embrasés; puis, interceptant tout à coup le vent du soufflet, je donnerai, par l'ouverture d'un robinet, accès au gaz oxygène du gazomètre, et je le ferai arriver avec quatre ou cinq pouces de pression. Je puis réunir ainsi le gaz oxygène de plusieurs gazomètres de manière à en faire passer jusqu'à huit à neuf pieds cubes à travers le fourneau, et je produirai une intensité de chaleur certainement très-supérieure à ce que nous connaissons. J'aurai soin de tenir l'ouverture supérieure du fourneau très grande, afin que le calorique ait une libre issue, et qu'une [illegible]sion t[illegible] rapide de ce fluide si éminemment élastique ne produise poi[illegible] explosion.

TABLES

A L'USAGE DES CHIMISTES.

TABLES

A L'USAGE DES CHIMISTES.

I. — TABLE POUR CONVERTIR LES ONCES, GROS ET GRAINS, EN FRACTIONS DÉCIMALES DE LIVRE, POIDS DE MARC.

TABLE POUR LES GRAINS.

GRAINS, POIDS DE MARC.	FRACTIONS DÉCIMALES DE LIVRE CORRESPONDANTES.	GRAINS, POIDS DE MARC.	FRACTIONS DÉCIMALES DE LIVRE CORRESPONDANTES.
	livre.		livre.
1	0,000108500	29	0,003146703
2	0,000217014	30	0.003255210
3	0,000325521	31	0.003363717
4	0,000434028	32	0,003472224
5	0,000542535	33	0,003580731
6	0,000651042	34	0.003689238
7	0,000759549	35	0.003797745
8	0,000868056	36	0.003906252
9	0,000976563	37	0.004014759
10	0,001085070	38	0,004123266
11	0,001193577	39	0.004231773
12	0,001302084	40	0,004340280
13	0.001410591	41	0,004448787
14	0,001519098	42	0,004557294
15	0,001627605	43	0,004665801
16	0,001736112	44	0.004774308
17	0,001844619	45	0,004882815
18	0,001953125	46	0.004991322
19	0,002061633	47	0,005099829
20	0.002170140	48	0,005208336
21	0,002278647	49	0.005316843
22	0,002387154	50	0.005425350
23	0,002495661	51	0,005533857
24	0,002604168	52	0,005642364
25	0,002712675	53	0.005750871
26	0,002821182	54	0,005859378
27	0,002929689	55	0,005967885
28	0,003038196	56	0,006076372

GRAINS, POIDS DE MARC.	FRACTIONS DÉCIMALES DE LIVRE CORRESPONDANTES.	GRAINS, POIDS DE MARC.	FRACTIONS DÉCIMALES DE LIVRE CORRESPONDANTES.
	livre.		livre.
57	0,006184899	79	0.008572053
58	0,006293406	80	0,008680560
59	0.006401913	81	0,008789067
60	0,006510420	82	0,008897574
61	0.006618927	83	0,009006081
62	0,006727434	84	0,009114588
63	0,006835941	85	0,009223095
64	0.006944448	86	0,009331602
65	0.007052955	87	0,009440109
66	0,007161462	88	0,009548616
67	0.007269969	89	0.009657123
68	0,007378456	90	0,009765630
69	0.007486983	91	0,009874137
70	0.007595490	92	0,009982644
71	0,007703997	93	0,010091151
72	0,007812504	94	0.010199658
73	0,007921011	95	0,010308165
74	0,008029518	96	0.010416672
75	0,008138025	97	0,010525179
76	0,008246532	98	0,010633686
77	0,008355039	99	0,010742193
78	0.008463546	100	0,010850700

TABLES

POUR LES GROS.		POUR LES ONCES.	
gros.	livre.	onces.	livre.
1	0,0078125	1	0,0625000
2	0,0156250	2	0.1250000
3	0,0234375	3	0.1875000
4	0.0312500	4	0,2500000
5	0.0390625	5	0.3125000
6	0.0468750	6	0,3750000
7	0.0546875	7	0,4375000
8	0,0625000	8	0,5000000
9	0,0703125	9	0.5625000
10	0.0781250	10	0.6250000
11	0,0859375	11	0,6875000
12	0,0937500	12	0,7500000
13	0.1015625	13	0,8125000
14	0.1093750	14	0,8750000
15	0.1171875	15	0,9375000
16	0,1250000	16	1,0000000

II. — TABLE POUR CONVERTIR LES FRACTIONS DÉCIMALES DE LIVRE EN FRACTIONS VULGAIRES.

FRACTIONS DÉCIMALES DE LIVRE.	FRACTIONS VULGAIRES DE LIVRE CORRESPONDANTES.			FRACTIONS DÉCIMALES DE LIVRE.	FRACTIONS VULGAIRES DE LIVRE CORRESPONDANTES.
POUR LES DIXIÈMES DE LIVRE.				POUR LES CENT MILLIÈMES DE LIVRE.	
livre.	onces.	gros.	grains.	livre.	grains.
0,1	1	4	57,60	0,00001	0,09
0,2	3	1	43,20	0,00002	0,18
0,3	4	6	28,80	0,00003	0,28
0,4	6	3	14,40	0,00004	0,37
0,5	8	8	″	0,00005	0,46
0,6	9	4	57,60	0,00006	0,55
0,7	11	1	43,20	0,00007	0,64
0,8	12	6	28,80	0,00008	0,74
0,9	14	3	14,40	0,00009	0,83
1,0	16	″	″	0,00010	0,92
POUR LES CENTIÈMES DE LIVRE.				POUR LES DIX MILLIÈMES DE LIVRE.	
livre.	onces.	gros.	grains.	livre.	grains.
0,01	″	1	20,16	0,0001	0,92
0,02	″	2	40,32	0,0002	1,84
0,03	″	3	60,48	0,0003	2,76
0,04	″	5	8,64	0,0004	3,69
0,05	″	6	28,80	0,0005	4,61
0,06	″	7	48,96	0,0006	5,53
0,07	1	0	69,12	0,0007	6,45
0,08	1	2	17,28	0,0008	7,37
0,09	1	3	37,44	0,0009	8,29
0,10	1	4	57,60	0,0010	9,22
POUR LES MILLIÈMES DE LIVRE.				POUR LES MILLIONIÈMES DE LIVRE.	
livre.	onces.	gros.	grains.	livre.	grains.
0,001	″	″	9,22	0,000001	0,01
0,002	″	″	18,43	0,000002	0,02
0,003	″	″	27,65	0,000003	0,03
0,004	″	″	36,86	0,000004	0,04
0,005	″	″	46,08	0,000005	0,05
0,006	″	″	55,30	0,000006	0,06
0,007	″	″	64,51	0,000007	0,07
0,008	″	1	1,73	0,000008	0,08
0,009	″	1	10,94	0,000009	0,09
0,010	″	1	20,16	0,000010	0,10

III. — TABLE DU NOMBRE DE POUCES CUBES CORRESPONDANTS A UN POIDS DÉTERMINÉ D'EAU.

GRAINS D'EAU, POIDS DE MARC.	NOMBRE DE POUCES CUBES CORRESPONDANTS.	GRAINS D'EAU, POIDS DE MARC.	NOMBRE DE POUCES CUBES CORRESPONDANTS.
POUR LES GRAINS.			
	pouc. cub.		pouc. cub.
1	0,003	37	0,100
2	0,005	38	0,103
3	0,008	39	0,105
4	0,011	40	0,108
5	0,013	41	0,111
6	0,016	42	0,113
7	0,019	43	0,116
8	0,022	44	0,119
9	0,024	45	0,121
10	0,027	46	0,124
11	0,030	47	0,127
12	0,032	48	0,130
13	0,035	49	0,132
14	0,038	50	0,135
15	0,040	51	0,138
16	0,043	52	0,140
17	0,046	53	0,143
18	0,049	54	0,146
19	0,051	55	0,148
20	0,054	56	0,151
21	0,057	57	0,154
22	0,059	58	0,157
23	0,062	59	0,159
24	0,065	60	0,162
25	0,067	61	0,165
26	0,070	62	0,167
27	0,073	63	0,170
28	0,076	64	0,173
29	0,078	65	0,175
30	0,081	66	0,178
31	0,084	67	0,181
32	0,086	68	0,184
33	0,089	69	0,186
34	0,092	70	0,189
35	0,094	71	0,192
36	0,097	72	0,194

GROS D'EAU, poids de marc.	NOMBRE DE POUCES CUBES correspondants.	ONCES D'EAU, poids de marc.	NOMBRE DE POUCES CUBES correspondants.
gros.	pouc. cub.	onces.	pouc. cub.
1	0,193	1	1,543
2	0,386	2	3,086
3	0,579	3	4,629
4	0,772	4	6,172
5	0,965	5	7.715
6	1,158	6	9,258
7	1,351	7	10,801
8	1,543	8	12,344
		9	13.887
		10	15.430
		11	16.973
		12	18,516
		13	20,059
		14	21,602
		15	23,145
		16	24,687

LIVRES D'EAU, poids de marc.	NOMBRE DE POUCES CUBES correspondants.	LIVRES D'EAU, poids de marc.	NOMBRE DE POUCES CUBES correspondants.
livres.	pouc. cub.	livres.	pouc. cub.
1	24,087	20	498,740
2	49.074	21	518,427
3	74,061	22	540,114
4	98,748	23	567.801
5	123,420	24	592,448
6	148,122	25	617,175
7	172.809	26	641,862
8	197,496	27	666,549
9	222,180	28	691,236
10	246,870	29	715,923
11	271,557	30	740,610
12	296,244	40	987,480
13	320,931	50	1234,200
14	345,618	60	1481,220
15	370,305	70	1728,000
16	394,992	80	1974,960
17	419,676	90	2221,800
18	444,360	100	2328,700
19	469,050		

IV. — TABLE POUR CONVERTIR LES LIGNES ET FRACTIONS DE LIGNE EN FRACTIONS DÉCIMALES DE POUCE.

DOUZIÈMES DE LIGNE.	FRACTIONS DÉCIMALES DE POUCE CORRESPONDANTES.	LIGNES.	FRACTIONS DÉCIMALES DE POUCE CORRESPONDANTES.
POUR LES FRACTIONS DE LIGNE.		POUR LES LIGNES.	
	pouces.		pouces.
1	0,00694	1	0,08333
2	0,01389	2	0,16667
3	0,02083	3	0,25000
4	0,02778	4	0,33333
5	0,03472	5	0,41667
6	0,04167	6	0,50000
7	0,04861	7	0,58333
8	0,05556	8	0,66667
9	0,06250	9	0,75000
10	0,06944	10	0,83333
11	0,07639	11	0,91667
12	0,08333	12	1,00000

V. — TABLE POUR CONVERTIR LES HAUTEURS D'EAU OBSERVÉES DANS LES CLOCHES OU JARRES EN HAUTEURS CORRESPONDANTES DE MERCURE EXPRIMÉES EN FRACTIONS DÉCIMALES DE POUCE.

HAUTEUR DE L'EAU EXPRIMÉE EN LIGNES.	HAUTEUR CORRESPONDANTE DU MERCURE, EXPRIMÉE EN FRACTIONS DÉCIMALES DE POUCE.	HAUTEUR DE L'EAU EXPRIMÉE EN LIGNES.		HAUTEUR CORRESPONDANTE DU MERCURE, EXPRIMÉE EN FRACTIONS DÉCIMALES DE POUCE.
lignes.	pouces.	pouc.	lign.	pouces.
1	0,00614	″	20	0,12284
2	0,01228	″	21	0,12898
3	0,01843	″	22	0,13512
4	0,02457	″	23	0,14126
5	0,03071	2	″	0,14741
6	0,03685	3	″	0,22111
7	0,04299	4	″	0,29481
8	0,04914	5	″	0,36852
9	0,05528	6	″	0,44222
10	0,06142	7	″	0,51593
11	0,06756	8	″	0,58963
12	0,07370	9	″	0,66333
13	0,07985	10	″	0,73704
14	0,08599	11	″	0,81074
15	0,09216	12	″	0,88444
16	0,09827	13	″	0,95815
17	0,10441	14	″	1,03185
18	0,11055	15	″	1,10556
19	0,11670	16	″	1,17926

VI. — TABLE DES QUANTITÉS DE POUCES CUBIQUES FRANÇAIS CORRESPONDANTS A UNE ONCE-MESURE, DE M. PRIESTLEY.

ONCES-MESURES DE M. PRIESTLEY.	POUCES CUBIQUES FRANÇAIS CORRESPONDANTS.	ONCES-MESURES DE M. PRIESTLEY.	POUCES CUBIQUES FRANÇAIS CORRESPONDANTS.
	pouc. cub.		pouc. cub.
1	1,567	20	31,340
2	3,134	30	47,010
3	4,701	40	62,680
4	6,268	50	78.350
5	7,835	60	94.020
6	9.402	70	109.690
7	10,969	80	125.360
8	12,536	90	141,030
9	14,103	100	156.700
10	15.670	200	313,400
11	17,237	300	470,100
12	18,804	400	626.800
13	20,371	500	783.500
14	21,938	600	940.200
15	23,505	700	1096.900
16	25,072	800	1253,600
17	25,639	900	1410,300
18	28.206	1000	1567.000
19	29.773		

VII. — TABLE DES PESANTEURS DES DIFFÉRENTS GAZ, A 28 POUCES DE PRESSION ET A 10 DEGRÉS DU THERMOMÈTRE.

NOMS DES GAZ.	POIDS DU POUCE CUBE.	POIDS DU PIED CUBE.			OBSERVATIONS.
	grains.	onc.	gros.	grains.	
Air atmosphérique.....	0,46005	1	3	3,00	D'après mes expériences.
Gaz azote............	0,44444	1	2	48,00	*Idem.*
Gaz oxygène.........	0.50694	1	4	12,00	*Idem.*
Gaz hydrogène........	0,03539	»	»	61,15	*Idem.*
Gaz acide carbonique...	0.68985	2	»	40,00	*Idem.*
Gaz nitreux...	0,54690	1	5	9,04	D'après M. Kirwan.
Gaz ammoniaque.. ...	0,27488	»	6	43,00	*Idem.*
Gaz acide sulfureux....	1,03820	3	»	66,00	*Idem.*

VIII. — TABLE DES PESANTEURS SPÉCIFIQUES DES SUBSTANCES MINÉRALES, EXTRAITE DE L'OUVRAGE DE M. BRISSON.

NOMS DES SUBSTANCES MÉTALLIQUES.	VARIÉTÉS.	PESANTEUR SPÉCIFIQUE.	POIDS DU POUCE CUBE.			POIDS DU PIED CUBE.			
	SUBSTANCES MÉTALLIQUES.								
			onces.	gros.	gr.	livres.	onces.	gros.	gr.
Or.	Or à 24 karats, fondu et non forgé	192581	12	3	62	1348	1	»	41
	Le même, fondu et forgé	193617	12	4	28	1355	5	»	60
	Or au titre de Paris ou à 22 karats, fondu et non forgé	174863	11	2	48	1224	»	5	18
	Le même, fondu et forgé	175894	11	3	15	1231	4	1	2
	Or au titre de la monnaie de France ou à 21 $\frac{19}{32}$ karats, fondu et non forgé	174022	11	2	17	1218	2	3	51
	Le même, monnayé	176474	11	3	36	1235	5	»	51
	Or au titre des bijoux ou à 20 karats, fondu et non forgé	157090	10	1	33	1099	10	»	46
	Le même, fondu et forgé	157746	10	2	57	1104	3	4	30
Argent.	Argent à 12 deniers, fondu et non forgé	104743	6	6	22	735	3	2	52
	Le même, fondu et forgé	105107	6	6	36	735	11	7	43
	Argent au titre de Paris ou à 11 deniers 10 grains, fondu et non forgé	101752	6	4	55	712	4	1	57
	Le même, fondu et forgé	103765	6	5	58	726	5	5	32
	Argent au titre de la monnaie de France ou à 10 deniers 21 grains, fondu et non forgé	100476	6	4	7	703	5	2	36
	Le même, monnayé	104077	6	5	70	728	8	4	71
Platine.	Platine brut, en grenailles	156017	10	»	65	1092	1	7	17
	Le même, décapé par l'acide muriatique	167521	10	6	62	1172	10	2	59
	Platine purifié fondu	195000	12	5	8	1365	»	»	»
	Platine purifié forgé	203366	13	1	32	1423	8	7	67
	Platine purifié, passé par la filière	210417	13	5	8	1472	14	5	46
	Platine purifié, passé au laminoir	220690	14	2	31	1544	13	2	17

NOMS DES SUBSTANCES MÉTALLIQUES.	VARIÉTÉS.	PESANTEUR SPÉCIFIQUE.	POIDS DU POUCE CUBE.			POIDS DU PIED CUBE.			
	SUBSTANCES MÉTALLIQUES (*SUITE*).								
			onces.	gros.	gr.	livres.	onces.	gros.	gr.
Cuivre	Cuivre rouge, fondu et non forgé	77880	5	»	28	545	2	4	35
	Le même, fondu et passé à la filière	88785	5	6	3	621	7	7	26
	Cuivre jaune, fondu et non forgé	83958	5	3	38	587	11	2	26
	Le même, fondu et passé à la filière	85441	5	4	22	598	1	3	10
Fer	Fer fondu	72070	4	5	27	504	7	6	52
	Fer forgé en barre, écroui ou non écroui	77880	5	»	28	545	2	4	35
	Acier ni trempé, ni écroui	78331	5	»	44	548	5	»	41
	Le même, écroui et non trempé	78404	5	»	47	548	13	1	71
	Le même, écroui et ensuite trempé	78180	5	»	39	547	4	1	20
	Le même, trempé et non écroui	78163	5	»	38	547	2	2	3
Étain	Étain pur de Cornouailles, fondu et non écroui	72914	4	5	58	510	6	2	68
	Le même, fondu et écroui	72994	4	5	61	510	15	2	45
	Étain de Mélac, fondu et non écroui	72963	4	5	60	510	11	9	61
	Le même, fondu et écroui	73065	4	5	64	511	7	2	17
Plomb	Plomb fondu	113523	7	2	62	794	10	4	44
Zinc	Zinc fondu	71908	4	5	21	503	5	5	41
Bismuth	Bismuth fondu	98227	6	2	67	687	9	3	28
Cobalt	Cobalt fondu	78119	5	»	36	546	13	2	45
Antimoine	Antimoine fondu	67021	4	2	54	469	2	2	59
	Antimoine cru	40643	2	5	5	284	8	»	9
	Verre d'antimoine	49464	3	1	47	346	3	7	64
Arsenic	Arsenic fondu	57633	3	5	64	403	6	7	12
Nickel	Nickel fondu	78070	5	»	35	546	7	6	52
Molybdène		47385	3	»	41	331	11	1	69
Tungstène		60665	3	7	33	424	10	3	60
Mercure		135681	8	6	25	949	12	2	13

NOMS DES PIERRES PRÉCIEUSES.	VARIÉTÉS.	PESANTEUR SPÉCIFIQUE.	POIDS DU POUCE CUBE.			POIDS DU PIED CUBE.			
	PIERRES PRÉCIEUSES.								
			onces.	gros.	gr.	livres.	onces.	gros.	gr.
Diamant....	Diamant oriental blanc....	35212	2	2	19	246	7	5	69
	Diamant oriental couleur de rose...............	35310	2	2	22	247	2	5	55
Rubis......	Rubis oriental..........	42833	2	6	15	299	13	2	26
	Rubis Spinelle..........	37600	2	3	36	263	3	1	43
	Rubis Balai............	36458	2	2	65	255	3	2	26
	Rubis du Brésil.........	35311	2	2	22	247	2	6	47
Topaze....	Topaze orientale........	40106	2	4	57	280	11	6	70
	Topaze pistache orientale..	40615	2	5	4	284	4	7	3
	Topaze du Brésil........	35365	2	2	24	247	8	7	3
	Topaze de Saxe.........	35640	2	2	35	249	7	5	32
	Topaze blanche de Saxe...	35535	2	2	31	248	11	7	26
Saphir.....	Saphir oriental.	39941	2	4	51	279	9	3	10
	Saphir oriental blanc.....	39911	2	4	50	279	6	»	18
	Saphir du Puy..........	40769	2	5	10	285	2	1	2
	Saphir du Brésil........	31307	2	»	17	219	2	3	5
Girasol.....	....	40000	2	4	53	280	»	»	»
Jargon.....	Jargon de Ceylan........	44161	2	6	65	309	2	»	18
Hyacinthe..	Hyacinthe commune.....	36873	2	3	9	258	1	5	22
Vermeil....	....	42299	2	5	67	296	1	3	65
Grenat.....	Grenat de Bohême.......	41888	2	5	52	293	3	3	47
	Grenat en cristal dodécaèdre.	40627	2	5	5	284	6	1	57
	Grenat en cristal à 24 faces, volcanisé............	24684	1	4	58	172	12	4	62
	Grenat styrien	40000	2	4	53	280	»	»	»
Émeraude..	Émeraude du Pérou......	27755	1	6	28	194	4	4	35
Chrysolithe..	Chrysolithe des joailliers..	27821	1	6	31	194	11	7	44
	Chrysolithe du Brésil.....	26923	1	5	69	188	7	3	1
Aigue-marine	Aigue-marine orientale ou béril................	35489	2	2	29	248	6	6	10
	Aigue-marine occidentale..	27227	1	6	8	190	9	3	28

NOMS DES PIERRES SILICEUSES.	VARIÉTÉS.	PESANTEUR SPÉCIFIQUE.	POIDS DU POUCE CUBE.			POIDS DU PIED CUBE.			
			onces.	gros.	gr.	livres	onces.	gros.	gr.
	PIERRES SILICEUSES.								
Cristal de roche......	Cristal de roche limpide de Madagascar..........	26530	1	5	54	185	11	2	64
	Cristal de roche du Brésil.	26526	1	5	54	185	10	7	21
	Cristal de roche gélatineux ou d'Europe.........	26548	1	5	55	185	13	3	1
Quartz.....	Quartz cristallisé........	26546	1	5	55	185	13	1	16
	Quartz en masse........	26471	1	5	52	185	4	6	1
Grès......	Grès des paveurs........	24158	1	4	38	169	1	5	41
	Grès des rémouleurs....	21429	1	3	8	150	″	″	28
	Grès des couteliers.......	21113	1	2	68	147	12	5	18
	Grès luisant de Fontainebleau	25616	1	5	20	179	4	7	67
	Pierre à faux, à grain moyen, d'Auvergne..........	25638	1	5	21	179	7	3	47
	Pierre à faux de Lorraine..	25298	1	5	8	177	1	3	1
Agate.....	Agate orientale.........	25901	1	5	31	181	4	7	21
	Agate onyx............	26375	1	5	49	184	10	″	″
Calcédoine..	Calcédoine limpide.......	26640	1	5	59	186	7	5	32
Cornaline...	....	26137	1	5	40	182	15	2	54
Sardoine...	Sardoine pure..........	26025	1	5	36	182	2	6	39
Prase......	....	25805	1	5	27	180	10	1	20
Pierre à fusil.	Pierre à fusil, blonde.....	25941	1	5	32	181	9	3	10
	Pierre à fusil, noirâtre....	25817	1	5	28	180	11	4	2
Caillou.....	Caillou onyx...........	26644	1	5	59	186	8	1	2
	Caillou de Rennes.......	26538	1	5	55	185	12	2	3
Pierre meulière......	....	24835	1	4	63	173	13	4	12
Jade.......	Jade blanc.............	29502	1	7	21	206	8	1	57
	Jade vert..............	29660	1	7	27	207	9	7	26
Jaspe......	Jaspe rouge............	26612	1	5	58	186	4	4	23
	Jaspe brun............	26911	1	5	59	188	6	″	18
	Jaspe jaune............	27101	1	6	4	189	11	2	36
	Jaspe violet...........	27111	1	6	4	189	12	3	33
	Jaspe gris.............	27640	1	6	24	193	7	5	32
	Jaspe onyx ou rubané....	28160	1	6	43	197	1	7	26
Schorl.....	Schorl noir, prismatique hexaèdre...........	33636	2	1	32	235	7	1	62
	Schorl noir spathique.....	33852	2	1	40	236	15	3	28
	Schorl noir en masse, dit *basalte noir antique*.....	29225	1	7	11	204	9	1	43

NOMS DES PIERRES ARGILEUSES OU ALUMINEUSES.	VARIÉTÉS.	PESANTEUR SPÉCIFIQUE.	POIDS DU POUCE CUBE.			POIDS DU PIED CUBE.			
PIERRES ARGILEUSES OU ALUMINEUSES.									
			onces.	gros.	gr.	livres.	onces.	gros.	gr.
Serpentine..	Serpentine opaque verte d'Italie, dite *Gabro des Florentins*..........	24295	1	4	47	170	1	″	23
Stéatite....	Craie de Briançon, grossière.	27274	1	6	10	190	14	5	56
	Craie d'Espagne........	27902	1	6	34	195	5	″	14
	Pierre ollaire feuilletée du Dauphiné..........	27687	1	6	26	193	12	7	40
	Pierre ollaire feuilletée de Suède.............	28531	1	6	57	199	11	3	56
Talc.......	Talc de Moscovie........	27917	1	6	34	195	6	5	46
	Mica noir............	29004	1	7	3	203	″	3	42
Schiste.....	Schiste commun.........	26718	1	5	61	187	″	3	24
	Ardoise neuve..........	28535	1	6	57	199	11	7	26
	Pierre à rasoir, blanche...	28763	1	6	66	201	5	3	47
	Pierre à rasoir, noire et blanche............	31311	2	″	17	219	2	6	47
PIERRES CALCAIRES.									
Spath calcaire	Spath calcaire rhomboïdal, dit *cristal d'Islande*....	27151	1	6	6	190	″	7	21
	Spath calcaire pyramidal, dit *dent de cochon*.....	27141	1	6	5	189	15	6	24
Albâtre....	Albâtre oriental, blanc antique..............	27302	1	6	11	191	2	6	42
Marbres....	Marbre campan vert....	27417	1	6	16	191	14	5	46
	Marbre campan rouge....	27242	1	6	9	190	11	″	60
	Marbre blanc de Carrare..	27168	1	6	6	190	2	6	38
	Marbre blanc de Paros....	28376	1	6	51	198	10	″	65
Pierres calcaires à bâtir..	Pierre de Saint-Leu, de la carrière de Saint-Leu...	16593	1	″	43	116	2	3	24
	Pierre de Saint-Leu, de la carrière de Notre-Dame.	18094	1	1	28	126	10	4	16
	Pierre de Vergelet, du plus gros grain..........	16542	1	″	42	115	12	5	46
	Pierre d'Arcueil........	20605	1	2	49	144	3	6	6
	Pierre de liais, du fond de Bagneux, de la carrière de Mme Ricateau......	20778	1	2	56	145	7	1	6

NOMS DES PIERRES.	VARIÉTÉS.	PESANTEUR SPÉCIFIQUE.	POIDS DU POUCE CUBE.			POIDS DU PIED CUBE.			
	PIERRES CALCAIRES (*SUITE*).								
			onces.	gros.	gr.	livres.	onces.	gros.	gr.
Pierres calcaires à bâtir..	Pierre de liais, du fond de Bagneux, de la carrière de M. Orry..........	23902	1	4	28	167	5	»	14
	Pierre des carrières de Bouré.	13864	»	7	14	97	1	6	10
	Pierre de Passy, près Tonnerre..............	23340	1	4	7	163	6	»	46
	SPATHS.								
Spath pesant, ou sulfate de baryte....	Spath pesant blanc......	44300	2	6	70	310	1	4	58
Spath fluor, ou fluate de chaux....	Spath fluor blanc........	31555	2	»	26	220	14	1	20
	Spath fluor rouge.......	31911	2	»	39	223	6	»	18
	Spath fluor vert.........	31817	2	»	36	222	11	2	17
	Spath fluor bleu........	31688	2	»	31	221	13	»	32
	Spath fluor violet.......	31757	2	»	34	222	4	»	20
	ZÉOLITHE.								
Zéolithe....	Zéolithe étincelante, rouge d'OEdelfors..........	24868	1	4	64	174	1	1	52
	Zéolithe étincelante, blanche.	20379	1	2	54	145	2	6	10
	Zéolithe cristallisée......	20833	1	2	58	145	12	2	26
	PECHSTEIN OU PIERRE DE POIX.								
Pierres de poix	Pierre de poix noire......	20499	1	2	45	143	7	7	7
	Pierre de poix jaune.....	20860	1	2	59	146	»	2	40
	Pierre de poix rouge.....	26695	1	5	61	186	13	6	52
	Pierre de poix noirâtre....	23191	1	4	2	162	5	3	10
	PIERRES MÉLANGÉES.								
Porphyre...	Porphyre rouge.........	27651	1	6	24	193	8	7	21
	Porphyre rouge, du Dauphiné..............	27933	1	6	35	195	8	3	70
Serpentin...	Serpentin vert..........	28960	1	7	1	202	11	4	12
	Serpentin noir, dit *Variolite du Dauphiné*........	29339	1	7	15	205	5	7	54
	Serpentin vert, du Dauphiné..............	29883	1	7	36	209	2	7	12

NOMS DES SUBSTANCES.	VARIÉTÉS.	PESANTEUR SPÉCIFIQUE.	POIDS DU POUCE CUBE.			POIDS DU PIED CUBE.			
			onces.	gros.	gr.	livres.	onces.	gros.	gr.
	PIERRES MÉLANGÉES (*SUITE*).								
Ophite. . . .	. . . .	29722	1	7	30	208	«	6	66
Granitelle. . .	. . . .	30626	1	7	63	214	6	«	65
Granit.	Granit rouge d'Égypte. . . .	26541	1	5	55	185	12	4	53
	Granit d'un beau rouge. . .	27609	1	6	25	193	4	1	48
	Granit de la vallée de Gérardmer, dans les Vosges. . .	27163	1	6	6	190	2	2	3
	PIERRES DE VOLCANS.								
Pierres de volcans.	Pierre ponce.	9145	«	4	53	64	«	1	66
	Lave pleine de volcans, dite *pierre obsidienne*.	23480	1	4	13	164	5	6	6
	Pierre de Volvic.	23205	1	4	2	162	6	7	49
	Basalte de la chaussée des Géants.	28642	1	6	61	200	7	7	17
	Basalte prismatique d'Auvergne.	24215	1	4	40	169	8	«	46
	Basalte, dit *pierre de touche*.	24153	1	4	38	169	1	1	6
	VITRIFICATIONS ARTIFICIELLES.								
Verres.	Laitier des forges.	28548	1	6	58	199	13	3	1
	Verre des bouteilles.	27325	1	6	12	191	4	3	14
	Verre vert ou commun des vitres.	26423	1	5	50	184	15	3	1
	Verre blanc ou cristal de France.	28922	1	7	«	202	7	2	8
	Cristal des glaces de Saint-Gobain.	24882	1	4	65	174	2	6	20
	Cristal d'Angleterre, dit *flint-glass*.	35233	2	1	19	233	«	6	38
	Verre de borax.	26070	1	5	37	182	7	6	52
Porcelaines. .	Porcelaine dure du Roi ou de Sèvres.	21457	1	3	9	150	3	1	34
	Porcelaine de Limoges. . . .	23410	1	4	10	163	13	7	26
	Porcelaine de la Chine. . . .	23847	1	4	26	166	14	6	66
	MATIÈRES INFLAMMABLES.								
Soufre.	Soufre natif.	20332	1	2	39	142	5	1	34
	Soufre fondu.	19907	1	2	23	139	5	3	56
Bitumes. . . .	Charbon de terre compacte.	13292	«	6	64	93	«	5	46
	Ambre gris.	9263	«	4	58	64	13	3	47
	Ambre jaune ou succin transparent.	10780	«	5	42	75	7	2	63

TABLE DES PESANTEURS SPÉCIFIQUES DES FLUIDES.

ESPÈCES.	VARIÉTÉS.	PESANTEUR SPÉCIFIQUE.	POIDS DU POUCE CUBE.			POIDS DU PIED CUBE.			
			onc.	gr.	grains.	livres.	onces.	gros.	gr.
	EAUX.								
Eaux	Eau distillée	10000	"	5	13 ½	70	"	"	"
Eaux	Eau de pluie	10000	"	5	13 ½	70	"	"	"
Eaux	Eau de la Seine, filtrée	10001.5	"	5	13.4	70	"	1	25
Eaux	Eau d'Arcueil	10004.6	"	5	13,5	70	"	4	9
Eaux	Eau de Ville-d'Avray	10004.3	"	5	13,5	70	"	3	61
Eaux	Eau de mer	10263	"	5	23	71	13	3	47
Eaux	Eau du lac Asphaltite, ou de la mer Morte	12403	"	6	31	86	13	1	6
	LIQUEURS SPIRITUEUSES.								
Vins	Vin de Bourgogne	9915	"	5	10	69	6	3	60
Vins	Vin de Bordeaux	9937	"	5	11	69	9	1	25
Vins	Vin de Malvoisie, de Madère	10382	"	5	28	72	10	6	20
Vins	Bière rouge	10338	"	5	26	72	5	6	61
Vins	Bière blanche	10231	"	5	22	71	9	6	70
Vins	Cidre	10181	"	5	20	71	4	2	13
Esprit-de-vin, ou alcool	Alcool du commerce	8371	"	4	25	58	9	3	30
Esprit-de-vin, ou alcool	Alcool très-rectifié	8293	"	4	22	58	"	6	38
Esprit-de-vin, ou alcool	Alcool mêlé d'eau : alcool, parties … eau, parties								
Esprit-de-vin, ou alcool	15 …. 1	8527	"	4	30	59	11	"	14
Esprit-de-vin, ou alcool	14 …. 2	8674	"	4	36	60	11	4	3
Esprit-de-vin, ou alcool	13 …. 3	8815	"	4	41	61	11	2	17
Esprit-de-vin, ou alcool	12 …. 4	8947	"	4	46	62	10	"	37
Esprit-de-vin, ou alcool	11 …. 5	9075	"	4	51	63	8	3	14
Esprit-de-vin, ou alcool	10 …. 6	9199	"	4	55	64	6	2	22
Esprit-de-vin, ou alcool	9 …. 7	8317	"	4	60	65	3	4	2
Esprit-de-vin, ou alcool	8 …. 8	9427	"	4	64	65	15	6	43
Esprit-de-vin, ou alcool	7 …. 9	9519	"	4	67	66	10	1	"
Esprit-de-vin, ou alcool	6 …. 10	9598	"	4	70	67	2	7	58
Esprit-de-vin, ou alcool	5 …. 11	9674	"	5	1	67	11	3	66
Esprit-de-vin, ou alcool	4 …. 12	9733	"	5	3	68	2	"	55
Esprit-de-vin, ou alcool	3 …. 13	9791	"	5	6	68	8	4	53
Esprit-de-vin, ou alcool	2 …. 14	9852	"	5	8	68	15	3	28
Esprit-de-vin, ou alcool	1 …. 15	9919	"	5	10	69	6	7	31
Éther	Éther sulfurique	7396	"	3	60	51	12	2	59
Éther	Éther nitrique	9088	"	4	51	63	9	6	61
Éther	Éther muriatique	7296	"	3	56	51	1	1	16
Éther	Éther acétique	8664	"	4	35	60	10	2	68

ESPÈCES.	VARIÉTÉS.	PESANTEUR SPÉCIFIQUE.	POIDS DU POUCE CUBE.			POIDS DU PIED CUBE.			
			onc.	gr.	grains.	livres.	onces.	gros.	gr.
LIQUEURS ACIDES.									
Acides minéraux.....	Acide sulfurique.........	18409	1	1	39	128	13	6	33
	Acide nitrique..........	12715	"	6	43	89	"	"	46
	Acide muriatique........	11940	"	6	14	83	9	2	17
Acides végétaux......	Acide acéteux rouge......	10251	"	5	23	71	12	"	65
	Acide acéteux blanc......	10135	"	5	18	70	15	"	69
	Acide acéteux distillé.....	10095	"	5	17	70	10	5	9
	Acide acétique..........	10626	"	5	37	74	6	"	65
Acides animaux.....	Acide formique.........	9942	"	5	11	60	9	4	2
ALCALI VOLATIL OU AMMONIAQUE.									
Ammoniaque.	Ammoniaque en liqueur...	8970	"	4	47	62	12	5	9
LIQUEURS HUILEUSES.									
Huiles volatiles, ou essentielles..	Huile essentielle de térébenthine................	8697	"	4	37	60	14	"	37
	Térébenthine liquide.....	9910	"	5	10	69	5	7	46
	Huile essentielle de lavande.	8938	"	4	46	62	9	"	32
	Huile essentielle de girofle.	10363	"	5	27	72	8	5	18
	Huile essentielle de cannelle.	10439	"	5	30	73	1	1	45
Huiles fixes, ou grasses.	Huile d'olives...........	9153	"	4	54	64	1	1	6
	Huile d'amandes douces...	9170	"	4	54	64	3	"	23
	Huile de lin............	9403	"	4	63	65	13	1	6
	Huile de pavot..........	9288	"	4	57	64	10	5	18
	Huile de faine..........	9176	"	4	55	64	3	5	50
	Huile de baleine........	9233	"	4	57	64	10	"	55
LIQUEURS ANIMALES.									
Liqueurs animales....	Lait de femme..........	10203	"	5	21	71	6	5	64
	Lait de jument.........	10346	"	5	26	72	6	6	1
	Lait d'ânesse..........	10355	"	5	27	72	7	6	6
	Lait de chèvre.........	10341	"	5	26	72	6	1	30
	Lait de brebis.........	10409	"	5	29	72	13	6	33
	Lait de vache..........	10324	"	5	25	72	4	2	22
	Petit-lait de vache, clarifié.	10193	"	5	20	71	5	4	67
	Urine humaine.........	10106	"	5	17	70	1	6	70

TABLE DES PESANTEURS SPÉCIFIQUES DE QUELQUES SUBSTANCES VÉGÉTALES ET ANIMALES.

ESPÈCES.	VARIÉTÉS.	PESANTEUR SPÉCIFIQUE.	POIDS DU POUCE CUBE.			POIDS DU PIED CUBE.			
			onc.	gr.	grains.	livres.	onces.	gros.	gr.
Résines	Résine jaune ou blanche du pin	10727	«	5	40	75	1	3	28
	Arcançon	10857	«	5	45	75	15	7	63
	Galipot	10819	«	5	54	75	11	5	59
	Baras	10441	«	5	30	73	1	3	10
	Sandaraque	10920	«	5	48	76	7	«	23
	Mastic	10742	«	5	41	75	3	«	60
	Storax	11098	«	5	54	77	10	7	58
	Résine ou gomme copal opaque	11398	«	5	28	72	12	4	44
	Gomme copal transparente	10452	«	5	30	73	2	4	71
	Gomme copal de Madagascar	10600	«	5	36	74	3	1	43
	Gomme copal de la Chine	10628	«	5	37	74	6	2	50
	Résine ou gomme élémi	10182	«	5	20	71	4	3	5
	Résine ou gomme animé d'Orient	10284	«	5	24	71	15	6	33
	Résine ou gomme animé d'Occident	10426	«	5	29	72	15	5	50
	Labdanum	11862	«	6	11	83	«	4	25
	Labdanum *in tortis*	24933	1	4	67	174	8	3	70
	Résine ou gomme de gaïac	12289	«	6	27	86	«	2	68
	Résine de jalap	12185	«	6	23	85	4	5	55
	Sang-dragon	12045	«	6	18	84	5	«	23
	Résine ou gomme laque	11390	«	5	65	79	11	5	32
	Résine tacamaque	10463	«	5	31	73	3	6	61
	Benjoin	10924	«	5	48	76	7	3	65
	Résine ou gomme alouchi	10604	«	5	36	74	3	5	13
	Résine ou gomme caragne	11244	«	5	60	78	11	2	45
	Résine ou gomme élastique	9335	«	4	61	65	5	4	12
	Camphre	9887	«	5	9	69	3	2	54
Gommes-résines	Gomme ammoniaque	12071	«	6	19	84	7	7	44
	Gomme séraphique	12008	«	6	16	84	«	7	12
	Gomme de lierre, ou hédérée	12948	«	6	51	90	10	1	29
	Gomme-gutte	12216	«	6	24	85	8	1	39
	Euphorbe	11244	«	5	60	78	11	2	45
	Oliban ou encens	11732	«	6	6	82	1	7	63
	Myrrhe	13600	«	7	4	95	3	1	43
	Bdellium	13717	«	5	65	79	10	1	57
	Scammonée d'Alep	12354	«	6	29	86	7	5	13

ESPECES.	VARIÉTÉS.	PESANTEUR SPÉCIFIQUE.	POIDS DU POUCE CUBE.			POIDS DU PIED CUBE.			
			onc.	gr.	grains.	livres.	onces.	gros.	grs.
Gommes-résines	Scammonée de Smyrne	12743	″	6	44	89	3	1	52
	Galbanum	12120	″	6	20	84	13	3	37
	Assa fœtida	13275	″	6	64	92	14	6	29
	Sarcocolle	12684	″	6	42	88	12	4	62
	Opopanax	16226	1	″	30	113	9	2	36
Gommes	Gomme commune, ou de pays	14817	″	7	49	103	11	4	2
	Gomme arabique	14523	″	7	38	101	10	4	44
	Gomme adragante	13161	″	6	59	92	2	″	18
	Gomme de Bassora	14340	″	7	32	100	6	6	1
	Gomme d'acajou	14456	″	7	36	101	3	″	41
	Gomme monbain	14206	″	7	26	99	7	″	41
Sucs épaissis	Suc de réglisse	17228	1	″	67	120	9	4	21
	Suc d'acacia	15153	″	7	62	106	1	1	6
	Suc d'arec	14573	″	7	40	102	″	1	29
	Cachou	13980	″	7	18	97	13	6	6
	Aloès hépatique	13586	″	7	3	95	1	5	4
	Aloès socotrin	13795	″	7	11	96	9	″	23
	Hypociste	15263	″	7	66	106	13	3	47
	Opium	13365	″	6	67	93	8	7	3
Fécules	Indigo	7690	″	3	71	53	13	2	17
	Roucou	5956	″	3	6	41	11	″	61
Cires et graisses	Cire jaune	9648	″	5	″	67	8	4	44
	Cire blanche	9686	″	5	2	67	12	6	47
	Cire d'ouarouchi	8970	″	4	47	62	12	5	9
	Beurre de cacao	8916	″	4	45	62	6	4	53
	Blanc de baleine	9433	″	4	64	66	″	3	70
	Graisse de bœuf	9232	″	4	57	64	9	7	63
	Graisse de veau	9341	″	4	61	65	6	1	39
	Graisse de mouton	9235	″	4	57	64	10	2	40
	Suif	9419	″	4	64	65	14	7	31
	Graisse de cochon	9368	″	4	62	65	9	1	52
	Lard	9478	″	4	66	66	5	4	21
	Beurre	9423	″	4	64	65	15	3	1
Bois	Chêne de 60 ans, le cœur	11700	″	6	5	81	14	3	14
	Liége	2400	″	1	18	16	12	6	29
	Orme, le tronc	6710	″	3	35	46	15	4	12
	Frêne, le tronc	8450	″	4	27	59	2	3	14
	Hêtre	8520	″	4	30	59	10	″	66
	Aune	8000	″	4	11	56	″	″	″

ESPÈCES.	VARIÉTÉS.	PESANTEUR SPÉCIFIQUE.	POIDS DU POUCE CUBE.			POIDS DU PIED CUBE.			
			onc.	gr.	grains.	livres.	onces.	gros.	gr.
Bois	Érable	7550	»	3	66	52	13	4	58
	Noyer de France	6710	»	3	35	46	15	4	12
	Saule	5850	»	3	2	40	15	1	43
	Tilleul	6040	»	3	9	42	4	3	60
	Sapin mâle	5500	»	2	61	38	8	»	»
	Sapin femelle	4980	»	2	42	34	13	6	6
	Peuplier	3830	»	1	71	26	12	7	49
	Peuplier blanc d'Espagne	5294	»	2	54	37	»	7	31
	Pommier	7930	»	4	8	55	8	1	20
	Poirier	6610	»	3	31	46	4	2	40
	Cognassier	7050	»	3	47	49	5	4	58
	Néflier	9440	»	4	64	66	1	2	17
	Prunier	7850	»	4	5	54	15	1	43
	Olivier	9270	»	4	58	64	14	1	66
	Cerisier	7150	»	3	51	50	»	6	29
	Coudrier ou noisetier	6000	»	3	8	42	»	»	»
	Buis de France	9120	»	4	52	63	13	3	37
	Buis de Hollande	13280	»	6	64	92	15	2	63
	If de Hollande	7880	»	4	6	55	2	4	35
	If d'Espagne	8070	»	4	13	56	7	6	52
	Cyprès d'Espagne	6440	»	3	29	45	1	2	17
	Thuya	5608	»	2	65	39	4	»	55
	Grenadier	13540	»	7	1	94	12	3	60
	Mûrier d'Espagne	8970	»	4	47	62	12	5	9
	Gaïac	13330	»	6	66	93	4	7	49
	Oranger	7050	»	3	47	49	5	4	58

FIN DES TABLES À L'USAGE DES CHIMISTES.

EXTRAIT DES REGISTRES

DE

L'ACADÉMIE DES SCIENCES.

Du 4 février 1789.

L'Académie nous a chargés, M. d'Arcet et moi, de lui rendre compte d'un traité élémentaire de chimie, que lui a présenté M. Lavoisier.

Ce traité est divisé en trois parties : la première a principalement pour objet la formation des fluides aériformes et leur décomposition, la combustion des corps simples et la formation des acides.

Les molécules des corps peuvent être considérées comme obéissant à deux forces, l'une répulsive, l'autre attractive. Pendant que la dernière de ces forces l'emporte, le corps demeure dans l'état solide; si, au contraire, l'attraction est plus faible, les parties du corps perdent l'adhérence qu'elles avaient entre elles, et il cesse d'être un solide.

La force répulsive est due au fluide très-subtil qui s'insinue à travers les molécules de tous les corps, et qui les écarte; cette substance, quelle qu'elle soit, étant la cause de la chaleur, ou, en d'autres termes, la sensation que nous appelons chaleur étant l'effet de l'accumulation de cette substance, on ne peut pas, dans un langage rigoureux, la désigner par le nom de chaleur, parce que la même dénomination ne peut pas exprimer la cause et l'effet; c'est ce qui a déterminé M. Lavoisier, avec les autres auteurs de la nomenclature chimique, à la désigner sous le nom de *calorique*.

Nous nous contenterons, dans ce rapport, d'employer la nomenclature adoptée par M. Lavoisier; mais, dans le cours de son ouvrage, après avoir établi, par les expériences les plus exactes, les faits qui doivent servir de base aux connaissances chimiques, il a toujours soin de justifier la nomenclature dont il fait usage, et de suivre les rapports qui doivent se trouver entre les idées et les mots qui les représentent.

S'il n'existait que la force attractive des molécules de la matière, et la force répulsive du calorique, les corps passeraient brusquement de l'état de solide à celui de fluide aériforme; mais une troisième force, la pression de l'atmosphère, met obstacle à cet écartement, et c'est à cet obstacle qu'est due l'existence des fluides. M. Lavoisier établit, par plusieurs expériences, quel est le degré de pression qui est nécessaire pour contenir différentes substances dans l'état liquide, et quel est le degré de chaleur nécessaire pour vaincre cette résistance. Mais il y a un certain nombre de substances qui, à la pression de notre atmosphère et au degré de froid connu, n'abandonnent jamais l'état de fluide aériforme; ce sont celles-là qu'on désigne sous le nom de *gaz*.

Puisque les molécules de tous les corps de la nature sont dans un état d'équilibre entre l'attraction, qui tend à les rapprocher et à les réunir, et les efforts du calorique, qui tend à les écarter, non-seulement le calorique environne de toutes parts les corps, mais encore il remplit les intervalles que les molécules laissent entre elles. et, comme c'est un fluide extrêmement compressible, il s'y accumule, il s'y resserre et s'y combine en partie. De ces considérations, M. Lavoisier déduit l'explication de ce qu'on doit entendre par le calorique libre, le calorique combiné, la capacité de calorique, la chaleur absolue, la chaleur latente, la chaleur sensible. On pourrait lui reprocher d'avoir insisté trop peu sur la propriété élastique et compressible du calorique, et de là résulte une différence entre ses principes et la théorie de M. Black sur la capacité de chaleur; mais, en écartant cette considération, les idées de M. Lavoisier ont acquis l'avantage d'avoir plus de clarté.

Après ces principes généraux, M. Lavoisier décrit le moyen qu'a imaginé M. de Laplace pour déterminer par la quantité de glace fondue celle du calorique qui s'est dégagé, au milieu de cette glace, d'un corps qui était élevé à une certaine température, ou d'une combinaison qui s'y est formée. Il passe ensuite à des vues générales sur la formation et la constitution de l'atmosphère de la terre, non-seulement en la considérant dans l'état où elle se trouve, mais encore dans différents états hypothétiques.

Notre atmosphère est formée de toutes les substances susceptibles de demeurer dans l'état aériforme au degré habituel de température et de pression que nous éprouvons. Il était bien important de déterminer quel est le nombre et quelle est la nature des fluides élastiques qui composent cette couche inférieure que nous habitons. On sait que les connaissances que nous avons acquises sur cet objet font la gloire de la chimie moderne; que non-seulement on a analysé ces fluides, mais qu'on a encore appris à connaître une foule de combinaisons qu'ils formaient avec les substances terrestres, et que par là le vide immense que les anciens chimistes cherchaient à déguiser par quelques suppositions a été comblé pour la plus grande partie. Il est bien intéressant de voir celui qui a le plus contribué à nous procurer ces connaissances nouvelles en tracer lui-même le tableau, rapprocher les résultats des expériences qui ont fait l'objet d'un grand nombre de ses mémoires, perfectionner ces expériences et tous les appareils qu'il a fallu imaginer; mais il n'est pas possible de suivre dans un extrait les descriptions que M. Lavoisier présente, avec beaucoup de concision, sur l'analyse de l'air de l'atmosphère, la décomposition du gaz oxygène par le soufre, le phosphore et le charbon, sur la formation des acides en général, la décomposition du gaz oxygène par les métaux, la formation des oxydes métalliques, le principe radical de l'eau, sa décomposition par le charbon et par le fer, la quantité de calorique qui se dégage des différentes espèces de combustion, et la formation de l'acide nitrique.

Après tous ces objets, M. Lavoisier examine la combinaison des substances combustibles les unes avec les autres.

Le soufre, le phosphore, le charbon, ont la propriété de s'unir avec les métaux, et de là naissent les combinaisons que M. Lavoisier désigne sous le nom de *sulfures*, *phosphores* et *carbures*.

L'hydrogène peut aussi se combiner avec un grand nombre de substances combustibles; dans l'état de gaz, il dissout le carbone ou charbon pur, le soufre, le phosphore, et de là viennent les différentes espèces de gaz inflammable.

Lorsque l'hydrogène et le carbone s'unissent ensemble, sans que l'hydrogène ait été porté à l'état de gaz par le calorique, il en résulte, selon M. Lavoisier, cette combinaison particulière qui est connue sous le nom d'*huile*, et cette huile est fixe ou volatile, selon les proportions de l'hydrogène et du carbone. Il a exposé dans les Mémoires de 1784 les expériences qui l'ont conduit à cette opinion.

Cependant il nous paraît que cette opinion n'est pas à l'abri des objections: nous nous contenterons d'en proposer une. Toutes les huiles donnent un peu d'eau et un peu d'acide lorsqu'on les distille, et, en réitérant les distillations, on peut les réduire entièrement en eau, en acide, en charbon, en gaz carbonique et en gaz hydrogène carboné. Cet acide et cette eau, qu'on retire dans chaque opération, n'annoncent-ils pas qu'il entrait de l'oxygène dans la composition de l'huile; car il est facile de prouver que l'air qui est contenu dans les vaisseaux qui servent à la distillation n'a pas pu contribuer d'une manière sensible à leur production?

Il fallait d'abord examiner les phénomènes que présente l'oxygénation des quatre substances combustibles simples, le phosphore, le soufre, le carbone et l'hydrogène; mais ces substances, en se combinant les unes avec les autres, ont formé des corps combustibles composés, tels que les huiles, dont l'oxygénation doit présenter d'autres résultats. Selon M. Lavoisier, il existe des acides et des oxydes à base double et triple : il donne en général le nom d'*oxyde* à toutes les substances qui ne sont pas oxygénées pour prendre le caractère acide. Tous les acides du règne végétal ont pour base l'hydrogène et le carbone, quelquefois l'hydrogène, le carbone et le phosphore. Les acides et oxydes du règne animal sont encore plus composés; il entre dans la composition de la plupart quatre bases acidifiables, l'hydrogène, le carbone, le phosphore et l'azote. M. Lavoisier tâche de rendre raison, par ces principes très-simples, de la nature et de la différence des acides végétaux et des autres substances d'une nature végétale et d'une nature animale; il ne serait pas juste, dans ce moment, de juger avec sévérité ces aperçus ingénieux, parce que l'auteur se propose de les développer dans les Mémoires particuliers.

L'hydrogène, l'oxygène et le carbone sont des principes communs à tous les végétaux, et, pour cette raison, M. Lavoisier les appelle *primitifs*. Ces principes, en raison de la quantité de calorique avec lequel ils se trouvent combinés dans les végétaux, sont tous à peu près en équilibre à la température dans laquelle nous vivons; ainsi les végétaux ne contiennent ni huile, ni eau, ni acide carbonique, et seulement les éléments de toutes ces substances; mais un changement léger dans la température suffit pour renverser cet ordre de combinaison. L'hydrogène et l'oxygène s'unissent plus intimement et forment de l'eau, qui passe dans la distillation; une portion de l'hydrogène et une portion du carbone se réunissent ensemble pour former de l'huile volatile, une autre partie du carbone devient libre et reste dans la cornue. Dans les substances animales, l'azote, qui est un de leurs principes primitifs, s'unit à une portion d'hydrogène pour former l'alcali volatil. M. Lavoisier donne des explications analogues à celles que nous venons d'indiquer, des phénomènes et des produits de la fermentation vineuse et de la putréfaction.

Il y a un grand rapport entre ces dernières idées de M. Lavoisier et celles que M. Higgins a exposées dans un traité sur l'acide acéteux, la distillation, la fermentation, etc. qu'il a publié en 1786, et dans lequel il admet la formation de l'eau et des huiles par l'action de la chaleur; mais, n'ayant pas distingué le gaz hydrogène, qu'il appelle *phlogistique* (ce qui est tout à fait indifférent), du charbon et de leur combinaison, il n'a pu déterminer les effets de la chaleur et de la fermentation avec autant d'exactitude que M. Lavoisier.

Les substances acidifiables, en s'unissant avec l'oxygène et en se convertissant en acides, acquièrent une grande tendance à la combinaison : elles deviennent propres à s'unir avec des substances terreuses et métalliques. Mais une circonstance remarquable distingue ces deux espèces de combinaison; c'est que les métaux ne peuvent contracter d'union avec les acides que par l'intermède de l'oxygène, de manière qu'il faut qu'ils soient réduits en oxydes, ou qu'ils décomposent l'eau, dont ils dégagent alors le gaz hydrogène, ou qu'ils trouvent de l'oxygène dans l'acide, et c'est ainsi qu'ils forment du gaz nitreux avec l'acide nitrique.

La considération des phénomènes qui accompagnent les dissolutions conduit M. Lavoisier à celle des bases alcalines, des terres et des métaux, et à déterminer le nombre des sels qui peuvent résulter de la combinaison de ces différentes bases avec tous les acides connus.

Dans la seconde partie de son ouvrage, M. Lavoisier présente successivement le tableau des substances simples, ou plutôt de celles que l'état actuel de nos connaissances nous oblige à considérer comme telles; celui des radicaux ou bases oxydables et acidifiables, composées de la réunion de plusieurs substances simples; ceux des combinaisons de l'azote, de l'hydrogène, du carbone, du soufre et du phosphore, avec des substances simples, et enfin ceux des combinaisons de tous les acides connus avec les différentes bases. Chaque tableau est accompagné d'une explication sur la nature et les préparations de la substance qui en est l'objet, et sur ses principales combinaisons.

M. Lavoisier a réuni, dans la troisième partie de son ouvrage, la description sommaire de tous les appareils et de toutes les opérations manuelles qui ont rapport à la chimie élémentaire. Les détails indispensables dans lesquels il faut entrer auraient interrompu la marche des idées rapides qu'il a présentées dans les deux premières parties, et en auraient rendu la lecture fatigante.

Cette description est d'autant plus précieuse, que non-seulement elle est faite avec beaucoup de méthode et de clarté, mais encore qu'elle a particulièrement pour objet les appareils relatifs à la chimie moderne, dont plusieurs sont dus à M. Lavoisier lui-même, et qui, en général, sont encore peu connus, même de ceux qui font une étude particulière de la chimie; mais il est impossible de tracer une esquisse de ces descriptions, et nous sommes obligés de nous borner à l'énumération des chapitres dans lesquels elles sont classées.

Le chapitre premier traite des instruments propres à déterminer le poids absolu et la pesanteur spécifique des corps solides et liquides.

Le second est destiné à la gazométrie, ou à la mesure du poids et du volume des substances aériformes.

Le chapitre troisième contient la description des opérations purement mécaniques qui ont pour objet de diviser les corps, telles que la trituration, la porphyrisation, le tamisage, le filtrage, etc.

M. Lavoisier décrit, dans le chapitre cinquième, les moyens que la chimie emploie pour écarter les unes des autres les molécules des corps sans les décomposer, et, réciproquement, pour les réunir, ce qui comprend la solution des sels, leur lixiviation, leur évaporation, leur cristallisation, et les appareils distillatoires.

Les distillations pneumato-chimiques, les dissolutions métalliques, et quelques autres opérations, qui exigent des appareils très-compliqués, sont l'objet du sixième chapitre.

Le chapitre septième contient la description des opérations relatives à la combustion et à la détonation. Les appareils qui sont décrits dans ce chapitre sont entièrement nouveaux.

Enfin, le chapitre huitième est destiné aux instruments nécessaires pour opérer sur les corps à de très-hautes températures.

Toutes ces descriptions sont rendues sensibles par un grand nombre de planches qui présentent tous les détails qu'on peut désirer, et qui sont gravées avec beaucoup de soin. Nous ne devons pas laisser ignorer à la reconnaissance des chimistes qu'elles ne sont point l'ouvrage d'un burin mercenaire, mais qu'elles sont dues au zèle et aux talents variés d'un traducteur de l'ouvrage de M. Kirwan sur le phlogistique.

Ces nouveaux éléments sont terminés par quatre tables : la première donne le nombre des pouces cubiques correspondant à un poids déterminé d'eau; la seconde est destinée à convertir les fractions vulgaires en fractions décimales, et réciproquement; la troisième présente le poids des différents gaz, et la quatrième, la pesanteur spécifique des différentes substances.

Ainsi, M. Lavoisier, en partant des notions les plus simples et des objets les plus élémentaires, conduit successivement aux combinaisons plus composées. Ses raisonnements sont presque toujours fondés sur des expériences rigoureuses, ou plutôt ils n'en sont que le résultat, et il finit par donner les éléments de l'art des expériences, qui doit servir de guide aux chimistes qui, au lieu de se livrer à de vaines hypothèses, veulent établir leurs opinions la balance à la main.

L'ouvrage est précédé d'un discours dans lequel M. Lavoisier rend compte des motifs qui l'ont engagé à l'entreprendre, et de la marche qu'il a suivie dans son exécution.

S'étant imposé la loi de ne rien conclure au delà de ce que les expériences présentent et de ne jamais suppléer au silence des faits, il n'a point compris dans ses éléments la partie de la chimie la plus susceptible peut-être de devenir un jour une science exacte; c'est celle qui traite des affinités ou attractions chimiques; mais les données principales manquent, ou du moins celles que nous avons ne sont encore ni assez précises ni assez certaines pour devenir la base sur laquelle doit porter une partie aussi importante de la chimie.

M. Lavoisier a la modestie d'avouer qu'une considération secrète a peut-être donné du poids aux raisons qu'il pouvait avoir de se taire sur les affinités; c'est que M. de Morveau est au moment de publier l'article *Affinité* de l'Encyclopédie méthodique, et qu'il a redouté de traiter en concurrence avec lui un objet qui exige des discussions très-délicates.

Quoique les savants s'empressent de toutes parts de rendre justice aux connaissances profondes de M. de Morveau, il doit néanmoins être flatté d'un aveu qui honore également celui qui l'a fait.

Si M. Lavoisier ne parle point, dans ce traité, des parties constituantes et élémentaires des corps, c'est qu'il regarde comme hypothétique tout ce qu'on a dit sur les quatre éléments : il est probable que nous ne connaissons pas les molécules simples et indivisibles qui composent les corps; mais il est un terme auquel nous conduisent nos analyses, et ce sont les derniers résultats que nous en obtenons qui sont pour nous des substances simples, ou, si l'on veut, des éléments.

Mais l'objet principal de ce discours est de faire sentir la liaison qui se trouve entre l'abus des mots et les idées fausses, entre la précision du langage et les progrès des sciences.

Nous pensons que ces nouveaux éléments sont très-dignes d'être imprimés sous le privilége de l'Académie.

Fait à l'Académie, le 4 février 1789.

Signé D'ARCET et BERTHOLLET.

Je certifie le présent extrait conforme à l'original et au jugement de l'Académie.

A Paris, ce 7 février 1789.

Signé le Marquis DE CONDORCET.

EXTRAIT DES REGISTRES

DE

LA SOCIÉTÉ ROYALE DE MÉDECINE.

Du 6 février 1789.

La Société nous a chargés, M. de Horne et moi, d'examiner un ouvrage de M. Lavoisier, ayant pour titre : *Traité élémentaire de chimie, présenté dans un ordre nouveau, et d'après les découvertes modernes.* Comme ce traité, que nous avons lu avec le plus vif intérêt, offre une méthode élémentaire différente de toutes celles qu'on a suivies dans les ouvrages du même genre, nous avons cru devoir en rendre un compte très-détaillé à la Compagnie.

Les physiciens et tous les hommes qui s'adonnent à l'étude de la philosophie naturelle savent que c'est aux expériences de M. Lavoisier qu'est due la révolution que la chimie a éprouvée depuis quelques années; à peine M. Black eut-il fait connaître, il y a bientôt vingt ans, l'être fugace qui adoucit la chaux et les alcalis, et qui avait jusque-là échappé aux recherches des chimistes; à peine M. Priestley eut-il donné ses premières expériences sur l'air fixe et ce qu'il appelait les différentes espèces d'air, que M. Lavoisier, qui ne s'était encore appliqué qu'à mettre dans les opérations de chimie de l'exactitude et de la précision, conçut le vaste projet de répéter et de varier toutes les expériences des deux célèbres physiciens anglais, et de poursuivre avec une ardeur infatigable une carrière nouvelle, dont il prévoyait dès lors l'étendue. Il sentit surtout que l'art de faire des expériences vraiment utiles et de contribuer aux progrès de la science de l'analyse consistait à ne rien laisser échapper, à tout recueillir, à tout peser. Cette idée ingénieuse, à laquelle sont dues toutes les découvertes modernes, l'engagea à imaginer, pour les effervescences, pour les combustions, pour la calcination des métaux, etc. des appareils capables de porter la lumière la plus vive sur la cause et les résultats de ces opérations. On connaît trop généralement aujourd'hui la plupart des faits et des découvertes que cette route expérimentale nouvelle a fait naître, pour que nous ayons besoin d'en suivre ici les détails; nous nous contenterons de rappeler que c'est à l'aide de ces procédés, à l'aide de ce nouveau sens, ajouté, pour ainsi dire, à ceux que le physicien possédait déjà, que M. Lavoisier est parvenu à établir des vérités et une doctrine nouvelles sur la combustion, sur la calcination des métaux, sur la nature de l'eau, sur la formation des acides, sur la dissolution des métaux, sur la fermentation et sur les principaux phénomènes de la nature. Ces instruments si ingénieux, cette méthode expérimentale si exacte et si différente des procédés employés autrefois par les chimistes, n'ont cessé, depuis 1772, de devenir, entre les mains de M. Lavoisier et des physiciens qui ont suivi la même route, une source féconde de découvertes. Les Mémoires de l'Académie des Sciences offrent, depuis 1772 jusqu'en 1786, une suite non interrompue de travaux, d'expériences, d'analyses faites par ce physicien sur le même plan. Ce qu'il y a de plus frappant pour ceux qui aiment à suivre les progrès de l'esprit humain dans ce genre de recherches, dont on n'avait aucune idée il y a vingt ans, c'est que toutes les découvertes qui se sont succédé depuis cette époque n'ont fait que confirmer les premiers résultats trouvés par M. Lavoisier, et donner plus de force et plus de solidité à la doctrine qu'il a proposée. Une autre considération, qui nous paraît également importante, c'est que les expériences de Bergman, de Scheele, de MM. Cavendish, Priestley, et d'un grand nombre d'autres chimistes dans différentes parties de l'Europe, quoique faites sous des points de vue et avec des moyens différents en apparence, se sont tellement accordées avec les résultats généraux dont nous parlions plus haut, que cet accord, bien propre à convaincre les physiciens qui cherchent la vérité sans prévention et avec le courage nécessaire pour résister aux préjugés, n'a fait que rendre plus solides et plus inébranlables les fondements sur lesquels repose la nouvelle doctrine chimique. C'est dans cet état de la science, c'est à l'époque où les faits nouveaux, généralement reconnus, n'excitent encore des discussions entre les physiciens que relativement à leur explication, que M. Lavoisier, auteur de la plus grande partie de ces découvertes et de la théorie simple et lumineuse qu'elles ont créée, s'est proposé d'enchaîner dans un nouvel ordre les vérités nouvelles, et d'offrir aux savants, ainsi qu'à ceux qui veulent le devenir, l'ensemble de ses travaux. Ceux qui ont suivi avec soin les progrès successifs de la chimie ne trouveront dans l'ouvrage dont nous nous occupons que les faits qu'ils connaissent déjà; mais ils se présenteront à eux dans un ordre qui les frappera par sa clarté et sa précision. Ce sera donc spécialement sur la marche des faits, des idées et des raisonnements tracés par M. Lavoisier, que nous insisterons dans ce rapport.

Ce traité est divisé en trois parties. Dans la première, M. Lavoisier expose les éléments de la science et les bases sur lesquelles elle est fondée. C'est sur les corps les plus simples, et sur le premier ordre de leurs combinaisons, que roule cette première partie, comme nous le dirons tout à l'heure.

La seconde partie présente les tableaux de toutes les combinaisons de ces corps simples entre eux, et des mixtes qu'ils forment les uns avec les autres. Les composés salins neutres en sont particulièrement le sujet.

Dans la troisième partie, M. Lavoisier décrit les appareils nouveaux, dont il a imaginé la plus grande partie, et à l'aide desquels il a établi les vérités exposées dans la première partie.

Considérons chacune de ces parties plus en détail, et suivons l'auteur jusqu'à ses dernières divisions, pour faire connaître l'utilité et l'importance de son ou ge.

PREMIÈRE PARTIE.

En exposant, dans un discours préliminaire, les motifs qui l'ont engagé à écrire son ouvrage, M. Lavoisier annonce que c'est en s'occupant de la nomenclature et en développant ses idées sur les avantages et la nécessité de lier les mots aux faits, qu'il a été entraîné comme malgré lui à faire un traité élémentaire de chimie; que cette nomenclature méthodique l'ayant conduit du connu à l'inconnu, cette marche, qu'il s'est trouvé forcé de suivre, lui a paru propre à guider les pas de ceux qui veulent étudier la chimie; il pense que, quoique cette science ait encore beaucoup de lacunes et ne soit pas complète comme la géométrie élémentaire, les faits qui la composent s'arrangent cependant d'une manière si heureuse dans la doctrine moderne, qu'il est permis de la comparer à cette dernière, et qu'on peut espérer de la voir s'approcher, de nos jours, du degré de perfection qu'elle est susceptible d'atteindre. Son but a été de ne rien conclure au delà de l'expérience, de ne jamais suppléer au silence des faits.

C'est pour cela qu'il n'a point parlé des principes des corps, sur lesquels on a depuis si longtemps donné des idées vagues dans les écoles et dans les ouvrages élémentaires; qu'il n'a rien dit des attractions ou affinités chimiques, qui ne sont point encore connues, suivant lui, avec l'exactitude nécessaire pour en exposer les généralités dans des éléments. Il termine ce discours en retraçant les raisons et les motifs qui ont guidé les chimistes dans le travail de la nouvelle nomenclature, et en faisant voir quelle influence les noms exacts proposés dans ce travail peuvent avoir sur les progrès et l'étude de la science.

La première partie qui suit immédiatement ce discours préliminaire comprend dix-sept chapitres.

M. Lavoisier annonce qu'il traite, dans cette première partie, de la formation des fluides aériformes et de leur décomposition; de la combustion des corps simples et de la formation des acides. Ce titre, qui n'aurait certainement pas rappelé aux anciens chimistes l'ensemble de leur science, le comprend cependant tout entier pour ceux qui la possèdent; et, en effet, l'un de nous, en traçant la marche et l'état de toutes les connaissances chimiques modernes dans quelques séances sur les fluides élastiques, a fait voir que toute la science est comprise dans l'histoire de leur développement et de leur fixation. Il est donc vrai de dire que, quoique le domaine de la chimie ait été singulièrement agrandi par le nombre considérable de faits nouveaux qu'elle a acquis depuis quelques années, le rapprochement, la liaison et la cohérence de ces faits peuvent en resserrer les éléments dans l'esprit de ceux qui les possèdent et de ceux qu'une méthode exacte guide dans leurs études; si les expériences semblent effrayer l'imagination par leur nombre, les résultats simples qu'on en tire et les données générales qu'elles fournissent font évanouir les difficultés et rendent le travail de la mémoire plus facile. Cette vérité sera mise dans tout son jour par l'exposé des divers objets compris dans cette première partie de l'ouvrage de M. Lavoisier.

Le premier chapitre traite de la combinaison des corps avec le calorique ou la matière de la chaleur, et de la formation des fluides élastiques. Le calorique dilate tous les corps en écartant leurs molécules, qui tendent à se rapprocher par la force d'attraction. On peut donc considérer son effet comme celui d'une force répulsive ou opposée à l'attraction. Lorsque l'attraction des molécules est plus forte que l'écartement ou la force répulsive communiquée par le calorique, le corps est solide; si la force répulsive l'emporte sur l'attraction, les molécules s'écartent jusqu'à un certain point, la fusion, et enfin la fluidité élastique naissent de cet effet. Comme la diminution ou l'enlèvement du calorique permet le rapprochement des molécules des corps dont l'attraction agit alors librement, et comme on peut concevoir un refroidissement toujours croissant, beaucoup plus fort que celui que nous connaissons, et conséquemment un rapprochement proportionné dans les molécules des corps, il s'ensuit que ces molécules ne se touchent pas, qu'il existe des intervalles entre elles; ces intervalles sont remplis par le calorique. On peut l'y accumuler; c'est cette accumulation qui détruit l'attraction de ces molécules, et qui donne enfin naissance à un fluide élastique. Tous les corps liquides prendraient, à la surface du globe, cette forme de fluides élastiques, si la pression de l'air atmosphérique ne s'y opposait pas; c'est en raison de cette pression qu'il faut que la température de l'eau soit élevée à 80 degrés pour qu'elle se réduise en vapeur; l'éther à 30 ou 33 degrés, l'alcool à 67. Mais les fluides, supposés réduits en vapeurs par la suppression du poids de l'atmosphère, se formeraient bientôt un obstacle à eux-mêmes par leur pression.

On voit, d'après cela, qu'un fluide élastique ou un gaz n'est qu'une combinaison d'un corps quelconque ou d'une base avec le calorique. On voit encore que, suivant les espaces ou les intervalles compris entre les molécules des différents corps, il faudra plus ou moins de calorique pour les dilater au même point; c'est cette différence qu'on nomme *capacité de chaleur*, et la quantité de calorique nécessaire pour élever chaque corps à la même température se nomme *chaleur* ou *calorique spécifique*. Comme les corps, en se combinant au calorique, deviennent des fluides élastiques, l'élasticité paraît être due à la répulsion des molécules du calorique, ou plutôt à une attraction plus forte entre ces dernières qu'entre celles des corps fluides élastiques, qui sont alors repoussées par l'effet du premier.

Ces idées simples, et fondées sur des expériences exactes, conduisent l'auteur à donner, dans le second chapitre, des vues sur la formation et la constitution de l'atmosphère de la terre; elle doit être formée des substances susceptibles de se volatiliser au degré ordinaire de chaleur qui existe sur le globe, et à la pression moyenne qui soutient le mercure à 28 pouces. La terre étant supposée à la place d'une planète beaucoup plus rapprochée du soleil, comme l'est Mercure, l'eau, le mercure même, entreraient en expansion et se mêleraient à l'air, jusqu'à ce que cette expansion fût limitée par la pression exercée par ces nouveaux fluides élastiques. Si le globe était, au contraire, transporté à une distance beaucoup plus éloignée du soleil qu'il ne l'est, l'eau serait solide et comme une pierre dure et transparente. La solidité, la liquidité, la fluidité élastique sont donc des modifications des corps dues au calorique. Les fluides habituellement vaporeux qui forment notre atmosphère doivent, ou se mêler lorsqu'ils ont de l'affinité, ou se séparer suivant l'ordre de leurs pesanteurs spécifiques, s'ils ne sont pas susceptibles de s'unir. M. Lavoisier pense que la couche supérieure de l'atmosphère est surmontée de gaz inflammables légers, qu'il regarde comme la matière et le foyer des météores lumineux.

Il était très-naturel que ces considérations générales sur l'atmosphère de la terre fussent suivies de l'analyse de l'air qui la compose; cette analyse fait le sujet du troisième chapitre, dans lequel est consignée une des plus belles découvertes du siècle et de la chimie moderne. La combustion du mercure dans un ballon, la perte de poids d'un sixième de l'air, l'augmentation correspondante du poids du mercure, la qualité délétère des cinq sixièmes d'air restant, la séparation de l'air de la chaux de mercure fortement échauffée, la pureté de celui-ci, la recomposition de l'air semblable à celui de l'atmosphère par l'addition de cette partie tirée du mercure à celle restée dans le ballon, la chaleur vive et la flamme brillante dégagée de l'air par le fer qu'on y brûle, suffisent à M. Lavoisier pour prouver que l'air atmosphérique est un composé de deux fluides élastiques différents, l'un respirable, l'autre non respirable; que le premier en forme 0,27, et le second 0,73.

Dans le quatrième chapitre, ce savant expose les noms donnés à ces deux gaz qui composent l'air atmosphérique, et les raisons qui les ont fait proposer; le premier porte, comme on sait, le nom d'*air vital* et de *gaz oxygène*, et le second, celui de *gaz azote*.

La quantité des principes de l'atmosphère étant connue, la nature du gaz oxygène occupe ensuite M. Lavoisier. Le cinquième chapitre est destiné à l'examen de la décomposition du gaz oxygène ou air vital par le soufre, le phosphore, le charbon, et de la formation des acides. Cent grains de phosphore brûlés dans un ballon bien plein d'air vital absorbent 154 grains de cet air ou de sa base, et forment 254 grains d'acide phosphorique concret. 28 grains de charbon absorbent 72 grains d'air vital, et forment 100 grains d'acide carbonique. Le soufre en absorbe plus que son poids et devient acide sulfurique. La base de cet air a donc la propriété, en se combinant avec ces trois corps combustibles, de les convertir en acides; de là le nom d'oxygène donné à cette base de l'air vital, et celui d'oxygénation donné à l'opération par laquelle cette base se fixe.

La nomenclature des différents acides forme le sujet du sixième chapitre; le nom général d'acide désigne la combinaison avec l'oxygène; les noms particuliers appartiennent aux bases différentes unies à l'oxygène. Le soufre forme l'acide sulfurique, le phosphore l'acide phosphorique, le carbone ou charbon pur l'acide carbonique. La terminaison variée dans ces mots exprime la proportion d'oxygène; ainsi, le soufre combiné avec peu d'oxygène, et dans l'état d'un acide faible, donne l'acide sulfureux, tandis qu'une plus grande proportion de ce principe acidifiant forme l'acide sulfurique. Nous n'insisterons pas davantage sur les principes de cette nomenclature, qui sont déjà bien connus de la Société. M. Lavoisier donne, à la fin de ce chapitre, les proportions d'azote et d'oxygène qui constituent l'acide du nitre en différents états, comme l'a découvert M. Cavendish.

Il parle, dans le septième chapitre, de la décomposition du gaz oxygène par les métaux. On sait que ces corps combustibles absorbent la base de l'air vital plus ou moins facilement, et à des températures plus ou moins élevées; mais, comme l'affinité de ces corps pour l'oxygène est en général rarement plus forte que celle de celui-ci pour le calorique, les métaux s'y combinent plus ou moins difficilement. Les composés des métaux et d'oxygène n'étant pas des acides, on a proposé le nom d'oxydes pour les désigner, au lieu de celui de chaux, qui était équivoque et fondé sur une fausse analogie. M. Lavoisier donne les détails de cette nomenclature à la fin de ce chapitre.

Il traite, dans le huitième, du principe radical de l'eau et de la décomposition de ce fluide par le charbon et le fer. L'eau que l'on fait passer à travers un tube de verre ou de porcelaine rougi au feu se réduit seulement en vapeur, sans éprouver d'altération. En passant à travers le même tube chargé de 28 grains de charbon, il y a 85 grains d'eau changée de nature, et le charbon disparaît. On obtient 100 grains ou 144 pouces d'acide carbonique, qui contiennent, outre les 28 grains de carbone, 72 grains d'oxygène, provenant nécessairement de l'eau, puisque aucun autre corps n'a pu le lui fournir; ce gaz acide carbonique est mêlé de 13 grains ou 380 pouces cubes de gaz inflammable; ces 13 grains, ajoutés aux 72 grains d'oxygène enlevé par le carbone, font les 85 grains d'eau qui manquent; et, en effet, en brûlant dans un appareil fermé 85 grains d'air vital et 15 de gaz inflammable, on a 100 grains d'eau. L'eau est donc composée de ces deux principes. L'oxygène est déjà connu par les détails précédents; la base du gaz inflammable a été nommée *hydrogène*, ou principe radical de l'eau; M. Lavoisier en décrit les propriétés, et surtout celles qu'il a dans l'état de gaz.

Le neuvième chapitre contient des détails absolument neufs sur la quantité de calorique qui se dégage dans la combustion de différents corps combustibles, ou, ce qui est la même chose en d'autres termes, pendant la fixation de l'air vital ou gaz oxygène. Pour bien concevoir l'objet de cet article important, rappelons que l'air vital est, comme tous les autres fluides élastiques, une base solidifiable unie à du calorique; que ce gaz ne peut se fixer, ou sa base devenir solide dans les combinaisons où elle entre, qu'en perdant le calorique qui la tenait écartée et divisée en fluide élastique. Cela posé, il est clair qu'en partant d'une expérience où l'air vital paraît laisser déposer sa base la plus solide possible en perdant tout le calorique qu'il contient, on aura une mesure à peu de chose près exacte de la quantité absolue de calorique contenu dans une quantité donnée de gaz oxygène. Mais comment mesurer cette chaleur? M. Lavoisier s'est servi, pour cela, d'un appareil ingénieux, dont la première idée est due à M. Wilcke, physicien anglais, mais qui a été changé et bien perfectionné par M. de Laplace. Ce sont des enveloppes de tôle garnies de glace, et laissant un espace vide dans lequel on fait les expériences de combustion, absolument comme dans une sphère de glace assez épaisse pour que la température extérieure n'influe en aucune manière sur sa cavité intérieure. Le calorique se sépare pendant la fixation de l'oxygène, fond une partie de cette glace, proportionnelle à la quantité qui s'en dégage. En opérant ainsi la combustion du phosphore, M. Lavoisier a vu qu'une livre de ce combustible fond 100 livres de glace, en absorbant une livre 8 onces d'air vital: et, comme l'acide phosphorique concret qui résulte de cette combustion paraît contenir l'oxygène le plus solide et le plus séparé de calorique, il en conclut que, dans l'état d'air vital, une livre d'oxygène contient une quantité de calorique suffisante pour fondre 66 livres 10 onces 5 gros 24 grains de glace à zéro. En partant de cette expérience, M. Lavoisier a trouvé qu'une livre de charbon absorbant 2 livres 9 onces 1 gros 10 grains d'oxygène, et ne faisant fondre que 96 livres 8 onces de glace, tout le calorique contenu dans cette quantité d'air vital n'est pas dégagé, puisqu'il se serait fondu 171 livres 6 onces 5 gros de glace; la différence de cette quantité de calorique, c'est-à-dire une quantité capable de fondre 74 livres 14 onces 5 gros de glace, est employée à tenir sous forme de gaz 3 livres 9 onces 1 gros 10 grains d'acide carbonique, produit dans cette opération. La combustion du gaz hydrogène brûlé dans l'appareil de glace lui a présenté le résultat suivant, relativement au dégagement du calorique : une livre de ce gaz absorbe 5 livres 10 onces 3 gros 24 grains d'air vital en brûlant; il se dégage dans cette combustion une quantité de calorique capable de faire fondre 295 livres 9 onces 3 gros $\frac{1}{2}$ de glace; or, comme cette dose d'air vital aurait donné, si on l'avait fait servir à la combustion du phosphore, où l'oxygène paraît être le plus solide possible, une quantité de calorique suffisante pour fondre 377 livres 12 onces 3 gros de glace, il s'ensuit que la différence de ces deux quantités de calorique, qui est exprimée par celle de 82 livres 9 onces 7 gros $\frac{1}{2}$ de glace fondue, reste dans l'eau à zéro de température, et que chaque livre de ce liquide, à cette température, contient, dans la portion d'oxygène qui fait un de ses principes, une quantité de calorique capable de fondre 12 livres 5 onces 2 gros 48 grains de glace. M. Lavoisier a trouvé, par les mêmes expériences, la quantité de calorique contenu dans l'oxygène de l'acide nitrique, et celle qui se dégage dans la combustion de la cire et de l'huile; et, si ces recherches avaient été suivies avec un soin égal sur la quantité de calorique que chaque métal dégage de l'air vital en absorbant l'oxygène ou en se calcinant, cette appréciation serait, comme le dit M. Lavoisier à la fin de ce chapitre, d'une grande utilité pour l'explication de beaucoup de phénomènes chimiques.

L'auteur décrit, dans le dixième chapitre, la nature générale des combinaisons des substances combustibles déjà examinées dans les chapitres précédents, les unes avec les autres. Les alliages des métaux, les dissolutions du soufre, du phosphore, du charbon dans le gaz hydrogène, l'union du carbone et de l'hydrogène, qui constitue les huiles en général, sont indiqués successivement. Dans ce chapitre, comme dans tous les précédents, on trouve des vues neuves sur l'union encore inconnue de plusieurs substances combustibles entre elles.

Dans tous les chapitres précédents, qui ont pour objet la décomposition de l'air vital, l'absorption de l'oxygène par les corps combustibles et les phénomènes de leur combustion et de leurs produits, il n'est question que des substances combinées une à une avec l'oxygène. Le deuxième chapitre présente les combinaisons de ce principe acidifiant avec plusieurs bases à la fois, conséquemment des oxydes et des acides à plusieurs bases, et la composition des matières végétales et animales. On reconnaît, par la lecture de ce chapitre, la clarté des principes de la chimie moderne, et en même temps la richesse de la nature dans la variété des composés qu'elle forme avec très-peu d'éléments. L'analyse la plus exacte prouve que l'hydrogène et le carbone, privés de la plus grande quantité de leur calorique et unis ensemble, dans des proportions différentes, à des quantités diverses d'oxygène, constituent les matières végétales. M. Lavoisier range ces matières parmi les oxydes, lorsque la quantité d'oxygène est trop peu abondante pour leur donner le caractère acide, ou parmi les acides, lorsque ce principe y est plus abondant. Le phosphore et l'azote font quelquefois partie de ces composés; et alors ils se rapprochent des matières animales. Ainsi, trois ou quatre corps simples, unis en différentes proportions et dans différents états de pression ou de privation de calorique, suffisent à la chimie moderne pour rendre raison de la diversité des matières végétales, oxydes et acides; et, en y ajoutant l'azote, le phosphore et le soufre, les composés plus compliqués qui en résultent donnent une idée exacte de la nature des substances animales, oxydes ou acides. M. Lavoisier fait voir qu'on pourrait, suivant les règles de sa nouvelle nomenclature, désigner les principales espèces des matières végétales composées d'hydrogène, de carbone et d'oxygène, soit oxydes, soit acides; mais la nécessité d'associer trop de mots pour désigner ces composés formerait un langage barbare, et l'auteur préfère les noms des treize acides végétaux et des six acides animaux, adoptés dans la nouvelle nomenclature. Il termine ce chapitre par le dénombrement de ces acides.

Ces principes, aussi clairs que simples, sur la composition des substances végétales et animales, conduisent M. Lavoisier à faire connaître, avec une égale clarté, dans le douzième chapitre, la décomposition de ces matières par le feu. Des trois principes les plus abondants qui les constituent, l'hydrogène et l'oxygène tendent à prendre la forme de gaz par leur combinaison avec le calorique; le troisième, ou le carbone, n'a pas la même propriété. Une chaleur au-dessus de celle où ces principes restent en équilibre doit donc détruire cet équilibre. A une température supérieure à celle de l'eau bouillante, l'oxygène s'unit à l'hydrogène et forme de l'eau qui se dégage; une partie du carbone unie séparément à l'hydrogène forme de l'huile; une autre se précipite seule. Une chaleur beaucoup plus forte, comme celle qu'on nomme chaleur rouge, sépare ces principes dans un autre ordre, décompose même l'huile formée par la première chaleur, et réduit entièrement les matières végétales à de l'acide carbonique, à de l'eau et à une partie de charbon isolée. L'azote, le phosphore et le soufre, ajoutés à ces premiers principes, dans les matières animales, compliquent cet effet du feu, et donnent naissance à l'ammoniaque, que ces matières fournissent dans leur distillation. Tous ces phénomènes ne tiennent qu'à des changements de proportions dans l'union des principes et à leur diverse affinité pour le calorique.

Des changements également simples ont lieu dans les fermentations vineuse, putride et acéteuse, dont M. Lavoisier expose avec soin les phénomènes dans les chapitres XIII, XIV et XV. Ces opérations naturelles paraissaient autrefois inexplicables aux chimistes, et il n'y a pas plus de quinze ans qu'on désespérait encore d'en apprécier la cause. M. Lavoisier, par des procédés ingénieux, est parvenu à prouver que, dans la fermentation vineuse, la matière sucrée, qu'il regarde comme un oxyde, et qui est formée, suivant ses recherches, de 8 parties d'hydrogène, 28 de carbone et 64 d'oxygène, sur 100 parties de cette matière, est séparée en deux portions (par le changement et le partage seul de l'oxygène entre les deux bases oxydables) : une grande partie du carbone prend plus d'oxygène en se séparant de l'hydrogène, et se convertit en gaz acide carbonique, qui se dégage pendant cette fermentation, tandis que l'hydrogène, privé de l'oxygène et uni à un peu de carbone et à l'eau ajoutée, constitue l'alcool. Ainsi, la nature change par cette fermentation des combinaisons ternaires en combinaisons binaires. Un effet analogue a lieu dans la putréfaction. Les cinq substances simples et combustibles qui forment les bases oxydables et acidifiables des matières animales, l'hydrogène, le carbone, l'azote, le soufre et le phosphore, et qui sont unies en différentes proportions à l'oxygène, se dégagent peu à peu en gaz hydrogène sulfuré, carboné, phosphoré, en gaz azote, en gaz acide carbonique et en gaz ammoniaque. La fermentation acéteuse ne consiste que dans l'absorption de l'oxygène, qui y porte plus de principe acidifiant. Il semble que l'acide carbonique n'ait besoin que d'hydrogène pour devenir acide acéteux, puisque, en effet, ôtez ce dernier principe au vinaigre, il passe à l'état d'acide carbonique. Quoique cette théorie de la putréfaction et de l'acétification paraisse presque aussi simple que celle de la fermentation vineuse, M. Lavoisier convient que la chimie n'est pas aussi avancée dans la connaissance de ces deux phénomènes que dans celle du premier.

Dans le seizième chapitre, l'auteur considère la formation des sels neutres et les bases de ces sels. Les acides dont M. Lavoisier a exposé la nature dans les premiers chapitres peuvent se combiner avec quatre bases terreuses, trois bases alcalines et dix-sept bases métalliques. Il expose succinctement l'origine, l'extraction et les principales propriétés de la potasse, de la soude, de l'ammoniaque, de la chaux, de la magnésie, de la baryte et de l'alumine; ces matières, si l'on en excepte l'ammoniaque, sont les moins connues de tous les corps naturels, et, quoique, d'après quelques expériences, on pense qu'elles sont composées, on n'en a point encore séparé les éléments; aussi M. Lavoisier n'en parle-t-il que très-brièvement. Il termine cet exposé en annonçant qu'il est possible que les alcalis fixes se forment pendant la combustion des substances végétales à l'air. L'un de nous a déjà fait présumer, dans plusieurs mémoires et dans ses leçons, que l'azote, qu'il a considéré comme principe des alcalis ou comme *alcaligène*, pourrait bien se précipiter de l'atmosphère dans les substances végétales qu'on brûle dans l'atmosphère. Alors l'air atmosphérique serait un réservoir des principes acidifiant et alcalifiant, où la nature puiserait sans cesse ces principes pour les fixer dans des bases et produire les diverses matières salines, acides et alcalines. Mais cette assertion, loin d'être une vérité démontrée, ne doit être regardée que comme une hypothèse, jusqu'à ce que les expériences dont on s'occupe en ce moment dans plusieurs laboratoires aient permis de prononcer.

Le chapitre dix-septième et dernier de cette première partie de l'ouvrage de M. Lavoisier contient une suite de réflexions sur la formation des sels neutres et sur leurs bases, qu'il nomme salifiables. Il y fait voir que les terres et les alcalis s'unissent aux acides sans éprouver d'altération, et qu'il n'en est pas de même des métaux. Aucun de ces corps ne peut se combiner avec les acides sans s'oxygéner; ils enlèvent l'oxygène soit à l'eau, dont ils séparent l'hydrogène en gaz, soit aux acides eux-mêmes, dont ils volatilisent une portion de la base unie à une portion d'oxygène. De ce dégagement naît l'effervescence qui accompagne la dissolution des métaux dans les acides. On pourrait peut-être désirer dans ce chapitre des détails plus étendus sur les dissolutions métalliques; mais M. Lavoisier voulait mettre une grande précision dans cette partie de son ouvrage, et celle qu'il y a mise en effet en rend la marche plus rapide, sans nuire à la clarté des principes qui y sont exposés. Ce chapitre est terminé par un dénombrement des quarante-huit substances simples qui peuvent être oxydées et acidifiées dans différents états, en y comprenant les dix-sept substances métalliques qu'il croit devoir aussi considérer comme des acides, lorsqu'elles sont portées à un grand degré d'oxygénation. Il résulte de ce dénombrement que quarante-huit acides qui peuvent être unis à vingt-quatre bases terreuses, alcalines et métalliques, donnent onze cent cinquante-deux sels neutres, dont la nature et les propriétés n'auraient jamais été connues avec précision, si, comme l'observe M. Lavoisier, on avait continué à leur donner des noms, ou impropres, ou insignifiants, comme on l'avait fait à l'époque des premières découvertes de chimie, et qui, cependant, peuvent être placés avec ordre dans la mémoire, à l'aide de la nouvelle nomenclature.

Tels sont les faits, tel est l'ordre qui les lie, telles sont les conséquences qui en découlent naturellement, consignés dans la première partie de ce traité élémentaire. Nous les avons fait connaître assez en détail pour que la société pût apprécier l'ensemble du travail de M. Lavoisier, et le comparer à ce qu'était encore la science chimique il y a vingt ans. On a pu y voir qu'à l'aide des expériences modernes les éléments de cette science sont aujourd'hui beaucoup plus faciles à saisir qu'ils n'étaient autrefois, parce que tout se réduit à concevoir les effets généraux du calorique, à distinguer les matières simples, bases de toutes les combinaisons possibles; à considérer leur union avec l'oxygène; c'est presque sur ces trois faits généraux que sont fondés les détails contenus dans la première partie. En y ajoutant les attractions de l'oxygène pour les différents corps, les décompositions qui résultent des effets de ces attractions, on aurait l'ensemble complet de ces éléments. Mais M. Lavoisier a omis cet objet à dessein, et nous avons exposé ailleurs les raisons qui l'ont déterminé à prendre ce parti.

DEUXIÈME PARTIE.

Après avoir rendu un compte exact de la marche nouvelle que M. Lavoisier a suivie dans la première partie, qui constitue seule les éléments de la science, il ne sera pas nécessaire d'entrer dans des détails aussi étendus pour faire connaître les deux autres parties.

La seconde est entièrement destinée à présenter dans des tableaux les combinaisons salines neutres, ou les composés de deux mixtes, car on se rappellera facilement que les acides sont des mixtes formés de bases unies à l'oxygène, les oxydes métalliques également formés de l'oxygène uni aux métaux, et enfin les terres et les alcalis vraisemblablement des composés. Mais, pour rendre cette seconde partie plus complète, M. Lavoisier a mis avant les tableaux des sels neutres dix tableaux qui offrent les combinaisons simples dont il a été parlé dans la première partie, et qui sont destinés à servir de résumé à cette première partie. On trouve dans ces dix tableaux :

1° Les substances simples, ou au moins celles que les chimistes ne sont pas parvenus à décomposer, au nombre de trente-trois, savoir la lumière, le calorique, l'oxygène, l'azote, l'hydrogène, le soufre, le phosphore, le carbone, le radical muriatique, le radical fluorique, le radical boracique, les dix-sept substances métalliques, la chaux, la magnésie, la baryte, l'alumine et la silice;

2° Les bases oxydables et acidifiables composées, au nombre de vingt, qui comprennent le radical nitro-muriatique, les radicaux des douze acides végétaux et ceux des sept acides animaux;

3° Les combinaisons de l'oxygène avec des substances simples;

4° Les combinaisons des vingt radicaux composés, avec l'oxygène, ou les acides nitro-muriatiques, les douze acides végétaux et les sept acides animaux;

5° Les combinaisons binaires de l'azote avec les substances simples; M. Lavoisier nomme celles de ces combinaisons qui ne sont pas connues, des *azotures;*

6° Les combinaisons binaires de l'hydrogène avec les mêmes substances simples; M. Lavoisier désigne par le nom d'*hydrures* celles de ces combinaisons qui n'ont point été examinées;

7° Les combinaisons binaires du soufre avec les corps simples; excepté les acides sulfurique et sulfureux, toutes ces combinaisons sont des sulfures;

8° Celles du phosphore avec les mêmes corps; tels sont l'oxyde de phosphore, les acides phosphoreux et phosphorique et les phosphures;

9° Celles du carbone avec les substances simples, savoir l'oxyde de carbone, l'acide carbonique et les carbures;

10° Enfin, celles de quelques radicaux avec les substances simples. A ces tableaux sont jointes des observations dans lesquelles M. Lavoisier donne l'explication, et retrace sous de nouveaux points de vue une partie des faits consignés dans la première partie.

Les tableaux des sels neutres sont au nombre de trente-quatre; on y trouve successivement les nitrites, les nitrates, les sulfites, les sulfates, les phosphites, les phosphates, les carbonates, les muriates, les muriates oxygénés, les nitro-muriates, les fluates, les borates, les arséniates, les molybdates, les tungstates, les tartrites, les malates, les citrates, les pyrolignites, les pyrotartrites, les pyromucites, les oxalates, les acétites, les acétates, les succinates, les benzoates, les camphorates, les gallates, les lactates, les saccholutes, les formiates, les bombiates, les sébates, les lithiates et les prussiates. Le nombre de chaque classe de ces sels neutres contenus dans ces tableaux est presque dans tous de vingt-quatre. M. Lavoisier a eu soin de disposer ces sels suivant l'ordre connu des affinités de leurs bases pour les acides. Comme la plupart de ces acides sont nouvellement découverts, l'auteur a joint à chaque tableau des observations sur la manière de préparer ces sels, sur l'époque de leurs découvertes, sur les chimistes à qui elles sont dues, et souvent même sur la comparaison de leur nature et de leurs propriétés. M. Lavoisier n'a point eu l'intention d'offrir, dans cette seconde partie, une histoire des sels neutres; il n'a rien dit de la forme, de la saveur, de la dissolubilité, de la décomposition des sels neutres, ni de la proportion et de l'adhérence de leurs principes. Ces détails, que l'on trouve dans les Éléments de Chimie de l'un de nous, n'entraient point dans le plan de M. Lavoisier; son but était de présenter une esquisse rapide de ces combinaisons, et il est très-bien rempli par les tableaux et par les courtes notices qui les accompagnent.

TROISIÈME PARTIE.

La troisième partie, qui a pour titre, *Description des appareils et des opérations manuelles de la chimie*, montre aussi bien que les deux premières, combien la science a acquis de moyens, et la différence qui existe entre les expériences que l'on fait aujourd'hui et celles que l'on faisait autrefois. M. Lavoisier a rejeté cette description à la fin, parce que les détails qu'elle exige auraient détourné l'attention et trop occupé l'esprit des lecteurs, si elle avait été placée avec la théorie, et parce que, d'ailleurs, elle suppose des connaissances qu'on n'a pu acquérir qu'en lisant les deux premières parties. Quoique M. Lavoisier l'ait présentée comme une explication des planches qu'on place ordinairement à la fin d'un ouvrage, nous y avons trouvé une méthode descriptive très-claire, et des observations intéressantes sur l'usage des instruments et sur les phénomènes que présentent les corps qu'on soumet à leur action. Sans prétendre donner ici un extrait de cette troisième partie, qui n'en est pas susceptible, nous nous bornerons à offrir un léger aperçu des principaux objets contenus dans les huit chapitres qui la composent.

Le premier traite des instruments nécessaires pour déterminer le poids absolu et la pesanteur spécifique des corps solides et fluides : telles sont les balances exactes de différentes sensibilités, depuis celles où l'on pèse cinquante à soixante livres, jusqu'à celles qui trébuchent à des cinq cent douzièmes de grain (M. Lavoisier y propose des poids en fractions décimales de la livre, au lieu des divisions de la livre en onces, gros et grains) ; tels sont encore la balance hydrostatique, les aréomètres, surtout celui dont se sert M. Lavoisier, et qui lui est particulier.

Dans le chapitre second, sont décrits les instruments propres à mesurer les gaz, les cuves pneumato-chimiques à l'eau et au mercure, les différents récipients, le ballon à peser les gaz, la machine construite par les soins de M. Lavoisier, pour mesurer le volume et connaître la quantité des gaz suivant la pression et la température qu'ils éprouvent. M. Lavoisier nomme cette ingénieuse machine *gazomètre*.

Le chapitre III est destiné à la description d'un instrument imaginé par M. de Laplace pour déterminer la chaleur spécifique des corps et la quantité de calorique qui se dégage dans les combustions, dans la respiration des animaux et dans toutes les opérations de la chimie. Cette utile machine, dont nous avons déjà indiqué les avantages dans la première partie, est nommée *calorimètre* par M. Lavoisier.

On trouve exposés, dans le quatrième chapitre, les instruments dont on se sert dans les simples opérations mécaniques de la chimie, telles que la trituration, la porphyrisation, le tamisage, le lavage, la filtration et la décantation.

Le cinquième chapitre contient la description des moyens et des instruments qu'on emploie pour opérer l'écartement ou le rapprochement des molécules des corps : tels sont les vases destinés à la solution des sels, à la lixiviation, à l'évaporation, à la cristallisation et à la distillation simple, ou évaporation en vaisseaux clos.

M. Lavoisier décrit, dans le sixième chapitre, les instruments qui servent aux distillations composées et pneumato-chimiques, et surtout les appareils de Woulfe, variés de beaucoup de manières ; ceux qu'on emploie dans les dissolutions métalliques ; ceux qu'il a imaginés pour recueillir les produits des fermentations vineuse et putride, pour la décomposition de l'eau. Il y joint une histoire des différents luts et de leurs diverses utilités.

Les détails contenus dans le septième chapitre font connaître les appareils dont ce physicien s'est servi avec succès pour connaître avec exactitude les phénomènes qui ont lieu dans la combustion du phosphore, du charbon, des huiles, de l'alcool, de l'éther, du gaz hydrogène, et, conséquemment, dans la recomposition de l'eau ; ainsi que dans l'oxydation des métaux.

Enfin, le huitième et dernier chapitre de l'ouvrage traite des instruments et des procédés propres à exposer les corps à de hautes températures ; il est question de la fusion, des creusets, des fourneaux, de la théorie de leur construction, du moyen d'augmenter considérablement l'action du feu, en substituant à l'air atmosphérique l'air vital ou gaz oxygène.

Quand ces détails ne seraient que des descriptions simples des machines auxquelles la chimie doit toutes ses nouvelles connaissances, ils n'en seraient pas moins utiles, et on n'en aurait pas moins d'obligation à M. Lavoisier pour avoir publié des procédés et des appareils trop peu connus, même d'une partie de ceux qui professent aujourd'hui la chimie, comme l'a dit l'auteur. Mais ce n'est point seulement une description sèche et aride que présente cette troisième partie: on y décrit l'usage des diverses machines, on y fait connaître la manière de s'en servir et les phénomènes qu'elles offrent à l'observateur; souvent même des points particuliers de la théorie générale exposée dans tout l'ouvrage portent un jour éclatant sur le résultat des opérations auxquelles servent ces instruments. On peut considérer cette troisième partie comme une histoire des principaux appareils nécessaires aux opérations de la chimie moderne, et sans lesquels on ne pourrait plus espérer de faire faire des progrès à cette science.

Les planches placées à la fin de l'ouvrage ont été gravées avec soin par la personne qui nous a déjà donné la traduction de Kirwan, et qui sait allier la culture des lettres à celle des arts et des sciences.

L'ouvrage est terminé par des tables où sont exposées la pesanteur du pied cube des différents gaz, la pesanteur spécifique d'un grand nombre de corps naturels, les méthodes pour convertir les fractions vulgaires en fractions décimales et réciproquement, des moyens de correction pour la pesanteur des gaz relativement à la hauteur du mercure dans le baromètre et dans le thermomètre. Ces tables deviennent aujourd'hui aussi nécessaires aux chimistes pour obtenir des résultats exacts dans leurs expériences, que le sont les tables de logarithmes aux géomètres et aux astronomes, pour l'exactitude et la rapidité de leurs calculs.

Nous pensons que l'ouvrage de M. Lavoisier mérite l'approbation de la société, et d'être imprimé sous son privilége.

Au Louvre, le 6 février 1789.

Signé DE HORNE et DE FOURCROY.

La société de médecine ayant entendu, dans sa séance tenue au Louvre, le 6 du présent mois, la lecture du rapport ci-dessus, en a entièrement adopté le contenu.

Ce que je certifie véritable. Ce 7 février 1789.

Signé VICQ D'AZYR, Secrétaire perpétuel.

EXTRAIT DES REGISTRES

DE

LA SOCIÉTÉ D'AGRICULTURE.

Du 5 février 1789.

Nous avons été chargés par la Société d'Agriculture, M. de Fourcroy et moi, de lui rendre compte d'un traité élémentaire de chimie, par M. Lavoisier.

Des savants de l'Europe, l'un de ceux qui a le plus contribué à l'heureuse révolution que la chimie pneumatique a éprouvée de nos jours, c'est, sans contredit, M. Lavoisier. Les mémoires importants qu'il a publiés depuis quinze ans, les faits brillants dont on lui est spécialement redevable, toutes les expériences connues qu'il a vérifiées avec un zèle infatigable, l'élégance et la précision des appareils qu'il a imaginés, la théorie nouvelle, enfin, sur laquelle il a singulièrement influé, et qu'on peut vraiment regarder comme lui étant propre, faisaient désirer que M. Lavoisier réduisît ces nombreux matériaux en un corps d'ouvrage, et surtout qu'il en fît un ouvrage élémentaire : il était difficile de mieux remplir ce vœu.

Ce traité peut servir à l'étude de la chimie par la méthode et l'ordre qui y règnent; quant au chimiste déjà familiarisé avec la science, il y trouvera les faits réunis et classés, ainsi que de grandes vues sur le système de notre atmosphère, de la végétation, de l'animalisation, etc. ce qui offre une vaste carrière à ses recherches.

La chimie recule de jour en jour ses bornes; elle embrasse maintenant toutes les sciences physiques, et l'agriculture est peut-être une de celles qui aura le plus à s'applaudir des succès de la chimie, l'analyse étant le seul moyen de conduire sûrement à la connaissance des terres, des amendements et des engrais : enfin, la chimie pneumatique peut seule expliquer les grands phénomènes de la végétation, la formation des différents principes des végétaux, l'étiolement des plantes, etc.

c'est elle qui nous a fait connaître cette double émission d'un gaz homicide et d'un gaz vital.

Dans le petit nombre d'ouvrages qui ont été récemment publiés sur la chimie, tout étant neuf, la nomenclature, les faits, l'application de la méthode des géomètres à ces mêmes faits, et la théorie entière, l'analyse d'un pareil traité serait une tâche longue et difficile à remplir; nous nous bornerons donc à des réflexions sur ce nouvel ordre de choses, qui, au milieu de beaucoup de prosélytes, a encore quelques détracteurs.

On peut établir comme vérité qu'il n'y a pas d'art mécanique, le dernier de tous, dont la nomenclature ne soit moins vicieuse, moins *insignifiante*, que ne l'était celle de l'ancienne chimie. Pas un mot, dans l'ancienne langue chimique, qui n'ait été enfanté par l'amour du mystère, et quelquefois même par le charlatanisme. Glauber, Stahl, emportés par le torrent et l'espèce de mode régnante alors, introduisent, l'un son *sel admirable*, l'autre, son *double arcane*. Un mot neuf, mot qui n'a aucune acception, peut en recevoir une; il n'en est pas de même d'un mot déjà usité.

Il fallait donc une langue nouvelle pour une nouvelle science, des mots nouveaux pour de nouveaux produits; enfin, il fallait créer des expressions pour les phénomènes que créait journellement la chimie. Il importait surtout que cette nomenclature fût raisonnée, que le mot fixât l'idée, et que, semblable à la langue des Grecs et des Latins, les augmentatifs, les privatifs et le changement de terminaison devinssent autant de moyens de faire naître des idées accessoires et précises, et c'est l'objet que remplissent, par exemple, les mots *soufre*, *sulfate*, *sulfite*, *sulfure*. Tel est le but qu'ont rempli les savants qui se sont réunis pour former cette nouvelle nomenclature, et le traité de M. Lavoisier la rend très-intelligible.

Rien de plus imposant dans l'ouvrage de M. Lavoisier que ce nombre d'expériences ingénieuses, dont beaucoup lui appartiennent, toutes présentées avec cette précision mathématique, inconnue avant cette époque, que Rouelle avait devinée, et qui, soumettant l'analyse à la rigueur du calcul, fait le complément de la science, en rendant la recomposition des corps aussi facile que leur décomposition.

L'ancienne chimie parvenait bien quelquefois à la synthèse : elle décomposait et recomposait l'alun, les vitriols, les sels neutres en général, elle minéralisait et revivifiait les métaux; mais l'eau, mais l'air échappaient à son analyse. Elle les regardait comme des corps simples et élémentaires : il était réservé à la chimie pneumatique de leur faire subir la double loi de la décomposition et de la recomposition.

Il nous reste à parler de la théorie, puisque nous sommes restreints à des généralités. Cette théorie pose sur une grande masse de faits, qui lui forment un rempart solide où elle paraît inattaquable : elle ne le serait pas, sans doute, si elle prétendait tout expliquer, mais elle sait s'arrêter quand les faits lui manquent ou qu'ils sont en trop petit nombre pour consolider de nouveaux points de doctrine. Tel est le caractère de sagesse qui la distingue de l'ancienne théorie, qui expliquait tout de dix manières différentes, parce qu'au défaut de routes il faut se pratiquer des sentiers. Dans la théorie actuelle, les faits s'enchaînent: chaque proposition est étayée d'expériences qui se pressent, et on paraît réduit à ne pouvoir pas en tirer d'autres conséquences que celle que présente cette même théorie.

Nous pensons donc que cet ouvrage, dont plusieurs chapitres sont immédiatement applicables à la physique végétale, mérite l'approbation de la Société d'Agriculture.

Signé DE FOURCROY et CADET DE VAUX.

Je certifie cet extrait conforme à l'original et au jugement de la Société.

A Paris, ce 6 février 1789.

Signé BROUSSONET, Secrétaire perpétuel.

OPUSCULES

PHYSIQUES ET CHIMIQUES.

AVERTISSEMENT.

Depuis plus de dix années que je m'occupe de physique et de chimie, et que je consacre à ces deux sciences les instants dont d'autres occupations me permettent de disposer, mes matériaux se sont tellement accumulés, qu'il ne m'est plus possible d'espérer qu'ils trouvent place dans le Recueil des Mémoires de l'Académie royale des Sciences. La plupart des objets, d'ailleurs, dont je me suis occupé, ont exigé des expériences trop nombreuses, des discussions trop étendues, pour qu'il m'ait été possible de les resserrer dans les bornes prescrites à nos mémoires, et j'ai cru ne pouvoir me dispenser d'en former des traités particuliers.

La diversité des sujets dont j'ai à entretenir le public, l'incertitude même où je suis de savoir dans quel ordre je publierai mes mémoires, m'a imposé la nécessité de choisir un titre généralement applicable à tout, et celui d'*Opuscules physiques et chimiques* m'a paru plus propre qu'aucun autre à remplir mon objet. Ce titre préviendra le lecteur sur l'indulgence dont j'ai besoin; il me donnera la liberté de lui présenter des observations détachées; enfin il rendra excusable jusqu'au désordre même qui pourrait se rencontrer dans l'arrangement des matières.

On se passionne aisément pour le sujet dont on s'occupe, et le dernier travail auquel on se livre est communément l'objet chéri : ce faible, dont il est difficile, et dont il serait peut-être dangereux de se défendre, est sans doute ce qui m'a porté à publier d'abord ce que j'ai rassemblé sur l'existence d'un fluide élastique fixé dans quelques substances, et sur son dégagement; quoique cet ouvrage ait été fait le dernier, l'espèce d'intérêt que les savants semblent prendre, dans ce moment, à cet objet, et les recherches qui se multiplient de toutes parts, auraient été sans doute un motif suffisant pour me déterminer, et je n'ai pas besoin d'en chercher d'autre.

Je me proposais de faire entrer dans ce volume des détails beaucoup plus étendus sur la précipitation des métaux dissous dans les acides, et sur l'augmentation considérable de poids qu'ils acquièrent dans cette opération; mais la nécessité d'approfondir auparavant la nature des acides eux-mêmes, de connaître les principes dont ils sont composés, les cas où ils se décomposent, etc. m'a arrêté, et j'ai senti que j'avais beaucoup de choses à faire précéder; c'est par ces motifs et d'autres semblables que j'ai également différé la publication de mes expériences sur la fermentation en général, et sur la fermentation acide en particulier.

Ce premier volume sera, à ce que j'espère, suivi de plusieurs autres, et j'y ferai successivement entrer une suite d'expériences déjà nombreuses, et que je me propose d'augmenter encore: 1° sur l'existence du même fluide élastique dans un grand nombre de corps de la nature, où on ne l'a pas encore soupçonné: 2° sur la décomposition totale des trois acides minéraux; 3° sur l'ébullition des fluides dans le vide de la machine pneumatique; 4° sur une méthode de déterminer la quantité de matière saline contenue dans les eaux minérales, d'après la connaissance de leur pesanteur spécifique; 5° sur l'application de l'esprit-de-vin mélangé d'eau, dans certaines proportions, à l'analyse des eaux minérales très-compliquées; 6° sur la cause du refroidissement qui s'observe dans l'évaporation des fluides; 7° sur différents points d'optique dont j'ai eu occasion de m'occuper dans un mémoire relatif à l'illumination des rues de Paris, ouvrage que l'Académie a bien voulu récompenser, à sa séance publique de Pâques 1766, par une médaille d'or, et auquel j'ai eu occasion de faire depuis des changements et additions considérables; 8° sur la hauteur des principales montagnes des environs de Paris, par rapport au niveau de la rivière de Seine, mesurées tant à l'aide d'un bon quart de cercle appartenant à M. le chevalier de Borda qu'à l'aide d'un excellent niveau à bulle et à lunette, construit par M. de Chézy, et appartenant à M. Perronet. Enfin j'y joindrai une suite très-nombreuse d'observations de baromètre faites dans différentes provinces de France; j'y joindrai le profil de la terre, dans ces provinces, à une assez grande profondeur, l'ordre qu'on y observe dans les bancs, le niveau constant auquel on trouve certaines substances, certains coquillages, et l'inclinaison remarquable que quelques bancs ont toujours dans un même sens.

Ces différents ouvrages sont la plupart fort avancés, plusieurs même sont parafés depuis longtemps par M. de Fouchy, secrétaire perpétuel de l'Académie; j'espère donc que je serai incessamment en état de les soumettre au jugement du public.

PRÉCIS HISTORIQUE

SUR

LES ÉMANATIONS ÉLASTIQUES

QUI SE DÉGAGENT DES CORPS PENDANT LA COMBUSTION,

PENDANT LA FERMENTATION

ET PENDANT LES EFFERVESCENCES.

PREMIÈRE PARTIE.

PRÉCIS HISTORIQUE

SUR

LES ÉMANATIONS ÉLASTIQUES

QUI SE DÉGAGENT DES CORPS PENDANT LA COMBUSTION,

PENDANT LA FERMENTATION

ET PENDANT LES EFFERVESCENCES.

INTRODUCTION.

Un grand nombre de physiciens et de chimistes étrangers s'occupent dans ce moment de recherches sur la fixation de l'air dans les corps et sur les émanations élastiques qui s'en dégagent, soit pendant les combinaisons, soit par la décomposition et la résolution de leurs principes : des mémoires, des thèses, des dissertations de toute espèce, paraissent, en Angleterre, en Allemagne, en Hollande ; les chimistes français seuls semblent ne prendre aucune part à cette importante question, et, tandis que les découvertes étrangères se multiplient chaque année, nos ouvrages modernes, les plus complets, à beaucoup d'égards, qui existent en chimie, gardent un silence presque absolu sur ce point.

Ces considérations m'ont fait sentir la nécessité de présenter au public le précis de tout ce qui a été fait jusqu'à ce jour sur la combinaison de l'air dans les corps, et de mettre sous ses yeux le tableau des connaissances acquises en ce genre. Cet objet est celui que je me suis proposé dans la première partie de cet ouvrage ; j'ai cherché à le remplir avec toute l'impartialité dont je suis capable, et je me suis borné, autant que j'ai pu, au simple rôle d'historien.

J'ai renfermé dans la seconde partie les expériences qui me sont propres. Celles rapportées dans les deux premiers chapitres ont pour objet de fixer l'opinion des chimistes sur le système de M. Black et sur celui de M. Meyer. Je crois être arrivé, à cet égard, à des résultats aussi certains qu'on puisse l'espérer en physique. Les chapitres suivants traitent de l'union du fluide élastique avec les chaux métalliques, de la combustion du phosphore, de la formation de son acide, de la nature du fluide élastique dégagé des dissolutions métalliques, etc. etc.

J'avoue que cette dernière portion de mon ouvrage n'est pas aussi complète que je l'aurais désiré, et ce n'est même, en quelque façon, qu'à regret que je la publie; cependant, comme, dans une route encore peu frayée, il est facile de s'égarer, j'ai senti combien il était important pour moi que je me misse à portée de profiter des réflexions des savants, que je m'exposasse même à leur critique. C'est principalement dans cette vue que je me suis déterminé à publier la dernière portion de cet ouvrage dans l'état d'imperfection où il est; et je préviens d'avance que j'ai besoin de toute l'indulgence du lecteur.

CHAPITRE PREMIER.

DU FLUIDE ÉLASTIQUE DÉSIGNÉ SOUS LE NOM DE *SPIRITUS SILVESTRE* JUSQU'À PARACELSE, ET SOUS LE NOM DE *GAS*, PAR VAN HELMONT.

Les différents auteurs qui ont parlé, avant Paracelse, de la substance élastique qui se dégage des corps, pendant la combustion, pendant la fermentation et pendant les effervescences, ne paraissent pas s'être formé des idées bien nettes de sa nature et de ses propriétés : ils l'ont désigné sous le nom de *spiritus silvestre*, esprit sauvage.

Paracelse et quelques auteurs contemporains ont pensé que cette substance n'était autre chose que l'air même, tel que celui que nous respirons; mais on ne voit pas que cette opinion se trouve appuyée chez eux par aucune preuve, encore moins par des expériences. Van Helmont, disciple de Paracelse, et souvent son contradicteur, paraît être le premier qui se soit proposé de faire des recherches suivies sur la nature de cette substance : il lui donne le nom de *gas*[1], *gas silvestre*[2], et il la définit un esprit, une vapeur incoercible, qui ne peut ni se rassembler dans des vases, ni se réduire sous forme visible. Il observe que quelques corps se résolvent presque entièrement en cette substance; « non pas, ajoute-t-il, qu'elle fût en effet contenue sous « cette forme dans le corps dont elle se dégage; autrement rien ne « pourrait la retenir, et elle en dissiperait toutes les parties; mais elle « y est contenue sous forme concrète, comme fixée, comme coagulée. » Cette substance, d'après les expériences de Van Helmont, se dégage

[1] *Gas* vient du mot hollandais *ghoast*, qui signifie *esprit*. Les Anglais expriment la même idée par le mot *ghost*, et les Allemands par le mot *Geist*, qui se prononce *Gaiste*. Ces mots ont trop de rapport avec celui de *gas*, pour qu'on puisse douter qu'il ne leur doive son origine.

[2] *Complexionum atque mixtionum elementalium figmentum*, n° 13, 14 et suivants.

de toute matière en fermentation : du vin, de l'hydromel, du jus de verjus, du pain; on peut la dégager du sel ammoniac par la voie des combinaisons, et des végétaux par la cuisson[1]. Cette substance est celle qui s'échappe de la poudre à canon qui s'enflamme, qui émane du charbon qui brûle. L'auteur prétend, à cette occasion, que soixante-deux livres de charbon contiennent soixante et une livres de *gas*, et une partie de terre seulement.

C'est encore à l'émanation de *gas* que Van Helmont attribue les funestes effets de la Grotte du Chien[2] dans le royaume de Naples, la suffocation des ouvriers dans les mines, les accidents occasionnés par la vapeur du charbon, et cette atmosphère mortelle qu'on respire dans les celliers où les liqueurs spiritueuses sont en fermentation.

La grande quantité de *gas* qui s'échappe des acides en effervescence, soit avec les terres, soit avec quelques substances métalliques, n'avait pas non plus échappé à Van Helmont; la quantité qu'en contient le tartre est si grande, qu'il brise et fait sauter en éclats les vaisseaux dans lesquels on le distille, si on ne lui donne une libre issue.

Van Helmont, dans son traité *de Flatibus*, applique cette théorie à l'explication de quelques phénomènes de l'économie animale. Il prétend, n° 36, que c'est à la corruption des aliments, et au gaz qui s'en dégage, que sont dus ce qu'on nomme les vents, les rapports, etc. et il donne, à cette occasion, une théorie très-bien faite des phénomènes de la digestion. Il explique de même, par le dégagement du *gas*, l'enflure des cadavres qui ont séjourné dans l'eau, et celle qui survient à quelques parties du corps dans certaines maladies. On est étonné, en lisant ce traité, d'y trouver une infinité de vérités qu'on a coutume de regarder comme plus modernes, et on ne peut s'empêcher de reconnaître que Van Helmont avait dit dès lors presque tout ce que nous savons de mieux sur cette matière.

C'est dans ce même traité[3] que Van Helmont examine si ce qu'il appelle le *gas*, le *spiritus silvestre* des anciens, n'est pas, comme le

[1] *Tractatus de Flatibus*, n° 67. — [2] *Complexionum atque mixtionum elementalium figmentum*, n° 43. — [3] *De Flatibus*, n° 19.

pensait Paracelse, l'air même que nous respirons, réduit à ses parties élémentaires et combiné dans les corps. Quoique les arguments et les expériences sur lesquels il appuie son opinion ne soient pas trop décisifs, il croit cependant pouvoir conclure[1] que le *gas* est une substance différente de l'air que nous respirons; qu'il a plus de rapport avec l'élément aqueux; que ce pourrait bien être de l'eau réduite en vapeurs. Dans un autre moment[2], il pense que cette substance pourrait bien résulter de la combinaison d'un acide très-subtil avec un alcali volatil.

Les endroits des ouvrages de Van Helmont qu'on vient de citer ne sont pas les seuls dans lesquels on parle du *gas;* il en est question dans un grand nombre d'autres, et notamment dans son traité *de Lithiasi*, cap. IV, n° 7, et dans son *Tumulus pestis;* c'est même aux vapeurs dont le *gas* est infecté qu'il attribue la propagation des maladies épidémiques.

[1] *De Flatibus*, n° 19. — [2] *Ibid.* n°s 67 et 68.

CHAPITRE II.

DE L'AIR ARTIFICIEL DE BOYLE.

Ce que Van Helmont appelait *gas*, Boyle le nomma *air artificiel* : muni des nouveaux instruments dont il a enrichi la physique, il répéta toutes les expériences de Van Helmont dans le vide, dans l'air condensé, et à l'air libre. La plupart de ces expériences se trouvent dans l'ouvrage intitulé, *Continuatio novorum experimentorum physico-mechanicorum de gravitate et elatione aeris;* quelques autres sont éparses dans plusieurs de ses ouvrages.

Boyle reconnut, comme Van Helmont, que presque tous les végétaux, détrempés d'une certaine quantité d'eau, et mis dans un état propre à la fermentation, laissaient échapper beaucoup d'air; que cet air se dégageait avec plus de facilité dans le vide de la machine pneumatique que dans un air comprimé; que tout ce qui arrêtait le progrès de la fermentation suspendait en même temps le dégagement de l'air, et que l'esprit-de-vin, particulièrement, avait éminemment cette propriété.

Ces expériences, répétées dans un air beaucoup plus condensé que celui de l'atmosphère, lui donnèrent à peu près les mêmes résultats; il essaya encore de mettre les corps en fermentation dans une atmosphère d'air artificiel, et il reconnut que, dans un certain cas, cet air accélérait la fermentation et qu'il la retardait dans d'autres : mais une différence essentielle, déjà observée par Van Helmont, et reconnue par Boyle entre cet air et celui de l'atmosphère, c'est que ce dernier est nécessaire à l'existence d'un grand nombre d'animaux, tandis que l'autre, respiré par eux, leur fait perdre sur-le-champ la vie. Les expériences de Boyle prouvent, à cet égard, que l'air artificiel n'est pas toujours le même, de quelque substance végétale qu'il sorte, et que celui qui est produit par l'inflammation de la poudre à canon présente des phénomènes qui lui sont particuliers.

Il est aisé de voir que presque toutes les découvertes de ce genre qu'on a coutume d'attribuer à Boyle appartiennent à Van Helmont, et que ce dernier même avait poussé beaucoup plus loin la théorie; mais une observation qui est particulière à Boyle et que Van Helmont ne paraît pas avoir soupçonnée, c'est qu'il est des corps, tels que le soufre, l'ambre, le camphre, etc. qui diminuent le volume de l'air dans lequel on les fait brûler.

CHAPITRE III.

EXPÉRIENCES DE M. HALES SUR LA QUANTITÉ DE FLUIDE ÉLASTIQUE QUI SE DÉGAGE DES CORPS DANS LES COMBINAISONS ET DANS LES DÉCOMPOSITIONS.

Les expériences réunies de Van Helmont et de Boyle apprenaient bien qu'il se dégageait des corps, dans un grand nombre d'opérations, une grande quantité de fluide élastique analogue à l'air; que, dans quelques autres opérations, une portion de l'air de l'atmosphère était absorbée, ou au moins privée de son élasticité: mais on n'avait encore aucune idée, ni des quantités produites, ni des quantités absorbées. M. Hales est le premier qui ait envisagé cet objet sous ce dernier point de vue : il imagina différents moyens également simples et commodes pour mesurer avec exactitude le volume de l'air. Je n'entre point ici dans le détail des différents appareils dont il s'est servi; je m'occuperai particulièrement de cet objet dans la suite; j'indiquerai alors les changements qui leur ont été faits par quelques physiciens, et ceux dont je les crois susceptibles.

Le grand nombre des expériences faites par M. Hales, et qu'on trouve dans le chapitre VI de la Statique des végétaux, embrasse presque toutes les substances de la nature; il a examiné l'effet de la combustion, de la fermentation, des combinaisons, etc. Comme ces expériences sont encore aujourd'hui ce que nous avons de plus complet en ce genre, je crois devoir en présenter ici un tableau raccourci. La forme de table m'a paru la plus claire, la plus commode et la moins volumineuse.

EXPÉRIENCES PAR LA DISTILLATION.

NOMS DES MATIÈRES MISES EN EXPÉRIENCE.	NOMBRE de POUCES CUBIQUES D'AIR produits par la distillation.
SUR LES VÉGÉTAUX.	
Un pouce cubique, ou 270 grains de bois de chêne	256
Un pouce cubique, ou 398 grains de pois	396
142 grains de tabac sec	153
Un pouce cubique d'huile d'anis	22
Un pouce cubique d'huile d'olive	80
Un pouce cubique de tartre	504
Un pouce cubique, ou 270 grains d'ambre	270
SUR LES SUBSTANCES ANIMALES.	
Un pouce cubique de sang de cochon, distillé jusqu'à siccité	33
Un peu moins d'un pouce cubique de suif	18
Un pouce cubique, ou 482 grains de pointes de corne de daim	234
Un pouce cubique, ou 532 grains d'écaille d'huîtres	324
Un pouce cubique de miel	144
Un pouce cubique, ou 253 grains de cire jaune	54
Une pierre de vessie humaine de $\frac{1}{4}$ de pouce cube, du poids de 230 grains	516
SUR LES MINÉRAUX.	
Un pouce cubique, ou 316 grains de charbon de terre	360[1]
Un pouce cubique de terre franche	43
Un pouce cubique d'antimoine	28
Un demi-pouce de sel marin, et un demi-pouce d'os calcinés	64
Un demi-pouce cubique, ou 211 grains de nitre avec de la chaux d'os calcinés	90

[1] C'est environ 102 grains d'air, suivant Hales, c'est-à-dire le tiers du poids.

EXPÉRIENCES SUR LA FERMENTATION.

NOMS DES MATIÈRES MISES EN EXPÉRIENCE.	NOMBRE de POUCES CUBIQUES D'AIR produits par la distillation.
42 pouces de petite bière, en sept jours.	639
26 pouces cubiques de pommes écrasées, en treize jours.	968

EXPÉRIENCES SUR LES DISSOLUTIONS ET LES COMBINAISONS.

NOMS DES MATIÈRES MISES EN EXPÉRIENCE.	NOMBRE de POUCES CUBIQUES d'air produits.	NOMBRE de POUCES CUBIQUES d'air absorbés.
Un demi-pouce cubique de sel ammoniac avec un pouce cubique d'huile de vitriol, le premier jour.	5 à 6	
Les jours suivants, il y en eut quinze d'absorbés.		
Six pouces cubiques d'écailles d'huîtres, et autant de vinaigre distillé, en quelques heures.	29	
En neuf jours, il s'en est détruit 21, et les 8 autres disparurent en jetant de l'eau tiède sur le mélange.		
Deux pouces cubiques d'eau régale versés sur un anneau d'or aplati.	4	
Deux pouces cubiques d'eau régale versés sur $\frac{1}{4}$ de pouce d'antimoine, en trois ou quatre heures.	58	
Quelques heures après, il s'en trouva 14 de détruits.		
Un pouce cubique d'eau-forte versé sur un quart de pouce d'antimoine, en plusieurs fois.	130	
Un pouce cubique d'eau-forte sur un quart de pouce de limaille de fer.	43	
Un quart de pouce de limaille de fer et un pouce cubique de soufre en poudre.	. . . .	19
Un pouce cubique d'eau-forte versé sur autant de marcassite en poudre.	. . . .	85

NOMS DES MATIÈRES MISES EN EXPÉRIENCE.	NOMBRE de POUCES CUBIQUES d'air produits.	NOMBRE de POUCES CUBIQUES d'air absorbés.
Un pouce cubique d'eau-forte sur autant de charbon de terre. 18 pouces, dont 12 furent reproduits les jours suivants.	....	18
Deux pouces cubiques de chaux vive, et quatre de vinaigre.	....	32
Deux pouces cubiques de chaux, et autant de sel ammoniac.	....	115
De la charpie trempée dans du soufre fondu, enflammée, absorba dans un grand vaisseau.	....	198
Dans un vaisseau plus petit.	....	150
Deux grains de phosphore de Kunckel.	....	28
Après l'inflammation il n'avait perdu qu'un demi-grain; quelque temps après, son poids se trouvait augmenté d'un grain.		
Un morceau de papier brun trempé dans une forte solution de nitre et enflammé sous une cloche par le moyen d'un verre ardent produisit.	80	
En quelques jours, cette quantité d'air diminua.		

EXPÉRIENCES SUR LES CORPS ENFLAMMÉS ET SUR LA RESPIRATION DES ANIMAUX.

NOMS DES MATIÈRES MISES EN EXPÉRIENCE.	NOMBRE de POUCES CUBIQUES d'air produits.	NOMBRE de POUCES CUBIQUES d'air absorbés.
Une chandelle allumée, de $\frac{1}{4}$ de pouce anglais de diamètre.	....	78
Un rat enfermé dans un récipient de 2024 pouces cubiques de capacité.	....	78
73 pouces cubiques d'air, respirés par un homme jusqu'à ce qu'il fût près de suffoquer, se trouvèrent réduits de 20 pouces.		

Il s'en faut bien que ces expériences soient les seules que contienne le sixième chapitre de la statique des végétaux de M. Hales: on en rencontre dans cet ouvrage un grand nombre d'autres qui ne sont pas susceptibles d'être présentées dans une table; l'auteur y joint presque partout des vues tout à fait neuves, d'excellentes réflexions, et je ne saurais trop engager le lecteur à lire le texte même de l'auteur : il y trouvera un fonds presque inépuisable de méditation. Quelque peu susceptible d'extrait que soit la plus grande partie de ce chapitre, je vais continuer d'essayer d'en présenter ici le précis.

C'est dans cet ouvrage qu'on trouve le premier germe de la découverte de l'existence de l'air dans les eaux appelées jusqu'alors improprement *acidules* : M. Hales a observé non-seulement que ces eaux contenaient une fois autant d'air que les eaux communes, mais encore il a soupçonné que c'était cet air qui leur donnait ce montant, cette vivacité qu'on y remarque.

Quoique M. Hales soupçonnât que les acides en général, et l'esprit de nitre particulièrement, contenaient de l'air, la distillation de l'eau-forte cependant lui donna un produit contraire; il observa une diminution notable dans le volume de l'air, au lieu d'une augmentation qu'il prévoyait. La conséquence qu'il en tire est que les vapeurs acides absorbent l'air; d'où il conclut que celui qu'on obtient par la combinaison des acides avec les substances alcalines pourrait bien ne pas appartenir en totalité à ces dernières; que l'acide lui-même pourrait bien en fournir quelque portion, et qu'il est très-probable que c'est cette dernière substance qui produit l'air qu'on retire des dissolutions métalliques par les acides.

C'est à la grande quantité d'air qui se dégage du nitre par la détonation que M. Hales attribue les effets de la poudre à canon; à quoi il pense néanmoins qu'on doit ajouter l'expansion de l'eau qui se réduit en vapeurs. Si le tartre, qui contient, comme le nitre, une grande quantité d'air, ne détone pas comme lui, c'est, suivant M. Hales, parce que l'air y est plus étroitement uni, et c'est de cette grande quantité d'air contenu dans le tartre et de sa grande adhérence avec lui qu'il déduit l'explication des effets de la poudre fulminante.

M. Hales a essayé de déterminer la pesanteur spécifique de l'air qu'il avait dégagé du tartre par la distillation; mais il n'a pas trouvé qu'il différât aucunement, à cet égard, de l'air de l'atmosphère; il a eu le même résultat, soit qu'il employât un air nouvellement extrait du tartre, soit qu'il employât un air qui en avait été dégagé plus de dix jours auparavant.

Il n'avait pas échappé à M. Hales que la quantité d'air absorbé, soit par la combustion du soufre, soit par celle des chandelles, soit enfin par la respiration des animaux, présentait des phénomènes différents, suivant qu'on employait des vases, des récipients plus ou moins grands : il observe, à cet égard, que la quantité d'air absorbée est généralement plus grande dans les grands vaisseaux que dans les petits : que cependant elle est plus considérable dans les petits que dans les grands, en la considérant proportionnellement à leur capacité. Il remarque encore que cette absorption d'air est limitée; qu'elle ne peut aller que jusqu'à un point déterminé : qu'au delà de ce terme elle ne peut plus avoir lieu.

M. Hales, dans ses expériences, a observé des alternatives singulières de production et d'absorption d'air, dont il ne paraît pas avoir saisi la véritable cause : la détonation du nitre, par exemple, lui a fourni une grande quantité d'air; mais cet air a diminué chaque jour d'élasticité et de volume; il a observé la même chose à l'égard d'un grand nombre de ces airs factices. C'est à l'eau, sur laquelle M. Hales a presque toujours opéré, que tient ce phénomène : on verra, dans la suite, que la plupart des fluides dégagés, et notamment celui qu'on a coutume de désigner sous le nom d'*air fixe*, ont une tendance très-grande à s'unir à l'eau, et que cette dernière est susceptible d'en dissoudre un volume plus qu'égal au sien. Il résulte de là que M. Hales n'a point eu de résultats exacts dans la plupart de ses expériences, qu'il s'est trouvé dans presque toutes une source d'erreurs qu'il ne connaissait pas, et qu'il sera nécessaire de les répéter un jour avec des précautions particulières.

C'est à cette tendance que l'air fixe a de se combiner avec l'eau, qu'on doit attribuer un phénomène observé par M. Hales dans la combustion des chandelles; il a remarqué que l'absorption de l'air avait lieu, non-seulement pendant la combustion, mais qu'elle se continuait encore plusieurs jours après: on verra dans la suite, au chapitre qui traite des expériences de M. Priestley, que l'air dans lequel on a brûlé des chandelles est en grande partie dans l'état d'air fixe; qu'il est par conséquent susceptible de se combiner avec l'eau, et c'est en raison de cette combinaison que le volume de l'air continuait à diminuer. C'est aussi par la même cause que les différents airs qu'il a obtenus ne se sont plus trouvés susceptibles de réduction lorsqu'ils avaient bouillonné à travers de l'eau. En effet, toute la partie fixable s'y était déjà combinée.

L'air dans lequel on a brûlé du soufre n'est pas susceptible de recouvrer son élasticité: il reste dans le même état, quelque long temps qu'on le conserve.

M. Hales, persuadé que l'air dégagé des corps, de même que celui qui a servi à la combustion ou à la respiration des animaux, n'était point différent de celui de l'atmosphère, et qu'il ne produisait des effets particuliers qu'en raison de ce qu'il était infecté et rendu nuisible par des vapeurs qui lui étaient étrangères, a essayé de le filtrer à travers des flanelles imbibées de sel de tartre en liqueur, et ce moyen lui a parfaitement réussi. L'air, au sortir de ce filtre, s'est trouvé propre à la respiration des animaux. De même une chandelle enfermée sous un récipient garni d'une flanelle imbibée de sel de tartre a brûlé beaucoup plus longtemps qu'elle n'aurait fait dans un récipient non garni, quoique la flanelle en diminuât cependant considérablement la capacité. On verra dans la suite quel est l'effet du sel de tartre sur l'air dans cette expérience, et de quelle manière il le rend salubre; mais une remarque intéressante, c'est que les diaphragmes dans lesquels l'air avait été ainsi filtré se trouvaient augmentés sensiblement de poids.

C'est également M. Hales qui nous a appris qu'un assez grand nombre de substances, telles que les pois, la cire, les écailles d'huîtres, l'ambre, etc. fournissaient par la distillation un air susceptible de s'enflammer, et qu'il conservait cette qualité même après avoir été lavé dans l'eau.

Tous les physiciens de son temps pensaient que le feu se fixait, se combinait avec les métaux, et que c'était cette addition qui les réduisait à l'état de chaux. M. Hales ne s'est point écarté de cette opinion : mais il a, de plus, avancé que l'air contribuait à cet effet, et que c'était en partie à lui qu'était due l'augmentation de poids des chaux métalliques. Il fondait cette opinion sur ce qu'ayant soumis 1.922 grains de plomb à la distillation, il n'en avait retiré que sept pouces d'air, tandis qu'une égale quantité de minium lui en avait fourni trente-quatre.

M. Hales a encore remarqué que le phosphore ou plutôt le pyrophore de M. Homberg diminuait le volume de l'air dans lequel on le brûlait; que le nitre ne pouvait plus détoner dans le vide; que l'air était nécessaire à la formation de la plupart des cristaux de sels: que les végétaux en fermentation produisaient d'abord une grande quantité d'air, qu'ils en absorbaient ensuite, etc. Quant à la diminution du volume de l'air qui s'opère pendant la combustion de quelques corps, tantôt il l'attribue à la perte de son élasticité, tantôt il semble croire que cet air est réellement fixé et absorbé pendant la combustion, et son ouvrage semble laisser quelque incertitude à cet égard.

Quoi qu'il en soit, M. Hales termine son sixième chapitre de la statique des végétaux en concluant que l'air de l'atmosphère, le même que celui que nous respirons, entre dans la composition de la plus grande partie des corps; qu'il y existe sous forme solide, dépouillé de son élasticité et de la plupart des propriétés que nous lui connaissons: que cet air est, en quelque façon, le lien universel de la nature, qu'il est le ciment des corps, que c'est à lui qu'est due la grande dureté de quelques-uns, une grande partie de la pesanteur des autres; que cette substance est composée de parties si durables, que la violence du feu n'est point capable de les altérer, et que même, après avoir existé pendant des siècles sous forme solide et concrète et avoir passé par des épreuves de toute espèce, elle peut, dans certaines circonstances, reprendre toute son élasticité et redevenir un fluide élastique et rare, tout semblable à celui de notre atmosphère. Aussi M. Hales finit-il par comparer l'air à un véritable Protée, qui, tantôt fixe, tantôt volatil, doit être compté au nombre des principes chimiques et occuper un rang qu'on lui avait refusé jusqu'alors.

CHAPITRE IV.

SENTIMENT DE M. BOERHAAVE SUR LA FIXATION DE L'AIR DANS LES CORPS, ET SUR LES ÉMANATIONS ÉLASTIQUES.

Le célèbre Boerhaave, auquel nous sommes redevables d'un excellent traité sur les éléments, ne s'est pas toujours parfaitement accordé avec lui-même sur la combinaison et la fixation de l'air : tantôt il semble nier que l'air puisse se combiner dans les corps et contribuer à la formation de leurs parties solides; tantôt il semble adopter l'opinion contraire et se ranger du côté de M. Hales. Enfin, en rapprochant ce que dit ce célèbre auteur dans différents endroits de ses ouvrages, on voit clairement que les expériences de M. Hales, quand elles parurent, lui firent changer de sentiment, et qu'il adopta jusqu'à un certain point le système de la fixation de l'air dans les corps : mais, sans doute, en même temps, que cette théorie ne lui parut pas suffisamment démontrée pour l'obliger à retrancher de ses ouvrages ce qu'il avait dit de contraire.

Quoi qu'il en soit, c'est à la fin de son traité sur l'air qu'il s'explique de la manière la plus formelle sur l'opinion de M. Hales : on y trouve une suite d'expériences faites avec cette exactitude qui caractérise les ouvrages de M. Boerhaave sur l'air dégagé des corps par la combinaison, et on ne peut disconvenir même que l'appareil qu'il a employé n'ait quelque avantage sur celui de M. Hales : cet avantage consiste à avoir évité que l'air dégagé n'eût de contact avec la surface de l'eau ; on a déjà vu qu'à défaut de cette précaution on pouvait tomber dans des erreurs considérables sur les quantités d'air produites ou absorbées.

C'est dans le vide de la machine pneumatique, et sous un récipient de capacité connue, que M. Boerhaave a toujours opéré : il avait soin de pomper exactement l'air avant de faire le mélange; il jugeait ensuite de la quantité d'air dégagé par le moyen d'un baromètre d'épreuve. C'est par le moyen de cet appareil qu'il a reconnu qu'un gros et demi d'yeux d'écrevisses, dissous dans une once et demie de vinaigre distillé, produisait 81 pouces cubiques d'air: qu'une dragme de craie, dissoute dans deux onces du même acide, en fournissait 151 pouces: que la combinaison de l'huile de tartre, soit avec le vinaigre, soit avec l'acide vitriolique, en fournissait également une quantité très-considérable; qu'il était d'autres combinaisons, telles que la dissolution du fer par l'acide nitreux, qui, quoique accompagnées d'une effervescence très-vive, ne donnaient aucun dégagement de fluide élastique dans le vide; enfin, que l'acide nitreux fumant et l'huile de carvi donnaient un dégagement d'air si considérable, que l'expérience était dangereuse, à moins qu'on n'eût la précaution d'employer des vases extrêmement grands, et de n'opérer que sur des quantités très-petites.

Ces expériences sont suivies de quelques détails sur le dégagement d'air qui a lieu dans la combustion, dans la fermentation, dans la putréfaction, et dans quelques distillations; enfin, M. Boerhaave termine son traité par les réflexions qui suivent, et que j'ai cru devoir transcrire dans leur entier.

« Tous ces différents moyens, qui se ressemblent en ce qu'ils agissent « par le moyen du feu, nous prouvent que l'air élastique entre dans la « composition des corps comme partie constituante, et même comme « partie assez considérable. Si quelqu'un en doute encore, il avouera « au moins que, par le moyen du feu, on peut tirer de tout corps connu « une matière qui, étant une fois séparée, est fluide et élastique, qui « peut être comprimée par des poids, qui se contracte par le froid et « qui se dilate par la chaleur ou par la diminution du poids qui la « presse: or, quand ce que nous appelons air élastique est séparé des « corps avec lesquels il est mêlé, nous n'y connaissons d'autres propriétés que celles-là. Il faut donc convenir que le feu sépare de tous les « corps une matière élastique, et que, par conséquent, cette matière « aérienne réside dans les corps, mais de façon qu'elle n'y produit pas « les effets de l'air aussi longtemps qu'elle est liée et unie avec eux.

« Dès qu'elle en est détachée et qu'elle vient à se joindre avec d'autres parties semblables à elles, aussitôt elle reprend sa première nature et reste air, jusqu'à ce que, divisée de nouveau en ses éléments, elle se rejoigne avec d'autres parties d'une espèce différente et avec lesquelles elle peut rester en repos, et ne former, pour un temps, qu'une seule masse, sans que cependant elle perde rien de sa première nature, car elle se montre toujours la même, dès qu'elle est débarrassée des liens qui la retiennent, et jointe avec d'autres particules aériennes de même espèce. Elle est donc immuable dans toutes ces différentes circonstances : séparée d'un corps, elle est un véritable air comme auparavant, et disposée à se joindre avec d'autres parties, pour reformer de nouveau un corps tel que celui qu'elle vient de quitter. Aucun art ne démontre plus clairement que la chimie cette espèce de résolution et de composition, et j'en donnerais divers exemples, si je n'avais pas lu depuis peu l'excellent traité que le fameux docteur Hales a publié sur la statique des végétaux : dans le sixième chapitre de ce livre l'auteur a rassemblé avec beaucoup de peine et de justesse, et a proposé dans le meilleur ordre possible, les expériences qui ont été faites sur ce sujet, et il a épuisé la matière. J'y renvoie donc mes lecteurs : ils y verront comment l'art est parvenu à nous dévoiler la nature.

« Il est temps de finir cette dissertation sur l'air, etc. »

CHAPITRE V.

SENTIMENT DE M. STAHL SUR LA FIXATION DE L'AIR DANS LES CORPS.

Quoique quelques-uns des ouvrages de M. Stahl soient postérieurs à la publication des expériences de M. Hales, il ne paraît cependant avoir adopté en rien son système sur la fixation de l'air dans les corps. Il n'y a pas même d'apparence que ses expériences lui aient été connues.

Quoi qu'il en soit, il écrivait encore en 1731, dans son ouvrage intitulé : *Experimenta, observationes et animadversiones*, § 47. « Elastica « illa expansio aeri ita per essentiam propria est, ut nunquam ad « vere densam aggregationem nec ipse in se, nec in ullis mixtionibus « coivisse sentiri possit. »

CHAPITRE VI.

EXPÉRIENCES DE M. VENEL SUR LES EAUX IMPROPREMENT APPELÉES *ACIDULES*, ET SUR LE FLUIDE ÉLASTIQUE QU'ELLES CONTIENNENT.

C'est ainsi que, quelque sensation qu'eût faite parmi les savants le traité de M. Hales, lors de sa publication, il n'opéra pas cependant sur-le-champ, dans la théorie physique et chimique, la réforme qu'on avait lieu d'en attendre : ses expériences ne formaient, en quelque façon, que des pierres d'attente qui avaient besoin d'être liées à l'édifice des connaissances physiques.

M. Venel, aujourd'hui professeur de chimie en l'université de Montpellier, jeta les premiers fondements de cette entreprise dans deux mémoires lus en 1750 dans les séances de l'Académie royale des sciences; on les trouve imprimés dans le second volume des mémoires présentés par les savants étrangers. L'objet de ces deux mémoires est de prouver, contre l'opinion des anciens, et contre le sentiment de M. Hoffman et de M. Slarre, que les eaux de Seltz et la plupart de celles qu'on a coutume de désigner sous le nom *acidules* ne sont ni acides ni alcalines; que le goût piquant qu'elles impriment, cette saveur vive et pénétrante, ces bulles qui s'élèvent à leur surface et qui imitent l'effet du vin de Champagne, de la bière et du cidre, ne sont dues qu'à une quantité considérable de fluide élastique ou d'air combiné dans ces eaux et dans un état de dissolution; M. Venel est parvenu à dégager cet air par la simple agitation et à le faire passer dans une vessie mouillée, et à en mesurer la quantité. Quelque moyen qu'il ait employé pour parvenir au même but, soit qu'il se soit servi de la machine pneumatique, de la chaleur ou de l'appareil de M. Hales, le résultat a toujours été le même, et il a observé constamment que l'eau de Seltz contenait environ un cinquième de son volume de fluide élastique.

Lorsque l'eau de Seltz a été dépouillée, soit par l'agitation, soit par la chaleur, soit par quelque autre moyen que ce soit, de l'air qu'elle tenait en dissolution, elle n'a plus aucune des propriétés qui la constituaient acidule : au lieu du goût piquant qu'elle faisait sentir, elle n'a plus qu'une saveur plate; elle ne mousse plus; en un mot, ce n'est plus qu'une eau ordinaire, que M. Venel a reconnue, néanmoins, contenir un peu de sel marin.

M. Venel a cru devoir pousser encore plus loin ses recherches, et, après avoir prouvé que c'était à l'air que l'eau de Seltz devait ses propriétés, il a essayé de combiner de l'air avec de l'eau, de refaire une eau aérée, semblable à celle de Seltz, et voici à peu près les réflexions qui l'ont guidé dans ses expériences.

L'air, a-t-il dit, est soluble dans l'eau[1]; l'exemple des vins mousseux, celui même de l'eau de Seltz est démonstratif; mais il faut en même temps considérer ce fluide comme ayant plus de rapports avec lui-même qu'avec le dissolvant qu'on emploie; d'où il suit que ce dissolvant n'aura jamais assez de force pour rompre par lui-même l'agrégation de l'air et qu'une des conditions préalables à la dissolution est la rupture même de cette agrégation.

Aucun moyen n'a paru à M. Venel plus propre à remplir cet objet que de composer les sels dans l'eau même qui devait les dissoudre: il était sûr d'exciter par ce moyen une effervescence, et, par conséquent, de dégager une grande quantité d'air; or, cet air étant dans un état de division absolue, il était nécessairement dans les circonstances les plus favorables à la dissolution.

M. Venel est encore confirmé dans cette opinion par le raisonnement qui suit. Une effervescence, selon lui, n'est autre chose qu'une vraie précipitation d'air; deux corps, en s'unissant ensemble, n'excitent une effervescence que parce qu'ils ont plus de rapports entre eux que l'un des deux ou les deux ensemble n'en ont avec l'air auquel ils

[1] M. Venel a toujours supposé que le fluide élastique contenu dans les eaux minérales était le même que l'air de l'atmosphère; on verra dans la suite ce que l'on doit penser de cette opinion.

étaient unis. Mais on sait que, dans un grand nombre de précipitations chimiques, si l'opération se fait à grande eau, et que le précipité soit soluble dans l'eau, il se redissout à mesure qu'il est précipité; la même chose devait arriver à l'air dans des circonstances semblables.

D'après toutes ces réflexions, M. Venel a introduit dans une pinte d'eau deux gros de sel de soude et autant d'acide marin. (Il s'était assuré préalablement de deux choses : 1° que cette proportion était précisément celle nécessaire pour la parfaite saturation; 2° que c'était celle en même temps qu'on observait dans les eaux de Seltz.) Il a eu soin de faire la combinaison dans un vase à col étroit, même d'employer la suffocation, en disposant les matières de façon qu'elles ne pussent communiquer ensemble qu'après que la bouteille était bouchée. Il est parvenu, par ce moyen, à composer une eau, non-seulement analogue à celle de Seltz, mais encore beaucoup plus chargée d'air. On a vu, en effet, que l'eau naturelle ne contenait que le quart de son volume d'air tout au plus, tandis que M. Venel est parvenu à en introduire près de moitié dans son eau factice.

Ces expériences de M. Venel laissaient encore à expliquer un phénomène très-singulier, qui semblait contredire son opinion. M. Hoffman avait observé que les eaux de Tœplitz et de Pyrmont en Allemagne, ainsi que beaucoup d'autres, qui sont spiritueuses ou acidules, ne contenaient absolument rien de salin; il était donc évident que ces eaux n'étaient point devenues aérées par les moyens employés par M. Venel, et il en résultait évidemment que son procédé, dans bien des cas, n'était pas celui de la nature.

L'explication de ce phénomène était réservée à M. Cavendish et à M. Priestley; mais, avant de parler de leurs expériences, qui sont beaucoup plus modernes, l'ordre des faits m'oblige de rendre compte ici de celles de M. Black, professeur en l'université de Glascow. Cet auteur est vraiment celui qu'on peut regarder comme l'introducteur de l'air fixe dans la chimie.

CHAPITRE VII.

THÉORIE DE M. BLACK SUR L'AIR FIXE OU FIXÉ CONTENU DANS LES TERRES CALCAIRES, ET SUR LES PHÉNOMÈNES QUE PRODUIT EN ELLES LA PRIVATION DE CE MÊME AIR.

La magnésie, la terre calcaire, et en général toutes les terres qui se réduisent en chaux vive par la calcination, ne sont, suivant M. Black, qu'un combiné d'une grande quantité d'air fixe avec une terre alcaline, naturellement soluble dans l'eau. Par ce mot d'air fixe, M. Black entend une espèce d'air différent de l'air élastique commun, répandu néanmoins dans l'atmosphère ; il prévient le lecteur que c'est peut-être mal à propos qu'il emploie ce nom; mais qu'il aime mieux se servir d'un mot déjà connu en physique, que d'en inventer un nouveau avant d'être parfaitement instruit de la nature et des propriétés de la substance qu'il désigne.

L'air fixe, d'après les expériences de M. Black, peut être chassé de deux manières de la terre calcaire : ou par la violence du feu, ou par la voie de la dissolution dans les acides. La terre calcaire, dans le premier cas, c'est-à-dire par la calcination, perd plus de moitié de son poids : ce qui reste n'est plus qu'une terre absolument privée d'air, et qui, en conséquence, ne fait plus aucune effervescence avec les acides. La chaux (car c'est le nom sous lequel on a coutume de désigner la terre calcaire dans cet état) ne doit sa causticité, suivant M. Black, qu'à la grande analogie qu'elle a avec l'air dont elle a été privée par la calcination; aussi, dès qu'on l'applique à quelque substance animale ou végétale, elle s'empare avec avidité de l'air qui y est contenu, elle la décompose, et c'est cette décomposition, cette espèce de destruction, qu'on désigne improprement par ces mots, *brûler*, *cautériser*.

Cette propriété qu'a la chaux d'enlever l'air à différents corps, fournit un moyen de communiquer sa causticité aux alcalis fixes et volatils.

Si, dans une lessive d'alcali fixe, on met une certaine quantité de chaux, elle s'empare de tout l'air fixe contenu dans l'alcali; elle perd en même temps toutes les propriétés qui la constituaient chaux, elle acquiert celle de faire effervescence avec les acides, elle devient insoluble dans l'eau; en un mot, ce n'est plus qu'une terre calcaire ordinaire : d'un autre côté, l'alcali fixe, qui a été dépouillé de son air, ne fait plus effervescence avec les acides, il n'est plus susceptible de cristalliser, il est devenu caustique, desséché par le feu et mis sous forme concrète, il forme la pierre à cautère.

La même chose arrive à l'alcali volatil. Si l'on distille du sel ammoniac avec de la craie, on obtient un alcali volatil concret. qui fait effervescence avec les acides; mais, si, au lieu de craie, on emploie de la terre calcaire privée d'air, autrement dit de la chaux, l'alcali volatil, à mesure qu'il est dégagé, se trouve dépouillé de son air par la chaux, il passe sous forme fluide; c'est un alcali volatil caustique, qui ne fait point d'effervescence avec les acides, et qui n'est point susceptible de cristallisation. Il suit de ces expériences de M. Black que l'adhérence de l'air fixe n'est pas la même dans tous les corps; qu'il a plus de rapport avec la terre calcaire qu'avec l'alcali fixe; avec l'alcali fixe. qu'avec l'alcali volatil, etc.

Un second moyen d'enlever à la terre calcaire l'air avec lequel elle est combinée est de l'unir aux acides. Si l'on fait dissoudre de la pierre à chaux ou de la craie dans un acide quelconque, on observe une vive effervescence, ou, ce qui est la même chose, un dégagement considérable d'air fixe; la terre, qui a plus de rapport avec l'acide qu'avec l'air fixe, abandonne ce dernier; alors, jouissant de son élasticité, il s'échappe, se dissipe et se confond avec l'air de l'atmosphère. Si ensuite on précipite la terre de cette solution, on peut à volonté l'obtenir, ou sous la forme de craie, ou sous celle de chaux : elle est craie, si l'on précipite par un alcali ordinaire; elle est chaux, si l'on précipite par un alcali caustique, c'est-à-dire par un alcali privé d'air. Ce qu'il y a de plus remarquable, c'est que la pierre à chaux perd à peu près, suivant M. Black, la même quantité de son poids dans cette expérience que par la calcination, et qu'elle recouvre son premier poids lorsqu'on la précipite sous forme de terre calcaire, c'est-à-dire avec tout son air.

M. Black explique par le même principe pourquoi la chaux n'est pas soluble en totalité dans l'eau; pourquoi la partie qui se dissout se convertit si aisément en une pellicule insoluble dans l'eau, et connue sous le nom de *crème de chaux* : les terres calcaires, suivant lui, ont plus de rapport, plus d'analogie avec l'air, qu'elles n'en ont avec l'eau; d'où il suit que, si l'on met de la chaux dans de l'eau, une partie de la chaux doit enlever à l'eau l'air fixe qu'elle contenait, et se précipiter sous forme de terre calcaire; mais, en même temps, une autre portion de la même chaux, celle qui n'a pu trouver d'air fixe pour s'en saturer, se dissout dans l'eau, et forme de l'eau de chaux; si l'on expose ensuite cette eau à l'air, bientôt les particules de chaux voisines de la surface attirent l'air fixe flottant dans l'atmosphère; elles redeviennent insolubles, et se rassemblent à la surface en une pellicule insoluble, qui n'a plus aucune des propriétés de la chaux, et qui ne diffère plus des terres calcaires. La preuve de la vérité de cette théorie, c'est qu'on prévient cette réduction de chaux en terre calcaire en conservant l'eau de chaux dans des vaisseaux fermés, où elle ne peut recevoir le contact d'un air circulant.

M. Black a encore observé que la magnésie, la base du sel d'Epsom, avait la propriété d'adoucir l'eau de chaux : d'où il suit que l'air fixe a plus d'analogie avec la terre calcaire ordinaire qu'avec la base du sel d'Epsom. Enfin, de toutes ses expériences, M. Black conclut qu'on pourrait faire les changements qui suivent dans la colonne des acides de la table des affinités de M. Geoffroy, et qu'on pourrait y ajouter une nouvelle colonne, en considérant les substances alcalines dans leur état de pureté et privées d'air fixe, ainsi qu'il suit :

ACIDES.	AIR FIXE.
Alcali fixe.	Terre calcaire.
Terre calcaire.	Alcali fixe.
Alcali volatil.	Magnésie.
Magnésie.	Alcali volatil.

Les bornes d'un extrait ne m'ont pas permis d'entrer ici dans les détails d'un grand nombre d'expériences intéressantes sur la diminution du poids qu'éprouvent les alcalis lorsqu'on les dissout dans les acides, sur la manière de rendre les alcalis caustiques par le feu, etc.

Je ne puis cependant me dispenser d'ajouter, en terminant cet article, que M. Black soupçonnait que l'air fixe contenu dans les alcalis s'unissait aux métaux par la voie humide dans les précipitations métalliques, et que c'était à cette cause qu'on devait rapporter l'augmentation de poids de ces précipités et peut-être même les effets surprenants de l'or fulminant [1].

[1] On croit devoir prévenir le lecteur que la théorie de l'air fixe n'avait pas acquis, au sortir des mains de M. Black, tout l'ensemble et toute la consistance qu'on lui a donnés dans cet article; elle ne les a acquis que d'après l'ouvrage de M. Jacquin, dont on rendra compte incessamment. On a cru devoir ajouter ici cette remarque, non pas dans la vue de diminuer en rien les sentiments de reconnaissance et d'admiration dus au mérite et au génie de M. Black, auquel appartient, sans équivoque et sans partage, le mérite de l'invention, mais pour rendre à M. Jacquin une justice qui lui est due, et pour éviter, de sa part, une réclamation qui serait fondée. Au reste, on verra bientôt que M. Jacquin s'est écarté du sentiment de M. Black, en ce qu'il a supposé que l'air fixe était le même que celui qui compose notre atmosphère.

CHAPITRE VIII.

DU FLUIDE ÉLASTIQUE QUI SE DÉGAGE DE LA POUDRE À CANON,
PAR M. LE COMTE DE SALUCES.

Tandis que M. Black publiait, en Angleterre, la théorie dont on vient de rendre compte, M. de Saluces s'occupait, à Turin, de recherches très-intéressantes sur le fluide élastique qui se dégage de la poudre à canon lorsqu'elle s'enflamme. Il avait reconnu que ce fluide en liberté occupait un espace deux cents fois plus grand que celui de la poudre dont il s'était dégagé. Une suite nombreuse d'expériences lui avait appris que ce fluide était élastique, comme l'air de l'atmosphère; qu'il se comprimait comme lui en raison du poids dont il était chargé; qu'il en différait néanmoins en ce qu'il éteignait la flamme des chandelles, et qu'il était mortel pour les animaux qui le respiraient. Il avait essayé de filtrer cet air à travers des linges ou des gazes bien imbibées d'alcali fixe en *deliquium* : il était resté sur ces filtres un peu de matière charbonneuse, de l'alcali fixe et quelques vestiges de tartre vitriolé; l'air, après cette épreuve, avait perdu toutes ses qualités malfaisantes, et ne paraissait plus différer en rien de l'air ordinaire.

Un autre moyen qu'indique M. de Saluces de rendre à l'air dégagé de la poudre à canon toutes les propriétés de l'air ordinaire, c'est de le tenir pendant douze heures à un degré de froid égal à celui de la congélation de l'eau. Il assure avoir répété la même expérience sur l'air dégagé de l'effervescence d'un acide avec une substance alcaline, et avoir obtenu le même résultat.

Indépendamment de ces expériences, qui tenaient essentiellement à l'objet dont M. le comte de Saluces s'occupait, ses mémoires en contiennent beaucoup d'autres, propres à répandre de la lumière sur la théorie de la combinaison de l'air dans les corps. Il observe que l'air dégagé de la plupart des effervescences éteint la flamme; que celui dégagé de la combinaison de l'alcali volatil avec le vinaigre forme exception à cette règle générale; que l'acide nitreux, combiné avec l'alcali fixe dans le vide, ne produit point d'air, que cette combinaison reste en grande partie déliquescente, tant qu'on la tient dans le vide, mais qu'elle cristallise bientôt quand elle a été exposée quelque temps à l'air. Cette expérience, rapprochée de celle de M. Black sur la cristallisation de l'alcali fixe, semble mettre en droit de soupçonner que la combinaison de l'air est nécessaire à la formation des cristaux des sels.

M. de Saluces observe encore que la poudre détone dans l'air, quelque infecté qu'il puisse être, soit qu'on y ait fait brûler du soufre, soit qu'on y ait éteint des chandelles, soit qu'il y ait été dégagé par la détonation d'une autre portion de poudre. Il fait voir ensuite que les phénomènes de la poudre fulminante sont les mêmes que ceux de la poudre à canon; qu'ils sont dus au dégagement du même fluide élastique; mais ce qui est très-singulier, c'est que la quantité de ce fluide qui se dégage dans la poudre fulminante est moindre que celle qui se dégage de la poudre à canon; d'où M. de Saluces conclut que la nature des effets est moins en raison de la quantité de fluide dégagé qu'en raison de la rapidité, et, s'il est permis de se servir de ce terme, en raison de l'*instantanéité* du dégagement. Je ne parle point ici d'une infinité de faits intéressants dont le mémoire de M. de Saluces est rempli, parce qu'ils sont, en quelque façon, étrangers à mon objet: j'ajouterai seulement, en terminant cet article, que M. le comte de Saluces n'admet qu'une seule et même espèce d'air, en quoi son opinion diffère essentiellement de celle de M. Black.

CHAPITRE IX.

APPLICATION DE LA DOCTRINE DE M. BLACK SUR L'AIR FIXE OU FIXÉ À L'EXPLICATION DES PRINCIPAUX PHÉNOMÈNES DE L'ÉCONOMIE ANIMALE, PAR M. MACBRIDE.

Jusque-là l'existence de l'air fixe et sa combinaison dans les corps n'était qu'une opinion physique appuyée sur des expériences singulières; mais aucun physiologiste, depuis Van Helmont, ne l'avait encore adoptée. M. Haller est le premier qui, d'après les expériences du docteur Hales, ait enseigné que l'air était le véritable ciment des corps, que c'était lui qui, se fixant dans les solides et dans les fluides, servait de lien aux éléments, et les unissait entre eux.

Videtur aer vinculum elementorum primarium constituere, quum non prius ea elementa à se invicem discedant quam aer expulsus fuerit. (Haller. *Elementa Physiologiæ*, Tit. I, cap. 1.)

Gluten præstat verum moleculis terreis adunandis, ut constat exemplo calculorum lapidum, aliorum corporum durorum; in his omnibus solvitur nunc demum partium vinculum quando aer educitur. (Ibid. Scel. 244.)

Une suite d'expériences très-nombreuses et très-bien faites parut en 1764 à l'appui de cette doctrine. L'auteur (M. David Macbride, chirurgien de Dublin) tient un rang trop distingué parmi ceux qui se sont occupés de l'air fixe, pour ne pas faire connaître ici, dans quelques détails, les faits importants dont la physique et la physiologie lui sont redevables.

Il résulte des expériences de M. Macbride qu'il se dégage de l'air fixe, non-seulement des substances en effervescence et des matières végétales en fermentation, mais encore de toutes les matières animales qui commencent à se putréfier; et, pour prouver l'extrême facilité avec laquelle cet air peut se combiner, soit avec la chaux, soit avec les alcalis fixes et volatils, il s'est servi d'un appareil connu sous le nom d'appareil de

M. Macbride, quoique l'idée, dans l'origine, en soit due à M. Black. Voici à peu près de quelle manière il a opéré : il a mis successivement dans une bouteille des matières salines en effervescence, des matières végétales en fermentation, enfin des matières animales en putréfaction; il a fait passer l'air qui s'en dégageait par un tube recourbé, et l'a reçu dans une bouteille ou flacon, dans laquelle il a mis successivement de l'eau de chaux, de l'alcali fixe, de l'alcali volatil caustique: sitôt que l'air fixe dégagé du mélange touchait à la surface de l'eau de chaux, elle se troublait; bientôt après sa terre se précipitait peu à peu sous forme de terre calcaire, c'est-à-dire avec tout son air et sans aucun symptôme de causticité. Il en était de même des alcalis fixes et volatils caustiques: à mesure que l'air fixe se combinait avec eux, ils reprenaient la propriété de faire effervescence avec les acides; et, lorsqu'ils étaient dans un état suffisant de concentration, ils reprenaient leur forme concrète et cristallisaient dans la bouteille. Cette dernière expérience fait voir que, si l'alcali fixe végétal n'a pas la propriété de cristalliser, c'est que, formé et préparé par la violence du feu, on ne l'obtient communément que dépouillé de la quantité d'air fixe qui lui est propre. Il ne s'agit que de lui rendre ce même air pour lui rendre en même temps la propriété de cristalliser. On trouve le germe de cette dernière découverte dans les mémoires de M. Black.

Les différentes expériences de M. Macbride sur la grande quantité d'air fixe qui se dégage des matières animales qui entrent en putréfaction le conduisent à conclure que c'est à la présence de ce même fluide élastique, de l'air fixe combiné dans les chairs, qu'est due leur fermeté, leur consistance, leur état de salubrité; que ce n'est qu'à mesure que l'air fixe s'en dégage par la fermentation que leur tissu se détruit, que les parties qui les constituent se désunissent et se séparent pour se réunir ensuite dans un autre ordre, et pour former de nouveaux combinés fort différents des premiers.

Il ne sera pas difficile de s'apercevoir que cette doctrine est à peu près celle enseignée par Van Helmont; mais une découverte importante, en supposant qu'elle soit suffisamment constatée, qui appartient entièrement à M. Macbride, c'est que les chairs à demi putréfiées, celles qui ont perdu une portion de l'air fixe qui entrait dans leur composition, sont susceptibles de revenir à leur premier état de salubrité si on leur rend l'air fixe dont elles ont été dépouillées : il suffit, pour produire cet effet, de les exposer à la vapeur d'une matière quelconque en fermentation, ou bien à un courant d'air fixe dégagé d'une effervescence, en un mot, d'y introduire de l'air fixe de quelque façon que ce soit.

M. Macbride applique ces différentes connaissances à l'explication des phénomènes de la digestion : il fait voir que tous les mélanges que nous avons coutume d'employer dans nos aliments sont susceptibles de fermenter en peu de temps; que les substances animales, mêlées avec les végétales, ont même plus d'aptitude à la fermentation que n'avait séparément chacune de ces substances, et que, dans tous les mélanges alimentaires sur lesquels il a fait une suite d'expériences très-nombreuses, il se dégage toujours une quantité considérable d'air fixe. Ce dégagement, suivant M. Macbride, doit avoir lieu de la même manière dans l'estomac des animaux; mais que devient cet air fixe? Il pense ou qu'il est absorbé et combiné dans le chyle, et qu'il passe dans cet état dans la circulation du sang; ou bien qu'il est absorbé dans le canal intestinal par des vaisseaux particuliers, destinés à ce genre de sécrétion. Cet air, dans les deux cas, s'échappe ensuite, soit par la transpiration, soit par les urines. Cette théorie conduit M. Macbride à une suite d'expériences très-nombreuses sur la quantité plus ou moins grande d'air fixe contenu dans les différentes sécrétions animales. L'eau de chaux lui a paru propre à servir de pierre de touche en ce genre; en effet, comme la chaux a une très-grande analogie avec l'air fixe, toutes les fois qu'on mêle avec elle une liqueur qui en contient, elle s'en empare avec avidité, elle s'en sature; alors, devenue insoluble, elle se précipite et se dépose sous forme de terre calcaire. C'est par cette épreuve, c'est-à-dire par le mélange avec l'eau de chaux, que M. Macbride est parvenu à connaître que le sang nouvellement tiré contenait une grande quantité d'air fixe. Des expériences plus détaillées lui ont ensuite appris que cet air résidait dans la partie rouge, tandis que le sérum en était dépourvu. C'est encore par des expériences du même genre qu'il a reconnu que la sueur et l'urine contenaient beaucoup d'air fixe, tandis qu'au contraire la bile, et surtout la salive, loin d'en contenir, avaient au contraire une tendance à en absorber.

Il serait trop long de rendre compte ici des nombreuses expériences faites par M. Macbride sur la fermentation des mélanges alimentaires, et sur ce qui peut en accélérer ou en retarder la fermentation. Il suffira de dire qu'elles conduisent l'auteur à des réflexions très-importantes sur les maladies putrides et sur le scorbut de mer. Ces maladies, d'après la théorie de M. Macbride sur la putréfaction, n'ont d'autre cause que la privation d'une certaine quantité d'air fixe nécessaire à l'état de salubrité : aussi observe-t-il que le régime le plus contraire dans ces sortes de maladies est l'usage des matières animales, qui, suivant M. Macbride, donnent beaucoup moins d'air fixe que les végétales par la fermentation. La méthode curative, au contraire, consiste dans le régime végétal et dans l'usage de toutes les substances propres à fournir de l'air fixe en abondance. C'est sur ces principes que M. Macbride conseille l'usage de la drèche pour le scorbut de mer; cette substance, qui n'est autre chose que l'orge germée et broyée, fournit une décoction très-propre à la fermentation, et qui donne plus d'air fixe qu'aucune autre substance végétale. Il prescrit, dans les mêmes vues, l'eau sucrée et quelques autres boissons analogues.

Quant à l'effet antiputride et antiseptique, que l'on ne peut méconnaître dans les acides, M. Macbride prétend qu'on ne doit l'attribuer qu'à la propriété qu'ils ont éminemment de s'unir aux parties alcalines des matières qui entrent en putréfaction, et de les neutraliser; mais ce remède est, suivant lui, plutôt palliatif que curatif, puisqu'il ne rétablit pas, comme l'air fixe, les parties dans leur état naturel.

Indépendamment des expériences qu'on vient de citer, qui sont essentiellement liées à la théorie de M. Macbride, son traité en contient un grand nombre d'autres, dont on va citer les principales :

1° Le vide de Boyle accélère le dégagement de l'air fixe dans les mélanges fermentatifs;

2° Les terres calcaires ont la propriété d'accélérer la putréfaction;

3° La chaux produit sur les matières animales un effet tout particulier : elle les décompose en leur enlevant l'air fixe qu'elles contiennent, et elle produit en cela un effet analogue en quelque façon à la putréfaction;

4° L'huile ne s'unit à l'alcali fixe qu'autant que ce dernier est privé d'air; si l'on fait tomber la vapeur, soit de deux corps en effervescence, soit d'un mélange fermentatif quelconque, sur une dissolution de savon, l'air fixe qui se dégage se combine peu à peu avec l'alcali fixe du savon; en même temps l'huile, devenue libre, vient nager à la surface;

5° Les esprits ardents, rectifiés, absorbent de l'air fixe, quand on le leur présente.

M. Macbride prouve encore que l'alcali volatil qui se développe par le progrès de la putréfaction des matières animales est tantôt dans son état naturel, c'est-à-dire avec tout son air, tantôt, au contraire, entièrement dépouillé d'air et dans un état de causticité. Il a reconnu, par exemple, par le détail de ses expériences, que le sang putréfié, ainsi que l'esprit qu'on en tire, faisait effervescence avec les acides, tandis que la bile, également putréfiée, non plus que la liqueur qui coule des chairs qui se putréfient, ne faisaient point d'effervescence : il en a été de même de l'esprit qu'il en a retiré par la distillation.

De toutes ces expériences M. Macbride conclut que l'air fixe est un fluide élastique fort différent de l'air de l'atmosphère; que le premier peut être introduit sans risque, soit dans le canal intestinal, soit même dans d'autres parties de l'économie animale, sans qu'il en résulte aucun désordre; tandis que l'air de l'atmosphère y produirait de funestes effets; que, par un effet tout contraire, les animaux ne peuvent vivre sans respirer continuellement le fluide qui constitue notre atmosphère, tandis que l'air fixe, introduit dans leur poumon, est un poison subtil qui leur cause sur-le-champ la mort; que l'air fixe se combine avec une grande facilité, soit avec la chaux, soit avec les alcalis, tandis qu'on ne peut, par les mêmes moyens, combiner avec eux l'air de l'atmosphère. Enfin, M. Macbride ajoute que l'air fixe se trouve répandu dans notre atmosphère, puisque, avec le temps, la chaux et les alcalis caustiques perdent leur propriété et acquièrent celle de faire effervescence avec les acides. Ces conclusions sont, à très-peu de chose près, les mêmes que celles de Van Helmont.

CHAPITRE X.

EXPÉRIENCES DE M. CAVENDISH SUR LA COMBINAISON DE L'AIR FIXE OU FIXÉ AVEC DIFFÉRENTES SUBSTANCES.

Peu de temps après la publication du traité de M. Macbride, M. Cavendish communiqua à la Société royale de Londres quelques nouvelles expériences qui tendaient également à confirmer la doctrine de M. Black : elles se trouvent dans les *Transactions philosophiques*, années 1766 et 1767. M. Cavendish y fait voir que la quantité d'air fixe contenu dans l'alcali fixe, lorsqu'il en est chargé autant qu'il est possible, est de $\frac{5}{12}$ de son poids, qu'elle est de $\frac{7}{12}$ dans l'alcali volatil: que cette grande quantité d'air est quelquefois cause qu'il se fait un léger mouvement d'effervescence, lorsqu'on précipite, par un alcali ainsi chargé d'air, la terre calcaire dissoute dans l'acide nitreux; qu'en effet alors le précipitant fournissant plus d'air que le précipité n'en peut absorber, il y en a nécessairement une portion de libre qui reprend son élasticité et qui occasionne l'effervescence.

M. Cavendish fait voir encore que l'eau peut absorber et dissoudre un volume d'air fixe plus qu'égal au sien; que cette quantité est d'autant plus grande que l'eau est moins chaude et qu'elle est comprimée par une atmosphère plus pesante; que l'eau ainsi imprégnée d'air fixe a une saveur acidule, spiritueuse, et qui n'est pas désagréable; enfin, qu'elle a la propriété de dissoudre la terre calcaire et la magnésie. Il arrive, par une suite de cette propriété de l'eau imprégnée d'air fixe, que, si, après avoir précipité la chaux de l'eau de chaux par de l'air fixe, on continue à ajouter de nouvel air fixe, l'eau acquiert la vertu de dissoudre une partie de la terre qui s'était précipitée.

L'eau imprégnée d'air fixe a encore la propriété de dissoudre presque tous les métaux (*Transactions philosophiques*, année 1769), et surtout le fer et le zinc; il ne faut qu'une très-petite quantité de ces métaux pour communiquer à l'eau leur goût et leurs vertus[1].

Ces circonstances semblent expliquer, de la manière la plus naturelle, comment l'eau distillée la plus pure attaque le fer et le dissout, ainsi qu'il résulte des observations de M. Monet, et pourquoi cette combinaison se fait plus facilement dans l'eau froide que dans l'eau chaude : c'est que l'eau n'attaque le fer qu'en raison de l'air fixe qu'elle contient; or on vient de voir qu'elle en contient d'autant moins qu'elle est plus chaude. C'est par cette même raison qu'on ne peut retirer de la plupart des eaux minérales ferrugineuses un seul atome de vitriol.

C'est encore M. Cavendish qui nous a appris que l'air fixe pouvait s'unir à l'esprit-de-vin et aux huiles par expression, mais que ces substances, au surplus, n'en acquéraient aucune propriété nouvelle; que la vapeur du charbon qui brûle occasionnait une diminution notable dans le volume de l'air; qu'il s'engendrait, en même temps, de l'air fixe dans cette opération, et que cet air fixe était susceptible d'être absorbé par la lessive caustique des savonniers. Enfin, c'est M. Cavendish qui a remarqué le premier que la dissolution de cuivre dans l'esprit de sel, au lieu de donner un air inflammable, comme celle du fer et du zinc, donnait une espèce d'air particulier, qui perdait son élasticité sitôt qu'il avait le contact de l'eau.

[1] Quoique cette observation ne soit pas de M. Cavendish, on a cru qu'elle devait trouver place ici.

CHAPITRE XI.

THÉORIE DE M. MEYER SUR LA CALCINATION DES TERRES CALCAIRES, ET SUR LA CAUSE DE LA CAUSTICITÉ DE LA CHAUX ET DES ALCALIS.

Tandis que la doctrine de l'air fixe s'établissait paisiblement en Angleterre, il s'élevait en Allemagne un contradicteur redoutable. A peu près dans le même temps que M. Macbride publiait en anglais les essais dont on vient de rendre compte, il paraissait en allemand un traité fort étendu de M. Frédéric Meyer, apothicaire à Osnabruck, intitulé : *Essais de chimie sur la chaux vive, la matière élastique et électrique, le feu et l'acide universel primitif.* Ce traité contient une multitude d'expériences, la plupart bien faites et vraies, d'après lesquelles l'auteur a été conduit à des conséquences tout opposées à celles de M. Hales, de M. Black et de M. Macbride. Il est peu de livres de chimie moderne qui annoncent plus de génie que celui de M. Meyer; et, si ses idées étaient adoptées, il n'en résulterait rien moins qu'une nouvelle théorie, directement contraire à celle de Stahl et de tous les chimistes modernes.

M. Meyer examine d'abord la nature des pierres calcaires du spath, et des matières propres à faire de la chaux: il remarque que ces matières sont rarement pures, qu'elles sont communément mêlées de sable et de matières étrangères; mais que la partie vraiment propre à faire de la chaux n'est autre chose qu'un alcali terreux pur, insoluble dans l'eau, susceptible de combinaison avec les acides, qui s'y dissout avec effervescence, etc. Il observe que, lorsque ces mêmes matières ont été exposées un temps suffisant à la violence du feu, elles laissent échapper une grande quantité d'eau; qu'elles en sortent ensuite avec la propriété d'être entièrement solubles dans l'eau, et de ne plus faire d'effervescence avec les acides. De ces nouvelles propriétés, M. Meyer conclut que la chaux, dans le feu, a été neutralisée par un acide particulier, à l'intermède duquel elle doit sa solubilité dans l'eau, et dont l'union lui ôte la propriété de faire effervescence. Pour confirmer cette théorie, M. Meyer prend de l'eau de chaux, il y verse goutte à goutte de l'alcali fixe en liqueur; aussitôt l'eau de chaux se trouble, et la chaux se décompose sous la forme d'une terre calcaire insoluble dans l'eau comme avant sa calcination; l'alcali, d'un autre côté, a acquis la causticité de la chaux et une partie de ses autres propriétés : d'où M. Meyer conclut que l'acide qui était uni à la chaux, et qui la rendait soluble, a plus d'analogie avec l'alcali fixe qu'avec la chaux; qu'il abandonne cette dernière et s'unit à l'alcali fixe. La même chose arrive lorsqu'on précipite l'eau de chaux par un alcali volatil, ou qu'on dégage par la chaux l'alcali volatil du sel ammoniac : dans tous ces cas, l'acide de la chaux neutralise le sel, le rend caustique, incristallisable, et lui ôte la propriété de faire effervescence avec les acides. La substance acide que la chaux prend ainsi dans le feu, M. Meyer l'appelle *acidum pingue;* il prétend que c'est une matière très-proche de celle du feu et de la lumière; que c'est par le *latus* de cet acide que la chaux s'unit aux huiles, qu'elle dissout le soufre, etc. Enfin M. Meyer prétend que l'*acidum pingue* entre en grande abondance dans la composition des végétaux et des animaux; que c'est lui qui s'échappe du charbon qui brûle, du bois qui se consume, etc.

M. Meyer suit la combinaison de cet être dans un grand nombre de corps: il prétend qu'il existe dans les chaux métalliques, dans le minium, et qu'on peut le faire passer de là, soit dans les alcalis fixes, soit dans les volatils, lesquels acquièrent par là l'état de causticité. C'est principalement sur cet article que le système de M. Meyer semble avoir l'avantage sur le système anglais. En effet, la théorie de l'*acidum pingue* explique de la manière la plus naturelle et la plus simple l'augmentation de poids des chaux métalliques, leur action sur le sel ammoniac, le dégagement de l'alcali volatil de ce sel par le minium, la litharge et plusieurs autres chaux métalliques : dans tous les cas, c'est le *causticum* du feu, l'*acidum pingue*, qui s'unit aux métaux par la calcination, qui passe ensuite dans l'alcali volatil, et qui forme une espèce de sel neutre semblable à celui qu'on retire par la chaux.

M. Meyer prévient une objection capitale qui pouvait lui être faite, d'après le système de M. Black. Ce dernier avait avancé que, si l'on faisait dissoudre une terre calcaire pure dans l'acide nitreux, et qu'on précipitât ensuite par un alcali, on pouvait avoir, à volonté, la terre précipitée dans l'état de terre calcaire ou dans l'état de chaux; qu'on l'obtenait dans l'état de terre calcaire, si l'on précipitait par un alcali fixe ordinaire ou par un alcali volatil concret; qu'on l'obtenait, au contraire, dans l'état de chaux, si l'on précipitait par un alcali fixe ou volatil caustique. M. Black expliquait ce phénomène de la façon suivante : la terre calcaire, dissoute dans l'esprit de nitre, ne contient plus d'air; il a été chassé de la combinaison par l'effervescence; si donc on précipite la terre de cette dissolution par un alcali fixe ordinaire qui contient tout son air, à mesure que cet alcali s'unit à l'acide il abandonne tout son air, qui se porte sur la terre et la précipite sous la forme de terre calcaire; si, au contraire, on précipite par un alcali caustique, c'est-à-dire par un alcali privé d'air, la terre, ne trouvant dans ce mélange aucun corps qui puisse lui fournir de l'air, tombe dans l'état de chaux.

La simplicité de cette explication n'étonne point M. Meyer, et il y répond d'une manière tout aussi naturelle. Lorsqu'on précipite une dissolution de terre calcaire par un alcali caustique, on mêle, en quelque façon, suivant lui, deux sels neutres ensemble : l'un est un nitre à base terreuse, l'autre est un composé de l'*acidum pingue* et de l'alcali fixe; il doit donc se faire, dans ce mélange, une double recomposition. L'acide nitreux doit quitter sa base pour s'unir à l'alcali fixe, et en même temps l'*acidum pingue*, qui est libre, doit s'attacher à la terre calcaire et la précipiter sous forme de chaux, c'est-à-dire soluble dans l'eau, et dépouillée de la propriété de faire effervescence avec les acides. La même chose ne doit point arriver lorsqu'on précipite par un alcali ordinaire; alors il n'y a point d'*acidum pingue* qui puisse s'unir à la terre : elle se précipite en terre calcaire.

Il serait trop long de suivre M. Meyer dans la comparaison qu'il fait de l'*acidum pingue* avec la matière du feu, celle de la lumière, la matière électrique, le phlogistique. Je me jetterais d'ailleurs dans des détails trop éloignés de mon objet. Ce chimiste, il faut l'avouer, s'est un peu abandonné à la propension qu'ont tous ceux qui croient avoir découvert un nouvel agent, et qui l'appliquent indistinctement à tout.

CHAPITRE XII.

DÉVELOPPEMENT DE LA THÉORIE DE M. BLACK SUR L'AIR FIXE OU FIXÉ, PAR M. JACQUIN.

La doctrine anglaise, attaquée par M. Meyer, ne tarda pas à trouver un défenseur. M. Jacquin, professeur de botanique à Vienne, publia, en 1769, en sa faveur, une dissertation latine intitulée : *Examen chimique de la doctrine de M. Meyer, de son* acidum pingue, *et de la doctrine de M. Black sur les phénomènes de l'air fixe ou fixé à l'égard de la chaux.* Cette dissertation, sans avoir beaucoup ajouté à ce qu'avaient fait MM. Black et Macbride, peut être regardée comme un excellent ouvrage par la méthode et par la clarté avec laquelle les faits y sont présentés, par le choix des expériences qu'elle contient, par la simplicité et la justesse des procédés, enfin, par la bonne manière de philosopher qu'on y remarque.

La première observation qui frappe M. Jacquin, c'est que la chaux vive perd, par la calcination, près de la moitié de son poids. Cette singularité, qui rendait suspecte à ses yeux l'opinion de M. Meyer, l'engagea à faire la calcination de la pierre à chaux dans des vaisseaux fermés : il prit, à cet effet, une cornue de grès très-propre à résister à l'action du feu, il y mit trente-deux onces de pierre à chaux, il y adapta un grand récipient tubulé, et procéda à la distillation.

D'abord il n'employa qu'un feu modéré, et il n'obtint que du flegme; mais bientôt, ayant poussé le feu plus vivement, il commença à se dégager une vapeur élastique en très-grande abondance, qui continua de sortir pendant une heure et demie, avec sifflement par la tubulure du récipient : cette vapeur, suivant M. Jacquin, n'était autre chose que de l'air. L'opération finie, il ne se trouva plus dans la cucurbite que dix-sept onces de terre calcaire dans l'état de chaux, et, dans le récipient, deux onces d'un flegme contenant un léger vestige d'alcali volatil. Les treize onces manquantes, M. Jacquin les attribue à l'air; d'où il suivrait, selon lui, que la pierre à chaux contient six ou sept cents fois son volume d'air.

Plusieurs autres expériences de M. Jacquin, rapportées à la suite de celle-ci, ont pour objet de prouver que la pierre à chaux ne devient chaux qu'en proportion de la quantité de fluide élastique qui en est dégagé, et que si, par exemple, on ne lui enlève que son flegme, et qu'on arrête le feu, la pierre à chaux se trouve dans la cornue à peu près dans le même état qu'elle y avait été mise. Ce qui prouve encore mieux, suivant M. Jacquin, que ce qui constitue la chaux n'est pas le dépouillement d'eau seulement, c'est que, si, au lieu d'interrompre l'opération lorsque l'air commence à se dégager, on la continue plus longtemps, la pierre à chaux est réduite en chaux à sa surface sans l'être dans son intérieur.

Ces premières expériences conduisent M. Jacquin à des réflexions sur la manière dont l'air peut exister dans les corps; il distingue en eux l'air de porosité et celui de composition. Le premier peut se rendre sensible par la seule expérience de la machine pneumatique; celui, au contraire, qui est combiné, est dans un état de division, de dissolution, qui ne lui permet plus de jouir de son élasticité.

On sait que la chaux est susceptible de se dissoudre dans l'eau; que cette eau, exposée à l'air, donne une pellicule qui n'est plus de la chaux, mais une terre calcaire qui fait effervescence avec les acides. M. Jacquin pense, avec tous les disciples de M. Black, que cette substance n'est autre chose que de la chaux qui a repris l'air dont elle avait été dépouillée, et il fait voir qu'elle reprend en proportion le poids qu'elle avait perdu par la calcination. Cette crème de chaux, calcinée de nouveau, reperd les $\frac{13}{31}$ de son poids; il s'en dégage de l'air pendant la calcination: en un mot, tout annonce qu'elle avait repassé à l'état de pierre à chaux.

M. Jacquin examine ensuite l'action de l'eau sur la chaux; il fait voir qu'elle l'éteint sans lui rendre l'air, de sorte qu'on peut garder de la chaux sous l'eau autant de temps qu'on voudra, sans qu'elle cesse d'être chaux, pourvu qu'on garantisse la surface de l'eau du contact de l'air libre; autrement tout se convertirait successivement et avec le temps en crème de chaux. Il fait voir également que, si l'on évapore de l'eau de chaux dans un appareil distillatoire, la terre qui reste dans la cucurbite est encore de la chaux, et non pas de la terre calcaire. Toutes ces expériences prouvent encore que ce n'est point l'absence ou la présence de l'eau qui constitue l'état de chaux ou de terre calcaire.

M. Jacquin passe ensuite en revue toutes les expériences de MM. Black et Macbride: il y en ajoute de nouvelles dans les mêmes vues. Il fait voir que tout mélange de craie, ou d'un alcali ordinaire, avec un acide, produit un air qui a la propriété de précipiter l'eau de chaux, c'est-à-dire de s'unir avec la chaux dissoute dans l'eau, de la convertir en terre calcaire, de la rendre insoluble, et de la faire cristalliser sur-le-champ. L'air qui sort de la pierre à chaux, pendant qu'on la calcine, a la même propriété.

M. Jacquin oppose ces expériences et toutes celles de MM. Black et Macbride à la théorie de M. Meyer, et il tire, de presque toutes, des objections qui lui paraissent insolubles.

M. Jacquin avait observé plus haut que, toutes les fois que l'air se dissolvait, se combinait avec quelques substances, il y avait, comme dans toutes les combinaisons chimiques : 1° un point de saturation; 2° un certain degré d'adhérence plus ou moins grand, en raison de la différence d'affinité qu'il avait avec ces différentes substances. Il applique ces réflexions de la manière la plus claire à la formation des alcalis caustiques; il prétend que la chaux n'agit sur eux qu'en vertu de la plus grande analogie que l'air fixe a avec elle, et il établit même comme principe, avec MM. Black et Macbride, que la chaux, la pierre à cautère, et tous les caustiques de ce genre, n'agissent si puissamment sur les matières animales qu'en leur enlevant l'air dont ils sont extrêmement avides, et que, comme cet air est essentiel à leur combinaison, il en résulte une décomposition.

M. Jacquin a également répété les expériences de MM. Black et Macbride sur les moyens de faire de la chaux par la voie humide. Si l'on combine de la terre calcaire avec de l'acide nitreux dans une bouteille à long col, on s'aperçoit, après l'effervescence, que la craie a perdu près de la moitié de son poids, c'est-à-dire qu'elle a perdu tout l'air qui la constituait terre calcaire; elle est alors dans l'état de la chaux : si l'on veut l'obtenir seule dans le même état, et séparée de l'acide nitreux, il ne s'agit que de la précipiter par un alcali caustique; la terre qui reste, édulcorée, est une véritable chaux soluble dans l'eau.

Cette dissertation de M. Jacquin, comme on l'a déjà dit, ne contient qu'un petit nombre de vérités neuves; le fond en appartient presque entièrement à M. Black et à M. Macbride; mais on trouve dans ses expériences beaucoup plus d'ordre que dans celles des deux auteurs anglais, et on peut la regarder comme un traité complet de la causticité de la chaux et des alcalis dans l'hypothèse de M. Black. La crainte de tomber dans des répétitions ne m'a pas permis de faire valoir une infinité de détails très-intéressants qui constituent une partie du mérite de cet ouvrage, et qui annoncent la plus grande clarté dans les idées, et beaucoup de méthode dans la manière de les rendre.

CHAPITRE XIII.

RÉFUTATION DE LA THÉORIE DE MM. BLACK, MACBRIDE ET JACQUIN.

PAR M. CRANS.

La mort venait d'enlever M. Meyer aux savants, lorsque l'ouvrage de M. Jacquin parut; mais sa doctrine avait déjà fait de rapides progrès en Allemagne: elle y avait été adoptée par des chimistes de réputation, et on avait commencé à l'enseigner publiquement dans les écoles. L'ouvrage de M. Jacquin n'y fut donc pas accueilli, et, dès 1770, M. Crans, médecin de S. M. le roi de Prusse, publia contre lui, à Leipsick, un ouvrage latin intitulé : *Réfutation de l'examen chimique de la doctrine de Meyer sur l'*acidum pingue, *et de la doctrine de Black sur l'air fixe, relativement à la chaux vive.* In-8° de 212 pages.

Je sortirais des bornes que je me suis prescrites, si j'entrais ici dans le détail de toutes les expériences rapportées par M. Crans; elles sont très-nombreuses; je m'attacherai seulement à donner une idée des principales, et je choisirai surtout celles qui semblent porter le plus directement atteinte à la doctrine de l'air fixe.

M. Crans examine d'abord quelle est l'action du feu sur la pierre à chaux. Il convient, avec les disciples de M. Black, que cette substance perd au feu une quantité considérable de son poids; mais il attribue cette perte à la grande quantité d'eau qu'elle contenait, et qui a été chassée par la violence du feu. C'est également à l'eau réduite en vapeurs, à l'eau dans l'état d'expansion, qu'il attribue, pour la plus grande partie, ce dégagement élastique observé par M. Jacquin, pendant la calcination de la pierre à chaux dans les vaisseaux fermés : il n'apporte point, au surplus, de preuve très-décisive de cette assertion.

La pierre à chaux, après la calcination, n'est point, suivant M. Crans, dépouillée de la propriété de faire effervescence avec les acides, comme le prétendent les disciples de M. Black, et il invoque, à cet égard, le témoignage de MM. Duhamel, Geoffro., Homberg et Pott, qui tous ont annoncé que la chaux faisait effervescence avec les acides; il y joint différentes expériences qui lui sont propres; il les a faites sur de la chaux dans différentes circonstances, et qui surtout avait été scrupuleusement préservée du contact de l'air: il a toujours observé de l'effervescence.

Il objecte, à cette occasion, que, si la chaux ne différait de la pierre calcaire qu'en ce qu'elle est privée d'air, et par la grande affinité qu'elle a avec ce même air, elle devrait réabsorber, en peu de temps, à l'air libre, tout l'air dont elle a été privée, et redevenir terre calcaire; cependant il a observé que la chaux pouvait se conserver très-longtemps à l'air sans cesser d'être chaux; il assure même qu'au bout d'un laps de temps assez considérable, elle acquiert plus de causticité.

Après avoir examiné les phénomènes que présente la pierre calcaire dans sa calcination, M. Crans passe à l'extinction de la chaux. Il observe que ce gonflement subit, cette chaleur très-considérable qui s'observe dans cette opération, et qui est une conséquence si naturelle du système de M. Meyer, est absolument inexplicable dans l'hypothèse de M. Black; qu'on n'explique pas mieux dans cette hypothèse pourquoi la pierre calcaire se dissout presque sans chaleur dans l'acide nitreux, tandis que la dissolution de la chaux dans le même acide occasionne une chaleur supérieure au degré de l'eau bouillante; qu'enfin les partisans de l'air fixe ne peuvent rendre aucune raison satisfaisante de cette vapeur âcre et corrosive qui s'exhale de la chaux et qui fait tousser, du danger des bâtiments nouvellement enduits de chaux, non plus que d'une infinité d'autres effets.

M. Crans examine ensuite les phénomènes que présente la chaux dans sa dissolution par l'eau, et dans sa cristallisation. On a vu plus haut que la pellicule qui se forme à la surface de l'eau de chaux, lorsqu'elle a été quelque temps exposée à l'air, et qu'on connaît en chimie sous le nom de *crème de chaux*, n'était autre chose, suivant M. Jacquin, qu'une chaux qui avait repris de l'air; qui, par cette union, était redevenue terre calcaire, c'est-à-dire insoluble dans l'eau, susceptible d'effervescence; en un mot, telle qu'elle était avant la calcination. M. Crans prétend, au contraire, avec M. Meyer, que la crème de chaux n'est autre chose qu'une chaux qui a perdu le principe caustique, autrement l'*acidum pingue;* il assure avoir souvent vu cette substance se former au fond de la liqueur, et non pas à sa surface; qu'il s'en dépose sur les parois intérieures du vase et dans les endroits où la chaux n'a pu avoir le contact de l'air; enfin, qu'il s'en forme même pendant le temps que l'eau de chaux est couverte d'une pellicule qui intercepte toute communication avec l'air. Toute la chaux, d'ailleurs, suivant M. Crans, n'est point soluble dans l'eau; toute ne peut point être convertie en crème, ce qui devrait suivre des principes de M. Black et de ceux de ses disciples.

M. Crans n'abandonne l'eau de chaux qu'après s'être étendu très au long sur ses propriétés, et il tire de presque toutes des objections contre le système de M. Black. L'eau de chaux dissout le soufre, le camphre, les résines, à peu près comme l'esprit-de-vin; les disciples de M. Black, pour raisonner conséquemment, devraient donc aller jusques à dire que c'est en enlevant l'air de ces substances qu'elle les rend solubles dans l'eau, comme ils le disent de la terre calcaire convertie en chaux; mais alors ils se trouveraient dans la nécessité de dire que l'esprit-de-vin ne dissout les résines qu'en leur enlevant l'air qu'elles contiennent; ce qui les jetterait, suivant M. Crans, dans un labyrinthe de difficultés, peut-être même d'absurdités.

Si c'était d'ailleurs, ajoute M. Crans, l'absence de l'air qui constituât la causticité, il s'ensuivrait que tous les sels neutres devraient être caustiques, puisque l'air a été chassé de leur combinaison par l'effervescence; nous voyons cependant qu'ils sont plus doux que ne l'étaient séparément chacun des êtres dont ils sont composés.

M. Crans passe ensuite à la dissolution, soit de la pierre calcaire, soit de la chaux, dans les acides. Il observe qu'on peut à volonté avoir, dans ces opérations, de l'effervescence, ou n'en point avoir. L'effervescence est très-vive, si l'on emploie un acide médiocrement concentré ; elle est nulle, si ce même acide est étendu dans une grande quantité d'eau : cependant, dit M. Crans, si l'air fixe est un des principes constituants des terres et pierres calcaires, pourquoi ne se développe-t-il pas dans cette dernière circonstance, et, s'il se développe, que devient-il, puisqu'il ne s'annonce par aucune effervescence?

M. Crans fait voir ensuite qu'on peut avoir une effervescence vive, en mêlant ensemble de la lessive caustique avec un acide, quoique, suivant MM. Black et Jacquin, elle ne contienne pas d'air : il ne s'agit que de verser doucement de la lessive caustique sur une dissolution de terre calcaire, l'alcali coule le long des parois de la bouteille et gagne le fond : si l'on agite ensuite précipitamment ces deux liqueurs pour les mêler ensemble, il se fait une vive effervescence, et la précipitation s'opère en un instant.

MM. Black et Jacquin avaient prétendu qu'on pouvait faire de la chaux vive par la voie humide, en précipitant par un alcali caustique la terre calcaire dissoute dans l'acide nitreux; en effet, la terre calcaire ne trouvant, suivant eux, dans cette opération, aucun corps qui puisse lui fournir de l'air, elle doit rester dans l'état de chaux. M. Crans nie ces expériences, et leur en oppose de contraires : il prétend que, de quelque façon qu'il ait opéré, la terre calcaire précipitée d'une dissolution par l'acide nitreux, soit qu'il ait employé l'alcali fixe ordinaire, soit qu'il ait employé l'alcali caustique, ne lui a présenté aucune différence; que, dans tous les cas, cette terre faisait effervescence avec les acides, et n'était autre chose qu'une terre calcaire ordinaire, si ce n'est cependant qu'elle avait un peu de solubilité dans l'eau, et qu'elle verdissait le sirop violat. Il a essayé de dissoudre la chaux elle-même dans l'acide nitreux et de la précipiter par un alcali caustique; quoiqu'il n'y eût, suivant M. Black, aucune substance dans cette combinaison qui pût fournir de l'air à la chaux, il n'en a pas moins obtenu une véritable terre calcaire, qui faisait effervescence avec les acides.

Un autre genre de preuve dont se prévalent M. Black et ses disciples, c'est la précipitation de l'eau de chaux par l'air dégagé, soit d'une effervescence, soit d'une fermentation; mais M. Crans prétend qu'il n'est point du tout prouvé que cette précipitation soit due à l'air; qu'il est d'autres causes qui peuvent produire un effet semblable, et que, quand l'air ne produirait d'autre effet, en se combinant avec l'eau, que de la rendre plus légère, cette seule circonstance suffirait pour occasionner la précipitation. D'ailleurs, ajoute M. Crans, comment concevoir que l'air qui, dans les eaux aérées, est le dissolvant du fer, ait ici une propriété toute contraire, celle de rendre la chaux insoluble dans l'eau[1]?

M. Crans s'occupe ensuite des arguments que les partisans de l'air fixe tirent de la perte de poids qu'éprouve la pierre calcaire quand on la dissout dans les acides. MM. Black et Jacquin avaient avancé que, lorsqu'on dissolvait de la pierre calcaire dans un acide, on éprouvait une diminution de poids égale à celle qui aurait eu lieu si la même pierre eût été réduite en chaux par la calcination; que, dans les deux cas, l'air fixe contenu dans la pierre calcaire s'échappait, dans le premier, par l'effervescence, et, dans le second, parce qu'il était chassé par la violence du feu.

M. Crans oppose encore ici expérience à expérience; il a fait dissoudre des pierres calcaires d'un grand nombre d'espèces dans de l'acide nitreux; il y a fait dissoudre même de la chaux, en tenant un compte exact du poids et de l'acide et des terres mises en dissolution: il a communément observé dans ces opérations des diminutions de poids assez notables, mais sans aucune règle; quelquefois la chaux a paru diminuer plus que la pierre calcaire, d'autres fois la pierre calcaire, en se dissolvant, a paru recevoir quelque augmentation de poids; tous ces résultats sont directement contraires à la doctrine de M. Black. On peut au surplus reprocher à M. Crans de s'être servi, dans ces dernières expériences, de vaisseaux trop bas, et surtout d'avoir opéré sur des quantités si faibles, que l'erreur seule des balances peut avoir occasionné la plus grande partie des inégalités qu'il a remarquées.

[1] M. Crans pouvait ajouter que les eaux aérées dissolvent même la terre calcaire.

Après quelques autres objections dont je supprime le détail, M. Crans passe à la décomposition du sel ammoniac par la chaux. Il observe d'abord que, si, dans l'hypothèse de M. Black, le feu chasse de la pierre à chaux, pendant la calcination, l'air fixe dont elle était saturée, il est impossible que, dans la décomposition du sel ammoniac par la chaux qui se fait dans une retorte et à un degré de feu assez considérable, la chaux s'empare de l'air de l'alcali volatil, et il prétend que, loin d'en absorber dans cette circonstance, la chaux devrait, au contraire, essuyer une nouvelle calcination et perdre celui qui pouvait encore lui rester : mais, en admettant même l'hypothèse de M. Black, la chaux, suivant M. Crans, après cette opération, devrait cesser d'être chaux; cependant il assure que le résidu de la décomposition du sel ammoniac par la chaux lui a toujours offert une terre calcaire dans l'état de chaux, et, par conséquent, privée d'air; d'où il conclut qu'elle n'a point enlevé à l'alcali volatil celui qu'il contenait, et que ce n'est pas par conséquent le défaut d'air qui constitue sa causticité; enfin, il prétend que le sel ammoniac contient beaucoup d'air; que cet air devrait servir, dans l'hypothèse de M. Black, à saturer la chaux, et qu'il ne devrait plus rester à cette dernière aucune action sur l'alcali volatil.

M. Crans ajoute à ces expériences que, si les caustiques exerçaient véritablement leur action en absorbant de l'air, toutes les fois qu'on expose des animaux sous la machine pneumatique, ils devraient être cautérisés; que l'enfant devrait cautériser les mamelles de sa nourrice, etc. puisque, dans tous ces cas, il y a privation d'air.

M. Crans rapporte encore une suite d'expériences assez nombreuses faites avec l'appareil de M. Macbride; on se rappelle qu'il consiste dans deux bouteilles qui communiquent ensemble par le moyen d'un siphon de verre : on met dans l'une, soit une matière susceptible de fermentation, soit un mélange susceptible d'effervescence; on place dans l'autre les liqueurs ou matières qu'on veut exposer à l'action de l'air fixe qui s'en dégage. M. Crans a fait successivement entrer en effervescence, dans l'une de ces deux bouteilles, de l'acide vitriolique et de l'acide nitreux avec de l'alcali fixe; de l'eau de chaux, placée dans l'autre bouteille, a été précipitée, comme l'annoncent MM. Macbride et Jacquin : M. Crans a produit le même effet avec de l'air qui avait servi à la respiration.

M. Crans a essayé de soumettre au même appareil de la lessive caustique faite à la façon de M. Meyer; l'air dégagé d'une effervescence en a précipité une poudre blanche qui s'est rassemblée au fond de la bouteille; la liqueur a aussi acquis, au bout d'un certain temps, la propriété de faire effervescence avec les acides; mais il a observé en même temps qu'exposée à l'air libre elle reprenait, à peu près dans le même intervalle de temps, cette propriété; qu'elle la reprenait même beaucoup plus vite, si on la mettait sur un feu modéré, et que ce n'était que du moment qu'elle commençait à fumer qu'elle acquérait la propriété de faire effervescence; d'où M. Crans conclut qu'elle n'acquiert cette propriété qu'autant que le principe caustique qui lui était uni, qu'autant que l'*acidum pingue* s'est évaporé.

M. Crans a observé la même chose à l'égard de l'alcali volatil caustique dégagé du sel ammoniac. Il en a mis une portion sur un poêle, une autre portion sur des cendres chaudes; enfin, il a soumis une troisième portion à l'appareil de M. Macbride; au bout de huit heures toutes les trois faisaient effervescence, en raison, dit M. Crans, de l'évaporation de l'*acidum pingue :* l'appareil de M. Macbride n'opère donc, suivant lui, dans ces expériences, que ce qui se serait opéré tout naturellement à l'air libre.

M. Crans a poussé plus loin ses recherches, et il a fait un grand nombre d'expériences dans le même appareil, en tenant les vaisseaux clos, et en observant le poids des matières employées avant et après l'opération. Il a toujours eu une perte considérable de poids dans la bouteille où se faisaient les mélanges qui devaient entrer en effervescence; il a obtenu constamment, au contraire, une augmentation de poids de quelques grains dans l'autre bouteille.

La lessive caustique de M. Meyer, soumise à cette épreuve, a acquis une augmentation de poids de 10 grains.

Du sel de tartre en *deliquium* a acquis 5 grains.

De l'esprit de corne de cerf a acquis jusques à 22 grains.

De l'esprit de sel ammoniac ordinaire n'a acquis que 3 grains.

De l'alcali volatil caustique a acquis 20 grains.

M. Crans a répété ces mêmes expériences en laissant ouverte la bouteille de réception, tandis que, dans les expériences précédentes, elle avait été exactement fermée.

Le sel de tartre, exposé de cette manière dans la bouteille de réception, a augmenté de 5 grains, et il s'est formé quelque peu de sel concret au fond du vase.

La lessive caustique de M. Meyer, au contraire, a perdu 2 grains en trois heures, et elle a déposé un sédiment.

La liqueur ensuite et le sédiment qui était au fond faisaient effervescence avec les acides.

L'alcali volatil ordinaire a perdu quelque chose de son poids.

L'alcali volatil caustique a acquis, au contraire, quelques grains; il n'était plus alors caustique, mais entièrement adouci, et faisait effervescence.

Ces augmentations de poids, observées dans la plupart des expériences faites avec les alcalis caustiques, et en général presque toutes celles faites dans l'appareil de M. Macbride, semblent fournir des arguments très-forts en faveur de l'opinion de M. Black. Cependant M. Crans n'est point embarrassé pour y répondre : il convient bien que l'air fixe se combine avec les liqueurs mises dans la bouteille de réception, et que c'est à cette cause qu'est due l'augmentation de poids qu'elles éprouvent; mais il ajoute que ces liqueurs s'en imprégnent de la même manière que de l'eau simple; il nie qu'il y ait combinaison, que ce soit à cette combinaison que soit dû l'adoucissement des sels caustiques, et il persiste à croire que ces changements dépendent de l'évaporation du *causticum*, de l'*acidum pingue*, qui neutralisait l'alcali.

Tels sont à peu près les principaux arguments que contient l'ouvrage de M. Crans contre la doctrine de M. Black. J'ai fait tout ce qui était en moi pour les présenter dans toute leur force : il eût peut-être été à souhaiter que l'auteur les eût resserrés davantage ; qu'il eût mis plus de choix dans ses expériences, et surtout qu'il eût écarté des personnalités contre M. Jacquin, qui sont très-étrangères à son objet.

CHAPITRE XIV.

SENTIMENT DE M. DE SMETH SUR LES ÉMANATIONS ÉLASTIQUES QUI SE DÉGAGENT DES CORPS ET SUR LES PHÉNOMÈNES DE LA CHAUX ET DES ALCALIS CAUSTIQUES.

Tandis que M. Crans attaquait la doctrine de M. Black sur l'air fixé dans les terres calcaires et dans les alcalis; tandis qu'il ébranlait les fondements sur lesquels cette doctrine était établie, deux savants, M. de Smeth à Utrecht, et M. Priestley à Londres, s'occupaient chacun de leur côté à éclaircir cette matière par de nouvelles expériences. Ils publièrent presque en même temps deux dissertations pleines de faits intéressants et de découvertes importantes. Quoique les expériences de M. Priestley aient été lues dans les séances de la Société royale de Londres quelques mois avant la publication de l'ouvrage de M. de Smeth, et qu'elles aient acquis par là une antériorité de date très-marquée, cependant, comme M. Priestley a reculé beaucoup plus loin les bornes de nos connaissances sur cet objet, et qu'on lui est redevable de quelques faits qui semblent découvrir un nouvel ordre de choses, la marche naturelle des idées m'engage à rendre compte d'abord des travaux de M. de Smeth; je terminerai ensuite cet essai historique par ceux de M. Priestley.

La dissertation de M. de Smeth est écrite en latin et sous forme de thèse; elle a été imprimée à Utrecht dans le mois d'octobre 1772, sous le titre de *Dissertation sur l'air fixe;* petit in-quarto de cent une pages.

M. de Smeth y établit d'abord que nous ne connaissons l'air commun, celui qui compose notre atmosphère, que par quelques effets physiques, mais que nous n'avons encore aucune idée de sa nature, de sa composition, de sa combinaison chimique; d'où il conclut qu'il est contre les principes de la saine philosophie d'affirmer qu'une substance est de l'air, parce qu'elle présente une ou deux propriétés qui lui sont communes avec lui; que tous ceux qui ont parlé des émanations élastiques qui se dégagent des corps, soit pendant la fermentation, soit pendant la combustion, soit enfin pendant l'effervescence d'un acide avec une substance alcaline, sont tombés dans cette erreur, qu'ils n'ont considéré que la subtilité de ces émanations, leur élasticité, leur pesanteur spécifique; mais qu'ils semblent avoir oublié et mis de côté plusieurs autres propriétés qui ne sont pas moins essentielles à l'air; que, suivant cette manière de philosopher, de l'eau réduite en vapeurs devrait aussi porter le nom d'air; qu'on devrait donner le même nom au fluide électrique et à une infinité de vapeurs incoercibles qui n'ont de l'air que son élasticité et sa salubrité; enfin, M. de Smeth va jusqu'à dire que l'élasticité est un caractère très-équivoque de l'air; qu'on peut en dire autant en particulier de chacune des propriétés que nous lui connaissons; et il se propose de le prouver dans la suite de son ouvrage.

Après avoir fait voir, par des expériences déjà connues, que l'air est un véritable dissolvant dans le sens même que les chimistes donnent à ce nom; qu'il dissout l'eau et les vapeurs, de la même manière que l'eau dissout les sels, et qu'il retient ces corps suspendus, contre les lois de l'hydrostatique, M. de Smeth passe à des expériences qui, si elles ne sont pas entièrement neuves, sont au moins très-peu connues, sur l'effet de l'air sur quelques corps.

M. Szathmar avait fait voir, en 1771, dans une dissertation sur le pyrophore ou phosphore de M. Homberg, que cette substance augmentait sensiblement de poids pendant le temps même qu'elle fumait, qu'elle s'échauffait, et qu'elle s'enflammait: M. de Smeth a examiné concurremment avec M. Hann, professeur en médecine en l'université d'Utrecht, les circonstances de ce phénomène, et voici à peu près quel a été le résultat de leurs expériences.

M. Hann mit, le 22 novembre 1771, 272 grains de pyrophore sur une balance exacte et sensible; ce pyrophore s'enflamma bientôt, et en une demi-heure son poids était augmenté de 20 grains; le lendemain, il était augmenté de 21 grains: sept jours après, il en avait encore acquis 15; et l'augmentation totale était alors à peu près d'un cinquième; après quoi, il n'y eut plus d'augmentation sensible, si ce n'est en raison des variations de froid, de chaud et d'humidité de l'atmosphère.

200 grains de pyrophore, qui avait été gardé longtemps et qui ne s'enflammait plus de lui-même, ayant été soumis à la même épreuve, au bout de trois jours il avait augmenté d'un dixième de son poids : M. de Smeth observe que l'augmentation n'a été plus forte dans cette expérience que parce que, n'y ayant point eu d'inflammation, il y a eu moins de chaleur, et, par conséquent, moins de parties dissipées et réduites en vapeurs.

Ces observations sur l'augmentation de poids du pyrophore ont conduit M. de Smeth à celle qui a lieu sur la chaux vive[1] : 12 onces de cette substance, exposées à l'air sur une balance, ont augmenté de poids presque à vue d'œil pendant le premier mois : cette vertu attractive a diminué ensuite insensiblement, et, au bout d'un an ou de treize mois, elle était absolument nulle. La chaux, pendant cet intervalle, avait acquis une augmentation de poids de 4 onces 3 gros 40 grains: elle était réduite en poudre fine, et ne dégageait plus l'esprit volatil du sel ammoniac que sous forme concrète.

La totalité du poids de cette chaux était donc, après treize mois, de 16 onces 3 gros 40 grains. M. de Smeth en pesa séparément 12 onces 3 gros 40 grains. Après quoi il fit le raisonnement qui suit : Si 16 onces 3 gros 40 grains de chaux éteinte à l'air contiennent 4 onces 3 gros 40 grains de matière attirée de l'atmosphère, combien 12 onces 3 gros 40 grains doivent-elles en contenir? Il trouva par le calcul que cette quantité devait être de 3 onces 2 gros 54 grains $\frac{1}{7}$. Il était naturel de croire que cette matière, ainsi attirée de l'atmosphère, se dissiperait aisément par le feu; pour s'en assurer, il mit ces 12 onces 3 gros 40 grains de chaux dans une retorte de terre, telle qu'on a

[1] Voy. ci-après les expériences de M. Duhamel sur le même objet.

coutume de les employer pour la distillation du phosphore, et il soutint le feu deux jours à un degré de chaleur très-violent : il passa dans le récipient, pendant cette opération, 1 once 4 gros 40 grains de flegme pur, et dans lequel, par toutes sortes d'épreuves, il ne put découvrir aucun vestige de matière saline. Quelque attention que M. de Smeth eût apportée, il ne put apercevoir, pendant tout le temps que dura l'opération, aucun dégagement de matière élastique; mais, comme, après que le feu fut éteint, la cornue se trouva fêlée, on ne peut rien conclure de précis de cette expérience. La chaux, ayant été pesée au sortir de la cornue, se trouva du poids de 10 onces 5 gros; ce qui, joint avec 1 once 4 gros 40 grains de flegme, trouvés dans le récipient, donne un total de 12 onces 1 gros 40 grains. La quantité de matière employée était de 12 onces 2 gros 40 grains. d'où il suit qu'il n'y avait eu que 1 gros de perte pendant la distillation. Il est donc clair que, s'il y a eu dégagement d'air, il n'a pas été, à beaucoup près, aussi considérable qu'il aurait dû l'être dans le système de M. Black; on se rappelle, en effet, que, suivant ce dernier, il était de près de moitié du poids de la terre calcaire employée. M. de Smeth assure, au surplus, que ce qui restait dans la cornue était de véritable chaux vive.

Cette expérience donne lieu à M. de Smeth de remarquer que la chaux éteinte à l'air libre, et calcinée ensuite dans des vaisseaux fermés, ne reperd pas tout ce qu'elle avait attiré de l'atmosphère : on a vu, en effet, que la chaux éteinte contenait, avant qu'elle eût été soumise à l'appareil distillatoire, 3 onces 2 gros 54 grains $\frac{1}{7}$ de matière attirée de l'atmosphère; elle n'a perdu par la distillation que 1 once 7 gros 40 grains : c'est donc 1 once 3 gros 14 grains $\frac{1}{7}$ que le degré de feu employé n'avait pu en séparer. M. Duhamel avait observé la même chose dans un mémoire sur la chaux, lu à l'Académie des sciences en 1747, et qui se trouve dans le recueil de cette année; je rendrai compte incessamment de ces expériences; je n'ai différé jusques ici d'en parler que pour ne point interrompre le fil de ce que j'ai à dire sur l'histoire de l'air fixe.

Cette circonstance singulière a engagé M. de Smeth à répéter cette expérience dans les vaisseaux ouverts : il a mis, à cet effet, dans un creuset, les 4 onces qui lui restaient de cette même chaux qui s'était éteinte d'elle-même à l'air; elle devait contenir, dans la proportion ci-dessus, 8 gros 47 grains de matière attirée de l'atmosphère : cependant, cette chaux ayant été poussée à un feu très-violent dans un fourneau à vent, elle n'a reperdu que 7 gros 36 grains; d'où il suit qu'elle avait encore conservé 1 gros 11 grains de la matière qu'elle avait attirée de l'atmosphère. Cette chaux, exposée de nouveau à l'air, a repris une augmentation de poids de 4 gros 28 grains.

M. de Smeth conclut de ces expériences :

1° Que la chaux attire de l'atmosphère une substance qu'il n'est pas possible d'en chasser;

2° Que c'est à l'eau seule qu'elle doit la plus grande partie de l'augmentation de poids qu'elle acquiert à l'air, et que ce dernier fluide n'y concourt pas sensiblement par la combinaison de sa propre substance. Il pense avec M. Szathmar qu'il en est de même de l'augmentation de poids du pyrophore, qu'elle n'est également due qu'à la seule humidité. Il est aisé de voir que ces assertions sont directement contraires au système de M. Black et à celui de ses disciples.

Après quelques réflexions sur la manière dont l'air existe dans l'eau, et sur la cause de l'ébullition de ce fluide, M. de Smeth entreprend de prouver que, si les alcalis caustiques ne font point d'effervescence avec les acides, il est probable que ce n'est point au défaut d'air ou de matière élastique qu'on doit attribuer ce phénomène, et voici la manière dont il raisonne.

« M. Black et les partisans de l'air fixe prétendent que les alcalis « caustiques ne font plus d'effervescence avec les acides, parce que la « chaux, qui est très-avide d'air fixe, les a dépouillés de celui qu'ils « contenaient. Si ce principe était vrai, il s'ensuivrait nécessairement « deux choses :

« 1° Que les alcalis caustiques devraient manquer entièrement de « la matière propre à l'effervescence ou à l'ébullition;

« 2° Qu'en leur rendant une quantité suffisante d'air, ils devraient « recouvrer sur-le-champ la propriété de faire effervescence : or l'ex- « périence, ajoute M. de Smeth, démontre que ces deux conséquences « du système de M. Black sont également fausses; » et c'est ce qu'il entreprend de prouver par les expériences qui suivent.

PREMIÈRE EXPÉRIENCE.

Il a placé, sous le récipient d'une machine pneumatique, de l'esprit volatil de sel ammoniac tiré par la chaux; à l'appareil était joint un baromètre d'épreuve construit de manière que le mercure s'élevait dans le baromètre à chaque coup de piston, au lieu de descendre, comme dans les machines pneumatiques usitées en France : dès que le mercure fut arrivé à la hauteur de 25 pouces, l'esprit volatil commença à bouillir très-vivement.

DEUXIÈME EXPÉRIENCE.

Ayant répété la même expérience avec de l'alcali volatil ordinaire, tiré du sel ammoniac par l'alcali fixe, et ayant fait même un vide beaucoup plus parfait, il n'a eu que quelques bulles presque imperceptibles.

TROISIÈME EXPÉRIENCE.

Il a mis sous le même récipient de la lessive des savonniers. Dès que le mercure fut arrivé à 19 pouces, elle commença à donner quelques bulles : ces bulles, insensiblement, devinrent semblables à des perles; elles ne venaient cependant pas crever à la surface; mais, lorsque le mercure fut parvenu jusqu'à la hauteur de 28 pouces $\frac{1}{4}$, elles devinrent beaucoup plus grosses, et elles parvenaient jusqu'à la surface, sans cependant la soulever; il y en avait un grand nombre qui demeuraient attachées aux parois intérieures du vase.

QUATRIÈME EXPÉRIENCE.

Les alcalis ordinaires, quelque longtemps qu'on les ait tenus dans le vide, n'ont jamais laissé échapper la moindre bulle, à moins qu'on ne les eût fortement échauffés.

M. de Smeth conclut de ces expériences que les alcalis caustiques ont plus de dispositions à l'ébullition que les alcalis ordinaires; mais il est aisé de s'apercevoir qu'il suppose que la propriété de faire effervescence dépend du même principe qui fait bouillir les liqueurs, ce qui n'est pas prouvé : j'aurai occasion, au surplus, de revenir quelque jour sur cet article.

M. de Smeth cherche à prouver ensuite que l'intromission de l'air dans les alcalis caustiques ne leur rend point la propriété de faire effervescence avec les acides; il a fait souder, pour le prouver, à une grosse boule de thermomètre, deux tubes de verres recourbés; il a empli la boule d'alcali volatil caustique, et a soufflé par l'un des tubes de manière à faire bouillonner l'air dans la liqueur; mais, quoiqu'il ait continué longtemps cette épreuve, l'alcali n'a pas acquis la propriété de faire effervescence.

Il a essayé de tenir de l'alcali caustique fixe et volatil dans la machine à condenser l'air décrite dans la physique de Gravesande, et il n'a point observé qu'ils éprouvassent de changement[1].

M. de Smeth conclut de ces expériences que la qualité non effervescente des alcalis caustiques vient plutôt d'une substance ajoutée que d'une substance retranchée; à moins, ajoute-t-il, que la chaux ne leur enlève une chose et ne leur en ajoute une autre, sur quoi il pense qu'il est très-difficile de prononcer.

M. de Smeth a aussi répété la plupart des expériences de M. Macbride sur l'effet que produit sur l'eau de chaux et sur les alcalis caustiques l'émanation des matières fermentantes ou des matières en effervescence; mais il a substitué à l'appareil de M. Macbride une simple cucurbite de verre, surmontée d'un chapiteau tubulé : il met dans le

[1] On voit que M. de Smeth suppose ici que le fluide élastique qui donne aux alcalis fixes et volatils la propriété de faire effervescence est le même que celui que nous respirons; ce qui est contraire à sa propre opinion, ainsi qu'on va le voir dans un moment.

fond de la cucurbite de la craie ou des sels alcalis; il verse dessus, par la tubulure, au moyen d'un entonnoir, un acide quelconque, et rebouche promptement la tubulure; enfin, il lie à l'extrémité du bec du chapiteau une fiole dans laquelle il met l'eau de chaux, l'alcali caustique et les autres matières qu'il veut exposer à l'émanation des matières en effervescence ou en fermentation.

De l'alcali volatil exposé, dans cet appareil, à l'émanation d'une effervescence occasionnée par la dissolution d'un alcali fixe, soit dans l'acide vitriolique, soit dans l'acide nitreux, soit dans l'acide marin, a acquis également, dans les trois cas, la propriété de faire effervescence, et a repris la forme concrète.

L'alcali fixe caustique est devenu effervescent dans le même appareil; mais il n'a pas cristallisé.

L'acide du vinaigre, combiné avec les différentes terres absorbantes, a produit le même effet.

La chaux vive ayant été substituée à la terre calcaire, sa combinaison avec les acides n'a point rendu aux alcalis caustiques la propriété de faire effervescence, et ne les a point fait cristalliser.

M. de Smeth a répété ces mêmes expériences avec du sucre et de l'eau qu'il avait mis à fermenter dans la même cucurbite; il a employé une autre fois de la farine de seigle étendue dans une certaine quantité d'eau : l'émanation qui se dégageait pendant que la fermentation était dans sa force produisait précisément les mêmes effets que celle des mélanges effervescents.

Toutes les fois que l'alcali volatil caustique a été soumis à cette épreuve, il s'est toujours fait, dans la partie supérieure de la bouteille qui le contenait, des concrétions d'alcali volatil de différentes formes et en végétation; on voyait paraître de ces mêmes concrétions dans la liqueur même; et, si la fermentation était vigoureuse, en deux ou trois heures l'opération était achevée et l'alcali volatil adouci.

M. de Smeth a encore observé que, dans cette même expérience, il s'élevait constamment de l'alcali volatil caustique un petit nuage qui se dirigeait vers le bec de l'alambic; qu'on observait en même temps un mouvement intestin dans la liqueur, proportionnel à peu près à l'épaisseur du nuage, et qui semblait se diriger vers le haut. Les cristaux d'alcali volatil que l'on obtient dans ces différentes opérations se sèchent aisément à l'air sur du papier à filtrer, et leur odeur n'est presque plus pénétrante.

Lorsque la fermentation est à sa fin, la vapeur élastique peut encore rendre aux alcalis caustiques la propriété de faire effervescence, mais elle n'a plus la force de les faire cristalliser.

L'eau de chaux exposée aux mêmes épreuves se trouble, et la chaux qu'elle contient se précipite.

M. de Smeth a essayé de faire putréfier de la viande dans le même appareil, et l'émanation qu'il a obtenue a de même précipité la chaux, et rendu aux alcalis la propriété de faire effervescence; les effets ont été seulement un peu plus lents. Quant à la propriété de faire cristalliser ces sels, il ne lui a pas été possible d'en juger, attendu qu'il s'élève des matières animales fermentantes des vapeurs humides qui auraient dissous le sel, dans la supposition même où il aurait été dans la disposition de cristalliser.

M. de Smeth se propose de prouver ensuite que les émanations élastiques qui se dégagent des matières fermentantes et des effervescences diffèrent essentiellement de l'air de l'atmosphère. Je vais exposer en peu de mots les différences principales qui caractérisent, suivant lui, ces émanations.

Premièrement, l'émanation des effervescences et des fermentations rend aux alcalis caustiques la propriété de faire effervescence avec les acides et fait cristalliser les alcalis volatils; or l'air de l'atmosphère, dans les mêmes circonstances, ne produit pas les mêmes effets.

Secondement, l'air de l'atmosphère soutient, nourrit, excite le feu; il concourt même si essentiellement à la flamme, qu'elle ne peut exister sans lui : l'air des effervescences, au contraire, et celui de la fermentation, est ennemi de la flamme et l'éteint sur-le-champ. M. de Smeth s'est assuré de ce fait par un grand nombre d'expériences; cette observation, d'ailleurs, est connue de tous ceux qui fabriquent du vin :

on sait que les lumières s'éteignent sur-le-champ dans les celliers où cette liqueur fermente, lorsque l'air n'est pas suffisamment renouvelé.

Troisièmement, l'air de l'atmosphère n'est pas moins nécessaire à l'entretien de la vie des animaux; celui, au contraire, de la fermentation leur est tellement nuisible, qu'il fait périr, comme un poison subtil, ceux qui le respirent en assez grande abondance; et c'est encore par cette cause qu'il arrive de fréquents accidents dans les celliers, quand on les ferme trop tôt après la vendange; aussi a-t-on soin de n'y entrer qu'avec précaution, même d'y descendre une lumière auparavant.

L'air qui émane des effervescences n'est pas moins funeste aux animaux que celui des fermentations : il en diffère cependant en ce qu'il n'occasionne pas d'ivresse, comme ce dernier, et en ce qu'il ne communique pas au corps la même vigueur, lorsqu'il est pris en petites doses.

Quatrièmement, l'air de l'atmosphère favorise la putréfaction plutôt qu'il ne l'arrête; l'émanation, au contraire, des fermentations, de même que celle des effervescences, est un puissant antiseptique, comme Boyle l'a reconnu le premier, comme M. Cotes l'a enseigné dans ses leçons, et comme M. Macbride l'a, depuis, confirmé par de nombreuses expériences.

Cinquièmement, l'émanation de la fermentation est quelquefois merveilleusement élastique; mais cette élasticité même n'est pas constante. Elle est d'abord très-considérable, elle languit ensuite; enfin elle devient tout à fait nulle. Il en est de même à peu près de l'émanation des effervescences. Quoique la cause de ces différences ne soit pas connue, on peut néanmoins la comparer à celle de l'eau, qui, tantôt, réduite en vapeurs, se dilate à un point singulier par la chaleur, et présente des phénomènes semblables à ceux de l'air, tantôt, refroidie et condensée, se réduit en une simple goutte d'eau.

Sixièmement, l'émanation de la fermentation est beaucoup plus subtile que l'air, elle passe à travers des corps qui lui auraient opposé un obstacle impénétrable : M. de Smeth n'a pu la retenir par le moyen du lut; une vessie mouillée, liée au goulot d'un vase qui contenait une matière en fermentation, ne s'est point enflée pendant le plus grand mouvement, quoiqu'il fût cependant certain, par d'autres expériences, qu'il se dégageait beaucoup de fluide élastique.

De toutes ces expériences et des réflexions qui les accompagnent, M. de Smeth conclut que c'est très-improprement qu'on a donné le nom d'*air fixe* à l'émanation de la fermentation et des effervescences: que cette substance est connue depuis longtemps; qu'elle a été observée par Van Helmont, sous le nom de *gas*, par Boyle, sous le nom d'*air factice*, et par les anciens, sous le nom d'*æstus;* que c'est elle qu'on a voulu désigner par l'air dangereux de l'Averne, par le souffle empesté des Furies; que c'est à elle qu'on doit rapporter la cause des funestes effets de la Grotte du Chien, et de quelques autres lieux souterrains.

Enfin M. de Smeth conclut que l'air fixe ou le *gas* n'est pas une seule et même substance; qu'il est, au contraire, très-varié, très-multiplié et très-différent de lui-même; que, loin d'être un élément particulier, un être simple, dans le sens que les chimistes donnent à ce mot, cette substance, au contraire, n'existait pas primitivement dans le corps dont elle se dégage; que c'est un *miasme* formé du *detritus* de la collision de toutes les parties solides et fluides; que c'est pour cela qu'il ne se produit jamais que dans les cas où les corps essuient des mouvements intestins violents, des chocs tumultueux, lorsque leurs parties s'arcboutent les unes contre les autres, s'altèrent, se brisent, s'atténuent, comme dans la fermentation, les effervescences, la combustion, etc. M. de Smeth croit en conséquence qu'on doit distinguer :

Gas vinificationis,
Gas acetificationis,
Gas septicum,
Gas salinum seu effervescentiarum,
Gas aquæ et terræ seu subterraneum.

Il n'assigne guère, au surplus, pour autoriser ces distinctions, que les odeurs, à l'exception cependant du *gas vinificationis*, qui produit sur l'économie animale des phénomènes particuliers.

M. de Smeth examine ensuite en peu de mots l'opinion de ceux qui pensent que l'air fixe est le lien universel des éléments, le ciment des corps. On conçoit aisément, d'après ce qui vient d'être exposé, que cette opinion n'est pas la sienne. Il ne nie pas que l'air fixe ne soit un antiseptique; mais il ne s'ensuit pas pour cela, suivant lui, ni que l'air fixe existât dans le corps dont il a été dégagé, ni qu'il y contribuât à la cohésion de ses parties et à leur état de salubrité; il observe d'ailleurs que la vertu antiseptique n'est pas particulière à l'air fixe: que tous les produits de la fermentation jouissent des mêmes propriétés: que le tartre, le vinaigre, l'esprit-de-vin, sont antiseptiques à un degré aussi éminent que l'air fixe; enfin, il ajoute qu'on pourrait appliquer à l'esprit-de-vin tout ce que les disciples de M. Black disent de l'air fixe; qu'on pourrait soutenir par les mêmes arguments qu'il est le ciment des corps, le lien des éléments, ce qui, cependant, serait absurde.

M. Macbride avait trouvé un nouvel argument en faveur de l'air fixe dans la manière d'agir des astringents : leur vertu antiseptique ne venait, suivant lui, que de la propriété qu'ils ont de resserrer les pores des corps, lorsqu'ils se putréfient, et de contrarier, par ce moyen, le dégagement de l'air fixe qui tend à s'échapper. M. de Smeth réfute cet argument, et prétend que nous sommes trop éloignés de connaître la manière d'agir des astringents pour qu'il soit possible d'en tirer la plus faible induction.

De tout son ouvrage, M. de Smeth conclut que la doctrine de l'air fixe n'est appuyée que sur des fondements incertains et débiles; que, de la manière qu'elle est présentée par ses partisans, elle ne peut soutenir un examen sérieux, et qu'elle ne sera que l'opinion du moment.

A cet examen du système de M. Black, M. de Smeth ajoute deux observations intéressantes sur l'air des puits d'Utrecht, et sur celui qui émane des charbons qui brûlent.

Les puits d'Utrecht ont entre 8 et 20 pieds de profondeur : on a coutume d'y établir des pompes pour en tirer l'eau; on les recouvre ensuite d'une espèce de voûte. Lorsque, au bout d'un certain temps, on ouvre ces puits, pour quelque cause que ce soit, il faut les laisser découverts pendant plus de douze heures avant que d'y descendre; quiconque y descendrait plus tôt s'exposerait à périr sur-le-champ. L'air de ces puits éteint les chandelles, comme celui qui a été tiré d'une effervescence ou d'une fermentation; il précipite de même la chaux de l'eau de chaux et la change en terre calcaire; en un mot, il a toutes les propriétés de ce qu'on appelle l'air fixe : l'eau qu'on tire de ces puits n'en est cependant pas moins salubre.

M. de Smeth a de même éprouvé que l'air qui a passé à travers les charbons ardents avait beaucoup de propriétés communes avec l'air fixe : il précipite l'eau de chaux, et rend aux alcalis la propriété de faire effervescence avec les acides. M. de Smeth donne les moyens de faire la combinaison de cet air avec différentes substances, dans le vide de la machine pneumatique, et il observe que, quand on emploie l'alcali volatil caustique, on aperçoit, dans l'instant où l air des charbons entre dans le récipient, une gerbe de fumée très-considérable qui s'élève de l'alcali volatil.

Il ne sera pas difficile de s'apercevoir, d'après le compte qui vient d'être rendu de l'ouvrage de M. de Smeth, qu'il a cherché à embrasser une opinion mitoyenne entre celle de M. Black et celle de M. Meyer, mais que son système, en même temps, n'est pas toujours d'accord avec ses propres expériences. Son traité, au surplus, est clair, méthodique et bien écrit. Ses expériences sont bien faites, et la plus grande partie sont exactes et vraies; je parle au moins de celles que j'ai eu occasion de répéter, et c'est le plus grand nombre.

CHAPITRE XV.

RECHERCHES DE M. PRIESTLEY SUR LES DIFFÉRENTES ESPÈCES D'AIR.

Il ne me reste plus, pour remplir l'objet que je me suis proposé dans cette première partie, qu'à rendre compte de la suite nombreuse d'expériences communiquée l'année dernière à la Société royale de Londres par M. Priestley[1]. Ce travail peut être regardé comme le plus pénible et le plus intéressant qui ait paru depuis M. Hales, sur la fixation et sur le dégagement de l'air. Aucun des ouvrages modernes ne m'a paru plus propre à faire sentir combien la physique et la chimie offrent encore de nouvelles routes à parcourir.

Le traité de M. Priestley n'étant, en quelque façon, qu'un tissu d'expériences, qui n'est presque interrompu par aucun raisonnement, un assemblage de faits, la plupart nouveaux, soit par eux-mêmes, soit par les circonstances qui les accompagnent, on conçoit qu'il est peu susceptible d'extrait; aussi serai-je obligé de le suivre pas à pas dans l'exposé que je vais faire de ses travaux, et mon extrait se trouvera-t-il presque aussi long que son traité.

ARTICLE PREMIER.

DE L'AIR FIXE.

M. Priestley examine d'abord l'air fixe proprement dit, celui qui est produit de la fermentation spiritueuse, ou d'une effervescence quelconque. Les brasseries lui ont offert un moyen simple et facile de se

[1] Ces expériences de M. Priestley ont été publiées en anglais à la fin de l'année 1771; il y avait déjà du temps que je m'occupais du même objet, et j'avais annoncé dans un dépôt fait à l'Académie des sciences, le 1er novembre 1772, qu'il se dégageait une énorme quantité d'air des réductions métalliques.

procurer une grande quantité de cet air dans un état de pureté presque parfait; il en règne constamment une couche de neuf pouces d'épaisseur sur les cuves où la bière fermente, et, comme il se trouve continuellement renouvelé par celui que fournit la bière, il est peu mêlé, dans cette épaisseur, avec l'air du voisinage.

Cet air, suivant les expériences de M. Black, est plus lourd que celui de l'atmosphère, et c'est sans doute par cette raison qu'il demeure, en quelque façon, attaché à la surface de la bière, sans s'en séparer; c'est également en vertu de son excès de pesanteur qu'on peut le transporter d'une chambre à l'autre dans un bocal ouvert, pourvu que l'ouverture soit dirigée vers le haut; l'air fixe, pendant les premiers moments, ne se mêle que très-peu avec l'air de l'atmosphère. Quoique cet excès de pesanteur semble assez bien établi d'après ces expériences, M. Priestley en rapporte en même temps d'autres qui paraîtraient propres à faire prendre une opinion contraire. En effet, on peut, suivant lui, mettre une lumière dans un bocal plein de l'air de l'atmosphère, et dont l'ouverture est dirigée en haut, le plonger ensuite dans une atmosphère d'air fixe, et la lumière continue de brûler. L'air fixe, dans cette expérience, ne déplace donc pas l'air de l'atmosphère : il n'est donc pas plus lourd. Si, au contraire, au lieu de placer l'ouverture du bocal en haut, on la place en bas, quand bien même on emploierait un vaisseau à col étroit, les deux airs se mêlent à l'instant. En supposant que ces expériences ne prouvent pas un excès de pesanteur dans l'air de l'atmosphère, on peut en conclure au moins qu'ils approchent bien près d'être équipondérables, et c'est ce que les expériences de M. Hales sur l'air dégagé du tartre, et celles de M. Bucquet sur celui des effervescences, semblent avoir confirmé.

M. Priestley a également observé qu'une chandelle, un charbon, un morceau de bois rouge et embrasé, s'éteignent à l'instant, lorsqu'on les plonge dans l'atmosphère d'air fixe qui occupe la surface d'une cuve de bière en fermentation; mais, ce qui est de plus remarquable, c'est que cet air semble retenir la fumée; cette dernière nage à la surface sans s'en séparer; elle y forme une couche très-unie dans sa partie supérieure, mais raboteuse par-dessous, et dont des portions semblent pendre assez avant dans l'atmosphère d'air fixe.

La fumée de la poudre à canon a cela de particulier qu'elle s'incorpore en entier avec l'air fixe, et qu'il ne s'en échappe aucune portion dans l'air de l'atmosphère.

M. Priestley a observé encore que l'air fixe de la bière se combine aisément avec la vapeur de l'eau, à celles des résines, du soufre et des substances électriques par frottement; mais ces atmosphères ne deviennent point électriques par l'approche du fil de fer d'une bouteille chargée d'électricité.

Peu de temps avant la publication de l'ouvrage dont je rends compte ici, M. Priestley avait fait imprimer une petite brochure sur la manière d'imprégner l'eau d'air fixe et de lui communiquer les propriétés des eaux acidules ou aériennes qui se rencontrent assez fréquemment dans la nature. Son procédé consistait à recevoir dans une vessie l'air produit par l'effervescence de l'acide vitriolique et de la craie; à le faire passer, à l'aide d'un siphon de verre, dans une bouteille pleine d'eau, renversée dans un vase également plein d'eau, et agiter fortement la bouteille : l'eau, par cette opération, absorbe presque tout l'air fixe introduit dans la bouteille; et, en en faisant passer plusieurs fois de nouveau, on parvient à lui en unir une quantité à peu près égale à son volume. M. Priestley donne ici un moyen plus simple encore d'opérer cette même union : il ne s'agit que de placer un vase ouvert, rempli d'eau, dans l'atmosphère d'air fixe d'une cuve de bière en fermentation; elle y devient, en peu de temps, semblable aux eaux aérées. On accélère la combinaison en versant l'eau d'un vase dans un autre, sans la sortir de cette même atmosphère; en quelques minutes, on parvient, par ce procédé, à la charger de deux fois son volume d'air. On peut encore produire le même effet en remplissant un bocal d'air fixe dans une brasserie et en le renversant dans une jatte pleine d'eau : insensiblement l'eau absorbe et dissout l'air fixe, et monte à mesure dans le bocal. Cette méthode est très-commode pour unir l'air fixe à toute sorte de liqueurs; on peut s'en servir pour redonner de la force aux vins épuisés et aux liqueurs spiritueuses qui faiblissent.

L'eau, d'après les expériences de M. Priestley, ne peut absorber la totalité de l'air dégagé d'une effervescence ou d'une fermentation; quelque pur qu'il soit, il reste une portion dans laquelle les corps enflammés ne peuvent brûler, mais qui peut servir cependant à la respiration des animaux.

On a déjà vu, d'après les expériences de M. Hales, qu'un mélange de soufre et de fer, placé sous une cloche de verre renversée, diminuait le volume de l'air qui y était renfermé. M. Priestley a observé que la même diminution avait lieu lorsqu'on employait l'air fixe au lieu d'air ordinaire; et ce qu'il y a de plus merveilleux, c'est que l'air fixe qui a ainsi diminué de volume ne paraît plus être nuisible aux animaux, ni différer de l'air commun. M. Priestley croit pouvoir conclure de ces observations que l'air fixe peut redevenir air ordinaire en lui rendant du phlogistique.

M. Priestley a aussi répété la plus grande partie des expériences de M. Cavendish sur la vertu dissolvante de l'eau imprégnée d'air fixe; il a observé, comme lui, qu'elle dissolvait aisément le fer, qu'elle ne dissolvait pas complétement le savon, qu'elle changeait en rouge la teinture bleue du tournesol. Cette dernière observation semblerait annoncer qu'elle contient quelques portions d'acide; on verra cependant, dans la suite, des expériences qui contredisent cette opinion. L'eau, ainsi imprégnée d'air fixe, le laisse échapper aisément par la chaleur, par la congélation, et dans le vide de la machine pneumatique.

M. Priestley a été curieux de connaître par lui-même l'effet de l'air fixe sur les animaux: ceux qui le respirent meurent sur-le-champ; il a remarqué que leurs poumons étaient blancs et affaissés, et il n'a pu apercevoir en eux aucune autre cause de mort. Les insectes, comme les papillons, les mouches, perdent bientôt le mouvement dans l'air fixe, ils paraissent morts; mais on peut aisément les rappeler à la vie, en les exposant à un courant d'air ordinaire. L'effet est à peu près le même sur les grenouilles. Les limaçons, au contraire, y périssent sur-le-champ, sans retour.

L'air fixe n'est pas moins funeste aux végétaux qu'aux animaux : un jet de menthe aquatique, placé dans l'atmosphère d'une cuve de bière en fermentation, est mort au bout d'un jour; des roses rouges y ont pris une couleur de pourpre en vingt-quatre heures; mais la couleur de la plupart des autres fleurs n'en a pas été altérée.

M. Priestley, après avoir dégagé l'air fixe de la craie, par sa combinaison avec les acides, a essayé de le dégager par le feu; il s'est servi, à cet effet, d'un canon de fusil. La moitié de l'air qu'il a obtenu par ce procédé était susceptible de se combiner avec l'eau, l'autre moitié était inflammable.

ARTICLE II.

DE L'AIR DANS LEQUEL ON A FAIT BRÛLER DES CHANDELLES OU DU SOUFRE.

Après avoir examiné les propriétés de l'air dégagé des corps soit par l'effervescence, soit par la fermentation, M. Priestley rend compte des expériences qu'il a faites sur des portions de l'air de l'atmosphère qu'il a renfermées sous des cloches de verre et dans lesquelles il a fait brûler des chandelles ou du soufre.

L'air, ainsi renfermé, diminue environ d'un quinzième ou d'un seizième de son volume, et cette diminution n'est, suivant M. Priestley, que le tiers de celle qu'on peut opérer soit par la respiration des animaux, soit par la corruption des matières animales ou végétales, soit enfin par la calcination des métaux ou par le mélange de soufre et de limaille de fer. Une circonstance singulière, et qui pourrait jeter quelque jour sur ce phénomène, c'est que cette diminution n'a pas toujours lieu sur-le-champ; on est quelquefois obligé, pour l'opérer, de laver plusieurs fois l'air, de l'agiter avec de l'eau; la partie fixe s'y combine, et ce n'est qu'alors que la diminution a lieu.

Cette diminution, suivant M. Priestley, est encore presque nulle quand l'opération se fait sous une cloche plongée dans du mercure, parce qu'il ne se trouve alors aucune substance en état d'absorber l'air.

Ces expériences de M. Priestley confirment ce que M. Hales avait soupçonné, c'est-à-dire que l'air renfermé sous une cloche ne diminue pas de volume en proportion de la quantité de soufre qu'on y brûle: M. Priestley fait voir que cette diminution a des bornes au delà desquelles elle ne peut plus avoir lieu, et que, toutes les fois qu'on emploie une quantité suffisante de soufre, elle est toujours proportionnellement la même, en raison de la grandeur du récipient.

L'air de l'atmosphère, renfermé sous une cloche, acquiert la propriété de se combiner avec l'eau de chaux et de précipiter la chaux, soit qu'on y ait allumé une chandelle ou une bougie, soit qu'on y ait brûlé de l'esprit-de-vin, de l'éther ou toute autre substance, à l'exception du soufre; encore M. Priestley pense-t-il que cette différence ne vient que de la vapeur acide du soufre, qui s'unit à la chaux, qui la dissout, et qui l'empêche de se précipiter.

M. Hales, dans sa Statique des végétaux, attribue les diminutions du volume de l'air à la perte de son élasticité: dans ce cas, l'air ainsi réduit devrait avoir acquis une pesanteur spécifique plus grande qu'il n'avait auparavant; cependant M. Priestley croit, au contraire, pouvoir assurer qu'il devient sensiblement plus léger; d'où il conclut que c'est la partie fixe de l'air, la partie la plus pesante, qui se précipite.

Tout le monde sait qu'une bougie ou une chandelle allumée, placée sous un récipient, ne peut y brûler longtemps : elle s'y éteint; et, si l'on essaye d'y en placer de nouvelles, elles s'y éteignent encore à l'instant. M. de Saluces, dans les Mémoires de Turin, t. Ier, p. 41, attribue cet effet à la dilatation causée par la chaleur, et il prétend qu'en comprimant l'air dans des vessies, on parvient à le rétablir. M. Priestley convient de la vérité de cette expérience, mais il en nie les conséquences : il prétend que ce n'est point à la compression seule qu'est dû cet effet, parce que l'expérience ne peut réussir que dans des vessies, et il assure d'avoir tenté en vain de produire une compression assez forte dans des vaisseaux de verre, sans que la qualité de l'air en ait été restituée. M. Priestley apporte une autre expérience à l'appui de celle-ci. Il a essayé de faire passer de l'air très-chaud sous un récipient et d'y placer une chandelle; il n'a pas aperçu qu'elle y brûlât moins bien que dans l'air froid. L'extinction des bougies et des chandelles enfermées sous une cloche ne tient donc pas seulement à la dilatation de l'air.

Les animaux, d'après les expériences de M. Priestley, vivent aussi longtemps dans l'air où on a allumé une chandelle que dans l'air ordinaire; il en est de même de celui dans lequel on fait brûler du soufre, pourvu qu'on ait laissé aux vapeurs le temps de se déposer. Cet air n'est pas non plus nuisible aux végétaux: M. Priestley y a entretenu différentes espèces de plantes; elles y ont peu souffert; ce qu'il y a de plus remarquable, c'est que l'air ensuite s'est trouvé rétabli dans l'état d'air ordinaire, et les chandelles y ont brûlé de la même manière.

ARTICLE III.

DE L'AIR INFLAMMABLE.

M. Priestley indique d'abord la méthode dont il s'est servi pour obtenir de l'air inflammable: c'est la même que celle décrite par M. Cavendish dans les Transactions philosophiques; elle consiste à faire dissoudre du fer, du zinc, de l'étain, et surtout des deux premiers, dans l'acide vitriolique, et à rassembler, soit par le moyen de vessies ou autrement, l'air ou plutôt le fluide élastique qui s'en dégage. Par rapport aux substances végétales et animales ou au charbon de terre, M. Priestley s'est servi, pour en dégager l'air inflammable, d'un canon de fusil, auquel il a adapté un tuyau de verre ou de pipe, à l'autre extrémité duquel il avait lié une vessie.

La quantité d'air inflammable qu'on obtient dans cette opération dépend très-essentiellement du degré de chaleur qu'on emploie: une chaleur vive et subite en procure six à sept fois plus qu'une chaleur graduée, à quelque violence qu'on la porte, à la fin de l'opération.

Un copeau de chêne de dix à douze grains donne communément un volume d'air inflammable capable de remplir une vessie de mouton; mais c'est toujours en supposant que la chaleur ait été brusquée.

M. Priestley fait observer, à cet égard, que l'air qu'on obtient par les dissolutions est d'autant plus inflammable que l'effervescence a été plus prompte; mais, dans cette expérience, comme dans toutes les autres, M. Priestley s'est servi de vessies, et il faut avouer que cette circonstance est capable de jeter quelque incertitude sur ses résultats; les doutes qu'on pourrait former à cet égard se trouvent même autorisés par plusieurs passages de son mémoire; il convient, en effet, que l'air inflammable pénètre les vessies, le liége même, et qu'il n'y a d'autre façon de le conserver qu'en bouchant exactement les bouteilles qui le contiennent et en les renversant ensuite, le col en bas dans un vaisseau rempli d'eau.

Après avoir fait voir comment on peut obtenir de l'air inflammable, et comment on peut le conserver, M. Priestley examine quelle est son action par rapport à l'eau; il remarque d'abord que, si on le conserve dans un bocal renversé dans une cuvette pleine d'eau, il dépose à la surface de cette eau une matière fixe d'un jaune d'ocre, s'il a été tiré par le moyen du fer, et blanche, s'il a été tiré du zinc.

Quoique la combinaison de cet air avec l'eau ne soit pas, à beaucoup près, aussi aisée que celle de l'air fixe, on peut néanmoins y parvenir par une forte agitation. Un quart environ de l'air inflammable est absorbé dans cette opération; si l'on prolonge très-longtemps l'agitation, l'air cesse d'être inflammable, et ce qui en reste ne paraît différer en rien de l'air commun.

L'air inflammable tiré du chêne a cela de particulier, que l'eau peut absorber moitié de son volume; mais il est probable que cette circonstance ne vient que du mélange d'une portion d'air fixe avec l'air inflammable. Le résidu, au surplus, dans cette expérience, comme dans la précédente, n'est que de l'air ordinaire.

M. Priestley n'a pas manqué d'examiner l'effet de l'air inflammable sur les animaux et sur les végétaux : les premiers y éprouvent des mouvements convulsifs qui les conduisent bientôt à la mort, à peu près de la même manière que lorsqu'on les plonge dans l'air fixe. Quel que soit le nombre des animaux qu'on y fait ainsi périr, la qualité malfaisante de l'air n'en est pas diminuée, et il a autant d'action sur le dernier que sur le premier. Quant aux végétaux, il ne paraît pas que l'air inflammable nuise à leur accroissement; cette dernière expérience a été faite sur celui tiré par la dissolution du zinc.

Ces différentes expériences ont conduit M. Priestley à penser que différentes espèces d'air, mêlées ensemble, pourraient se corriger l'une par l'autre; il a essayé, en conséquence, de mélanger l'air inflammable avec celui qui avait été respiré par les animaux, et il a observé que l'air qui en résultait n'était plus inflammable. Il n'en a pas été de même du mélange d'air inflammable avec l'air fixe; ces deux airs ont conservé la propriété de s'enflammer; ils paraissent même exercer si peu d'action l'un sur l'autre, qu'après être restés pendant trois ans ainsi mélangés, ils se sont aisément séparés par la simple agitation avec l'eau: tout l'air fixe a été absorbé, et la portion restante s'est trouvée aussi inflammable qu'elle l'était dans l'origine.

Il était naturel de penser que l'air inflammable était chargé de phlogistique; cependant il ne peut être absorbé ni par l'huile de vitriol, ni par l'esprit de nitre, malgré la grande analogie que ces acides ont avec le phlogistique; il ne se combine pas non plus avec les vapeurs de l'esprit de nitre fumant, et son inflammabilité n'en est pas même diminuée.

ARTICLE IV.

DE L'AIR CORROMPU ET INFECTÉ PAR LA RESPIRATION DES ANIMAUX.

L'air qui a été respiré quelque temps par des animaux a perdu la propriété d'entretenir la vie d'autres animaux. Lorsqu'un animal est mort dans cet air et qu'on en substitue un autre à ce premier, il y périt à l'instant et dès la première respiration. Il semblerait cependant que les animaux s'accoutument jusqu'à un certain point à respirer cet air nuisible: M. Priestley a observé, en effet, que, quand un animal a séjourné longtemps dans le même air, quoiqu'il s'y porte très-bien encore, si l'on y met un autre animal, ce dernier y périt sur-le-champ; cependant le premier continue d'y vivre pendant plusieurs minutes. Des animaux jeunes, toutes choses égales, résistent plus longtemps que les vieux à cette épreuve. Ces circonstances occasionnent souvent des différences dans le résultat des expériences, de sorte qu'on ne peut compter sur rien de précis, à moins qu'on ne les ait répétées plusieurs fois.

L'air qui a servi ainsi à la respiration des animaux n'est plus de l'air ordinaire, il s'est rapproché de l'état d'air fixe, en ce qu'il peut se combiner avec la chaux et la précipiter sous forme de terre calcaire: mais il en diffère: 1° en ce que, mêlé avec l'air commun, il en diminue le volume, au lieu que l'air fixe l'augmente; 2° en ce qu'il peut toucher à l'eau sans en être absorbé; 3° en ce que les insectes et les végétaux peuvent y vivre, tandis qu'ils périssent dans l'air fixe.

M. Priestley fait voir ensuite qu'il existe une analogie très-parfaite entre cet air et celui dans lequel on a tenu des animaux ou des végétaux en putréfaction; tous deux éteignent la flamme des chandelles et font périr les animaux; tous deux précipitent également l'eau de chaux; enfin ils ont la même pesanteur, et l'un et l'autre peuvent être rétablis dans l'état d'air ordinaire par les mêmes moyens. M. Priestley conclut de cette analogie que le principal usage des poumons dans les animaux est de procurer l'évacuation d'une effluve putride, qui corromprait les corps vivants de la même manière qu'ils se corrompent quand ils sont morts.

M. Priestley a été curieux d'examiner la diminution qu'éprouvait le volume de l'air, soit par la corruption des matières animales, soit par la respiration des animaux. Il a fait corrompre une souris dans une quantité donnée d'air; son volume a augmenté pendant les premiers jours, mais il a diminué ensuite, et huit ou dix jours après, par un temps chaud, la diminution s'est trouvée d'un sixième ou d'un cinquième. Quelquefois cette diminution ne devient sensible qu'après qu'on a fait passer cet air deux ou trois fois à travers de l'eau; il en est de même de l'air qui a été respiré par les animaux, et de celui dans lequel on a tenu des chandelles allumées; leur volume peut être diminué par les mêmes moyens.

M. Priestley a répété ces mêmes expériences en employant du mercure à la place de l'eau : il a éprouvé une augmentation dans le volume de l'air pendant les premiers jours ; elle était environ d'un vingtième : la variation ensuite a été nulle pendant deux jours : mais, ayant introduit de l'eau dans la cloche, une partie de l'air a été absorbée, et son volume a diminué d'un sixième. Quand on emploie de l'eau de chaux dans cette expérience, elle se trouble et se précipite, ce qui annonce que cet air est en partie dans l'état d'air fixe.

Ayant mis de même des souris dans un vaisseau dont l'orifice était plongé dans du mercure, M. Priestley ne s'est point aperçu, lorsqu'elles ont été mortes, que l'air eût été beaucoup diminué ; mais, ayant retiré les souris et introduit de l'eau de chaux sous le vaisseau, le volume de l'air a diminué et la chaux a été précipitée.

Jusque-là M. Priestley n'avait opéré que sur de l'air commun, corrompu par les effluves des matières animales putréfiées, ou, ce qui est la même chose, sur un mélange d'air commun et d'air dégagé par la fermentation putride. Il a cru devoir opérer sur ces effluves mêmes, sans aucun mélange d'air commun, et ses expériences lui ont présenté quelques phénomènes particuliers. Il a mis des souris mortes dans des vaisseaux pleins d'eau ; il les a renversés dans des jattes ou cuvettes également remplies d'eau ; elles ont produit une quantité considérable de matière élastique qui n'a point été absorbée par l'eau, mais qui lui a cependant communiqué une odeur infecte qui se faisait sentir au dehors. Il a fait la même expérience dans un vase rempli de mercure, et il a eu un dégagement considérable d'air qui fut absorbé par l'eau de chaux, de la même manière que l'aurait été de l'air fixe. Ces deux dernières expériences semblent contradictoires avec les précédentes : on a vu, en effet, que la putréfaction des matières animales diminuait le volume de l'air commun dans lequel elles étaient enfermées ; on voit ici, au contraire, une production considérable de matière élastique.

M. Priestley, pour accorder ces phénomènes, se persuade que l'effluve de la putréfaction est un air fixe mêlé avec une autre émanation, qui a la propriété de diminuer le volume de l'air commun, à mesure qu'elle se combine avec lui. Cependant l'expérience n'a pas confirmé cette conjecture; car, ayant essayé de mélanger avec de l'air commun de l'air dégagé par la putréfaction, sans le concours de l'air commun, il n'a point éprouvé de diminution de volume.

On peut encore, suivant M. Priestley, faire varier tous ces phénomènes en variant les circonstances de l'expérience. Si l'on met, par exemple, un morceau de bœuf ou de mouton, cuit ou cru, sous un bocal renversé, rempli de mercure, et qu'on échauffe le mélange à un degré au moins égal à la chaleur du sang, il se forme, au bout d'un ou deux jours, une quantité considérable d'air, dont un septième environ est susceptible d'être absorbé par l'eau; le reste est inflammable. Une souris, dans la même circonstance et au même degré de feu, fournit une émanation putride qui éteint la flamme des bougies et des chandelles.

L'air produit par les végétaux, dans les mêmes circonstances, est presque tout fixe, et ne contient aucune partie inflammable. Le chou pourri, cuit ou cru, donne des produits semblables en tout à ceux qu'on obtient des matières animales.

La respiration des animaux, les fermentations, les combustions, enfin les effluves de toute espèce, corrompraient bientôt l'air de l'atmosphère et le rendraient mortel à tous les animaux, si la nature n'avait un moyen de ramener l'air corrompu à l'état d'air commun. Cet objet a beaucoup occupé M. Priestley, et voici quel a été à peu près le résultat de ses expériences. Il a éprouvé d'abord qu'une simple agitation avec l'eau ne pouvait enlever à l'air ainsi infecté sa qualité nuisible, à moins que cette agitation ne fût très-longtemps continuée, circonstance qui ne peut se rencontrer dans l'ordre commun de la nature. Il a essayé ensuite de mélanger cet air avec celui dégagé du salpêtre qui détone, avec la vapeur du soufre; il l'a soumis à l'épreuve de la chaleur, de la raréfaction, de la condensation; mais toutes ces tentatives ont été sans succès : un seul moyen lui a paru réussir et ramener l'air à l'état de salubrité, et il soupçonne que ce moyen est celui de la nature : c'est la végétation des plantes. Il a fait, à cet égard, un grand nombre d'expériences, desquelles il résulte qu'en renfermant des plantes sous des cloches remplies d'air infecté, elles y végètent, et, au bout de quelques jours, l'air est aussi propre que celui de l'atmosphère à la respiration des animaux.

M. Priestley a aussi éprouvé que quatre parties d'air fixe mêlées avec une d'air corrompu formaient un air propre à la respiration; mais, comme ce mélange ne s'est fait qu'à l'aide de plusieurs transvasions dans l'eau, il craint que ces trauvasions mêmes n'aient autant et peut-être plus contribué à rendre l'air salubre que le mélange d'air fixe.

M. Priestley avance encore dans cet article que toute espèce d'air nuisible, soit qu'il ait été infecté par la respiration ou par la putréfaction, qu'il provienne de la vapeur des charbons allumés, qu'il ait servi à la calcination des métaux, qu'on y ait tenu pendant longtemps un mélange de soufre et de limaille de fer, ou de l'huile et du blanc de plomb, peut toujours être rendu salubre en l'agitant longtemps avec l'eau. Le volume de l'air diminue dans cette opération, lorsqu'on emploie de l'eau purgée d'air; il augmente, au contraire, quand on se sert d'eau de puits, qui contient beaucoup d'air. Cette assertion générale semble contredire ce qu'avait avancé M. Priestley dans un autre endroit, savoir que l'agitation avec l'eau ne suffirait pas pour dépouiller l'air corrompu de sa qualité nuisible.

ARTICLE V.

DE L'AIR DANS LEQUEL ON A MIS UN MÉLANGE DE LIMAILLE DE FER ET DE SOUFRE.

On sait, d'après les expériences de M. Hales, qu'une pâte faite avec du soufre pulvérisé et de la limaille de fer humectés avec de l'eau diminue considérablement le volume de l'air dans lequel elle est placée. M. Priestley a répété cette expérience sous des cloches plongées dans du mercure et dans de l'eau : la diminution a été égale dans les deux cas; mais il a observé qu'elle ne pouvait excéder le quart ou le cinquième du volume total de l'air contenu sous la cloche. L'air ainsi diminué est plus léger que l'air commun, mais il ne précipite pas l'eau de chaux.

M. Priestley attribue cette dernière circonstance à la vapeur acide qui s'est exhalée du mélange pendant l'opération, qui s'est combinée avec l'air, et qui dissout la chaux au lieu de la précipiter. La preuve qu'il en apporte, c'est que l'eau qui sert à cette opération prend une odeur marquée d'esprit sulfureux volatil. Si, au lieu de faire cette expérience dans de l'air ordinaire, on la fait dans de l'air qui a déjà été diminué, soit par la flamme des chandelles, soit par la putréfaction, la diminution est à peu près égale à celle qu'on aurait obtenue dans l'air commun.

Le même mélange, dans l'air inflammable, le diminue d'un neuvième ou d'un dixième; dans l'air fixe, comme on l'a dit plus haut, la diminution est égale à celle qui aurait eu lieu dans l'air ordinaire. M. Priestley a observé que l'air, ainsi réduit par un mélange de limaille de fer et de soufre, était très-nuisible aux animaux, et il ne s'est point aperçu que le contact de l'eau le rendît plus salutaire.

ARTICLE VI.

DE L'AIR NITREUX.

M. Priestley donne le nom d'air nitreux au fluide élastique qui se dégage des dissolutions de fer, de cuivre, de laiton, d'étain, d'argent, de mercure, de nickel, dans l'acide nitreux, ainsi que de celle de l'or et de l'antimoine dans l'eau régale.

Cet air a une odeur forte, désagréable, et qui diffère peu de celle de l'esprit de nitre fumant : il a la propriété singulière de se troubler quand on le mêle avec de l'air commun, de prendre une couleur rouge orangé foncée, et de produire une forte chaleur; en même temps le mélange diminue considérablement de volume.

M. Priestley prétend que c'est principalement à l'air commun qu'appartient cette diminution; qu'elle ne lui appartient point cependant en totalité, mais que l'air nitreux y contribue pour quelque chose. Il le prouve par la diminution plus ou moins grande qu'il a éprouvée dans le volume des deux airs, suivant les différentes proportions dans lesquelles il les a mélangés. Lors, par exemple, qu'il a mêlé une mesure d'air nitreux avec deux d'air commun, au bout de quelques minutes, et lorsque l'effervescence a été passée, le volume total, au lieu d'être de trois mesures, ainsi qu'il aurait dû l'être, en raison de la somme de volumes, ne s'est trouvé, au contraire, que de deux mesures moins un neuvième, c'est-à-dire moindre d'un neuvième de mesure que la quantité d'air commun qu'il avait introduite dans le mélange. Lorsqu'au contraire il a employé plus d'air nitreux que d'air commun, il est résulté du mélange un volume moindre que les deux réunis, mais plus grand que n'était celui de l'air nitreux ; ce qui paraît à M. Priestley ne pouvoir s'expliquer qu'en supposant la plus forte diminution de la part de l'air commun.

M. Priestley a encore essayé de mêler vingt parties d'air nitreux avec une partie d'air commun : la diminution a été d'un quarantième, c'est-à-dire de moitié du volume de l'air commun. Or, comme on a vu plus haut que la diminution de l'air commun dans tous les cas n'excédait jamais un cinquième ou un quart tout au plus, il s'ensuit que tout l'excédant de la diminution doit être attribué à l'air nitreux.

La proportion de deux tiers d'air commun contre un tiers d'air nitreux est à peu près celle qui donne le point de saturation. Si, lorsqu'on est parvenu à ce point, on ajoute du nouvel air nitreux, il n'y a ni rougeur ni effervescence, et le volume total demeure exactement égal à la somme de chacun des deux en particulier.

Il y a toute apparence que l'eau qui sert à renfermer l'air sous la cloche dans le mélange absorbe une portion de l'air; en effet, la diminution de volume est moindre lorsqu'on substitue du mercure à l'eau. Deux parties d'air commun contre une d'air nitreux donnent alors, par leur combinaison, deux parties et un septième, au lieu de deux parties moins un neuvième; si on introduit ensuite de l'eau sous l'appareil, elle absorbe quelques portions d'air; mais la diminution de volume ne va jamais aussi loin que si le mélange avait été fait originairement sur l'eau.

L'air nitreux ne fait aucune effervescence, ni avec l'air fixe, ni avec l'air inflammable, ni, en général, avec tout air qui a été réduit par quelque moyen que ce soit : on ne remarque non plus alors aucune diminution de volume. Au contraire, plus l'air est salubre, plus la diminution de volume est considérable, et cette circonstance a fourni à M. Priestley un moyen sûr de reconnaître l'air salubre d'avec celui qui ne l'était pas. Dès le moment de cette découverte, il a préféré cette épreuve à celle faite sur les animaux.

L'air nitreux est susceptible d'être absorbé par l'eau, surtout quand elle est purgée d'air; quant à la quantité de cette absorption, M. Priestley donne des résultats qui ne paraissent pas s'accorder exactement entre eux. Lorsque cet air a été une fois combiné avec l'eau, il est difficile de l'en séparer; elle donne à peine quelques bulles dans le vide de la machine pneumatique, et, quelque temps qu'on l'y laisse, elle conserve toujours le même goût. M. Priestley a cependant éprouvé que cette eau, chauffée pendant une nuit, prenait un goût fade, et qu'il s'en séparait une pellicule ou écume qui lui a paru être une portion de chaux fournie par le métal dont cet air avait été tiré. L'eau imprégnée d'air nitreux peut se conserver aisément dans des bouteilles, même sans être bouchées, et dans un endroit chaud; M. Priestley ne s'est jamais aperçu qu'il éprouvât la moindre altération.

On a vu plus haut qu'un mélange de soufre, de fer et d'eau, diminuait d'un quart ou d'un tiers le volume de l'air dans lequel il était contenu : l'air nitreux fournit un moyen de pousser beaucoup plus loin cette diminution; si, sous la cloche qui renferme ce mélange, on introduit une portion d'air nitreux, en une heure de temps l'air commun se trouve réduit au quart de son volume. Il y aura effervescence visible dans ce mélange; et la chaleur en est si considérable, qu'il est impossible de tenir la main sur la cloche qui le contient. La portion d'air qui reste ne diffère point de l'air commun dans lequel aurait été mis un mélange de soufre et de fer; il n'est plus susceptible d'être diminué davantage; cette dernière circonstance est commune à l'air ordinaire dont le volume a été réduit par l'air nitreux : il n'est plus susceptible d'être diminué par un mélange de soufre, quoique cependant ces deux matières s'y gonflent et s'y échauffent.

M. Priestley a essayé de mélanger de l'air nitreux avec de l'air inflammable, et il a eu un résultat inflammable. La flamme qu'il a obtenue avec cet air a cela de particulier qu'elle est de couleur verte ; cette circonstance tient, suivant M. Priestley, à la nature même de l'air, et ne dépend en rien du métal par le moyen duquel il a été extrait.

Un phénomène très-singulier et presque incroyable, c'est que l'air nitreux, soit seul, soit qu'il ait été combiné avec de l'air commun, conserve toujours une pesanteur spécifique sensiblement égale à celle de l'air de l'atmosphère. M. Priestley, sur un volume de trois chopines, n'a jamais trouvé plus d'un demi-grain de différence, tantôt en plus, tantôt en moins. Comment concevoir, cependant, que deux fluides se pénètrent au point qu'il en résulte une diminution d'un tiers dans leur volume, sans que la pesanteur spécifique du mélange soit plus grande que n'était séparément celle de chacun des deux fluides?

L'air nitreux est extrêmement funeste aux végétaux : soit que cet air soit pur, soit qu'il ait été mélangé avec l'air commun au point de saturation, les plantes qu'on y enferme y périssent en peu de temps.

Les métaux calcinés dans cet air n'y opèrent aucun effet sensible. Enfin M. Priestley a reconnu qu'il avait une vertu antiseptique beaucoup plus grande que l'air fixe, et qu'il pouvait préserver très-longtemps les chairs de la corruption.

M. Priestley termine cet article par une table de la quantité d'air inflammable qu'on peut obtenir des différents métaux; il en résulte que le laiton est celui de tous qui en donne le plus, ensuite le fer, enfin l'argent et le cuivre : les autres métaux en fournissent beaucoup moins.

ARTICLE VII.

DE L'AIR INFECTÉ PAR LA VAPEUR DU CHARBON DE BOIS.

M. Cavendish avait fait voir dans un mémoire communiqué à la Société royale de Londres, et qui se trouve dans les Transactions philosophiques, qu'en faisant passer de l'air à travers un tuyau de fer rougi qui contenait de la poussière de charbon, il diminuait environ d'un dixième de son volume; il avait encore observé qu'on obtenait de l'air fixe dans cette opération. M. Priestley a répété ces expériences, et ses résultats ont été les mêmes.

M. Priestley a varié cette même expérience en la répétant sous une cloche de verre à l'aide du foyer d'un verre ardent, et il est parvenu à produire une diminution d'un cinquième dans le volume de l'air: les quatre cinquièmes restants étaient en partie de l'air fixe, en partie de l'air inflammable. Ce qui est très-digne de remarque dans cette expérience, c'est que, si le charbon qu'on emploie a été calciné par un feu très-vif et capable de fondre en partie le creuset qui le contenait, il n'y a point de diminution sensible dans le volume de l'air dans lequel on le fait brûler. M. Priestley attribue cet effet à l'air inflammable qui se dégage du charbon dans ce dernier cas, et qui remplace la portion d'air absorbée. Il observe, à l'appui de cette explication, que le charbon qui a été médiocrement calciné ne donne aucun vestige d'air inflammable. Si, au lieu d'opérer la combustion du charbon sur de l'eau, on la fait sur du mercure, il n'y a plus de diminution dans le volume de l'air; on observe même quelque augmentation, soit en raison de l'air fixe qui se dégage, soit en raison de l'air inflammable, mais surtout en raison du premier. Lorsqu'on introduit ensuite de l'eau de chaux dans cet air, elle est précipitée sur-le-champ, et l'air se trouve diminué d'un cinquième: mais une circonstance singulière, c'est que le charbon que M. Priestley a employé dans cette expérience, et qui pesait exactement vingt-neuf grains, s'est trouvé exactement du même poids à la fin de l'opération.

Lorsque l'air a été réduit par la combustion du charbon, il éteint la flamme, il est funeste aux animaux dans le plus haut degré, il ne fait point d'effervescence avec l'air nitreux, il n'est plus susceptible de diminution, soit qu'on y brûle de nouveau du charbon, soit qu'on y mette un mélange de limaille de fer et de soufre, soit enfin par quelque autre moyen que ce soit.

ARTICLE VIII.

DE L'EFFET QUE PRODUISENT SUR L'AIR LA CALCINATION DES MÉTAUX ET LES ÉMANATIONS DE LA PEINTURE À L'HUILE AVEC LA CÉRUSE.

D'après les expériences qu'on vient de voir sur la combustion du charbon, M. Priestley s'est cru en droit de soupçonner que la diminution du volume de l'air ne venait que de ce qu'il était plus chargé de phlogistique. La calcination des métaux lui offrait un autre moyen de produire un effet semblable, c'est-à-dire, suivant lui, d'obtenir une émanation de phlogistique. En conséquence, il suspendit des morceaux de plomb et d'étain dans des volumes donnés d'air, et fit tomber dessus le foyer d'un verre ardent. L'air, par cette opération, se trouva diminué d'un quart; la portion qui restait ne fermentait plus avec l'air nitreux; elle était pernicieuse aux animaux, comme l'air dans lequel on a brûlé du charbon, et elle n'était plus susceptible de diminuer par un mélange de soufre et de limaille de fer. Cet air, lavé dans l'eau, y a perdu tout ce qu'il avait de pernicieux, et il s'est rapproché beaucoup de l'air ordinaire. Soit que M. Priestley ait employé le plomb ou l'étain dans cette expérience, l'air restant lui a toujours paru le même. Il a observé que, dans ces deux cas, il s'élevait des métaux une vapeur jaunâtre, dont partie s'attachait au haut du récipient, partie se déposait à la surface de l'eau.

Si, au lieu de renverser la cloche qui contient les métaux dans de l'eau commune, on la renverse dans de l'eau de chaux, elle n'en est point précipitée; mais sa couleur, son odeur et sa saveur en sont considérablement altérées. Enfin, si, au lieu d'eau de chaux, on se sert de mercure, l'air ne diminue que d'un cinquième, au lieu de diminuer d'un quart : lorsque, ensuite, on a introduit de l'eau dans ce même air, on ne s'aperçoit pas qu'elle en absorbe aucune portion.

Il paraît que M. Priestley a essayé de calciner les métaux dans l'air inflammable, dans l'air fixe et dans l'air nitreux, sans pouvoir y parvenir; mais il a observé qu'ils pouvaient encore se calciner dans un air où le charbon ne brûlait plus.

M. Priestley explique tous ces phénomènes par l'émanation du phlogistique; cette substance, qui se dégage du charbon qui brûle et des métaux qui se calcinent, se combine, suivant lui, avec l'air, et en diminue le volume; l'eau, ensuite, agitée avec cet air, lui enlève le phlogistique, et l'air se trouve restitué dans son état naturel. Il présume encore que c'est en absorbant la surabondance de phlogistique que la végétation corrige l'air qui a été rendu nuisible.

Ces réflexions ont conduit M. Priestley à l'explication de la cause des effets funestes que produit la peinture à l'huile nouvellement faite avec le blanc de plomb. Cette substance n'est, suivant M. Priestley, qu'une chaux de plomb imparfaite : aussi, en ayant peint plusieurs morceaux de papier, et les ayant placés sous un récipient, au bout de vingt-quatre heures, le quart ou le cinquième de l'air s'est trouvé absorbé : ce qui en restait ressemblait en tout à celui dans lequel on a calciné des métaux : il ne faisait plus d'effervescence avec l'air nitreux : il n'était plus susceptible de diminution par la combinaison d'un mélange de soufre et de limaille de fer, et il a été aisément rétabli par la simple agitation avec l'eau.

ARTICLE IX.

DE L'AIR QUE L'ON RETIRE PAR LE MOYEN DE L'ESPRIT DE SEL.

M. Priestley a éprouvé, d'après M. Cavendish, que la dissolution du cuivre par l'esprit de sel produisait une vapeur élastique. Il a reçu cette vapeur dans un vase renversé, plein de mercure et plongé dans du mercure; mais, y ayant ensuite introduit de l'eau, presque tout a disparu, et il n'est resté qu'une portion d'air inflammable.

Cet air blanchit l'eau de chaux; mais M. Priestley ne pense pas que la couleur laiteuse soit due à la précipitation de la chaux, mais à quelque circonstance particulière, qu'il n'a pas été à portée d'approfondir.

La dissolution du plomb dans l'acide marin présente les mêmes phénomènes : la vapeur élastique qui en résulte, quand elle touche à l'eau, diminue des trois quarts de son volume; le quart qui reste est inflammable. Dans la dissolution de fer par l'esprit de sel, un huitième seulement de la vapeur élastique disparaît par le contact de l'eau. Dans celle d'étain, il en disparaît un sixième; et dans celle de zinc, un dixième seulement : l'air restant de celui tiré du fer donne une flamme verdâtre ou bleuâtre pâle. M. Priestley pense que cette vapeur est réellement absorbée par l'eau, et il se persuade même qu'il est un point de saturation au delà duquel l'eau ne peut plus en recevoir davantage.

Il est évident, d'après les expériences mêmes de M. Priestley, que l'air dont il est question dans cet article n'est autre chose que de l'esprit de sel réduit en vapeurs; en effet on obtient une vapeur élastique toute semblable par le moyen de l'esprit de sel seul, et sans qu'il soit nécessaire d'y faire aucune dissolution métallique. Il est aisé de juger, d'après cela, que l'eau imprégnée de cette vapeur n'est autre chose que de l'esprit de sel et qu'elle en a toutes les propriétés.

M. Priestley s'est assuré que cette vapeur élastique était beaucoup plus pesante que l'air : 2 grains $\frac{1}{4}$ d'eau de pluie peuvent en absorber trois mesures capables de contenir une once d'eau chacune; après quoi l'eau pèse le double et se trouve augmentée d'un tiers de son volume. Cette même vapeur a, suivant M. Priestley, une très-grande disposition à s'unir au phlogistique; elle l'enlève à toutes les autres substances et forme avec lui un air inflammable. Cette circonstance porte M. Priestley à croire que l'air inflammable n'est qu'une combinaison d'une substance acide en vapeurs avec le phlogistique; il s'est encore confirmé dans cette opinion, parce qu'ayant versé sur cette vapeur de l'esprit de vin, de l'huile d'olive, de l'huile de térébenthine, et y ayant mêlé du charbon, du phosphore, même du soufre, il en a résulté de l'air inflammable : cette dernière expérience semblerait annoncer que l'acide marin, dans cette circonstance, a la puissance de décomposer le soufre.

M. Priestley a encore suspendu dans cette vapeur élastique un morceau de salpêtre; à l'instant, il a été environné d'une fumée blanche, de la même manière que si l'on eût mêlé cet air avec de l'air nitreux : cette expérience prouve encore que l'esprit de sel en vapeur est, dans quelques circonstances, plus fort que l'acide nitreux, qu'il peut le décomposer et le chasser de sa base.

Presque toutes les liqueurs absorbent très-promptement la vapeur de l'esprit de sel; l'huile de lin l'absorbe plus lentement que les autres, et elle devient noire et gluante.

ARTICLE X.

OBSERVATIONS DIVERSES.

M. Priestley place dans cet article quelques expériences qui n'ont pu entrer dans les divisions précédentes. Il a mis dans une fiole de la petite bière, et l'a placée sous une jarre renversée dans de l'eau : il y a eu dégagement d'air dans les premiers jours, ensuite une diminution graduelle, qui a été portée environ à un dixième de la quantité d'air primitive. La bière, après cette époque, était aigre; l'air qui restait éteignait les chandelles; cependant, ayant essayé de le mêler avec quatre fois autant d'air fixe, une souris put y vivre comme dans l'air ordinaire.

M. Priestley établit comme un principe que tout air factice est nuisible aux animaux, à l'exception de celui tiré du salpêtre par la détonation : une chandelle brûle dans ce dernier, et sa flamme même augmente avec une espèce de sifflement quand l'air est nouvellement dégagé; sans doute qu'alors il contient encore quelques portions de nitre non décomposé. M. Priestley ayant conservé de cet air pendant un an, il se trouva, au bout de ce temps, extrêmement nuisible aux animaux; mais, l'ayant lavé dans de l'eau de pluie, il redevint salutaire et fermenta avec l'air nitreux de la même manière que l'air commun.

M. Priestley a encore essayé l'effet de la vapeur du camphre et de l'alcali volatil sur les animaux. Une souris, introduite dans une bouteille remplie de ces vapeurs, n'en fut pas fort incommodée; elle toussa un peu, surtout lorsqu'elle en sortit, mais il ne lui en resta aucune impression fâcheuse.

M. Priestley termine son ouvrage par des expériences très-singulières sur l'air commun qui a été agité longtemps avec l'eau : il a renversé dans de l'eau bouillante des jarres pleines d'air commun; en peu de temps, les quatre septièmes de cet air ont été absorbés; la portion restante éteignait la flamme, mais elle ne faisait aucun mal aux animaux. Les quantités absorbées ne sont pas toujours exactement les mêmes; elles dépendent beaucoup, sans doute, de l'état de l'eau qu'on emploie.

L'air dont une partie a été ainsi absorbée par l'eau ne peut pas être aisément rétabli, même par la végétation des plantes.

M. Priestley a observé qu'une chopine d'eau de son puits contenait le quart d'une mesure d'air, de la capacité d'une once d'eau; cet air éteint les chandelles, mais ne fait point mourir les animaux.

M. Priestley a gardé très-longtemps de l'air commun dans des bouteilles, dans la vue de s'assurer si l'état de la stagnation ne l'altérerait pas à la longue; l'ayant essayé ensuite, il l'a trouvé aussi salubre qu'au moment où il avait été enfermé; il fermentait également bien avec l'air nitreux.

Cet ouvrage de M. Priestley est suivi de quelques expériences de M. Hey, qui ont pour objet de prouver que l'eau imprégnée d'air fixe dégagé de l'huile de vitriol et de la craie ne contient rien des matières qui ont servi à le former. Cette eau ne change point la couleur du sirop de violette, tandis qu'une seule goutte d'acide vitriolique sur une chopine d'eau lui donne une teinte de pourpre très-sensible.

Cette eau trouble un peu la dissolution de savon dans l'eau; mais M. Hey prétend que cet effet est dû à la combinaison qui se fait de l'air fixe avec l'alcali caustique du savon, et qui occasionne la séparation de quelques portions d'huile. Elle trouble également un peu la dissolution du sucre de saturne.

A la suite de ces expériences est une lettre de M. Hey adressée à M. Priestley sur les effets de l'air fixe appliqué en lavements dans les maladies putrides.

CHAPITRE XVI[1].

EXPÉRIENCES SUR LA CHAUX, PAR M. DUHAMEL.

J'ai annoncé ci-dessus, page 500, que je différais de rendre compte des expériences de M. Duhamel sur la chaux pour ne point interrompre le fil de ce que j'avais à dire sur l'historique de l'air fixe; je m'empresse, dans ce moment, de rendre à ce célèbre académicien ce qui lui est dû; on sait qu'il est peu de parties des sciences qu'il n'ait enrichies.

M. Duhamel a observé que le marbre blanc, calciné à un feu très-vif, perdait environ un tiers de son poids; encore, au sortir du feu, n'était-il pas calciné jusqu'au centre, et restait-il au milieu un noyau qui participait autant du marbre que de la chaux. La pierre à chaux de Courcelles, d'où nous vient presque toute la chaux que nous employons dans nos bâtiments, n'a pas été à beaucoup près aussi difficile à calciner; et il paraît, en général, que la calcination est d'autant plus prompte et d'autant plus aisée que la pierre est plus tendre. Les pierres de Courcelles perdent, par la calcination, environ 8 onces 4 gros par livre, c'est-à-dire un peu plus de moitié de leur poids. Exposées ensuite à l'air, elles s'y gercent, s'y réduisent en poudre, et reprennent peu à peu une partie du poids qu'elles avaient perdu: mais il s'en faut de 5 onces $\frac{1}{4}$ par livre qu'elles ne reviennent à la pesanteur qu'elles avaient avant la calcination.

M. Duhamel a fait quelques recherches sur la quantité d'eau nécessaire pour éteindre la chaux : il a pris 16 onces de chaux de Courcelles; il l'a éteinte avec de l'eau jusqu'à ce qu'elle fût en consistance de bouillie, et l'a laissée sécher à l'air; elle pesait ensuite 26 onces,

[1] Ce chapitre est extrait des *Mémoires de l'Académie des sciences*, année 1747.

c'est-à-dire qu'elle avait acquis une augmentation de poids de 10 onces. La chaleur de l'étuve, continuée sur cette chaux pendant un temps assez considérable, n'a pas diminué sensiblement son poids.

La quantité d'eau qu'absorbe la chaux de marbre est beaucoup plus considérable que celle qu'absorbe la chaux des pierres de Courcelles.

M. Duhamel a essayé de chasser par le feu cette même eau qu'il avait introduite dans la chaux, mais il y a trouvé beaucoup de difficultés; et, quoiqu'il ait employé un fourneau de fusion dans lequel le feu était animé par un fort soufflet, la chaux a toujours conservé une augmentation de poids de 4 gros $\frac{1}{2}$ par livre : elle était occasionnée, sans doute, par un reste d'eau qui n'avait pu s'en dégager. Cette chaux alors était dans l'état de chaux vive, et en présentait tous les phénomènes.

Le mémoire de M. Duhamel contient ensuite des expériences très-nombreuses et très-intéressantes sur la chaux vive et sur sa combinaison avec les acides; mais, comme elles seraient étrangères à mon objet, j'en supprime ici le détail : il me suffira de dire que la chaux combinée avec les trois acides minéraux ne donne pas de produits différents de ceux qu'on obtient avec la craie et, en général, avec toutes les terres calcaires pures. M. Duhamel a observé qu'il se dégageait, dans toutes ces combinaisons, une vapeur vive et pénétrante qui précipitait la dissolution d'argent, et cette circonstance, jointe à son odeur, lui a fait soupçonner que c'était de l'esprit de sel.

M. Duhamel termine ce mémoire par une observation singulière, et tout à fait neuve au moment de sa publication : il a fait dissoudre, dans de l'eau distillée, de l'alcali du tartre; il a fait évaporer, et il a obtenu des cristaux; d'où l'on voit que c'est à M. Duhamel qu'appartient, dans l'origine, la découverte de la cristallisation des alcalis.

CHAPITRE XVII.

OBSERVATION DE M. ROUELLE, DÉMONSTRATEUR EN CHIMIE AU JARDIN DES PLANTES À PARIS, SUR L'AIR FIXE ET SUR SES EFFETS DANS CERTAINES EAUX MINÉRALES[1].

L'air fixe devient de jour en jour l'objet des travaux des chimistes, ainsi que de la plupart des physiciens. Le célèbre M. Hales est, en quelque façon, le premier qui nous ait mis sur la voie par le travail suivi qu'il nous a laissé sur cette matière. MM. Macbride et Black y ont ajouté une suite bien intéressante d'expériences lumineuses. Ensuite M. Priestley, à Londres, et M. Jacquin, à Vienne, ont si bien appuyé la doctrine de M. Black, que cette matière est devenue une des plus intéressantes de la chimie et de la physique par la relation immédiate que cet être nouvellement connu peut et doit avoir avec une infinité de phénomènes de la nature.

Je me borne ici au rapport que l'air fixe paraît avoir avec certaines eaux minérales et quelques grands phénomènes de la nature, et je vais rapporter, le plus succinctement qu'il me sera possible, quelques expériences qui nous font connaître son usage, ses effets, relativement au fer qu'on trouve dans ses eaux, et qui donnent la solution de quelques faits qu'on ne saurait, ce me semble, expliquer sans lui.

L'eau distillée, l'eau de rivière, les eaux les plus pures, en un mot, comme l'a remarqué M. Priestley, s'imprègnent facilement d'air fixe;

[1] L'ouvrage que je donne aujourd'hui sur les émanations élastiques et sur la fixation de l'air dans les corps était presque fini, et j'étais au moment d'en entamer la lecture à l'Académie, lorsque ces observations de M. Rouelle parurent. Comme elles sont courtes, qu'elles sont d'ailleurs très-intéressantes et peu susceptibles d'extrait, j'ai cru que le public me saurait gré de les lui donner dans leur entier; je ne fais en conséquence que transcrire ici, mot à mot, l'article du Journal de Médecine de M. Roux, du mois de mai dernier, où ces observations sont imprimées, et ce n'est plus moi, mais M. Rouelle, qui parle dans ce chapitre.

et dès lors elles ont le même goût, la même saveur, et présentent les mêmes phénomènes que les eaux minérales qu'on appelle mal à propos *acidules*. C'est ce que M. Venel a déjà complétement démontré le premier. Les expériences qui le prouvent sont connues, et je ne les ai répétées que pour me disposer plus sûrement à celles que j'ai tentées ensuite, et dont je vais rendre compte.

1° J'ai imprégné d'air fixe de l'eau distillée, à la manière de M. Priestley. J'en ai pris sur-le-champ une bouteille dans laquelle j'ai ajouté un peu d'une mine de fer, de la nature de la pierre d'Aigle, réduite en poudre très-fine. Cette mine n'est pas attirable par l'aimant, du moins d'une manière qu'on puisse appeler sensible. J'ai bouché la bouteille le plus exactement qu'il m'a été possible, et l'ai laissée en repos et renversée pendant vingt-quatre heures.

Il s'y est dissous assez de fer pour donner, avec l'infusion de noix de galle, une forte teinte vineuse violette, tirant un peu sur le noir.

La liqueur qu'on prépare pour précipiter le bleu de Prusse, ou l'alcali phlogistiqué, la colore en vert-bleu; et, au bout de quelques jours, il s'y forme un précipité, plus ou moins considérable, qui est un vrai bleu de Prusse.

Cette eau aérée, ayant bouilli, perd toutes ses propriétés. Elle se trouble, dépose une matière ocreuse, et ne donne plus de teinte violette, ni verte, ni bleue, par la noix de galle ou par l'alcali phlogistiqué.

Exposée à l'air libre pendant plusieurs jours, elle y perd également toutes ces propriétés, et précisément de la même manière que les eaux minérales que M. Monnet appelle *ferrugineuses*.

Je ne suis pas le premier qui ait imaginé de dissoudre le fer pur dans l'eau, à l'aide de l'air fixe. M. Priestley nous apprend *que son ami, M. Lane, a mis de la limaille de fer dans cette eau mixte, et qu'il a fait une eau chalybée ou ferrée, forte et agréable, semblable à quelques eaux naturelles qui tiennent le fer en dissolution, par le moyen de l'air fixe seulement, et sans aucun acide.*

Mais on sent bien qu'on trouve très-rarement le fer, dans le sein de la terre, uni à tout son phlogistique, et que la nature a rarement de la limaille de fer sous sa main. J'ai donc cru devoir diriger mes expériences sur une substance martiale plus commune; et c'est pour cela que j'ai préféré les mines de fer du genre de la pierre d'Aigle, qui sont très-abondantes et qu'on trouve partout.

2° Eau distillée, une livre; sel marin à base terreuse, quatre grains; sel d'Epsom, douze grains; mine de fer, à volonté; car l'eau n'en prend que la petite portion qu'elle en peut dissoudre.

Cette eau, ayant été aérée, donne, avec la noix de galle, une forte teinte violette vineuse, et prend, avec la liqueur du bleu de Prusse, une couleur assez foncée d'un vert tirant sur le bleu.

3° De l'eau chargée de douze grains de sel marin, de dix-huit grains d'alcali fixe minéral par livre, et imprégnée d'air, a pris moins de fer que les précédentes. La couleur violette par la noix de galle et le vert bleu par l'alcali phlogistiqué étaient plus pâles et plus éteints. Il est vrai que l'une et l'autre de ces couleurs se sont développées un peu au bout de quelque temps.

Cette eau, par l'ébullition, perd la propriété de verdir avec l'alcali fixe phlogistiqué; mais l'infusion de noix de galle y manifeste encore un vestige de fer.

4° L'eau de rivière imprégnée d'air fixe, chargée d'un peu de mine de fer, a pris avec la noix de galle une teinte violette très-foncée, et une belle couleur bleue avec l'alcali phlogistiqué.

La même eau de rivière, pure et non aérée, chargée de la même mine, et la bouteille bien bouchée, n'a donné, au bout de vingt-quatre heures, quoiqu'on l'eût souvent agitée, aucun signe de la présence du fer, par aucun de ces deux réactifs.

M. Monnet, dans son Traité des eaux minérales, propose comme un moyen éprouvé, pour faire une eau ferrugineuse non aérée, d'enfermer de la limaille de fer récente dans une bouteille, de la bien boucher et de l'agiter souvent pendant plusieurs jours.

J'aurai lieu de parler, dans une autre occasion, de cette manière de rendre les eaux ferrugineuses, sans air fixe. Il y en a, en effet, beaucoup dans la nature qui sont martiales sans cet intermède, comme M. Monnet l'a démontré.

5° L'eau d'Arcueil pure et non aérée, ayant été chargée de la même mine, et traitée par les réactifs, n'a donné aucun signe de la présence du fer.

Je l'ai aérée, et, pour lors, le fer s'y est dissous; la noix de galle m'a donné une couleur violette qui s'y est développée peu à peu, et l'alcali phlogistiqué a fait sur-le-champ une couleur verte assez foncée.

J'ai ajouté de l'esprit de sel sur cette eau, afin de saturer en partie la terre absorbante qu'elle tient en dissolution; je l'ai ensuite imprégnée d'air fixe, et j'ai obtenu avec les réactifs les couleurs ordinaires de violet et de vert ou bleu, mais l'une et l'autre avaient moins d'intensité qu'avec les précédentes eaux. Il semble que la présence des sels et de la terre, dont certaines eaux sont chargées, nuisent beaucoup à la solution de ce fer; cependant j'ai trouvé que l'eau du puits de chez moi prenait un peu de fer sans être aérée.

Cette eau ayant bouilli, tout le mars s'en est séparé, en sorte que les réactifs n'y font plus rien.

6° L'eau de Seine pure, aérée par l'appareil ordinaire, avec la vapeur qui se dégage de la précipitation de l'hépar par les acides, et chargée de la même mine, change à peine de couleur avec la noix de galle et point du tout par l'alcali phlogistiqué.

Cependant je dois observer que non-seulement la mine de fer, mais encore les safrans de mars calcinés et non attirables par l'aimant, comme le safran du résidu du sublimé corrosif et celui qu'on appelle *rouge de Berlin*, noircissent assez promptement lorsqu'on les mêle à cette eau imprégnée de cette vapeur.

L'eau, ainsi chargée de cette vapeur, prend le goût et une forte odeur d'hépar; elle conserve l'un et l'autre assez longtemps, même à l'air libre, mais elle s'y trouble et devient comme du petit-lait qui n'aurait pas été clarifié; ce qui est dû à une portion de soufre très-atténuée, qui se dégage de l'eau et qui se précipite.

Cette vapeur, qui s'élève de la précipitation de l'hépar par tous les acides, est très-inflammable [1]. Elle l'est même encore après avoir passé au travers de l'eau, avec laquelle elle ne forme presque pas d'union; ce qui me fait croire qu'elle ne contient que très-peu d'air fixe véritablement pur, quoiqu'il s'en dégage abondamment par l'effervescence des acides avec l'alcali de l'hépar: mais je vois, par les phénomènes qu'il présente, qu'il est ici, ainsi que dans les dissolutions métalliques par les acides, dans un état très-différent de l'air fixe ordinaire. Aussi l'eau ne s'imprègne-t-elle de cette vapeur que très-peu et avec la plus grande difficulté. M. Priestley a observé le même phénomène.

7° J'ai pris une pinte d'eau de rivière pure; j'y ai ajouté, suivant le procédé de M. Venel, deux gros d'alcali fixe minéral et six gros d'esprit de sel, qui, d'après des expériences préliminaires, était la quantité nécessaire pour saturer cet alcali. J'ai fortement bouché la bouteille dans le temps de l'effervescence. Vingt-quatre heures après, je l'ai ouverte avec précaution pour y introduire de la mine de fer, et je l'ai rebouchée sur-le-champ.

Au bout de deux fois vingt-quatre heures, l'eau était encore bien aérée aux yeux et au goût; mais elle n'a fait que brunir un peu avec l'infusion de noix de galle, et à peine a-t-elle verdi, quelque temps après, par l'addition de l'alcali phlogistiqué.

8° J'ai reçu dans une vessie la vapeur qui s'élève d'une dissolution

[1] Je croyais avoir vu le premier ce phénomène, mais je viens de retrouver que M. Meyer en a fait mention. C'est le hasard qui le lui présenta comme à moi. Nous fûmes chargés, mon frère et moi, en 1754, d'examiner des monnaies d'or qu'on prétendait tellement alliées, qu'aucun des moyens en usage dans les essais et la purification de l'or ne pouvait en faire le départ. Nous en avions quatre onces en dissolution par l'hépar. J'en fis la précipitation de nuit; la lumière était auprès, et je me vis tout à coup environné d'une grande flamme, dont je connus bien vite la cause. M. Meyer paraît attribuer l'inflammation de cette vapeur à une portion de vrai soufre, qui est tellement divisé, qu'il est volatilisé et emporté par le torrent de la vapeur; et en cela je présume qu'il se trompe. La vapeur elle-même est inflammable, et la portion de soufre qu'elle entraîne brûle avec et n'est qu'un accessoire à cette inflammation; puisque, si l'on agite cette vapeur ainsi chargée de soufre avec de l'eau, le soufre s'en dégage, comme je l'ai dit ci-dessus; la vapeur, dépouillée de ce soufre étranger, ne cesse pas pour cela d'être inflammable. (*Note de M. Rouelle.*)

de fer par l'acide du sel. Cette vapeur, qui est et reste longtemps inflammable, s'incorpore très-difficilement dans l'eau; mais, quelque petite que soit la quantité que l'eau en prend, elle n'en contracte pas moins une odeur très-sensible d'hépar ou d'œuf pourri.

L'eau ne prend non plus qu'une quantité infiniment petite de la vapeur qui se dégage de la dissolution de fer par l'acide vitriolique, mais elle ne contracte pas la même odeur d'hépar que dans l'expérience ci-dessus.

L'air qui se dégage des corps est donc dans deux états très-différents. Dans quelques-uns, ce n'est qu'un air fixe pur, et celui-ci se combine avec l'eau en si grande quantité, qu'il peut, au moins, égaler son volume et lui communiquer plusieurs propriétés, entre autres celle de dissoudre le fer, de précipiter l'eau de chaux, comme le fait l'air fixe lui-même, etc. Tel est l'air qu'on dégage par la combinaison des acides avec les substances alcalines et calcaires, la vapeur qui s'élève des liqueurs spiritueuses actuellement en fermentation et celle du charbon. Dans tous ces cas, cette vapeur ou cet air fixe n'est point inflammable.

Au contraire, celui qui se dégage dans la précipitation du foie de soufre par quelqu'un des trois acides minéraux ou par l'acide du vinaigre, celui que fournissent en abondance les dissolutions du fer et du zinc par l'acide vitriolique et l'acide marin, sont très-inflammables. Cette vapeur passe au travers de l'eau sans s'y incorporer et sans perdre la propriété de s'enflammer, qu'elle peut même conserver longtemps. Elle communique à l'eau un goût et une odeur très-remarquables de précipitation de foie de soufre; mais elle diffère encore de l'air fixe ordinaire en ce qu'elle ne précipite point l'eau de chaux, et, pour le dire en passant, on peut la comparer avec l'air qu'on obtient par la distillation des végétaux et des animaux, que M. Hales a examiné le premier, et qu'il a reconnu être encore inflammable longtemps après.

Ce n'est pas que, dans la précipitation de l'hépar, ainsi que dans les dissolutions métalliques, il ne se dégage beaucoup d'air; mais il y est visiblement combiné avec une grande quantité de phlogistique, et c'est en raison de cette combinaison qu'il est plus ou moins immiscible ou insoluble dans l'eau, et qu'il devient propre à s'enflammer.

Jetons maintenant un regard sur ce qui se passe en grand dans la nature; je crois qu'on trouvera la même différence entre cet être incoërcible, pour ainsi dire, qui se dégage des eaux minérales froides, qu'on appelle faussement *acidules*, comme celles de Bussang, de Selters, etc. et la vapeur sulfureuse qui s'élève des eaux thermales, comme celles d'Aix-la-Chapelle, de Baréges, Cauterets, etc.

Dans les premières, il paraît que cet être n'est autre que l'air fixe, le même qu'on obtient par la méthode de Priestley. Au lieu que la vapeur sulfureuse des eaux d'Aix-la-Chapelle, etc. doit avoir un grand rapport avec celle qui se dégage de la précipitation des hépars.

Il serait à souhaiter que les chimistes qui sont plus à portée de ces eaux voulussent vérifier cette conjecture et nous apprendre aussi si cette vapeur est inflammable comme celle des hépars. Ce qu'il y a de certain, c'est que celle-ci a précisément la même odeur, comme on le sait, que celle qui s'élève des eaux minérales. Elle a aussi la propriété de noircir l'argent, même lorsqu'on l'a introduite dans l'eau, ainsi que les chaux métalliques et même les safrans de mars les mieux calcinés et non attirables par l'aimant.

Nous pouvons observer aussi les mêmes rapports et les mêmes différences dans les mofettes. On sait qu'il y en a de deux sortes. Les unes, comme celles de la Grotte du Chien, ne sont point inflammables: elles ne noircissent point l'argent ni les chaux métalliques; elles éteignent les flambeaux, etc. ainsi que les vapeurs qui se dégagent de la fermentation spiritueuse: celle du charbon, l'air fixe qui se dégage des combinaisons des acides avec les alcalis, à la manière de M. Priestley, produisent les mêmes phénomènes que la Grotte du Chien, et peuvent lui être comparés à tous égards.

Il se dégage donc de la terre un air fixe semblable à celui qui est produit dans certaines expériences de chimie et dans la fermentation des liqueurs spiritueuses, puisque celui-ci, comme le remarque M. Priestley, a aussi la propriété de se dissoudre dans l'eau. C'est principalement à raison de cet air que les sources minérales froides tiennent le plus de fer en dissolution, et qu'à l'exemple de nos eaux artificiellement aérées, elles le déposent promptement, soit par le repos à l'air libre, soit enfin par l'ébullition.

Cet air fixe qu'on introduit dans l'eau est, comme l'a remarqué M. Priestley, d'un volume égal à celui de l'eau qui en est imprégnée. Cet air n'y est pas seulement interposé, il y est véritablement dans un état de combinaison; l'eau peut même être filtrée sans en être dépouillée d'une manière sensible. Cependant cette eau n'acquiert pas pour cela un volume ni un poids remarquable, en proportion du grand volume d'air qu'elle a pris.

Ne pourrait-on pas soupçonner, d'après tous les effets de l'air fixe, que c'est lui qui passe de la terre dans la végétation, par ce mouvement de fermentation universelle que le retour du soleil excite dans la nature, à la naissance du printemps?

En effet, l'air qui se combine dans les végétaux, d'après les expériences de M. Hales, a perdu toutes ses propriétés élastiques, quoiqu'il y soit en quantité numérique et pondérable.

Quant à l'autre espèce de mofettes, on sait qu'il se dégage, dans les galeries des mines, et surtout des mines de charbon de terre, dans celles de sel gemme, etc. deux sortes de vapeurs, dont l'une est même souvent visible. Elle est immiscible avec l'eau, elle s'enflamme et détone souvent avec beaucoup de bruit et de fracas; l'autre, au contraire, ne s'enflamme point; elle éteint les lampes et les flambeaux, comme la vapeur de la Grotte du Chien, comme celle de la fermentation spiritueuse et comme celle du charbon; mais toutes tuent également les animaux qu'on y expose.

On sait qu'il y a des vapeurs qui s'élèvent de certaines eaux, soit dans des souterrains, soit même à l'air libre, qui prennent feu et s'enflamment très-rapidement.

M. Priestley a conclu, d'après quelques effets salutaires qu'on lui a rapportés, que l'air fixe n'était point nuisible et qu'on pouvait le respirer. Pour moi, je soupçonne fort que partout où il sera rassemblé en quantité, et sans communication avec l'air de l'atmosphère, il peut devenir dangereux et peut-être tuer comme les vapeurs dont nous venons de parler; c'est ce dont je rendrai compte, d'après une suite d'expériences qui pourront décider la question [1].

Quant à la vapeur de l'hépar, j'ose assurer qu'elle est aussi pernicieuse que celle du charbon. C'est à mes dépens que j'ai appris à la connaître, et j'ai failli un jour en être suffoqué.

Voici les symptômes que cette vapeur occasionna en moi. Ayant voulu la respirer fortement, pour démêler le caractère de cette odeur, je portai le nez et la bouche ouverte sur le vase, dans l'instant que j'y faisais une précipitation d'hépar très en grand : je fus pris sur-le-champ et me trouvai subitement dans l'impossibilité d'inspirer, et surtout d'expirer. Je sentais ma poitrine dans un état de dilatation jointe à un serrement insupportable. Dans cet état, quelque effort que je fisse, je ne pouvais ni introduire ni chasser l'air des poumons. Je me précipitai hors du laboratoire du Jardin du Roi, où je faisais cette expérience, je gagnai le large et la muraille de la cour pour me soutenir, car tout défaillait en moi; et ce ne fut qu'après avoir fait les plus grands efforts d'inspiration et d'expiration au grand air, que je commençai à redevenir maître de cette fonction et ensemble de mes mouvements. Mais je fus encore tout l'après-midi dans un état de malaise et d'oppression, accompagné de pesanteur de tête, que j'aurais de la peine à exprimer [2].

On sait que l'air fixe qu'on dégage à la manière de M. Priestley a aussi des propriétés qui lui sont communes avec l'air ordinaire. Si on l'introduit dans le vide, le vide cesse, et les vaisseaux se détachent. Celui qui est inflammable présente le même phénomène. Il est donc propre aussi à contre-balancer l'effort de l'atmosphère; ce qui prouve, entre autres choses, ce me semble, que cette vapeur n'est pas seulement le phlogistique ou l'*acidum pingue*, comme on l'a avancé sur de simples spéculations, mais, au contraire, que c'est de l'air qui,

[1] Je viens d'apprendre que M. Priestley l'a déjà décidée. (*Note de M. Rouelle.*)

[2] M. Meyer rapporte aussi un accident semblable, arrivé à son aide, en sa présence, en faisant une précipitation d'hépar en grand. (*Note de M. Rouelle.*)

quoique combiné, conserve encore les principales propriétés de l'air ordinaire, quoiqu'il en diffère à tant d'autres égards[1].

[1] Je viens d'apprendre qu'il paraît depuis peu une dissertation en anglais de M. Priestley, dans laquelle on trouve une très-belle suite d'expériences sur l'air fixe, l'air inflammable et l'air méphitique ou de putréfaction. J'ai regret de ne l'avoir pas connue plus tôt : la manière dont sont faites les expériences que nous avons déjà de lui est un garant sûr de l'usage excellent qu'on peut faire de tout ce qui vient de sa main. (*Note de M. Rouelle.*)

CHAPITRE XVIII.

EXTRAIT D'UN MÉMOIRE DE M. BUCQUET, DOCTEUR-RÉGENT DE LA FACULTÉ DE MÉDECINE DE PARIS, AYANT POUR TITRE, *EXPÉRIENCES PHYSICO-CHIMIQUES SUR L'AIR QUI SE DÉGAGE DES CORPS DANS LE TEMPS DE LEUR DÉCOMPOSITION, ET QU'ON CONNAÎT SOUS LE NOM D'AIR FIXÉ*, LU À L'ACADÉMIE ROYALE DES SCIENCES, LE 24 AVRIL 1773.

M. Bucquet, après avoir rendu compte, dans un abrégé très-concis, des expériences de Van Helmont, de Boyle, de MM. Black, Macbride et Jacquin, sur la nature des émanations élastiques qui se dégagent des corps et sur l'air fixe ou fixé, entreprend de déterminer : 1° si l'air fixe est le même que celui de l'atmosphère; 2° s'il est le même, de quelque corps qu'il ait été tiré.

M. Bucquet s'est servi, dans une grande partie de ses expériences, de l'appareil de M. Macbride, dont on a donné la description plus haut[1]. On se rappelle qu'il consiste en deux bouteilles qui communiquent ensemble par un tube de verre recourbé. Cet appareil, tel que s'en est servi M. Macbride, a le grand inconvénient de ne permettre d'opérer que sur de l'air fixe mélangé avec une quantité très-notable d'air de l'atmosphère, et cette circonstance a engagé M. Bucquet à y faire quelques changements. Il y a ajouté des robinets; il l'a disposé de manière à pouvoir se visser à la machine pneumatique; enfin, il a coupé l'une des bouteilles par le milieu, afin que la partie supérieure pût se dévisser, et qu'on pût y introduire un baromètre d'épreuve. M. Bucquet a appelé *bouteille des mélanges* celle destinée à recevoir les substances qu'il devait combiner ensemble pour produire l'air; il a appelé *bouteille de réception* celle destinée à recevoir les substances qu'il se proposait d'exposer à l'émanation de l'air dégagé.

[1] Ch. IX, p. 472.

Il a résulté des expériences faites avec cet appareil que l'air, dégagé de tous les acides sans exception, combiné soit avec la craie, soit avec les alcalis, était absolument le même; il a seulement observé que celui tiré de l'alcali volatil conservait une odeur de viande pourrie; il a été trouvé de même une identité très-parfaite entre l'air qui se dégage des matières en fermentation et celui qui se dégage de celles en effervescence. Cet air a une odeur pénétrante, que M. Bucquet appelle *odeur gazeuse;* il a la propriété de précipiter la chaux dissoute par l'eau, de la changer en terre calcaire, et de lui rendre la propriété de faire effervescence avec les acides; il produit sur les alcalis caustiques des effets à peu près semblables; il leur rend la propriété de faire effervescence et celle de cristalliser.

L'air fixe, dans tous ces cas, ne contient rien des substances salines dont il a été tiré : du sirop de violette, exposé pendant plus de douze heures à son action, dans l'appareil qu'on vient de décrire, n'en a été aucunement altéré.

M. Bucquet a soumis ce même air aux expériences connues, pour en déterminer le poids et la compressibilité; ses résultats n'ont pas différé sensiblement de ceux qu'on obtient en employant l'air ordinaire.

M. Bucquet examine ensuite l'air produit par la dissolution des substances métalliques, et il le trouve fort différent de celui qui se dégage, soit par l'effervescence, soit par la fermentation : cet air n'est point susceptible de se combiner avec l'eau; il refuse également de se combiner, soit avec la chaux, soit avec les alcalis caustiques; quelque long temps qu'on les expose à son action, ils ne recouvrent pas la propriété de faire effervescence avec les acides.

L'air fixe dégagé d'une effervescence, combiné ensuite avec le vin, ne le change point en vinaigre; il lui communique seulement un goût acerbe, qui pourrait être cependant le premier degré de la fermentation acéteuse.

M. Bucquet examine ensuite si l'air produit, soit par les effervescences, soit par les fermentations, est inflammable comme celui tiré de la dissolution du zinc et du fer par l'acide vitriolique ou par l'acide marin, comme l'avait avancé M. Hales: mais il n'a pu parvenir à l'enflammer.

De ces expériences M. Bucquet conclut que l'air tiré, soit des effervescences, soit des fermentations, soit des dissolutions métalliques, n'est pas précisément le même que celui de l'atmosphère, quoique égal en pesanteur et en élasticité; que celui tiré des effervescences et des fermentations diffère de l'air atmosphérique et de l'air des dissolutions métalliques, en ce qu'il a une aptitude très-grande à se combiner avec la chaux, avec les alcalis, et même avec l'eau; enfin, que l'air des dissolutions métalliques a le caractère distinctif de pouvoir s'enflammer.

Quoique ces expériences aient beaucoup de rapport avec celles publiées avant M. Bucquet, surtout avec celles de M. Priestley, elles n'en sont pas moins précieuses pour la physique. On ne saurait trop multiplier les expériences sur une matière aussi épineuse, et qui laisse encore de l'obscurité. C'est d'ailleurs beaucoup que de savoir qu'on peut arriver aux mêmes résultats par des procédés différents.

CHAPITRE XIX.

APPENDICE SUR L'AIR FIXE, PAR M. BAUMÉ, APOTHICAIRE DE PARIS, DE L'ACADÉMIE DES SCIENCES[1].

Quelques physiciens croient trouver à l'air fixe des propriétés qui doivent faire rejeter le phlogistique pour lui substituer l'air fixe[2]. L'air fixe doit, suivant ces mêmes physiciens, occasionner dans la chimie une révolution totale, et changer l'ordre des connaissances acquises. Mais les expériences publiées jusqu'à présent m'ont paru présenter des phénomènes sur la cause desquels il me paraît qu'on a pris le change, comme il sera facile d'en juger par les réflexions suivantes.

Nous avons établi dans plusieurs endroits de cet ouvrage, et d'après les plus célèbres physiciens, que l'air est un élément qui entre dans la composition de beaucoup de corps. Hales, dans sa Statique des végétaux et dans celle des animaux, a démontré cette vérité par un grand nombre d'expériences bien faites : il a apprécié le poids et le volume de l'air contenu dans différents corps, et il a nommé *air fixe*[3] celui qui entre dans leur composition, celui, enfin, qui est devenu un de leurs principes constituants et qui a perdu son élasticité et toutes les propriétés de l'air pur et agrégé; et il a donné à l'air dégagé des corps le nom d'*air élastique*.

L'air, comme nous l'avons dit en son lieu, est identique : il n'y a qu'une seule espèce d'air; cet élément peut entrer et entre en effet dans une infinité de combinaisons; mais, lorsqu'on le dégage des corps dans lesquels il était combiné, il recouvre toutes ses propriétés; et,

[1] La crainte qu'on ne m'accusât d'avoir apporté un esprit de partialité dans l'exposé que j'ai fait de ce qui a été écrit jusqu'à ce jour sur l'air fixe m'a engagé à transcrire ici cet appendice, tel qu'il se trouve à la fin du troisième volume de la chimie de M. Baumé, page 693.

[2] On ignore quels sont ces physiciens.

[3] *Statique des végétaux*, p. 143, fig. 26.

lorsqu'il est purifié convenablement, il n'est point différent de celui que nous respirons.

Ce que plusieurs chimistes nomment aujourd'hui *air fixe* paraît être celui qu'on a dégagé des corps par différents moyens; mais on devrait plutôt le nommer *air dégagé* ou *air élastique*, comme l'a dit M. Hales. En effet, l'air ainsi séparé des corps n'est pas plus fixe que celui que nous respirons, puisqu'il recouvre toutes ses propriétés élastiques, comme ce physicien l'a démontré.

L'air, comme nous le disons en plusieurs endroits de cet ouvrage, dissout non-seulement l'eau et s'en sature, mais il dissout encore les matières huileuses, etc.

Lorsqu'on dégage l'air d'un corps, en soumettant ce même corps à la distillation, dans un appareil tel que M. Hales l'a indiqué, les physiciens actuels le nomment *air fixe*. Cet air, en se dégageant des corps, charrie avec lui différentes substances qu'il tient réellement en dissolution, et on attribue à cet air des propriétés qui n'appartiennent pas à l'air, mais seulement aux substances étrangères dont il est chargé. Il paraît qu'on n'a pas fait cette distinction, qui, cependant, devait se présenter naturellement.

Lorsqu'on combine un acide avec une terre calcaire, ou avec un sel alcali, ou avec une substance métallique, il s'en dégage, comme nous le faisons remarquer, une quantité considérable d'air et de feu presque pur, qui ne peuvent point faire partie du sel neutre qui résulte de cette union. Si l'on recueille par un appareil convenable l'air qui se dégage pendant que se fait cette combinaison, l'air ainsi dégagé est encore nommé *air fixe*. On trouve à cet air des propriétés différentes de l'air de l'atmosphère, et on en conclut que l'air fixe n'est pas le même dans tous les corps; mais les propriétés différentes qu'on lui trouve doivent être attribuées, comme nous venons de le dire, aux substances étrangères dont il est chargé.

L'air qui se dégage des corps pendant la fermentation spiritueuse, pendant la putréfaction, est encore nommé *air fixe;* et ces airs fixes diffèrent entre eux, comme les corps qui les ont produits. Ces seules observations indiquaient assez que ces diverses propriétés devaient être attribuées aux substances dont l'air est chargé, et non à l'air lui-même, qui est un élément qui ne peut subir aucune altération. Mais, au lieu de faire ces réflexions, il paraît qu'on est disposé à établir autant d'espèces d'air qu'il y a de corps qui peuvent en fournir; ce qui ne servirait qu'à répandre de l'obscurité sur la théorie de la chimie. Quelques personnes ont déjà voulu admettre de l'air fixe inflammable: de l'air fixe qui réduit en chaux les métaux, et qui est la cause de l'augmentation de leur poids; de l'air fixe antiputride, qui rétablit la viande putréfiée, etc.

Il n'y a point de doute que, lorsqu'une substance huileuse très-rectifiée est dissoute par de l'air, et qu'elle est rassemblée dans un espace convenable, elle ne s'enflamme, comme le dit M. Hales dans plusieurs endroits de sa Statique des végétaux, et particulièrement page 153, à l'analyse des pois, des écailles d'huîtres, de l'ambre et de la cire, quoiqu'il ait lavé onze fois de suite l'air dégagé de ces substances. Les matières huileuses, ainsi dissoutes par l'air, ou réduites dans l'état de vapeurs, s'enflamment presque toujours avec explosion à l'approche d'une lumière; mais ce n'est point l'air qui s'enflamme; cet élément est incombustible.

Les chimistes ont reconnu que les métaux qui se réduisent en chaux ne doivent cet état qu'à la portion de phlogistique qu'ils ont perdue, et qu'en leur restituant ce principe inflammable on les fait reparaître de nouveau sous le brillant métallique, tels qu'ils étaient avant la calcination; quelques physiciens, partisans de l'air fixe, disent au contraire que c'est à l'air qui s'est fixé dans le métal, pendant sa réduction en chaux, qu'on doit attribuer ce nouvel état et la cause de l'augmentation de son poids. Ces mêmes physiciens prétendent encore qu'en supprimant à ces chaux métalliques l'air fixe dont elles sont chargées, elles se réduisent en métal sans aucune addition, même sans feu; mais il paraît qu'on a encore pris le change sur cette réduction, et qu'on emploie dans ces opérations des vapeurs phlogistiques, sans s'en apercevoir.

Nous avons dit, à l'article du foie de soufre précipité par un acide, que les vapeurs qui s'en élèvent ne sont point inflammables, mais qu'elles ressuscitent sans feu, sous le brillant métallique, les chaux des métaux. Ce n'est point l'air qui produit cet effet, mais seulement le principe phlogistique dont ce même air est chargé.

A l'égard de l'air fixe antiputride, il est très-probable qu'il y a beaucoup de substances ayant des propriétés antiputrides que l'air peut dissoudre, et qui font même rétrograder la putréfaction, comme font le quinquina et d'autres matières astringentes, qui ont de même des propriétés antiseptiques, lorsqu'elles sont appliquées immédiatement sur les chairs putréfiées.

Il résulte de ces réflexions :

1° Que ce que l'on nomme *air fixe* est improprement ainsi nommé; le nom d'*air dégagé* ou *air élastique*, comme M. Hales l'a dit, lui convient mieux;

2° Que l'air fixe, sous cette dénomination qu'on lui a donnée, est de l'air ordinaire, mais chargé de substances étrangères qu'il tient en dissolution : air qu'on peut souvent purifier et ramener à l'état d'air pur, semblable à celui de l'atmosphère, en faisant passer cet air fixe au travers des différentes liqueurs propres à filtrer l'air et à retenir les substances étrangères qui altèrent sa pureté.

3° L'air fixe, suivant cette théorie, ne doit plus être examiné sous le point de vue sous lequel on l'a considéré jusqu'à présent, mais seulement relativement aux substances que l'air peut dissoudre, ou dont il peut se charger.

4° Il y a une très-belle suite d'expériences à faire pour connaître quelles sont les substances qui peuvent se dissoudre dans l'air et quelles peuvent être les propriétés de ces mêmes substances réduites dans cet état : ces expériences, faites sous ce point de vue, conduiraient à des connaissances plus certaines et plus claires que celles qu'on nous a données jusqu'à présent.

Il en est de l'air comme de l'eau : ce sont deux éléments qui ont la propriété de dissoudre beaucoup de substances et de s'en saturer : l'un et l'autre de ces éléments acquièrent de nouvelles propriétés, qui n'appartiennent ni à l'eau ni à l'air, mais seulement aux substances dont ils sont chargés. Comme il y a certaines substances que l'eau peut dissoudre et qu'on ne peut plus lui enlever, il doit en être de même de l'air : ce dernier élément peut se charger de substances aussi volatiles, aussi dilatables que lui, et qu'on ne pourra peut-être jamais séparer par distillation, filtration ou autre moyen; mais il n'en résultera pas moins que les nouvelles propriétés qu'on trouvera à cet air seront toujours dues aux substances étrangères, et non à l'air lui-même.

Nota. Ces dix-neuf chapitres renferment ce que j'ai pu me procurer de plus intéressant sur l'air fixe; j'aurais pu y ajouter l'extrait d'une thèse très-bien faite, en faveur de la doctrine de M. Black, soutenue à Édimbourg, le 12 septembre 1772, par M. Rutherford; mais, comme cette thèse ne contient qu'un sommaire de ce qui a été écrit sur cette matière par MM. Black, Cavendish et Lane, j'ai craint de me jeter dans des répétitions inutiles.

Je sais encore qu'il paraît depuis peu un Recueil de Dissertations chimiques, de M. Wiegel, docteur en médecine à Greiswald, dans l'une desquelles il traite de l'air fixe et de l'*acidum pingue;* mais il ne m'a pas encore été possible de me procurer cet ouvrage.

NOUVELLES RECHERCHES

SUR

L'EXISTENCE D'UN FLUIDE ÉLASTIQUE FIXÉ

DANS QUELQUES SUBSTANCES,

ET SUR LES PHÉNOMÈNES QUI RÉSULTENT DE SON DÉGAGEMENT

OU DE SA FIXATION.

SECONDE PARTIE.

NOUVELLES RECHERCHES

SUR

L'EXISTENCE D'UN FLUIDE ÉLASTIQUE FIXÉ

DANS QUELQUES SUBSTANCES,

ET SUR LES PHÉNOMÈNES QUI RÉSULTENT DE SON DÉGAGEMENT

OU DE SA FIXATION.

CHAPITRE PREMIER.

DE L'EXISTENCE D'UN FLUIDE ÉLASTIQUE FIXÉ, DANS LES TERRES CALCAIRES, ET DES PHÉNOMÈNES QUI RÉSULTENT DE SON ABSENCE DANS LA CHAUX.

Après avoir exposé, dans la première partie de cet ouvrage, l'opinion de M. Black, de M. Meyer et de M. de Smeth, sur les causes de la causticité de la chaux vive et des alcalis, j'ai pensé qu'avant de passer plus avant je ne pouvais me dispenser de reprendre tout l'édifice en sous-ordre, de répéter les principales expériences de M. Black, de M. Meyer, de M. Jacquin, de M. Crans et de M. de Smeth, d'y en ajouter même de nouvelles; enfin, de m'attacher à fixer, s'il était possible, les idées des physiciens sur la valeur des différents systèmes.

Tel est l'objet que je me suis proposé de remplir dans les trois premiers chapitres de cette seconde partie : comme les expériences que j'y rapporte sont toutes exactement liées les unes aux autres, j'ai besoin d'une attention suivie de la part du lecteur.

PREMIÈRE EXPÉRIENCE.

Dissolution de la craie par l'acide nitreux.

PRÉPARATION.

J'ai mis dans un petit matras à col long et étroit 6 onces d'acide nitreux, dont le poids était à celui de l'eau comme 129895 est à 100,000. J'ai jeté peu à peu, par le col du matras, de la craie en poudre séchée à un degré de feu longtemps continué et à peu près égal à celui du mercure bouillant.

EFFET.

La dissolution s'est faite avec une vive effervescence, mais presque sans chaleur. J'avais soin de tenir le matras bouché, autant qu'il était possible; je le débouchais de moment en moment pour donner issue aux vapeurs élastiques qui se dégageaient avec impétuosité : l'objet de ces précautions était d'avoir le moins d'évaporation qu'il était possible. J'ai employé, pour parvenir au point de saturation, 2 onces 3 gros 36 grains de craie; le total du poids des matières employées dans la dissolution était donc de 8 onces 3 gros 36 grains; cependant, ayant pesé de nouveau après la combinaison, le poids ne s'est plus trouvé que de 7 onces 3 gros 36 grains, ce qui formait une perte de poids d'une once juste.

Cette perte de poids ne pouvait être attribuée qu'au fluide élastique qui s'était dégagé, et aux vapeurs aqueuses, ou autres, qu'il avait entraînées avec lui; il fallait donc trouver un moyen de les retenir et de les examiner. C'est ce que je me suis proposé dans l'expérience qui suit.

DEUXIÈME EXPÉRIENCE.

Mesurer la quantité de fluide élastique qui se dégage de la craie pendant sa dissolution dans l'acide nitreux.

DESCRIPTION DE L'APPAREIL.

AB (fig. 1) est une platine de cuivre jaune, ou laiton, de 12 pouces de diamètre; à son centre, en C, s'élève une tige CD, laquelle porte une seconde platine EF, ronde comme la première, et de 5 pouces $\frac{1}{2}$ de diamètre; sur cette seconde platine s'élève, en G, une petite tige GH, laquelle porte un châssis représenté séparément dans la figure 2. Ce châssis est destiné à supporter une fiole de verre I, en forme de poire: elle doit avoir un goulot en t, pour éviter que le fluide qu'elle est destinée à verser ne coule le long des parois extérieures; à défaut de goulot, on peut en faire un avec de la cire. La fiole I, au lieu d'être suspendue par deux pivots, doit être plutôt soutenue par deux calottes hémisphériques à vis, de manière qu'on puisse les écarter ou les rapprocher, suivant que la fiole dont on veut se servir est plus ou moins grosse. La partie inférieure K de cette fiole doit être lestée avec du plomb, afin qu'elle se tienne droite d'elle-même; elle doit avoir aussi à cette même partie un bouton K, auquel s'attache une ficelle; cette dernière doit passer par-dessus le châssis et s'introduire par le trou M de la platine inférieure, lequel est garni d'une petite poulie; cette ficelle sert à faire faire la bascule à la bouteille I, quand on le juge à propos. Tout cet appareil est recouvert d'un grand bocal $NNOO$, de 6 pouces de diamètre et de 2 pieds $\frac{1}{2}$ à 3 pieds de hauteur; enfin, le tout doit être placé dans un seau de faïence $VVSS$ d'un pied de diamètre dans son fond, et à peu près de même hauteur; on l'a rendu transparent dans la figure pour mieux faire sentir tous les détails de l'appareil.

Lorsqu'on veut se servir de cette machine, on met dans la fiole I une certaine quantité d'acide ou d'une autre liqueur quelconque; on met dans le bocal Q de la craie, de l'alcali, ou une autre substance quelconque dont on veut faire la dissolution; on emplit d'eau le seau $VVSS$; on élève ensuite l'eau en suçant par un trou R pratiqué au haut du bocal, et on la fait monter jusqu'en YY, plus ou moins, suivant la nature des expériences qu'on se propose de faire; enfin, avec l'entonnoir représenté dans la figure 3, on introduit de l'huile sous le récipient; cette huile, plus légère que l'eau, monte à sa surface en YY, et, par son interposition, empêche que le fluide élastique dégagé des combinaisons ne soit absorbé par l'eau. Lorsque tout est ainsi préparé, on tire la ficelle *r*, laquelle passe sur les trois poulies de renvoi *pMn*, et on fait faire la bascule à la fiole *I*.

On peut joindre à cet appareil une pompe, et cette précaution même est indispensable, toutes les fois qu'on emploie des matières dont les vapeurs peuvent être nuisibles, et qui ne permettraient pas de sucer l'air sans s'incommoder. On voit cette pompe adaptée à l'appareil de la figure 1. *PP* représente le corps de pompe; *Z*, l'anneau qui sert à élever le piston. A chaque coup, l'air est aspiré par le tuyau *XL*, dont l'extrémité *X* doit s'élever jusqu'à quelques lignes du dessous de la platine; il est ensuite refoulé et chassé du corps de pompe par le tuyau *T*. Comme l'extrémité inférieure *L* du tuyau *XL*, ainsi que l'extrémité *s* du tuyau qui soutient la pompe, est destiné à tremper dans l'eau, les vis, en cet endroit, doivent être garnies de cuirs bien graissés: on verra dans la suite d'autres usages de cette même pompe.

PRÉPARATION DE L'EXPÉRIENCE.

J'ai mis dans la fiole *I* (fig. 1) 1 once $\frac{1}{2}$ du même acide nitreux employé dans la première expérience; j'ai mis dans le bocal *Q* 4 gros 63 grains de la même craie desséchée au degré de mercure bouillant. J'ai élevé l'eau jusqu'en *YY*, comme il est dit ci-dessus, et j'ai introduit une couche d'huile sur la surface de l'eau; enfin j'ai fait la combinaison par le moyen de la bascule, en observant d'aller lentement pour éviter que la liqueur ne passât par-dessus les bords du bocal, par la vivacité de l'effervescence.

EFFET.

L'eau a baissé tout à coup dans le bocal *NNOO*, et elle s'est arrêtée à 7 pouces $\frac{1}{2}$ au-dessous de la surface *YY*. Le bocal, en cet endroit, avait 70 lignes $\frac{11}{100}$; d'où il suit que la quantité de fluide élastique dégagé était de 206 pouces cubiques; mais, au bout d'un quart d'heure, le peu de chaleur produite pendant la combinaison s'étant dissipé, cette quantité de fluide élastique s'est réduite à 200 pouces; après quoi il n'y a plus eu de variation sensible, même pendant plusieurs jours; le thermomètre, pendant cet intervalle de temps, s'est maintenu entre 16 et 17 degrés, et le baromètre aux environs de 28 pouces.

RÉFLEXIONS.

Les quantités d'acide nitreux et de craie employées dans cette seconde expérience ne sont que le quart de celles employées dans la première; d'où il suit que, si on eût employé 6 onces d'acide nitreux, et 2 onces 3 gros 36 grains de craie, comme dans la première expérience, on aurait eu un dégagement d'air de 800 pouces cubiques; mais la perte de poids, dans la première expérience, a été d'une once juste; donc 800 pouces cubiques de fluide élastique, tel qu'il se dégage de la craie, et chargé, sans doute, d'une assez grande quantité de vapeurs aqueuses qu'il entraîne avec lui, pèsent 1 once juste à une température de 16 à 17 degrés du thermomètre; donc le pied cube ou 1728 pouces cubes de ce fluide pèsent 2 onces 1 gros 20 grains; mais le pied cube d'air commun, à cette même température, ne pèse, suivant les observations de M. de Luc, que 1 once 2 gros 66 grains, d'où l'on peut déjà conclure, de deux choses l'une, ou que le fluide élastique qui se dégage de la craie par l'effervescence pèse environ un tiers de plus que l'air de l'atmosphère, ou, ce qui est beaucoup plus probable, qu'aidé par le tumulte de l'effervescence, il entraîne avec lui une quantité assez considérable de vapeurs aqueuses ou autres qui contribuent à augmenter la perte de poids observée dans la première expérience, et qui font paraître ce fluide élastique plus pesant qu'il ne l'est en effet.

TROISIÈME EXPÉRIENCE.

Déterminer la quantité d'eau nécessaire pour saturer une quantité donnée de chaux vive.

PRÉPARATION.

J'ai mis dans un chaudron de fer 28 onces 6 gros de chaux vive, et j'ai versé dessus peu à peu assez d'eau pour la réduire en une pulpe médiocrement épaisse. Lorsque les phénomènes de l'extinction ont été passés, j'ai placé le chaudron sur un feu doux, pour enlever l'humidité surabondante. J'avais soin d'agiter fréquemment la matière avec une spatule de fer, pour l'empêcher de prendre corps et de se rassembler en grosses masses; sur la fin, j'ai donné un feu plus fort et égal à peu près au degré du mercure bouillant, et je l'ai soutenu ainsi pendant plusieurs heures; enfin, lorsque la matière m'a paru parfaitement sèche, je l'ai retirée du feu, et, l'ayant mise toute chaude sur une balance, elle s'est trouvée peser 37 onces juste. J'ai ensuite mis promptement en poudre toute cette chaux dans un mortier que j'entretenais toujours chaud; je l'ai passée au tamis de soie, et je l'ai renfermée dans une bouteille de verre bien bouchée, pour me servir au besoin.

RÉFLEXIONS.

Il suit de cette expérience que le rapport du poids de la chaux vive à celui de la chaux éteinte est comme 1000 à 1287, c'est-à-dire que 1000 parties de chaux vive peuvent absorber $\frac{287}{1000}$ d'eau; autrement dit, que cette substance peut absorber 4 onces 4 gros 53 grains d'eau par livre.

On pourrait peut-être penser que la chaux n'absorbe pas seulement de l'eau pendant son extinction; que l'air lui-même, ou quelque substance répandue dans l'air, se combine avec elle pendant cette opération et contribue à l'augmentation de poids qu'on observe; l'expérience qui suit détruira ces conjectures, et fera voir que l'air extérieur n'entre pour rien dans les phénomènes de l'extinction.

QUATRIÈME EXPÉRIENCE.

Extinction de la chaux vive dans le vide de la machine pneumatique.

PRÉPARATION.

J'ai mis dans une capsule de verre 1 once $\frac{1}{2}$ de chaux vive en morceaux médiocrement gros; j'ai versé dessus suffisante quantité d'eau, après quoi j'ai placé la capsule sous le récipient de la machine pneumatique, et j'ai fait le vide le plus promptement qu'il m'a été possible.

EFFET.

Les phénomènes de l'extinction n'ont différé en rien de ceux qu'on observe à l'air libre; il y a eu, au bout de quelques minutes, gonflement, bouillonnement et chaleur; la chaux s'est réduite en une pulpe blanche, qui, desséchée, s'est trouvée avoir reçu une augmentation de poids à peu près proportionnelle à celle observée dans l'expérience précédente[1].

CINQUIÈME EXPÉRIENCE.

Dissolution de la chaux dans l'acide nitreux.

PRÉPARATION.

J'ai mis dans un petit matras à col long et étroit 6 onces d'acide nitreux, semblable à celui des expériences précédentes; j'ai introduit peu à peu, dans le même matras, de la chaux éteinte, saturée d'eau et desséchée, comme on l'a vu dans la troisième expérience.

EFFET.

Les premières portions se sont dissoutes presque sans mouvement; l'effervescence est devenue ensuite de plus en plus sensible, à mesure que l'acide se saturait; mais cette effervescence, en même temps, était différente de celle qu'on observe dans la dissolution de la craie; les bulles étaient fréquentes, mais petites, et le gonflement peu considérable; la chaleur, au contraire, était très-forte, et telle même, qu'il y a apparence que les phénomènes de l'ébullition se joignent à ceux de l'effervescence. La quantité de chaux nécessaire pour la saturation a été de 1 once 5 gros 36 grains; le poids de ces mêmes matières, après la combinaison, s'est trouvé de 7 onces 4 gros 70 grains. La perte de poids n'était donc que de 38 grains seulement.

Il était important de comparer, comme dans les première et deuxième

[1] Je ne nie pas que la chaux ne puisse absorber un peu de fluide élastique pendant sa dessiccation; mais cette quantité est peu considérable et presque nulle en proportion de la quantité d'eau qu'elle absorbe.

expériences, la perte de poids observée pendant l'effervescence à la quantité de fluide élastique dégagée; pour y parvenir, j'ai eu recours à l'appareil de la première expérience, ainsi qu'il suit.

SIXIÈME EXPÉRIENCE.

Déterminer la quantité de fluide élastique qui se dégage de la chaux pendant sa dissolution dans l'acide nitreux.

PRÉPARATION.

J'ai mis dans la fiole *I* (fig. 1) 1 once $\frac{1}{2}$ d'acide nitreux, le même que dans les expériences précédentes; j'ai mis dans le bocal *Q*, 3 gros 27 grains de chaux éteinte et séchée. (On vient de voir dans l'expérience précédente que cette proportion était celle nécessaire à la saturation.) Du reste, tout a été disposé comme dans la deuxième expérience.

EFFET.

La combinaison s'est faite, comme dans l'expérience précédente, avec un petit mouvement d'effervescence ou d'ébullition. Dans le premier moment, l'eau est descendue subitement de 3 ou 4 pouces dans le bocal *NNOO*; mais, en quelques secondes, elle a repris son niveau et s'est arrêtée environ à 1 pouce au-dessous de la première marque. Le bocal était tiède, et, comme la masse d'air qu'il contenait était fort considérable, il était tout naturel qu'il en résultât une dilatation très-sensible; aussi, à mesure que cet air a repris le degré du laboratoire, l'eau a remonté, le dégagement d'air s'est trouvé réduit à une tranche cylindrique de 4 lignes de hauteur sur 70 lignes $\frac{45}{100}$ de diamètre, c'est-à-dire de 9 pouces cubes. Si l'on eût opéré dans cette expérience sur des quantités égales à celles de la cinquième expérience, on aurait eu sans doute un dégagement de fluide élastique quatre fois plus grand, c'est-à-dire de 36 pouces cubes; mais, en supposant, comme on peut le faire ici sans erreur sensible, que ce fluide fût exactement équipondérable à l'air, ces 36 pouces cubes devaient peser 16 grains $\frac{1}{2}$ à la température du laboratoire. La perte totale du poids, dans la cinquième expérience, n'a été que de 38 grains; d'où il suit que, malgré la grande chaleur éprouvée pendant la dissolution, la perte de poids causée par l'évaporation n'a été que de 2 grains $\frac{1}{2}$.

CONSÉQUENCES GÉNÉRALES DES SIX EXPÉRIENCES PRÉCÉDENTES.

1° Il est d'abord évident, d'après la troisième expérience, que la quantité de 1 once 5 gros 36 grains de chaux éteinte, employée dans la cinquième expérience, et nécessaire pour saturer 6 onces d'acide nitreux, contenait 3 gros 0 grain $\frac{3}{4}$ d'eau.

2° D'après la sixième expérience, que cette même quantité de chaux éteinte contenait 16 grains $\frac{1}{2}$ de fluide élastique; elle ne contenait donc réellement que 1 once 2 gros 18 grains $\frac{3}{4}$ de terre alcaline; mais, par la première expérience, il a fallu 2 onces 3 gros 36 grains de craie pour saturer une pareille quantité, c'est-à-dire 6 onces d'acide nitreux; d'où il semble qu'on peut conclure que 2 onces 3 gros 36 grains de craie ne contiennent également que 1 once 2 gros 18 grains $\frac{3}{4}$ de terre alcaline; qu'elles contiennent, en outre, 3 gros 0 grain $\frac{3}{4}$ d'eau et 6 gros 16 grains $\frac{1}{2}$ de fluide élastique; ces 6 gros 16 grains $\frac{1}{2}$, d'après la cinquième expérience, équivalent à 800 pouces cubes; d'où il suivrait que le fluide élastique contenu dans la craie pèse $\frac{561}{1000}$ de grain le pouce cube, à la température de 16 à 17 degrés du thermomètre de Réaumur, c'est-à-dire un peu plus de $\frac{1}{2}$ grain, tandis que le pouce cube d'air commun, à pareille température, ne pèse, suivant les résultats de M. de Luc, que $\frac{455}{1000}$ de grain, c'est-à-dire un peu moins de $\frac{1}{2}$ grain. Cette différence vient, ou de ce que le fluide élastique dégagé de la craie est réellement un peu plus lourd que celui de l'atmosphère, ou de ce qu'il est chargé de vapeurs au sortir de la craie, ou enfin de ce que la craie contient plus d'eau que la chaux éteinte.

Si 2 onces 3 gros 36 grains de craie sont réellement composés, comme on vient de le dire, de 1 once 2 gros 18 grains $\frac{3}{4}$ de terre alcaline, de 3 gros 0 grain $\frac{3}{4}$ d'eau et 6 gros 16 grains $\frac{1}{2}$ de fluide élastique, il doit s'ensuivre, par une conséquence nécessaire, que ces différentes substances, combinées entre elles dans ces mêmes proportions, doivent faire de la terre calcaire ou de la craie. Pour obtenir ce complément de preuves, j'ai fait l'expérience suivante.

SEPTIÈME EXPÉRIENCE.

Refaire de la terre calcaire ou de la craie, en rendant à la chaux l'eau et le fluide élastique dont elle a été dépouillée par la calcination.

PRÉPARATION.

J'ai pesé 5 gros 22 grains de chaux vive. On se rappelle que cette quantité est précisément celle qui répond à 1 once 1 gros 54 grains de craie. J'ai jeté cette chaux dans 8 pintes d'eau distillée; la chaux a été bientôt divisée par l'eau, et elle a été dissoute en partie; mais une portion assez considérable est demeurée déposée au fond du vase.

J'ai pris, d'un autre côté, une bouteille de verre *A* (fig. 4), tubulée en *E*[1]; je l'ai emplie jusqu'en *BC* (fig. 5), c'est-à-dire environ jusqu'au tiers, de craie en poudre grossière. J'y ai ensuite ajusté l'entonnoir *G*, que j'ai bien luté avec le col de la bouteille, de manière que l'air ne pût communiquer par la jointure. J'ai ajusté au bout d'un bâton *OP* un bouchon de liége *P*, tellement proportionné qu'il pût boucher exactement l'entonnoir *G*. J'ai luté à la tubulure *E* un siphon de verre *EHI*, dont j'ai fait tomber l'extrémité *I* dans le fond du seau de faïence, représenté ici plus en petit par un bocal *KLMN*, et dans lequel était la chaux en dissolution dans l'eau. Enfin, j'ai rempli d'acide vitriolique affaibli l'entonnoir *G*, et je soulevais de temps en temps le bouchon *P*, pour laisser introduire quelques portions d'acide vitriolique dans la bouteille *A*.

EFFET.

L'air dégagé de l'effervescence occasionnée par la dissolution de la craie dans l'acide vitriolique a passé par le siphon de verre *EHI*, et a

[1] M. Rouelle s'est servi avant moi de ces bouteilles dans les expériences qu'il a faites sur l'eau imprégnée d'air fixe, et qui ont été publiées dans le Journal de médecine de M. Roux.

bouillonné dans l'eau de chaux contenue dans le vaisseau *KLMN*; en même temps l'eau de chaux s'est troublée, et, après avoir continué pendant un temps fort considérable, je suis parvenu à précipiter toute la chaux et à rendre l'eau surnageante absolument douce: alors j'ai décanté, j'ai fait sécher la terre qui restait au fond à un degré de chaleur égal à celui du mercure bouillant, après quoi elle s'est trouvée peser 1 once 1 gros 36 grains. Son poids, suivant les déterminaisons précédentes, aurait dû être de 1 once 1 gros 54 grains. Cette différence de 18 grains, qui ne peut pas être regardée comme fort considérable, vient ou de la perte inévitable qu'on éprouve dans toute expérience, ne serait-ce que par la petite quantité de terre qui demeure attachée aux vaisseaux, ou peut-être encore de ce que la chaux, dans cette expérience, n'a pas été aussi saturée de fluide élastique qu'elle le pouvait être.

Cette terre calcaire, au surplus, ne différoit en rien de la craie; elle donnait, par sa dissolution dans l'acide nitreux, une quantité de fluide élastique à peu près égale à la craie; la perte de poids qu'elle éprouvait, pendant cette opération, était aussi la même; elle ne dégageait plus à froid l'alcali volatil du sel ammoniac; en un mot, on ne pouvait par aucun moyen la distinguer de la véritable craie en poudre.

HUITIÈME EXPÉRIENCE.

Déterminer la pesanteur spécifique de l'eau de chaux avant et après la précipitation.

PRÉPARATION.

J'ai pris de l'eau distillée à la température de 17 degrés du thermomètre de Réaumur; j'y ai plongé un pèse-liqueur d'argent représenté fig. 6. Cet instrument est construit sur le même principe que celui décrit par Fahrenheit dans les Transactions philosophiques, c'est-à-dire que sa tige *DE*, au lieu d'être graduée comme dans l'aréomètre de Boyle, n'a qu'une petite marque gravée en *E* à peu près vers son milieu. Cette tige n'a que 3 pouces de longueur: elle est surmontée d'un bassin propre à recevoir des poids; on charge l'instrument jusqu'à ce qu'il enfonce jusqu'à la marque E dans le fluide dont on veut déterminer la pesanteur spécifique. Ce pèse-liqueur est lesté dans sa partie inférieure, c'est-à-dire en BC, avec de l'étain. Son poids est de 9 onces 0 gros 64 grains; j'ai été obligé, pour le faire enfoncer jusqu'à la marque E, dans de l'eau distillée à la température de 17 degrés du thermomètre de Réaumur, de le charger de 20 grains $\frac{1}{4}$; d'où il suit qu'il déplace un volume d'eau distillée de 9 onces 1 gros 12 grains $\frac{1}{2}$.

Ayant retiré le pèse-liqueur de cette eau, j'y ai jeté beaucoup plus de chaux qu'elle ne pouvait en dissoudre; je l'ai filtrée, et, lorsqu'elle s'est trouvée exactement au même degré de température que dans l'expérience précédente, j'y ai plongé le pèse-liqueur; mais je n'ai pu le faire enfoncer jusqu'à la même marque qu'en le chargeant de 32 grains; d'où il suit que le poids du volume d'eau déplacé par le pèse-liqueur est de 9 onces 1 gros 24 grains; ce qui donne le rapport de la pesanteur spécifique de l'eau distillée à celle de l'eau de chaux, comme 1000000 est à 1002135.

NEUVIÈME EXPÉRIENCE.

Déterminer la pesanteur spécifique de l'eau de chaux dans laquelle on a fait bouillonner le fluide élastique dégagé d'une effervescence.

J'ai fait bouillonner, comme dans la sixième expérience, le fluide élastique dégagé de l'effervescence de l'acide vitriolique et de la craie dans de l'eau de chaux saturée; lorsque la précipitation a été entièrement achevée, j'ai laissé reposer la liqueur, après quoi je l'ai décantée et j'y ai plongé le pèse-liqueur; la pesanteur du fluide déplacé s'est trouvée de 9 onces 1 gros 12 grains $\frac{1}{2}$, c'est-à-dire sensiblement la même que celle de l'eau distillée; d'où il suit que l'addition du fluide élastique avait précipité toute la chaux, et l'avait rendue insoluble dans l'eau.

DIXIÈME EXPÉRIENCE.

Imprégner d'air fixe, ou de fluide élastique, de l'eau, ou tel autre fluide qu'on jugera à propos.

PRÉPARATION.

La figure 7 représente l'appareil dont je me sers dans ces sortes d'expériences; il ne diffère de celui de la figure 5 qu'en ce que j'ai substitué une bouteille *I*, tubulée en *R*, au seau ou bocal *KLMN*. Je mets, comme dans la septième expérience, de la craie en poudre grossière dans la bouteille *A*, et j'y fais couler peu à peu de l'acide vitriolique par l'entonnoir *G*.

EFFET.

A mesure que le fluide élastique se dégage par l'effervescence, il est obligé d'enfiler le siphon *EHI*, de passer dans la bouteille *I*, et de bouillonner à travers l'eau distillée, ou telle autre liqueur qu'elle renferme. Il faut que toutes les jointures des vaisseaux soient exactement lutées dans cette expérience. La tubulure *R* doit être aussi bouchée avec un bon bouchon de liége; on parvient, par ce moyen, à entretenir dans la bouteille *I* une atmosphère de fluide élastique beaucoup plus condensé que l'air de l'atmosphère, et la liqueur se charge plus promptement et en plus grande abondance que s'il n'y avait pas de compression. Il est nécessaire de déboucher de temps en temps la tubulure *R*, de peur que les vaisseaux ne crèvent, ou que les vapeurs trop condensées ne se fassent jour à travers les jointures; il y a toujours, d'ailleurs, une portion assez considérable de fluide élastique dégagé des effervescences, qui n'est point susceptible de se combiner avec l'eau, et auquel il est nécessaire de donner de temps en temps une issue.

ONZIÈME EXPÉRIENCE.

Comparer la pesanteur spécifique de l'eau imprégnée de fluide élastique à celle de l'eau distillée.

J'ai pris de l'eau distillée très-chargée de fluide élastique par le procédé décrit dans la précédente expérience. Cette eau avait un goût aigrelet extrêmement sensible, et plus considérable, à ce qu'il m'a semblé, que n'a celle faite par le procédé de M. Priestley.

Y ayant plongé l'aréomètre d'argent représenté fig. 6, le fluide déplacé s'est trouvé peser 9 onces 1 gros 13 grains à la température de 19 degrés $\frac{1}{2}$; le même volume d'eau distillée à pareille température ne s'est trouvé peser que 9 onces 1 gros 11 grains $\frac{1}{4}$. La différence est de 1 grain $\frac{3}{4}$: d'où il suit que la pesanteur spécifique de l'eau imprégnée d'air fixe est à celle de l'eau distillée dans le rapport de 1000332 à 1000000.

La même eau, ayant été agitée et battue en la versant cinq à six fois d'un vase dans un autre, a perdu son goût aigrelet; soumise ensuite à l'épreuve du pèse-liqueur, le volume d'eau déplacé s'est trouvé de 9 onces 1 gros 11 grains, c'est-à-dire sensiblement le même que celui de l'eau distillée.

Il est probable qu'en répétant cette expérience pendant un temps froid, on parviendrait à charger l'eau d'une beaucoup plus grande quantité de fluide élastique; mais je réserve cette expérience pour une autre saison.

DOUZIÈME EXPÉRIENCE.

Précipiter l'eau de chaux par une addition d'eau imprégnée de fluide élastique.

PRÉPARATION.

J'ai mis dans un bocal de la même eau de chaux, dont la pesanteur spécifique a été déterminée ci-dessus, huitième expérience. J'y ai mêlé peu à peu de l'eau qui a été imprégnée de fluide élastique par l'appareil représenté fig. 7.

EFFET.

L'eau de chaux s'est troublée sur-le-champ, et la terre s'est précipitée au fond du vase; j'ai continué d'ajouter ainsi de nouvelle eau imprégnée de fluide élastique, jusqu'à ce que je fusse assuré que la précipitation était complète; alors j'ai laissé reposer la liqueur, et, lorsqu'elle a été parfaitement éclaircie, j'y ai plongé le pèse-liqueur, et j'ai reconnu que sa pesanteur spécifique n'excédait presque pas celle de l'eau distillée; la différence était environ de 0,000095, encore est-il probable que cette très-légère différence ne venait que de ce que je n'avais pas employé précisément la proportion d'eau de chaux et d'eau imprégnée de fluide élastique nécessaire pour que la précipitation fût parfaite. On jugera aisément, en effet, en comparant cette expérience avec la suivante, que, pour peu qu'on emploie trop d'eau de chaux ou trop d'eau imprégnée de fluide élastique, il reste également, dans les deux cas, une portion de terre unie à l'eau; du reste, la terre précipitée n'était plus dans l'état de chaux vive; elle faisait effervescence avec les acides et ne dégageait plus à froid l'alcali volatil du sel ammoniac : c'était une véritable craie.

TREIZIÈME EXPÉRIENCE.

Redissoudre, par une nouvelle addition d'eau imprégnée de fluide élastique, la chaux après qu'elle a été précipitée.

La précipitation de l'eau de chaux par le moyen d'un mélange d'eau imprégnée de fluide élastique présente un phénomène singulier; c'est que, si, après avoir précipité toute la chaux, comme on vient de le voir dans l'expérience précédente, on continue d'ajouter de nouvelle eau imprégnée de fluide élastique, toute la terre calcaire qui avait été précipitée se redissout de nouveau, et la liqueur devient parfaitement diaphane.

J'examinerai dans un chapitre particulier les effets de l'eau ainsi chargée d'une dissolution de terre calcaire combinée avec le fluide élastique.

CONCLUSION DE CE CHAPITRE.

En rapprochant les différentes expériences dont je viens de rendre compte, il est difficile de se refuser aux conséquences qui suivent.

Premièrement, qu'il existe dans les pierres et terres calcaires un fluide élastique, une espèce d'air sous forme fixe, .. que cet air, lorsqu'il a repris son élasticité, jouit des principales propriétés physiques de l'air.

Secondement, que 100 livres de craie, dans les proportions ci-dessus, contiennent environ 31 livres 15 onces de ce fluide élastique, 15 livres 7 onces d'eau, et seulement 52 livres 10 onces de terre alcaline.

Troisièmement, qu'il serait même possible que la craie contînt encore moins de terre alcaline et plus de fluide élastique, mais que, jusqu'à présent, nous ne connaissons aucun moyen de l'en dépouiller au delà, ni de porter plus loin son analyse.

Quatrièmement, que la terre alcaline peut exister dans trois états différents : 1° saturée de fluide élastique et d'eau, telle est la craie ; 2° privée de fluide élastique et saturée d'eau, telle est la chaux éteinte : 3° privée d'eau et de fluide élastique, telle est la chaux vive.

Cinquièmement, que la chaux vive (c'est-à-dire la terre alcaline dépouillée d'eau et de fluide élastique) contient une grande quantité de matière du feu pure, qu'elle a acquis probablement pendant la calcination, et que c'est à cette matière qu'est due la grande chaleur qu'on observe dans l'extinction de la chaux et dans sa dissolution dans les acides.

Sixièmement, qu'il ne suffit pas de saturer d'eau la chaux vive pour en chasser cette quantité surabondante de matière du feu ; qu'il en reste encore après l'extinction, puisque la chaux éteinte communique une chaleur considérable à l'acide nitreux dans lequel on la fait dissoudre, phénomène que ne produit point la terre calcaire ou la craie.

Septièmement, que ce n'est point cette surabondance de matière du feu qui constitue la terre alcaline dans l'état de chaux, puisque, dans l'état de chaux éteinte et privée par l'extinction d'une grande partie de cette matière du feu, elle n'en est pas moins soluble dans l'eau, elle n'en décompose pas moins le sel ammoniac à froid, elle n'en communique pas moins la causticité aux alcalis fixes et volatils ; en un mot, elle n'est pas moins chaux qu'avant son extinction.

Huitièmement, enfin, qu'il suffit de rendre à la chaux, par quelque moyen que ce soit, le fluide élastique qu'on en a chassé, pour la rendre douce, insoluble dans l'eau, susceptible de faire effervescence avec les acides; en un mot, pour la rétablir dans l'état de terre calcaire ou de craie.

Nota. Je n'ai parlé, dans ce chapitre, que d'une seule espèce de terre calcaire, dans la crainte de jeter de la confusion dans les expériences et de faire perdre de vue l'objet principal. Toutes les terres calcaires pures que j'ai eu occasion d'examiner présentent les mêmes phénomènes que la craie; elles sont composées toutes de terre alcaline et d'eau, combinée avec un fluide élastique fixé; mais elles diffèrent presque toutes par les proportions dans lesquelles ces trois substances entrent dans leur combinaison.

Quelques expériences me portent même à croire que c'est en partie à la différence de ces proportions que tient la diversité de figure des spaths. J'ai éprouvé, par exemple, qu'à poids égal l'espèce désignée par Valerius sous le nom de *spathum pellucidum flavescens* contenait moins de terre alcaline que la craie, et plus de fluide élastique. Le morceau que j'ai soumis à mes expériences était tiré des carrières de pierre à chaux situées entre Chaumont en Bassigny et Vignory. J'ai été obligé d'en employer 2 onces 6 gros 33 grains pour saturer 6 onces du même acide nitreux dont j'ai parlé ci-dessus, tandis qu'il ne m'a fallu que 2 onces 3 gros 36 grains de craie pour produire le même effet. D'un autre côté, la perte de poids, après la combinaison, au lieu d'être de 1 once juste, comme avec la craie, a été de 1 once 2 gros. La dissolution de ce spath avait un coup d'œil verdâtre, et il a laissé un petit dépôt blanc insoluble dans les acides.

Un spath de Sainte-Marie-aux-Mines, en cristaux blancs groupés, espèce de Drusen qui a beaucoup de rapport avec celui présenté dans la figure 7 de la Minéralogie de Valerius, m'a donné des résultats très-approchants de ceux de la craie. La quantité nécessaire pour saturer 6 onces d'acide nitreux a été de 2 onces 3 gros, et la perte de poids, après la combinaison, de 1 once 0 gros 3 grains. Ce spath a laissé un dépôt jaunâtre insoluble dans les acides. Je me propose quelque jour de suivre plus loin ces expériences.

CHAPITRE II.

DE L'EXISTENCE D'UN FLUIDE ÉLASTIQUE FIXÉ DANS LES ALCALIS FIXES ET VOLATILS, ET DES MOYENS DE LES EN DÉPOUILLER.

Après avoir prouvé qu'il existe dans les terres calcaires un fluide élastique sous forme fixe, que ce fluide constitue une partie considérable de leur poids, que c'est principalement à son absence que la chaux doit sa causticité, il me reste à suivre la combinaison de ce fluide avec différentes substances de la nature, et notamment avec les substances alcalines et avec les métaux.

L'alcali fixe végétal, celui qui provient de la combustion des végétaux et qu'on a coutume de désigner sous le nom de sel de tartre, m'a paru peu propre à être employé dans les expériences dont je vais rendre compte : 1° Parce qu'il est difficile de le ramener toujours à un point de dessiccation fixe et déterminée, et que la quantité d'eau plus ou moins grande qu'il conserve peut devenir une source notable d'erreurs; 2° Parce que, ayant une action très-prompte sur l'humidité contenue dans l'air, il change de poids presque à chaque instant. Des cristaux de soude purifiés, cristallisés et séchés sur du papier gris, m'ont paru préférables; bien entendu que j'avais soin de les tenir toujours dans des flacons bien bouchés pour les empêcher de s'effleurir. C'est, en conséquence, de cet alcali que je me suis servi dans les expériences qui suivent.

PREMIÈRE EXPÉRIENCE.

Dissolution des cristaux de soude dans l'acide nitreux.

PRÉPARATION.

J'ai mis dans un matras à col long et étroit 6 onces du même acide nitreux que j'avais employé (1re expérience, chapitre I). D'autre part, j'ai fait dissoudre, dans une quantité connue d'eau distillée, un poids également connu de cristaux de soude; j'ai saturé peu à peu, avec cette liqueur alcaline, les 6 onces d'acide nitreux, et j'ai été obligé, pour y parvenir, d'employer 10 onces 6 gros 63 grains d'eau et 6 onces 2 gros 15 grains $\frac{3}{4}$ de cristaux de soude; encore y avait-il un peu d'acide dominant; le total des matières employées dans la combinaison pesait 23 onces 1 gros 6 grains $\frac{3}{4}$.

EFFET.

L'effervescence a été vive, mais sans aucune chaleur, après quoi les mêmes matières ne se sont plus trouvées peser que 22 onces 0 gros 62 grains $\frac{1}{2}$. La perte était de 1 once 0 gros 16 grains $\frac{1}{4}$.

DEUXIÈME EXPÉRIENCE.

Mesurer la quantité de fluide élastique qui se dégage de la soude pendant sa dissolution dans l'acide nitreux.

PRÉPARATION.

J'ai employé, dans cette expérience, la sixième partie des doses employées dans la précédente. J'ai mis, en conséquence, dans la fiole *I* (figure 1), 1 once d'acide nitreux. J'ai mis dans le bocal *Q* 1 once 26 grains $\frac{5}{8}$ de cristaux de soude, dissous dans 2 onces d'eau; j'ai recouvert le tout avec le grand récipient *NNOO*, et, après avoir fait monter l'eau à une hauteur convenable, et l'avoir recouvert d'une couche d'huile, j'ai fait agir la bascule.

EFFET.

L'effervescence a été vive, et la quantité de fluide élastique dégagé a été de 135 pouces cubes. Si donc j'eusse employé, dans cette expérience, les doses égales à celles de la précédente, j'aurais eu un dégagement de fluide élastique de 810 pouces cubes.

RÉFLEXIONS.

Le baromètre, pendant cette expérience, était à 28 pouces 1 ligne $\frac{1}{2}$, et le thermomètre à l'esprit-de-vin de M. de Réaumur, à 15 degrés $\frac{1}{4}$: d'où l'on peut conclure, d'après les déterminations de M. de Luc, que l'air de l'atmosphère pesait, dans ce moment, environ $\frac{46}{100}$ de grains le pouce cube. Si donc le fluide élastique dégagé n'avait été que de l'air pur, son poids n'aurait été que de 5 gros 12 grains $\frac{2}{3}$; cependant la perte de poids s'est trouvée de 1 once 0 gros 16 grains $\frac{1}{2}$, d'où il résulte un excédant de 3 gros 3 grains $\frac{5}{6}$. Cette différence vient, comme on l'a indiqué plus haut à l'égard de la craie, ou de ce que le fluide dégagé par l'effervescence est plus pesant que l'air de l'atmosphère, ou de ce qu'il enlève avec lui des vapeurs aqueuses.

On voit par cette expérience : 1° Qu'il faut beaucoup plus de soude que de craie pour saturer une quantité donnée d'acide nitreux, ce qui indique que ce sel contient beaucoup d'eau dans sa cristallisation et dans sa composition ; 2° Que, si, d'un côté, la soude, à poids égal, contient une beaucoup moindre quantité de fluide élastique que la craie, d'un autre, elle en contient une quantité assez exactement proportionnelle à sa quantité de substance alcaline ; en effet, on se rappelle qu'en saturant de craie 6 onces d'acide nitreux, on a obtenu 800 pouces cubes de fluide élastique ; le dégagement de ce même fluide a été de 810 avec la soude ; or ces deux quantités peuvent être regardées comme sensiblement les mêmes.

On pourrait peut-être, d'après cela, supposer que 6 onces 2 gros 15 grains $\frac{3}{4}$ de soude contiennent une quantité de substance alcaline égale en poids à celle contenue dans 2 onces 3 gros 36 grains de craie et faire un calcul assez probable sur la proportion d'eau, de fluide élastique et de substance alcaline que contient la soude ; mais j'avoue en même temps qu'il faudrait quelques expériences de plus pour donner à ce calcul un certain degré d'évidence. Il résulterait de ce calcul que 6 onces 2 gros 15 grains $\frac{3}{4}$ de soude ne contiennent que 1 once 2 gros 18 grains $\frac{3}{4}$ de substance alcaline, 1 once de fluide élastique et 3 onces

7 gros 69 grains d'eau; quoi qu'il en soit, ce calcul ne peut pas s'écarter beaucoup de la vérité. En réduisant ces mêmes quantités au quintal, il en résulterait que 100 livres de soude contiennent 63 livres 10 onces d'eau, 15 livres 15 onces de fluide élastique, et 20 livres 7 onces de substance alcaline.

TROISIÈME EXPÉRIENCE.

Diminution de pesanteur spécifique d'une solution de cristaux de soude par l'addition de la chaux.

J'ai fait dissoudre dans 14 onces d'eau distillée 2 onces de soude en cristaux. J'y ai plongé le pèse-liqueur d'argent représenté dans la figure 6, lequel déplace, comme on a vu plus haut, 9 onces 1 gros 12 grains $\frac{1}{2}$ d'eau distillée à la température de 17 degrés du thermomètre de M. de Réaumur; le poids d'un pareil volume de la solution de soude s'est trouvé de 9 onces 4 gros 56 grains, ce qui donne le rapport entre la pesanteur spécifique de l'eau distillée et celle de la solution de soude, comme 1000000 est à 1049350.

J'ai mis dans cette solution 1 once de chaux éteinte et desséchée (3e expérience, chapitre I), c'est-à-dire une terre alcaline saturée d'eau, mais privée de fluide élastique; j'ai agité quelques instants la liqueur pour donner à la chaux le temps d'exercer son action sur la soude, après quoi je l'ai laissée reposer: en peu de temps la chaux a gagné le fond du vase, où même elle a pris corps, et la liqueur surnageante s'est trouvée claire et transparente. J'y ai plongé le pèse-liqueur; mais le fluide déplacé, au lieu de peser 9 onces 4 gros 56 grains $\frac{1}{2}$, comme ci-devant, ne s'est plus trouvé peser que 9 onces 4 gros 40 grains $\frac{1}{2}$; ce qui établit le rapport de la pesanteur spécifique de la solution avec celle de l'eau distillée, comme 1000000 à 1046313.

J'ai ajouté, dans la même solution, une nouvelle once de chaux; j'ai agité comme la première fois, et j'ai laissé reposer; le poids du fluide déplacé par le pèse-liqueur ne s'est plus trouvé que de 9 onces 4 gros 21 grains, c'est-à-dire dans le rapport de 1000000 à 1042612.

Enfin, j'ai ajouté une troisième once de chaux : elle a été plus longtemps à se précipiter, elle n'a point pris corps comme dans les expériences précédentes; la solution néanmoins avait encore sensiblement diminué de pesanteur spécifique; le volume déplacé par le pèse-liqueur ne pesait plus que 9 onces 4 gros 14 grains, ce qui donne le rapport de pesanteur spécifique avec l'eau distillée comme 1000000 à 1041093.

A chacune de ces additions de chaux, la solution alcaline faisait sensiblement moins d'effervescence avec les acides; enfin, après la troisième, il n'y avait plus aucune effervescence, on voyait seulement, en prêtant une grande attention, quelques bulles très-fines qui s'élevaient à la surface de la liqueur ou qui s'attachaient aux parois du vase où se faisait la précipitation. Quelque quantité de chaux que j'aie ensuite ajoutée, je n'ai pu diminuer davantage la pesanteur spécifique de la solution, ni parvenir au point qu'il ne se dégageât plus aucune petite bulle, lorsqu'on la mêlait avec les acides.

RÉFLEXIONS.

Cette expérience donne la proportion de la chaux éteinte nécessaire pour amener la soude à l'état de causticité; on voit qu'elle est de trois parties de chaux contre deux de soude en cristaux, il y a même une quantité de chaux excédante à celle qui serait indispensablement nécessaire; mais il vaut mieux, lorsqu'on désire obtenir une lessive aussi caustique qu'il est possible, en employer plus que moins. Si, au lieu de chaux éteinte, on se servait de chaux vive, il suffirait d'employer parties égales; on a vu, en effet, par la troisième expérience du chapitre I, que la chaux éteinte contenait un peu plus d'un quart de son poids d'eau.

Quelque favorable que parût cette expérience au système de M. Black, elle pouvait néanmoins s'expliquer encore dans celui de M. Meyer. Les partisans de ce dernier pouvaient dire, en effet, que la diminution de pesanteur spécifique observée dans la solution alcaline, à mesure qu'on y ajoutait de la chaux, loin de prouver que la chaux enlevât quelque chose à l'alcali, prouvait, au contraire, qu'elle lui fournissait une matière plus légère que n'était cette solution, et qu'il n'arrivait en cela que ce qui s'observe relativement à l'eau dont on diminue la pesanteur spécifique par l'addition d'une liqueur spiritueuse, ou de toute autre moins pesante qu'elle; qu'il était même probable que cette matière n'était autre chose que le phlogistique; enfin, ils ajouteraient que cette propriété du phlogistique, de diminuer la pesanteur spécifique des liqueurs dans lesquelles il est combiné, est un effet connu en chimie, sur lequel il ne peut rester d'équivoque; que l'esprit-de-vin, les huiles et plusieurs autres substances en fournissent des exemples.

Je ne m'arrêterai point ici à discuter ces objections : je me jetterais dans des raisonnements superflus; c'est à l'expérience seule qu'il faut avoir recours pour en apprécier la valeur : je me hâte donc de poursuivre.

QUATRIÈME EXPÉRIENCE.

Augmentation de poids de la chaux qui a passé dans une solution alcaline.

J'ai fait dissoudre 4 onces de cristaux de soude dans 14 onces d'eau distillée; j'y ai jeté 2 onces de chaux éteinte et desséchée (voy. 3e expér. chap. I), et j'ai agité la liqueur pendant quelques instants; lorsque toute la chaux a été déposée, j'ai décanté la liqueur, j'ai lavé avec plusieurs eaux la terre qui restait au fond, après quoi je l'ai fait sécher au degré du mercure bouillant; l'ayant ensuite pesée, elle s'est trouvée du poids de 3 onces 0 gros 6 grains.

RÉFLEXIONS.

Il est clair, d'après cette expérience, que la chaux éteinte enlève à la solution alcaline une substance quelconque qu'elle s'approprie, et qui augmente son poids environ d'un tiers. Cette substance ne peut être de l'eau, 1° parce qu'elle en était déjà saturée; 2° parce qu'en enlevant l'eau de la solution alcaline elle l'aurait concentrée : elle en aurait donc augmenté la pesanteur spécifique, loin de la diminuer, comme on l'a vu dans l'expérience précédente. Les expériences qui suivent vont nous apprendre quel est ce quelque chose que la chaux enlève à la solution alcaline de la soude.

CINQUIÈME EXPÉRIENCE.

Faire passer dans la chaux telle portion qu'on voudra du fluide élastique de la soude, et le démontrer ensuite dans la chaux.

PRÉPARATION.

J'ai fait dissoudre dans deux onces d'eau distillée 1 once 26 grains $\frac{4}{5}$ de soude en cristaux, lesquels, suivant la deuxième expérience, devaient contenir 135 pouces de fluide élastique. J'ai ajouté à cette solution 2 gros de chaux éteinte, lesquels (suivant la cinquième expérience du chapitre I) devaient contenir environ 6 pouces cubes d'air : la quantité totale du fluide élastique employée dans cette expérience était donc de 141 pouces.

Si les 2 gros de chaux avaient réellement enlevé à la soude une portion du fluide élastique qu'elle contenait, il s'ensuivait nécessairement, 1° que la soude devait en contenir moins qu'auparavant; 2° que la quantité manquant à la soude devait se retrouver dans la chaux. Pour vérifier cette conjecture, j'ai décanté, d'une part, jusqu'à la dernière goutte, la solution alcaline de soude surnageante à la chaux; de l'autre, j'ai lavé avec soin la chaux qui était au fond; enfin j'ai saturé séparément l'une et l'autre d'acide nitreux dans l'appareil destiné à mesurer les quantités d'air dégagé, représenté fig. 1.

EFFET.

La solution alcaline de soude, au lieu de 135 pouces, n'en a fourni que 64; la chaux, au contraire, qui n'en devait fournir que 6, en a donné 80, total 144; ce qui revient, à 3 pouces près, à la quantité totale employée.

SIXIÈME EXPÉRIENCE.

J'ai répété la même expérience en employant la même dose d'alcali de la soude et d'eau; j'y ai seulement ajouté 4 gros de chaux, au lieu de 2. J'ai décanté la solution alcaline, j'ai lavé la chaux avec un peu d'eau, après quoi j'ai soumis séparément et successivement, d'une part. la lessive caustique, de l'autre, la chaux, à l'appareil représenté fig. 1.

EFFET.

Le dégagement d'air fourni par la lessive alcaline n'a été que de 18 pouces cubiques. Celui, au contraire, fourni par la chaux, a été de 132, total 150 pouces; ce qui revient encore, à 8 pouces près, à la quantité totale du fluide élastique employé dans l'expérience.

RÉFLEXIONS.

Quatre gros de chaux éteinte, suivant les expériences rapportées dans le chapitre précédent, sont capables d'absorber plus de 200 pouces cubiques de fluide élastique; cependant il s'en est fallu de 18 pouces qu'elle ait pu enlever à la soude les 135 pouces d'air qu'elle contenait; cette circonstance prouve, d'un côté, que les dernières portions de fluide élastique ont une adhérence assez forte aux substances alcalines avec lesquelles elles sont unies; de l'autre, que la chaux, lorsqu'elle est combinée avec certaine portion de fluide élastique, n'a plus une action aussi puissante qu'auparavant pour en absorber de nouveau.

Je passe aux phénomènes qui s'observent relativement à l'alcali volatil.

SEPTIÈME EXPÉRIENCE.

Dissolution de l'alcali volatil concret dans l'acide nitreux.

PRÉPARATION.

J'ai mis dans un petit matras à long col 6 onces d'acide nitreux, et j'y ai jeté peu à peu de l'alcali concret jusqu'à ce que j'eusse atteint le point de saturation.

EFFET.

Il y a eu une très-vive effervescence, et la quantité d'alcali volatil nécessaire pour saturer complétement l'acide nitreux a été de 2 onces 6 gros 36 grains; le total du poids des matières employées était donc, avant la combinaison, de 8 onces 6 gros 36 grains. La combinaison achevée, il ne s'est plus trouvé que de 7 onces 3 gros 60 grains; d'où il suit que la perte, pendant l'effervescence, a été de 1 once 2 gros 48 grains.

HUITIÈME EXPÉRIENCE.

Mesurer la quantité de fluide élastique dégagé d'une quantité donnée d'alcali volatil concret.

J'ai employé, dans cette expérience, le quart des doses de la précédente, c'est-à-dire 1 once $\frac{1}{2}$ d'acide nitreux et 5 gros 45 grains d'alcali volatil concret. La combinaison faite dans l'appareil représenté fig. 1 m'a donné 270 pouces cubiques $\frac{1}{2}$ de fluide élastique; en quadruplant cette quantité, on aura 1080 pouces cubiques pour la quantité de fluide élastique contenu dans 2 onces 6 gros 36 grains d'alcali concret. Le baromètre était, dans le temps de cette opération, à 28 pouces 1 ligne $\frac{1}{2}$, et le thermomètre à 19 degrés. La pesanteur du pouce cube d'air de l'atmosphère était donc, d'après les déterminations de M. de Luc, d'environ $\frac{45}{100}$ de grain; d'où il suit que, si le fluide élastique dégagé de l'alcali volatil concret n'était pas plus pesant que l'air de l'atmosphère, les 1080 pouces cubiques ci-dessus n'auraient dû peser que 6 gros 54 grains; cependant la perte du poids a été (7ᵉ expérience) de 1 once 2 gros 48 grains: sur quoi on peut faire les mêmes réflexions qu'à l'égard de la craie et de la soude. (Voy. ci-dessus, 2ᵉ expérience, chap. I et II.)

NEUVIÈME EXPÉRIENCE.

Combinaison de la chaux avec une solution d'alcali volatil concret.

J'ai mis dans un vaisseau bien bouché 18 onces d'eau distillée et 2 onces d'alcali volatil concret; la solution s'est faite avec refroidissement, comme il arrive à presque tous les sels. Lorsque la liqueur saline a eu repris la température du laboratoire, qui était environ 17 degrés du thermomètre de Réaumur, j'y ai plongé le même pèse-liqueur d'argent dont je m'étais servi dans les précédentes expériences; le poids du fluide déplacé s'est trouvé de 9 onces 3 gros 65 grains $\frac{1}{2}$, c'est-à-dire que la pesanteur spécifique de cette solution était à celle de l'eau distillée dans le rapport de 1037440 à 1000000.

J'ai remis cette solution dans un flacon bien bouché, j'y ai ajouté 1 once de chaux éteinte et séchée, j'ai agité le vase pendant quelques instants; enfin, j'ai laissé reposer, et, ayant décanté, j'y ai plongé de nouveau le pèse-liqueur; le volume de fluide déplacé par cet instrument s'est trouvé sensiblement plus léger qu'il n'était avant l'addition de chaux. Il ne pesait plus que 9 onces 2 gros 59 grains, c'est-à-dire que la pesanteur spécifique de la solution n'était plus à celle de l'eau distillée que dans la proportion de 1022492 à 1000000. Cette solution, qui, avant l'addition de la chaux, n'avait qu'un montant assez faible d'alcali volatil, était déjà très-pénétrante.

J'ai ajouté à cette solution 4 nouveaux gros de chaux; alors le poids du volume de fluide déplacé s'est trouvé réduit à 9 onces 1 gros 57 grains, c'est-à-dire que sa pesanteur spécifique était à celle de l'eau distillée dans le rapport de 1008446 à 1000000.

Quatre nouveaux gros de chaux ont réduit cette pesanteur à 9 onces 0 gros 69 grains, c'est-à-dire que la liqueur était plus légère que l'eau distillée[1], dans le rapport de 997058 à 1000000.

La solution était alors extrêmement pénétrante, les vapeurs mêmes en étaient si suffocantes, qu'on ne pouvait opérer, pour en déterminer la pesanteur spécifique, sans prendre quelques précautions pour les éviter.

Ayant encore ajouté quatre nouveaux gros de chaux, la liqueur s'est trouvée plus légère que l'eau distillée dans le rapport de 990790 à 1000000.

Ce terme est celui auquel l'alcali volatil est privé de fluide élastique, autant qu'il le peut être par la chaux; car, ayant encore ajouté 4 gros de chaux dans la solution alcaline, ils n'ont produit aucune diminution nouvelle dans sa pesanteur spécifique[2].

[1] Cette légèreté de l'alcali volatil fluor, plus grande que celle de l'eau, a déjà été observée par Beaumé, relativement à celui tiré du sel ammoniac par la chaux. (Voy. *Chimie expérimentale et raisonnée*, page 112.)

[2] La quantité totale de chaux employée dans cette expérience est de 3 onces juste.

RÉFLEXIONS.

Il résulte de cette expérience qu'il faut tout au plus deux parties et demie de chaux éteinte pour rendre l'alcali volatil aussi caustique qu'il le peut être par la chaux; il faudrait, dans la proportion, employer un peu moins de deux parties de chaux vive pour produire le même effet, mais il est beaucoup préférable d'employer la chaux éteinte; autrement, la grande chaleur qu'éprouve la liqueur pendant l'extinction dissiperait une portion de l'alcali volatil.

DIXIÈME EXPÉRIENCE.

Augmentation de poids de la chaux qui a été combinée avec une solution d'alcali volatil concret.

Pour prouver, comme dans la quatrième expérience, que la chaux enlève quelque chose à l'alcali volatil, j'ai décanté la solution alcaline qui avait été ainsi diminuée de poids dans l'expérience précédente, et j'ai mis soigneusement à part toute la chaux qui s'était rassemblée au fond; je l'ai fait sécher en la tenant longtemps exposée sur un bain de sable à un degré de chaleur un peu supérieur à celui du mercure bouillant, et capable, par conséquent, de chasser l'alcali volatil qui pouvait rester interposé entre ses parties; après quoi, l'ayant portée à la balance, j'ai trouvé son poids de 3 onces 4 gros 60 grains, tandis qu'elle ne pesait que 3 onces juste avant l'opération.

RÉFLEXIONS.

Si l'on calcule maintenant d'après les proportions de la huitième expérience, on trouvera que les 2 onces d'alcali volatil concret employées dans la neuvième expérience devaient contenir 768 pouces cubes de fluide élastique; mais ces 768 pouces cubes de fluide élastique, en passant dans la chaux, y ont occasionné une augmentation de poids de 4 gros 60 grains; donc chaque pouce de fluide élastique pesait $\frac{44}{100}$ de grain; ce qui revient précisément à la pesanteur du pouce cube de l'air de l'atmosphère.

On pourrait m'objecter ici que je suppose, dans cette expérience, que le fluide élastique a passé de l'alcali volatil dans la chaux sans l'avoir démontré; l'expérience suivante détruira cette objection.

ONZIÈME EXPÉRIENCE.

Démontrer dans la chaux la quantité de fluide élastique qu'elle a enlevé à l'alcali volatil.

PRÉPARATION.

J'ai dissous, dans suffisante quantité d'eau distillée, 5 gros 45 grains d'alcali volatil concret; j'y ai ajouté moitié de son poids, c'est-à-dire 2 gros 58 grains de chaux éteinte; j'ai agité la liqueur, et, lorsque j'ai jugé que la chaux avait exercé toute son action, j'ai décanté la liqueur surnageante et j'ai soumis séparément, d'une part, la chaux déposée au fond du vase, de l'autre, l'alcali volatil à l'appareil de la figure 1. Le dégagement d'air fourni par la chaux a été de 163 pouces; celui fourni par l'alcali volatil a été à peu près tel qu'il devait être pour compléter les 270 pouces cubiques de fluide élastique contenu dans les 5 gros 45 grains d'alcali volatil; je dis *à peu près*, parce qu'une circonstance de l'expérience, dont il est inutile de rendre compte, m'a laissé une incertitude de quelques pouces sur le résultat obtenu par l'alcali volatil.

DOUZIÈME EXPÉRIENCE.

Rendre à une lessive alcaline de soude caustique l'air dont elle a été dépouillée par la chaux, et lui rendre en même temps sa pesanteur spécifique originaire, et la propriété de faire effervescence avec les acides.

PRÉPARATION.

J'ai pris la lessive alcaline de la troisième expérience, qui avait été dépouillée de son air par la chaux, je l'ai mise dans l'appareil représenté fig. 7, et j'y ai fait bouillonner le fluide élastique dégagé de la craie par l'acide vitriolique.

EFFET.

Lorsque je ne mettais que peu de lessive alcaline caustique dans la bouteille *I*, en trois ou quatre minutes elle reprenait la propriété de faire effervescence; il fallait plus de temps, à proportion que la masse de liqueur était plus considérable; mais, dans les deux cas, sa pesanteur spécifique augmentait sensiblement, et, à la fin de l'expérience, elle se rapprochait beaucoup de celle qu'elle avait avant sa combinaison avec la chaux.

TREIZIÈME EXPÉRIENCE.

Rendre à l'alcali volatil caustique l'air qui lui a été enlevé par la chaux, et lui rendre en même temps toutes les propriétés qui en dépendent.

PRÉPARATION.

J'ai mis dans la bouteille *I* (fig. 7) l'alcali volatil de la neuvième expérience de ce chapitre, rendu caustique par la chaux, et j'ai fait passer à travers le fluide élastique dégagé de la craie par l'acide vitriolique.

EFFET.

La liqueur a augmenté peu à peu de pesanteur spécifique, son odeur vive et pénétrante s'est adoucie; enfin, elle a repris la propriété qu'elle avait perdue, de faire effervescence avec les acides et de précipiter la terre calcaire dissoute dans l'acide nitreux[1].

[1] Cette dernière circonstance a rapport à la première expérience du chapitre suivant.

CHAPITRE III.

DE LA PRÉCIPITATION DE LA TERRE CALCAIRE DISSOUTE DANS L'ACIDE NITREUX PAR LES ALCALIS CAUSTIQUES ET NON CAUSTIQUES.

Après avoir combiné trois à trois l'acide nitreux, la terre calcaire, les alcalis fixes et volatils et le fluide élastique; après avoir fait voir comment ce dernier passe des alcalis dans la terre calcaire, et comment il peut être chassé de cette dernière par le moyen des acides, j'ai cru devoir, à l'exemple de MM. Black et Jacquin, essayer de compliquer ces combinaisons, de les faire quatre à quatre, et je vais rendre compte des phénomènes que ces expériences m'ont présentés.

J'ai fait d'abord dissoudre, dans 6 onces d'acide nitreux, 1 once 5 gros 36 grains de chaux éteinte. On a vu (chap. I, 5e expérience) que cette proportion était celle nécessaire à la saturation. J'ai ensuite divisé cette dissolution en quatre portions égales, et je les ai mises dans autant de bocaux séparés; il est facile de voir que chacun d'eux contenait 1 once $\frac{1}{2}$ d'acide nitreux et 3 gros 27 grains de chaux éteinte.

Je m'en suis servi pour faire les quatre expériences qui suivent.

PREMIÈRE EXPÉRIENCE.

Précipitation de la chaux dissoute dans l'acide nitreux par l'alcali de la soude.

J'ai versé goutte à goutte dans une des quatre portions de dissolution ci-dessus de l'alcali de la soude en liqueur, et j'ai continué jusqu'à ce qu'il ne se fît plus de précipitation; il n'y a eu ni mouvement, ni effervescence, et le précipité s'est rassemblé sous forme blanche. J'ai décanté la liqueur surnageante, je l'ai lavée dans plusieurs eaux distillées; enfin, j'ai fait sécher le précipité à une chaleur égale à celle du mercure bouillant : elle s'est trouvée peser 4 gros 60 grains.

Cette terre faisait une vive effervescence avec les acides, elle n'avait presque aucun goût, elle ne dégageait point à froid l'alcali volatil du sel ammoniac; en un mot, elle n'était plus dans l'état de chaux, mais dans celui de terre calcaire ou de craie.

DEUXIÈME EXPÉRIENCE.

Précipitation de la terre calcaire dissoute dans l'acide nitreux par l'alcali de la soude rendu caustique.

J'ai versé, dans une seconde portion de la même dissolution, de l'alcali de la soude en liqueur, dépouillé de fluide élastique par la chaux. (Voy. ci-dessus, 3e expérience.) La précipitation s'est faite comme à l'ordinaire. Ayant ensuite lavé et séché le précipité, il s'est trouvé peser 3 gros 48 grains. Cette terre était une véritable chaux; elle était dissoluble dans l'eau dans la même proportion que la chaux; l'eau de chaux qui en résultait donnait une crème de chaux à la surface; elle ne faisait presque aucune effervescence avec les acides; elle communiquait la causticité aux alcalis; elle décomposait à froid le sel ammoniac; en un mot, on ne pouvait assigner aucune différence entre elle et une véritable chaux faite par la calcination.

TROISIÈME EXPÉRIENCE.

Précipitation de la terre calcaire dissoute dans l'acide nitreux par une solution d'alcali volatil concret.

La précipitation s'est faite avec un mouvement d'effervescence assez sensible, et cette circonstance fournit encore une nouvelle confirmation de la théorie; on a vu, en effet, chapitre II, huitième expérience, et chapitre Ier, deuxième expérience, que l'alcali volatil contenait plus de fluide élastique que la terre calcaire; cette dernière ne peut donc absorber, pendant sa précipitation, la totalité de celui qui se dégage de l'alcali volatil pendant sa dissolution, et il doit nécessairement se trouver un excédant qui, rendu à son élasticité, doit se dissiper par l'effervescence. La terre précipitée était d'un blanc un peu jaunâtre; séchée au degré du mercure bouillant, elle pesait 4 gros 49 grains. Cette terre, comme celle de la première expérience de ce chapitre, était dans l'état de terre calcaire; elle était insoluble dans l'eau; elle faisait effervescence avec les acides et n'avait aucun des caractères de la chaux.

QUATRIÈME EXPÉRIENCE.

Précipitation de la terre calcaire dissoute dans l'acide nitreux par l'alcali volatil dépouillé de fluide élastique.

J'ai tenté en vain cette précipitation, soit par l'alcali volatil dégagé du sel ammoniac par la chaux, soit par l'alcali volatil concret dépouillé de fluide élastique par une addition de chaux, soit, enfin, par un alcali volatil dégagé du sel ammoniac par les substances métalliques et très-privé de fluide élastique : dans aucun cas la terre calcaire ne s'est précipitée; j'ai observé seulement, quelquefois, que la liqueur louchissait un peu, et qu'il se rassemblait avec le temps une matière jaune rouille de fer très-divisée, qui, séchée, ne pesait que quelques grains[1].

RÉFLEXIONS.

Il résulte de ces quatre expériences :

1° Qu'on peut, à volonté, précipiter la terre alcaline d'une dissolution par l'acide nitreux ou sous forme de craie, c'est-à-dire saturée de fluide élastique ou sous forme de chaux; elle est chaux, si on précipite par un alcali caustique, c'est-à-dire par un alcali privé de fluide élastique; elle est craie, si l'on précipite par un alcali ordinaire:

2° Que, lorsqu'elle a été précipitée sous forme de chaux, elle n'a presque que le poids originaire de la chaux employée dans la dissolution, tandis que, au contraire, lorsqu'elle est précipitée sous forme de terre calcaire ou de craie, c'est-à-dire saturée de fluide élastique, on l'obtient avec une augmentation de poids très-approchante de celle qu'acquiert la chaux qui se convertit en craie;

[1] On a vu ci-dessus, treizième expérience, chapitre II, qu'en rendant le fluide élastique à l'alcali volatil caustique on lui rend la propriété de précipiter la terre calcaire.

3° Qu'il s'en faut cependant de quelque chose que cette augmentation soit aussi forte qu'elle devrait l'être; il résulte, en effet, des expériences rapportées au commencement du chapitre Ier, que 3 gros 27 grains de chaux éteinte, saturée ensuite de fluide élastique, doivent peser 4 gros 63 grains; on n'a eu cependant, par l'alcali de la soude (1re expérience), que 4 gros 60 grains, et par l'alcali volatil concret (3e expérience), que 4 gros 49 grains; ce qui confirme encore ce qui a été avancé plus haut, que la chaux, qui attire très-puissamment les premières portions de fluide élastique qui lui sont présentées, n'a qu'une action plus faible sur les dernières.

CONCLUSIONS DES CHAPITRES II ET III.

Il est à peu près aussi prouvé qu'il le puisse être en physique, d'après les expériences rapportées dans ces deux chapitres, que le même fluide élastique qui a été reconnu dans la craie (chap. I) existe également dans les alcalis fixes et volatils; qu'il en peut être chassé par la dissolution dans les acides, et que l'effervescence qu'on observe dans le moment de la combinaison est un effet du dégagement de ce fluide; que ce même fluide a plus de rapport, plus d'affinité avec la chaux qu'avec les alcalis salins, et que c'est par cette raison que, si on mêle de la chaux dans une liqueur alcaline, elle s'empare du fluide élastique qu'elle contenait, se l'approprie, se convertit en terre calcaire et réduit l'alcali à l'état de causticité.

Ce serait peut-être ici le moment de rapporter les expériences que j'ai faites sur la nature du fluide élastique dégagé des alcalis salins et terreux; cependant d'autres considérations m'obligent de m'occuper d'abord de la combinaison de ce même fluide avec les substances métalliques.

CHAPITRE IV.

DE LA COMBINAISON DU FLUIDE ÉLASTIQUE DE LA TERRE CALCAIRE ET DES ALCALIS AVEC LES SUBSTANCES MÉTALLIQUES PAR PRÉCIPITATION.

Un assez grand nombre d'expériences me portent à croire que le fluide élastique, le même dont j'ai cherché à prouver l'existence dans la terre calcaire et dans les alcalis, est susceptible de s'unir par précipitation à la plupart des substances métalliques; que c'est en grande partie ce principe qui forme l'augmentation de poids des précipités métalliques, qui leur ôte leur éclat, qui les réduit sous forme de chaux, etc. Quoique mes expériences soient déjà très-multipliées sur cet objet, cependant, comme on ne peut douter que les précipités ne retiennent avec eux quelque chose, et de leurs dissolvants, et des matières qu'on a employées pour les précipiter; qu'à cette circonstance se joignent encore des phénomènes particuliers occasionnés par la décomposition des acides; j'ai cru devoir réserver pour un mémoire particulier la plus grande partie de mes expériences; je me contenterai, en conséquence, de donner ici celles qui sont les plus essentiellement liées avec l'objet que je traite aujourd'hui, en avertissant cependant le lecteur que je ne les donne que pour des faits dont les conséquences ne sont pas encore suffisamment prouvées.

PREMIÈRE EXPÉRIENCE.

Dissolution du mercure par l'acide nitreux.

J'ai pesé exactement 12 onces de mercure, je les ai mises dans un matras, et j'ai versé par-dessus 12 onces de l'esprit de nitre employé (1re expérience, chapitre I); bientôt l'effervescence s'est excitée d'elle-même avec chaleur; il s'est élevé du mélange des vapeurs rutilantes d'acide nitreux, et la liqueur a pris une couleur verdâtre. Je n'ai pas attendu que la dissolution fût entièrement achevée pour porter les matières à la balance; la perte s'est trouvée de 1 gros 18 grains; trois heures après il ne restait plus de mercure; mais, ayant repesé de nouveau la dissolution, je fus très-étonné de m'apercevoir qu'elle avait augmenté de poids au lieu de diminuer, et que la perte, qui était de 1 gros 18 grains, n'était plus que de 54 grains. Le lendemain, la dissolution du mercure était entièrement achevée, et la perte du poids se trouvait réduite à 18 grains; de sorte qu'en douze heures la dissolution, quoique renfermée dans un matras à col étroit, avait acquis une augmentation de poids de 1 gros. Le temps ne me permettant pas, dans ce moment, de suivre plus loin ce phénomène, j'ai remis à un autre temps à l'approfondir; j'ajoutai à ma dissolution de l'eau distillée pour l'empêcher de cristalliser; son poids se trouva ensuite être de 48 onces 1 gros 18 grains.

DEUXIÈME EXPÉRIENCE.

Précipitation du mercure par la craie et par la chaux.

PRÉPARATION.

J'ai pesé séparément, dans deux bocaux, 8 onces 0 gros 15 grains de la dissolution ci-dessus. Suivant l'expérience précédente, ils devaient contenir chacun 2 onces d'acide nitreux et 2 onces de mercure. J'ai préparé, d'autre part, 6 gros 36 grains de craie et 4 gros 36 grains de chaux éteinte. On a vu, chap. I, 1re et 4e expérience, que ces deux quantités étaient celles nécessaires pour saturer 2 onces d'acide nitreux. J'ai mis dans l'un des bocaux la craie en poudre, dans l'autre la chaux.

EFFET.

Il y a eu effervescence, pendant la précipitation, par la craie, mais sans chaleur; le mercure s'est précipité en poudre d'un jaune peu foncé; en même temps la craie s'est dissoute dans l'acide nitreux.

La précipitation par la chaux s'est faite sans effervescence, mais avec chaleur; le mercure s'est précipité en poudre brunâtre. Lorsque les précipités ont été bien rassemblés, j'ai décanté la liqueur surnageante, j'ai bien édulcoré les précipités; après quoi je les ai fait sécher à une chaleur à peu près égale à celle du mercure bouillant.

Le précipité par la craie s'est trouvé peser 2 onces 2 gros 45 grains.

Celui par la chaux pesait 2 onces 1 gros 5 grains. Il était d'un gris terreux foncé.

TROISIÈME EXPÉRIENCE.

Dissolution du fer par l'acide nitreux.

J'ai mis dans un matras 16 onces du même acide nitreux employé dans les expériences précédentes, j'y ai ajouté peu à peu de la limaille de fer; l'effervescence a été vive avec très-grande chaleur, vapeurs rutilantes et dégagement très-rapide de fluide élastique; la quantité de limaille nécessaire pour atteindre le point de saturation a été de 2 onces 4 gros, après quoi la perte de poids s'est trouvée de 4 gros 19 grains.

Comme la solution était trouble, j'y ai ajouté de l'eau distillée jusqu'à ce que le poids total de la dissolution fût exactement de 6 livres.

QUATRIÈME EXPÉRIENCE.

Précipitation du fer dissous dans l'acide nitreux par la craie et la chaux.

PRÉPARATION.

J'ai pris deux portions, de 12 onces chacune, de la dissolution ci-dessus, lesquelles contenaient 2 onces d'acide nitreux et 2 gros 36 grains de limaille de fer; je les ai mises dans deux bocaux séparés; j'ai ajouté, dans l'un, 6 gros 36 grains de craie, et dans l'autre, 4 gros 36 grains de chaux éteinte. On ne doit pas perdre de vue que ces deux quantités sont celles nécessaires pour saturer 2 onces d'acide nitreux.

EFFET.

La précipitation par la craie s'est faite avec effervescence et gonflement; celle par la chaux s'est faite sans effervescence et sans chaleur;

l'un et l'autre précipité étaient d'un jaune brun rouille de fer; je les ai lavés dans plusieurs eaux distillées, après quoi je les ai séchés au bain de sable à une chaleur un peu supérieure à celle du mercure bouillant.

Le précipité par la craie, séché, était d'un rouille de fer grisâtre, même blanchâtre par veines, il pesait 6 gros 35 grains; celui par la chaux était un peu plus jaune, il pesait 4 gros 69 grains.

RÉFLEXIONS.

Il résulte de ces expériences :

1° Que le fer et le mercure dissous par l'acide nitreux éprouvent, en général, une augmentation notable lorsqu'on les précipite, soit par la craie, soit par la chaux;

2° Que cette augmentation est plus grande à l'égard du fer qu'à l'égard du mercure;

3° Qu'une raison de penser que le fluide élastique contribue à cette augmentation, c'est qu'elle est constamment plus grande lorsqu'on emploie une terre saturée de fluide élastique, telle que la craie, que lorsqu'on emploie une terre qui en a été dépouillée comme la chaux;

4° Qu'il est probable que l'augmentation de poids qu'on éprouve dans la précipitation par la chaux, quoique moins grande que celle qu'on éprouve par la craie, vient encore en partie d'une portion de fluide élastique qui reste probablement unie à la chaux, et que la calcination n'a pu en séparer; la sixième expérience du chapitre premier confirme cette opinion; elle fait voir, en effet, que la chaux éteinte contient encore quelques portions de fluide élastique.

A ces expériences, qui semblent porter à croire que l'augmentation de poids des précipités métalliques est en partie due à une portion de fluide élastique qui leur est uni, on peut joindre une considération très-forte : c'est que, si, au lieu de précipiter par une terre, on fait la précipitation par un autre métal, comme elle est indiquée dans les colonnes 2 et 3 de la table des rapports de M. Geoffroy, le métal dissous, au lieu de se précipiter sous forme de chaux, reparaît, au contraire, sous sa forme métallique, et il n'a alors que le même poids qu'il avait avant la dissolution; il est très-probable que cette circonstance tient à ce que le métal ne trouve, en se précipitant, aucun corps auquel il puisse enlever le fluide élastique.

Je m'occuperai quelque jour plus particulièrement de cet objet.

CHAPITRE V.

DE L'EXISTENCE D'UN FLUIDE ÉLASTIQUE FIXÉ, DANS LES CHAUX MÉTALLIQUES.

En supposant que les expériences rapportées dans le chapitre précédent ne prouvassent pas complétement la possibilité de l'union d'un fluide élastique avec les substances métalliques, elles formaient au moins un indice assez fort pour m'engager à m'occuper essentiellement de cet objet. Je commençai dès lors à soupçonner que l'air de l'atmosphère, ou un fluide élastique quelconque contenu dans l'air, était susceptible, dans un grand nombre de circonstances, de se fixer, de se combiner avec les métaux; que c'était à l'addition de cette substance qu'étaient dus les phénomènes de la calcination, l'augmentation de poids des métaux convertis en chaux, et peut-être beaucoup d'autres phénomènes dont les physiciens n'avaient encore donné aucune explication satisfaisante. Ces conjectures mêmes acquirent à mes yeux un très-grand degré de probabilité par les réflexions qui suivent.

Premièrement, la calcination des métaux ne peut avoir lieu dans des vaisseaux exactement fermés et privés d'air.

Secondement, elle est d'autant plus prompte que le métal offre à l'air des surfaces plus multipliées.

Troisièmement, c'est un fait reconnu de tous les métallurgistes, et observé par tous ceux qui ont travaillé aux opérations de docimasie, que, dans toute réduction, il y a effervescence au moment où la substance métallique passe de l'état de chaux à celui de métal: or une effervescence n'est communément autre chose qu'un dégagement de fluide élastique sous forme fixe, qui reprend son élasticité au moment de la réduction.

Quelque probables que me parussent ces conjectures, c'était à l'expérience seule à les confirmer ou à les détruire; je fis en conséquence successivement différentes tentatives, dont un grand nombre ne fut pas heureux et dont je crois devoir épargner le détail au lecteur, jusqu'à ce qu'enfin je parvins à établir les vérités qui suivent.

PREMIÈRE EXPÉRIENCE.

Faire la réduction du minium dans un appareil propre à mesurer la quantité de fluide élastique dégagée ou absorbée.

DESCRIPTION DE L'APPAREIL.

BCDE (fig. 8) représente une cuvette ou autre vase quelconque de faïence ou de verre, dans lequel est renversée une cloche de cristal *FGH*; au milieu de la cuvette, en *K*, s'élève une autre petite colonne de cristal *IK*, évasée par le haut; on l'assujettit par en bas avec un peu de cire verte[1]. On pose sur cette colonne une coupelle *A*, de porcelaine ou d'une autre matière très-réfractaire. On passe par-dessous les bords de la cloche le siphon ou tube recourbé de verre *MN* (fig. 9), et on emplit d'eau la cuvette *BCDE*. On fait ensuite monter l'eau à telle hauteur qu'on le juge à propos dans la cloche *FGH*, en suçant l'air par l'ouverture *N* du siphon *MN*; enfin, avec l'entonnoir à goulot recourbé, représenté fig. 3, on introduit une couche d'huile sous la cloche; cette huile monte à la surface, et elle empêche que le fluide élastique dégagé pendant l'opération n'ait le contact immédiat de l'eau et ne soit absorbé par elle.

PRÉPARATION DE L'EXPÉRIENCE.

J'ai mis dans la capsule *A* (fig. 8) 2 gros de minium, mêlés avec 12 grains de braise de boulanger, qui avait été préalablement réduite en poudre et calcinée à un grand feu pendant plusieurs heures dans un vaisseau fermé; j'ai marqué, avec une bande de papier collé, la hauteur *GH*, jusqu'à laquelle j'avais élevé l'eau, et j'ai porté l'appareil, ainsi disposé, au foyer du grand verre ardent de Tschirnhausen, appar-

[1] On trouve de ces sortes de colonnes chez la plupart des faïenciers: on les emploie dans les desserts pour supporter les fruits.

tenant à M. le comte de la Tour d'Auvergne; cette lentille était alors établie au Louvre, dans le jardin de l'Infante, pour d'autres expériences faites en société par MM. Macquer, Brisson, Cadet et par moi, et dont une partie est déjà connue de l'Académie des sciences.

EFFET.

Presque au même instant que la coupelle *A* a été présentée au foyer, la réduction s'est faite et le plomb a reparu en petites parcelles rondes ou grenaille très-fine; en même temps il s'est élevé une vapeur jaunâtre qui s'est attachée à la voûte de la cloche, et qui m'a paru n'être qu'une chaux de plomb qui avait été volatilisée par la violence de la chaleur. Lorsque j'ai jugé la réduction faite, j'ai retiré l'appareil du foyer, je l'ai placé sur la même tablette et exactement à la même place où il était avant l'opération; enfin, lorsque les vaisseaux ont été parfaitement refroidis, et qu'ils ont eu repris le même degré de température qu'avant la réduction, j'ai observé la hauteur de l'eau, et j'ai reconnu, par l'abaissement de sa surface, qu'il s'était opéré un dégagement de fluide élastique de 14 pouces cubiques environ.

RÉFLEXIONS.

La quantité de plomb obtenue par cette réduction était environ de $\frac{1}{32}$ de pouce cube, d'où il suit que le volume de fluide élastique dégagé égalait 448 fois le volume de plomb réduit; encore s'est-il trouvé au fond de la coupelle quelques portions de minium non réduites. J'ai répété plusieurs fois cette expérience, et dans différentes proportions; celles que j'indique ici m'ont constamment le mieux réussi. Quand on emploie trop de charbon, la réduction ne se fait qu'avec peine dans le fond du vase; le charbon, au contraire, se brûle à la surface, et il en résulte des erreurs assez considérables pour ôter toute confiance dans les résultats.

Quoique cette première expérience fût assez décisive, elle me laissait cependant encore de l'inquiétude; premièrement, parce que le foyer du verre ardent étant fort étroit, je n'avais pu opérer que sur de médiocres quantités; secondement, parce que la chaleur était si grande dans les environs du foyer, qu'il m'avait été impossible d'employer des cloches de moins de 5 à 6 pouces de diamètre, encore s'échauffaient-elles beaucoup et s'en était-il cassé quelques-unes; il arrivait de là que, le petit nombre de pouces cubiques dégagés pendant la réduction se trouvant répartis dans un espace assez étendu en surface, les différences devenaient peu sensibles; troisièmement, parce que le volume de l'air contenu sous la cloche étant fort considérable, la moindre différence dans la température pouvait occasionner des erreurs sensibles; quatrièmement, enfin, parce que l'huile même qui couvrait la surface de l'eau se trouvant exposée à un degré de chaleur assez considérable, il pouvait s'en dégager quelques portions de fluide élastique.

Ces différentes considérations m'ont obligé d'avoir recours à l'appareil représenté par la figure 10, dont l'idée vient originairement de M. Hales, qui a été, depuis, corrigé par feu M. Rouelle, et auquel j'ai fait moi-même quelques changements et additions relatifs à la circonstance.

La cornue *A* (fig. 10) s'ajuste en *GG* avec un récipient *GH*, lequel, suivant les opérations, peut être d'étain, de fer-blanc ou de verre; ce récipient a, en *h*, une tubulure qui se prolonge en un tuyau *hI*, de 2 pieds $\frac{1}{2}$, plus ou moins, de longueur. *VVFF* est un grand seau de bois, ou mieux encore de métal, percé en *KK*, dans lequel on place un récipient *GH*, et on l'y assujettit de toutes parts avec du mastic ou de la soudure, suivant qu'il est de verre ou de métal; enfin, on recouvre le tout avec un grand récipient de verre *nNoo*, lequel doit être percé d'un petit trou en *n*. Ce récipient est supporté par un piédestal composé de quatre petites colonnes maintenues à une distance convenable par le moyen de bandes de métal. Ces colonnes sont entaillées par le haut, pour recevoir les bords du récipient.

Pour faire usage de cet appareil, on met dans la cornue *A* les matières sur lesquelles on veut opérer; on la lute très-exactement en *GG*, au récipient *GH*, avec du lut gras, de consistance un peu ferme; cette opération doit être faite avec la plus grande attention, et il ne faut pas y épargner le lut, parce qu'il est extrêmement essentiel qu'il ne s'introduise pas la moindre particule d'air à travers les jointures; on recouvre ce lut avec une vessie mouillée que l'on assujettit ensuite par un grand nombre de tours de ficelle un peu serrés. Il n'est pas inutile d'avertir qu'avant de passer la ficelle sur le lut il est nécessaire que la vessie ait été préalablement liée fortement au-dessus et au-dessous de la jointure, afin d'empêcher que le lut ne s'étende au delà de ce qu'il est nécessaire et ne se dérobe à la pression de la ficelle.

Lorsque les vaisseaux sont ainsi lutés, on emplit d'eau le seau *VVFF*: ensuite on pompe l'eau en suçant par le trou *n*, et on l'oblige à monter dans le récipient aussi haut qu'on le désire; on doit avoir soin de remplir le seau dans la proportion.

L'opération de la succion n'est pas aussi aisée qu'on pourrait le penser; elle devient même extrêmement pénible lorsque la hauteur de l'eau approche de 28 ou de 30 pouces. Cette difficulté m'a paru assez réelle pour devoir m'occuper à la lever, et j'y suis parvenu en appliquant à cet appareil la petite pompe représentée figure 1. J'introduis sous le récipient *nNoo* (fig. 10) un siphon ou tuyau de fer-blanc *EBCD*, représenté séparément fig. 11. Son extrémité *D* est proportionnée de manière à s'ajuster très-exactement dans le tuyau *SS* (fig. 10), lequel est garni d'un robinet *R*; enfin, l'autre extrémité du même robinet s'ajuste en *SX* avec le tuyau *XL* de la pompe *P*. Lorsque les jointures *DS* et *SX* ont été exactement lutées avec du lut gras ou de la cire verte recouverte avec de la vessie de cochon mouillée et garnie de fil un peu fort, on ouvre le robinet *R*, on fait jouer le piston *Z*, on pompe l'air contenu dans le récipient *nNoo*, et on parvient à élever commodément l'eau à la hauteur nécessaire.

C'est sur les chaux de plomb que j'ai opéré, à l'aide de l'appareil que je viens de décrire, et la réduction en est si facile, que je ne prévoyais pas qu'il pût se trouver de difficulté dans l'exécution; j'en ai rencontré cependant de très-réelles par l'embarras du choix des cornues; celles de verre sont si susceptibles d'être attaquées par les chaux de plomb, qu'elles se déforment et se fondent avant que la réduction soit achevée. Celles de grès résisteraient mieux, mais elles ont presque toutes de petits trous imperceptibles à travers lesquels l'air pénètre, de sorte qu'on ne peut presque jamais être tranquille sur le succès de l'opération.

Ces difficultés m'ont arrêté longtemps, et ce n'est que depuis que j'ai essayé de me procurer des cornues de fer que j'ai commencé à opérer commodément. Comme les mêmes obstacles que j'ai rencontrés pourraient se présenter à ceux qui voudraient opérer après moi, je vais entrer dans quelque détail sur la fabrication des cornues dont je me suis servi.

On prend de la tôle la plus forte que l'on puisse trouver; on en forge un morceau en forme de calotte *AAB* (fig. 12), pour former le fond de la cornue; on forme ensuite, avec la même tôle, trois viroles *AACC*. *CCDD*, *DDE*, dont les bords s'ajustent très-exactement les uns dans les autres; on soude soigneusement avec du cuivre la jonction latérale de chaque virole; enfin on réunit chacune de ces viroles l'une à l'autre et à la calotte *AAB* avec la même soudure. Il n'y a uniquement de difficulté que pour celle de ces soudures qu'on réserve pour la dernière, parce qu'on est obligé de la faire en dehors; mais un ouvrier adroit en vient aisément à bout, et on ne m'en a pas beaucoup manqué. Ces cornues peuvent rougir assez complétement sans que les soudures fondent; il faut seulement avoir soin, lorsqu'on emploie des matières métalliques capables d'attaquer le cuivre et de s'y unir, de n'emplir que la partie inférieure *AAB* de la cornue au-dessous de la soudure. On peut se servir un assez grand nombre de fois de la même cornue, et ce n'est que lorsque le fer s'est brûlé et réduit en écailles qu'on est obligé de les rejeter. Quelque attention qu'apporte l'ouvrier, il est possible qu'il reste à la soudure de petits trous imperceptibles par lesquels l'air pourrait s'introduire; il ne s'agit, pour les découvrir, que d'introduire un peu d'eau dans la cornue et de la promener tout autour jusqu'à ce que les parois intérieures en soient mouillées dans toute leur surface; si l'on souffle ensuite par l'ouverture *E*, le trou, s'il y en a un, s'annonce par un petit bouillonnement d'eau qui s'aperçoit et qui s'entend[1].

Quelque longs que puissent paraître ces préliminaires, on jugera aisément qu'ils étaient indispensablement nécessaires pour l'intelligence des expériences qui suivent; j'ai préféré de les faire précéder, afin de moins couper l'attention du lecteur.

DEUXIÈME EXPÉRIENCE.

Faire la réduction du plomb par le feu des fourneaux dans un appareil propre à mesurer la quantité de fluide élastique dégagée.

PRÉPARATION.

J'ai mis dans la cornue de tôle *A* (fig. 10) 6 onces de minium et 6 gros de poudre de charbon passée au tamis de crin. On verra bientôt que cette quantité de charbon est beaucoup plus considérable qu'il ne faut pour opérer la réduction; mais une circonstance rend cette proportion nécessaire lorsqu'on se sert de cornue de fer, c'est qu'alors le plomb, après la réduction, reste en menues grenailles qui se trouvent mêlées avec la poudre de charbon, et que l'on fait sortir aisément de la cornue; tandis qu'au contraire, lorsqu'on n'emploie que la juste proportion de charbon nécessaire, le plomb se met en masse, et, si on le fait refondre pour le faire sortir, il est à craindre, ou qu'il ne s'en incorpore quelque portion avec la soudure, ou qu'il n'en reste quelque peu dans la cornue; on évite ces inconvénients en employant plus de charbon qu'il ne faut.

J'ai luté exactement, comme il est dit ci-dessus, la cornue *A* au récipient *GH*. J'ai élevé l'eau jusqu'en *YY*, enfin j'ai introduit une couche d'huile sur la surface de l'eau. Lorsque tout a été ainsi disposé, j'ai laissé l'appareil dans le même état jusqu'au lendemain pour m'assurer que l'air ne pénétrait d'aucun côté; alors j'ai marqué, avec une bande de papier, la hauteur de l'eau en *YY*, et j'ai allumé du charbon dans le fourneau.

[1] L'ouvrier dont je me suis servi se nomme Delorme; il demeure rue de Charonne, faubourg Saint-Antoine.

EFFET.

A mesure que les vaisseaux se sont échauffés, l'air qu'ils contenaient s'est dilaté, et l'eau est descendue en proportion; mais cet effet a eu des bornes, et au bout de quelque temps la dilatation s'est ralentie et l'eau est presque demeurée stationnaire; lorsque ensuite le feu a été assez augmenté pour faire rougir obscurément le fond de la cornue, l'eau a commencé tout à coup à descendre, presque à vue d'œil, à raison de 12 à 15 pouces cubiques par minute; sur la fin, le dégagement s'est ralenti; enfin, lorsqu'il a cessé entièrement, j'ai arrêté le feu et j'ai laissé refroidir parfaitement les vaisseaux. Bientôt l'air contenu sous le bocal *nNoo* s'est condensé à mesure qu'il se refroidissait, et l'eau a remonté; lorsqu'elle a été absolument fixée, j'ai marqué, avec une bande de papier, l'endroit où elle s'était arrêtée, et j'ai encore laissé les vaisseaux dans le même état pendant 48 heures, sans qu'il y ait eu de variation sensible dans la hauteur de l'eau; le thermomètre, dans le laboratoire, était alors à 15 degrés $\frac{1}{2}$, et le baromètre à 28 pouces 1 ligne $\frac{1}{2}$.

Il ne s'agissait plus que de déterminer la quantité de pouces cubes contenue entre les deux bandes de papier, et c'est ce que j'ai fait de deux manières : 1° En déterminant, par une mesure exacte et par le calcul, la solidité du cylindre; 2° En emplissant d'eau l'intervalle compris entre les deux bandes de papier, et en déterminant le poids et le volume de cette eau. Ces deux méthodes m'ont donné des résultats assez exactement les mêmes, et la quantité de fluide élastique dégagé s'est trouvée, par l'une et l'autre, de 560 pouces cubiques. La quantité de plomb résultant de cette réduction était environ de $\frac{3}{4}$ de pouce cube: d'où il suit que la chaux de plomb contient une quantité de fluide élastique égale à 747 fois le volume du plomb qui a servi à la former. Lorsque les vaisseaux ont été désappareillés, j'ai secoué la cornue et j'en ai fait tomber le plomb; il était en grenaille mêlé avec une quantité considérable de poudre de charbon; l'ayant examiné avec attention, je n'ai pu y apercevoir aucune portion de minium non réduit. Le poids de ce résidu était de 5 onces 7 gros 66 grains. J'ai répété cette expérience un très-grand nombre de fois, et les circonstances en ont toujours été très-exactement les mêmes.

RÉFLEXIONS.

Le poids des matières employées dans cette expérience était, avant la réduction, de 6 onces 6 gros; il ne s'est plus trouvé, après la réduction, que 5 onces 7 gros 66 grains; d'où il suit que la perte de poids a été de 6 gros 6 grains; cependant la quantité de fluide élastique dégagé n'a été que de 560 pouces cubiques, et un pareil volume d'air de l'atmosphère ne devait peser ce jour-là que 3 gros 41 grains; il est vrai que tout porte à croire que le fluide élastique des réductions métalliques, qui est le même que celui des effervescences, comme je le ferai voir dans la suite, est plus pesant que l'air de l'atmosphère; on a même vu (chap. I, p. 187) que sa pesanteur pouvait être évaluée à $\frac{575}{1000}$ de grain le pouce; mais, en partant même de cette dernière évaluation, 560 pouces cubiques de fluide élastique ne pèseraient encore que 4 gros 34 grains, et il resterait toujours un *déficit* de poids de 1 gros 44 grains.

Quelques gouttes de flegme que j'avais constamment trouvé dans le récipient *GH* (fig. 10), dans toutes les réductions de chaux de plomb que j'avais faites, me firent soupçonner qu'indépendamment du fluide élastique fixé il existait une portion d'eau dans le minium, qu'elle s'en séparait pendant la réduction, et qu'elle était probablement la cause de la perte de poids que j'avais observée; mais, comme le récipient *GH* (fig. 10) était trop petit pour condenser suffisamment les vapeurs, je pensai qu'il était à propos de répéter l'expérience avec un appareil distillatoire ordinaire, en employant un plus grand ballon.

TROISIÈME EXPÉRIENCE.

Déterminer la quantité d'eau qui se dégage de la réduction du minium par la poudre de charbon.

J'ai employé dans cette expérience, comme dans la précédente,

6 onces de minium et 6 gros de charbon en poudre; le ballon était percé d'un petit trou que j'ai été obligé de laisser ouvert pendant l'opération; le dégagement de fluide élastique s'est fait avec sifflement, et, pendant le commencement de la réduction, il a passé quelque peu d'eau dans le récipient. Le poids de cette eau n'excédait pas 24 grains; elle consistait en un flegme insipide qui ne paraissait pas différer de l'eau distillée.

RÉFLEXIONS.

Quoique le résultat de cette expérience ne donne que 24 grains de flegme, il est cependant probable qu'il s'en est dégagé davantage: qu'une partie a été emportée par le courant du fluide élastique, et s'est dissipée en vapeurs par la tubulure du récipient; d'un autre côté, il est possible que le fluide élastique dégagé du minium soit un peu plus pesant que celui dégagé des effervescences, et il est très-probable que c'est à l'une de ces deux causes que tient le *déficit* de poids observé dans la deuxième expérience.

Je m'étais proposé d'abord, pour éclaircir ce point, de déterminer le rapport de pesanteur des différents fluides élastiques qui se dégagent des corps, et de les comparer à celle de l'air de l'atmosphère; mais les différents appareils nécessaires pour remplir cet objet n'ayant pu être achevés à temps, je n'ai pas cru devoir différer pour cela la publication de cet ouvrage; j'aurai d'ailleurs plus d'une fois occasion de revenir sur cet objet.

La quantité de poudre de charbon employée dans la deuxième expérience était de 6 gros; la quantité de fluide élastique obtenue pendant la réduction n'a pas excédé 4 gros ou 4 gros $\frac{1}{2}$, tout au plus. Le poids du fluide élastique dégagé était donc beaucoup moindre que celui du charbon employé, et on pouvait m'objecter que la quantité de fluide élastique dégagé pouvait aussi bien venir du charbon que de la chaux métallique. Pour prévenir cette objection, j'ai fait l'expérience qui suit.

QUATRIÈME EXPÉRIENCE.

Séparer d'avec le plomb la portion de charbon qui reste après la réduction.

J'ai mis dans une cuiller de fer le résidu de la deuxième expérience. (On se rappelle qu'il était composé de grenaille de plomb et de poudre de charbon, et que son poids était de 5 onces 7 gros 66 grains.) Sitôt que la poudre de charbon a commencé à s'échauffer, elle s'est allumée et s'est consommée peu à peu; après quoi il ne m'est plus resté qu'un culot de plomb et un peu de chaux de ce même métal qui s'était reformé pendant la combustion du charbon. La totalité du plomb réunie pesait à très-peu près 5 onces 3 gros 12 grains. Je dis *à très-peu près*, parce que, pour peu qu'on ne pousse pas l'opération jusqu'à sa fin, il reste un peu de charbon non brûlé; au contraire, pour peu qu'on la pousse trop loin, une partie du plomb se recalcine et augmente de poids: cette circonstance jette environ une douzaine de grains d'incertitude sur le résultat; aussi, n'est-ce qu'en répétant plusieurs fois l'expérience, et en m'arrêtant au moindre poids que je l'ai fixé tel qu'il est ici.

RÉFLEXIONS.

Il suit de cette expérience, 1° que le rapport de pesanteur du plomb au minium est comme 5 onces 3 gros 12 grains à 6 onces, c'est-à-dire qu'avec 100 livres de plomb on peut faire 111 livres 10 onces de minium, ou, ce qui est encore la même chose, que 100 livres de minium contiennent 89 livres 9 onces de plomb; 2° que les 5 onces 7 gros 66 grains restant dans la cornue (2e expérience), après la réduction, étaient un composé de 5 onces 3 gros 12 grains de plomb et de 4 gros 54 grains de charbon; la réduction n'avait donc réellement employé que 1 gros 18 grains de charbon; mais la quantité de fluide élastique dégagé dans la deuxième expérience, en mettant tout au plus bas, pesait au moins 3 gros $\frac{1}{2}$; elle n'avait donc pu être fournie par 1 gros $\frac{1}{4}$ de charbon, et il s'ensuit que c'est nécessairement aux dépens du minium que la plus grande partie du fluide élastique a été fournie.

Quelque concluante que fût cette expérience, je ne m'en suis pas contenté, et j'ai cru devoir m'attacher surtout à examiner si le charbon seul ne donnait pas, à un même degré de feu, un fluide élastique semblable à celui que j'avais obtenu de la réduction du minium : c'est là l'objet que je me suis proposé dans l'expérience qui suit.

CINQUIÈME EXPÉRIENCE.

Calciner à grand feu du charbon en poudre seul dans un appareil propre à mesurer la quantité de fluide élastique dégagé.

PRÉPARATION.

J'ai fait courber un canon de fusil neuf et bien nettoyé en dedans, j'en ai fait boucher la lumière et la culasse, et j'ai fait recouvrir l'une et l'autre avec un morceau de fer soudé à chaud, afin d'être encore plus assuré que tout accès était exactement fermé à l'air extérieur. J'y ai introduit 2 gros de la même braise de boulanger en poudre qui m'avait servi dans les première et deuxième expériences, et je l'ai adapté à l'appareil de la figure 10, auquel j'ai été obligé de faire, à cette occasion, quelques légers changements, dont il serait superflu de rendre compte; j'ai ensuite luté très-exactement toutes les jointures comme à l'ordinaire, j'ai élevé l'eau dans le bocal *NNoo*, je l'ai recouverte d'une petite couche d'huile, et, après m'être assuré que l'air ne pénétrait d'aucun côté, j'ai marqué la hauteur *yy* de l'eau; enfin, j'ai allumé un feu très-vif autour du canon de fusil, et je l'ai tenu rouge-blanc pendant une heure.

EFFET.

Il y a d'abord eu dilatation de l'air par la chaleur comme à l'ordinaire, et la surface de l'eau s'est abaissée en proportion; mais, lorsque le feu a été éteint, elle a remonté peu à peu, et, lorsque le canon de fusil a été entièrement refroidi, elle est revenue presque jusqu'au point d'où elle était partie; il s'est trouvé seulement une production d'air de 13 pouces cubiques, laquelle, au bout de deux jours, était réduite à 8.

La poudre de charbon, pesée à la fin de cette expérience, n'avait perdu que 6 grains, encore est-il probable qu'il en restait quelque portion attachée au canon de fusil.

RÉFLEXIONS.

Le feu, dans cette opération, a été infiniment plus fort et plus longtemps continué qu'il n'est nécessaire pour une réduction de chaux de plomb: cependant la production d'air a été presque nulle, d'où il suit que l'air obtenu dans les première et deuxième expériences n'était pas seulement un effet de la calcination du charbon, qu'il était, au contraire, le produit de la réduction.

J'ai annoncé que j'avais employé, dans cette expérience, un canon de fusil neuf et bien nettoyé en dedans, et cette circonstance est très-remarquable, parce que les phénomènes sont tout différents lorsqu'on emploie un canon rouillé en dedans; on obtient alors un peu d'eau et une production de fluide élastique d'autant plus considérable que le canon était plus rouillé; mais il est sensible, d'après l'expérience précédente, que ces produits appartiennent à la chaux de fer qui se réduit et non pas au charbon. Il m'est arrivé quelquefois, avec des canons de fusil très-rouillés, de retirer jusqu'à 80 et 100 pouces cubiques de fluide élastique la première fois que je m'en servais. Je ne fais qu'indiquer ici cette expérience, me réservant de donner, dans la suite, différents détails qui y sont relatifs.

On pourrait peut-être soupçonner que le canon de fusil que j'ai employé dans la cinquième expérience, quoique neuf et bien nettoyé, contenait encore de la rouille, et que c'est à cette circonstance que tenait le dégagement de 8 pouces de fluide élastique que j'ai observé; je me suis convaincu du contraire en répétant la même expérience dans le même canon de fusil et avec de nouvelle poudre de charbon; il est clair que, si le fluide élastique eût été produit, dans l'expérience précédente, par la réduction de la rouille de fer du canon, ce dégagement n'aurait plus dû avoir lieu dans la seconde expérience; cependant, par le fait, la quantité de fluide élastique a été, cette dernière fois, de

12 pouces au moins, c'est-à-dire un peu plus grande qu'elle n'avait été la première fois; d'où il paraît prouvé que le dégagement appartenait au charbon.

La diminution de poids, dans cette expérience, a été de 8 grains.

SIXIÈME EXPÉRIENCE.

Réduction du minium dans un canon de fusil.

PRÉPARATION.

J'ai pris le même charbon qui venait d'être si fortement calciné dans l'expérience précédente, j'y ai mêlé 4 onces de minium et j'ai remis le tout dans le même canon de fusil qui m'avait servi dans les deux calcinations précédentes, je l'ai adapté à l'appareil de la figure 10, et j'ai tout disposé de la même manière que dans la cinquième expérience: enfin, j'ai allumé du feu dans le fourneau.

EFFET.

Dès que le canon de fusil a commencé à rougir obscurément, le dégagement de fluide élastique s'est fait avec une si grande rapidité, que l'eau descendait à vue d'œil dans le récipient *NNoo* (fig. 10). Le dégagement fini, j'ai continué de pousser le feu, mais il n'y a plus eu d'abaissement sensible. Lorsque ensuite les vaisseaux ont été refroidis, j'ai mesuré la quantité de fluide élastique dégagé, elle s'est trouvée de 360 pouces cubiques, c'est-à-dire de 90 pouces par chaque once de minium. On vient de voir ci-dessus (3e expérience) que 6 onces de minium avaient donné un dégagement de fluide élastique de 360 pouces cubiques: c'est un peu plus de 93 pouces par chaque once: d'où l'on voit qu'il se trouve un accord presque parfait entre les résultats de ces deux expériences. Comme dans l'opération dont je rends compte ici, le charbon avait été fortement calciné une seconde fois avant d'être combiné avec le minium, les résultats de cette expérience paraissent mériter quelque degré de confiance de plus que ceux de la troisième expérience.

RÉFLEXIONS.

Il paraît prouvé, d'après ces expériences, que ce n'est point le charbon seul qui produit le dégagement de fluide élastique observé dans les première et deuxième expériences, ce n'est point non plus le minium seul, puisque, d'après les expériences de M. Hales (voy. p. 459), il ne donne que très-peu d'air; la majeure partie du fluide élastique dégagé résulte donc de l'union du charbon en poudre avec le minium. Cette dernière observation nous conduit insensiblement à des réflexions très-importantes sur l'usage du charbon et des matières charbonneuses en général dans les réductions métalliques. Servent-elles, comme le pensent les disciples de M. Stahl, à rendre au métal le phlogistique qu'il a perdu? ou bien ces matières entrent-elles dans la composition même du fluide élastique? C'est sur quoi il me semble que l'état actuel de nos connaissances ne nous permet pas encore de prononcer.

S'il était permis de se livrer aux conjectures, je dirais que quelques expériences, qui ne sont pas assez complètes pour pouvoir être soumises aux yeux du public, me portent à croire que tout fluide élastique résulte de la combinaison d'un corps quelconque, solide ou fluide, avec un principe inflammable, ou peut-être même avec la matière du feu pur, et que c'est de cette combinaison que dépend l'état d'élasticité; j'ajouterais que la substance fixée dans les chaux métalliques, et qui en augmente le poids, ne serait pas, à proprement parler, dans cette hypothèse, un fluide élastique, mais la partie fixe d'un fluide élastique qui a été dépouillé de son principe inflammable. Le charbon alors, ainsi que toutes substances charbonneuses employées dans les réductions, aurait pour objet principal de rendre au fluide élastique fixé le phlogistique, la matière du feu, et de lui restituer en même temps l'élasticité qui en dépend.

Ce sentiment, quelque éloigné qu'il paraisse de celui de M. Stahl, n'est peut-être pas cependant incompatible avec lui; il est possible que l'addition du charbon, dans les réductions métalliques, remplisse en même temps deux objets : 1° celui de rendre au métal le principe inflammable qu'il a perdu; 2° celui de rendre au fluide élastique fixé dans la chaux métallique, le principe qui constitue son élasticité. Au surplus, je le répète encore, ce n'est qu'avec la plus grande circonspection qu'on peut hasarder un sentiment sur une matière si délicate et si difficile, et qui tient de très-près à une plus obscure encore, je veux dire à la nature des éléments mêmes, ou au moins de ce que nous regardons comme les éléments. C'est au temps seul et à l'expérience qu'il appartiendra de fixer nos opinions.

CHAPITRE VI.

DE LA COMBUSTION DU FLUIDE ÉLASTIQUE AVEC LES SUBSTANCES MÉTALLIQUES, PAR LA CALCINATION.

Je n'ai, jusqu'ici, prouvé l'existence d'un fluide élastique fixé, dans les chaux métalliques, que par le dégagement qui a lieu dans le moment de la réduction. Quoique les expériences que j'ai rapportées paraissent, à cet égard, de nature à ne laisser aucun doute, il faut avouer néanmoins qu'on ne parvient à convaincre, en physique, qu'autant qu'on arrive au même but par des routes différentes.

Je vais faire voir, en conséquence, dans le cours de ce chapitre, que, de même que toutes les fois qu'une chaux métallique passe de l'état de chaux à l'état de métal il y a dégagement de fluide élastique, de même aussi, toutes les fois qu'un métal passe de l'état de métal à celui de chaux, il y a absorption de ce même fluide, et que la calcination même est à peu près proportionnelle à la quantité de cette absorption.

PREMIÈRE EXPÉRIENCE.

Calcination du plomb au verre ardent sous une cloche de cristal renversée dans de l'eau.

PRÉPARATION.

J'ai mis dans l'appareil représenté fig. 8, 3 gros de plomb en lames roulées, et je les ai exposées au foyer de la grande lentille de Tschirnhausen de 33 pouces de diamètre, dont j'ai déjà parlé plus haut. Le foyer de cette lentille était rétréci et raccourci par le moyen d'une seconde, qui avait été ajoutée à la première à une distance convenable. Un morceau de grès dur, de la nature de ceux qu'on emploie pour le pavé de Paris, servait de support au plomb : il était creusé dans le milieu pour l'empêcher de couler lorsqu'il serait fondu.

EFFET.

Le plomb a fondu au même instant qu'il a été présenté au foyer; il a commencé bientôt après de s'en élever une fumée blanchâtre qui s'est rassemblée sur les parois intérieures de la cloche, et qui y a formé un dépôt jaunâtre. En même temps il s'est formé, à la surface du plomb, une légère couche de chaux, qui, par le progrès de la calcination, a pris une couleur jaune de massicot. Ces différents effets ont eu lieu pendant les cinq premières minutes, après quoi, ayant continué de tenir exactement le plomb au foyer, j'ai vu avec surprise que la calcination n'avait plus lieu. J'ai persisté, pendant une demi-heure, à suivre cette expérience, sans que je me sois aperçu que la couche de chaux formée sur le plomb ait augmenté de la moindre chose. On conçoit que l'air contenu sous la cloche devait être fort échauffé, et que, par sa dilatation, il devait avoir fait baisser la surface *GH* de l'eau; mais, à mesure que les vaisseaux se sont refroidis, elle a remonté, et enfin, lorsque tout l'appareil a été ramené au même degré de température qu'avant l'opération, il s'est trouvé une diminution, dans le volume de l'air, de 7 pouces cubes environ.

Le plomb, ayant été retiré, s'est trouvé tout aussi malléable qu'avant l'opération, à la petite couche près de chaux dont il était recouvert, mais qui était extrêmement mince. Il avait perdu près d'un demi-grain de son poids, mais il était évident, par l'inspection des fleurs jaunes qui tapissaient le dôme de la cloche, que cette diminution venait de l'évaporation, et qu'en rapprochant leur poids de celui du plomb, il y aurait eu une augmentation de plusieurs grains.

DEUXIÈME EXPÉRIENCE.

Calcination de l'étain.

J'ai exposé au foyer de la même lentille, et sous le même appareil, 2 gros d'étain; la calcination a été plus difficile encore que celle du plomb; le métal s'est couvert d'une petite couche de chaux, mais infiniment mince; il y a eu un peu de fumée. J'ai continué l'opération pendant vingt minutes sans m'apercevoir que la calcination fît aucun progrès. Lorsque les vaisseaux ont eu repris la même température qu'avant l'expérience, il ne s'est trouvé qu'une diminution insensible dans le volume de l'air; l'étain, ayant été repesé, avait augmenté d'un huitième de grain environ; du reste, il était malléable comme avant l'opération, et n'avait qu'une couche extrêmement mince de chaux à sa surface.

TROISIÈME EXPÉRIENCE.

Calcination d'un alliage de plomb et d'étain.

J'ai voulu essayer si la calcination de l'étain et du plomb mêlés ensemble ne s'opérerait pas avec plus de facilité; j'ai composé en conséquence un alliage de parties égales de plomb et d'étain, et j'en ai exposé 2 gros au foyer du verre ardent: la cloche n'avait, tout au plus, que moitié de la capacité de celle de la première expérience de ce chapitre, et n'avait que 5 pouces $\frac{1}{2}$ de diamètre.

Les matières se sont fondues sur-le-champ, il s'en est élevé beaucoup de fumée blanche, dont partie s'est attachée à la partie supérieure de la cloche, partie s'est déposée sur la surface de l'huile. L'opération a été continuée pendant vingt minutes, après quoi la calcination paraissait beaucoup plus avancée que dans les expériences précédentes; il y avait même des espèces de végétations à la surface : les vaisseaux refroidis, il s'est trouvé une diminution de 5 à 6 pouces cubes dans le volume de l'air; la cloche contenait une grande quantité de fleurs, et le bouton d'étain et de plomb avait diminué de 4 grains; il y a apparence qu'on les aurait retrouvés et au delà dans la portion qui s'était sublimée. Quoique la calcination fût un peu plus avancée dans cette expérience que dans les précédentes, cependant la plus grande partie de l'alliage était encore malléable et dans l'état métallique.

Les expériences précédentes, quoique confirmatives de celles faites dans le chapitre V, me laissaient encore cependant quelque inquiétude: 1° Parce que la surface de l'huile renfermée sous la cloche se trouvant exposée à un degré de chaleur assez considérable, il était possible qu'elle produisît de l'air pendant la calcination ou qu'elle en absorbât; 2° Parce que, la chaleur du foyer étant trop violente, elle volatilisait le plomb et l'étain à mesure qu'ils se calcinaient, de sorte que je ne pouvais obtenir aucun résultat fixe sur l'augmentation de pesanteur de ces métaux. J'ai cherché à remédier à ces deux inconvénients dans l'expérience qui suit.

QUATRIÈME EXPÉRIENCE.

Calcination du plomb sous un vase de cristal renversé dans du mercure.

PRÉPARATION.

Je me suis servi d'un appareil à peu près semblable à celui représenté par la figure 8 : il en différait cependant, 1° en ce qu'à la place de la capsule *BCDE* j'avais employé une forte terrine de terre cuite et vernissée; 2° en ce qu'au lieu de l'emplir d'eau j'y avais versé 80 livres de mercure; 3° enfin, en ce qu'à la cloche *FGH* j'avais substitué une cucurbite de verre sans pontis. L'objet de ce dernier changement était d'avoir un vase de la même capacité que la cloche, mais dont l'ouverture fût plus étroite, afin d'employer moins de mercure. Ces dispositions faites, j'ai placé sur la colonne *IK* un grès creusé, contenant 3 gros de plomb; le creux du grès avait un bon pouce de diamètre et 4 lignes environ de profondeur; il était plat par le fond, afin que le métal présentât plus de surface aux rayons solaires; j'ai ensuite recouvert le tout avec la cucurbite de verre qui me tenait lieu de cloche; j'ai élevé le mercure avec le siphon *LM* jusqu'à la hauteur *GH*; j'ai très-soigneusement marqué le point auquel répondait sa surface avec une bande de papier qui faisait presque le tour du vase; enfin, j'ai présenté tout l'appareil au grand verre ardent, en observant que le plomb fût à un bon pouce du véritable foyer, et qu'il n'éprouvât qu'une chaleur peu supérieure à celle nécessaire pour le faire fondre.

EFFET.

Au même instant que le plomb a fondu, quoiqu'il eût été tiré du centre d'un gros morceau, qu'il fût brillant sur toutes ses faces, et qu'il n'eût pas la moindre apparence de crasse, il s'est formé cependant sur-le-champ une pellicule à sa surface. Par le progrès de la calcination, cette pellicule est devenue jaune de massicot, il s'y est fait des rides dans le sens du méridien; après quoi, au bout de 10 ou 12 minutes, la calcination s'est arrêtée, et on n'a plus observé d'effet sensible; il arrivait seulement que, dans les instants où la chaleur était un peu plus vive, le massicot fondait en quelques endroits et formait un verre jaunâtre; il s'élevait ensuite des portions ainsi vitrifiées une fumée assez abondante qui ternissait le haut de la cucurbite. Je m'opposais, autant qu'il était possible, à cette évaporation, en éloignant de plus en plus le plomb du vrai foyer de la lentille.

Le plomb a été ainsi exposé à l'effet du grand verre brûlant pendant 1 heure 45 minutes; mais, comme pendant cet intervalle le soleil a été de temps en temps obscurci par de petits nuages, il ne faut guère compter que sur 1 heure 15 minutes de véritable effet.

L'opération finie, et les vaisseaux parfaitement refroidis, la surface du mercure s'est trouvée remontée de 2 lignes $\frac{1}{2}$ au-dessus de son niveau; le diamètre de la cucurbite, en cet endroit, était de 4 pouces $\frac{8}{10}$, ce qui donne 3 pouces cubiques $\frac{3}{4}$ pour la quantité d'air absorbée. Le plomb, ayant été soigneusement détaché du support de grès, s'est trouvé peser 3 gros 1 grain $\frac{3}{4}$; j'ai évalué à $\frac{1}{4}$ de grain environ les vapeurs jaunâtres attachées aux parois de la cucurbite; l'augmentation totale du poids pendant la calcination avait donc été de 2 grains $\frac{1}{4}$ environ, c'est-à-dire de $\frac{3}{5}$ de grain par chaque pouce d'air. Il en résulte que la quantité de l'absorption est assez exactement proportionnelle à l'augmentation du poids de la chaux métallique.

La partie vide de la cucurbite, autrement dit le volume d'air dans lequel s'est faite la calcination, était de 75 pouces cubiques; d'où il suit que l'absorption a été précisément d'un vingtième.

CINQUIÈME EXPÉRIENCE.

Effet de l'air dans lequel on a calciné du plomb sur les corps enflammés.

J'ai calciné, comme dans l'expérience précédente, et dans le même appareil, 3 gros de plomb. L'opération finie, j'ai retourné brusquement la cucurbite *FGH* (fig. 8), je l'ai tournée de manière que son ouverture fût dirigée vers le haut, et j'y ai introduit sur-le-champ une bougie: elle y a brûlé assez bien dans le premier instant; mais insensiblement elle a commencé à languir, et elle s'est éteinte au bout d'une minute environ.

SIXIÈME EXPÉRIENCE.

Effet de l'air dans lequel on a calciné les métaux sur l'eau de chaux.

J'ai opéré, dans cette expérience, de la même manière que dans la précédente, avec cette différence seulement qu'au lieu d'introduire une bougie dans la cucurbite j'y ai versé de l'eau de chaux; j'ai ensuite bouché son ouverture, et j'ai agité fortement; l'eau de chaux a pris un petit coup d'œil louche presque imperceptible, mais il n'y a point eu de précipitation.

RÉFLEXIONS.

Il résulte de ces expériences que l'air dans lequel on a calciné des métaux n'est point dans le même état que celui dégagé des effervescences et des réductions métalliques.

SEPTIÈME EXPÉRIENCE.

Calcination du fer par la voie humide.

J'ai mis dans une capsule de verre 4 onces de limaille de fer que j'ai humectées avec un peu d'eau distillée, et j'ai recouvert le tout avec une cloche de verre dont la partie vide était environ de 200 pouces cubiques de capacité. Pendant les premiers jours il n'y a pas eu d'effet sensible : la limaille de fer la plus fine nageait sur la surface de l'eau sans se réduire en rouille, le reste était au fond. Au bout de huit jours il y avait un peu de rouille de formée, et la diminution du volume de l'air était de 6 ou 8 pouces; au bout de quinze jours elle était de 15 pouces; au bout d'un mois, de 36; enfin, au bout de deux mois, elle a été portée jusqu'à 50 pouces environ; ce terme a été celui auquel l'absorption a cessé d'avoir lieu, car, au bout de sept mois, l'appareil était encore dans le même état, et l'absorption n'avait pas augmenté de la moindre chose.

CONCLUSION DE CE CHAPITRE.

Il résulte de ces expériences :

1° Que la calcination des métaux, lorsqu'ils sont renfermés dans une portion d'air contenue sous une cloche de verre, ne se fait pas, à beaucoup près, avec autant de facilité qu'à l'air libre;

2° Que cette calcination même a des bornes, c'est-à-dire que, lorsqu'une certaine portion de métal a été réduite en chaux dans une quantité donnée d'air, il n'est plus possible de porter au delà la calcination dans le même air;

3° Qu'à mesure que la calcination s'opère, il y a une diminution dans le volume de l'air, et que cette diminution est à peu près proportionnelle à l'augmentation de poids du métal;

4° Qu'en rapprochant ces faits de ceux rapportés dans le chapitre précédent, il paraît prouvé qu'il se combine avec les métaux, pendant leur calcination, un fluide élastique qui se fixe, et que c'est à cette fixation qu'est due leur augmentation de poids;

5° Que plusieurs circonstances sembleraient porter à croire que tout l'air que nous respirons n'est pas propre à se fixer pour entrer dans la combinaison des chaux métalliques, mais qu'il existe dans l'atmosphère un fluide élastique particulier qui se trouve mêlé avec l'air, et que c'est au moment où la quantité de ce fluide contenue sous la cloche est épuisée, que la calcination ne peut plus avoir lieu. Les expériences que je rapporterai dans le chapitre IX donneront quelques degrés de probabilité de plus à cette opinion.

Les expériences dont je viens de rendre compte sembleraient encore conduire aux deux conséquences qui suivent : 1° que la calcination des métaux ne peut avoir lieu dans des vaisseaux exactement fermés, ou au moins qu'elle ne peut y avoir lieu qu'en raison de la portion d'air fixable qui y est renfermée; 2° que, dans le cas où la calcination pourrait s'opérer dans des vaisseaux exactement fermés et privés d'air, elle devrait alors se faire sans augmentation de poids, et par conséquent avec des circonstances fort différentes de celles qui s'observent dans les calcinations faites dans l'air.

La suite d'expériences que MM. Darcet et Rouelle ont annoncées dans un mémoire inséré dans le Journal de Médecine, du mois de janvier dernier, sur la calcination des métaux dans des vaisseaux de porcelaine exactement fermés, jettera sans doute une grande lumière sur cet objet. Peut-être cette calcination ne sera-t-elle qu'une simple privation de phlogistique dans le sens que Stahl l'entendait. Quoi qu'il en soit, les savants ne peuvent qu'attendre avec beaucoup d'impatience la publication de ces expériences, et la réputation que ces deux chimistes se sont justement acquise répond suffisamment de l'exactitude qu'on doit en attendre.

Nota. Je n'avais point connaissance des expériences de M. Priestley, lorsque je me suis occupé de celles rapportées dans ce chapitre. Il a observé, comme moi et avant moi, ainsi qu'on l'a vu dans la première partie de cet ouvrage, qu'il y avait une diminution dans le volume de l'air pendant la calcination des métaux. Cette diminution, dans quelques expériences, a été jusqu'au cinquième, même au quart du volume de l'air qu'il avait employé. Quoique je me sois servi de la lentille la plus forte connue, je n'ai pu porter cette diminution au delà d'un seizième par la voie sèche. Cette circonstance me porterait à soupçonner que le fluide élastique fixable répandu dans l'air y est peut-être plus abondant dans un temps ou dans un lieu que dans un autre; qu'il se trouve mêlé dans une plus grande proportion avec l'air atmosphérique dans les lieux habités, dans nos laboratoires, etc. que dans les plaines, les jardins, et en général dans les endroits où l'air est perpétuellement renouvelé. Au reste, M. Priestley s'est persuadé que la diminution du volume de l'air qu'il a observée venait d'une surabondance de phlogistique qui lui était fourni par la calcination du métal, et il ne paraît pas avoir soupçonné que la calcination elle-même fût une absorption, une fixation du fluide élastique.

CHAPITRE VII.

EXPÉRIENCES SUR LE FLUIDE ÉLASTIQUE DÉGAGÉ DES EFFERVESCENCES ET DES RÉDUCTIONS MÉTALLIQUES.

Après avoir fait voir qu'il se dégage de la réduction du minium un fluide élastique très-abondant, il me reste à donner quelques expériences sur la nature de ce fluide, et surtout à prouver sa parfaite identité avec celui dégagé des effervescences: mais, avant que d'entrer dans le détail des expériences qui me serviront de preuve, je crois devoir les faire précéder ici de quelques descriptions préliminaires.

Appareil propre à obtenir le fluide élastique des effervescences aussi pur qu'il est possible, sans se servir de vessie.

Cet appareil est représenté figure 13; *ABC* est une bouteille de la contenance d'environ 2 pintes, tubulée en *E*, la même dont la description a été donnée plus haut, fig. 4. (Voy. p. 566.) On met dans cette bouteille de la craie en poudre grossière jusqu'au tiers ou jusqu'à moitié, tout au plus, de sa capacité, et on y lute l'entonnoir *G*, de la même manière que dans les figures 5 et 7.

On emplit, d'un autre côté, d'eau pure, une bouteille *O*, on la renverse dans un seau de faïence *VVFF* également plein d'eau, et on la pose sur un petit guéridon ou trépied de bois troué dans son milieu, et qui doit être lesté avec du plomb pour éviter qu'il ne surnage: on établit ensuite la communication entre la bouteille *A* et la bouteille *O*, par le moyen des deux tuyaux coudés *EI* et *TXLM*.

SS est un tuyau qui s'ajuste à frottement avec beaucoup d'exactitude aux deux tubes *IE* et *TX*. Ce tuyau *SS* a un robinet en *R*, qui s'ouvre et se ferme à volonté.

Lorsque toutes les jointures ont été exactement lutées avec du lut gras, recouvert de vessies mouillées, on introduit dans la bouteille *A*, par l'entonnoir *G*, assez d'acide vitriolique affaibli pour produire une quantité de fluide élastique au moins capable de remplir le vide des vaisseaux, et de chasser l'air commun qui s'y rencontre. Cela fait, on bouche l'orifice de l'entonnoir avec le bouchon *P* (fig. 5); on l'emplit d'acide vitriolique affaibli; après quoi, au moyen du petit bâton *OP* qui tient au bouchon *P*, on laisse entrer dans la bouteille *A* la quantité d'acide vitriolique nécessaire; on ne doit pas oublier, en même temps, d'ouvrir le robinet *R*.

A mesure que le fluide élastique est dégagé de la craie dans la bouteille *A*, il passe dans la bouteille *O*, laquelle se vide d'eau dans la proportion. Il est nécessaire, dans quelques expériences, d'introduire dans la bouteille *O* une petite couche d'huile qui nage à la surface de l'eau et qui empêche que le fluide élastique n'ait un libre contact avec elle.

Manière de conserver le fluide élastique en bouteilles aussi longtemps qu'on le veut.

Quand toute l'eau de la bouteille *O* (fig. 13) a été déplacée par le fluide élastique, et qu'il ne reste plus qu'une petite couche d'huile dans le goulot, on en dégage l'extrémité *M* du siphon *TXLM*, on la bouche sous l'eau avec un bouchon de liége, et on la transporte ensuite partout où on le juge à propos. Le fluide élastique peut se conserver très-longtemps dans cet état; cependant, lorsqu'on veut le garder d'une saison à l'autre et lui faire subir des alternatives de chaud et de froid, il est nécessaire de prendre quelques précautions de plus. Cet air étant, en effet, susceptible de se condenser par le froid comme celui de l'atmosphère, l'air extérieur, lorsque la température devient plus froide, presse sur le bouchon, et il est difficile qu'il ne parvienne, avec le temps, à s'introduire dans la bouteille et à se mêler avec le fluide élastique qui y est contenu. Il est aisé d'éviter ce mélange des deux airs en plongeant les bouteilles remplies de fluide élastique le col en bas, soit dans une terrine, soit même dans un bocal plein d'eau, comme on le voit représenté figure 14. Dans les expériences où l'on ne craint pas la petite perte de fluide élastique causée par l'absorption de l'eau, on peut se dispenser de laisser une couche d'huile dans le col de la bouteille ; cette précaution même pourrait devenir nuisible dans le cas où l'on voudrait conserver le fluide élastique pendant un temps très-considérable, parce que l'huile étant susceptible de fermenter et de se corrompre, elle pourrait produire des phénomènes particuliers. Il est nécessaire alors de laisser une petite couche d'eau dans le goulot de la bouteille à la place de la couche d'huile.

Manière de faire passer le fluide élastique d'un vase dans un autre.

Soit le récipient *nNOO* (fig. 10) qui contienne une certaine quantité de fluide élastique qu'on ait besoin de faire passer dans un bocal, dans une bouteille ou dans un autre vase quelconque; on établit, au moyen du tuyau recourbé *EBCD*, et du tuyau *SS* garni de son robinet *R*, une communication entre l'intérieur du récipient *nNOO* et le corps de pompe *P*. On établit également, par le moyen du tuyau *SS*, garni de son robinet *R* et de celui *txlm*, même communication entre la pompe *P* et le vase *Q*, lequel doit être exactement rempli d'eau: enfin on fait jouer le piston *Z* de la pompe *P*. A chaque levée de piston, l'air du récipient *nNOO* passe dans le corps de pompe *P*, il est ensuite refoulé et obligé de passer dans le vase *Q*, dont à mesure il déplace l'eau. Si le vase dont on se sert est une bouteille, on peut la boucher sous l'eau, et conserver le fluide élastique de la manière qu'on vient d'indiquer.

Description d'un appareil propre à faire passer un fluide élastique à travers telle liqueur qu'on voudra, et à le recueillir ensuite pour l'examiner.

Cet appareil, représenté fig. 15, ne diffère de celui de l'expérience précédente que par les bouteilles *p' p'' p'''*, lesquelles sont placées entre le corps de pompe *PP* et le seau *nnff;* ces bouteilles sont semblables en tout à celle représentée fig. 4. On les emplit d'eau de chaux ou de telle autre liqueur à travers laquelle on veut faire passer le fluide élastique: on établit communication de la pompe *PP* à la première par le moyen d'un tuyau coudé *m' p'* représenté séparément fig. 16. Enfin, lorsque, par le jeu du piston *Z*, le fluide élastique a passé dans le corps de pompe P, et qu'il est ensuite refoulé, il est nécessairement obligé d'enfiler le tuyau $m'p'$ et de bouillonner dans la liqueur contenue dans la bouteille p'; la pression l'oblige ensuite de continuer sa route et de bouillonner successivement, de la même manière, dans chacune des bouteilles $p''p''$ en aussi grand nombre qu'on le jugera à propos, jusqu'à ce qu'enfin tout l'air qui n'a pu être absorbé par le fluide élastique passe dans la bouteille ou bocal Q par le moyen d'un tuyau $txlm$, représenté séparément fig. 17.

Les différents appareils que je viens de décrire, changés et modifiés de différentes façons, ont suffi pour presque toutes les expériences que j'ai été obligé de faire sur le fluide élastique dégagé des corps. J'en excepte cependant celles relatives à l'air nitreux et à l'air inflammable de M. Priestley, dont je ne me suis pas encore occupé, et qui exigent des précautions particulières. J'ai cru devoir faire précéder ces descriptions, afin de n'avoir plus à y revenir dans le cours de ce chapitre, et de n'être point obligé de couper le récit de mes expériences.

PREMIÈRE EXPÉRIENCE.

Effet du fluide élastique dégagé de la craie sur les animaux.

PRÉPARATION.

J'ai dégagé le fluide élastique de la craie par le moyen de l'acide vitriolique, et je l'ai fait passer, à l'aide de l'appareil représenté fig. 13, dans un bocal Q, qui se voit fig. 15, et qui est représenté séparément fig. 18. J'ai bouché le bocal sous l'eau avec un large bouchon de liége bien ajusté, après quoi je l'ai retourné; j'ai ôté le bouchon et j'y ai introduit sur-le-champ un jeune moineau franc.

EFFET.

A peine avait-il atteint le fond du bocal qu'il est tombé de côté avec convulsions; l'ayant retiré au bout d'un quart de minute, il était expirant, et il ne m'a pas été possible, par aucun moyen, de le rappeler à la vie.

La même expérience ayant été répétée sur un rat, il a péri avec les mêmes circonstances et à peu près dans le même intervalle de temps; ses flancs étaient affaissés et avaient une espèce de mouvement convulsif, comme s'il eût cherché à inspirer de l'air sans pouvoir y parvenir.

DEUXIÈME EXPÉRIENCE.

Effet du fluide élastique dégagé des chaux métalliques sur les animaux.

J'ai rempli le même bocal *Q*, représenté fig. 15 et 18, de fluide élastique dégagé du minium par la réduction, et j'y ai successivement introduit un moineau, une souris et un rat : ils y sont morts presque sur-le-champ, de même que dans le fluide élastique dégagé des effervescences, et leur mort a été accompagnée des mêmes circonstances.

RÉFLEXIONS.

Ces expériences semblent laisser entrevoir une des principales causes de la mort presque subite des animaux dans le fluide élastique des effervescences et des réductions métalliques. Sans connaître très-précisément quel est l'usage de la respiration dans les animaux, nous savons au moins que cette fonction est si essentielle à leur existence, qu'ils périssent bientôt, si leurs poumons ne sont enflés presque à chaque instant par le fluide élastique qui compose notre atmosphère; or il est aisé de sentir que le fluide élastique des effervescences, ou celui des réductions métalliques, n'est aucunement propre à remplir cette fonction de l'économie animale; qu'il ne peut enfler le poumon des animaux comme l'air que nous respirons. On a vu plus haut, en effet, que ce fluide est absorbé avec une très-grande facilité par l'eau et par la plupart des liqueurs, qu'il se fixe avec elles et perd subitement son élasticité; il en résulte, par une conséquence nécessaire, que l'intérieur du poumon étant composé de membranes humides, de vaisseaux même, à travers lesquels transsudent continuellement des vapeurs aqueuses, le fluide élastique fixable ne peut y parvenir sans y perdre subitement son élasticité; bien plus, il est même probable que le fluide élastique fixable ne parvient point jusqu'aux dernières ramifications du poumon, qu'il est fixé avant d'y arriver. Le jeu du poumon doit donc être suspendu par le défaut de fluide élastique; il doit s'affaisser et devenir flasque, et c'est, en effet, ce que l'on observe dans la dissection des animaux qui ont péri de la sorte. On éprouverait presque un même effet avec un soufflet dont l'intérieur serait humecté d'eau et dont on voudrait entretenir le jeu avec un fluide élastique fixable.

TROISIÈME EXPÉRIENCE.

Effet du fluide élastique dégagé des effervescences sur les corps embrasés et enflammés.

PRÉPARATION.

J'ai rempli de fluide élastique dégagé de la craie un bocal long et étroit représenté fig. 19. J'y ai plongé une bougie ou une chandelle allumée (fig. 20) suspendue par le moyen d'un fil de fer.

EFFET.

A peine était-elle parvenue à l'orifice du bocal, qu'elle s'est éteinte en un clin d'œil; la partie charbonneuse de la mèche est même devenue noire. Il m'est quelquefois arrivé de rallumer dix ou douze fois la même bougie et de l'éteindre autant de fois dans le même bocal, tant il est vrai qu'il faut un intervalle de temps assez considérable pour que le fluide élastique fixable se mêle avec l'air de l'atmosphère. On observe seulement que, chaque fois qu'on éteint de nouveau la bougie, il faut la plonger un peu plus avant que la fois précédente, ce qui semble prouver que l'union du fluide élastique avec celui de l'atmosphère ne se fait qu'à la surface et couche par couche, à peu près de la même manière que se fait une dissolution.

Un charbon ardent, plongé dans le même air, y devient noir sur-le-champ de la même manière que s'il était plongé dans de l'eau.

QUATRIÈME EXPÉRIENCE.

Effet du fluide élastique dégagé des chaux métalliques sur les corps enflammés ou embrasés.

J'ai répété l'expérience précédente en employant, au lieu de fluide élastique dégagé de la craie, celui dégagé du minium; les effets ont été précisément les mêmes, et je n'ai pas aperçu la moindre différence.

CINQUIÈME EXPÉRIENCE.

Faire passer par de l'eau de chaux le fluide élastique dégagé d'une effervescence, et observer la quantité qui en est absorbée.

PRÉPARATION.

J'ai rempli de fluide élastique dégagé de la craie par l'acide vitriolique une bouteille de 206 pouces cubiques $\frac{1}{7}$ de capacité; je l'ai placée, le goulot en bas, dans un seau *VV* rempli d'eau (fig. 15), et j'ai tout disposé ainsi qu'il est expliqué au commencement de ce chapitre. Le bocal *Q* avait 69 pouces cubiques de capacité, il était exactement rempli d'eau, et les trois bouteilles p' p'' p''' contenaient ensemble 7 livres $\frac{1}{7}$ d'eau de chaux. Lorsque tout a été ainsi préparé, et que toutes les jointures ont été exactement lutées avec un lut gras, j'ai ouvert les robinets *R r* et j'ai fait agir le piston *Z* de la pompe *P*.

EFFET.

Aussitôt l'air a bouillonné dans les trois bouteilles p' p'' p'''; et, dès le premier coup, la première a commencé à prendre un coup d'œil nébuleux; la même chose est arrivée à la seconde vers la fin du deuxième coup; et à la troisième pendant le quatrième. J'ai été obligé de donner quinze coups de piston et demi pour remplir de fluide élastique le bocal *Q*.

RÉFLEXIONS.

La capacité de la pompe est de 12 pouces $\frac{1}{7}$, d'où il suit que la quantité de fluide élastique que j'avais fait bouillonner dans l'eau de chaux était de 188 pouces; elle s'était trouvée réduite, au sortir de l'eau de chaux, à 69 pouces; la quantité qui s'en était combinée avec la chaux était donc de 119 pouces, c'est-à-dire de près des deux tiers.

Il est bon d'observer que cette expérience ne donne pas très-exactement la portion de fluide élastique susceptible d'être absorbée par la chaux; en effet, une portion de l'air contenu dans la partie vide des bouteilles $p' p'' p'''$ passe dans le bocal Q, et est remplacée par le fluide élastique; d'où il suit que la quantité de fluide élastique absorbée paraît moindre qu'elle ne l'est en effet. Il est probable, d'ailleurs, que 7 livres $\frac{1}{2}$ d'eau de chaux ne suffisent pas pour dépouiller le fluide élastique de toute la portion susceptible de se fixer, et qu'il en pénètre encore quelque peu jusque dans le bocal Q; c'est sans doute par ces différentes raisons que le fluide élastique ne s'est réduit que de deux tiers dans cette expérience, tandis que M. Priestley est parvenu à le réduire des quatre cinquièmes.

SIXIÈME EXPÉRIENCE.

Effet du fluide élastique des effervescences sur les animaux, lorsqu'il a été dépouillé de sa partie fixable par la chaux.

Lorsque l'eau du bocal Q (fig. 15) a toute été déplacée par le fluide élastique qui avait bouillonné à travers l'eau de chaux; j'ai été curieux d'éprouver l'effet qu'il produisait sur les animaux, j'ai retiré en conséquence de l'eau le bocal, après l'avoir bouché comme il a été dit ci-dessus, et j'y ai introduit un jeune moineau; il n'a pas paru y souffrir bien sensiblement pendant le premier instant; mais, au bout d'une demi-minute, sa respiration a paru difficile, il ouvrait le bec, et au bout d'une minute il est tombé de côté presque sans mouvement; on l'a laissé dans cet état encore une bonne demi-minute, après quoi il a été retiré et exposé à un courant d'air libre. Il n'avait, dans le premier moment, d'autre mouvement que celui des yeux et un peu celui du bec, mais en moins d'une minute il est revenu à lui et s'est mis à courir et à voler.

SEPTIÈME EXPÉRIENCE.

Effet du même fluide sur les corps enflammés.

J'ai fait passer une petite portion du fluide élastique de la craie qui me restait encore de la bouteille A (fig. 15) à travers la même eau de chaux, et je l'ai ensuite reçue dans un petit bocal; une petite bougie, que j'y ai descendue de la manière qu'il est représenté fig. 19 et 20, s'y est éteinte à l'instant.

L'eau de chaux qui avait servi à ces expériences, et qui était contenue dans les bouteilles $p' p'' p'''$, s'est trouvée dépouillée entièrement de son goût alcalin. La chaux qui s'en était précipitée faisait une vive et longue effervescence avec les acides; et, d'après toutes les expériences auxquelles je l'ai soumise, je n'ai point trouvé qu'elle différât en rien de la craie.

HUITIÈME EXPÉRIENCE.

Faire passer à travers de l'eau de chaux le fluide élastique dégagé d'une chaux métallique par la réduction, observer la quantité qui en est absorbée, et l'effet du résidu sur les animaux et sur les corps enflammés.

PRÉPARATION.

Au lieu de la bouteille *A* (fig. 15), je me suis servi du grand bocal *aNOO* (fig. 10), dans lequel j'ai fait passer un mélange de 560 pouces cubiques de fluide élastique dégagé d'une chaux métallique et de 80 pouces cubiques d'air commun. J'aurais préféré, sans doute, de n'employer que du fluide élastique pur et non mélangé; mais l'appareil décrit plus haut, et représenté fig. 10, ne me permettait pas d'en obtenir de tel, parce qu'il reste toujours nécessairement de l'air commun dans le vide de la cornue *A* et dans le récipient tubulé *GH*. J'ai adapté, de la même manière que dans l'expérience précédente, le grand siphon *EBCD* (fig. 10 et 11) à la pompe *PP*, et j'ai fait bouillonner le fluide élastique à travers quatre bouteilles qui contenaient chacune 2 livres 10 onces d'eau de chaux; enfin j'ai disposé un bocal *Q* de 66 pouces de capacité pour recevoir l'air qui ne serait point absorbé par la chaux.

EFFET.

Dès le premier coup de piston, l'eau de chaux contenue dans la première bouteille a commencé à louchir, et elle s'est troublée très-sensiblement au second.

L'eau de la seconde bouteille a commencé à louchir au troisième coup de piston; celle de la quatrième, au sixième.

J'ai été obligé de pomper 135 pouces cubiques de fluide élastique pour déplacer toute l'eau contenue dans le bocal Q, et pour le remplir d'air, d'où il suit que 135 pouces avaient été réduits à 66 pouces en passant par l'eau de chaux, c'est-à-dire que 69 pouces d'air s'étaient combinés, soit dans la chaux, soit dans l'eau, et s'y étaient fixés.

Un rat, ayant été mis dans cet air, y a demeuré assez tranquille dans le premier instant, ensuite il a paru souffrir et s'est agité violemment; enfin, au bout de trois ou quatre minutes, il est tombé dans une espèce d'assoupissement et est resté sans mouvement et comme mort. L'ayant retiré, il a commencé, au bout de quelques minutes, à donner quelques signes de vie; il s'est ensuite ranimé peu à peu, et bientôt il est devenu aussi vif qu'auparavant.

Une bougie allumée, plongée dans ce même air, s'y est éteinte à l'instant.

L'eau des deux premières bouteilles $p' p''$, à la fin de cette opération, avait déjà formé un dépôt assez considérable; celle de la troisième et de la quatrième était déjà fort trouble; mais il était aisé de juger que toute la chaux qui y était en dissolution n'était pas encore précipitée. J'ai donc essayé de faire bouillonner de nouveau fluide élastique à travers la même eau et de le faire passer dans le bocal Q; la quantité d'air nécessaire pour le remplir s'est trouvée de 120 pouces, d'où il suit qu'il n'y en avait eu, cette seconde fois, que 54 pouces d'absorbés par l'eau de chaux, c'est-à-dire précisément $\frac{45}{100}$.

J'ai rempli une troisième fois, de la même manière, le même bocal Q, et la quantité de fluide élastique absorbée par la chaux, dans cette troisième opération, n'a été que de 48 pouces, c'est-à-dire de $\frac{40}{100}$.

Le même rat, ayant été introduit dans cet air, a paru y souffrir beaucoup davantage; en moins d'une minute il est tombé sur le côté, je l'ai retiré, mais il était mort; il n'a plus été possible de le rappeler à la vie.

Enfin, j'ai rempli une quatrième fois le même bocal de la même manière; il n'y a eu cette fois que 44 pouces de fluide absorbés, c'est-à-dire exactement les quatre dixièmes de la quantité employée; une souris introduite dans cet air y a péri en un tiers de minute.

RÉFLEXIONS.

La quantité de fluide élastique nécessaire pour remplir, la première fois, le bocal Q, a été de 135 pouces cubiques; mais on doit se rappeler que ce fluide élastique contenait $\frac{1}{7}$ d'air commun: les 135 pouces cubiques étaient donc composés de 115 pouces $\frac{6}{7}$ de fluide élastique dégagé de la chaux de plomb, et de 19 pouces $\frac{2}{7}$ d'air commun; mais l'air commun, celui de l'atmosphère, n'est point susceptible de s'unir subitement avec l'eau de chaux comme le fluide élastique des effervescences et des réductions; les 19 pouces $\frac{2}{7}$ d'air commun ont donc dû, après avoir bouillonné dans l'eau de chaux, passer dans le bocal Q sans avoir subi de diminution. Il est évident, d'après ce calcul, que ce n'est pas réellement 135 pouces de fluide élastique qui ont été réduits à 66 pouces, mais 115 $\frac{6}{7}$ qui ont été réduits à 46 $\frac{5}{7}$. L'eau a donc absorbé $\frac{6}{10}$ du volume du fluide élastique employé.

En appliquant ce calcul au second, troisième et quatrième bocal, on trouvera que, pour le second, la quantité de fluide élastique employée a été de 103 pouces, qu'elle a été réduite à 49. d'où il suit que la quantité absorbée par l'eau de chaux a été de 54 pouces cubiques, c'est-à-dire de $\frac{52}{100}$;

Que, pour le troisième bocal, la quantité de fluide élastique employée a été de 98 pouces, qu'elle a été réduite à 50, c'est-à-dire que la quantité absorbée a été de 48 pouces, ou à très-peu près de la moitié;

Enfin que, pour le quatrième bocal, la quantité de fluide élastique employée a été de 94 pouces, qu'elle a été réduite à 50, c'est-à-dire que la quantité absorbée par la chaux a été de 44 pouces ou de $\frac{47}{100}$.

Une circonstance remarquable que j'ai indiquée plus haut, c'est que l'eau des bouteilles $p' p'' p'''$, qui était devenue tout à fait trouble dans le commencement de ces différentes opérations, et qui avait déposé toute la chaux qu'elle tenait en dissolution, s'éclaircissait peu à peu vers la fin. La raison de ce phénomène dépend du fluide élastique dont l'eau s'imprègne, et à l'aide duquel elle devient capable de dissoudre la terre calcaire. On trouvera dans le chapitre qui suit quelques détails sur cette dissolution.

NEUVIÈME EXPÉRIENCE.

Effet d'un refroidissement très-grand sur le fluide élastique des effervescences.

La figure 21 représente l'appareil que j'ai cru nécessaire pour cette expérience. *A* désigne une bouteille remplie de fluide élastique dégagé de la craie par l'acide vitriolique; le tuyau *EBCD* y est exactement luté avec du lut gras recouvert de vessie, et il s'ajuste par son extrémité *D* avec le tuyau *SS* garni de son robinet *R*. Tout étant ainsi disposé, j'ai placé la bouteille *A* dans un seau que j'ai rempli de glace pilée et de sel marin mêlés ensemble.

Réfléchissant ensuite sur cette expérience, j'ai considéré que son but principal était de rapprocher le fluide élastique, de le condenser le plus qu'il serait possible; qu'au moyen, cependant, de ce que l'air de la bouteille *A* n'avait aucune communication avec l'air extérieur, mon objet ne serait pas rempli; en effet, quelque degré de refroidissement que je lui eusse fait éprouver dans cet appareil, son volume serait toujours demeuré égal à la capacité de la bouteille; d'après ces considérations, j'ai senti qu'il était indispensable, pour pouvoir tirer quelque parti de cette expérience, de luter à l'autre extrémité du tuyau *SS* un siphon *TXLM* qui communiquât avec l'intérieur d'une bouteille renversée *O*, remplie de fluide élastique également dégagé de la craie; alors j'ai ouvert le robinet *R*. Il est évident qu'au moyen de la communication établie entre la bouteille *A* et la bouteille *O*, le fluide élastique ne pouvait se condenser par le froid dans la première sans qu'une portion de celui contenu dans la seconde passât pour remplacer le vide; de sorte que la condensation devait se faire alors aussi librement que possible.

L'air du laboratoire était à 10 degrés $\frac{1}{4}$ au-dessus de la congélation.

Lorsque j'ai commencé cette expérience, le refroidissement a été d'environ 15 degrés au-dessous de la congélation. J'ai continué à entretenir, pendant cinq heures, cette même température, sans que le fluide élastique ait diminué plus que n'aurait fait de l'air ordinaire. Ayant écarté, au bout de ce temps, la glace qui environnait la bouteille, je l'ai trouvée couverte intérieurement d'efflorescences blanches, qui n'étaient autre chose que l'humidité de l'air qui s'était condensée par le refroidissement et qui avait formé une espèce de givre.

Il s'agissait ensuite d'examiner si le refroidissement avait changé la nature de ce fluide élastique, et s'il l'avait rapproché de l'air de l'atmosphère, comme l'avait avancé M. de Saluces. (Voy. première partie. page 470.) Pour cela, j'ai retourné la bouteille *A* dans un seau de faïence *VV* plein d'eau (fig. 15), j'en ai pompé le fluide élastique par le moyen de la pompe *PP*, et je l'ai fait bouillonner à travers trois bouteilles $p' p'' p'''$ remplies d'eau de chaux.

Dès le premier coup de piston, la liqueur a commencé à devenir louche, et elle s'est troublée ensuite de la même manière que si le fluide élastique n'eût point été soumis à l'épreuve du refroidissement. J'ai également éprouvé l'effet de ce fluide sur les animaux : ils y ont péri en quelques secondes, et les corps enflammés s'y sont éteints à l'instant.

CONCLUSIONS DE CE CHAPITRE.

Il résulte des expériences contenues dans ce chapitre :

Premièrement, qu'il existe un rapport presque parfait entre le fluide élastique dégagé de la réduction du minium et celui dégagé des effervescences, et qu'ils produisent l'un et l'autre les mêmes phénomènes sur l'eau de chaux, sur la terre calcaire, sur les corps allumés et sur les animaux ;

Secondement, que ces deux fluides sont composés l'un et l'autre : 1° D'une partie fixable susceptible de se combiner avec l'eau, avec la chaux, etc. 2° D'une autre partie beaucoup plus difficile à fixer, susceptible, jusqu'à un certain point, d'entretenir la vie des animaux, et qui paraît se rapprocher beaucoup, par sa nature, de l'air de l'atmosphère;

Troisièmement, que cette portion d'air commun est un peu plus considérable dans le fluide élastique dégagé des réductions métalliques que dans celui dégagé de la craie;

Quatrièmement, qu'il paraît constant que c'est dans la partie fixable que réside la propriété nuisible de ce fluide, puisqu'il est d'autant moins funeste aux animaux qu'il en a été dépouillé davantage, ainsi qu'il est prouvé par la huitième expérience:

Cinquièmement, que rien ne met encore en état de décider si la partie fixable du fluide élastique des effervescences et des réductions est une substance essentiellement différente de l'air, ou si c'est l'air lui-même auquel il a été ajouté ou retranché quelque chose, et que la prudence exige encore de suspendre son jugement sur cet article.

CHAPITRE VIII.

DE QUELQUES PROPRIÉTÉS DE L'EAU IMPRÉGNÉE DU FLUIDE ÉLASTIQUE DÉGAGÉ DES EFFERVESCENCES OU DES RÉDUCTIONS MÉTALLIQUES.

M. Cavendish, M. Priestley et M. Rouelle ont fait part au public d'expériences très-intéressantes sur la propriété dissolvante de l'eau imprégnée d'air fixe, autrement dit du fluide élastique dégagé des effervescences; ils ont fait voir que cette eau avait la propriété de dissoudre les terres calcaires, le fer, le zinc, la mine de fer, etc. J'ai été curieux de varier leurs expériences, de les étendre, s'il était possible, et j'ai essayé d'unir, trois à trois, l'air fixe, les métaux et les acides, afin d'acquérir quelques notions sur le degré d'affinité de ces différentes substances.

Pour remplir cet objet, j'ai d'abord imprégné une suffisante quantité d'eau distillée pure de fluide élastique dégagé d'une effervescence. Je me suis servi, à cet effet, de l'appareil représenté fig. 7.

J'ai versé de cette eau dans des verres dans lesquels j'avais mis préalablement de la dissolution de fer, de cuivre et de zinc, par l'acide vitriolique; de la dissolution de fer, de cuivre, de plomb et de mercure, par l'acide nitreux; enfin, de la dissolution d'or par l'eau régale et du sublimé corrosif; en quelques proportions que j'aie tenté ces mélanges, je n'ai jamais pu opérer de précipitation, et les liqueurs sont restées aussi transparentes qu'elles étaient auparavant; bien plus, la dissolution de fer par l'acide vitriolique, qui était un peu louche, s'est même éclaircie sur-le-champ par le mélange d'eau imprégnée de fluide élastique.

J'ai essayé de mélanger de la même eau avec de la dissolution d'argent par l'acide nitreux: la liqueur a pris un petit œil louche, mais presque imperceptible, et il fallait y regarder avec l'attention la plus scrupuleuse, pour le remarquer. Cette circonstance pourrait faire soupçonner que la craie contient quelques atomes d'acide marin; que cet acide, qui y est engagé dans une base, en est chassé par l'acide vitriolique, qu'il passe avec le fluide élastique, et que c'est lui qui, s'unissant avec l'argent dans cette expérience, forme un peu de lune cornée; mais, en supposant même que ce soupçon fût fondé, cette quantité d'acide marin serait si peu considérable, qu'un grain d'esprit de sel, étendu dans 2 livres d'eau, produirait un effet beaucoup plus sensible.

Quoique ces expériences ne soient pas tout à fait complètes, parce que je n'ai pu les étendre à toutes les dissolutions métalliques, elles paraissent cependant prouver en général que les substances métalliques ont plus d'affinité avec les acides minéraux qu'avec le fluide élastique fixable.

M. Hey, dont M. Priestley a publié quelques expériences, a annoncé que l'air fixe n'altérait point la couleur bleue du sirop de violettes, et, comme cette expérience a été depuis contestée, j'ai été curieux de la répéter: j'ai étendu, en conséquence, dans de l'eau imprégnée de fluide élastique, du sirop de violettes, et j'ai comparé sa couleur avec celle du même sirop de violettes étendu dans de l'eau distillée. La couleur n'a pas subi d'altération sensible; cependant, en regardant avec une scrupuleuse attention, le sirop de violettes mêlé avec l'eau imprégnée de fluide élastique semblait d'une nuance un tant soit peu plus rouge; mais la différence était si faible, si imperceptible, qu'on pouvait presque en douter.

On peut se rappeler une expérience que j'ai rapportée dans cette seconde partie, chapitre I. Si l'on verse peu à peu, sur de l'eau de chaux saturée, de l'eau imprégnée de fluide élastique, aussitôt la liqueur se trouble, et la chaux se précipite sous forme de craie; mais, si, après avoir précipité toute la chaux, on continue d'ajouter de nouvelle eau imprégnée de fluide élastique, peu à peu toute la craie qui s'était précipitée se redissout, et la liqueur acquiert la même transparence qu'auparavant.

On a vu de même, dans le chapitre précédent, que, si, après avoir fait bouillonner le fluide élastique dégagé, soit d'une effervescence, soit d'une réduction métallique, à travers l'eau de chaux, et en avoir précipité toute la terre alcaline sous forme de craie, on continue d'y faire bouillonner de nouveau fluide élastique, la plus grande partie se redissout, et la liqueur reprend sa transparence. Le fluide élastique, l'air fixe, étant assez commun dans le règne minéral, ainsi qu'on en peut juger par les eaux gazeuses ou aérées, et par plusieurs autres phénomènes de la nature, la combinaison de cette substance avec les terres calcaires doit se rencontrer fréquemment dans les eaux; j'ai cru, en conséquence qu'il pourrait être intéressant d'examiner les effets que produisent, sur cette combinaison encore peu connue, les différentes espèces de réactifs.

J'ai fait dissoudre à cet effet, dans de l'eau distillée, de la chaux jusqu'au point de saturation, et j'y ai fait bouillonner du fluide élastique provenant d'une réduction de chaux de plomb : d'abord, comme je l'ai annoncé plus haut, la chaux s'est précipitée, puis elle s'est dissoute, et j'ai continué ainsi jusqu'à ce que je jugeasse l'eau aussi chargée de terre calcaire qu'elle le pouvait être.

J'ai versé cette eau sur une dissolution de fer et de cuivre dans l'acide nitreux : la liqueur ne s'est point troublée, et il ne s'est fait aucun précipité. La dissolution d'argent par le même acide a donné un petit œil louche à la liqueur, mais presque imperceptible, et à peu près tel que je l'avais observé avec de l'eau imprégnée de fluide élastique seul.

Il n'en a pas été de même des dissolutions de fer, de cuivre et de zinc par l'acide vitriolique. La précipitation, il est vrai, n'a pas eu lieu dans le premier instant; mais, au bout de quelques secondes, la liqueur s'est troublée, et en peu de temps le précipité s'est rassemblé et s'est déposé au fond du vase.

La dissolution du plomb par l'acide nitreux a donné sur-le-champ un précipité blanc fort abondant.

La dissolution du mercure dans l'acide nitreux n'a donné de précipité qu'autant que j'employais beaucoup d'eau et peu de dissolution; ce précipité était de couleur jaune pâle; il est devenu peu à peu gris avec le temps.

La dissolution d'or par l'eau régale n'a donné aucun signe de précipitation.

J'ai aussi essayé sur cette eau l'effet des alcalis fixes et volatils, caustiques et non caustiques : tous occasionnent la précipitation de la terre alcaline sous forme de craie, c'est-à-dire qu'ils lui enlèvent la portion de fluide élastique surabondante qui la tenait en dissolution, mais ils ne peuvent l'en dépouiller au delà; on a vu, en effet, que le fluide élastique avait plus d'affinité avec la terre alcaline qu'avec les alcalis salins.

La même eau, versée sur du sirop de violettes, en attaque peu la couleur; on remarque cependant une légère nuance de verdâtre qui devient plus sensible au bout de quelques heures.

Toutes ces expériences ont le même succès, soit qu'on emploie le fluide élastique dégagé des effervescences, soit qu'on emploie celui dégagé des réductions métalliques.

CHAPITRE IX.

DE LA COMBUSTION DU PHOSPHORE ET DE LA FORMATION DE SON ACIDE.

PREMIÈRE EXPÉRIENCE.

Combustion du phosphore sous une cloche renversée dans de l'eau.

PRÉPARATION.

J'ai mis dans une petite capsule d'agate 8 grains de phosphore de Kunckel; j'ai placé cette petite capsule sous une cloche de verre renversée dans de l'eau, et j'ai introduit, avec un entonnoir recourbé, une petite couche d'huile sur la surface de l'eau; cet appareil est le même que celui représenté fig. 8. J'ai ensuite fait tomber sur le phosphore le foyer d'une lentille de verre de 8 pouces de diamètre.

EFFET.

Bientôt le phosphore a fondu, puis il s'est allumé en donnant une belle flamme; en même temps il s'en élevait une grande quantité de vapeurs blanches qui s'attachaient à la surface intérieure de la cloche, et qui la ternissaient; ces vapeurs, ensuite, en quelques minutes, sont tombées en *deliquium*, et ont formé des gouttes d'une liqueur claire et limpide. Dans le premier instant, l'eau de la cloche a un peu baissé, en raison de la dilatation occasionnée par la chaleur; mais bientôt elle a commencé à remonter sensiblement, même pendant la combustion, et, lorsque les vaisseaux ont été refroidis, elle s'est arrêtée à 1 pouce 5 lignes au-dessus de son premier niveau.

RÉFLEXIONS.

Le diamètre intérieur de cette cloche était de 4 pouces $\frac{3}{16}$; d'où il suit que l'absorption de l'air avait été de 19 pouces $\frac{1}{3}$. Ayant retiré la capsule de dessous la cloche, il s'est trouvé au fond une matière jaune qui n'était autre chose que du phosphore à demi décomposé; je l'ai lavé et séché, après quoi il pesait entre 1 et 2 grains, d'où il suit qu'il n'y avait eu réellement que 6 à 7 grains de phosphore de brûlé, et que l'absorption d'air avait été environ de 3 pouces par chaque grain de phosphore.

La portion de la cloche au-dessus de l'eau était de 109 pouces cubiques de capacité. L'absorption d'air avait donc été de $\frac{2}{11}$, ou, ce qui est la même chose, entre un cinquième et un sixième de la quantité totale d'air contenue sous la cloche.

DEUXIÈME EXPÉRIENCE.

Combustion du phosphore sous une cloche renversée dans du mercure.

PRÉPARATION.

J'ai répété cette expérience avec la même cloche que ci-dessus, j'y ai employé également 8 grains de phosphore, enfin j'ai fait en sorte que toutes les circonstances fussent absolument les mêmes, à la seule différence qu'au lieu de renverser la cloche de verre dans un vase rempli d'eau et recouvert d'une couche d'huile, je l'ai renversée dans un vase rempli de mercure.

EFFET.

La combustion s'est faite à peu près comme dans l'expérience précédente, avec cette différence que les vapeurs qui s'attachaient à la cloche étaient en flocons beaucoup plus légers, beaucoup plus blancs, et qu'ils ne sont point tombés de même en *deliquium*. Indépendamment de ceux attachés à la cloche, la petite capsule en était couverte. L'absorption d'air a été de 16 pouces cubiques $\frac{1}{4}$, c'est-à-dire d'un peu moins de 3 pouces par grain de phosphore. Il restait de même dans la capsule un peu de résidu phosphorique jaune à demi décomposé.

TROISIÈME EXPÉRIENCE.

Combustion du phosphore sur le mercure, à moindre dose que dans les expériences précédentes.

J'ai essayé de brûler sous la même cloche, et également sur du mercure, du phosphore à moindre dose, c'est-à-dire en quantité moindre que 8 grains : la quantité d'air absorbée a diminué en proportion que je diminuais la quantité de phosphore, et elle a constamment été entre 2 pouces $\frac{1}{4}$ et 2 pouces $\frac{3}{4}$ par chaque grain, déduction faite de la petite portion de résidu jaune qui restait à chaque combustion.

QUATRIÈME EXPÉRIENCE.

Déterminer la plus grande quantité de phosphore qu'on puisse brûler dans une quantité donnée d'air, et quelles sont les limites de l'absorption.

PRÉPARATION.

J'ai mis dans le même appareil, c'est-à-dire sous une cloche plongée dans du mercure, 24 grains de phosphore dans une capsule d'agate.

EFFET.

La combustion s'est faite, dans le premier moment, de la même manière que si la quantité de phosphore n'eût été que de 6 à 8 grains, à l'exception cependant qu'elle a été plus rapide, plus instantanée, et que la dilatation a été plus forte; mais bientôt, quoiqu'il y eût encore une quantité considérable de phosphore non brûlé, la combustion a cessé, et il ne m'a plus été possible de la rétablir à l'aide du verre ardent; je parvenais bien à fondre le phosphore, à le faire bouillonner, à le sublimer même, mais il ne s'enflammait plus. La portion d'air absorbée, dans cette expérience, s'est trouvée de 17 à 18 pouces environ, et, en comparant la quantité restante de phosphore avec celle que j'avais employée, il s'est trouvé que la quantité brûlée n'avait encore été que de 6 à 7 grains.

RÉFLEXIONS.

J'ai répété un grand nombre de fois ces expériences, et les résultats ont toujours été les mêmes, à quelque différence près, dans les quantités d'air absorbées; jamais il ne m'a été possible de porter cette absorption au delà de 20 ou 21 pouces dans une cloche de 109 pouces de capacité, c'est-à-dire qu'elle a approché beaucoup du cinquième du volume total sans pouvoir y arriver. Souvent, après avoir laissé refroidir les vaisseaux pendant plusieurs heures, j'essayais de rendre l'air sous la cloche en la soulevant; sitôt que le phosphore recevait le contact du nouvel air, il se rallumait sur-le-champ, et, lorsque je le couvrais de nouveau avec une autre cloche à peu près de même capacité, il s'en brûlait encore 6 à 8 grains; après quoi le phosphore s'éteignait, sans qu'il fût possible de le rallumer autrement qu'en lui rendant de nouvel air.

Ces expériences semblaient déjà conduire à penser que l'air de l'atmosphère, ou un autre fluide élastique quelconque contenu dans l'air, se combinait, pendant la combustion, avec les vapeurs du phosphore; mais il y avait bien loin d'une conjecture à une preuve, et le point essentiel était d'abord de bien établir qu'il se faisait, en effet, une combinaison d'une substance quelconque avec la vapeur du phosphore pendant sa combustion. Les expériences suivantes m'ont paru propres à fournir cette preuve.

CINQUIÈME EXPÉRIENCE.

Déterminer, avec autant de précision que ce genre d'expérience le comporte, l'augmentation de poids des vapeurs acides du phosphore qui brûle.

PRÉPARATION.

J'ai introduit (fig. 22) dans une bouteille *P*, de cristal, à large goulot, une petite capsule de verre *B*, dans laquelle j'ai mis 8 grains de phosphore; j'ai bouché très-exactement cette bouteille avec un bouchon de liége, et j'ai pesé le tout jusqu'à la précision d'un demi-grain; j'ai ensuite débouché la bouteille, je l'ai placée sur-le-champ sous la cloche de cristal *ACG*, qui m'avait servi précédemment; enfin j'ai élevé le mercure jusqu'en *CG*, et j'ai allumé le phosphore avec un verre ardent.

EFFET.

L'acide phosphorique s'est sublimé en flocons blancs qui se sont attachés la plupart aux parois intérieures de la bouteille *P* et sur la capsule *B*; un quart au moins est sorti au dehors de la bouteille, et s'est déposé partie sur la surface du mercure, partie sur les parois intérieures de la cloche, partie enfin sur la surface extérieure de la bouteille.

Lorsque les vaisseaux ont été refroidis, l'absorption s'est trouvée de 16 à 17 pouces cubiques, et il restait une petite portion de matière jaune non brûlée. J'ai alors enlevé la cloche *A* avec les précautions convenables, et en moins de quatre secondes j'ai rebouché la bouteille *P* avec son bouchon de liége. Il est aisé de sentir qu'en un si court intervalle de temps, l'air contenu dans la bouteille *P* ne pouvait avoir été renouvelé et remplacé par de l'air chargé d'humidité, ou, au moins, que, si cet effet avait pu avoir lieu, ce ne pouvait être que pour une quantité presque insensible.

La bouteille *P* ayant été très-exactement essuyée et nettoyée en dehors, je l'ai portée à la balance et j'ai trouvé son poids augmenté de 6 grains, c'est-à-dire qu'au lieu de 8 grains de phosphore que j'avais mis dans la bouteille, il s'y trouvait 14 grains, soit d'acide phosphorique concret, soit de phosphore à demi décomposé; mais on se rappelle qu'il était sorti, pendant la combustion, au moins un quart de vapeurs hors de la bouteille, c'est-à-dire 3 à 4 grains; d'où il suit que 6 à 7 grains de phosphore donnent 17 à 18 grains d'acide phosphorique concret, autrement dit que 6 à 7 grains de phosphore absorbent 10 à 12 grains d'une substance quelconque contenue dans l'air enfermé sous la cloche. Cette expérience laisse trop de marge pour qu'on puisse raisonnablement établir quelque doute sur son résultat, et tous les arguments qu'on pourrait faire ne tendraient tout au plus qu'à réduire l'augmentation de poids à 8 ou 10 grains, au lieu de 10 ou 12.

RÉFLEXIONS.

La quantité d'air absorbé était de 17 pouces au plus, combinés avec le phosphore pour former l'acide phosphorique; ils lui ont communiqué une augmentation de poids de 10 à 12 grains; d'où il suit que le fluide élastique absorbé pèse environ $\frac{1}{2}$ de grain le pouce cube, c'est-à-dire à peu près un quart de plus que l'air que nous respirons.

Mais, si la matière attirée par le phosphore, pendant sa combustion, est la partie la plus pesante de l'air, pourquoi ne serait-ce pas l'eau elle-même que ce fluide tient en dissolution, et qui est répandue dans l'atmosphère en si grande abondance et dans une espèce d'état d'expansion? Sans doute, me suis-je dit à moi-même, l'eau est nécessaire à l'aliment de la flamme; tant que l'air en contient, il est propre à entretenir la combustion; en est-il dépouillé, la combustion ne peut plus avoir lieu.

Ce sentiment était probable et se présentait avec un air de vérité propre à séduire; aussi me suis-je empressé de le soumettre à l'épreuve de l'expérience, et voici le raisonnement que j'ai fait. Si cette théorie de l'absorption de l'eau est vraie, il doit en résulter trois choses :

1° Qu'en rendant à l'air renfermé sous une cloche dans laquelle on brûle du phosphore, de l'eau réduite en vapeur, à mesure qu'il y en a d'absorbée, la combustion, loin de cesser, doit se prolonger très-longtemps;

2° Que, dans ce cas, il ne doit plus y avoir de diminution dans le volume de l'air à mesure que le phosphore brûle ;

3° Qu'en rendant à un volume d'air dans lequel on a brûlé du phosphore, qui a été épuisé par conséquent d'eau, et qui a été diminué de près d'un cinquième de l'eau réduite en vapeur, on doit produire dans son volume une augmentation égale à la diminution qu'il avait essuyée pendant la combustion.

Ces réflexions m'ont conduit aux expériences qui suivent.

SIXIÈME EXPÉRIENCE.

Brûler du phosphore sous une cloche plongée dans du mercure, en entretenant sous la même cloche une atmosphère d'eau réduite en vapeur.

PRÉPARATION.

J'ai mis suffisante quantité de mercure dans une petite terrine, j'y ai fait nager deux petites capsules d'agate, l'une contenant 8 grains de phosphore, l'autre environ 1 gros d'eau, je les ai recouvertes toutes deux avec une cloche de cristal, et j'ai élevé le mercure dans la cloche à une hauteur convenable.

J'ai fait tomber d'abord le foyer du verre ardent sur la capsule qui contenait l'eau : en quelques minutes elle s'est échauffée, puis elle a bouilli, et il s'en est élevé des vapeurs qui se condensaient en gouttes et qui coulaient le long des parois intérieures de la cloche. Lorsque j'ai été parfaitement assuré qu'il existait sous la cloche une atmosphère abondante de vapeurs aqueuses, j'ai cessé de faire bouillir l'eau et j'ai fait tomber le foyer du même verre ardent sur le phosphore.

EFFET.

La combustion s'est faite comme à l'ordinaire, il y a eu même quantité d'air absorbé, et l'expérience n'a différé de toutes celles faites sur le mercure qu'en ce que l'acide, au lieu d'être en fleurs blanches et sous forme concrète, s'est déposé en gouttes sur les parois de la cloche en raison de la quantité d'eau qui lui avait été fournie.

SEPTIÈME EXPÉRIENCE.

Rendre de l'humidité à l'air dans lequel a brûlé le phosphore.

J'ai répété la même expérience, en observant de brûler d'abord le phosphore et de faire bouillir l'eau ensuite par le moyen du verre ardent.

EFFET.

Les vapeurs acides se sont déposées sur les parois de la cloche en flocons d'un blanc moins beau que dans l'expérience précédente, et en quelques minutes elles sont tombées en *deliquium*, à raison de l'humidité que l'eau, quoique froide, avait fournie sous la cloche. Les vaisseaux refroidis, l'absorption de l'air s'est trouvée à peu près égale à celle éprouvée dans les expériences précédentes; j'ai fait alors tomber le foyer du verre ardent sur l'eau contenue dans la capsule, et je l'ai fait bouillir; la vapeur s'est bientôt répandue dans la capacité de la cloche, elle s'est même rassemblée en gouttes le long de ses parois; mais la hauteur du mercure n'a ni augmenté ni diminué, c'est-à-dire que le volume de l'air est resté très-exactement le même.

HUITIÈME EXPÉRIENCE.

Essayer si, à l'aide d'une atmosphère d'eau réduite en vapeurs, on peut brûler une plus grande quantité de phosphore dans une quantité donnée d'air.

PRÉPARATION.

J'ai employé dans cette expérience les deux capsules d'agate employées dans les précédentes; j'ai mis dans l'une un peu d'eau distillée, dans l'autre, 18 grains de phosphore; j'ai fait bouillir l'eau à l'aide du verre ardent; enfin, j'ai allumé le phosphore.

EFFET.

Il ne s'en est brûlé que 7 à 8 grains, après quoi la combustion a cessé; il ne m'a pas été possible de la ranimer à l'aide du verre ardent: la plus grande partie du phosphore non brûlé était restée dans la capsule; quelques portions s'étaient sublimées aux parois intérieures de la cloche; l'absorption d'air était de 18 pouces $\frac{1}{4}$, c'est-à-dire toujours à peu près la même que dans les autres expériences.

RÉFLEXIONS.

Il paraît constant, d'après ces expériences, que la diminution du volume de l'air qui s'observe pendant la combustion du phosphore ne tient point à l'absorption de l'eau qui y était contenue; que la plus ou moins grande quantité d'eau introduite sous la cloche et combinée avec l'air qui y est enfermé ne change rien aux phénomènes, et que la seule différence qui en résulte est d'avoir l'acide ou concret ou fluor. Ce n'est pas que je veuille nier que l'acide phosphorique, en se formant, ne puisse enlever à l'air une portion de l'humidité dont il est chargé; il est même très-probable que cet effet a lieu, et c'est sans doute en raison de cette humidité que l'augmentation de pesanteur observée dans la cinquième expérience s'est trouvée un peu plus grande qu'elle n'aurait dû l'être, proportionnellement à la quantité d'air absorbée; mais il ne m'en paraît pas moins prouvé par tout ce qui a précédé :

1° Que la plus grande partie de la substance absorbée par le phosphore, pendant sa combustion, est autre chose que de l'eau;

2° Que c'est à l'addition de cette substance que l'acide phosphorique doit la plus grande partie de son augmentation de poids;

3° Enfin, que c'est à sa soustraction que l'air dans lequel on a brûlé du phosphore doit sa diminution de volume. Une dernière expérience que je vais faire précéder par quelques réflexions préliminaires portera, à ce que j'espère, ces vérités jusqu'à l'évidence.

Je suppose qu'une bouteille, ou un autre vase quelconque à goulot étroit, soit exactement remplie d'eau distillée, de manière qu'il ne soit plus possible d'en ajouter une seule goutte sans en répandre par-dessus les bords. Si ensuite on introduisait dans cette bouteille de l'acide phosphorique, ou un autre acide quelconque dans un état de concentration absolue, c'est-à-dire absolument privé d'eau, il est clair qu'il arriverait de deux choses l'une : ou cet acide se logerait entre les particules d'eau et se combinerait avec elle sans en augmenter le volume; ou bien, ce qui est plus probable, en se mêlant avec l'eau il en écarterait les parties, et il résulterait du mélange un volume plus grand que n'était celui de l'eau; alors il y aurait une quantité de fluide excédante à ce que la bouteille pourrait contenir, et cet excédant s'écoulerait par-dessus ses bords.

Je suppose que la quantité d'acide introduite fût inconnue, il ne serait pas difficile de la déterminer dans le premier cas; il ne s'agirait que de peser la bouteille, et l'augmentation de poids qu'elle aurait acquise serait égale au poids de l'acide ajouté.

Il n'en serait pas de même dans le second cas: alors, pour avoir la quantité d'acide introduite dans la bouteille, il faudrait ajouter à l'augmentation de poids qu'elle aurait acquise le poids du fluide qui se serait écoulé par-dessus ses bords; mais il demeurerait toujours pour constant, et l'on pourrait regarder comme démontré que, dans les deux cas, la quantité d'acide ajouté, si elle n'est plus grande, est au moins égale à l'augmentation de poids que la bouteille a acquise. Ces réflexions vont s'appliquer tout naturellement à l'expérience qui suit.

NEUVIÈME EXPÉRIENCE.

Examen du rapport de pesanteur de l'acide phosphorique avec l'eau distillée, et des conséquences qu'on en peut tirer.

J'ai pris un grand plat de faïence émaillée au milieu duquel j'ai placé une petite soucoupe d'agate, et j'ai recouvert le tout avec une grande cloche de verre, de manière cependant que les bords du plat débordassent ceux de la cloche. J'avais préalablement humecté l'un et l'autre vase avec un peu d'eau distillée. L'appareil ayant été ainsi disposé, j'ai mis dans la soucoupe d'agate 2 ou 3 grains de phosphore, et je les ai enflammés par le moyen d'une lame de couteau légèrement échauffée que je passais sous la cloche et avec laquelle je touchais le phosphore. Sitôt que l'inflammation avait lieu, il s'élevait du phosphore une colonne de vapeur blanche très-épaisse qui se répandait dans la cloche; mais ce qui est remarquable, c'est que, quoique la cloche fût simplement posée sur le plat, et qu'elle ne le touchât pas même exactement dans tous les points, la vapeur qui circulait dans son intérieur, au lieu d'être chassée en dehors par la dilatation occasionnée par la chaleur, semblait, au contraire, être repoussée en dedans par des bouffées d'air extérieur qui s'introduisaient sous la cloche. Cette circonstance n'empêchait cependant pas que, dans quelques autres instants, il ne s'échappât quelque peu de vapeurs.

Il fallait environ une heure pour condenser la totalité des vapeurs contenues sous la cloche, après quoi je recommençais la même opération avec la précaution seulement de réimbiber la cloche, soit avec de l'eau distillée, soit avec l'eau même qui avait déjà servi et qui devenait de plus en plus acide.

Il est bon d'observer qu'à la fin de chaque combustion il restait constamment, au fond de la soucoupe d'agate, quelques portions de la matière jaune dont j'ai parlé plus haut, et qui n'est autre chose que du phosphore à demi décomposé; j'avais soin de les mettre à part. J'ai continué à brûler ainsi du phosphore jusqu'à la concurrence de 2 gros 42 grains; après quoi, ayant lavé et séché la matière jaune qui me restait, je l'ai trouvée du poids de 32 grains; la quantité de phosphore que j'avais brûlé n'était donc réellement que de 2 gros 10 grains.

La liqueur résultant de cette opération était claire et limpide, sans couleur, sans odeur, et avait une saveur acide comme aurait eu de l'huile de vitriol étendue dans beaucoup d'eau. Il était clair que cette liqueur n'était autre chose qu'une eau distillée dans laquelle on avait introduit une certaine quantité d'acide phosphorique, et je pouvais lui appliquer les réflexions qui ont précédé cette expérience.

J'ai choisi, en conséquence, une fiole à peu près capable de contenir tout l'acide phosphorique que j'avais obtenu, et, comme, après y avoir mis cet acide, il restait encore une petite portion vide pour arriver jusqu'au goulot, je l'ai remplie avec un peu d'eau distillée, et j'ai lié un fil exactement à l'endroit jusques auquel venait la surface de la liqueur; la bouteille ayant été portée à la balance, le poids de l'acide, déduction faite de la tare, s'est trouvé de 6 onces 7 gros 69 grains $\frac{1}{2}$.

J'ai ensuite vidé la bouteille, je l'ai très-exactement rincée, et j'y ai introduit de l'eau distillée jusqu'à la même marque. Le poids de cette eau, déduction faite de la tare, s'est trouvé de 6 onces 4 gros 42 grains, ce qui donnait, pour l'excédant de poids de l'acide sur l'eau distillée, 3 gros 27 grains $\frac{1}{2}$.

Il est clair, d'après ce qui a été dit plus haut, qu'un excès de poids de 3 gros 27 grains $\frac{1}{2}$ annonçait au moins qu'il existait dans la liqueur 3 gros 27 grains $\frac{1}{2}$ d'acide dans les suppositions même les plus défavorables; cependant la quantité de phosphore employée n'était que de 2 gros 10 grains; d'où il suit évidemment que le phosphore avait attiré, pendant la combustion, au moins 1 gros 17 grains d'une substance quelconque. Cette substance ne pouvait être de l'eau, parce que de l'eau n'aurait pas augmenté la pesanteur spécifique de l'eau; c'était donc ou l'air lui-même, ou un autre fluide élastique contenu, dans une certaine proportion, dans l'air que nous respirons. Cette dernière expérience me paraît si démonstrative, que je ne prévois pas par quelle objection on pourrait l'attaquer.

CHAPITRE X.

EXPÉRIENCES SUR LA COMBUSTION ET LA DÉTONATION DANS LE VIDE.

Si la combustion du phosphore consiste essentiellement, comme les expériences précédentes paraissent le prouver, dans l'absorption de l'air ou d'un autre fluide élastique contenu dans l'air, il doit en résulter que la combustion du phosphore ne peut se faire sans air; qu'elle ne peut, par conséquent, avoir lieu dans le vide de la machine pneumatique, et j'ai été curieux de me procurer ce nouveau complément de preuve.

PREMIÈRE EXPÉRIENCE.

Essayer la combustion du phosphore dans le vide.

J'ai placé sous le récipient d'une machine pneumatique un petit morceau de phosphore, et j'ai fait un vide aussi parfait que la machine pouvait le comporter. J'ai fait ensuite tomber sur le phosphore le foyer d'une lentille de 8 pouces de diamètre; aussitôt il a fondu, il a bouillonné, il a pris une couleur jaune un peu plus foncée qu'auparavant: enfin il s'est sublimé, mais il n'y a point eu de combustion. Ayant rendu l'air sous le récipient, et ayant goûté les vapeurs aqueuses qui s'étaient attachées à ses parois intérieures, je ne les ai pas même trouvées sensiblement acides; d'où il suit qu'il n'y avait point eu de combustion.

DEUXIÈME EXPÉRIENCE.

Soufre dans le vide.

Le soufre, exposé, dans le vide de la machine pneumatique, à la chaleur du verre ardent, s'est sublimé comme le phosphore, et il n'a pas été possible de l'y enflammer.

TROISIÈME EXPÉRIENCE.

Poudre à canon dans le vide.

J'ai mis, sous le récipient de la machine pneumatique, de la poudre à canon, et j'ai fait le vide aussi exactement qu'il était possible; ayant fait ensuite tomber le foyer du verre ardent sur la poudre, elle s'est fondue, le soufre s'est sublimé à la voûte du récipient, mais il n'y a eu ni inflammation, ni détonation; je me servais également, dans cette expérience, d'une lentille de 8 pouces de diamètre.

Ayant introduit un peu d'air sous le récipient, à peu près la vingtième partie de ce qu'il pouvait en contenir, la détonation s'est faite aisément et à peu près avec le bruit d'une vessie faible qui se crève. Ce bruit est d'autant moindre que le récipient est plus grand.

QUATRIÈME EXPÉRIENCE.

Nitre et soufre dans le vide.

Parties égales de soufre et de nitre ne donnent, dans le vide, aucune espèce de détonation; le soufre se sublime, sans brûler, de la même manière que s'il était seul.

CHAPITRE XI.

DE L'AIR DANS LEQUEL ON A BRÛLÉ DU PHOSPHORE.

PREMIÈRE EXPÉRIENCE.

Effet de l'air dans lequel on a brûlé le phosphore sur les animaux.

J'ai fait passer dans un bocal, au moyen de la pompe *PP*, et par un appareil à peu près semblable à celui de la figure 10, de l'air dont le volume avait été diminué d'un onzième par la combustion du phosphore. J'y ai jeté un oiseau et je l'y ai laissé pendant une bonne demi-minute. Je ne me suis pas aperçu qu'il eût la respiration plus difficile que dans l'air ordinaire, et rien ne m'a annoncé qu'il y souffrît : on peut se rappeler, au contraire, qu'un animal de même espèce, jeté dans l'air fixe, y périt presque à la première inspiration.

DEUXIÈME EXPÉRIENCE.

Effet de l'air dans lequel on a brûlé du phosphore sur les bougies allumées.

J'ai fait passer une autre portion du même air dans un bocal étroit, et j'y ai plongé une bougie allumée; elle s'y est éteinte sur-le-champ, comme dans le fluide élastique des effervescences et des réductions. Ayant rallumé la bougie à plusieurs reprises, elle s'y est constamment éteinte. J'ai observé cependant que cette expérience ne pouvait pas être répétée un aussi grand nombre de fois avec cet air qu'avec celui des effervescences et des réductions; ce qui me porte à croire qu'il se mêle plus aisément et plus promptement avec l'air de l'atmosphère.

TROISIÈME EXPÉRIENCE.

Mélanger une portion de fluide élastique des effervescences avec l'air dans lequel on a brûlé du phosphore.

J'ai été curieux, relativement à des vues dont je rendrai compte dans un autre temps, d'observer si le mélange d'un tiers de fluide élastique des effervescences corrigerait l'air qui avait servi à la combustion du phosphore, et lui rendrait la propriété d'entretenir les corps enflammés. Le mélange fait, j'en ai rempli un bocal étroit et j'y ai introduit une bougie, mais elle s'y est éteinte sur-le-champ.

EXTRAIT DES REGISTRES

DE

L'ACADÉMIE DES SCIENCES.

Du 7 décembre 1773.

Nous avons examiné, par ordre de l'Académie, MM. de Trudaine, Macquer, Cadet et moi, un ouvrage de M. Lavoisier, intitulé : *Opuscules physiques et chimiques.*

Cet ouvrage est divisé en deux parties, l'une, qui a pour titre : *Précis historique sur les émanations élastiques qui se dégagent des corps pendant la combustion, la fermentation*, etc. l'autre : *Nouvelles recherches sur l'existence d'un fluide élastique fixé, dans quelques substances, etc.*

Afin de présenter à l'Académie une idée suffisamment développée de l'ouvrage de M. Lavoisier, il faut entrer dans quelques détails sur chacune de ces deux parties.

Quand une matière est comme nouvelle, et qu'elle n'a point encore été suivie d'une manière assez régulière, un des premiers objets qu'on doive se proposer, c'est de rassembler, sous un point de vue net et précis, ce qui a été fait par ceux qui nous ont précédés; par là, ayant sous les yeux un tableau fidèle des recherches qui ont été faites, sachant le point d'où l'on est parti et celui où l'on est arrivé, on est beaucoup plus en état de juger de la route qu'on doit suivre, des difficultés que l'on peut rencontrer, enfin de tout ce qui reste à faire pour éclaircir les phénomènes qu'on a entrepris de développer; tel est l'objet que M. Lavoisier se propose dans la première partie de son traité. Il passe en revue, en conséquence, tous les auteurs qui ont parlé des émanations élastiques, depuis Paracelse jusqu'aux physiciens et aux chimistes de nos jours, et il n'oublie point d'insister d'autant plus sur ce qu'ils ont découvert ou rapporté, qu'il peut en résulter plus de lumières sur l'objet dont il s'occupe; nous l'imiterons dans le compte que nous allons rendre de cette première partie.

La nature n'est presque jamais consultée par les expériences, qu'elle ne laisse échapper plus ou moins quelques-uns de ses secrets. Les premiers chimistes s'étaient bien aperçus que, dans beaucoup de circonstances, il se dégageait des corps une vapeur, un fluide élastique, qui produisait des effets remarquables et quelquefois même dangereux : ils lui donnèrent le nom de *spiritus silvestre*, esprit sauvage; tel est en effet le nom que lui donne Paracelse. Cependant, si ce fluide frappa assez ces chimistes pour les engager à le caractériser par un nom particulier, ils n'allèrent pas plus loin; mais, quelques années après, le disciple de Paracelse (le célèbre Van-Helmont) en fit l'objet de ses recherches, et prouva, par un grand nombre d'expériences, que ce fluide est abondamment répandu et joue un grand rôle dans la nature, et il lui donna le nom de *gaz* ou de *gaz silvestre*. Il alla même jusqu'à examiner si cette substance élastique est de la même nature que l'air que nous respirons, et il semble se décider pour la négative. Boyle vint ensuite, mais il ajouta peu à ce que Van-Helmont avait découvert; cependant il fit une remarque importante : c'est que, si l'air se dégage des corps dans certaines opérations, il semble, au contraire, dans d'autres, être absorbé, comme dans la combustion du soufre et d'autres substances de cette nature. Enfin Hales parut, et l'on vit nos connaissances sur le fluide élastique qui se développe des corps prendre une face toute nouvelle.

On avait bien observé que ce fluide se dégageait dans un grand nombre de circonstances, mais on ne l'avait point regardé comme partie constituante de ces corps, comme combiné avec leurs molécules; on n'avait pas plus pensé à mesurer ni le poids ni le volume de celui tiré de différentes substances; cependant c'est ce que fit Hales par des expériences aussi simples qu'ingénieuses, comme on peut le voir dans son sixième chapitre de la Statique des végétaux; là, il paraît qu'il n'y a presque aucune substance qu'il n'ait analysée pour reconnaître le volume et le poids du fluide élastique qui s'en dégage, et on apprit, pour la première fois, qu'il y avait de ces substances qui renfermaient une si grande quantité d'air, qu'elles en contenaient plus de cinq cents fois leur volume. Enfin, tels furent la nature et le nombre des expériences de cet homme illustre, qu'on peut dire qu'il a frayé amplement la voie à ceux qui sont venus après lui. Jusque-là il semblait que nous avions pris peu de part à ces sortes de recherches, lorsque M. Venel lut à l'Académie un mémoire pour faire voir que ces eaux minérales, que, par leur saveur, on caractérisait d'acidules, n'étaient ni acides ni alcalines, et que toute cette saveur tenait à une grande quantité d'air qui y était combiné.

Les choses en étaient là lorsque M. Black, célèbre chimiste écossais, entreprit d'analyser, par un grand nombre d'expériences, la chaux et les terres calcaires.

Suivant ce chimiste, toutes les terres qui se réduisent en chaux par la calcination ne sont autre chose qu'un combiné d'une grande quantité d'air fixe et d'une terre alcaline naturellement soluble dans l'eau; et il est essentiel de remarquer même que, par ce mot d'*air fixe*, il entend une espèce d'air différent de l'air élastique commun que nous respirons, mais qui est néanmoins répandu dans l'atmosphère; il ajoute que c'est peut-être mal à propos qu'il se sert de cette dénomination d'*air fixe;* mais qu'il aime mieux employer ce mot déjà connu que d'en inventer un autre pour désigner une substance dont la nature et les propriétés lui sont encore fort peu connues.

Selon M. Black, la chaux et tous les alcalis caustiques n'existent sous cette forme et n'ont les propriétés que nous leur remarquons que parce qu'ils ont été dépouillés de leur air fixe; qu'on le leur rende, et ils rentrent, l'un dans la classe des terres calcaires, les autres dans celle des alcalis : ils font effervescence avec les acides; enfin ils ont toutes les propriétés des terres calcaires et des alcalis ordinaires. Il rapporte plusieurs expériences pour confirmer cette opinion; si, par exemple, on précipite de la chaux dissoute par un acide, au moyen d'un alcali ordinaire, cette chaux précipitée devient par là une terre calcaire, ayant repris l'air fixe contenu dans l'alcali, et qui lui manquait pour être une véritable terre de cette espèce. De même, si de la craie est dissoute par un acide, on pourra l'avoir à volonté sous une forme de craie ou sous une forme de chaux; il suffira de la précipiter, ou par un alcali ordinaire, ou par un alcali caustique; car, dans le premier cas, l'alcali qui la précipite lui rend l'air fixe qu'elle avait perdu dans l'effervescence, et, par conséquent, la précipite sous la forme de craie qu'elle avait auparavant; mais, dans le second, l'alcali caustique qui cause la précipitation, étant privé d'air fixe, ne peut rendre à la craie celui qu'elle avait perdu dans sa dissolution, et par conséquent la précipite sous la forme de chaux.

On voit aussi que M. Black attribue à l'air fixe un grand nombre d'effets que, jusqu'à lui, on n'avait pas expliqués et qu'on avait attribués à d'autres causes.

Pendant que M. Black se livrait à ces recherches, et imaginait avoir découvert dans l'air fixe la cause d'un grand nombre de phénomènes, M. Meyer, fameux chimiste allemand, s'occupant presque des mêmes objets, suivait une autre route : il crut reconnaître que la causticité de la chaux et des alcalis tenait à une cause toute différente de celle que M. Black avait imaginée, et que c'était à une espèce d'acide qu'il appela *acidum pingue*. Selon lui, cet acide, étant intimement uni avec ces substances, leur donne la propriété corrodante et caustique qui les caractérise; de là on voit qu'il résulte un champ d'idées toutes nouvelles sur les phénomènes que l'on observe par rapport à la chaux, aux alcalis caustiques, aux terres calcaires et aux alcalis ordinaires, et que tous les effets que M. Black attribue à l'absence de l'air fixe, M. Meyer les attribue, au contraire, à la présence de son *acidum pingue*.

Cet acide, tel que l'imagine ce chimiste, est d'une nature fort approchante de la lumière et entre en grande abondance dans la composition des végétaux et des animaux. Non-seulement M. Meyer ne paraît pas embarrassé des difficultés qu'on peut faire contre son système, mais il répond même avec facilité à des objections qui sembleraient d'abord devoir l'embarrasser.

On a vu, par exemple, de quelle manière M. Black explique cette importante et curieuse expérience de précipiter la craie dissoute dans un acide, ou sous forme de chaux, ou sous forme de craie; nous avons dit que cela tenait uniquement, selon lui, à la nature de la substance précipitante; que, si elle ne contient pas d'air fixe, elle précipitera la craie sous forme de chaux; que, si elle en contient, au contraire, elle le fera sous forme de craie. M. Meyer explique ce double phénomène fort naturellement, en disant que, lorsque vous précipitez avec un alcali caustique, vous employez, en quelque façon, deux espèces de sel, celui de l'alcali caustique, qui est composé de l'*acidum pingue* et de l'alcali, et celui qui est composé de l'acide uni à la craie; or qu'arrive-t-il? c'est que l'acide, ayant plus d'affinité avec l'alcali caustique, en chasse l'*acidum pingue*, et que celui-ci, en s'unissant avec la craie, en fait tout naturellement une chaux ou une terre calcaire unie avec cet acide.

Quoique l'Allemagne ait embrassé en grande partie les idées de M. Meyer, M. Black y trouva cependant dans M. Jacquin un zélé défenseur. Cet habile chimiste soutint son système avec de nouvelles armes et lui donna un nouveau degré de clarté par la manière dont il le présenta; mais bientôt M. Crans, embrassant avec chaleur le parti de M. Meyer, fit un ouvrage pour prouver l'existence de l'*acidum pingue* et renverser la doctrine de l'air fixe de M. Black. Il rapporte, à ce sujet, un grand nombre d'expériences pour étayer le système de son compatriote; mais la crainte d'être trop longs nous oblige, malgré nous, de passer sous silence et ces expériences et les conséquences que l'auteur en déduit, quoiqu'elles paraissent même, à certains égards, assez solides.

Nous en dirons autant de l'ouvrage de M. de Smeth, qui a fait pareillement un grand nombre d'expériences pour examiner ce que l'on doit penser de l'air fixe; nous ne pouvons cependant nous empêcher de remarquer que ce physicien observe que c'est très-improprement qu'on a donné le nom d'*air fixe* à l'émanation élastique de la fermentation et des effervescences; que cette substance est connue depuis longtemps, et que, loin d'être une substance unique, elle est, au contraire, très-variée, très-multipliée et très-différente d'elle-même; enfin, que la doctrine de l'air fixe n'est appuyée que sur des fondements très-incertains, et que, ne pouvant soutenir un examen suivi, elle ne sera que l'opinion du moment. Au reste, il n'est pas difficile de s'apercevoir, en lisant M. de Smeth, qu'il a cherché à établir une nouvelle opinion qui tînt une espèce de milieu entre celle de M. Black et celle de M. Meyer.

Pendant que ces différents objets exerçaient les esprits en Allemagne et en Hollande, M. Priestley faisait en Angleterre un grand nombre d'expériences, non-seulement sur l'air fixe, qu'il regarde, ainsi que M. Black, comme une substance entièrement distincte de l'air commun de notre atmosphère, mais même sur d'autres airs dégagés de diverses substances; il traite de ces différentes expériences dans des articles séparés, dont les principaux sont sur l'air fixe proprement dit, sur l'air dans lequel on a fait brûler des chandelles ou du soufre, sur l'air inflammable, sur l'air nitreux, sur l'air corrompu ou infecté par la respiration des animaux, etc. mais il nous serait impossible de suivre M. Lavoisier dans tout ce qu'il en dit.

Nous nous contenterons d'observer que presque tous ces articles contiennent des expériences très-intéressantes et très-curieuses. On y verra, sur l'air fixe, que M. Priestley le regarde comme le produit constant de la fermentation et de l'effervescence; que cet air est à peu près de la même pesanteur que celui de notre atmosphère, qu'il est absorbé par l'eau et se combine très-aisément avec ce fluide; que les animaux y meurent sur-le-champ.

Que l'air inflammable que l'on obtient en recevant l'air qui se dégage de l'acide vitriolique dans le temps qu'il dissout des métaux, et surtout du zinc, du fer et de l'étain, n'a point, comme l'air fixe, la propriété de se mêler avec l'eau, au moins que ce n'est que très-difficilement; que les animaux y meurent comme dans l'air fixe, mais après y avoir éprouvé des mouvements convulsifs; que cet air inflammable se sépare facilement d'avec l'air fixe; enfin que, quoique chargé en apparence de beaucoup de phlogistique, il ne peut cependant être absorbé par l'acide vitriolique ou l'acide nitreux.

Que l'air nitreux qu'on obtient en recevant l'air qui s'élève des dissolutions des métaux dans l'acide du nitre ressemble beaucoup aux vapeurs de l'esprit de nitre fumant; que cet air a une propriété singulière, c'est de diminuer considérablement le volume d'air commun dans lequel on le mêle, de le troubler ou d'en altérer la transparence et de prendre une couleur rouge orange foncée; enfin, que plus l'air dans lequel on introduit l'air nitreux est salubre, plus il y a de mouvements d'effervescence; de façon que cet air nitreux devient une excellente pierre de touche de la pureté de l'air. Mais nous n'irons pas plus loin; il faudrait transcrire ici tout ce que rapporte M. Lavoisier, pour faire connaître toutes les expériences de M. Priestley; nous craignons même tellement d'allonger cet extrait, que nous sommes obligés de passer sous silence ce qu'ajoute M. Lavoisier au sujet des expériences de MM. Rouelle et Bucquet.

D'après cet exposé, on voit évidemment que M. Lavoisier présente, dans cette première partie, un tableau très-étendu de tout ce qui a été découvert et écrit avant lui sur les émanations élastiques des corps, et nous pouvons ajouter qu'il le fait en historien impartial qui se contente d'exposer les faits sans prendre aucun parti.

Nous allons passer maintenant à la seconde partie, dans laquelle cet académicien s'occupe à prouver l'existence du fluide élastique dans certaines substances, et à exposer les phénomènes qui résultent de son dégagement et de sa fixation.

Dans cette seconde partie, M. Lavoisier ne s'est pas contenté de raisonner simplement d'après les expériences déjà connues, et qu'il avait exposées dans la première; il a supposé en quelque sorte que le fluide élastique n'était que soupçonné, et a entrepris d'en démontrer l'existence et les propriétés par une suite nombreuse d'expériences dont cette seconde partie de son ouvrage est toute remplie.

Pour suivre ce plan de démonstration uniquement par voie d'expériences, M. Lavoisier s'est imposé la loi de reprendre la matière dès son principe, et de refaire par conséquent la plupart des expériences qui avaient déjà été publiées sur cet objet; et il résulte de là que celles par lesquelles il a commencé ne sont point neuves pour le fond; mais, indépendamment de l'utilité et même de la nécessité qu'il y a de bien constater des faits de l'importance de ceux-ci, M. Lavoisier les a mis en quelque sorte dans la classe des faits tout nouveaux et se les est rendus propres par la précision et la scrupuleuse exactitude avec lesquelles il en a constaté toutes les circonstances.

Les expériences publiées par MM. Black, Jacquin, Priestley et autres, ajoutées à celles du célèbre Hales, avaient appris, comme nous l'avons déjà indiqué dans la première partie de cet extrait, que les effervescences observées dans la dissolution des terres calcaires non calcinées et des alcalis fixes ou volatils non caustiques, lorsqu'on les combinait avec un acide quelconque, étaient dues au dégagement d'une quantité considérable d'un fluide élastique qu'on a pris d'abord pour de l'air de l'atmosphère, peut-être chargé de quelques substances hétérogènes; on savait encore que les propriétés des terres calcaires et des alcalis dépouillés de ce fluide par la calcination ou autrement étaient très-différentes de ce qu'elles étaient auparavant, et que ces substances se trouvaient alors privées particulièrement de celle de produire de l'effervescence avec les acides; on savait enfin que le fluide dégagé des effervescences dont il s'agit pouvait se combiner avec l'eau, avec d'autres matières, et singulièrement se recombiner de nouveau avec les terres calcaires et les alcalis qui en avaient été dépouillés; et que ces dernières substances reprenaient alors leurs premières propriétés, et en particulier celle de faire une grande effervescence avec tous les acides. Ces connaissances étaient assurément très-importantes et très-précieuses pour la chimie, et méritaient d'autant plus d'être appuyées de toutes les preuves dont elles étaient susceptibles, qu'il y en avait plusieurs qui étaient contestées; c'est cette vérification que M. Lavoisier a entreprise : il ne s'est pas contenté de vérifier toutes les belles expériences qui nous les ont procurées, il a fait cette vérification de la manière la plus propre à leur donner toute l'évidence et toute la certitude qu'on pouvait désirer. A l'aide de plusieurs instruments de physique ingénieusement imaginés ou perfectionnés, il est parvenu à déterminer la diminution de poids que souffrent les terres calcaires et les alcalis privés de leur fluide élastique par leur combinaison avec un acide; à mesurer et à peser la quantité de ce fluide dégagé; enfin, à reconnaître l'augmentation de poids qui arrivait à ces mêmes terres et alcalis lorsqu'ils étaient rétablis dans leur premier état par leur réunion avec toute la quantité de fluide élastique qu'ils sont capables de reprendre; et ce qu'il y a de plus satisfaisant dans les expériences de M. Lavoisier, c'est que ces diminutions et augmentations de poids se sont trouvées aussi justes et aussi correspondantes que puissent le permettre des expériences de physique faites avec toute l'exactitude dont elles sont susceptibles. Nous ne pouvons entrer ici dans le détail de ces expériences, parce qu'il serait impossible de les faire connaître sans transcrire l'ouvrage presque tout entier; mais nous croyons devoir assurer l'Académie, qui nous a chargés de les vérifier, que M. Lavoisier les a répétées presque toutes avec nous, et nous joignons à ce rapport la notice que nous en avons prise à mesure qu'elles se faisaient, signée et parafée de nous; on y verra, ainsi que dans l'ouvrage de M. Lavoisier, qu'il a soumis tous ses résultats à la mesure, au calcul et à la balance : méthode rigoureuse, qui, heureusement pour l'avancement de la chimie, commence à devenir indispensable dans la pratique de cette science.

Indépendamment des expériences déjà connues et publiées, dont l'ouvrage de M. Lavoisier contient la vérification avec toutes les circonstances que nous venons d'indiquer, ce même ouvrage en renferme beaucoup de neuves, et qui sont propres à l'auteur. Il a soupçonné que le même fluide qui, par sa présence ou son absence, changeait si considérablement les propriétés des terres et des sels alcalis, pouvait influer aussi beaucoup sur les différents états des métaux et de leurs terres, et il s'est engagé sur ces objets dans une nouvelle suite d'expériences du même genre, c'est-à-dire faites avec la même exactitude que celles dont nous venons de parler; mais il annonce que la partie de ce travail qui concerne la cause de l'augmentation de poids des métaux par précipitation n'est encore qu'ébauchée, quoique les expériences soient déjà très-multipliées; et il se contente, à cet égard, d'exposer celles qui sont le plus essentiellement liées avec son objet principal, réservant les autres pour un mémoire particulier.

Ces expériences portent M. Lavoisier à croire que le fluide élastique se joint aux terres des métaux dans leurs dissolutions, précipitations et calcinations, et que c'est à son union qu'est dû l'état particulier des précipités et chaux métalliques, et surtout l'augmentation de leur poids.

Les dissolutions du mercure et du fer dans l'acide nitreux, la comparaison des poids des précipités de ces deux métaux, faits par la craie ou par la chaux, s'accordent assez avec cette nouvelle idée.

On sait que, dans le moment où se fait la revivification de la chaux d'un métal, lorsqu'on la fond avec de la poudre de charbon, il y a un gonflement et une véritable effervescence, assez considérable même pour obliger à modérer beaucoup le feu dans l'instant de cette réduction; M. Lavoisier a fait cette opération dans des vaisseaux clos et dans un appareil propre à retenir et à mesurer la quantité de fluide élastique qui se dégageait; il l'a trouvée très-considérable et à peu près correspondante à la diminution du poids du métal réduit.

Les calcinations qu'il a faites du plomb, de l'étain et de l'alliage de ces deux métaux, au foyer du grand verre ardent, sous des récipients plongés dans de l'eau ou du mercure, et disposés de manière à pouvoir mesurer la quantité d'air absorbée dans ces expériences, lui ont fait connaître qu'il y a, en effet, une diminution d'air sous le récipient, et qu'elle est assez proportionnée à la portion du métal qui a été calciné. Il en a été de même de l'espèce de calcination par la voie humide qui transforme en rouille certains métaux, et le fer en particulier, que M. Lavoisier a choisi pour son expérience. Ces tentatives lui ont donné lieu d'observer qu'il se dégage un peu d'eau dans la réduction du minium, même par le charbon le plus exactement calciné; que la calcination des métaux sous des récipients clos n'a lieu que jusqu'à un certain point, et s'arrête ensuite sans pouvoir continuer, même à l'aide de la chaleur la plus violente et la plus soutenue; et plusieurs autres phénomènes singuliers qui lui ont fait naître des idées neuves et hardies; mais M. Lavoisier, loin de se trop livrer à des conjectures, se contente de les proposer une seule fois et en deux mots, avec toute la réserve qui caractérise les physiciens éclairés et judicieux.

L'examen des propriétés des fluides élastiques dégagés, soit dans les effervescences des terres et des alcalis avec les acides, soit dans celles des réductions métalliques, et la comparaison des effets qu'elles sont capables de produire sur les corps embrasés, sur l'eau de chaux et sur les animaux, ont fourni à M. Lavoisier la matière de beaucoup d'expériences intéressantes; il ne s'est pas contenté d'éprouver ces fluides tels qu'ils sortent immédiatement des premières opérations, il les a filtrés en quelque sorte à travers différentes liqueurs, telles que l'eau distillée et l'eau de chaux contenue dans plusieurs bouteilles, communiquant ensemble par des siphons et placées à la suite l'une de l'autre; ces fluides, ainsi filtrés, ont été soumis aux mêmes épreuves que ceux qui ne l'avaient pas été, et il a résulté de tout ce travail que le fluide élastique dégagé par la réduction du minium a exactement les mêmes propriétés que celui qui s'exhale pendant les effervescences de la combinaison des terres calcaires et des alcalis avec les acides; qu'ils ont l'un et l'autre la propriété de précipiter l'eau de chaux, d'éteindre les corps allumés et de tuer les animaux en un instant. M. Lavoisier pense, d'après ce que ses expériences lui ont fait voir, que ces fluides sont composés l'un et l'autre d'une partie susceptible de se combiner avec l'eau, avec la chaux et autres substances, et d'une autre partie beaucoup plus difficile à fixer, susceptible, jusqu'à un certain point, d'entretenir la vie des animaux, et qui paraît se rapprocher beaucoup par sa nature de l'air de l'atmosphère; que cette portion d'air commun est un peu plus considérable dans le fluide élastique dégagé des réductions métalliques que dans celui qui est dégagé de la craie, que c'est dans la partie susceptible de se combiner que réside la propriété nuisible de ce même fluide, puisque M. Lavoisier a observé qu'il fait périr les animaux d'autant moins promptement qu'il en a été dépouillé davantage; enfin, que rien ne met encore en état de décider si la partie combinable du fluide élastique des effervescences et des réductions est une substance essentiellement différente de l'air, ou si c'est l'air lui-même auquel il a été ajouté ou dont il a été retranché quelque chose, et que la prudence exige de suspendre encore son jugement sur cet article.

Après toutes ces recherches, M. Lavoisier a voulu répéter les expériences de MM. Cavendish, Priestley et Rouelle sur les propriétés et la vertu dissolvante de l'eau imprégnée de fluide élastique dégagé des effervescences; il y a joint l'examen de celle de l'eau imprégnée de fluide élastique des réductions métalliques; il a fait, avec ces deux eaux gazeuses, les dissolutions des terres calcaires, qui lui ont réussi comme aux physiciens que nous venons de nommer; ces eaux se sont aussi comportées de même avec la plupart des dissolutions métalliques, qu'elles ont plutôt éclaircies que précipitées; enfin, elles ont donné une très-légère teinte rougeâtre au sirop de violettes.

Ces eaux gazeuses ont été ensuite saturées de craie, et alors elles ont présenté des effets fort différents; elles ont très-légèrement verdi le sirop violet, n'ont point précipité certaines dissolutions métalliques, en ont précipité d'autres plus ou moins promptement et abondamment, et enfin ont été précipitées elles-mêmes par les alcalis fixes et volatils caustiques et non caustiques.

L'ouvrage est terminé par des expériences sur la combustion du phosphore dans les vaisseaux clos. M. Lavoisier a bien constaté que, dans une quantité d'air non renouvelée, il ne peut brûler qu'une quantité limitée de phosphore, laquelle est d'environ 6 à 7 grains sous un récipient contenant 109 pouces cubiques d'air; que, par l'effet de cette combustion, il y a une diminution ou absorption d'environ un cinquième de cet air, et une augmentation correspondante dans le poids de l'acide phosphorique. Comme les acides, et celui du phosphore en particulier, sont très-avides de l'humidité, et qu'il pouvait se faire que cette augmentation fût due à la partie aqueuse, qu'on sait être toujours mêlée avec l'air; que, d'ailleurs, on pouvait croire aussi que cette même partie aqueuse était nécessaire à l'entretien de la combustion, et que le phosphore cessait de brûler dès que l'air en était épuisé; M. Lavoisier a disposé son appareil de manière qu'il pouvait introduire, sous le récipient, de l'eau réduite en vapeurs dans le temps qu'il voulait de la combustion du phosphore; et, ayant fait cette épreuve de toutes les manières, il en a résulté que l'eau ne contribuait en rien à la combustion du phosphore, ni au dégagement de son acide, et il est resté très-probable que tous ces phénomènes sont dus à la partie fixable de l'air. Le phosphore, le soufre, la poudre à canon, différents mélanges de soufre et de nitre, ont refusé constamment de brûler et de détoner dans le vide de la machine pneumatique, malgré l'application souvent réitérée du foyer d'un verre ardent de [illegible] pouces de diamètre.

Enfin, l'air dans lequel le phosphore avait cessé de brûler sous la cloche, faute de renouvellement, éprouvé sur les animaux, ne les a pas fait périr comme celui des effervescences et des réductions métalliques, quoiqu'il éteignît la bougie dans le moment même où il en touchait la flamme; circonstance remarquable, qui indique qu'il y a encore bien des choses importantes à découvrir sur la nature et les effets de l'air, et des fluides élastiques qu'on obtient dans les combinaisons et les décompositions de beaucoup de substances.

Telles sont les principales expériences dont est remplie la seconde partie de l'ouvrage de M. Lavoisier : nous n'avons pu qu'en donner une idée très-succincte et par conséquent imparfaite, par les raisons que nous avons déjà exposées. On ne peut trop exhorter M. Lavoisier à continuer cette suite d'expériences déjà si bien commencée, et nous croyons que l'ouvrage dont nous venons de rendre compte mérite d'être imprimé avec l'approbation de l'Académie.

Fait dans l'Académie des Sciences, le 7 décembre 1773.

Signés : De Trudaine, Macquer, Le Roy et Cadet.

Je certifie l'extrait ci-dessus conforme à son orignal et au jugement de l'Académie de Paris.

A Paris, le 8 décembre 1773.

Granjean de Fouchy,
Secrétaire perpétuel de l'Académie royale des Sciences.

TABLE DES MATIÈRES

CONTENUES DANS CE VOLUME.

TRAITÉ ÉLÉMENTAIRE DE CHIMIE.

Pages

PREMIÈRE PARTIE.

DE LA FORMATION DES FLUIDES AÉRIFORMES ET DE LEUR DÉCOMPOSITION; DE LA COMBUSTION DES CORPS SIMPLES ET DE LA FORMATION DES ACIDES.

SECONDE PARTIE.

DE LA COMBINAISON DES ACIDES AVEC LES BASES SALIFIABLES, ET DE LA FORMATION DES SELS NEUTRES.

TROISIÈME PARTIE.

DESCRIPTION DES APPAREILS ET DES OPÉRATIONS MANUELLES DE LA CHIMIE.

OPUSCULES PHYSIQUES ET CHIMIQUES.

Pages.

PREMIÈRE PARTIE.

PRÉCIS HISTORIQUE SUR LES ÉMANATIONS ÉLASTIQUES QUI SE DÉGAGENT DES CORPS PENDANT LA COMBUSTION, PENDANT LA FERMENTATION ET PENDANT LES EFFERVESCENCES.

SECONDE PARTIE.

NOUVELLES RECHERCHES SUR L'EXISTENCE D'UN FLUIDE ÉLASTIQUE FIXÉ, DANS QUELQUES SUBSTANCES, ET SUR LES PHÉNOMÈNES QUI RÉSULTENT DE SON DÉGAGEMENT OU DE SA FIXATION.

TABLE DES MATIÈRES

PAR ORDRE ALPHABÉTIQUE.

TRAITÉ ÉLÉMENTAIRE DE CHIMIE.

A

B

C

D

E

F

G

I

L

M

N

O

P

R

S

T

V

W

OPUSCULES PHYSIQUES ET CHIMIQUES.

A

B

D

E

F

G

H

J

M

R

S

T

U

V

Y

Z

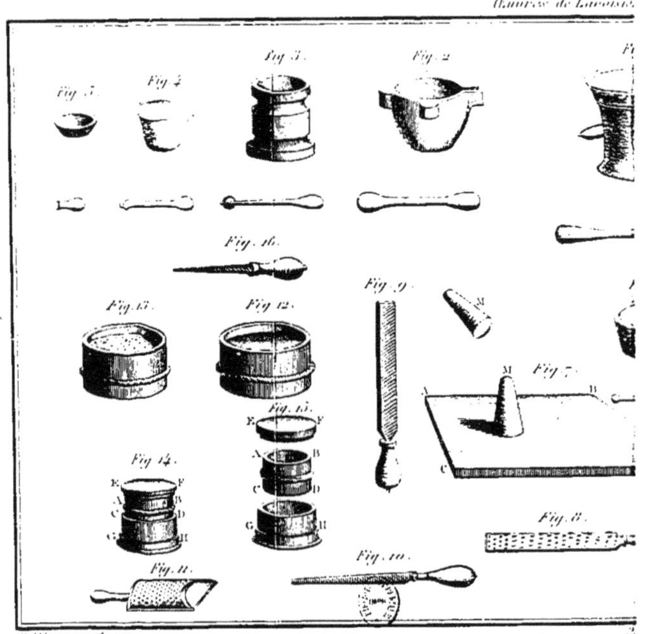

E. Wormser direx.

TRAITÉ ÉLÉMENTAIRE DE CHIMIE

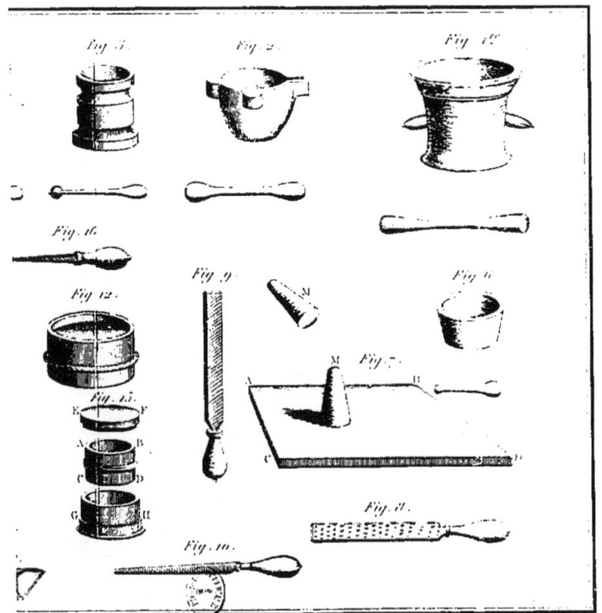

.AITÉ ÉLÉMENTAIRE DE CHIMIE

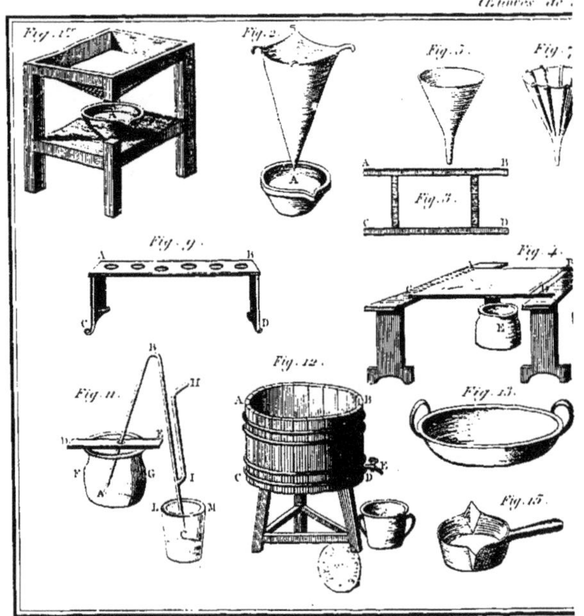

E. Wormser direx.

TRAITÉ ÉLÉMENTAIRE DE CHIM

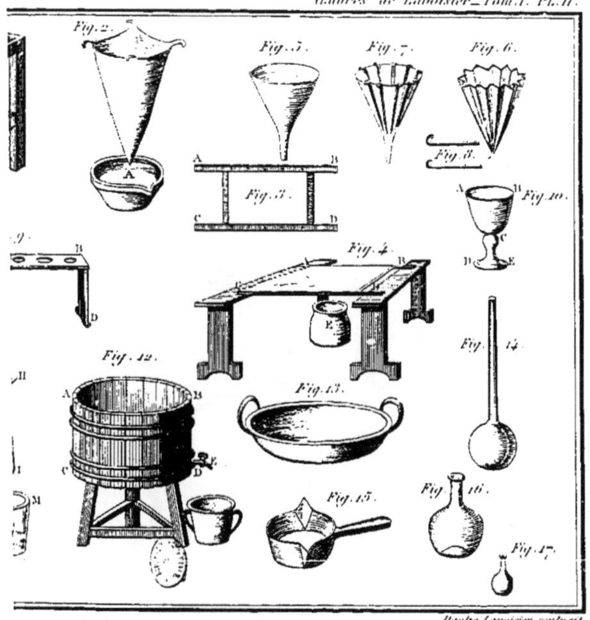

RAITÉ ELÉMENTAIRE DE CHIMIE

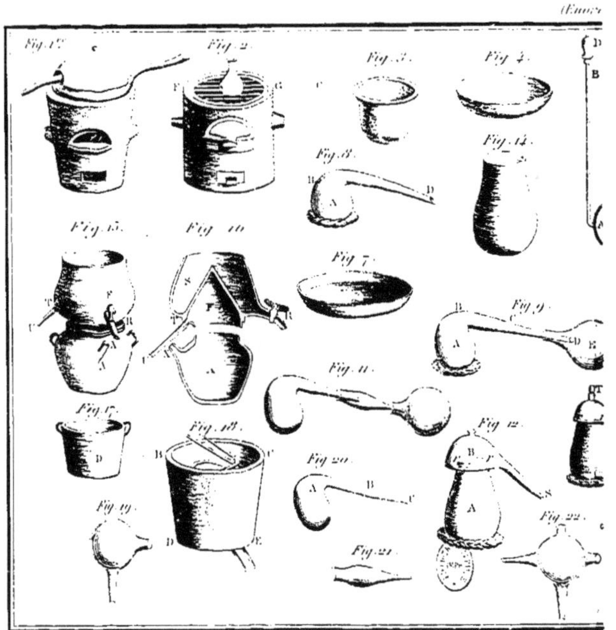

TRAITÉ ELÉMENTAIRE DE CHI

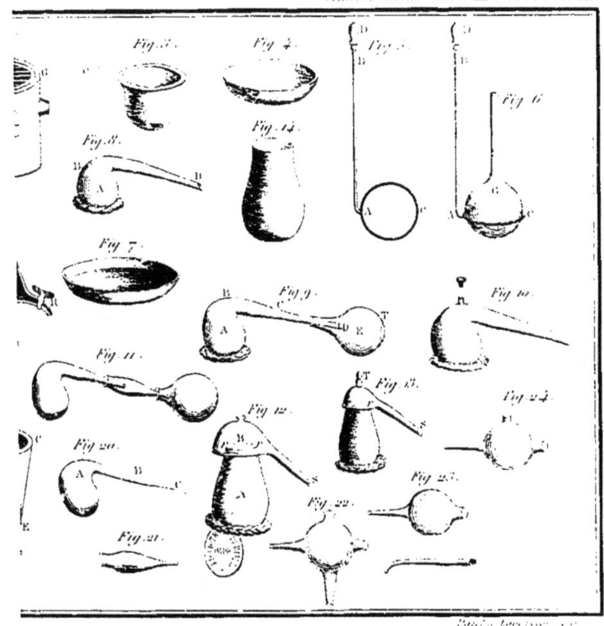

TÉ ÉLÉMENTAIRE DE CHIMIE

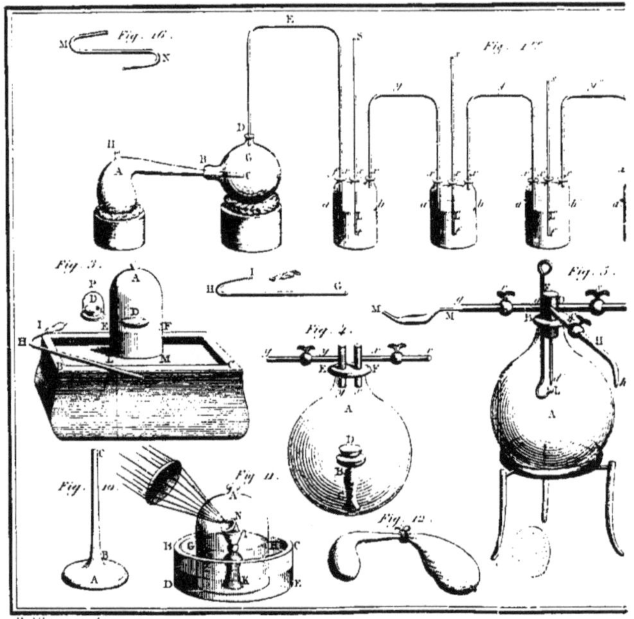

E. Wormser direx

TRAITÉ ELÉMENTAIRE DE

Œuvres de Lavoisier_ Tom. I. Pl. IV.

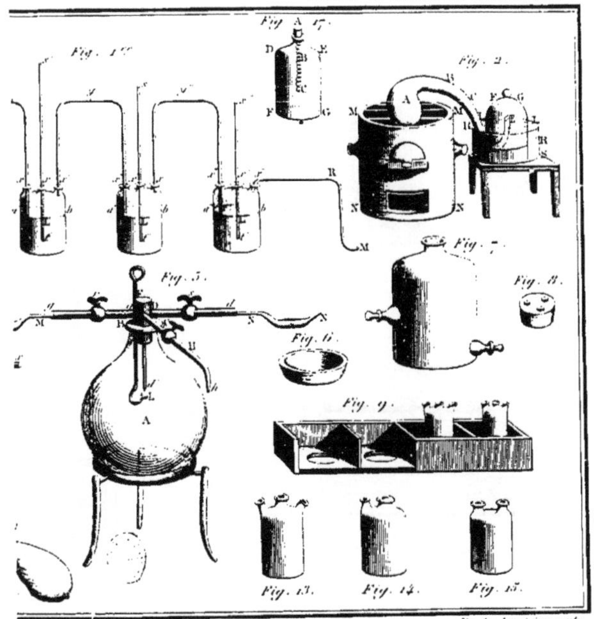

Paulze Lavoisier sculp.

ÉMENTAIRE DE CHIMIE

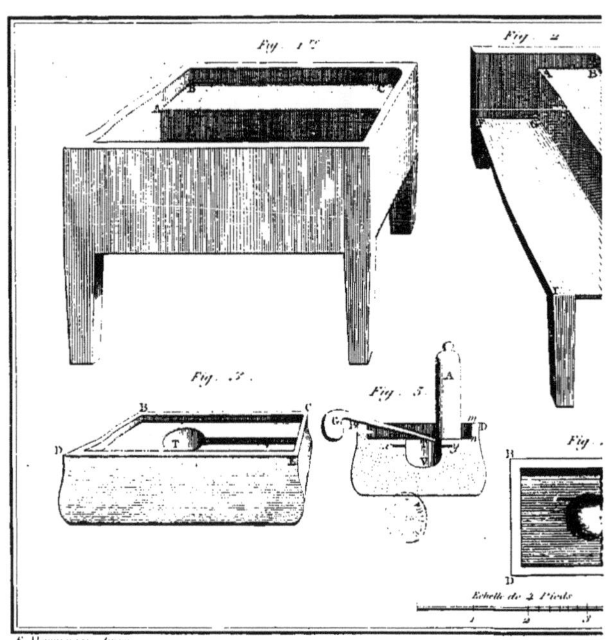

TRAITÉ ÉLÉMENTAIRE

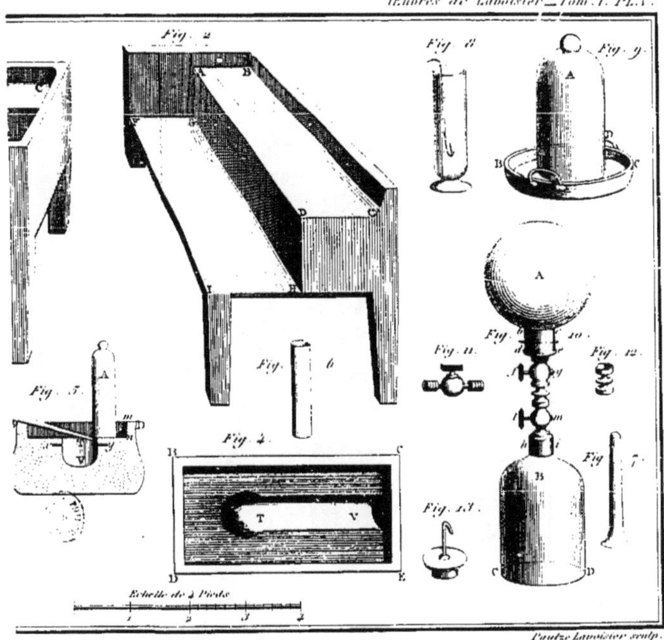

Paulze Lavoisier sculp.

É Elémentaire de Chimie

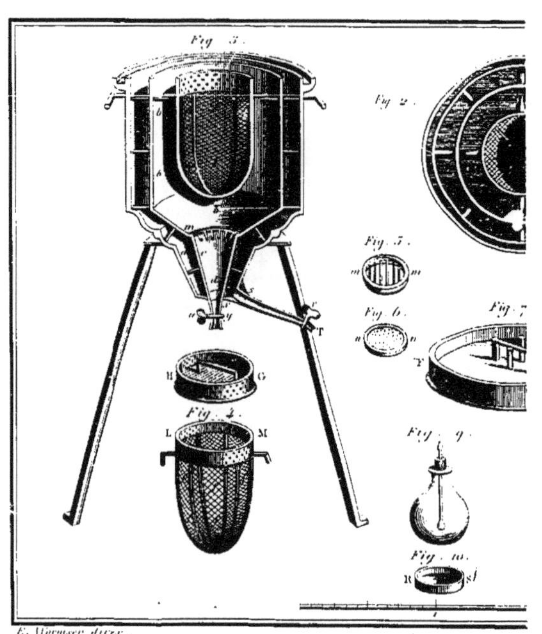

TRAITÉ ELÉMENTA

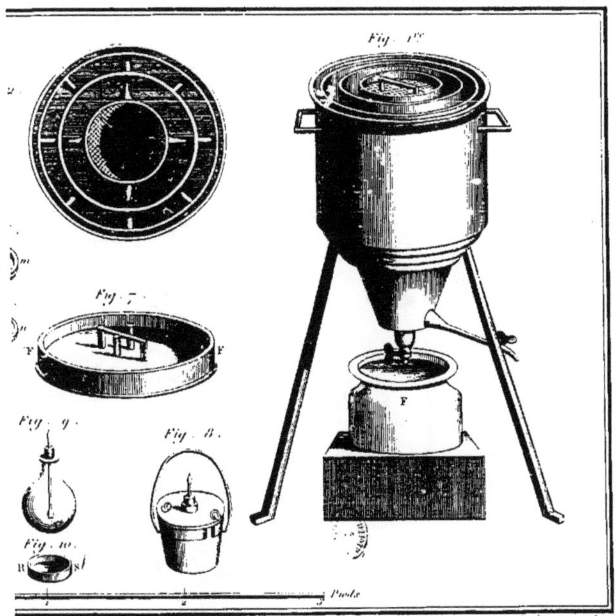

LÉMENTAIRE DE CHIMIE

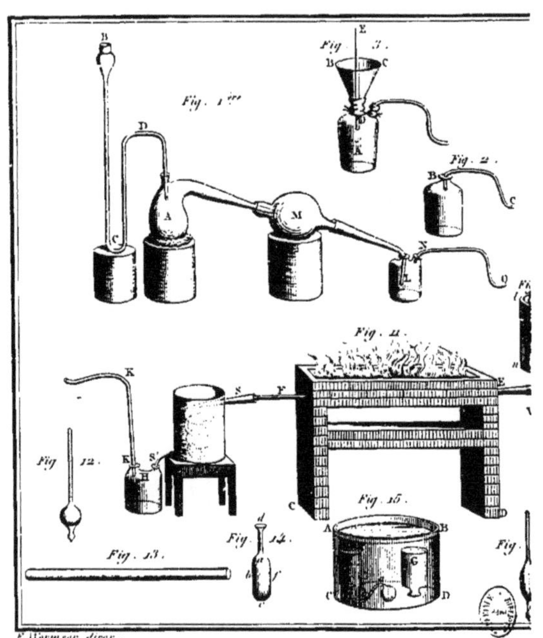

TRAITÉ ÉLÉMENTAIRE D

Œuvres de Lavoisier_Tom. I. Pl. VII.

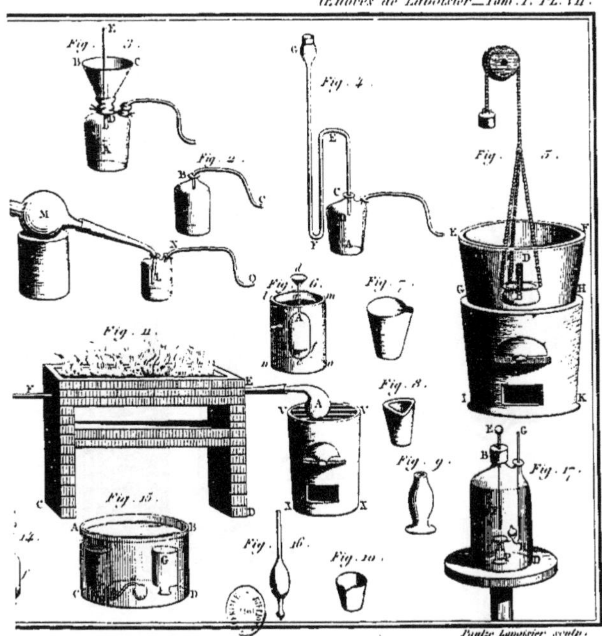

TÉ ELÉMENTAIRE DE CHIMIE

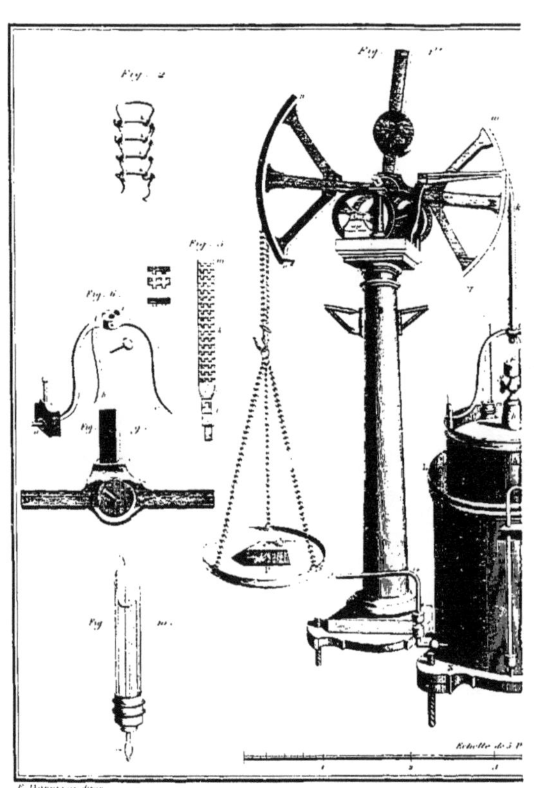

TRAITÉ ÉLÉMENTAIRE

Œuvres de Lavoisier _ Tom. I. Pl. VIII.

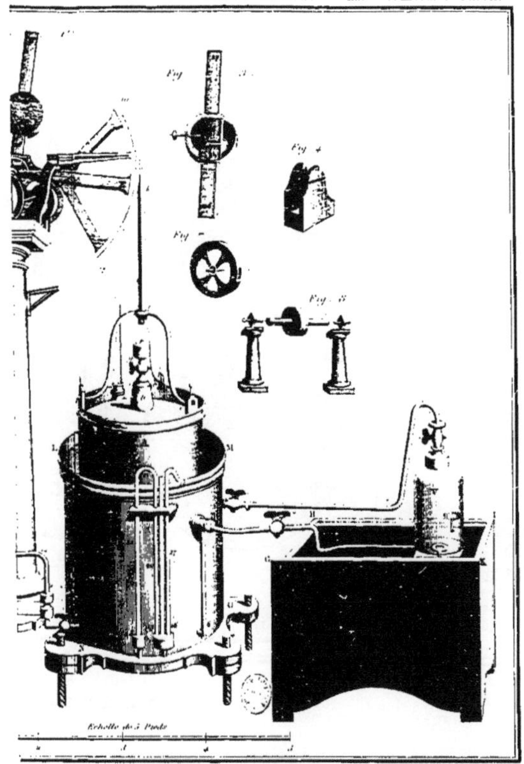

Paulze Lavoisier sculpsit

MENTAIRE DE CHIMIE

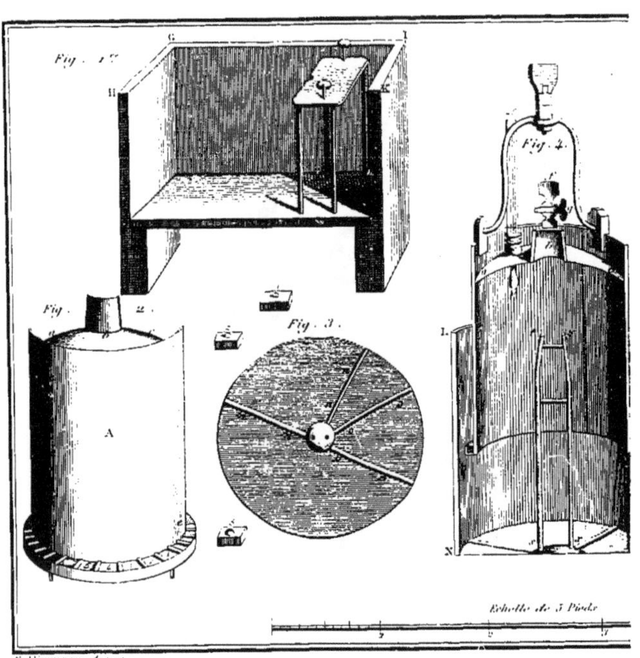

TRAITÉ ÉLÉMENTAIRE

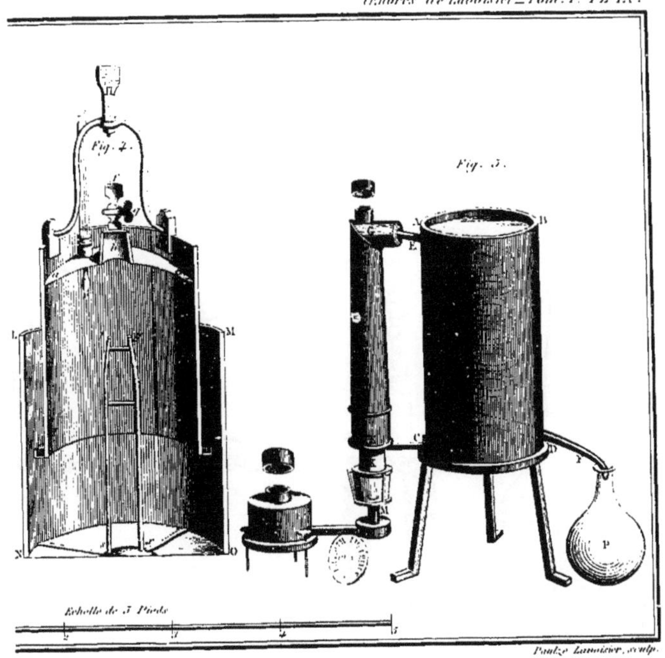

ÉMENTAIRE DE CHIMIE

TRAITÉ ÉLÉMENTAIRE

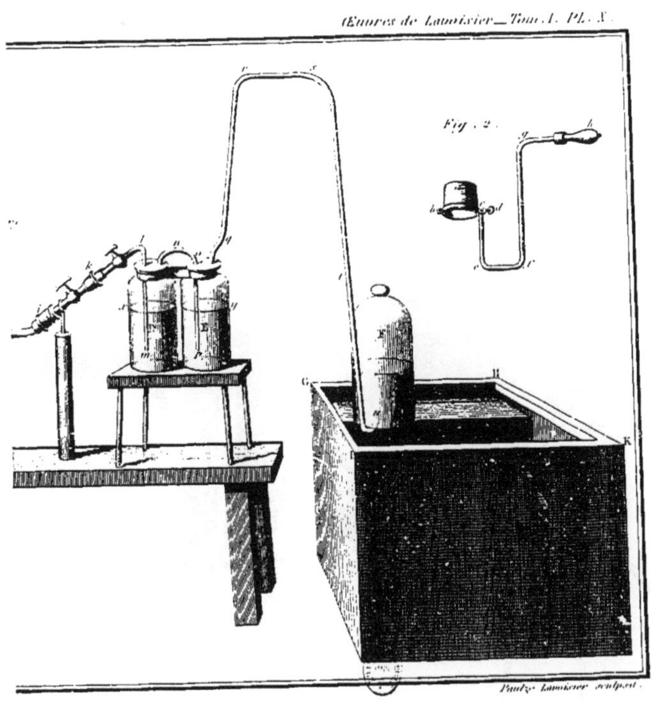

.ENTAIRE DE CHIMIE

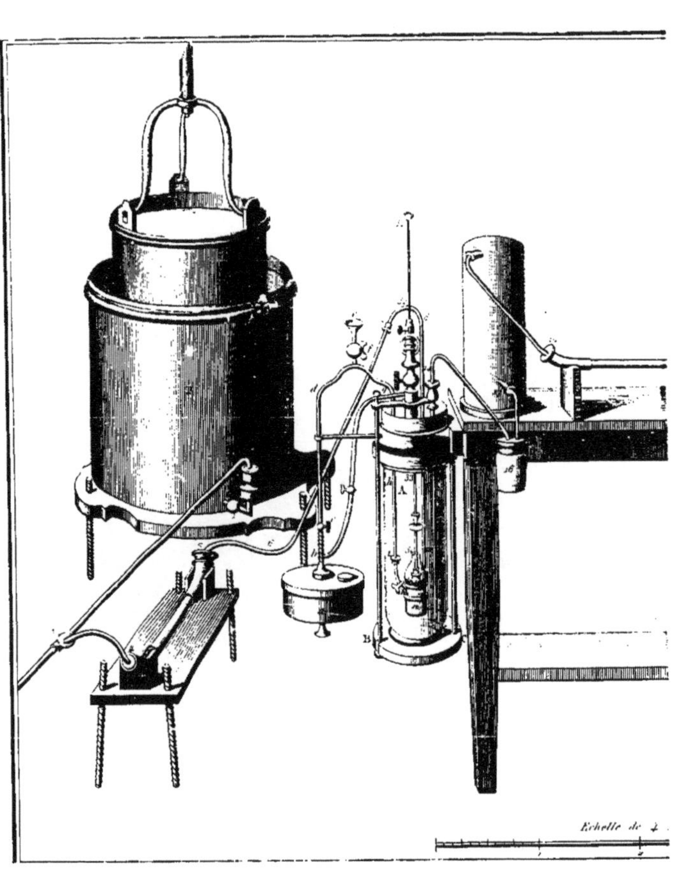
Echelle de 4

le de 4 Pieds

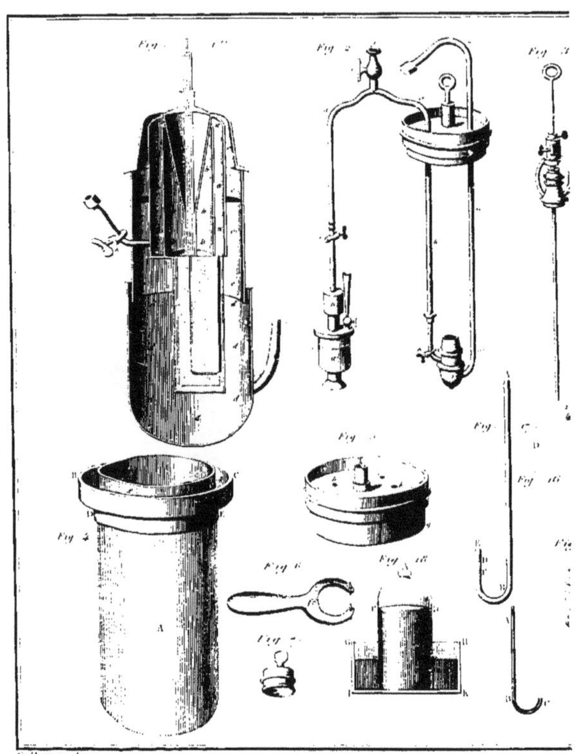

TRAITÉ ELÉMENT

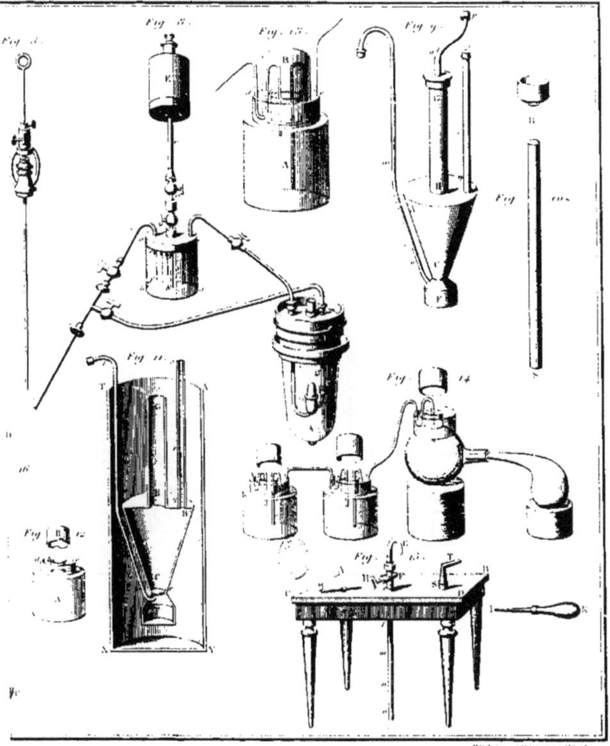

NTAIRE DE CHIMIE

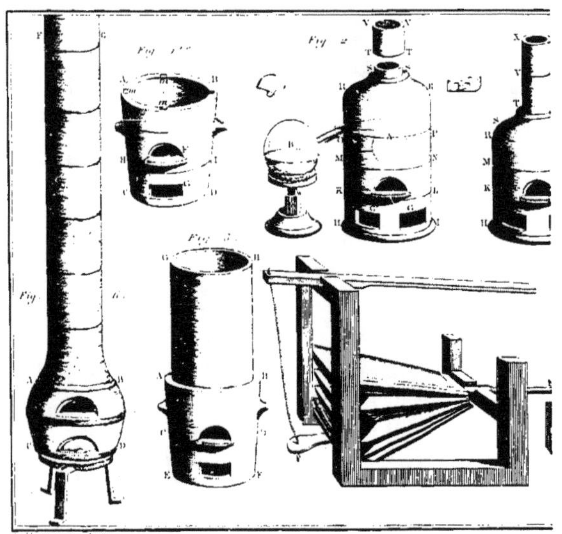

TRAITÉ ELÉMENTAIRE DE

Fig. 2.

Fig. 3.

Fig. 8.

Fig. 9.

Fig. 10.

Fig.

Fig. 7.

Paulze Lavoisier sculp.

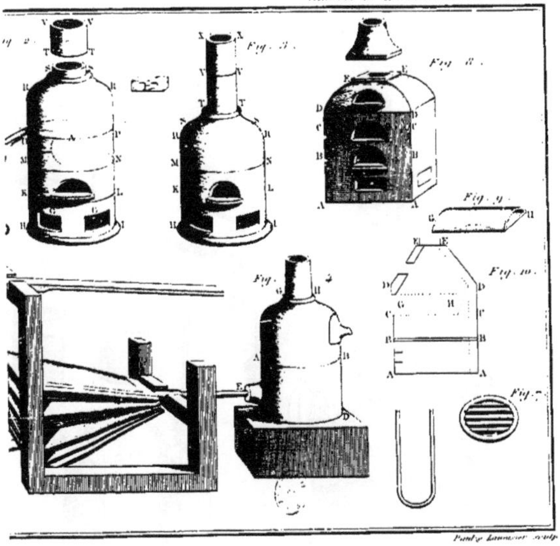

ELÉMENTAIRE DE CHIMIE

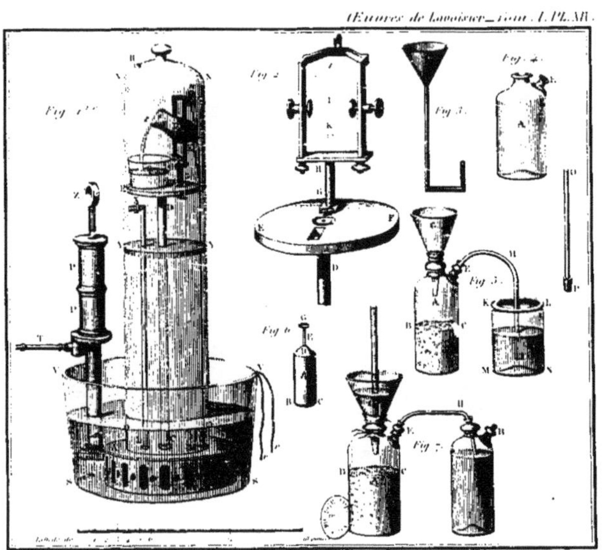

OPUSCULES PHYSIQUES ET CHIMIQUES

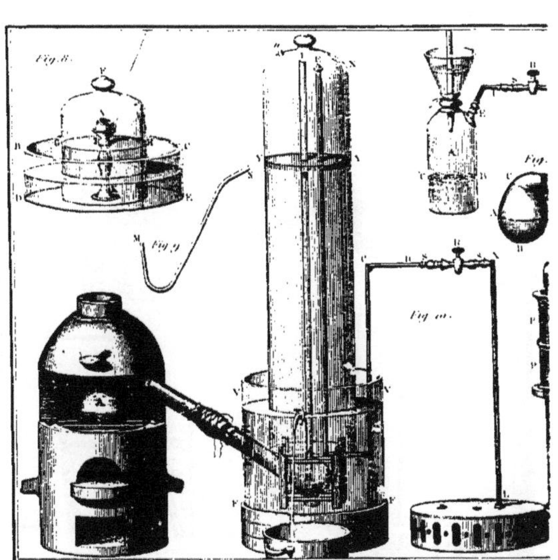

E. Wormser direx.

OPUSCULES PHYSIQUES ET

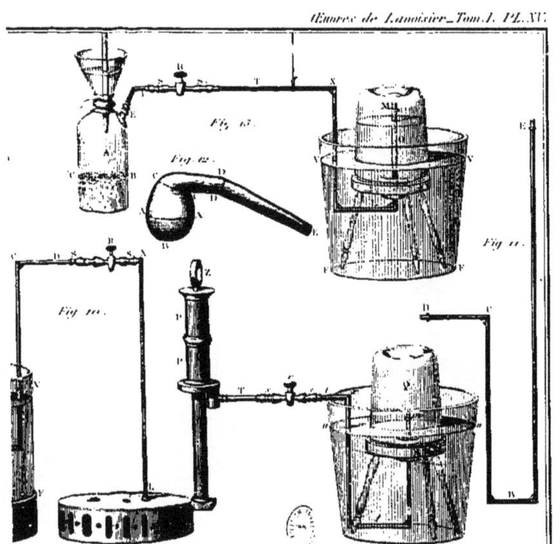

Physiques et Chimiques

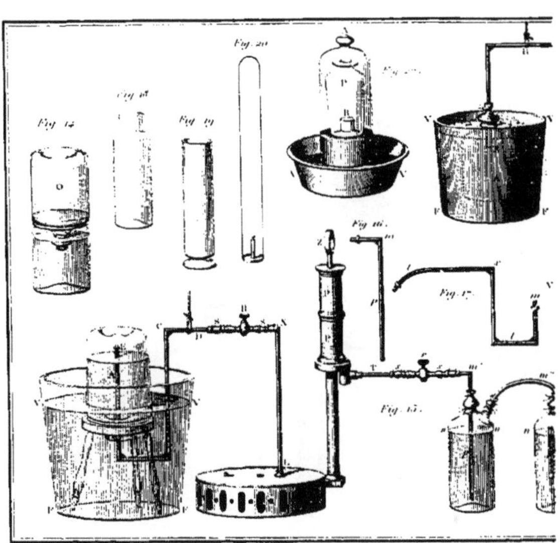

OPUSCULES PHYSIQUES ET C

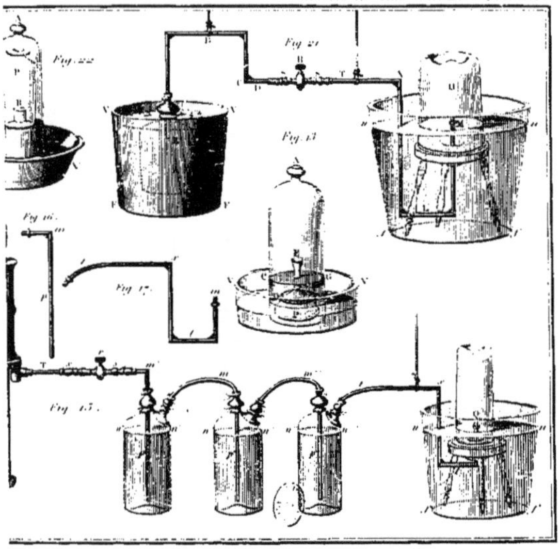

Fig. 22

Fig. 21

Fig. 13

Fig. 16.

Fig. 17.

Fig. 15.

www.ingramcontent.com/pod-product-compliance
Ingram Content Group UK Ltd.
Pitfield, Milton Keynes, MK11 3LW, UK
UKHW012137240726
13966UKWH00001B/37

9 782011 940551